de Gruyter Lehrbuch

Kowalsky/Michler · Lineare Algebra

Hans-Joachim Kowalsky
Gerhard O. Michler

Lineare Algebra

12., überarbeitete Auflage

Walter de Gruyter
Berlin · New York 2003

Hans-Joachim Kowalsky
Am Schiefen Berg 20
38302 Wolfenbüttel

Gerhard O. Michler
Hofringstr. 25
45138 Essen

Mathematics Subject Classification 2000: 15-01

Auflagenchronik:

1. Auflage 1963
2. Auflage 1965
3. Auflage 1967
4. Auflage 1968
5. Auflage 1970
6. Auflage 1971
7. Auflage 1974
8. Auflage 1977
9. Auflage 1979
10. Auflage 1995
11. Auflage 1998

⊚ Gedruckt auf säurefreiem Papier, das die US-ANSI-Norm über Haltbarkeit erfüllt.

ISBN 3-11-017963-6

Bibliografische Information Der Deutschen Bibliothek

Die Deutsche Bibliothek verzeichnet diese Publikation in der Deutschen Nationalbibliografie; detaillierte bibliografische Daten sind im Internet über http://dnb.ddb.de abrufbar.

Printed in Germany.
Umschlaggestaltung: Hansbernd Lindemann, Berlin.
Konvertierung von LATEX-Dateien der Autoren: I. Zimmermann, Freiburg.
Druck und Bindung: Hubert & Co. GmbH & Co. KG, Göttingen.

Vorwort

Da die 12. Auflage der Linearen Algebra gerade im 40. Erscheinungsjahr des Buchs herauskommt, ist es den Verfassern ein Anliegen, bereits am Anfang des Vorworts dem Verlag für die langjährige engagierte, verständnisvolle und entgegenkommende Zusammenarbeit zu danken. Eine bedeutende Förderung erfuhr das Buch seitens des Verlages durch Herrn Dr. Karbe. Mit Einfühlungsvermögen und fachlicher Kompetenz gelang ihm 1994 die Verpflichtung eines zweiten Autors, so daß dann in gemeinsamer Arbeit beider Autoren die 10. Auflage in neuer Überarbeitung und in modernisierter Form erscheinen konnte.

Diese 12. Auflage weist gegenüber der vorigen nur eine wesentliche Umstellung auf, in deren Folge lediglich unbedeutende Änderungen auftreten. Die für Anwender wichtige Jordansche Normalform quadratischer Matrizen, die bisher erst nach der Behandlung der Moduln am Ende des Buchs auftrat, wird jetzt bereits in Kapitel 6 „Eigenwerte und Eigenvektoren" auf elementarerem Weg gewonnen. Dadurch wird die für mancherlei Anwendungen wünschenswerte Behandlung schon im ersten Semester ermöglicht. Als ein Anwendungsbeispiel wird anschließend auf das Lösen homogener linearer Differentialgleichungssysteme 1. Ordnung eingegangen.

Abschließend gilt unser besonderer Dank Frau B. Hasel für die große Mühe und für ihr Engagement bei der Erstellung des neuen Textes und der durch ihn bedingten Korrekturen.

Braunschweig und Essen, Mai 2003

H.-J. Kowalsky
G. O. Michler

Einleitung

In der Mathematik hat man es vielfach mit Rechenoperationen zu tun, die sich zwar auf völlig verschiedene Rechengrößen beziehen und somit auch auf ganz unterschiedliche Weise definiert sein können, die aber trotz dieser Verschiedenheit gemeinsamen Rechenregeln gehorchen. In der Algebra abstrahiert man von der speziellen Natur der Rechengrößen und Rechenoperationen und untersucht ganz allgemein die Gesetzmäßigkeiten, denen sie unterliegen. Ausgehend von einigen Rechenregeln, die man als Axiome an den Anfang stellt, entwickelt man die Theorie der durch diese Axiome charakteristierten abstrakten Rechenstrukturen. Die Lineare Algebra bezieht sich speziell auf zwei Rechenoperationen, die sogenannten linearen Operationen, und auf die entsprechenden Rechenstrukturen, die man als Vektorräume bezeichnet. Die grundlegende Bedeutung der Linearen Algebra besteht darin, daß zahlreiche konkrete Strukturen als Vektorräume aufgefaßt werden können, so daß die allgemein gewonnenen Ergebnisse der abstrakten Theorie auf sie anwendbar sind.

Das Hauptinteresse der Linearen Algebra gilt indes nicht nur dem einzelnen Vektorraum, sondern auch den Beziehungen, die zwischen Vektorräumen bestehen. Derartige Beziehungen werden durch spezielle Abbildungen beschrieben, die mit den linearen Operationen verträglich sind und die man lineare Abbildungen nennt.

Dieses Buch behandelt den Stoff einer zweisemestrigen Vorlesung über Lineare Algebra. Seine Lektüre erfordert zwar keine speziellen Vorkenntnisse, setzt aber doch beim Leser eine gewisse Vertrautheit mit mathematischen Begriffsbildungen und Beweismethoden voraus. Die Stoffanordnung folgt nur teilweise systematischen Gesichtspunkten, die vielfach zugunsten didaktischer Erwägungen durchbrochen sind. Neben der Beschreibung der Struktur eines Vektorraums und der Klassifikation seiner linearen Abbildungen in sich wird der Entwicklung der Algorithmen für die Berechnung der zugehörigen Invarianten und Normalformen ein breiter Raum gegeben. Daher werden zunächst die endlich-dimensionalen Vektorräume und ihre Abbildungen behandelt. Danach wird der allgemeine, nicht notwendig endlich-dimensionale Fall betrachtet.

Die für Anwender wichtige Jordansche Normalform quadratischer Matrizen wird in Kapitel 6 „Eigenwerte und Eigenvektoren“ auf elementarerem Weg gewonnen. Die rationale Normalform einer Matrix und die Elementarteilertheorie werden in Kapitel 12 als Anwendungen des Struktursatzes über endlich erzeugte Moduln über Hauptidealringen behandelt. Er wird in Kapitel 11 bewiesen. Dazu werden in Kapitel 9 einige Grundlagen aus der Ringtheorie und der Theorie der Moduln über kommutativen Ringen bereitgestellt.

In den Kapiteln 9 und 10 wird auch die Struktur der Gesamtheit aller linearen Abbildungen untersucht. Hierbei treten die Vektorräume bzw. Moduln nur noch als bloße Objekte auf, zwischen denen universelle Abbildungen definiert sind, deren interne Struktur aber nicht mehr in Erscheinung tritt. Dennoch können interne Eigenschaften von Vektorräumen und Moduln auch extern in der Kategorie der linearen Abbildungen beschrieben werden. Gerade diese Möglichkeit spielt bei der Konstruktion des Tensorprodukts und der damit abgeleiteten Theorie der Determinanten über kommutativen Ringen im zehnten Kapitel eine wesentliche Rolle.

Da bei Anwendungen der Linearen Algebra oft lineare Gleichungssysteme mit einer großen Anzahl von Unbekannten und linearen Gleichungen oder Normalformprobleme von großen Matrizen auftreten, die nur mit Hilfe von Computern gelöst werden können, wird der mathematische Stoff nicht nur theoretisch sondern auch vom algorithmischen Standpunkt aus behandelt. Alle Algorithmen zur Berechnung von Normalformen von Matrizen werden in der heute üblichen Bezeichnungsweise abgefaßt, vgl. Algorithmen-Konvention 4.1.17 in Kapitel 4. Sie können auch in die Syntax von Computeralgebrasystemen wie Maple [3] oder Mathematica [32] übersetzt werden.

Bei der Numerierung wurde folgendes Prinzip angewandt: Definitionen, Sätze und Beispiele sind an erster Stelle durch die Nummer des jeweiligen Kapitels gekennzeichnet. An zweiter Stelle steht die Nummer des Abschnitts und an dritter Stelle werden schließlich Definitionen, Sätze, Beispiele u.s.w. durchnumeriert. Die Aufgaben sind jeweils am Ende eines Kapitels in einem gesonderten Abschnitt zusammengestellt. Das Ende eines Beweises ist durch das Zeichen ♦ kenntlich gemacht. Neu definierte Begriffe sind im Text im allgemeinen durch Kursivdruck hervorgehoben; auf sie wird im Sachverzeichnis verwiesen.

Am Ende des Buches befinden sich zwei Anhänge. Im Anhang A werden Hinweise zur Benutzung von Computeralgebrasystemen gegeben. Dazu gehört ein Überblick über die Rechenverfahren, die man mit Maple oder Mathematica durchführen kann. Es wird außerdem anhand einer 11×11-Matrix $\mathcal{A}$ mit ganzzahligen Koeffizienten und Eigenwerten gezeigt, wie man die Jordansche Normalform J von $\mathcal{A}$ und die Transformationsmatrix $\mathcal{P}$ mit $J = \mathcal{P}^{-1}\mathcal{A}\mathcal{P}$ schrittweise mit Maple berechnen kann.

Der Anhang B enthält die Lösungen der Aufgaben, die aus Platzgründen allerdings sehr knapp gehalten sind. Bei numerischen Aufgaben, deren Lösungsweg vorher behandelt wurde, sind im allgemeinen nur die Ergebnisse angegeben.

An diese beiden Anhänge schließt sich das Literaturverzeichnis an, das nur eine kleine Auswahl der Lehrbuchliteratur enthält. Es folgt der Index.

Inhaltsverzeichnis

Bezeichnungen und Symbole

Alle Vektorräume V sind Rechtsvektorräume über einem kommutativen Körper F, d. h. die Körperelemente $f \in F$ operieren von rechts auf den Vektoren $\boldsymbol{v}$ der abelschen Gruppe V, die stets fett gedruckt sind. Abbildungen $\alpha : V \to W$ zwischen Vektorräumen werden mit kleinen griechischen Buchstaben bezeichnet; sie operieren von links auf den Vektoren $\boldsymbol{v} \in V$. Diese Schreibweise hat den Vorteil, daß die Matrix $\mathcal{A}_{\beta\alpha}$, die zur Hintereinanderausführung $\beta\alpha$ zweier linearer Abbildungen β und α gehört, das Produkt $\mathcal{A}_\beta \mathcal{A}_\alpha$ der beiden Matrizen $\mathcal{A}_\beta$ und $\mathcal{A}_\alpha$ der linearen Abbildungen β und α ist, vgl. Satz 3.3.7.

Wegen der Definition des Produkts zweier Matrizen (vgl. 3.1.17) erfordert allerdings diese Festlegung, daß ein Vektor $\boldsymbol{a} = (a_1, a_2, \dots, a_n)$ des n-dimensionalen arithmetischen Vektorraums F^n über dem Körper F in diesem Buch stets als *Spaltenvektor*

$$\boldsymbol{a} = \begin{pmatrix} a_1 \\ a_2 \\ \vdots \\ a_n \end{pmatrix}$$

aufgefaßt wird. Da Spaltenvektoren drucktechnisch sehr unbequem sind und zuviel Platz in Anspruch nehmen, werden die Vektoren $\boldsymbol{a} \in F^n$ meist als Textzeilen $\boldsymbol{a} = (a_1, a_2, \dots, a_n)$ geschrieben, d. h. $\boldsymbol{a} = (a_1, a_2, \dots, a_n) \in F^n$ bedeutet, daß $\boldsymbol{a}$ als Spaltenvektor aufzufassen ist.

An wenigen Stellen des Buches ist es notwendig, Spalten- und Zeilenvektoren zur gleichen Zeit zu betrachten. In diesen Fällen schreibt man:

$F_s^n = F^n$	für den n-dimensionalen Spaltenraum über dem Körper F,
F_z^n	für den n-dimensionalen Zeilenraum über dem Körper F.

Bei Matrizen sind bisweilen Nulleinträge der Übersicht halber leer gelassen.

Während im ersten Kapitel die Verknüpfung zweier Elemente in einer Gruppe bzw. die Hintereinanderausführung zweier Abbildungen mit $\circ$ gekennzeichnet wird, wird ab Kapitel 2 auf dieses Zeichen $\circ$ verzichtet und ab statt $a \circ b$ bzw. $\beta\alpha$ statt $\beta \circ \alpha$ geschrieben. Die Addition in einem Vektorraum, Modul, Ring oder Körper wird stets mit $+$ bezeichnet.

F_s^n	(S. XIII)
F_z^n	(S. XIII)
$\mathbb{N}$	(1.1; S. 1)
$\mathbb{Z}$	(1.1; S. 2)
$M \subseteq N$	(1.1.1; S. 2)
$M \subset N$	(1.1.2; S. 2)
$\bigcap \{M \mid M \in \boldsymbol{S}\}$	(1.1.3; S. 2)
$\bigcap_{M \in \boldsymbol{S}} M$	(1.1.3; S. 2)
$\bigcup \{M \mid M \in \boldsymbol{S}\}$	(1.1.4; S. 2)
$\bigcup_{M \in \boldsymbol{S}} M$	(1.1.4; S. 2)
$M \backslash N$	(1.1.6; S. 3)
$\{A_\alpha \mid \alpha \in \mathcal{A}\}$	(1.1.6; S. 3)
$\psi \circ \varphi$	(1.1.13; S. 5)
φ^-	(1.1.10; S. 5)
id	(1.1.14; S. 5)
$A \times B$	(1.2.1; S. 6)
$\prod$	(1.2.3; S. 6)
A^n	(1.2.3; S. 6)
$\sim$	(1.2.4; S. 6)
$\|G\|$	(1.3.1; S. 9)
$\mathbb{Q}^*$	(1.3.2b; S. 9)
$\mathbb{R}^*$	(1.3.2b; S. 9)
S_n	(1.3.2c; S. 10)
$U \leq G$	(1.3.9; S. 11)
$\mathbb{Q}$	(1.4.2a; S. 13)
$\mathbb{R}$	(1.4.2a; S. 13)
$\mathbb{C}$	(1.4.2b; S. 13)
F^*	(1.4; S. 13)
Re	(1.4.2b; S. 13)
Im	(1.4.2b; S. 13)
Grad f	(1.4.3c; S. 14)
$F[X]$	(1.4.3c; S. 15)
$\binom{n}{k}$	(1.4.3c; S. 21)
$U \leq V$	(2.1.1; S. 24)
$\langle \boldsymbol{v}_i \mid 1 \leq i \leq r \rangle$	(2.1.7; S. 26)
$\langle M \rangle$	(2.1.9; S. 26)
$\dim V$	(2.2.12; S. 31)
$\dim_F V$	(2.2.12; S. 31)
$\dim U = \infty$	(2.2.12; S. 31)
$\sum_{\alpha \in \mathcal{A}} U_\alpha$	(2.3.2; S. 36)
$\bigoplus_{\alpha \in \mathcal{A}} U_\alpha$	(2.3.4; S. 37)
$U_1 \oplus U_2 \oplus \cdots \oplus U_n$	(2.3.4; S. 37)
$\boldsymbol{s}(\mathcal{A})$	(3.1.1; S. 44)
$\boldsymbol{z}(\mathcal{A})$	(3.1.1; S. 44)
$\mathcal{E}_n$	(3.1.2b; S. 45)
$\mathcal{A}^T$	(3.1.25; S. 51)
$\mathcal{A}^{-1}$	(3.1.29; S. 51)
$V \cong W$	(3.2.2; S. 53)
$\mathrm{Ker}(\alpha)$	(3.2.6; S. 55)
$\mathrm{Im}\,(\alpha)$	(3.2.6; S. 55)
$\mathrm{rg}(\alpha)$	(3.2.16; S. 59)
$\mathcal{A}_\alpha(A, B)$	(3.3.1; S. 60)
$\mathrm{rg}(\mathcal{A})$	(3.4.5; S. 66)
$\mathcal{A} \sim \mathcal{B}$	(3.5.1; S. 68)
$\mathrm{tr}(\mathcal{A})$	(3.5.6; S. 69)
$\mathrm{Hom}_F(V, W)$	(3.6; S. 70)
$\mathrm{End}_F(V)$	(3.6.2; S. 71)
$\mathrm{GL}(V)$ oder $\mathrm{GL}(n, F)$	(3.6.3; S. 71)
$\mathrm{Mat}_{m,n}(F)$	(3.6.4; S. 71)
$R \cong S$	(3.6.5; S. 72)
$\mathrm{Mat}_n(F)$	(3.6.6a; S. 72)
V^*	(3.6.7; S. 73)
$U^\perp$	(3.6.11; S. 74)
$\alpha_{\|U}$	(3.7.2; S. 75)
$ZV(i, j)$	(4.1.12a; S. 83)
$ZM(i, a)$	(4.1.12b; S. 83)
$ZA(i, j, a)$	(4.1.12c; S. 84)
$\mathcal{T}(\mathcal{A})$	(4.1.18; S. 86)
zpivot $(\mathcal{A}, i, j)$	(4.1.22; S. 88)
spivot $(\mathcal{A}, i, j)$	(4.1.22; S. 88)
$\mathrm{sign}\,\pi$	(5.1.8; S. 101)
A_n	(5.1.12; S. 102)
$\det(\alpha)$	(5.3.1; S. 106)
$\det \mathcal{A}$	(5.3.4; S. 109)
$\mathrm{adj}\, \mathcal{A}$	(5.5; S. 117)
$\mathrm{char\,Pol}_{\mathcal{A}}(X)$	(6.1.8; S. 123)
$\mathrm{char\,Pol}_\alpha(X)$	(6.1.8; S. 123)
$\mathrm{diag}(d_1, \ldots, d_n)$	(6.2.3; S. 129)
$\mathcal{J}_{i j_i}$	(6.3.11d; S. 140)
$\hat{\alpha}$	(7.1.14; S. 157)
$\|\boldsymbol{x}\|$	(7.2.2; S. 159)
$\cos(\boldsymbol{x}, \boldsymbol{y})$	(7.2.9; S. 161)

$\delta_{i,j}$	(7.2; S. 162)
$M \perp N$	(7.3.4; S. 167)
α^*	(7.4.1; S. 169)
$\mathcal{A}^*$	(7.4.4; S. 170)
$O(n, \mathbb{R})$	(7.5.10a; S. 181)
$U(n, \mathbb{C})$	(7.5.10b; S. 181)
$t(\mathcal{A})$	(7.6.7; S. 187)
$\mathfrak{U} \leq \mathfrak{A}$	(8.1.4; S. 195)
$\overrightarrow{pq}$	(8.1.1; S. 194)
$\dim \mathfrak{A} = \dim V_{\mathfrak{A}}$	(8.1.1; S. 195)
$\vee\{\mathfrak{U} : \mathfrak{U} \in S\}$	(8.1.8; S. 196)
$\mathfrak{U}_1 \vee \cdots \vee \mathfrak{U}_n$	(8.1.8; S. 196)
$\mathfrak{U} \| \mathfrak{W}$	(8.1.13; S. 197)
$TV(x, y, z)$	(8.1.24; S. 200)
$p - \dim \mathfrak{P}$	(8.4.1; S. 215)
$DV(x, y, z, u)$	(8.4.14; S. 221)
$Q \sim Q'$	(8.6.6; S. 227)
$u(Q)$	(8.6.9; S. 227)
$d(Q)$	(8.6.14; S. 229)
$Q_0 \approx Q'_0$	(8.7.4; S. 232)
$Q \approx Q'$	(8.7.4; S. 232)
$r \sim s$	(9.1.4; S. 245)
$r \sim_Y s$	(9.1.4; S. 245)
$\sum_{i=1}^k U_i$	(9.2.6; S. 250)
$\bigoplus_{i=1}^k U_i$	(9.2.7; S. 250)
$\mathrm{Hom}_R(M, N)$	(9.2.9; S. 251)
$u \sim_U v$	(9.2.13; S. 251)
M/U	(9.2.15; S. 253)
$R^{\mathfrak{M}}$	(9.4.13; S. 260)
$\Pi_{\alpha \in \mathcal{A}} M_\alpha$	(9.6.2; S. 266)
$A \otimes_R B$	(10.1.4; S. 280)
$a \otimes b$	(10.1.4; S. 280)
$\otimes_p M$	(10.1.12; S. 285)
$\mathcal{A} \otimes \mathcal{B}$	(10.2.2; S. 288)
$\bigwedge_p M$	(10.4.1; S. 292)
$a_1 \wedge a_2 \wedge \cdots \wedge a_p$	(10.4.1; S. 292)
$t \mid a$	(11.1.13; S. 307)
$\mathrm{ggT}(a, b)$	(11.1.14; S. 307)
$\mathrm{kgV}(a, b)$	(11.1.15; S. 307)
$\mathrm{Ann}(m)$	(11.3.3; S. 316)
$o(M)$	(11.3.6; S. 318)
$o(m)$	(11.3.7; S. 318)
$\mathrm{diag}(a_1, \ldots, a_r, 0)$	(11.5.5; S. 328)
$m(X)$	(12.1.4; S. 347)
$\mathfrak{C}(f(X))$	(12.1.8; S. 348)

1 Grundbegriffe

Die lineare Algebra beschreibt die algebraische Struktur der Vektorräume über Körpern. Darüber hinaus analysiert sie die strukturverträglichen Abbildungen zwischen diesen linearen Räumen. Hiermit liefert sie wesentliche Grundlagen für fast alle Arbeitsgebiete der modernen Mathematik. Insbesondere stellt sie Algorithmen und Methoden bereit zum Lösen von linearen Gleichungssystemen und zur Klassifikation geometrischer Strukturen, wie z. B. der Kurven und Flächen zweiter Ordnung. Der für das ganze Buch grundlegende Begriff *Vektorraum* wird einschließlich einiger einfacher Eigenschaften im vierten Abschnitt dieses Kapitels behandelt. Ihm liegt einerseits der Begriff einer Gruppe und andererseits eines Körpers zugrunde. Die mit diesen beiden Strukturbegriffen jeweils zusammengefaßten Rechengesetze werden in den beiden Abschnitten 3 und 4 dieses Kapitels beschrieben.

In den späteren Kapiteln des Buches wird die Bedeutung eines gewonnenen theoretischen Ergebnisses sehr oft anhand seiner Anwendung auf die Beschreibung und Berechnung der Lösungsgesamtheit eines linearen Gleichungssystems illustriert. Deshalb werden die grundlegenden Bezeichnungen und Aufgabenstellungen der Theorie der linearen Gleichungssysteme im letzten Abschnitt des Kapitels dargestellt.

Neben diese algebraischen Grundlagen treten als wesentliche Voraussetzung noch einige einfache Begriffe der Mengenlehre, die in den ersten beiden Paragraphen aus Gründen der Bezeichnungsnormierung zusammengestellt werden. Der Mengenbegriff wird dabei als intuitiv gegeben vorausgesetzt; auf die axiomatische Begründung wird nicht eingegangen.

1.1 Mengentheoretische Grundbegriffe

Die Objekte, aus denen eine *Menge* besteht, werden ihre *Elemente* genannt. Für „*x ist ein Element der Menge M*" schreibt man „$x \in M$". Die Negation dieser Aussage wird durch „$x \notin M$" wiedergegeben. Statt „$x_1 \in M$ *und* … *und* $x_n \in M$" wird kürzer „$x_1, \ldots, x_n \in M$" geschrieben. Eine spezielle Menge ist die *leere Menge*, die dadurch charakterisiert ist, daß sie überhaupt keine Elemente besitzt. Sie wird mit dem Symbol $\emptyset$ bezeichnet. Weitere häufig auftretende Mengen sind:

$\mathbb{N}$ Menge aller *natürlichen Zahlen* einschließlich der Null.

$\mathbb{Z}$ Menge aller *ganzen Zahlen.*

$\mathbb{Q}$ Menge aller *rationalen Zahlen.*

$\mathbb{R}$ Menge aller *reellen Zahlen.*

$\mathbb{C}$ Menge aller *komplexen Zahlen.*

1.1.1 Definition. Eine Menge M heißt *Teilmenge* einer Menge N, wenn aus $x \in M$ stets $x \in N$ folgt.
Bezeichnung: $M \subseteq N$.

Die leere Menge $\emptyset$ ist Teilmenge jeder Menge; außerdem ist jede Menge Teilmenge von sich selbst.

1.1.2 Definition. Gilt $M \subseteq N$ und $M \neq N$, so heißt M eine *echte Teilmenge* von N.
Bezeichnung: $M \subset N$.

Die Elemente einer Menge $\boldsymbol{S}$ können selbst Mengen sein. Es wird dann $\boldsymbol{S}$ bisweilen auch als *Mengensystem* bezeichnet.

1.1.3 Definition. Der *Durchschnitt D* eines nicht-leeren Mengensystems $\boldsymbol{S}$ ist die Menge aller Elemente, die gleichzeitig Elemente aller Mengen M des Systems $\boldsymbol{S}$ sind. Es ist also $x \in D$ gleichwertig mit $x \in M$ für alle Mengen $M \in \boldsymbol{S}$.
Bezeichnung: $D = \bigcap_{M \in \boldsymbol{S}} M$ oder $D = \bigcap \{M \mid M \in \boldsymbol{S}\}$.
$D = M_1 \cap M_2 \cap \cdots \cap M_n$, falls $\boldsymbol{S}$ nur aus den endlich vielen Mengen $M_1, \ldots, M_n$ besteht.

Die Gleichung $M \cap N = \emptyset$ besagt, daß die Mengen M und N kein gemeinsames Element besitzen.

1.1.4 Definition. Die *Vereinigung V* eines nicht-leeren Mengensystems $\boldsymbol{S}$ ist die Menge aller derjenigen Elemente, die zu mindestens einer Menge M aus S gehören.
Bezeichnung: $V = \bigcup_{M \in \boldsymbol{S}} M$ oder $V = \bigcup \{M \mid M \in S\}$.
$V = M_1 \cup \cdots \cup M_n$, falls $\boldsymbol{S}$ aus endlich vielen Teilmengen $M_1, M_2, \ldots, M_n$ besteht.

Mit Hilfe der Definitionen von Durchschnitt und Vereinigung ergeben sich unmittelbar folgende Beziehungen, deren Beweis dem Leser überlassen bleiben möge.

1.1.5 Hilfssatz.

(a) $M \cap (N_1 \cup N_2) = (M \cap N_1) \cup (M \cap N_2)$,

(b) $M \cup (N_1 \cap N_2) = (M \cup N_1) \cap (M \cup N_2)$,

(c) $M \cap N = M$ *ist gleichbedeutend mit* $M \subseteq N$,

(d) $M \cup N = M$ *ist gleichbedeutend mit* $N \subseteq M$.

Endliche Mengen können durch Angabe ihrer Elemente gekennzeichnet werden. Man schreibt $\{x_1, \dots, x_n\}$ für diejenige Menge M, die genau aus den angegebenen n Elementen besteht. Die einelementige Menge $\{x\}$ ist von ihrem Element x zu unterscheiden: So ist z. B. $\{\emptyset\}$ diejenige Menge, deren einziges Element die leere Menge ist.

Die Anzahl der Elemente einer endlichen Menge M wird mit $|M|$ bezeichnet. Diese Zahl $|M|$ heißt auch *Mächtigkeit* von M. So ist z. B. $|\{\emptyset\}| = 1$ und $|\emptyset| = 0$. Ein anderes Mittel zur Beschreibung von Mengen besteht darin, daß man alle Elemente einer gegebenen Menge X, die eine gemeinsame Eigenschaft $\boldsymbol{E}$ besitzen, zu einer neuen Menge zusammenfaßt. Bedeutet $\boldsymbol{E}(x)$, daß x die Eigenschaft $\boldsymbol{E}$ besitzt, so bezeichnet man diese Menge mit $\{x \in X \mid \boldsymbol{E}(x)\}$. So ist z. B. $\{x \in \mathbb{Z} \mid x^2 = 1\}$ die aus den Zahlen $+1$ und -1 bestehende Teilmenge der Menge aller ganzen Zahlen. Bei dieser Art der Mengenbildung ist die Angabe der Bezugsmenge X wesentlich, aus der die Elemente entnommen werden, da sonst widerspruchsvolle Mengen entstehen können. Da die Bezugsmenge jedoch im allgemeinen durch den jeweiligen Zusammenhang eindeutig bestimmt ist, soll in diesen Fällen auf ihre explizite Angabe verzichtet werden.

1.1.6 Definition. Die *Differenzmenge* zweier Mengen M und N ist die Menge

$$M \setminus N = \{x \in M \mid x \notin N\}.$$

Viele mathematische Beweise beruhen auf dem Prinzip der vollständigen Induktion, das bei der axiomatischen Begründung des Aufbaus der natürlichen Zahlen eine wichtige Rolle spielt.

1.1.7 Prinzip der vollständigen Induktion. Es sei A eine Aussage über natürliche Zahlen $n \in \mathbb{N}$. $A(n)$ bedeute, daß A auf n zutrifft. Von einem festen $n_0 \in \mathbb{N}$ an gelte:

(a) Induktionsanfang: $A(n_0)$,

(b) Induktionsschluß: Für alle $n > n_0$ folgt aus $A(n-1)$ auch $A(n)$.

Dann ist A für alle natürlichen Zahlen $n \geqq n_0$ richtig.

Es sei darauf hingewiesen, daß es oft bequemer ist, den Induktionsschluß in der folgenden Form durchzuführen:

(b′) Aus $A(i)$ für alle i mit $n_0 \leq i < n$ folgt auch $A(n)$.

Die Bedingungen (b) und (b′) sind gleichwertig, wie man unmittelbar einsieht.

Als Beispiel für einen Induktionsbeweis dient der Beweis des folgenden Satzes.

1.1.8 Satz. *Sei M eine n-elementige Menge. Sei $\boldsymbol{P} = \boldsymbol{P}(M)$ die Menge aller Teilmengen von M. Dann besteht die* Potenzmenge *$\boldsymbol{P}$ von M aus 2^n Elementen.*

Beweis: Induktionsanfang: $n = 0$.

M hat kein Element. Deshalb ist M die leere Menge $\emptyset$. Wegen $\boldsymbol{P}(\emptyset) = \{\emptyset\}$ gibt es $1 = 2^0$ Elemente in $\boldsymbol{P}$.

Sei $n \in \mathbb{N}, n \geq 1$.

Induktionsannahme: Jede $(n-1)$-elementige Menge habe genau 2^{n-1} verschiedene Teilmengen.

Induktionsbehauptung: Ist M eine Menge mit n Elementen, so besteht $\boldsymbol{P}(M)$ aus 2^n Elementen.

Dazu sei $M = \{a_1, \ldots, a_n\}$. Dann hat $\boldsymbol{P}(M')$ für $M' = \{a_1, \ldots, a_{n-1}\}$ nach Induktionsannahme genau 2^{n-1} Elemente. Ist $A \in \boldsymbol{P}(M)$, dann ist entweder $a_n \in A$ oder $a_n \notin A$. Im zweiten Fall gehört A zu $\boldsymbol{P}(M')$, und im ersten Fall ist $A' = A \setminus \{a_n\} \in \boldsymbol{P}(M')$. Also besitzt $\boldsymbol{P}(M)$ genau $2^{n-1} + 2^{n-1} = 2^{n-1}(1+1) = 2^n$ Elemente. Nach dem Prinzip der vollständigen Induktion ist hiermit bewiesen, daß für jede n-elementige Menge M die Potenzmenge $\boldsymbol{P}(M)$ genau 2^n Elemente besitzt. ♦

Ein wichtiges Beweishilfsmittel beim Studium unendlicher Mengen ist das *Zornsche Lemma.* Es sei $\boldsymbol{S}$ ein nicht-leeres Mengensystem. Eine nicht-leere Teilmenge $\boldsymbol{K}$ von $\boldsymbol{S}$ heißt eine *Kette*, wenn aus $M_1, M_2 \in \boldsymbol{K}$ stets $M_1 \subseteq M_2$ oder $M_2 \subseteq M_1$ folgt. Eine Menge $M \in \boldsymbol{S}$ heißt ein maximales Element von $\boldsymbol{S}$, wenn aus $N \in \boldsymbol{S}$ und $M \subseteq N$ stets $M = N$ folgt. Das Zornsche Lemma lautet nun:

1.1.9 Lemma von Zorn. *Wenn für jede Kette $\boldsymbol{K}$ des nicht-leeren Mengensystems $\boldsymbol{S}$ auch die Vereinigungsmenge $\bigcup\{K \mid K \in \boldsymbol{K}\}$ ein Element von $\boldsymbol{S}$ ist, dann gibt es in $\boldsymbol{S}$ ein maximales Element.*

Auf den Beweis dieses Satzes kann hier nicht eingegangen werden.

Es seien jetzt X und Y zwei nicht-leere Mengen. Unter einer *Abbildung* φ von X in Y (in Zeichen: $\varphi : X \to Y$) versteht man dann eine Zuordnung, die jedem Element $x \in X$ eindeutig ein Element $y \in Y$ als *Bild* zuordnet. Das Bild y von x bei der Abbildung φ wird mit $\varphi(x)$ oder auch einfach mit φx bezeichnet. Die Menge X heißt der *Definitionsbereich* der Abbildung φ, die Menge Y ihr *Zielbereich.*

Ist φ eine Abbildung von X in Y und M eine Teilmenge von X, so nennt man die Menge aller Bilder von Elementen $x \in M$ entsprechend das Bild der Menge M und bezeichnet es mit $\varphi(M)$ oder einfach mit φM. Es gilt also

$$\varphi M = \{\varphi x \mid x \in M\},$$

und φM ist eine Teilmenge von Y. Das Bild der leeren Menge ist wieder die leere Menge. Das Bild φX des Definitionsbereichs wird auch *Bild* von φ genannt und mit $\operatorname{Im} \varphi$ bezeichnet.

1.1.10 Definition. Gilt $\operatorname{Im}\varphi = Y$ für die Abbildung $\varphi : X \to Y$, so nennt man φ eine *surjektive* Abbildung, eine *Surjektion* oder eine Abbildung von X *auf* Y. Umgekehrt sei N eine Teilmenge von Y. Dann wird die Menge aller Elemente von X, deren Bild ein Element von N ist, das *Urbild* von N bei der Abbildung φ genannt und mit $\varphi^{-}(N)$ bezeichnet. Es gilt also

$$\varphi^{-}(N) = \{x \in X \mid \varphi x \in N\},$$

und $\varphi^{-}(N)$ ist eine Teilmenge von X.

Auch wenn $N \neq \emptyset$ gilt, kann $\varphi^{-}(N)$ die leere Menge sein, nämlich dann, wenn $N \cap \operatorname{Im}\varphi = \emptyset$ gilt.

1.1.11 Definition. Eine Abbildung $\varphi : X \to Y$ mit der Eigenschaft, daß aus $x_1 \neq x_2$ stets $\varphi x_1 \neq \varphi x_2$ folgt, heißt *injektive* Abbildung oder *Injektion*. Ist φ sogar gleichzeitig injektiv und surjektiv, so wird φ eine *Bijektion* genannt.

1.1.12 Definition. Sei $\varphi : X \to Y$ eine bijektive Abbildung. Ordnet man jedem $y \in Y$ als Bild das eindeutig bestimmte Element $x \in X$ mit $y = \varphi(x)$ als Bild zu, so wird hierdurch eine Bijektion von Y auf X definiert. Sie heißt die *Umkehrabbildung* von φ oder die zu φ *inverse Abbildung* und wird mit $\varphi^{-1} : Y \to X$ bezeichnet.

1.1.13 Definition. Zwei Abbildungen $\varphi : X \to Y$ und $\psi : Y \to Z$ kann man hintereinanderschalten und erhält so insgesamt eine mit $\psi \circ \varphi$ bezeichnete Abbildung von X in Z, die man die *Produktabbildung* von φ und ψ nennt. Sie ist gegeben durch

$$(\psi \circ \varphi)x = \psi(\varphi x) \quad \text{für alle } x \in X.$$

Der Definitionsbereich und der Zielbereich einer Abbildung können auch zusammenfallen. Man hat es dann mit einer Abbildung φ einer Menge X in sich zu tun.

1.1.14 Definition. Bildet man jedes Element der Menge X auf sich selbst ab, so erhält man eine Bijektion von X auf sich, die die *Identität* oder die *identische Abbildung* von X genannt und mit id_X bzw. einfach mit id bezeichnet wird.

1.1.15 Bemerkung. Für jedes $x \in X$ gilt also $\mathrm{id}\, x = x$. Ist φ eine Bijektion von X auf Y, so existiert ihre *Umkehrabbildung* φ^{-1}, und man erhält

$$\varphi^{-1} \circ \varphi = \mathrm{id}_X, \quad \varphi \circ \varphi^{-1} = \mathrm{id}_Y .$$

1.2 Produktmengen und Relationen

In diesem Abschnitt wird das kartesische Produkt von nicht-leeren Mengen und damit der Begriff „Äquivalenzrelation“ eingeführt.

1.2.1 Definition. Das *kartesische Produkt* $A \times B$ zweier Mengen A und B ist die Gesamtheit der geordneten Paare (a, b) mit $a \in A$ und $b \in B$. Dabei ist $(a, b) = (a', b')$ genau dann, wenn $a = a'$ und $b = b'$.

1.2.2 Bemerkung. Das kartesische Produkt zweier Mengen ist im allgemeinen *nicht* kommutativ, d. h. $A \times B \neq B \times A$ falls $A \neq B$. Man beachte jedoch für jede nicht leere Menge A und die leere Menge $\emptyset$ die Ausnahme

$$A \times \emptyset = \emptyset \times A = \emptyset.$$

Analog zum kartesischen Produkt zweier Mengen wird das kartesische Produkt endlich vieler Mengen gebildet.

1.2.3 Definition. Das *kartesische Produkt* $\prod_{i=1}^{n} A_i = A_1 \times A_2 \times \cdots \times A_n$ von endlich vielen Mengen A_i, $i = 1, 2, \ldots, n$, ist die Gesamtheit der geordneten n-Tupel $(a_1, a_2, \ldots, a_n)$ mit $a_i \in A_i$, $i = 1, 2, \ldots, n$. Dabei ist $(a_1, a_2, \ldots, a_n) = (a_1', a_2', \ldots, a_n')$ genau dann, wenn $a_i = a_i'$ für $i = 1, 2, \ldots, n$. Ist $A_i = A$ für $i = 1, 2, \ldots, n$, so heißt $A^n = \prod_{i=1}^{n} A_i$ die *n-te kartesische Potenz* von A. Die Menge $\{(a, a, \ldots, a) \in A^n \mid a \in A\}$ ist die *Diagonale* von A^n.

1.2.4 Definition. Eine Teilmenge R von $A \times A$ wird eine zweistellige *Relation* der Menge A genannt. Man sagt, daß zwei Elemente a und b von A in der Relation R stehen, in Zeichen $a \sim b$, genau dann, wenn $(a, b) \in R$ gilt.

1.2.5 Definition. Eine nicht leere zweistellige Relation $\sim$ auf der Menge A heißt *Äquivalenzrelation*, wenn für alle $a, b, c \in A$ die folgenden Bedingungen gelten:

(a) $a \sim a$, (reflexiv)

(b) $a \sim b$ impliziert $b \sim a$, (symmetrisch)

(c) $a \sim b$ und $b \sim c$ impliziert $a \sim c$. (transitiv)

1.2.6 Beispiele.

(a) Die Gleichheit „=“ ist eine Äquivalenzrelation für jede Menge A.

(b) Für $a, b \in \mathbb{Z}$ gelte $a \sim b$ genau dann, wenn 2 ein Teiler von $a - b$ ist.

1.2.7 Definition. Ist $\sim$ eine Äquivalenzrelation der Menge A, dann ist die *Äquivalenzklasse* $[a]$ des Elementes $a \in A$ gegeben durch

$$[a] = \{b \in A \mid a \sim b\}.$$

Jedes Element b der Äquivalenzklasse $[a]$ heißt *Repräsentant* von $[a]$.

1.2.8 Hilfssatz. *Ist $\sim$ eine Äquivalenzrelation der Menge A, dann sind folgende Aussagen für Elemente $a, b \in A$ paarweise gleichwertig:*

(a) $[a] \cap [b] \neq \emptyset$,

(b) $a \sim b$,

(c) $[a] = [b]$.

Beweis: Ist $[a] \cap [b] \neq \emptyset$, dann existiert ein $c \in A$ mit $a \sim c$ und $b \sim c$. Wegen der Symmetrie und Transitivität von $\sim$ folgt $a \sim b$. Deshalb ist (b) eine Folge von (a). Es gelte nun $a \sim b$. Dann ist $x \in [a]$ gleichwertig mit $x \sim a$, also gleichwertig mit $x \sim b$ und so auch mit $x \in [b]$. Also ist $[a] = [b]$, und (c) folgt aus (b). Sicherlich ergibt sich (a) aus (c). ♦

Oft ist es zweckmäßig, ein Mengensystem $\boldsymbol{S}$ mit Hilfe einer sogenannten Indexmenge $\mathcal{A}$ zu beschreiben. Dabei ist $\mathcal{A}$ eine nicht-leere (endliche oder unendliche) Menge, und jedem Index $\alpha \in \mathcal{A}$ ist eindeutig eine Menge A_α aus $\boldsymbol{S}$ so zugeordnet, daß $\boldsymbol{S} = \{A_\alpha \mid \alpha \in \mathcal{A}\}$ gilt.

1.2.9 Definition. Ein System $\{A_\alpha \mid \alpha \in \mathcal{A}\}$ von Teilmengen A_α einer Menge $A \neq \emptyset$ heißt eine *Zerlegung* der Menge A, wenn

(a) $A_\alpha \neq \emptyset$ für alle $\alpha \in \mathcal{A}$,

(b) $A = \bigcup_{\alpha \in \mathcal{A}} A_\alpha$,

(c) $A_\alpha \cap A_\beta = \emptyset$ für alle $\alpha, \beta \in \mathcal{A}$ mit $\alpha \neq \beta$.

1.2.10 Satz. *Es sei R eine Äquivalenzrelation auf der Menge A. Dann bilden die Äquivalenzklassen bezüglich R eine Zerlegung von A. Umgekehrt bestimmt eine beliebige Zerlegung $\{A_\alpha \mid \alpha \in \mathcal{A}\}$ von A eindeutig eine Äquivalenzrelation auf A, für die die Zerlegungsmengen A_α genau die Äquivalenzklassen sind.*

Beweis: Folgt sofort aus Hilfssatz 1.2.8 und Definition 1.2.9 ♦

1.3 Gruppen

Betrachtet man einerseits die Addition der ganzen, der rationalen oder der reellen Zahlen und andererseits die Multiplikation der von Null verschiedenen rationalen oder reellen Zahlen, so findet man, daß diese beiden Rechenoperationen weitgehend übereinstimmenden Rechengesetzen unterliegen. So gelten z. B.

$$(a+b)+c = a+(b+c) \quad \text{und} \quad (a \cdot b) \cdot c = a \cdot (b \cdot c).$$

Weiter gibt es ausgezeichnete Zahlen, nämlich 0 bzw. 1, die sich bei diesen Operationen neutral verhalten:

$$0 + a = a \quad \text{und} \quad 1 \cdot a = a.$$

Schließlich gilt

$$(-a) + a = 0 \quad \text{und} \quad \frac{1}{a} \cdot a = 1;$$

d. h. es gibt zu jedem a eine Zahl a' (nämlich $-a$ bzw. $\frac{1}{a}$), so daß die Summe bzw. das Produkt dieser beiden Zahlen gerade die jeweilige neutrale Zahl ergibt.

Da diese Rechenregeln das Zahlenrechnen weitgehend beherrschen und auch in vielen anderen Fällen auftreten, ist es naheliegend, sie unabhängig von der speziellen Natur der Rechengrößen und der jeweiligen Operationen zu untersuchen. Bei dieser abstrakten Betrachtungsweise stehen die Rechengesetze im Vordergrund: Nicht womit man rechnet ist wesentlich, sondern wie man rechnet. Man setzt lediglich voraus, daß für die Elemente einer gegebenen Menge eine Operation definiert ist, die jedem geordneten Paar (a, b) von Elementen wieder ein Element der Menge zuordnet und die den oben erwähnten Regeln unterliegt. Die Operation selbst soll hierbei mit dem neutralen Symbol $\circ$ bezeichnet werden.

1.3.1 Definition. Eine *Gruppe* besteht aus einer Menge G und einer Operation $\circ$, die jedem geordneten Paar (a, b) von Elementen aus G eindeutig ein mit $a \circ b$ bezeichnetes Element von G so zuordnet, daß folgende Axiome erfüllt sind:

(I) $(a \circ b) \circ c = a \circ (b \circ c)$ für alle $a, b, c \in G$. (Assoziativgesetz)

Es gibt mindestens ein Element $e \in G$ mit

(II) $e \circ a = a$ für alle $a \in G$, und

(III) zu jedem $a \in G$ existiert ein Element $a' \in G$ mit $a' \circ a = e$.

Ein solches Element heißt *neutrales Element* von G.

Die Gruppe heißt *abelsch* oder auch *kommutativ*, wenn außerdem folgendes Axiom erfüllt ist:

(IV) $a \circ b = b \circ a$ für alle $a, b \in G$. (Kommutativgesetz)

Besitzt die Gruppe G nur endlich viele Elemente, so heißt die Anzahl $|G|$ ihrer Elemente die *Ordnung* von G.

Zu den Bestimmungsstücken einer Gruppe gehört neben der Menge G auch die *Gruppenverknüpfung* genannte Operation $\circ$. Eine Gruppe ist demnach durch das Paar $(G, \circ)$ gekennzeichnet. Da vielfach jedoch die Gruppenverknüpfung durch den Zusammenhang eindeutig festgelegt ist, pflegt man in solchen Fällen die Gruppe einfach mit G zu bezeichnen. Die Gruppenverknüpfung wird bisweilen auch *Gruppenmultiplikation* genannt. Man bezeichnet dann das Element $a \circ b$ als Produkt der Elemente a und b. In nicht-abelschen Gruppen muß jedoch auf die Reihenfolge der Faktoren geachtet werden, weil dann $a \circ b$ und $b \circ a$ im allgemeinen verschiedene Gruppenelemente sind.

Axiom (I) besagt, daß es bei mehrgliedrigen Produkten nicht auf die Art der Klammersetzung ankommt. Man kann daher überhaupt auf die Klammern verzichten und z. B. statt $(a \circ b) \circ c$ einfacher $a \circ b \circ c$ schreiben. Diese Möglichkeit der Klammerersparnis wird weiterhin ohne besonderen Hinweis ausgenutzt werden.

1.3.2 Beispiele.

(a) Die Menge $\mathbb{Z}$ aller ganzen Zahlen bildet mit der gewöhnlichen Addition als Gruppenverknüpfung eine abelsche Gruppe $(\mathbb{Z}, +)$. Dasselbe gilt für die rationalen und die reellen Zahlen. Man spricht dann von der *additiven Gruppe* der ganzen Zahlen bzw. der rationalen Zahlen usw. In allen diesen Fällen wird das Element e aus (II) durch die Zahl 0 und a' aus (III) durch die Zahl $-a$ vertreten.

(b) Die Mengen $\mathbb{Q}^*$ und $\mathbb{R}^*$ der von Null verschiedenen rationalen oder reellen Zahlen bilden hinsichtlich der gewöhnlichen Multiplikation als Gruppenverknüpfung je eine abelsche Gruppe. Sie heißt *multiplikative Gruppe* von $\mathbb{Q}$ bzw. $\mathbb{R}$. In diesen Gruppen wird e durch die Zahl 1 und a' durch die reziproke Zahl $\frac{1}{a}$ vertreten.

(c) Es sei M eine beliebige nicht-leere Menge, und S_M sei die Menge aller Bijektionen von M auf sich. Für je zwei Abbildungen $\alpha, \beta \in S_M$ bedeute $\alpha \circ \beta$ das durch die Hintereinanderausführung dieser beiden Abbildungen bestimmte Produkt. Für je drei Abbildungen α, β, γ und für jedes Element $x \in M$ gilt dann

$$((\alpha \circ \beta) \circ \gamma)\, x = (\alpha \circ \beta)(\gamma x) = \alpha\, (\beta(\gamma x))$$

und

$$(\alpha \circ (\beta \circ \gamma))\, x = \alpha\, ((\beta \circ \gamma) x) = \alpha\, (\beta(\gamma x))\,;$$

d. h. (I) ist erfüllt. Wählt man für e die identische Abbildung id von M, so gilt (II). Schließlich ergibt sich die Gültigkeit von (III), wenn man bei gegebenem

$\alpha \in S_M$ als Abbildung α' die zu α inverse Abbildung α^{-1} wählt. Die Menge S_M ist daher hinsichtlich der Multiplikation der Abbildungen eine Gruppe, die die *symmetrische Gruppe* der Menge M genannt wird.

Ist hierbei speziell M die Menge $\{1, 2, \dots, n\}$, so bezeichnet man die zugehörige symmetrische Gruppe der Ziffern $1, 2, \dots, n$ einfacher mit S_n. Jede Abbildung $\alpha \in S_n$ ist eine Permutation der Zahlen $1, \dots, n$. Gilt etwa $\alpha(1) = a_1$, $\alpha(2) = a_2, \dots, \alpha(n) = a_n$, so ist α durch die Reihenfolge der Bildzahlen $a_1, \dots, a_n$ eindeutig bestimmt. Man schreibt daher $\alpha = (a_1, \dots, a_n)$. Gilt z. B. $n = 3$, und $\alpha = (2, 3, 1)$, $\beta = (3, 2, 1)$, so erhält man folgende Produkte:

$$\alpha \circ \beta = (1, 3, 2) \quad \text{und} \quad \beta \circ \alpha = (2, 1, 3).$$

Dieses Beispiel zeigt, daß S_n für $n = 3$ *keine* abelsche Gruppe ist.

1.3.3 Bemerkung. Die von Null verschiedenen ganzen Zahlen bilden hinsichtlich der Multiplikation *keine* Gruppe, weil es z. B. zu 2 keine ganze Zahl a' mit $a' \cdot 2 = 1$ gibt.

Aus den Gruppenaxiomen sollen jetzt einige einfache Folgerungen abgeleitet werden. In den nachstehenden Sätzen bedeutet G immer eine Gruppe.

1.3.4 Hilfssatz. *Für jedes die Axiome* (II) *und* (III) *erfüllende Element $e \in G$ gilt auch $a \circ e = a$ für alle $a \in G$. Aus $a' \circ a = e$ folgt $a \circ a' = e$.*

Beweis: Zunächst wird die zweite Behauptung bewiesen: Zu a' gibt es nach (III) ein $a'' \in G$ mit $a'' \circ a' = e$. Unter Beachtung von (I) und (II) erhält man dann

$$\begin{aligned} a \circ a' &= e \circ (a \circ a') = (a'' \circ a') \circ (a \circ a') = a'' \circ \big((a' \circ a) \circ a'\big) = a'' \circ (e \circ a') \\ &= a'' \circ a' = e. \end{aligned}$$

Hieraus folgt jetzt die erste Behauptung:

$$a \circ e = a \circ (a' \circ a) = (a \circ a') \circ a = e \circ a = a. \qquad \blacklozenge$$

1.3.5 Hilfssatz. *Es gibt nur genau ein Element $e \in G$ der in* (II) *und* (III) *geforderten Art. Bereits aus $x \circ a = a$ für nur ein $a \in G$ folgt $x = e$.*

Beweis: Das Element e^* erfülle ebenfalls die Gleichung $e^* \circ a = a$ für alle $a \in G$. Dann gilt insbesondere $e^* \circ e = e$ und wegen 1.3.4

$$e^* = e^* \circ e = e;$$

d. h. e ist eindeutig bestimmt. Gilt weiter $x \circ a = a$ für ein festes Element a, so existiert wegen (III) zu diesem ein $a' \in G$ mit $a' \circ a = e$, und wegen 1.3.4 erhält man

$$x = x \circ e = x \circ (a \circ a') = (x \circ a) \circ a' = a \circ a' = e. \qquad \blacklozenge$$

Das somit durch die Axiome eindeutig bestimmte neutrale Element e der Gruppe G heißt das *Einselement* von G. In additiv geschriebenen abelschen Gruppen G wird e das *Nullelement* 0 von G genannt.

1.3.6 Hilfssatz. *In* (III) *ist* a' *durch* a *eindeutig bestimmt.*

Beweis: Neben $a' \circ a = e$ gelte auch $a^* \circ a = e$. Wegen 1.3.4 erhält man dann

$$a^* = a^* \circ e = a^* \circ (a \circ a') = (a^* \circ a) \circ a' = e \circ a' = a'. \qquad \blacklozenge$$

Man nennt a' das *inverse Element* von a und schreibt statt a' im allgemeinen a^{-1}. Wenn allerdings in Spezialfällen die Gruppenverknüpfung als Addition geschrieben wird (vgl. 1.3.2 (a)), bezeichnet man das neutrale Element mit 0 und das zu a inverse Element mit $-a$.

1.3.7 Hilfssatz. $(a^{-1})^{-1} = a$ und $(a \circ b)^{-1} = b^{-1} \circ a^{-1}$.

Beweis: Die in 1.3.4 bewiesene Gleichung $a \circ a^{-1} = e$ besagt, daß a das zu a^{-1} inverse Element ist, daß also die erste Behauptung gilt. Die zweite folgt aus

$$\left(b^{-1} \circ a^{-1}\right) \circ (a \circ b) = b^{-1} \circ \left(\left(a^{-1} \circ a\right) \circ b\right) = b^{-1} \circ (e \circ b) = b^{-1} \circ b = e. \quad \blacklozenge$$

1.3.8 Hilfssatz. *In einer Gruppe* G *besitzen die Gleichungen* $x \circ a = b$ *und* $a \circ y = b$ *bei gegebenen Elementen* $a, b \in G$ *eindeutig bestimmte Lösungen* $x, y \in G$.

Beweis: Wenn $x \in G$ Lösung der ersten Gleichung ist, wenn also $x \circ a = b$ gilt, folgt

$$x = x \circ e = x \circ a \circ a^{-1} = b \circ a^{-1};$$

d. h. x ist durch a und b eindeutig bestimmt. Umgekehrt ist aber wegen

$$\left(b \circ a^{-1}\right) \circ a = b \circ \left(a^{-1} \circ a\right) = b \circ e = b$$

das Element $x = b \circ a^{-1}$ auch tatsächlich eine Lösung. Entsprechend schließt man im Fall der zweiten Gleichung. ♦

1.3.9 Definition. Eine Teilmenge U der Gruppe G heiße *Untergruppe* von G, wenn U bezüglich der Gruppenverknüpfung $\circ$ von G selbst eine Gruppe $(U, \circ)$ ist.
Bezeichnung: $U \le G$

1.3.10 Hilfssatz. *Die nicht-leere Teilmenge* U *der Gruppe* $(G, \circ)$ *ist genau dann eine Untergruppe von* G*, wenn für jedes Paar* $a, b \in U$ *stets* $a \circ b^{-1} \in U$ *gilt.*

Beweis: Die Bedingung ist sicherlich notwendig. Es ist zu zeigen, daß sie auch hinreicht.

Sei e das Einselement von G. Wegen $U \neq \emptyset$ existiert ein $a \in U$. Dann ist $e = a \circ a^{-1} \in U$, und e ist das Einselement von U. Weiter gilt $a^{-1} = e \circ a^{-1} \in U$ für jedes $a \in U$. Wegen Hilfssatz 1.3.7 ist daher $a \circ b \in U$ für alle $a, b \in U$. Trivialerweise gilt in U das Assoziativgesetz. Also ist $(U, \circ)$ eine Gruppe. ♦

1.4 Körper und Ringe

Während sich der Gruppenbegriff auf nur eine Verknüpfungsoperation bezog, werden jetzt nebeneinander zwei Operationen betrachtet, die in Anlehnung an das übliche Zahlrechnen mit + und · bezeichnet und Addition bzw. Multiplikation genannt werden. Geht man etwa von den rationalen Zahlen aus, so gewinnt man aus den dort gültigen Regeln durch eine entsprechende Abstraktion wie bei den Gruppen neue algebraische Strukturen.

1.4.1 Definition. Ein *Körper* besteht aus einer Menge F und zwei Operationen + und ·, die jedem geordneten Paar (a, b) von Elementen aus F eindeutig ein Element $a + b$ bzw. $a \cdot b$ von F so zuordnen, daß folgende Bedingungen erfüllt sind:

F ist bezüglich + eine abelsche Gruppe, d. h.

(I) $(a+b)+c = a+(b+c)$ für alle $a, b, c \in F$. (Assoziativität der Addition)

(II) $a + b = b + a$ für alle $a, b, \in F$. (Kommutativität der Addition)

(III) Es gibt ein *Nullelement* 0 in F, d. h. $0 + a = a$ für alle $a \in F$.

(IV) Zu jedem $a \in F$ existiert ein Element $-a$ in F mit $(-a) + a = 0$, wobei 0 das Nullelement in F ist.

Für die Multiplikation · der Elemente von F gelten:

(V) $(a \cdot b) \cdot c = a \cdot (b \cdot c)$ für alle $a, b, c \in F$. (Assoziativität der Multiplikation)

(VI) Es gibt ein *Einselement* 1 in F, d. h. $1 \cdot a = a = a \cdot 1$ für alle $a \in F$.

(VII) Zu jedem $a \in F$ mit $a \neq 0$ existiert ein Element a^{-1} in F mit $a^{-1} \cdot a = 1$, wobei 1 das Einselement ist.

(VIII) $a \cdot (b + c) = a \cdot b + a \cdot c$ und $(b + c) \cdot a = b \cdot a + c \cdot a$ für alle $a, b, c \in F$. (Distributivität)

(IX) $1 \neq 0$.

Fordert man lediglich die Gültigkeit der Axiome (I) – (V) und (VIII), so nennt man F einen *Ring*. Gilt zusätzlich das Axiom

(X) $a \cdot b = b \cdot a$ für alle $a, b \in F$, (Kommutativität der Multiplikation)

so wird F ein *kommutativer* Körper bzw. Ring genannt.

Ebenso wie eine Gruppe wird auch ein Körper bzw. Ring statt mit $(F, +, \cdot)$ einfacher mit F bezeichnet. Das Symbol für die Multiplikation wird im allgemeinen unterdrückt und statt $a \cdot b$ kürzer ab geschrieben. Vielfach werden mit „Körper" nur kommutative Körper bezeichnet, während dann nicht-kommutative Körper „Schiefkörper" genannt werden. In diesem Buch wird es sich allerdings ausschließlich um kommutative Körper handeln.

Wegen (I) und (V) können die Klammern wieder bei endlichen Summen und Produkten fortgelassen werden. Eine weitere Regel zur Klammerersparnis besteht in der üblichen Konvention, daß die Multiplikation stärker binden soll, daß also z. B. statt $(ab) + c$ einfacher $ab + c$ geschrieben werden darf. Diese Vereinfachung wurde bereits bei der Formulierung von (VIII) benutzt.

Das neutrale Element 0 des Körpers F bzw. des Rings R wird das *Nullelement* oder kurz die *Null* von F bzw. R genannt. Das inverse Element $-a$ heißt das zu *a negative* Element . Statt $b + (-a)$ schreibt man kürzer $b - a$ und nennt dieses Element die *Differenz* von b und a. Es gilt $a + (b - a) = b$, und $b - a$ ist somit die nach 1.3.8 eindeutig bestimmte Lösung der Gleichung $a + x = b$. Wegen 1.3.7 gilt schließlich $-(-a) = a$ und $-(a + b) = -a + (-b) = -a - b$.

Das neutrale Element 1 der multiplikativen Gruppe $F^* = F \setminus \{0\}$ wird das *Einselement* oder einfach die *Eins* des Körpers F genannt. Ein Ring R braucht kein Einselement zu besitzen; im Falle der Existenz ist die Eins 1 eindeutig in R bestimmt.

1.4.2 Beispiele für Körper.

(a) Die Mengen $\mathbb{Q}$ und $\mathbb{R}$ aller rationalen bzw. reellen Zahlen bilden hinsichtlich der üblichen Addition und Multiplikation je einen kommutativen Körper.

(b) Die Menge $\mathbb{C}$ der komplexen Zahlen bildet ebenfalls einen kommutativen Körper. Eine *komplexe Zahl a* besitzt bekanntlich die Form $a = a_1 + a_2 i$ mit reellen Zahlen a_1, a_2 und der *imaginären* Einheit i, für die $i^2 = -1$ gilt. Es heißt a_1 der *Realteil* und a_2 der *Imaginärteil* von a.

Bezeichnung: $a_1 = \operatorname{Re}(a)$ und $a_2 = \operatorname{Im}(a)$.

Ist $b = b_1 + b_2 i$ eine zweite komplexe Zahl, so sind Summe, Differenz und Produkt bekanntlich erklärt durch:

$$\begin{aligned} a \pm b &= (a_1 \pm b_1) + (a_2 \pm b_2)i, \\ ab &= (a_1 b_1 - a_2 b_2) + (a_1 b_2 + a_2 b_1)i. \end{aligned}$$

Die zu einer komplexen Zahl $a = a_1 + a_2 i$ *konjugierte Zahl* $\bar{a}$ ist durch

$\bar{a} = a_1 - a_2 i$ definiert. Unmittelbar ergibt sich:

$$\overline{a \pm b} = \bar{a} \pm \bar{b}, \qquad \overline{ab} = \bar{a} \cdot \bar{b}, \qquad \bar{\bar{a}} = a.$$

$$a + \bar{a} = 2\,\mathrm{Re}(a), \quad a - \bar{a} = 2i\,\mathrm{Im}(a).$$

Für eine beliebige komplexe Zahl a gilt

$$a\bar{a} = (\mathrm{Re}(a))^2 + (\mathrm{Im}(a))^2 .$$

Daher ist $a\bar{a}$ stets eine nicht-negative reelle Zahl, und $a\bar{a} = 0$ ist gleichwertig mit $a = 0$.

Ist $a \neq 0$ eine komplexe Zahl, so ist $a\bar{a} \neq 0$ und $a^{-1} = \frac{\bar{a}}{a\bar{a}} \in \mathbb{C}$.

Der *Betrag* $|a|$ der komplexen Zahl $a = a_1 + a_2 i$ ist die positive Wurzel der nicht negativen reellen Zahl $a\bar{a} = a_1^2 + a_2^2$, d. h. $|a| = +\sqrt{a_1^2 + a_2^2}$.

Die reellen Zahlen sind spezielle komplexe Zahlen; nämlich diejenigen, deren Imaginärteil verschwindet. Dies kann auch so ausgedrückt werden: Die komplexe Zahl a ist genau dann eine reelle Zahl, wenn $a = \bar{a}$ gilt.

1.4.3 Beispiele für Ringe.

(a) Die Menge $\mathbb{Z}$ aller ganzen Zahlen ist ein kommutativer Ring mit Eins; aber $\mathbb{Z}$ ist kein Körper, weil z. B. 2 in $\mathbb{Z}$ kein inverses Element besitzt.

(b) Die geraden ganzen Zahlen $R = 2 \cdot \mathbb{Z}$ sind ein Beispiel für einen Ring ohne Einselement.

(c) Sei F ein kommutativer Körper. Ein Ausdruck der Form

$$f(X) = a_0 + a_1 X + a_2 X^2 + \cdots + a_{n-1} X^{n-1} + a_n X^n$$

mit $a_i \in F$, $i = 0, 1, \ldots, n$, heißt *Polynom* in der Unbestimmten X mit *Koeffizienten* aus F. Ist $a_n \neq 0$, so heißt n der *Grad* des Polynoms $f(X)$.

Bezeichnung: Grad $f = n$.

Gilt sogar $a_n = 1$, so wird $f(X)$ ein *normiertes Polynom* genannt.

Die Polynome vom Grad Null sind die Konstanten $0 \neq a_0 \in F$. Dem Nullpolynom 0 ($n = 0$, $a_0 = 0$) ordnet man keinen Grad zu.

Die Menge aller Polynome $f(X)$ mit Koeffizienten aus dem Körper F wird mit $F[X]$ bezeichnet. Auf $F[X]$ sind eine Addition + (ggf. nach Auffüllen mit Null-Koeffizienten) und eine Multiplikation $\cdot$ erklärt durch

$$\begin{aligned}&(a_0 + a_1 X + \cdots + a_n X^n) + (b_0 + b_1 X + \cdots + b_n X^n)\\&\quad = (a_0 + b_0) + (a_1 + b_1)X + \cdots + (a_n + b_n)X^n,\end{aligned}$$

$$\begin{aligned}&(a_0 + a_1 X + \cdots + a_m X^m) \cdot (b_0 + b_1 X + \cdots + b_n X^n)\\&\quad = a_0 b_0 + (a_0 b_1 + a_1 b_0)X + (a_0 b_2 + a_1 b_1 + a_2 b_0)X^2 + \cdots + a_m b_n X^{n+m}.\end{aligned}$$

$F[X]$ ist bzgl. + und · ein kommutativer Ring mit dem Polynom 1 als Einselement. $F[X]$ heißt der *Polynomring* über F in der Unbestimmten X.

Unter den bisher erwähnten Körpern nimmt der Körper $\mathbb{C}$ der komplexen Zahlen in den späteren Kapiteln deshalb eine besondere Rolle ein, weil für ihn der *Hauptsatz der Algebra* gilt, der besagt:

1.4.4 Satz. *Jedes Polynom* $f(X) \in \mathbb{C}[X]$ *mit* Grad $f \geq 1$ *zerfällt in ein Produkt von Linearfaktoren, d. h. zu* $f(X)$ *existieren endlich viele verschiedene komplexe Zahlen* c_i *und natürliche Zahlen* k_i *derart, daß gilt:*

$$f(X) = \prod_{i=1}^{m} (X - c_i)^{k_i} \quad \textit{und} \quad \text{Grad}\, f = \sum_{i=1}^{m} k_i\ .$$

Dieser Satz wird hier nicht bewiesen.

Die folgenden Sätze zeigen, daß in beliebigen Ringen oder Körpern in der üblichen Weise gerechnet werden kann.

1.4.5 Hilfssatz. *In einem Ring gilt* $0 \cdot a = a \cdot 0 = 0$ *für jedes Element* a.

Beweis: Wegen $0 + 0 = 0$ und wegen (VIII) gilt:

$$0 \cdot a + 0 \cdot a = (0 + 0) \cdot a = 0 \cdot a.$$

Hieraus folgt nach 1.3.5 die erste Behauptung $0 \cdot a = 0$. Die zweite Behauptung ergibt sich entsprechend. ♦

1.4.6 Hilfssatz. *In einem Ring gilt* $a(-b) = (-a)b = -(ab)$, *insbesondere also* $(-a)(-b) = ab$.

Beweis: Wegen (VIII) und 1.3.4 erhält man

$$ab + a(-b) = a(b + (-b)) = a \cdot 0 = 0.$$

Hiernach ist $a(-b)$ das zu ab negative Element; d. h. es gilt $a(-b) = -(ab)$. Entsprechend ergibt sich die zweite Gleichung. ♦

1.5 Vektorräume

Der ursprüngliche Begriff des Vektors besitzt eine anschauliche geometrische Bedeutung. Man denke sich etwa in der Ebene einen festen Punkt p als Anfangspunkt ausgezeichnet. Jedem weiteren Punkt x kann dann umkehrbar eindeutig die von p

nach x weisende gerichtete Strecke zugeordnet werden, die man sich etwa durch einen in p ansetzenden Pfeil mit der Spitze in x repräsentiert denken kann. Man nennt diese gerichtete Strecke den *Ortsvektor* von x bezüglich des Anfangspunktes p und bezeichnet ihn mit dem entsprechenden Buchstaben $\boldsymbol{x}$. Ist $\boldsymbol{y}$ ein zweiter Ortsvektor, so kann man den Summenvektor $\boldsymbol{x} + \boldsymbol{y}$ in bekannter Weise nach dem Parallelogrammprinzip definieren (vgl. Abbildung 1.1).

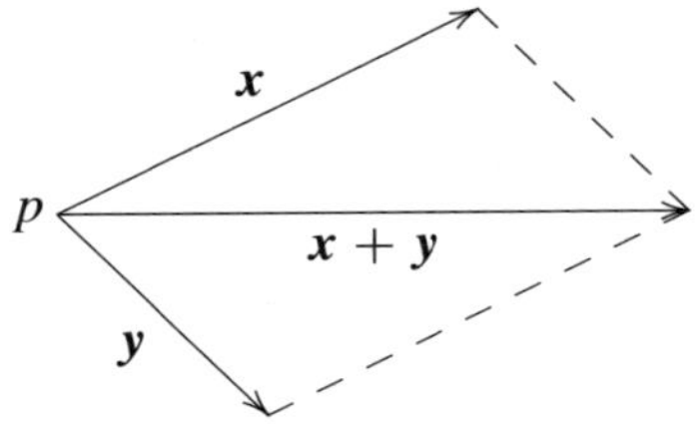

Abbildung 1.1

Einfache geometrische Überlegungen zeigen nun, daß die Ortsvektoren hinsichtlich dieser Addition als Verknüpfungsoperation eine abelsche Gruppe bilden. So folgt z. B. das Assoziativgesetz aus der in Abbildung 1.2 angedeuteten Kongruenz der Dreiecke ΔABE und ΔEFA.

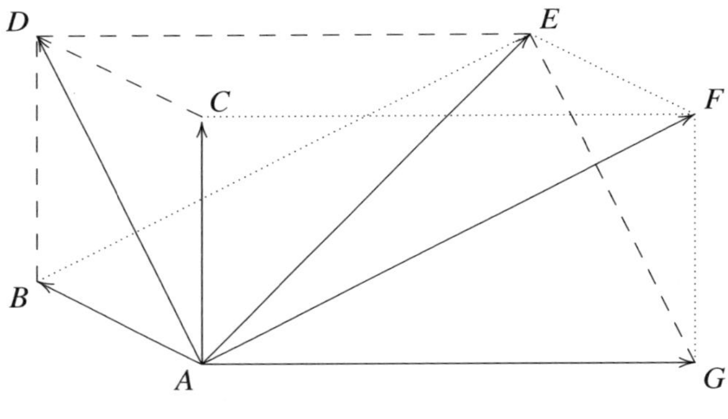

Abbildung 1.2

$$\boldsymbol{x} = \overrightarrow{AB}, \quad \boldsymbol{y} = \overrightarrow{AC}, \quad \boldsymbol{x} + \boldsymbol{y} = \overrightarrow{AD}, \quad \boldsymbol{z} = \overrightarrow{AG}, \quad \boldsymbol{y} + \boldsymbol{z} = \overrightarrow{AF},$$
$$(\boldsymbol{x} + \boldsymbol{y}) + \boldsymbol{z} = \overrightarrow{AD} + \overrightarrow{DE} = \overrightarrow{AE} = \overrightarrow{AF} + \overrightarrow{FE} = (\boldsymbol{y} + \boldsymbol{z}) + \boldsymbol{x} = \boldsymbol{x} + (\boldsymbol{y} + \boldsymbol{z}).$$

Das neutrale Element dieser Gruppe ist der zu einem Punkt entartete Ortsvektor des Anfangspunktes selbst. Er heißt *Nullvektor* und wird mit $\boldsymbol{o}$ bezeichnet.

Daneben kann man aber auch jeden Ortsvektor $\boldsymbol{x}$ mit einer reellen Zahl a multiplizieren: Der Vektor $\boldsymbol{x}a$ sei derjenige Vektor, dessen Länge das $|a|$-fache der Länge des Vektors $\boldsymbol{x}$ ist und dessen Richtung im Fall $a > 0$ mit der Richtung von $\boldsymbol{x}$ übereinstimmt, im Fall $a < 0$ zu ihr entgegengesetzt gerichtet ist. Außerdem sei $\boldsymbol{x}0$ wieder der Ortsvektor des Anfangspunkts. Für diese zweite Operation der Multiplikation von Ortsvektoren mit reellen Zahlen gelten nun folgende Regeln, die sich leicht geometrisch nachweisen lassen:

$$\begin{aligned} \boldsymbol{x}(ab) &= (\boldsymbol{x}a)b \\ (\boldsymbol{x}+\boldsymbol{y})a &= \boldsymbol{x}a+\boldsymbol{y}a \\ \boldsymbol{x}(a+b) &= \boldsymbol{x}a+\boldsymbol{x}b \\ \boldsymbol{x}\cdot 1 &= \boldsymbol{x} \\ \boldsymbol{x}\cdot 0 &= \boldsymbol{o}. \end{aligned}$$

Der allgemeine Begriff des Vektorraums entsteht nun wie bei den Gruppen, Körpern und Ringen wieder durch eine entsprechende Abstraktion, die von der speziellen Natur der Vektoren und Rechenoperationen absieht. Diese Abstraktion geht hier sogar noch etwas weiter: Bei den Ortsvektoren wurden als Multiplikatoren reelle Zahlen benutzt. Bei der allgemeinen Begriffsbildung tritt an die Stelle der reellen Zahlen ein beliebiger kommutativer Körper F, der dann der Skalarenkörper genannt wird und dessen Elemente als *Skalare* bezeichnet werden.

1.5.1 Definition. Ein *Vektorraum* über dem Körper F besteht aus einer additiv geschriebenen, abelschen Gruppe V, deren Elemente *Vektoren* genannt werden, einem kommutativen Skalarenkörper F und einer Multiplikation, die jedem geordneten Paar $(\boldsymbol{x}, a)$ mit $\boldsymbol{x} \in V$ und $a \in F$ eindeutig einen Vektor $\boldsymbol{x}a \in V$ so zuordnet, daß folgende Axiome erfüllt sind:

(I) $\boldsymbol{x}(ab) = (\boldsymbol{x}a)b$ für alle $\boldsymbol{x} \in V,\ a, b \in F$. (Assoziativität)

(II) $(\boldsymbol{x}+\boldsymbol{y})a = \boldsymbol{x}a+\boldsymbol{y}a$ für alle $\boldsymbol{x}, \boldsymbol{y} \in V,\ a \in F$,
$\boldsymbol{x}(a+b) = \boldsymbol{x}a+\boldsymbol{x}b$ für alle $\boldsymbol{x} \in V,\ a, b \in F$. (Distributivität)

(III) $\boldsymbol{x}1 = \boldsymbol{x}$ für alle $\boldsymbol{x} \in V$ und für $1 \in F$.

Wie schon in diesen Axiomen sollen auch im allgemeinen Skalare und Vektoren mit kleinen lateinischen Buchstaben bezeichnet, Vektoren jedoch durch Fettdruck hervorgehoben werden. Zu beachten ist, daß die Rechenoperationen trotz gleicher Bezeichnung teilweise verschiedene Bedeutung haben: So steht z. B. auf der linken Seite der zweiten Gleichung von (II) die Summe zweier Skalare, auf der rechten Seite aber die Summe zweier Vektoren. Das Zeichen + bedeutet also auf der linken Seite die Addition im Skalarenkörper F, rechts hingegen die Vektoraddition in V. Ebenso treten auch in (I) verschiedene Arten der Multiplikation auf. In (II) wurde außerdem bereits eine der früheren Festsetzung entsprechende Vereinfachung benutzt. Die Multiplikation mit Skalaren soll stärker binden als die Vektoraddition; statt $(\boldsymbol{x}a) + \boldsymbol{y}$ soll also einfacher $\boldsymbol{x}a + \boldsymbol{y}$ geschrieben werden dürfen. Axiom (I) gestattet schließlich, auch bei mehrfacher Multiplikation mit Skalaren die Klammern fortzulassen.

Ebenso wie bei den Gruppen, Ringen und Körpern pflegt man auch einen Vektorraum nur mit dem einen Buchstaben V zu bezeichnen, der schon der Gruppe zugeordnet ist. Wenn der Skalarenkörper F besonders hervorgehoben werden soll, spricht man von einem *Vektorraum V über F* oder einem *F-Vektorraum*. Allgemein soll folgende Festsetzung gelten: Sofern nicht spezielle Skalarenkörper angegeben werden, soll der zu einem Vektorraum gehörende Skalarenkörper immer mit F bezeichnet werden. Treten in einem Zusammenhang mehrere Vektorräume gleichzeitig auf, so sollen sie immer denselben Skalarenkörper besitzen. Dieser darf ein beliebiger kommutativer Körper sein. Nur in Einzelfällen wird er einschränkenden Bedingungen unterworfen werden, die dann aber stets ausdrücklich angegeben werden. Für die Anwendung der Theorie sind allerdings diejenigen Vektorräume am wichtigsten, deren Skalarenkörper der Körper der reellen oder der komplexen Zahlen ist. Man spricht in diesen Fällen kurz von *reellen* bzw. *komplexen Vektorräumen.*

Daß der Skalarenkörper immer als kommutativ vorausgesetzt wird, ist zunächst nicht wesentlich. Manche der hier behandelten Sätze gelten samt ihren Beweisen sogar in noch erheblich allgemeineren Strukturen: Ändert man die Definition 1.4.1 dahingehend ab, daß man als Skalarenbereich einen beliebigen Ring R mit Einselement statt eines Körpers zuläßt, so nennt man V in diesem Fall einen *Modul* oder genauer einen *R-Modul*. Vektorräume sind also spezielle Moduln, nämlich Moduln über Körpern.

Die charakteristischen Operationen eines Vektorraums sind die Vektoraddition und die Multiplikation der Vektoren mit Skalaren. Diese beiden Operationen werden unter dem gemeinsamen Namen *lineare Operationen* zusammengefaßt.

Es sei jetzt V ein beliebiger Vektorraum. Da V eine additiv geschriebene, abelsche Gruppe ist, existiert in V ein eindeutig bestimmter neutraler Vektor. Dieser wird der *Nullvektor* genannt und mit $\boldsymbol{o}$ bezeichnet. Es gilt $\boldsymbol{o} + \boldsymbol{x} = \boldsymbol{x}$ für alle Vektoren $\boldsymbol{x} \in V$, und aus $\boldsymbol{x} + \boldsymbol{a} = \boldsymbol{a}$ für nur einen Vektor $\boldsymbol{a} \in V$ folgt bereits $\boldsymbol{x} = \boldsymbol{o}$. Ebenso existiert zu jedem Vektor $\boldsymbol{x}$ ein eindeutig bestimmter negativer Vektor $-\boldsymbol{x}$. Für ihn gilt $\boldsymbol{x} + (-\boldsymbol{x}) = \boldsymbol{o}$. Statt $\boldsymbol{a} + (-\boldsymbol{b})$ wird wieder kürzer $\boldsymbol{a} - \boldsymbol{b}$ geschrieben, und dieser Vektor wird der *Differenzvektor* von $\boldsymbol{a}$ und $\boldsymbol{b}$ genannt. In einem Vektorraum ist somit auch die Subtraktion unbeschränkt ausführbar.

1.5.2 Beispiele.

(a) Der Polynomring $F[X]$ über dem Körper F in der Unbestimmten X ist ein F-Vektorraum.

(b) Es sei $\mathbb{R}^{[a,b]}$ die Menge aller auf einem reellen Intervall $[a, b]$ definierten reellwertigen Funktionen. Für je zwei Funktionen $f, g \in \mathbb{R}^{[a,b]}$ sei $f + g$ diejenige Funktion, deren Werte durch

$$(f+g)(t) = f(t) + g(t) \quad (a \leqq t \leqq b)$$

bestimmt sind. Entsprechend sei für jede reelle Zahl c die Funktion fc durch

$$(fc)(t) = (f(t))\,c \quad (a \leqq t \leqq b)$$

definiert. Hinsichtlich der so erklärten linearen Operationen ist $\mathbb{R}^{[a,b]}$ ein reeller Vektorraum. Nullvektor ist die auf $[a, b]$ identisch verschwindende Funktion $\boldsymbol{o}$, d. h. $\boldsymbol{o}(t) = 0$ für alle $t \in [a, b]$.

(c) Es sei F ein kommutativer Körper, und $n > 0$ sei eine natürliche Zahl. Eine Folge $\boldsymbol{a} = (a_1, \ldots, a_n)$ von Elementen aus F wird dann ein *n-Tupel* genannt, und die Menge aller dieser n-Tupel wird mit F^n bezeichnet. Es seien nun $\boldsymbol{a} = (a_1, \ldots, a_n)$ und $\boldsymbol{b} = (b_1, \ldots, b_n)$ zwei nicht notwendig verschiedene n-Tupel aus F^n, und c sei ein Element aus F. Setzt man dann

$$\boldsymbol{a} + \boldsymbol{b} = (a_1 + b_1, \ldots, a_n + b_n) \quad \text{und} \quad \boldsymbol{a}c = (a_1 c, \ldots, a_n c),$$

so werden hierdurch die linearen Operationen in F^n definiert, und F^n wird zu einem Vektorraum über F. In ihm ist der Nullvektor $\boldsymbol{o}$ das aus lauter Nullen bestehende n-Tupel $(0, \ldots, 0)$. Man nennt diesen Vektorraum den *n-dimensionalen arithmetischen Vektorraum* über F. Der Fall $n = 1$ zeigt, daß man jeden kommutativen Körper als Vektorraum über sich selbst auffassen kann.

Abschließend sollen noch einige Regeln für das Rechnen in Vektorräumen hergeleitet werden, die weiterhin ohne besondere Hinweise benutzt werden.

1.5.3 Hilfssatz. *Für beliebige Vektoren $\boldsymbol{x}$ und Skalare c gilt:*

(a) $\boldsymbol{x} \cdot 0 = \boldsymbol{o}$ *und* $\boldsymbol{o} \cdot c = \boldsymbol{o}$.

(b) *Aus* $\boldsymbol{x} \cdot c = \boldsymbol{o}$ *folgt* $\boldsymbol{x} = \boldsymbol{o}$ *oder* $c = 0$.

Beweis: Wegen (II) gilt

$$\boldsymbol{x} \cdot 0 + \boldsymbol{x} \cdot 0 = \boldsymbol{x} \cdot (0 + 0) = \boldsymbol{x} \cdot 0$$

und

$$\boldsymbol{o} \cdot c + \boldsymbol{o} \cdot c = (\boldsymbol{o} + \boldsymbol{o}) \cdot c = \boldsymbol{o} \cdot c.$$

Aus der ersten Gleichung folgt $\boldsymbol{x} \cdot 0 = \boldsymbol{o}$, aus der zweiten $\boldsymbol{o} \cdot c = \boldsymbol{o}$. Weiter werde $\boldsymbol{x} \cdot c = \boldsymbol{o}$, aber $c \neq 0$ vorausgesetzt. Wegen (III) erhält man dann

$$\boldsymbol{x} = \boldsymbol{x} \cdot 1 = \boldsymbol{x} \cdot cc^{-1} = \boldsymbol{o} \cdot c^{-1} = \boldsymbol{o}.$$

♦

Für die Bildung des negativen Vektors gilt wieder $-(-\boldsymbol{x}) = \boldsymbol{x}$. Die Vektoren $-\boldsymbol{x}$ und $\boldsymbol{x}(-1)$ müssen jedoch zunächst unterschieden werden: $-\boldsymbol{x}$ ist der durch die Gleichung $\boldsymbol{x} + (-\boldsymbol{x}) = \boldsymbol{o}$ eindeutig bestimmte Vektor, während $\boldsymbol{x}(-1)$ aus $\boldsymbol{x}$ durch Multiplikation mit -1 hervorgeht. Der folgende Hilfssatz zeigt jedoch, daß beide Vektoren gleich sind.

1.5.4 Hilfssatz. $-\boldsymbol{x} = \boldsymbol{x}(-1)$.

Beweis: Wegen (II), (III) und Hilfssatz 1.5.3 gilt

$$\boldsymbol{x} + \boldsymbol{x}(-1) = \boldsymbol{x}1 + \boldsymbol{x}(-1) = \boldsymbol{x}\,(1 + (-1)) = \boldsymbol{x}0 = \boldsymbol{o}$$

und daher $\boldsymbol{x}(-1) = -\boldsymbol{x}$. ♦

1.6 Lineare Gleichungssysteme

Wichtige Anwendungen findet die Theorie der Vektorräume bei der Beschreibung der Lösungsgesamtheit eines linearen Gleichungssystems.

1.6.1 Definition. Ein *lineares Gleichungssystem* mit n Unbekannten und m Gleichungen hat folgende Form:

$$\text{(G)} \qquad \begin{array}{ccccccccc} a_{11} \cdot x_1 & + & a_{12} \cdot x_2 & + & \cdots & + & a_{1n} \cdot x_n & = & d_1 \\ a_{21} \cdot x_1 & + & a_{22} \cdot x_2 & + & \cdots & + & a_{2n} \cdot x_n & = & d_2 \\ \vdots & & & & & & \vdots & & \vdots \\ a_{m1} \cdot x_1 & + & a_{m2} \cdot x_2 & + & \cdots & + & a_{mn} \cdot x_n & = & d_m , \end{array}$$

wobei die *Koeffizienten* a_{ij} und die *absoluten Glieder* d_i Elemente aus einem Körper F sind. Die *Unbekannten* des Gleichungssystems sind $x_1, \ldots, x_n$.

1.6.2 Definition. Das geordnete n-Tupel $\boldsymbol{c} = (c_1, \ldots, c_n)$, wobei $c_1, \ldots, c_n \in F$, heißt *Lösung* von (G), wenn jede Gleichung von (G) durch Einsetzen der c_i für die x_i erfüllt wird. Die *Lösungsmenge* von (G) ist die Menge, die aus allen Lösungen von (G) besteht. Gibt es keine Lösung von (G), so ist die Lösungsmenge von (G) die leere Menge.

1.6.3 Bemerkungen.

(a) Das Gleichungssystem

$$\text{(I)} \qquad \begin{array}{rcrcrcr} 5 \cdot x_1 & + & 10 \cdot x_2 & + & 20 \cdot x_3 & = & 1000 \\ 1 \cdot x_1 & + & 1 \cdot x_2 & + & 1 \cdot x_3 & = & 100 \\ 12 \cdot x_1 & + & 12 \cdot x_2 & + & 20 \cdot x_3 & = & 1400 \end{array}$$

hat nur eine Lösung, nämlich (50, 25, 25).

(b) Ein Gleichungssystem (G) kann unlösbar sein, wie z. B.

$$\text{(II)} \qquad \begin{aligned} x_1 + x_2 &= 1 \\ x_1 + x_2 &= 0. \end{aligned}$$

(c) Ein lösbares Gleichungssystems kann mehr als nur eine Lösung besitzen, wie folgendes Beispiel zeigt. Das Gleichungssystem

$$\text{(III)} \qquad \begin{aligned} x_1 + x_2 + x_3 &= 3 \\ x_1 - x_2 + x_3 &= 1. \end{aligned}$$

hat z. B. die verschiedenen Lösungen $(1, 1, 1)$, $(2, 1, 0)$, $(3, 1, -1)$.

1.6.4 Definition. Sei (H) das lineare Gleichungssystem, das aus (G) entsteht, wenn man $d_i = 0$ für $i = 1, \dots, m$ setzt. (H) heißt das zu (G) gehörige *homogene lineare Gleichungssystem.* Das Gleichungssystem (G) heißt *inhomogen*, falls mindestens ein $d_i \neq 0$ ist.

1.6.5 Bemerkung. In den späteren Kapiteln wird gezeigt, daß die Lösungsgesamtheit des zu (G) gehörenden homogenen Gleichungssystems (H) ein F-Vektorraum ist. Die dort entwickelten theoretischen Ergebnisse und Algorithmen werden benutzt, um zu zeigen,

(a) ob (G) überhaupt eine Lösung hat,

(b) wie die Lösungsgesamtheit berechnet wird, falls (G) lösbar ist.

Dazu werden Lösungsverfahren angegeben.

1.7 Aufgaben

1.1 Zeigen Sie mittels vollständiger Induktion, daß jede n-elementige Menge M genau $\binom{n}{k} = \frac{n!}{k!(n-k)!}$ Teilmengen mit k Elementen für $0 \leq k \leq n$ besitzt.

1.2 Zeigen Sie: $\sum_{k=1}^{n} k = \frac{1}{2}n(n+1)$.

1.3 Zeigen Sie: $\sum_{k=1}^{n} k^2 = \frac{1}{6}n(n+1)(2n+1)$.

1.4 Bestimmen Sie die Lösungen der folgenden drei Gleichungssysteme:

$$\text{(a)} \qquad \begin{aligned} 2x + 2y - z &= 1 \\ x - y + z &= 1 \\ -x - 2y + 2z &= -1. \end{aligned}$$

(b)
$$\begin{aligned} 2x + 2y - 2z &= 1 \\ x - y + z &= 1 \\ -x - 2y + 2z &= -1. \end{aligned}$$

(c)
$$\begin{aligned} 2x + 2y - 2z &= 2 \\ x - y + z &= 1 \\ -x - 2y + 2z &= -1. \end{aligned}$$

1.5 Zeigen Sie, daß das folgende Gleichungssystem für alle ganzen Zahlen d, die von 2 verschieden sind, nicht lösbar ist.

$$\begin{aligned} x + y - 3z &= 0 \\ x + 3y - z &= d \\ y + z &= 1. \end{aligned}$$

1.6 Auf der Menge $\mathbb{R}$ der reellen Zahlen sei eine neue Art der Addition $\oplus$ definiert durch:

$$a \oplus b = \sqrt[3]{a^3 + b^3},$$

wobei es sich unter dem Wurzelzeichen um die übliche Addition des Körpers $\mathbb{R}$ handelt. Entsprechend bedeute ab das übliche Produkt von $\mathbb{R}$. Es muß jetzt a als Vektor und b als Skalar aufgefaßt werden. Sei ein neues, mit $\odot$ bezeichnetes Produkt auf $\mathbb{R}$ durch eine der beiden folgenden Gleichungen definiert:

(a) $a \odot b = ab$,

(b) $a \odot b = \sqrt[3]{ab}$.

In welchem Fall der so definierten linearen Operationen $\oplus$ und $\odot$ auf der Menge $\mathbb{R}$ liegt ein reeller Vektorraum vor?

1.7 Zeigen Sie, daß die vier komplexen Zahlen $1, -1, i, -i$ bezüglich der Multiplikation im Körper $\mathbb{C}$ der komplexen Zahlen eine abelsche Gruppe G bilden.

1.8 Zeigen Sie, daß die Menge G aller Abbildungen $f_{a,b} : \mathbb{R} \to \mathbb{R}$ mit $f_{a,b}(x) = ax + b$, wobei $a, b \in \mathbb{R}$ und $a \neq 0$, bezüglich der Hintereinanderausführung eine Gruppe mit Einselement $f_{1,0}$ bilden.

1.9 Zeigen Sie, daß die Menge $R = \{\frac{a}{b} \in \mathbb{Q} \mid a, b \in \mathbb{Z},\ b \text{ ungerade}\}$ einen kommutativen Ring mit Einselement $1 \in \mathbb{Q}$ bildet, der kein Körper ist.

2 Struktur der Vektorräume

In diesem Kapitel werden zunächst Begriffsbildungen behandelt, die sich unmittelbar aus der Definition des Vektorraums ableiten lassen und sich auf nur einen Vektorraum beziehen. Im Mittelpunkt dieser Betrachtungen steht der Begriff der Basis eines Vektorraums und der mit ihm eng zusammenhängende Begriff der linearen Unabhängigkeit von Vektoren. Mit diesen Hilfsmitteln ist es dann auch möglich, die Dimension eines Vektorraums zu definieren. Hierbei ergibt sich eine Aufteilung der Vektorräume in endlich-dimensionale und solche unendlicher Dimension.

In den ersten beiden Abschnitten werden die grundlegenden Begriffe und Beweismethoden für endlich erzeugte Unterräume U eines beliebigen F-Vektorraums V behandelt. Es wird gezeigt, daß U eine Basis aus endlich vielen Vektoren besitzt und daß alle Basen von U aus gleich vielen Vektoren bestehen. Diese allen Basen gemeinsame Anzahl wird die Dimension von U genannt. Die Beweise für diese Ergebnisse sind konstruktiv und elementar. Die Theorie der endlich-dimensionalen Vektorräume V ergibt sich als Spezialfall.

Wesentlich für das konkrete Rechnen mit Vektoren ist schließlich, daß man in endlich-dimensionalen Vektorräumen hinsichtlich einer Basis jeden Vektor durch endlich viele Skalare, seine Koordinaten, beschreiben kann. Der Koordinatenbegriff gestattet es, das Rechnen mit Vektoren auf das Rechnen im Skalarenkörper zurückzuführen. Daraus ergibt sich, daß die algebraische Struktur eines endlich-dimensionalen Vektorraums V über einem Körper F im wesentlichen durch die Dimension von V bestimmt ist.

Im dritten Abschnitt werden direkte Summen von Unterräumen eines beliebigen F-Vektorraumes V behandelt. Mit Hilfe des Zornschen Lemmas wird gezeigt, daß sich jeder Vektorraum V in eine direkte Summe von eindimensionalen Unterräumen zerlegen läßt. Dieser Struktursatz ist ein grundlegendes Ergebnis für unendlich-dimensionale Vektorräume. Er besagt nicht nur, daß jeder F-Vektorraum V eine Basis B besitzt, sondern auch, daß alle Rechnungen mit jeweils endlich vielen Vektoren aus V in einem endlich-dimensionalen Unterraum U von V stattfinden, der eine endliche Teilmenge B' von B zur Basis hat. Daher wird auch im unendlichen Fall das Rechnen mit Vektoren auf die Addition und Multiplikation im Skalarenkörper F zurückgeführt.

2.1 Unterräume

In diesem Abschnitt werden nicht-leere Teilmengen U eines Vektorraums V über einem kommutativen Körper F untersucht, die gegenüber den linearen Operationen abgeschlossen sind und selbst einen Vektorraum bilden. Solche Teilmengen sind Unterräume von V im Sinne der folgenden Definition.

2.1.1 Definition. Eine Teilmenge U eines Vektorraums V über dem Körper F heißt *Unterraum* von V, wenn sie nicht leer ist und die beiden folgenden Bedingungen erfüllt sind.

(a) $\boldsymbol{v}_1 + \boldsymbol{v}_2 \in U$ für alle $\boldsymbol{v}_1, \boldsymbol{v}_2 \in U$.

(b) $\boldsymbol{v} \cdot a \in U$ für alle $\boldsymbol{v} \in U$ und $a \in F$.

Bezeichnung: $U \leq V$.

Man beachte, daß man (a) und (b) in der folgenden Bedingung zusammenfassen kann:

(c) $(\boldsymbol{v}_1 + \boldsymbol{v}_2)a \in U$ für alle $\boldsymbol{v}_1, \boldsymbol{v}_2 \in U$ und $a \in F$.

2.1.2 Beispiele.

(a) Die Menge $\{(a, 0, 0) \mid a \in F\} \subseteq F^3$ ist ein Unterraum von F^3.

(b) $\{(a, b, 0) \mid a, b \in F\} \subseteq F^3$ ist ebenso ein Unterraum von F^3.

(c) $U = \{(a, 1, 0) \mid a \in F\}$ ist jedoch kein Unterraum von F^3.

(d) Jeder Vektorraum V ist ein Unterraum von sich selbst.

(e) Die Menge $\{\boldsymbol{o}\}$ ist ein Unterraum von V. Man nennt $\{\boldsymbol{o}\}$ den *Nullraum* des Vektorraums V.

(f) Sei V ein Vektorraum über dem Körper F und $\boldsymbol{v} \neq \boldsymbol{o}$ ein Vektor von V. Dann ist $\boldsymbol{v} \cdot F = \{\boldsymbol{v} \cdot a \mid a \in F\}$ ein nicht trivialer Unterraum von V; denn $\boldsymbol{v} \cdot a_1 + \boldsymbol{v} \cdot a_2 = \boldsymbol{v}(a_1 + a_2)$ und $(\boldsymbol{v}a_1)a_2 = \boldsymbol{v}(a_1 a_2)$ für alle $a_1, a_2 \in F$.

(g) In dem *Funktionenraum* $V = \mathbb{R}^{[a,b]}$ (vgl. 1.5.2 c)) bilden die Teilmengen aller integrierbaren, aller stetigen oder aller differenzierbaren Funktionen je einen Unterraum. Ebenso ist die Teilmenge aller Polynome ein Unterraum von V. In der angegebenen Reihenfolge sind sie sogar Unterräume voneinander.

2.1.3 Satz. *Jeder Unterraum U eines Vektorraumes V über dem Körper F ist ein Vektorraum.*

Beweis: Nach Bedingung (b) von Definition 2.1.1 gilt $-\boldsymbol{u} = \boldsymbol{u}(-1) \in U$ für alle $\boldsymbol{u} \in U$. Aus Bedingung (a) derselben Definition folgt $\boldsymbol{u}_1 - \boldsymbol{u}_2 \in U$ für alle Paare $\boldsymbol{u}_1, \boldsymbol{u}_2 \in U$. Da V eine abelsche Gruppe ist, ist U ebenfalls eine abelsche Gruppe nach Hilfssatz 1.3.10. Die Assoziativ- und Distributivgesetze und die Forderung $\boldsymbol{x} \cdot 1 = \boldsymbol{x}$ aus Definition 1.5.1 vererben sich wegen Definition 2.1.1 von V auf U. ♦

2.1.4 Definition. Sei V ein Vektorraum über dem Körper F. Der Vektor $\boldsymbol{v} \in V$ heißt eine *Linearkombination* der Vektoren $\boldsymbol{v}_1, \dots, \boldsymbol{v}_r \in V$, falls es Skalare $a_1, a_2, \dots, a_r \in F$ gibt derart, daß $\boldsymbol{v} = \boldsymbol{v}_1 a_1 + \boldsymbol{v}_2 a_2 + \dots + \boldsymbol{v}_r a_r$.

2.1.5 Beispiele.

(a) Seien $\boldsymbol{v}_1 = (2, -1, 0)$ und $\boldsymbol{v}_2 = (1, 1, 0)$ Elemente aus $\mathbb{Q}^3$. Dann ist $\boldsymbol{v}_3 = (5, 8, 0) \in \mathbb{Q}^3$ eine Linearkombination von $\boldsymbol{v}_1$ und $\boldsymbol{v}_2$, denn es ist $\boldsymbol{v}_3 = \boldsymbol{v}_1 \cdot (-1) + \boldsymbol{v}_2 \cdot 7$.

(b) Ist $\boldsymbol{v}_4 = (a, b, 0) \in \mathbb{Q}^3$ mit beliebigen Elementen a und b, so gilt allgemeiner $\boldsymbol{v}_4 = \boldsymbol{v}_1 \cdot \frac{a-b}{3} + \boldsymbol{v}_2 \cdot \frac{a+2b}{3}$, also ist auch $\boldsymbol{v}_4$ eine Linearkombination von $\boldsymbol{v}_1$ und $\boldsymbol{v}_2$.

(c) $\boldsymbol{v}_5 = (1, 1, 1)$ ist *keine* Linearkombination von $\boldsymbol{v}_1$ und $\boldsymbol{v}_2$, weil für $a_1, a_2 \in \mathbb{Q}$ mit $\boldsymbol{v}_5 = \boldsymbol{v}_1 a_1 + \boldsymbol{v}_2 \cdot a_2$ die Gleichungen

$$\begin{aligned} 2 \cdot a_1 + a_2 &= 1 \\ -a_1 + a_2 &= 1 \\ 0 \cdot a_1 + 0 \cdot a_2 &= 1 \end{aligned}$$

folgen. Die dritte Gleichung führt zum Widerspruch $0 = 1$.

Diese Beispiele zeigen, daß die Menge aller Linearkombinationen von $\boldsymbol{v}_1$ und $\boldsymbol{v}_2$ gleich $\{(a, b, 0) \mid a, b \in \mathbb{Q}\}$ ist.

Im folgenden sei V stets ein Vektorraum über dem Körper F.

2.1.6 Satz. *Seien $\boldsymbol{v}_1, \dots, \boldsymbol{v}_r \in V$. Dann ist die Menge $L = \left\{ \sum_{i=1}^r \boldsymbol{v}_i \cdot a_i \mid a_i \in F \right\}$ aller Linearkombinationen der $\boldsymbol{v}_i$ ein Unterraum von V.*

Beweis: Sicherlich ist $\boldsymbol{o} = \boldsymbol{v}_1 \cdot 0 + \boldsymbol{v}_2 \cdot 0 + \dots + \boldsymbol{v}_r \cdot 0 \in L$, d. h. $L \neq \emptyset$. Sind $w_1, w_2 \in L$, dann existieren $a_1, \dots, a_r, b_1, \dots, b_r \in F$ so, daß $\boldsymbol{w}_1 = \boldsymbol{v}_1 \cdot a_1 + \dots + \boldsymbol{v}_r \cdot a_r$ und $\boldsymbol{w}_2 = \boldsymbol{v}_1 \cdot b_1 + \dots + \boldsymbol{v}_r \cdot b_r$. Also ist

$$\boldsymbol{w}_1 + \boldsymbol{w}_2 = \boldsymbol{v}_1 \cdot (a_1 + b_1) + \dots + \boldsymbol{v}_r \cdot (a_r + b_r) \in L.$$

Für jedes $c \in F$ ist $\boldsymbol{w}_1 \cdot c = \boldsymbol{v}_1 \cdot (a_1 \cdot c) + \dots + \boldsymbol{v}_r \cdot (a_r \cdot c) \in L$. Somit ist L ein Unterraum von V. ♦

2.1.7 Definition. Seien $\boldsymbol{v}_1, \ldots, \boldsymbol{v}_r \in V$. Das *Erzeugnis* der Vektoren $\boldsymbol{v}_i$ ist der Unterraum $L = \left\{ \sum_{i=1}^{r} \boldsymbol{v}_i \cdot a_i \mid a_i \in F \right\}$, der aus allen Linearkombinationen der $\boldsymbol{v}_i$ besteht. L heißt auch *der von den Vektoren $\boldsymbol{v}_i$ erzeugte* Unterraum. Man schreibt auch $L = \langle \boldsymbol{v}_i \mid 1 \leq i \leq r \rangle$. Wenn $r = 0$ ist, setzt man $L = \{\boldsymbol{o}\}$.

2.1.8 Satz. *Der Durchschnitt beliebig vieler Unterräume eines Vektorraums ist selbst wieder ein Unterraum.*

Beweis: Sei $\boldsymbol{S}$ ein nicht-leeres System von Unterräumen und

$$D = \bigcap \{U \mid U \in \boldsymbol{S}\}$$

ihr Durchschnitt. Da $\boldsymbol{o} \in U$ für alle $U \in \boldsymbol{S}$ gilt, ist $\boldsymbol{o} \in D$. Also ist $D \neq \emptyset$. Aus $\boldsymbol{a}, \boldsymbol{b} \in D$ folgt $\boldsymbol{a}, \boldsymbol{b} \in U$ für alle $U \in \boldsymbol{S}$. Wegen 2.1.1 gilt dann auch $\boldsymbol{a} + \boldsymbol{b} \in U$ für alle $U \in \boldsymbol{S}$ und somit $\boldsymbol{a} + \boldsymbol{b} \in D$. Ebenso folgt für $c \in F$ und $\boldsymbol{a} \in D$ zunächst $\boldsymbol{a}c \in U$ für alle $U \in \boldsymbol{S}$ und damit $\boldsymbol{a}c \in D$. Wegen Definition 2.1.1 ist daher D ein Unterraum. ♦

Mittels Satz 2.1.8 lassen sich die Definition 2.1.7 und der Satz 2.1.6 auf beliebige Teilmengen M von Vektoren des Vektorraumes V verallgemeinern.

2.1.9 Definition. Es sei jetzt M eine beliebige Teilmenge eines Vektorraums V. Dann ist das System $\boldsymbol{S}$ aller Unterräume U von V mit $M \subseteq U$ wegen $V \in \boldsymbol{S}$ nicht leer, und der Durchschnitt von $\boldsymbol{S}$ ist nach Satz 2.1.8 wieder ein Unterraum von V. Er ist offenbar der kleinste Unterraum von V, der die Menge M enthält. Man nennt ihn den von der *Menge M erzeugten Unterraum.*
Bezeichnung: $\langle M \rangle = \bigcap \{U \mid M \subseteq U,\ U \text{ Unterraum von } V\}$.

2.1.10 Satz. *Der von einer nicht-leeren Teilmenge M eines Vektorraums V erzeugte Unterraum $\langle M \rangle$ besteht aus genau allen Linearkombinationen von jeweils endlich vielen Vektoren aus M. Ferner gilt $\langle \emptyset \rangle = \{\boldsymbol{o}\}$.*

Beweis: Addiert man zwei Linearkombinationen von M oder multipliziert man eine Linearkombination von M mit einem Skalar, so erhält man offenbar wieder eine Linearkombination von M. Wegen Definition 2.1.1 ist daher die Menge Y aller Linearkombinationen von M ein Unterraum von V. Jeder Vektor $\boldsymbol{a} \in M$ ist wegen $\boldsymbol{a} = \boldsymbol{a} \cdot 1$ eine Linearkombination von M. Daher gilt $M \subseteq Y$, und es folgt $\langle M \rangle \leq Y$ nach Definition 2.1.9. Andererseits muß $\langle M \rangle$ als Unterraum mit je endlich vielen Vektoren aus M auch jede ihrer Linearkombinationen enthalten; d. h. es gilt umgekehrt $Y \leq \langle M \rangle$. Zusammen ergibt dies die behauptete Gleichung $\langle M \rangle = Y$. Ferner ist $\{\boldsymbol{o}\}$ der kleinste Unterraum von V, und es ist auch $\emptyset \subset \{\boldsymbol{o}\}$ erfüllt. ♦

2.1.11 Bemerkung. Ist $\mathcal{S}$ ein System von Unterräumen U eines Vektorraums V, so ist die Vereinigungsmenge $\bigcup\{U \mid U \in \mathcal{S}\}$ dieses Systems im allgemeinen kein Unterraum von V.

2.1.12 Definition. Seien U_1, U_2 zwei Unterräume des Vektorraumes V. Dann ist die *Summe* von U_1 und U_2 erklärt durch $U_1 + U_2 = \{u_1 + u_2 \mid u_1 \in U_1 \text{ und } u_2 \in U_2\}$.

2.1.13 Satz. *Die Summe $U_1 + U_2$ zweier Unterräume U_1, U_2 von V ist ein Unterraum von V.*

Beweis: Mit U_1 und U_2 ist auch $U_1 + U_2$ gegenüber den linearen Operationen abgeschlossen. ♦

2.2 Basis und Dimension

In diesem Abschnitt wird gezeigt, daß jeder endlich erzeugte Unterraum U des Vektorraums V über dem Körper F eine „Basis" besitzt, und je zwei „Basen" von U gleich viele Elemente besitzen. Da das Rechnen mit endlich vielen Vektoren in einem nicht endlich-dimensionalen Vektorraum V stets in einem endlich erzeugten Unterraum U von V durchgeführt wird, sind die in diesem Abschnitt entwickelten Ergebnisse über die Struktur eines endlich erzeugten Unterraums U von V auch für das Studium beliebiger Vektorräume V von grundlegender Bedeutung. Darüber hinaus ergibt sich die Theorie der endlich-dimensionalen Vektorräume als Spezialfall.

Sind nun $\boldsymbol{v}_1, \boldsymbol{v}_2, \ldots, \boldsymbol{v}_r$ endlich viele Vektoren des F-Vektorraums V und $U = \langle \boldsymbol{v}_i \mid 1 \leq i \leq r\rangle$ der von ihnen erzeugte Unterraum von V, dann läßt sich nach Definition 2.1.7 jeder Vektor $\boldsymbol{u} \in U$ als eine Linearkombination

$$\boldsymbol{u} = \sum_{i=1}^{r} \boldsymbol{v}_i a_i \quad \text{mit } a_i \in F$$

darstellen. Dies gilt insbesondere für den Nullvektor $\boldsymbol{o}$. Eine mögliche Darstellung des Nullvektors ist

$$\boldsymbol{o} = \boldsymbol{v}_1 \cdot 0 + \boldsymbol{v}_2 \cdot 0 + \cdots + \boldsymbol{v}_r \cdot 0;$$

man nennt sie die *triviale Darstellung* von $\boldsymbol{o}$. Es kann aber bei geeigneten Vektoren $\boldsymbol{v}_1, \boldsymbol{v}_2, \ldots, \boldsymbol{v}_r$ auch nicht triviale Darstellungen

$$\boldsymbol{o} = \sum_{i=1}^{r} \boldsymbol{v}_i a_i, \quad a_i \in F,$$

geben, bei denen mindestens ein $a_i \neq 0$ ist. Die folgende Definition betrifft den Sonderfall, in dem dies nicht möglich ist.

2.2.1 Definition. Die Vektoren $\boldsymbol{v}_1, \dots, \boldsymbol{v}_r \in V$ heißen *linear unabhängig*, wenn aus

$$\boldsymbol{v}_1 \cdot a_1 + \dots + \boldsymbol{v}_r \cdot a_r = \boldsymbol{o} \quad \text{mit } a_i \in F$$

folgt, daß $a_1 = \dots = a_r = 0$. Andernfalls werden sie *linear abhängig* genannt.

Eine endliche *Teilmenge* M von V heißt *linear unabhängig*, wenn entweder $M = \emptyset$ oder M aus endlich vielen linear unabhängigen Vektoren $\boldsymbol{v}_1, \boldsymbol{v}_2, \dots, \boldsymbol{v}_r$ von V besteht, die paarweise verschieden sind, falls $r > 1$ ist. Andernfalls ist die *Menge M linear abhängig.*

Es sei hier bemerkt, daß diese Definition in 2.3.7 auf nicht notwendig endliche Teilmengen so verallgemeinert wird, daß der Fall $M = \emptyset$ nicht gesondert behandelt werden muß.

2.2.2 Definition. Im n-dimensionalen arithmetischen Vektorraum F^n über dem Körper F sind die n *Einheitsvektoren* $\boldsymbol{e}_i$, $1 \le i \le n$, definiert durch

$$\boldsymbol{e}_i = (a_1, a_2, \dots, a_n) \quad \text{mit } a_j = \begin{cases} 1 & \text{für } j = i, \\ 0 & \text{für } j \ne i. \end{cases}$$

2.2.3 Beispiele.

(a) Die Einheitsvektoren $\boldsymbol{e}_i \in F^n$, $1 \le i \le n$, sind linear unabhängig. Denn aus

$$(0, 0, \dots, 0) = \boldsymbol{o} = \sum_{i=1}^{n} \boldsymbol{e}_i \cdot a_i = (a_1, a_2, \dots, a_n)$$

folgt $a_i = 0$ für $i = 1, 2, \dots, n$.

(b) Sei $\boldsymbol{v}_1 = (2, 1, 0)$, $\boldsymbol{v}_2 = (1, 0, 1)$, $\boldsymbol{v}_3 = (3, 1, 1)$. Dann sind $\boldsymbol{v}_1$, $\boldsymbol{v}_2$ und $\boldsymbol{v}_3$ linear abhängig; denn

$$\boldsymbol{v}_1 + \boldsymbol{v}_2 + \boldsymbol{v}_3 \cdot (-1) = \boldsymbol{o}.$$

(c) Ein einzelner Vektor $\boldsymbol{v} \in V$ ist genau dann linear abhängig, wenn $\boldsymbol{v} = \boldsymbol{o}$.

(d) Wenn die Teilmenge $M = \{\boldsymbol{v}_1, \boldsymbol{v}_2, \dots, \boldsymbol{v}_n\}$ von V den Nullvektor $\boldsymbol{o}$ enthält, ist sie linear abhängig.

Methoden für den Nachweis der linearen Abhängigkeit bzw. Unabhängigkeit endlich vieler Vektoren werden im zweiten Abschnitt des dritten (3.2.11) und im ersten Abschnitt des vierten (4.1.18) Kapitels dargestellt.

2.2.4 Definition. Die Teilmenge M des Vektorraums V heißt ein *Erzeugendensystem* von V, falls $V = \langle M \rangle$ gilt. Der Vektorraum V heißt *endlich erzeugt*, wenn er ein endliches Erzeugendensystem besitzt.

Der Nullraum $\{\boldsymbol{o}\}$ wird vom Nullvektor $\boldsymbol{o}$ und auch von $\emptyset$ erzeugt.

2.2.5 Definition. Die Menge $\{\boldsymbol{v}_1, \boldsymbol{v}_2, \dots, \boldsymbol{v}_r\}$ der endlich vielen Vektoren $\boldsymbol{v}_i$ von V, $1 \le i \le r$, ist eine *Basis* von V, falls

(a) V von $\{\boldsymbol{v}_1, \boldsymbol{v}_2, \dots, \boldsymbol{v}_r\}$ erzeugt wird und

(b) die Vektoren $\boldsymbol{v}_1, \boldsymbol{v}_2, \dots, \boldsymbol{v}_r$ linear unabhängig sind.

2.2.6 Beispiele.

(a) Der Nullraum $\{\boldsymbol{o}\}$ hat die leere Menge $\emptyset$ als einzige Basis.

(b) Die Einheitsvektoren $\boldsymbol{e}_1, \dots, \boldsymbol{e}_n$ bilden eine Basis von F^n. Sie wird die *kanonische Basis* von F^n genannt. Sie ist jedoch nicht die einzige Basis von F^n. So bilden $\boldsymbol{a}_1 = (1, 1)$ und $\boldsymbol{a}_2 = (1, 0)$ in $\mathbb{Q}^2$ ebenfalls eine Basis.

(c) $\boldsymbol{v}_1 = (1, 1)$, $\boldsymbol{v}_2 = (1, 2)$, $\boldsymbol{v}_3 = (2, 1) \in \mathbb{Q}^2$ sind ein Erzeugendensystem von $\mathbb{Q}^2$, aber sie bilden keine Basis von $\mathbb{Q}^2$. Hingegen bilden die Vektoren $\boldsymbol{v}_1$ und $\boldsymbol{v}_2$ eine Basis von $\mathbb{Q}^2$.

Es sei im folgenden U stets ein endlich erzeugter Unterraum des Vektorraums V über dem Körper F.

2.2.7 Satz. *Jedes Erzeugendensystem $\{\boldsymbol{v}_1, \dots, \boldsymbol{v}_r\}$ von U enthält eine Basis von U.*

Beweis: Durch vollständige Induktion über r. Ist $U = \{\boldsymbol{o}\}$ der Nullraum, so ist die leere Menge $\emptyset$ eine Basis von U. In diesem Fall ist die Behauptung trivial. Ohne Beschränkung der Allgemeinheit kann daher angenommen werden, daß alle $\boldsymbol{v}_i \ne \boldsymbol{o}$ für $i = 1, 2, \dots, r$.

Induktionsanfang: $r = 1$. Nach Voraussetzung wird U von $\boldsymbol{v}_1$ erzeugt. Da $\boldsymbol{v}_1 \ne \boldsymbol{o}$ ist, ist $\boldsymbol{v}_1$ linear unabhängig. Also ist $\{\boldsymbol{v}_1\}$ eine Basis von U.

Induktionsvoraussetzung: Die Behauptung des Satzes sei richtig für alle Unterräume, die ein Erzeugendensystem mit weniger als r Elementen besitzen.

Induktionsschluß: Wenn $\boldsymbol{v}_1, \dots, \boldsymbol{v}_r$ linear unabhängig sind, dann ist $\{\boldsymbol{v}_1, \dots, \boldsymbol{v}_r\}$ eine Basis von U nach Definition 2.2.5. Andernfalls gibt es eine Linearkombination $\boldsymbol{o} = \boldsymbol{v}_1 \cdot a_1 + \dots + \boldsymbol{v}_r \cdot a_r$, bei der nicht alle Skalare a_i gleich 0 sind. Bei geeigneter Numerierung kann man $a_r \ne 0$ annehmen. Dann ist $\boldsymbol{v}_r = (\boldsymbol{v}_1 \cdot a_1 + \dots + \boldsymbol{v}_{r-1} \cdot a_{r-1})(-a_r^{-1})$ eine Linearkombination von $\boldsymbol{v}_1, \dots, \boldsymbol{v}_{r-1}$. Also ist $\{\boldsymbol{v}_1, \dots, \boldsymbol{v}_{r-1}\}$ ein Erzeugendensystem von U. Diese Menge von $r - 1$ Vektoren enthält somit nach Induktionsvoraussetzung eine Basis von U. ♦

2.2.8 Satz. *Sei $\{\boldsymbol{u}_1, \boldsymbol{u}_2, \dots, \boldsymbol{u}_r\}$ eine Basis von U. Dann sind jeweils $r + 1$ Vektoren $\boldsymbol{v}_1, \boldsymbol{v}_2, \dots, \boldsymbol{v}_{r+1}$ von U linear abhängig.*

Beweis: Durch vollständige Induktion über r. Dabei durchläuft U alle Unterräume des Vektorraums V, die von r Elementen erzeugt werden. Jede Menge von Vektoren, die den Nullvektor enthält, ist linear abhängig. Daher kann man $\boldsymbol{v}_i \neq 0$ für $i = 1, 2, \dots, r, r+1$ annehmen.

Induktionsanfang: Ist $r = 1$, dann ist $\boldsymbol{v}_1 = \boldsymbol{u}_1 f_1$ und $\boldsymbol{v}_2 = \boldsymbol{u}_1 f_2$ für geeignete Elemente $0 \neq f_i \in F$. Wegen $\boldsymbol{v}_1 \cdot f_2 + \boldsymbol{v}_2 \cdot (-f_1) = \boldsymbol{u}_1 \cdot (f_1 f_2 - f_2 f_1) = \boldsymbol{o}$ sind $\boldsymbol{v}_1$ und $\boldsymbol{v}_2$ linear abhängig.

Induktionsvoraussetzung: Die Behauptung des Satzes sei richtig für alle Unterräume U', die eine Basis mit weniger als r Elementen besitzen.

Induktionsschluß: Schreibt man $\boldsymbol{v}_1$ als Linearkombination von $\boldsymbol{u}_1, \dots, \boldsymbol{u}_r$, dann können also nicht alle Koeffizienten gleich 0 sein. Bei geeigneter Numerierung der $\boldsymbol{u}_i$'s ist der Koeffizient a_1 bei $\boldsymbol{u}_1$ von Null verschieden, also

$$\boldsymbol{v}_1 = \boldsymbol{u}_1 \cdot a_1 + \boldsymbol{y}_1$$

mit $a_1 \neq 0$ und einer Linearkombination $\boldsymbol{y}_1$ von $\boldsymbol{u}_2, \dots, \boldsymbol{u}_r$. Sei $U' = \langle \boldsymbol{u}_i \mid 2 \leq i \leq r \rangle$ der von diesen $r - 1$ Elementen $\boldsymbol{u}_i$ erzeugte Unterraum von V. Dann ist $\{\boldsymbol{u}_2, \boldsymbol{u}_3, \dots, \boldsymbol{u}_r\}$ eine Basis von U', weil die $\boldsymbol{u}_i$ linear unabhängige Vektoren sind. Der Vektor $\boldsymbol{y}_1$ liegt im Unterraum U'. Für $j = 2, \dots, r+1$ kann man ebenso

$$\boldsymbol{v}_j = \boldsymbol{u}_1 \cdot a_j + \boldsymbol{y}_j$$

mit einem Skalar a_j und einem Vektor $\boldsymbol{y}_j \in U'$ schreiben. Für $j = 2, \dots, r+1$ setzen wir $\boldsymbol{w}_j = \boldsymbol{v}_j \cdot a_1 - \boldsymbol{v}_1 \cdot a_j$. Dann gilt für alle j mit $2 \leq j \leq r+1$, daß

$$\begin{aligned} \boldsymbol{w}_j = \boldsymbol{v}_j \cdot a_1 - \boldsymbol{v}_1 \cdot a_j &= \boldsymbol{u}_1 a_j a_1 + \boldsymbol{y}_j a_1 - \boldsymbol{v}_1 a_j \\ &= \boldsymbol{u}_1 a_j a_1 + \boldsymbol{y}_j a_1 - \boldsymbol{u}_1 a_1 a_j - \boldsymbol{y}_1 a_j \\ &= \boldsymbol{y}_j \cdot a_1 - \boldsymbol{y}_1 \cdot a_j \in U'. \end{aligned}$$

Die r Vektoren $\boldsymbol{w}_2, \dots, \boldsymbol{w}_{r+1}$ liegen alle im Unterraum U', der eine Basis aus $r - 1$ Vektoren besitzt. Daher sind $\boldsymbol{w}_2, \dots, \boldsymbol{w}_{r+1}$ nach Induktionsannahme linear abhängig. Also gibt es Skalare $b_2, \dots, b_{r+1}$, welche nicht sämtlich gleich 0 sind, mit

$$\begin{aligned} \boldsymbol{o} &= \boldsymbol{w}_2 \cdot b_2 + \dots + \boldsymbol{w}_{r+1} \cdot b_{r+1} \\ &= \boldsymbol{v}_1 \cdot (-a_2 \cdot b_2 - \dots - a_{r+1} \cdot b_{r+1}) + \boldsymbol{v}_2 \cdot a_1 \cdot b_2 + \dots + \boldsymbol{v}_{r+1} \cdot a_1 \cdot b_{r+1}. \end{aligned}$$

Für ein $j \geq 2$ ist $b_j \neq 0$ und damit wegen $a_1 \neq 0$ auch $a_1 b_j \neq 0$. Also sind $\boldsymbol{v}_1, \dots, \boldsymbol{v}_{r+1}$ linear abhängig. ♦

2.2.9 Satz. *Seien $\boldsymbol{u}_1, \dots, \boldsymbol{u}_r$ linear unabhängige Vektoren in $U \leq V$, und sei $\{\boldsymbol{v}_1, \dots, \boldsymbol{v}_s\}$ ein Erzeugendensystem von U. Dann ist $r \leq s$.*

Beweis: Nach Satz 2.2.7 enthält $\{\boldsymbol{v}_1, \boldsymbol{v}_2, \ldots, \boldsymbol{v}_s\}$ eine Basis von U mit $t \leq s$ Vektoren. Durch Umnumerierung kann erreicht werden, daß $\{\boldsymbol{v}_1, \boldsymbol{v}_2, \ldots, \boldsymbol{v}_t\}$ eine Basis von U ist. Nach Satz 2.2.8 besteht die linear unabhängige Menge $\{\boldsymbol{u}_1, \ldots, \boldsymbol{u}_r\}$ aus höchstens t Vektoren, also $r \leq t \leq s$. ♦

2.2.10 Hilfssatz. *Seien $\boldsymbol{u}_1, \ldots, \boldsymbol{u}_r$ linear unabhängige Vektoren in V. Genau dann ist ein Vektor $\boldsymbol{v} \in V$ eine Linearkombination der Vektoren $\boldsymbol{u}_i$, wenn $\boldsymbol{v}, \boldsymbol{u}_1, \ldots, \boldsymbol{u}_r$ linear abhängig sind.*

Beweis: Wenn $\boldsymbol{v} = \boldsymbol{u}_1 \cdot a_1 + \cdots + \boldsymbol{u}_r \cdot a_r$, dann ist $\boldsymbol{o} = \boldsymbol{v} \cdot (-1) + \boldsymbol{u}_1 \cdot a_1 + \cdots + \boldsymbol{u}_r \cdot a_r$, und nicht alle Koeffizienten sind gleich 0. Also sind $\boldsymbol{v}, \boldsymbol{u}_1, \ldots, \boldsymbol{u}_r$ linear abhängig. Wenn umgekehrt $\boldsymbol{o} = \boldsymbol{v} \cdot b + \boldsymbol{u}_1 \cdot a_1 + \cdots + \boldsymbol{u}_r \cdot a_r$ gilt und nicht alle Koeffizienten gleich 0 sind, dann ist $b \neq 0$, denn sonst wären $\boldsymbol{u}_1, \ldots, \boldsymbol{u}_r$ linear abhängig. Daher ist $\boldsymbol{v} = \boldsymbol{u}_1 \cdot (-a_1/b) + \cdots + \boldsymbol{u}_r \cdot (-a_r/b)$ eine Linearkombination der Vektoren $\boldsymbol{u}_i$. ♦

2.2.11 Satz. *Sei U ein Unterraum des endlich erzeugten Vektorraumes V. Dann gilt:*

(a) *U ist ebenfalls endlich erzeugt und besitzt eine Basis.*

(b) *Je zwei Basen von U haben gleich viele Elemente.*

Insbesondere besitzt V eine endliche Basis, und je zwei Basen von V haben gleich viele Elemente.

Beweis: (a) Sind $\boldsymbol{u}_1, \ldots, \boldsymbol{u}_r$ linear unabhängige Vektoren aus U, dann sind sie auch linear unabhängig in V. Da V ein Erzeugendensystem mit n Elementen hat, ist $r \leq n$ nach Satz 2.2.9. Sei nun $B = \{\boldsymbol{u}_1, \ldots, \boldsymbol{u}_r\}$ eine maximale linear unabhängige Teilmenge von Vektoren $\boldsymbol{u}_i$ aus dem Unterraum U. Dann ist auch sie ein Erzeugendensystem von U, denn für jedes $\boldsymbol{v} \in U$ ist $\boldsymbol{v}, \boldsymbol{u}_1, \ldots, \boldsymbol{u}_r$ linear abhängig wegen der Maximalität von B. Also ist $\boldsymbol{v}$ eine Linearkombination von $\boldsymbol{u}_1, \ldots, \boldsymbol{u}_r$ nach Hilfssatz 2.2.10. Damit ist B eine Basis von U.

(b) Seien $B = \{\boldsymbol{u}_1, \boldsymbol{u}_2, \ldots, \boldsymbol{u}_r\}$ und $B' = \{\boldsymbol{u}'_1, \boldsymbol{u}'_2, \ldots, \boldsymbol{u}'_s\}$ zwei Basen des Unterraums U. Wendet man Satz 2.2.9 zunächst auf das Erzeugendensystem B' und die linear unabhängigen Vektoren $\boldsymbol{u}_1, \boldsymbol{u}_2, \ldots, \boldsymbol{u}_r$ an, dann folgt $r \leq s$. Aus der Symmetrie der Voraussetzungen ergibt sich analog, daß $s \leq r$. Also gilt $r = s$. ♦

2.2.12 Definition. Ist V ein endlich erzeugter F-Vektorraum, dann wird die allen Basen von V nach Satz 2.2.11 gemeinsame Anzahl ihrer Elemente die *Dimension* von V genannt und mit $\dim V$ bzw. $\dim_F V$ bezeichnet. In diesem Fall heißt V *endlich-dimensionaler Vektorraum.* Besitzt V jedoch keine endliche Basis, so heißt V *unendlich-dimensional*, und man setzt $\dim V = \infty$.

Nach den Sätzen 2.1.3 und 2.2.11 besitzt jeder endlich erzeugte Unterraum U eines beliebigen F-Vektorraums V eine endliche Dimension $\dim U$.

2.2.13 Beispiele.

(a) $\dim F^n = n$, denn $\{\boldsymbol{e}_1, \ldots, \boldsymbol{e}_n\}$ ist eine Basis von F^n.

(b) Sei $U = \{(a, b, 0) \in F^3 \mid a, b \in F\}$, dann bilden die Vektoren $\boldsymbol{v}_1 = (1, 0, 0)$ und $\boldsymbol{v}_2 = (0, 1, 0)$ eine Basis von U. Daher ist $\dim U = 2$.

(c) Die Dimension des Nullraumes $\{\boldsymbol{o}\}$ ist 0 (= Anzahl der Elemente von $\emptyset$).

2.2.14 Folgerung. *Sei U ein endlich erzeugter Unterraum des Vektorraumes V mit $\dim U = d$. Dann gilt:*

(a) *Folgende Eigenschaften der Elemente $u_1, \ldots, u_d \in U$ sind äquivalent:*

  (i) *$\{\boldsymbol{u}_1, \ldots, \boldsymbol{u}_d\}$ ist eine Basis von U.*

  (ii) *$\{\boldsymbol{u}_1, \ldots, \boldsymbol{u}_d\}$ ist linear unabhängig.*

  (iii) *$\{\boldsymbol{u}_1, \ldots, \boldsymbol{u}_d\}$ ist ein Erzeugendensystem von U.*

  (iv) *Jedes $\boldsymbol{u} \in U$ hat eine eindeutige Darstellung*

$$\boldsymbol{u} = \boldsymbol{u}_1 \cdot a_1 + \boldsymbol{u}_2 \cdot a_2 + \cdots + \boldsymbol{u}_d \cdot a_d \quad \textit{mit } a_i \in F.$$

  (v) *$\boldsymbol{o} \in U$ besitzt nur die triviale Darstellung.*

(b) $\dim U \leq \dim V$.

(c) *Wenn* $\dim U = \dim V$, *dann ist $U = V$.*

Beweis: (a) (i) $\Rightarrow$ (ii) ist trivial.

(ii) $\Rightarrow$ (iii) Wegen $\dim U = d$ sind jeweils $d + 1$ Vektoren $\boldsymbol{u}_1, \ldots, \boldsymbol{u}_d, \boldsymbol{u}$ von U nach Satz 2.2.7 linear abhängig. Nach Hilfssatz 2.2.10 ist $\boldsymbol{u}$ eine Linearkombination von $\boldsymbol{u}_1, \ldots, \boldsymbol{u}_d$, also ist dies ein Erzeugendensystem.

(iii) $\Rightarrow$ (i) Nach Satz 2.2.7 enthält $\boldsymbol{u}_1, \ldots, \boldsymbol{u}_d$ eine Basis. Da diese Basis wegen $\dim U = d$ ebenfalls d Elemente hat, ist $\{\boldsymbol{u}_1, \ldots, \boldsymbol{u}_d\}$ selbst schon eine Basis von U.

(i) $\Rightarrow$ (iv) Da $\boldsymbol{u}_1, \ldots, \boldsymbol{u}_d$ ein Erzeugendensystem von U ist, läßt sich jedes $\boldsymbol{u} \in U$ als Linearkombination der $\boldsymbol{u}_i$'s schreiben:

$$(*) \qquad \boldsymbol{u} = \boldsymbol{u}_1 \cdot a_1 + \cdots + \boldsymbol{u}_d \cdot a_d.$$

Wenn auch $\boldsymbol{u} = \boldsymbol{u}_1 \cdot b_1 + \cdots + \boldsymbol{u}_d \cdot b_d$, dann ist

$$\begin{aligned} \boldsymbol{o} &= \boldsymbol{u} - \boldsymbol{u} \\ &= \boldsymbol{u}_1 \cdot (a_1 - b_1) + \cdots + \boldsymbol{u}_d \cdot (a_d - b_d). \end{aligned}$$

Da die $\boldsymbol{u}_i$'s linear unabhängig sind, müssen alle Koeffizienten $a_i - b_i$ gleich 0 sein, d. h. $a_i = b_i$ für $i = 1, \ldots, d$. Die Darstellung $(*)$ von u ist also eindeutig.

(iv) $\Rightarrow$ (v) ist trivial.

(v) $\Rightarrow$ (iv). Hat $\boldsymbol{u} \in U$ die beiden Darstellungen

$$\boldsymbol{u} = \sum_{i=1}^{d} \boldsymbol{u}_i \cdot a_i = \sum_{i=1}^{d} \boldsymbol{u}_i \cdot b_i,$$

so hat $\boldsymbol{o}$ die Darstellung $\boldsymbol{o} = \sum_{i=1}^{d} \boldsymbol{u}_i(a_i - b_i)$. Wegen (v) folgt $a_i = b_i$ für $i = 1, 2, \ldots, d$.

(iv) $\Rightarrow$ (iii) ist trivial.

(b) Seien $\{\boldsymbol{u}_1, \ldots, \boldsymbol{u}_d\}$ und $\{\boldsymbol{v}_1, \ldots, \boldsymbol{v}_s\}$ je eine Basis von U bzw. V. Wegen Satz 2.2.9 ist $\dim U = d \leq s = \dim V$. Der Fall $\dim V = \infty$ ist trivial.

(c) Wenn $\dim V = d$, dann ist $\{\boldsymbol{u}_1, \ldots, \boldsymbol{u}_d\}$ nach (b) schon eine Basis von V. Wegen (a) ist daher V das Erzeugnis von $\boldsymbol{u}_1, \ldots, \boldsymbol{u}_d$. Also gilt $V = U$. ♦

2.2.15 Satz (Austauschsatz von Steinitz). *Seien $\boldsymbol{u}_1, \ldots, \boldsymbol{u}_r$ linear unabhängige Vektoren des Vektorraums V und $\{\boldsymbol{v}_1, \ldots, \boldsymbol{v}_s\}$ eine Basis von V. Dann gilt:*

(a) $r \leq s$.

(b) *Bei geeigneter Numerierung der Vektoren $\boldsymbol{v}_1, \boldsymbol{v}_2, \ldots, \boldsymbol{v}_s$ ist auch $\{\boldsymbol{u}_1, \boldsymbol{u}_2, \ldots, \boldsymbol{u}_r, \boldsymbol{v}_{r+1}, \ldots, \boldsymbol{v}_s\}$ eine Basis von V.*

Man erhält also wieder eine Basis von V, indem man r geeignete unter den Vektoren $\boldsymbol{v}_1, \boldsymbol{v}_2, \ldots, \boldsymbol{v}_s$ gegen die Vektoren $\boldsymbol{u}_1, \boldsymbol{u}_2, \ldots, \boldsymbol{u}_r$ austauscht. Umgekehrt kann man jede linear unabhängige Teilmenge $\boldsymbol{u}_1, \ldots, \boldsymbol{u}_r$ von V zu einer Basis von V erweitern.

Beweis: (a) Nach Satz 2.2.9 ist $r \leq s$.

(b) Ist $r = s$, so ist $\{\boldsymbol{u}_1, \boldsymbol{u}_2, \ldots, \boldsymbol{u}_r\}$ eine Basis von U nach Folgerung 2.2.14. Sei also $r < s$. Da $\{\boldsymbol{v}_1, \boldsymbol{v}_2, \ldots, \boldsymbol{v}_s\}$ eine Basis von U ist, ist mindestens einer ihrer Vektoren $\boldsymbol{v} \in \{\boldsymbol{v}_1, \boldsymbol{v}_2, \ldots, \boldsymbol{v}_s\}$ keine Linearkombination der Vektoren $\boldsymbol{u}_1, \boldsymbol{u}_2, \ldots, \boldsymbol{u}_r$. Nach Umnumerierung kann angenommen werden, daß $\boldsymbol{v} = \boldsymbol{v}_{r+1}$ ist. Nach Hilfssatz 2.2.10 sind dann die Vektoren $\boldsymbol{u}_1, \boldsymbol{u}_2, \ldots, \boldsymbol{u}_r, \boldsymbol{v}_{r+1}$ linear unabhängig. Durch $(s - r)$-malige Wiederholung dieses Arguments folgt die Behauptung (b); denn nach Folgerung 2.2.14 haben je zwei Basen von U gleich viele Elemente. Die beiden Zusätze ergeben sich sofort aus (b). ♦

2.2.16 Satz (Dimensionssatz). *Es seien U und W zwei endlich-dimensionale Unterräume eines Vektorraumes V. Dann gilt:*

$$\dim U + \dim W = \dim(U \cap W) + \dim(U + W).$$

Beweis: Nach den Sätzen 2.1.8 und 2.1.13 sind $U \cap W$ und $U + W$ Unterräume von V. Es sei $B_d = \{\boldsymbol{d}_1, \ldots, \boldsymbol{d}_r\}$ eine Basis von $U \cap W$. (Hierbei ist auch $r = 0$ zugelassen, wenn $U \cap W$ der Nullraum, die Basis also die leere Menge ist.) Nach Satz 2.2.15 kann B_d einerseits zu einer Basis $B_1 = \{\boldsymbol{d}_1, \ldots, \boldsymbol{d}_r, \boldsymbol{a}_1, \ldots, \boldsymbol{a}_s\}$ von U, andererseits auch zu einer Basis $B_2 = \{\boldsymbol{d}_1, \ldots, \boldsymbol{d}_r, \boldsymbol{b}_1, \ldots, \boldsymbol{b}_t\}$ von W erweitert werden. Zunächst soll jetzt gezeigt werden, daß $B = \{\boldsymbol{d}_1, \ldots, \boldsymbol{d}_r, \boldsymbol{a}_1, \ldots, \boldsymbol{a}_s, \boldsymbol{b}_1, \ldots, \boldsymbol{b}_t\}$ eine Basis des Summenraumes $U + W$ ist.

Jeder Vektor $\boldsymbol{x} \in U + W$ kann nach Definition 2.1.12 in der Form $\boldsymbol{x} = \boldsymbol{u} + \boldsymbol{w}$ mit $\boldsymbol{u} \in U$ und $\boldsymbol{w} \in W$ dargestellt werden. Da sich $\boldsymbol{u}$ als Linearkombination von B_1 und $\boldsymbol{w}$ als Linearkombination von B_2 darstellen läßt, ist $\boldsymbol{x}$ eine Linearkombination von B. Es gilt daher jedenfalls $\langle B \rangle = U + W$. Zum Nachweis der linearen Unabhängigkeit von B werde

$$\boldsymbol{d}_1 x_1 + \cdots + \boldsymbol{d}_r x_r + \boldsymbol{a}_1 y_1 + \cdots + \boldsymbol{a}_s y_s + \boldsymbol{b}_1 z_1 + \cdots + \boldsymbol{b}_t z_t = \boldsymbol{o},$$

also

$$\boldsymbol{d}_1 x_1 + \cdots + \boldsymbol{d}_r x_r + \boldsymbol{a}_1 y_1 + \cdots + \boldsymbol{a}_s y_s = -\boldsymbol{b}_1 z_1 - \cdots - \boldsymbol{b}_t z_t,$$

mit Elementen $x_i, y_j, z_k \in F$ vorausgesetzt. Da in der letzten Gleichung die linke Seite ein Vektor aus U, die rechte Seite aber ein Vektor aus W ist, müssen beide Seiten ein Vektor aus $U \cap W$ sein, der sich somit als Linearkombination von $\boldsymbol{d}_1, \ldots, \boldsymbol{d}_r$ darstellen lassen muß. Wegen der linearen Unabhängigkeit von B_1 und B_2 ergibt sich hieraus wegen Folgerung 2.2.14 (a) (iv) unmittelbar, daß $x_1 = \cdots = x_r = y_1 = \cdots = y_s = z_1 = \cdots = z_t = 0$ gilt. Es folgt jetzt

$$\dim U + \dim W = (r+s) + (r+t) = r + (r+s+t) = \dim(U \cap W) + \dim(U + W).$$

♦

Die kanonische Basis $\{\boldsymbol{e}_i \mid 1 \le i \le n\}$ des n-dimensionalen arithmetischen Vektorraums über dem Körper F ist eine geordnete Basis im Sinne der folgenden Definition.

2.2.17 Definition. Sei V ein endlich-dimensionaler F-Vektorraum. Sei $B = \{\boldsymbol{v}_1, \ldots, \boldsymbol{v}_n\}$ eine Basis von V. Dann ist B durch die Numerierung der Basisvektoren $\boldsymbol{v}_i$ *geordnet*. Bezüglich dieser geordneten Basis besitzt jeder Vektor $\boldsymbol{v} \in V$ eine eindeutige Darstellung

$$\boldsymbol{v} = \boldsymbol{v}_1 \cdot a_1 + \boldsymbol{v}_2 \cdot a_2 + \cdots + \boldsymbol{v}_n \cdot a_n \quad \text{mit } a_i \in F.$$

Die durch die Numerierung geordneten Koeffizienten $a_1, a_2, \ldots, a_n$ heißen die *Koordinaten* des Vektors $\boldsymbol{v}$ bezüglich der geordneten Basis B. Der Vektor $\boldsymbol{a} = (a_1, a_2, \ldots, a_n) \in F^n$ heißt der *Koordinatenvektor* von $\boldsymbol{v}$ hinsichtlich B.

2.2.18 Satz. *Sei $B = \{\boldsymbol{v}_1, \boldsymbol{v}_2, \ldots, \boldsymbol{v}_n\}$ eine geordnete Basis des n-dimensionalen Vektorraumes V. Sei $\varphi : V \to F^n$ die Abbildung, die jedem Vektor $\boldsymbol{v} \in V$ seinen Koordinatenvektor $\boldsymbol{a} = (a_1, a_2, \ldots, a_n) \in F^n$ zuordnet. Dann gelten die folgenden Aussagen:*

(a) φ *ist eine bijektive Abbildung des Vektorraums* V *auf den arithmetischen Vektorraum* F^n.

(b) $\varphi(\boldsymbol{v} + \boldsymbol{w}) = \varphi(\boldsymbol{v}) + \varphi(\boldsymbol{w})$ *für alle* $\boldsymbol{v}, \boldsymbol{w} \in V$.

(c) $\varphi(\boldsymbol{v}c) = \varphi(\boldsymbol{v}) \cdot c$ *für alle* $\boldsymbol{v} \in V$ *und* $c \in F$.

Beweis: (a) Da B eine Basis des F-Vektorraums V ist, hat jeder Vektor $\boldsymbol{v} \in V$ nach Folgerung 2.2.14 eine eindeutige Darstellung

$$(*) \qquad \boldsymbol{v} = \boldsymbol{v}_1 a_1 + \boldsymbol{v}_2 a_2 + \cdots + \boldsymbol{v}_n a_n \quad \text{mit } a_i \in F.$$

Also ist die Zuordnung $\varphi : V \to F^n$, die durch

$$\varphi(\boldsymbol{v}) = \boldsymbol{a} = (a_1, a_2, \ldots, a_n) \in F^n$$

definiert ist, injektiv. Umgekehrt gilt bei gegebenem $\boldsymbol{a} = (a_1, a_2, \ldots, a_n)$ für den durch $(*)$ definierten Vektor $\boldsymbol{v}$ auch $\varphi(\boldsymbol{v}) = \boldsymbol{a}$; d. h. φ ist surjektiv und damit sogar bijektiv.

(b) Sind $\boldsymbol{v}, \boldsymbol{w} \in V$ zwei Vektoren von V mit Koordinatenvektoren $\varphi(\boldsymbol{v}) = (a_1, a_2, \ldots, a_n)$, $\varphi(\boldsymbol{w}) = (b_1, b_2, \ldots, b_n)$, so hat ihre Summe $\boldsymbol{v} + \boldsymbol{w}$ den Koordinatenvektor

$$\begin{aligned}
\varphi(\boldsymbol{v} + \boldsymbol{w}) &= (a_1 + b_1, a_2 + b_2, \ldots, a_n + b_n) \\
&= (a_1, a_2, \ldots, a_n) + (b_1, b_2, \ldots, b_n) \\
&= \varphi(\boldsymbol{v}) + \varphi(\boldsymbol{w}).
\end{aligned}$$

(c) Ebenso folgt für jedes $c \in F$, daß

$$\begin{aligned}
\varphi(\boldsymbol{v} \cdot c) &= (a_1 \cdot c, a_2 \cdot c, \ldots, a_n \cdot c) \\
&= (a_1, a_2, \ldots, a_n) \cdot c \\
&= \varphi(\boldsymbol{v}) \cdot c
\end{aligned}$$

gilt. ♦

2.2.19 Bemerkung. Satz 2.2.18 besagt, daß man jedem Vektor $\boldsymbol{v}$ eines beliebigen n-dimensionalen F-Vektorraums V einen Vektor $\boldsymbol{a} = (a_1, a_2, \ldots, a_n)$ des arithmetischen Vektorraums F^n so zuordnen kann, daß das Rechnen mit den Vektoren $\boldsymbol{v}$ aus V auf die in 1.5.2 (d) erklärten linearen Operationen im arithmetischen Vektorraum F^n zurückgeführt wird. Hieraus ergibt sich, daß das Rechnen in jedem endlichdimensionalen F-Vektorraum V in natürlicher Weise auf das Rechnen im Körper F reduziert wird.

2.3 Direkte Summen und Struktursatz

In diesem Abschnitt wird der Begriff „Basis“ so verallgemeinert, daß er auch für unendlich-dimensionale Vektorräume V über einem Körper F verwendet werden kann. Mit Hilfe des Lemmas von Zorn wird gezeigt, daß jeder F-Vektorraum V eine Basis besitzt. Hieraus ergibt sich, daß V eine direkte Zerlegung in eindimensionale Unterräume besitzt. Der Beweis dieses Struktursatzes für beliebige Vektorräume V beruht auch auf detaillierten Ergebnissen über direkte Summen von Unterräumen von V. Dazu werden die folgenden Begriffsbildungen eingeführt.

2.3.1 Definition. Sei A eine additiv geschriebene abelsche Gruppe mit Nullelement 0. Die Elemente a einer Teilmenge T von A sind *fast alle Null*, falls es in T nur endlich viele Elemente $a \neq 0$ gibt. Ist $T = \{a_\alpha \mid \alpha \in \mathcal{A}\}$ für eine Indexmenge $\mathcal{A}$, so sagt man auch, daß $a_\alpha = 0$ für fast alle $\alpha \in \mathcal{A}$ ist.

Diese Definition wird im folgenden auf Teilmengen T eines F-Vektorraumes V wie auch auf Teilmengen T des Körpers F angewendet.

2.3.2 Definition. Es sei $\{U_\alpha \mid \alpha \in \mathcal{A}\}$ ein System von Unterräumen U_α des F-Vektorraumes V derart, daß die Zuordnung $\alpha \mapsto U_\alpha$ injektiv ist. Die *Summe* $\sum_{\alpha\in\mathcal{A}} U_\alpha$ *der Unterräume* U_α ist die Menge

$$\sum_{\alpha\in\mathcal{A}} U_\alpha = \Big\{\boldsymbol{v} = \sum_{\alpha\in\mathcal{A}} \boldsymbol{u}_\alpha \in V \;\Big|\; \boldsymbol{u}_\alpha \in U_\alpha \text{ für alle } \alpha,\ \boldsymbol{u}_\alpha = \boldsymbol{o} \text{ für fast alle } \alpha \in \mathcal{A}\Big\}.$$

Dabei ist die Anzahl der von Null verschiedenen Summanden abhängig vom Element $\boldsymbol{v}$ aus V.

Ein Vektor $\boldsymbol{v}$ der Summe $\sum_{\alpha\in\mathcal{A}} U_\alpha$ hat stets nur *endlich* viele von Null verschiedene Summanden $\boldsymbol{u}_\alpha$ aus verschiedenen Unterräumen U_α, $\alpha \in \mathcal{A}$. Falls $\mathcal{A}$ eine unendliche Indexmenge ist, muß diese Bedingung der Definition 2.3.2 besonders beachtet werden.

2.3.3 Satz. *Die Summe* $\sum_{\alpha\in\mathcal{A}} U_\alpha$ *der Unterräume* U_α, $\alpha \in \mathcal{A}$, *ist ein Unterraum von* V. *Insbesondere gilt:*

$$\sum_{\alpha\in\mathcal{A}} U_\alpha = \bigcap \{U \leq V \mid U_\alpha \leq U \text{ für alle } \alpha \in \mathcal{A}\}.$$

Beweis: Ergibt sich unmittelbar aus den Definitionen 2.3.2 und 2.1.1. Der Zusatz folgt aus Satz 2.1.8. ♦

2.3.4 Definition. Es sei $\{U_\alpha \mid \alpha \in \mathcal{A}\}$ ein System von Unterräumen des F-Vektorraumes V derart, daß die Zuordnung $\alpha \mapsto U_\alpha$ injektiv ist. Dann heißt die Summe $\sum_{\alpha\in\mathcal{A}} U_\alpha$ *direkt*, wenn für jeden Index $\alpha \in \mathcal{A}$ gilt:

$$U_\alpha \neq \{\boldsymbol{o}\} \quad \text{und} \quad U_\alpha \cap \sum_{\beta\in\mathcal{A}\setminus\{\alpha\}} U_\beta = \{\boldsymbol{o}\}.$$

Bezeichnung: $\bigoplus_{\alpha\in\mathcal{A}} U_\alpha$.

$U_1 \oplus U_2 \oplus \cdots \oplus U_n$ bzw. $\oplus_{i=1}^n U_i$, falls $\mathcal{A} = \{1, 2, \ldots, n\}$ endlich ist.

2.3.5 Definition. Sei $\{U_\alpha \mid \alpha \in \mathcal{A}\}$ ein System von Unterräumen $U_\alpha \neq \{\boldsymbol{o}\}$ des F-Vektorraumes V derart, daß die Zuordnung $\alpha \to U_\alpha$ injektiv ist. Dann hat $\boldsymbol{s} \in \sum_{\alpha\in\mathcal{A}} U_\alpha$ eine *eindeutige Darstellung*, wenn aus

$$\boldsymbol{s} = \sum_{\alpha\in\mathcal{A}} \boldsymbol{u}_\alpha = \sum_{\alpha\in\mathcal{A}} \boldsymbol{v}_\alpha \quad \text{mit } \boldsymbol{u}_\alpha, \boldsymbol{v}_\alpha \in U_\alpha,\ \alpha \in \mathcal{A},$$

für alle $\alpha \in \mathcal{A}$ folgt $\boldsymbol{u}_\alpha = \boldsymbol{v}_\alpha$.

2.3.6 Satz. *Die Summe $S = \sum_{\alpha\in\mathcal{A}} U_\alpha$ der Unterräume $U_\alpha \neq \{\boldsymbol{o}\}$ des F-Vektorraumes V ist genau dann direkt, wenn sich jeder Vektor $\boldsymbol{s} \in S$ auf genau eine Weise in der Form*

$$\boldsymbol{s} = \sum_{\alpha\in\mathcal{A}} u_\alpha \quad \textit{mit } u_\alpha \in U_\alpha \textit{ für alle } \alpha \in \mathcal{A}$$

darstellen läßt.

Beweis: Zunächst wird angenommen, daß die Summe $S = \sum_{\alpha\in\mathcal{A}} U_\alpha$ der Unterräume U_α von V direkt ist. Seien $\boldsymbol{s} = \boldsymbol{u}_{\alpha_1} + \boldsymbol{u}_{\alpha_2} + \cdots + \boldsymbol{u}_{\alpha_n}$ und $\boldsymbol{s} = \boldsymbol{v}_{\beta_1} + \boldsymbol{v}_{\beta_2} + \cdots + \boldsymbol{v}_{\beta_m}$ zwei Summendarstellungen des Vektors $\boldsymbol{s} \in S$. Wäre der Index α_1 von allen Indizes $\beta_1, \beta_2, \ldots, \beta_m$ verschieden, dann wäre

$$\boldsymbol{o} \neq \boldsymbol{u}_{\alpha_1} = \boldsymbol{v}_{\beta_1} + \boldsymbol{v}_{\beta_2} + \cdots + \boldsymbol{v}_{\beta_m} - \boldsymbol{u}_{\alpha_2} - \boldsymbol{u}_{\alpha_3} - \cdots - \boldsymbol{u}_{\alpha_n} \in U_{\alpha_1} \cap \sum_{\substack{\gamma\in\mathcal{A}\\ \gamma\neq\alpha_1}} U_\gamma = \{\boldsymbol{o}\}.$$

Aus diesem Widerspruch folgt, daß bei geeigneter Numerierung $\alpha_i = \beta_i$ für $i = 1, 2, \ldots, n$ und somit $n = m$ gilt. Daher ist

$$\boldsymbol{v}_{\alpha_i} - \boldsymbol{u}_{\alpha_i} = \sum_{\substack{j=1\\ j\neq i}}^{m} \left(\boldsymbol{u}_{\alpha_j} - \boldsymbol{v}_{\alpha_j}\right) \in U_{\alpha_i} \cap \sum_{\substack{j=1\\ j\neq i}}^{m} U_{\alpha_j} = \{\boldsymbol{o}\}.$$

Also ist $\boldsymbol{u}_{\alpha_i} = \boldsymbol{v}_{\alpha_i}$ für alle $i = 1, 2, \ldots, n$, und jedes $\boldsymbol{s} \in \sum_{\alpha\in\mathcal{A}} U_\alpha$ hat eine eindeutige Summendarstellung.

Umgekehrt sei die Summe $\sum_{\alpha\in\mathcal{A}} U_\alpha$ nicht direkt. Dann gibt es einen Index $\alpha \in \mathcal{A}$ und einen Vektor $\boldsymbol{u}_\alpha \neq \boldsymbol{o}$ mit

$$\boldsymbol{u}_\alpha \in U_\alpha \cap \sum_{\beta\in\mathcal{A}\setminus\alpha} U_\beta.$$

Also existieren endlich viele Indizes $\beta_1, \beta_2, \dots, \beta_n \in \mathcal{A}\setminus\{\alpha\}$ und Elemente $\boldsymbol{u}_{\beta_i} \neq \boldsymbol{o}$ in U_{β_i} derart, daß $\boldsymbol{u}_\alpha = \boldsymbol{u}_{\beta_1} + \boldsymbol{u}_{\beta_2} + \dots + \boldsymbol{u}_{\beta_n}$. Daher hat das Element $\boldsymbol{u}_\alpha$ der Summe $\sum_{\alpha\in\mathcal{A}} U_\alpha$ *keine* eindeutige Darstellung. ♦

Um den Struktursatz für nicht notwendig endlich-dimensionale F-Vektorräume formulieren zu können, ist es erforderlich, die Definition 2.2.1 der linearen Unabhängigkeit von *endlich* vielen Vektoren zu verallgemeinern.

2.3.7 Definition. Eine Teilmenge T des F-Vektorraumes V heißt *linear abhängig*, wenn T endlich viele Vektoren $\boldsymbol{t}_i$, $i = 1, 2, \dots, k$, enthält, die linear abhängig sind. Andernfalls heißt T *linear unabhängig*.

2.3.8 Bemerkung. Die leere Teilmenge $T = \emptyset$ von V ist nach Definition 2.3.7 linear unabhängig, weil sie trivialerweise keine Vektoren und daher auch nicht endlich viele linear abhängige Vektoren enthält. Andererseits ist jede den Nullvektor $\boldsymbol{o}$ enthaltende Teilmenge T von V linear abhängig.

2.3.9 Satz. *Sei V ein F-Vektorraum. Eine nicht-leere Teilmenge T von Vektoren $\boldsymbol{o} \neq \boldsymbol{t} \in V$ ist genau dann linear unabhängig, wenn die Summe $S = \sum_{t\in T} \boldsymbol{t}\cdot F$ der eindimensionalen Unterräume $\boldsymbol{t}\cdot F$, $\boldsymbol{t} \in T$, direkt ist.*

Beweis: Nach Beispiel 2.1.2 (f) ist $\boldsymbol{t}\cdot F$ für jedes $\boldsymbol{o} \neq \boldsymbol{t} \in T$ ein eindimensionaler Unterraum von V. Nach Satz 2.3.6 ist die Summe $S = \sum_{t\in T} \boldsymbol{t}\cdot F$ dieser Unterräume genau dann direkt, wenn jeder Vektor $s \in S$ eine eindeutige Darstellung $\boldsymbol{s} = \sum_{t\in T} \boldsymbol{t} f_t$ mit $f_t \in F$ hat, wobei $f_t = 0$ für fast alle $\boldsymbol{t} \in T$ ist. Dies gilt genau dann, wenn der Nullvektor $\boldsymbol{s} = \boldsymbol{o}$ von S nur die triviale Darstellung mit $f_t = 0$ für alle $\boldsymbol{t} \in T$ hat, d. h. wenn T linear unabhängig ist. ♦

Die Definition einer Basis kann jetzt auf beliebige Vektorräume übertragen werden.

2.3.10 Definition. Eine Teilmenge B eines F-Vektorraumes V heißt eine *Basis* von V, wenn B linear unabhängig ist und den ganzen Raum V erzeugt.

2.3.11 Beispiel. $\{1, X, X^2, \dots\}$ ist eine Basis des unendlich-dimensionalen F-Vektorraumes $V = F[X]$ der Polynome mit Koeffizienten aus F.

2.3.12 Folgerung. *Sei V ein vom Nullraum verschiedener Vektorraum über dem Körper F. Die nicht-leere Teilmenge B von V ist genau dann eine Basis von V, wenn*

$$V = \bigoplus_{\boldsymbol{b} \in B} \boldsymbol{b} \cdot F.$$

Beweis: Ergibt sich unmittelbar aus Satz 2.3.9 und der Definition 2.3.10. ♦

Der folgende Satz wird benutzt um zu zeigen, daß man jede linear unabhängige Teilmenge eines F-Vektorraumes V zu einer Basis von V erweitern kann.

2.3.13 Satz. *Sei B eine Teilmenge des F-Vektorraumes V. Dann sind folgende Aussagen äquivalent:*

(a) *B ist eine Basis von V.*

(b) *B ist eine maximale linear unabhängige Teilmenge von V.*

(c) *B ist eine minimale Teilmenge von V, die V erzeugt, d. h. $V = \langle B \rangle$, aber $V \neq \langle C \rangle$ für jede echte Teilmenge C von B.*

Beweis: Wenn V der Nullraum $\{\boldsymbol{o}\}$ ist, dann ist die leere Menge $\emptyset$ die einzige Basis von V. Für $B = \emptyset$ sind die Bedingungen (a), (b) und (c) alle trivialerweise erfüllt. Daher gelte im folgenden stets $V \neq \{\boldsymbol{o}\}$.

(a) $\Rightarrow$ (b): Als Basis von V ist B eine linear unabhängige Teilmenge von V derart, daß jeder Vektor $\boldsymbol{o} \neq \boldsymbol{v} \in V$ eine Linearkombination von endlich vielen Vektoren $\boldsymbol{b} \in B$ ist. Daher ist jede echte Obermenge B' von B linear abhängig. Also ist B eine maximale linear unabhängige Teilmenge von V.

(b) $\Rightarrow$ (c): Für jeden Vektor $\boldsymbol{v} \in V$ mit $\boldsymbol{v} \notin B$ ist $B \cup \{\boldsymbol{v}\}$ linear abhängig. Also ist $\boldsymbol{v}$ eine Linearkombination von Vektoren $\boldsymbol{b} \in B$, und somit gilt $V = \langle B \rangle$. Angenommen, die echte Teilmenge C von B sei ebenfalls ein Erzeugendensystem von V. Wegen $V = \langle C \rangle \neq \{\boldsymbol{o}\}$ ist $C \neq \emptyset$. Ferner gibt es einen Vektor $\boldsymbol{b} \in B$ mit $\boldsymbol{b} \notin C$. Wegen $\boldsymbol{b} \in \langle C \rangle$ gibt es endlich viele Vektoren $\boldsymbol{c}_i \in C$ und Körperelemente $f_i \neq 0$ in F mit

$$\boldsymbol{b} = \boldsymbol{c}_1 f_1 + \boldsymbol{c}_2 f_2 + \cdots + \boldsymbol{c}_n f_n.$$

Daher ist $\{\boldsymbol{b}, \boldsymbol{c}_1, \boldsymbol{c}_2, \ldots, \boldsymbol{c}_n\}$ eine endliche Teilmenge von B, die linear abhängig ist, was der linearen Unabhängigkeit von B widerspricht.

(c) $\Rightarrow$ (a): Wäre das minimale Erzeugendensystem B von V linear abhängig, dann gäbe es einen Vektor $\boldsymbol{b} \in B$, der eine Linearkombination von endlich vielen weiteren Vektoren $\boldsymbol{b}_i \neq \boldsymbol{o}$ von B wäre, d. h.

$$(*) \qquad \boldsymbol{b} = \boldsymbol{b}_1 \cdot f_1 + \boldsymbol{b}_2 \cdot f_2 + \cdots + \boldsymbol{b}_n \cdot f_n \quad \text{für geeignete } 0 \neq f_i \in F.$$

Sei $C = B \setminus \{\boldsymbol{b}\}$. Dann ist $\boldsymbol{b}_i \in C$ für $i = 1, 2, \ldots, n$. Da V von B erzeugt wird, folgt daher aus $(*)$, daß auch die echte Teilmenge C von B ein Erzeugendensystem von V ist. Dies widerspricht der Minimalitätsbedingung (c). Deshalb ist B linear unabhängig. Wegen $V = \langle B \rangle$ ist B deshalb eine Basis von V nach Definition 2.3.10. ♦

2.3.14 Satz. *Es sei M eine linear unabhängige Teilmenge eines Vektorraumes V über dem Körper F. Dann gibt es eine Basis B von V mit $M \subseteq B$.*

Beweis: Es sei $\boldsymbol{S}$ das System aller linear unabhängigen Teilmengen T von V mit $M \subseteq T$. Wegen $M \in \boldsymbol{S}$ ist $\boldsymbol{S}$ nicht leer. Weiter sei jetzt $\boldsymbol{K}$ eine beliebige Kette von Teilmengen T aus $\boldsymbol{S}$, und $W = \cup\{T \mid T \in \boldsymbol{K}\}$ sei ihre Vereinigungsmenge.

Wäre W nicht linear unabhängig, dann enthielte W eine endliche Teilmenge $\boldsymbol{w}_1, \boldsymbol{w}_2, \dots, \boldsymbol{w}_r$ von Vektoren aus V, die linear abhängig wären. Zu jedem $\boldsymbol{w}_i$ gibt es eine Teilmenge $T_i \in \boldsymbol{K}$ mit $\boldsymbol{w}_i \in T_i$ für $i = 1, 2, \dots, r$. Da $\boldsymbol{K}$ eine Kette ist, existiert unter diesen endlich vielen Mengen eine Teilmenge – etwa T_1 –, die alle anderen enthält. Also gilt $\boldsymbol{w}_i \in T_1$ für $i = 1, 2, \dots, r$, was der linearen Unabhängigkeit von $T_1 \in \boldsymbol{S}$ widerspricht. Daher ist W linear unabhängig über F. Nach dem Lemma 1.1.9 von Zorn gibt es in $\boldsymbol{S}$ ein maximales Element B, d. h. B ist eine maximale linear unabhängige Teilmenge von V. Also ist B eine Basis von V nach Satz 2.3.13 mit $M \subseteq B$. ♦

Aus der Folgerung 2.3.12 und dem Satz 2.3.14 ergibt sich nun unmittelbar der *Struktursatz* für nicht notwendig endlich-dimensionale Vektorräume V über dem Körper F.

2.3.15 Satz. (a) *Jeder F-Vektorraum V besitzt eine Basis B.*

(b) *Ist $V \neq \{\boldsymbol{o}\}$ und ist B eine Basis von V, so ist $V = \bigoplus_{\boldsymbol{b} \in B} \boldsymbol{b} \cdot F$.*

Beweis: (a) folgt durch Anwendung des Satzes 2.3.14 auf $M = \emptyset$.

(b) ergibt sich unmittelbar aus (a) und Folgerung 2.3.12. ♦

Ist U ein von $\{\boldsymbol{o}\}$ und V verschiedener Unterraum des endlich-dimensionalen F-Vektorraumes V der Dimension $\dim V = n$, so gibt es stets einen Unterraum K von V mit $V = U \oplus K$. Denn ist $\boldsymbol{u}_1, \boldsymbol{u}_2, \dots, \boldsymbol{u}_r$ eine Basis von U, dann läßt sie sich nach Satz 2.2.15 durch $n - r$ Vektoren $\boldsymbol{v}_{r+1}, \boldsymbol{v}_{r+2}, \dots, \boldsymbol{v}_n$ zu einer Basis von V ergänzen. Nach Satz 2.1.6 ist $K = \left\{ \sum_{j=1}^{n-r} \boldsymbol{v}_{r+j} a_j \mid a_j \in F \right\}$ ein Unterraum von V. Da $\{\boldsymbol{u}_i \mid 1 \leq i \leq r\} \cup \{\boldsymbol{v}_{r+j} \mid 1 \leq j \leq n - r\}$ eine Basis von V ist, folgt $U \cap K = \{\boldsymbol{o}\}$ und $V = U + K$. Also ist K ein Komplement von U im Sinne der folgenden Definition.

2.3.16 Definition. Sei U ein Unterraum des F-Vektorraumes V. Dann heißt ein Unterraum K von V *Komplement* von U, falls $V = U + K$ und $U \cap K = \{\boldsymbol{o}\}$ gelten.

2.3.17 Bemerkung. Ein Komplement eines echten Unterraums $U \neq \{\boldsymbol{o}\}$ des F-Vektorraumes V ist nicht eindeutig bestimmt.

Gegenbeispiel: Sei $V = F^2$ und $U = \{(a, 0) \mid a \in F\}$. Dann sind $K_1 = \{(0, b) \mid b \in F\}$ und $K_2 = \{(c, c) \mid c \in F\}$ zwei verschiedene Komplemente von U in V.

Als weitere Folgerung von Satz 2.3.14 ergibt sich, daß jeder Unterraum U eines nicht notwendig endlich-dimensionalen F-Vektorraumes V ein Komplement besitzt. Ist $U = V$, so ist $K = \{\boldsymbol{o}\}$ das Komplement von U.

2.3.18 Satz (Komplementierungssatz). *Es sei V ein Vektorraum über dem Körper F. Dann hat jeder Unterraum U von V ein Komplement.*

Beweis: Nach Satz 2.3.15 hat der Unterraum U eine Basis C. Wegen Satz 2.3.14 gibt es eine Basis B von V mit $C \subseteq B$. Sei $K = \langle \boldsymbol{b} \in B \mid \boldsymbol{b} \notin C \rangle$. Dann gilt

$$V = U + K \text{ und } U \cap K = \{\boldsymbol{o}\}. \qquad \blacklozenge$$

2.4 Aufgaben

2.1 Seien $\boldsymbol{v} = (a, b)$, $\boldsymbol{w} = (c, d) \in F^2$. Zeigen Sie, daß $\boldsymbol{v}$ und $\boldsymbol{w}$ genau dann linear abhängig sind, wenn $a \cdot d - b \cdot c = 0$.

2.2 Die Vektoren $\boldsymbol{u}, \boldsymbol{v}, \boldsymbol{w} \in \mathbb{Q}^n$ seien linear unabhängig über $\mathbb{Q}$. Beweisen Sie die Behauptungen:

(a) Die drei Vektoren $\boldsymbol{u} + \boldsymbol{v} - \boldsymbol{w}2$, $\boldsymbol{u} - \boldsymbol{v} - \boldsymbol{w}$ und $\boldsymbol{u} + \boldsymbol{w}$ sind linear unabhängig.

(b) $\boldsymbol{u} + \boldsymbol{v} - \boldsymbol{w}3$, $\boldsymbol{u} + \boldsymbol{v}3 - \boldsymbol{w}$ und $\boldsymbol{v} + \boldsymbol{w}$ sind linear abhängig.

2.3 Sei $V = \mathbb{Q}[X]$ der $\mathbb{Q}$-Vektorraum aller Polynome in der Unbestimmten X über dem Körper $\mathbb{Q}$. Ist es möglich, das Polynom $\boldsymbol{v} = X^2 + 4X - 3$ als Linearkombination der drei Polynome $\boldsymbol{e}_1 = X^2 - 2X + 5$, $\boldsymbol{e}_2 = 2X^2 - 3X$ und $\boldsymbol{e}_3 = X + 3$ zu schreiben? Wenn ja, geben Sie eine solche Linearkombination an.

2.4 Seien $\{\boldsymbol{v}_1, \boldsymbol{v}_2, \dots, \boldsymbol{v}_m\}$ und $\{\boldsymbol{w}_1, \boldsymbol{w}_2, \dots, \boldsymbol{w}_n\}$ zwei endliche Mengen von Vektoren des F-Vektorraums V. Sei $\boldsymbol{u} \in V$ eine F-Linearkombination der Vektoren $\boldsymbol{v}_1, \boldsymbol{v}_2, \dots, \boldsymbol{v}_m$. Weiter sei jeder Vektor $\boldsymbol{v}_i$ eine Linearkombination der n Vektoren $\boldsymbol{w}_j$, $j = 1, 2, \dots, n$. Beweisen Sie, daß dann auch $\boldsymbol{u}$ eine F-Linearkombination der Vektoren $\boldsymbol{w}_1, \boldsymbol{w}_2, \dots, \boldsymbol{w}_n$ ist.

2.5 Es sei $V = \mathbb{Q}^4$.

(a) Ist die Menge $S = \{(1, 1, 1, 1), (2, -4, 11, 2), (0, 2, -3, 0)\}$ linear unabhängig? Geben Sie eine Teilmenge an, die eine Basis von $\langle S \rangle$ ist.

(b) Ergänzen Sie die linear unabhängige Menge$\{(1, 1, 1, 1), (0, 2, -3, 0)\}$ zu einer Basis von V.

2.6 Die Untermenge W des F-Vektorraumes $F_n[X]$ der Polynome $p(X)$ mit Grad $p(X) \leq n$ sei gegeben durch

$$W = \{p(X) \in F_n(X) \mid p(0) = 0 = p(1)\}.$$

Zeigen Sie, daß W ein Unterraum ist. Geben Sie eine Basis von W an und erweitern Sie diese zu einer Basis von $F_n[X]$.

2.7 Bestimmen Sie eine Basis des Unterraums von $\mathbb{Q}^5$, der von folgenden Vektoren erzeugt wird: $\boldsymbol{u}_1 = (1, 2, -2, 2, -1)$, $\boldsymbol{u}_2 = (1, 2, -1, 3, -2)$, $\boldsymbol{u}_3 = (2, 4, -7, 1, 1)$, $\boldsymbol{u}_4 = (1, 2, -5, -1, 2)$, $\boldsymbol{u}_5 = (1, 2, -3, 1, 0)$.

2.8 Sei $V = F_{n-1}[X]$ der F-Vektorraum aller Polynome $p(X) = p_0 + p_1 X + \cdots + p_{p-1} X^{n-1}$ mit Grad $p(X) \leq n - 1$. Seien $a_1, a_2, \ldots, a_n \in F$ paarweise verschiedene Elemente von F. Sei

$$G_i(X) = \prod_{\substack{j=1 \\ j \neq i}}^{n} \frac{(X - a_j)}{(a_i - a_j)}.$$

Zeigen Sie:

(a) Die Polynome $G_1(X), G_2(X), \ldots, G_n(X)$ bilden eine Basis von V.

(b) Jedes Polynom $p(X) \in V$ hat eine eindeutige Darstellung $p(X) = p(a_1)G_1(X) + p(a_2)G_2(X) + \cdots + p(a_n)G_n(X)$.

(c) Für jedes feste $a \in F$ bilden die Polynome 1 und $H_i(X) = (X - a)^i$, $1 \leq i \leq n - 1$ eine Basis von V.

(d) Jedes Polynom $p(X)$ aus V hat eine eindeutige Darstellung

$$p(X) = p(a) \cdot 1 + p'(a) \cdot H_1(X) + \frac{p''(a)}{2!} \cdot H_2(X) + \cdots + \frac{p^{(n-1)}(a)}{(n-1)!} H_{(n-1)}(X).$$

2.9 Sei V der $\mathbb{R}$-Vektorraum aller reellwertiger Funktionen $f : \mathbb{R} \to \mathbb{R}$. Zeigen Sie, daß die folgenden Vektoren $f, g, h \in V$ jeweils linear unabhängig über $\mathbb{R}$ sind:

(a) $f(x) = e^x$, $g(x) = \sin x$, $h(x) = x^2$;

(b) $f(x) = e^x$, $g(x) = e^{x^2}$, $h(x) = x$;

(c) $f(x) = e^x$, $g(x) = \sin x$, $h(x) = \cos x$.

2.10 Sei $n < \infty$ und V ein n-dimensionaler Vektorraum über dem Körper F. Zeigen Sie:

(a) $\dim\left(\bigoplus_{i=1}^r U_i\right) = \sum_{i=1}^r \dim U_i$.

(b) Jede direkte Summe $\bigoplus_{i=1}^r U_i$ von Unterräumen $U_i \neq \{\boldsymbol{o}\}$ hat höchstens n direkte Summanden.

3 Lineare Abbildungen und Matrizen

In diesem Kapitel werden die grundlegenden Begriffe und Ergebnisse über lineare Abbildungen $\alpha : V \to W$ zwischen zwei Vektorräumen V und W über demselben Körper F behandelt. Dies sind diejenigen Abbildungen, die mit den auf diesen Vektorräumen erklärten linearen Operationen vertauschbar sind. Im Fall endlich-dimensionaler Vektorräume können die linearen Abbildungen durch rechteckige Matrizen mit Koeffizienten aus dem Körper F beschrieben werden, indem man in beiden Räumen jeweils eine Basis fest wählt. Wie sich diese Matrizen bei Basiswechseln ändern, wird in Abschnitt 3 dargelegt.

Im ersten Abschnitt werden die Rechengesetze für die Addition und Multiplikation von Matrizen behandelt. Im zweiten Abschnitt wird gezeigt, daß zu jeder Matrix eine lineare Abbildung zwischen zwei arithmetischen Vektorräumen F^n und F^m gehört. Anhand dieses Beispiels wird der allgemeine Begriff „lineare Abbildung" entwickelt. Es folgt der Dimensionssatz für den Kern und den Bildraum einer linearen Abbildung. Er findet Anwendung bei der Beschreibung der Lösungsgesamtheit eines linearen Gleichungssystems.

Im vierten Abschnitt wird gezeigt, daß der Zeilenrang einer $m \times n$-Matrix $\mathcal{A}$ mit dem Spaltenrang von $\mathcal{A}$ übereinstimmt. Die invertierbaren Matrizen werden dann durch den Rang der Matrix charakterisiert.

Im fünften Abschnitt wird gezeigt, daß die Menge aller linearen Abbildungen $\alpha : V \to W$ zwischen zwei Vektorräumen V und W selbst einen Vektorraum $\operatorname{Hom}_F(V, W)$ bildet. Ist $V = W$, so ist dieser Vektorraum sogar ein Ring, der Endomorphismenring genannt wird. Ist $\dim V = n < \infty$, so ist er isomorph zum Ring $\operatorname{Mat}_n(F)$ aller $n \times n$-Matrizen über F. Von diesem wichtigen Isomorphismus wird in den späteren Kapiteln oft stillschweigend Gebrauch gemacht. Dabei werden die matrizentheoretischen Rechenmethoden benutzt, um die Invarianten einer linearen Abbildung zu bestimmen. Wählt man andererseits $W = F$, so wird $V^* = \operatorname{Hom}_F(V, F)$ zum Dualraum von V. Mit der dualen Basis wird eine Bijektion zwischen den Mengen der Unterräume von V und V^* angegeben.

Schließlich werden im letzten Abschnitt für einen Endomorphismus $\alpha \in \operatorname{End}_F(V)$ direkte Zerlegungen von V in α-invariante Unterräume betrachtet und die zugehörigen Matrizendarstellungen von α beschrieben.

3.1 Matrizen

In diesem Abschnitt werden die wesentlichen Rechengesetze für die Addition und Multiplikation von Matrizen behandelt.

Isoliert man die Koeffizienten der Unbekannten aus jeder Gleichung des Gleichungssystems

$$\begin{array}{rcrcrcrcr} 5x_1 & + & 10x_2 & + & 20x_3 & + & 4x_4 & = & 100 \\ x_1 & + & x_2 & + & x_3 & + & x_4 & = & 10 \\ 12x_1 & + & 12x_2 & + & 20x_3 & & & = & 150\,, \end{array}$$

dann erhält man folgendes Schema:

$$\mathcal{A} = \begin{pmatrix} 5 & 10 & 20 & 4 \\ 1 & 1 & 1 & 1 \\ 12 & 12 & 20 & 0 \end{pmatrix}.$$

$\mathcal{A}$ ist eine „Matrix" im Sinne der folgenden

3.1.1 Definition. Eine *$m \times n$-Matrix $\mathcal{A}$ über dem Körper F* ist ein rechteckiges Schema, das aus $m \cdot n$ Elementen a_{ij} des Körpers F besteht:

$$\mathcal{A} = \begin{pmatrix} a_{11} & a_{12} & \dots & a_{1n} \\ a_{21} & a_{22} & \dots & a_{2n} \\ \vdots & \vdots & & \vdots \\ a_{m1} & a_{m2} & \dots & a_{mn} \end{pmatrix}.$$

Man schreibt $\mathcal{A} = (a_{ij})$. Die Matrix $\mathcal{A}$ hat m *Zeilen* und n *Spalten.* Der Vektor $z_i = (a_{i1}, \dots, a_{in}) \in F_z^n$, mit dem in der Einleitung der n-dimensionale Zeilenraum über F bezeichnet wurde, ist der *i-te Zeilenvektor* von $\mathcal{A}$ und der Vektor

$$s_j = \begin{pmatrix} a_{1j} \\ \vdots \\ a_{mj} \end{pmatrix} \in F_s^m$$

ist der *j-te Spaltenvektor* von $\mathcal{A}$. Die Anzahl n bezeichnet man auch als *Zeilenlänge* bzw. m als *Spaltenlänge*.

Das Erzeugnis $\langle s_j \mid 1 \leq j \leq n \rangle$ der Spaltenvektoren s_j von $\mathcal{A}$ in F^m heißt *Spaltenraum* von $\mathcal{A}$. Seine Dimension $s(\mathcal{A}) = \dim\langle s_j \mid 1 \leq j \leq n \rangle$ heißt der *Spaltenrang* von $\mathcal{A}$.

Analog heißt $\langle z_i \mid 1 \leq i \leq m \rangle$ der *Zeilenraum* von $\mathcal{A}$; seine Dimension $z(\mathcal{A})$ wird *Zeilenrang* von $\mathcal{A}$ genannt.

Wenn $m = n$ ist, dann nennt man $\mathcal{A}$ eine *quadratische* Matrix.

3.1.2 Beispiele.

(a) Die Vektoren

$$\begin{pmatrix} 5 \\ 1 \\ 12 \end{pmatrix}, \begin{pmatrix} 10 \\ 1 \\ 12 \end{pmatrix}, \begin{pmatrix} 20 \\ 1 \\ 20 \end{pmatrix}, \begin{pmatrix} 4 \\ 1 \\ 0 \end{pmatrix} \in \mathbb{Q}_s^3$$

sind die Spaltenvektoren der oben angegebenen Matrix $\mathcal{D}$ und $(1, 1, 1, 1) \in \mathbb{Q}_z^4$ ist der zweite Zeilenvektor von $\mathcal{D}$.

(b) Für jede natürliche Zahl n kann man die $n \times n$-Matrix $\mathcal{E}_n$ betrachten, deren i-te Zeile gerade der i-te Einheitsvektor $\boldsymbol{e}_i$ ist. Sie heißt die *$n \times n$-Einheitsmatrix*

$$\mathcal{E}_n = \begin{pmatrix} 1 & & 0 \\ & \ddots & \\ 0 & & 1 \end{pmatrix}.$$

(c) Eine Matrix, deren sämtliche Einträge gleich 0 sind, wird *Nullmatrix* genannt und mit 0 bezeichnet.

Wie Vektoren $\boldsymbol{v}$ des arithmetischen Vektorraums F^n kann man auch $m \times n$-Matrizen gleichen Formats elementweise addieren und mit einem Skalar multiplizieren.

3.1.3 Definition. Seien $\mathcal{A} = (a_{ij})$ und $\mathcal{B} = (b_{ij})$ zwei $m \times n$-Matrizen und $b \in F$. Dann werden die *Summenmatrix* $\mathcal{A} + \mathcal{B}$ und $\mathcal{A} \cdot b$ durch $\mathcal{A} + \mathcal{B} = (a_{ij} + b_{ij})$ und $\mathcal{A} \cdot b = (a_{ij} \cdot b)$ definiert.

3.1.4 Beispiel. Sei

$$\mathcal{A} = \begin{pmatrix} 1 & -2 \\ 0 & 1 \end{pmatrix} \quad \text{und} \quad \mathcal{B} = \begin{pmatrix} 2 & 2 \\ 1 & -1 \end{pmatrix}.$$

Dann ist

$$\begin{aligned} \mathcal{A} + \mathcal{B} &= \begin{pmatrix} 1+2 & -2+2 \\ 0+1 & 1-1 \end{pmatrix} = \begin{pmatrix} 3 & 0 \\ 1 & 0 \end{pmatrix}, \\ \mathcal{A} \cdot 3 &= \begin{pmatrix} 1 \cdot 3 & (-2) \cdot 3 \\ 0 \cdot 3 & 1 \cdot 3 \end{pmatrix} = \begin{pmatrix} 3 & -6 \\ 0 & 3 \end{pmatrix}. \end{aligned}$$

3.1.5 Bemerkung. Man kann zwei Matrizen nur dann addieren, wenn sie das gleiche Format haben. So ist es z. B. *nicht* möglich, die Matrizen

$$\mathcal{A} = \begin{pmatrix} 1 & 0 \\ 1 & 1 \\ 0 & 1 \end{pmatrix} \quad \text{und} \quad \mathcal{B} = \begin{pmatrix} 2 & 2 \\ 2 & 1 \end{pmatrix}$$

zu addieren, da $\mathcal{A}$ eine 3×2-Matrix und $\mathcal{B}$ eine 2×2-Matrix ist.

3.1.6 Satz. *Die $m \times n$-Matrizen bilden mit der in* 3.1.3 *definierten Addition und Multiplikation mit Skalaren einen Vektorraum* $\mathrm{Mat}_{m,n}(F)$ *über dem Körper F mit Dimension $m \cdot n$.*

Beweis: Es gelten alle Aussagen von Definition 1.5.1. Sei D_{ij} die $m \times n$-Matrix, die an der Stelle (i, j) den Koeffizienten 1 hat und deren andere Koeffizienten alle 0 sind. Dann ist $B = \{D_{ij} \mid 1 \le i \le m,\ 1 \le j \le n\}$ eine Basis von $\mathrm{Mat}_{m,n}(F)$, weil B linear unabhängig ist, und jede $m \times n$-Matrix $\mathcal{A} = (a_{ij})$ die Darstellung $\mathcal{A} = \sum_{i=1}^{m} \sum_{j=1}^{m} D_{ij} a_{ij}$ hat. ♦

3.1.7 Definition. Sei $\mathcal{A}$ eine $m \times n$-Matrix mit Spaltenvektoren $\boldsymbol{s}_1, \dots, \boldsymbol{s}_n$ und $\boldsymbol{v} = (v_1, \dots, v_n) \in F^n$. Dann ist das *Produkt von* $\mathcal{A}$ mit $\boldsymbol{v}$ definiert durch

$$\mathcal{A} \cdot \boldsymbol{v} = \boldsymbol{s}_1 \cdot v_1 + \boldsymbol{s}_2 \cdot v_2 + \dots + \boldsymbol{s}_n \cdot v_n.$$

3.1.8 Bemerkung. Für eine $m \times n$-Matrix ist das Produkt $\mathcal{A} \cdot \boldsymbol{v}$ mit einem Vektor $\boldsymbol{v}$ nur dann definiert, falls $\boldsymbol{v} \in F^n$ ist. $\mathcal{A} \cdot \boldsymbol{v}$ ist dann ein Vektor aus F^m.

3.1.9 Beispiele.

(a) Seien $\mathcal{A} = \begin{pmatrix} 1 & 0 \\ -2 & 1 \\ 0 & 1 \end{pmatrix}$, $\boldsymbol{v} = \begin{pmatrix} 2 \\ 3 \end{pmatrix}$. Dann ist

$$\mathcal{A} \cdot \boldsymbol{v} = \begin{pmatrix} 1 \\ -2 \\ 0 \end{pmatrix} \cdot 2 + \begin{pmatrix} 0 \\ 1 \\ 1 \end{pmatrix} \cdot 3 = \begin{pmatrix} 2 \\ -1 \\ 3 \end{pmatrix}.$$

(b) Für die $n \times n$-Einheitsmatrix $\mathcal{E}_n$ und jedes $v \in F^n$ gilt $\mathcal{E}_n \cdot \boldsymbol{v} = \boldsymbol{v}$.

3.1.10 Bemerkung. Jedes lineare Gleichungssystem (G) mit Koeffizientenmatrix $\mathcal{A} = \begin{pmatrix} a_{11} & \dots & a_{1n} \\ \vdots & & \vdots \\ a_{m1} & \dots & a_{mn} \end{pmatrix}$, Unbestimmtenvektor $\boldsymbol{x} = (x_1, \dots, x_n)$ und Konstantenvektor $\boldsymbol{d} = (d_1, \dots, d_m)$ läßt sich schreiben als

(G) $$\mathcal{A} \cdot \boldsymbol{x} = \boldsymbol{d}.$$

Der Definition des Produkts zweier Matrizen wird die des Skalarprodukts zweier Vektoren des arithmetischen Vektorraums F^n vorausgestellt.

3.1.11 Definition. Seien $\boldsymbol{a} = (a_1, \dots, a_n)$, $\boldsymbol{b} = (b_1, \dots, b_n) \in F^n$ zwei Vektoren. Dann ist ihr *Skalarprodukt* das Element $\boldsymbol{a} \cdot \boldsymbol{b} = a_1 \cdot b_1 + \dots + a_n \cdot b_n \in F$.

3.1.12 Beispiel. Seien $\boldsymbol{v} = (1, 1, 1, -1, 1)$, $\boldsymbol{w} = (0, 1, 1, 1, 1) \in F^5$. Dann ist

$$\boldsymbol{v} \cdot \boldsymbol{w} = 1 \cdot 0 + 1 \cdot 1 + 1 \cdot 1 - 1 \cdot 1 + 1 \cdot 1 = 2.$$

3.1.13 Bemerkungen.

(a) Das Skalarprodukt und das Produkt mit einem Skalar dürfen nicht miteinander verwechselt werden! Das erste macht aus zwei Vektoren einen Skalar, das zweite aus einem Vektor und einem Skalar einen Vektor.

(b) Man kann nur dann das Skalarprodukt zweier Vektoren $\boldsymbol{a} \in F^m$ und $\boldsymbol{b} \in F^n$ bilden, wenn $m = n$ ist. Man kann z. B. die Vektoren (0, 1, 1) und (2, 3) *nicht* miteinander multiplizieren.

(c) Man kann die linke Seite einer linearen Gleichung $a_1 \cdot x_1 + \cdots + a_n \cdot x_n = b$ als Skalarprodukt $\boldsymbol{a} \cdot \boldsymbol{x}$ des Koeffizientenvektors $\boldsymbol{a} = (a_1, \ldots, a_n)$ und des Unbestimmtenvektors $\boldsymbol{x} = (x_1, \ldots, x_n)$ lesen.

3.1.14 Satz. *Das Skalarprodukt ist kommutativ, d. h.* $\boldsymbol{a} \cdot \boldsymbol{b} = \boldsymbol{b} \cdot \boldsymbol{a}$ *für je zwei Vektoren* $\boldsymbol{a}, \boldsymbol{b} \in F^n$.

Beweis: Folgt unmittelbar aus der Definition 3.1.11 und der Kommutativität der Multiplikation von F. ♦

Das Skalarprodukt wird in der Geometrie verwendet, um Winkel und Längen zu definieren. Hierzu wird auf Kapitel 7 verwiesen.

Mittels des Skalarprodukts ist es möglich, eine andere Methode zur Berechnung von $\mathcal{A} \cdot \boldsymbol{v}$ anzugeben.

3.1.15 Satz. *Sei* $\mathcal{A} = (a_{ij})$ *eine* $m \times n$*-Matrix mit Zeilen* $z_1, \ldots, z_m$. *Sei* $\boldsymbol{v} = (v_1, \ldots, v_n) \in F^n$ *und* $w_i = z_i \cdot \boldsymbol{v}$ *das Skalarprodukt von* z_i *mit* $\boldsymbol{v}$ *für* $1 \leq i \leq m$. *Sei* $\boldsymbol{w} = (w_1, w_2, \ldots, w_m) \in F^m$. *Dann gilt*

$$\mathcal{A} \cdot \boldsymbol{v} = \boldsymbol{w}.$$

Beweis: Sei $\boldsymbol{s}_j$ die j-te Spalte von $\mathcal{A}$. Dann ist

$$\boldsymbol{s}_j = \begin{pmatrix} a_{1j} \\ \vdots \\ a_{mj} \end{pmatrix}.$$

Somit ist die i-te Komponente des Vektors $\boldsymbol{s}_j \cdot v_j$ gerade gleich $a_{ij} \cdot v_j$. Die i-te Komponente von $\mathcal{A} \cdot \boldsymbol{v}$ ist daher

$$\sum_{j=1}^{n} a_{ij} \cdot v_j = (a_{i1}, \ldots, a_{in}) \cdot (v_1, \ldots, v_n) = z_i \cdot \boldsymbol{v} = w_i.$$ ♦

3.1.16 Beispiel. Sei $\mathcal{A} = \begin{pmatrix} 1 & 1 & -1 \\ 0 & 1 & 1 \\ 2 & 1 & 0 \end{pmatrix}$ und $\boldsymbol{v} = \begin{pmatrix} 1 \\ -1 \\ 2 \end{pmatrix}$. Dann gilt

$$\mathcal{A} \cdot \boldsymbol{v} = \begin{pmatrix} 1 \cdot 1 & + & 1 \cdot (-1) & + & (-1) \cdot 2 \\ 0 \cdot 1 & + & 1 \cdot (-1) & + & 1 \cdot 2 \\ 2 \cdot 1 & + & 1 \cdot (-1) & + & 0 \cdot 2 \end{pmatrix} = \begin{pmatrix} -2 \\ 1 \\ 1 \end{pmatrix}.$$

3.1.17 Definition. Sei $\mathcal{A} = (a_{ij})$ eine $m \times n$-Matrix und $\mathcal{B} = (b_{jk})$ eine $n \times t$-Matrix. Ferner sei $\boldsymbol{a}_i$ der i-te Zeilenvektor von $\mathcal{A}$ und $\boldsymbol{b}_k$ der k-te Spaltenvektor von $\mathcal{B}$. Dann ist die *Produktmatrix* $\mathcal{A} \cdot \mathcal{B}$ eine $m \times t$-Matrix $\mathcal{C}$ mit Koeffizienten $c_{ik} = \boldsymbol{a}_i \cdot \boldsymbol{b}_k$, wobei $\boldsymbol{a}_i \cdot \boldsymbol{b}_k$ das Skalarprodukt der Vektoren $\boldsymbol{a}_i, \boldsymbol{b}_k \in F^n$ ist, d. h.

$$c_{ik} = a_{i1} \cdot b_{1k} + a_{i2} \cdot b_{2k} + \cdots + a_{in} b_{nk} = \sum_{j=1}^{n} a_{ij} b_{jk}.$$

Die so erklärte Produktbildung von zwei Matrizen mag zunächst unmotiviert erscheinen. Sie wird sich jedoch im Rahmen der im dritten Abschnitt dieses Kapitels behandelten Theorie der linearen Abbildungen als natürlich herausstellen. Hierzu wird auf Satz 3.3.7 verwiesen.

3.1.18 Bemerkung. Das Produkt $\mathcal{A} \cdot \mathcal{B}$ zweier Matrizen $\mathcal{A}$ und $\mathcal{B}$ ist nur dann definiert, wenn die Anzahl der Spalten von $\mathcal{A}$ gleich der Anzahl der Zeilen von $\mathcal{B}$ ist. Ist z. B.

$$\mathcal{A} = \begin{pmatrix} 1 & 1 \\ 0 & 1 \end{pmatrix} \quad \text{und} \quad \mathcal{B} = \begin{pmatrix} 1 & 0 \\ 0 & 1 \\ 1 & 1 \end{pmatrix},$$

so ergibt $\mathcal{A} \cdot \mathcal{B}$ keinen Sinn, da $\mathcal{A}$ zwei Spalten und $\mathcal{B}$ drei Zeilen besitzt. Dagegen ist $\mathcal{B} \cdot \mathcal{A}$ definiert, denn $\mathcal{B}$ hat ebenso viele Spalten wie $\mathcal{A}$ Zeilen.

3.1.19 Beispiele.

(a) $\mathcal{A} = \begin{pmatrix} 1 & -2 & 0 \\ 0 & 1 & 1 \end{pmatrix}$, $\quad \mathcal{B} = \begin{pmatrix} 2 & 1 & 1 \\ 1 & -1 & 0 \\ 0 & 0 & 1 \end{pmatrix}$,

$$\begin{aligned} \mathcal{A} \cdot \mathcal{B} &= \begin{pmatrix} 1{\cdot}2+(-2){\cdot}1+0{\cdot}0 & 1{\cdot}1+(-2){\cdot}(-1)+0{\cdot}0 & 1{\cdot}1+(-2){\cdot}0+0{\cdot}1 \\ 0{\cdot}2+1{\cdot}1+1{\cdot}0 & 0{\cdot}1+1{\cdot}(-1)+1{\cdot}0 & 0{\cdot}1+1{\cdot}0+1{\cdot}1 \end{pmatrix} \\ &= \begin{pmatrix} 0 & 3 & 1 \\ 1 & -1 & 1 \end{pmatrix}. \end{aligned}$$

(b) Sei $\mathcal{A}$ eine $m \times n$-Matrix. Dann gilt $\mathcal{E}_m \mathcal{A} = \mathcal{A}$ und $\mathcal{A}\mathcal{E}_n = \mathcal{A}$.

3.1.20 Bemerkung. Im Gegensatz zu der Multiplikation im Körper F gilt im allgemeinen *nicht* $\mathcal{A} \cdot \mathcal{B} = \mathcal{B} \cdot \mathcal{A}$ für zwei $m \times m$-Matrizen $\mathcal{A}$ und $\mathcal{B}$, denn ist z. B.

$$\mathcal{A} = \begin{pmatrix} 1 & 1 \\ -1 & 2 \end{pmatrix} \quad \text{und} \quad \mathcal{B} = \begin{pmatrix} 1 & 1 \\ 0 & -1 \end{pmatrix},$$

dann gilt

$$\mathcal{A} \cdot \mathcal{B} = \begin{pmatrix} 1 & 0 \\ -1 & -3 \end{pmatrix} \quad \text{und} \quad \mathcal{B} \cdot \mathcal{A} = \begin{pmatrix} 0 & 3 \\ 1 & -2 \end{pmatrix}.$$

Ist das Produkt von drei Matrizen erklärt, so gilt das Assoziativgesetz:

3.1.21 Satz. *Seien $\mathcal{A} = (a_{ij})$ eine $m \times n$-, $\mathcal{B} = (b_{jk})$ eine $n \times t$- und $\mathcal{C} = (c_{kp})$ eine $t \times s$-Matrix. Dann gilt:*

$$(\mathcal{A} \cdot \mathcal{B}) \cdot \mathcal{C} = \mathcal{A} \cdot (\mathcal{B} \cdot \mathcal{C}).$$

Beweis: Nach der Definition des Produktes zweier Matrizen gilt:

$$\mathcal{A} \cdot \mathcal{B} = (a_{ij}) \cdot (b_{jk}) = \Big(\sum_{j=1}^{n} a_{ij} \cdot b_{jk}\Big),$$

$$\mathcal{B} \cdot \mathcal{C} = (b_{jk}) \cdot (c_{kp}) = \Big(\sum_{k=1}^{t} b_{jk} \cdot c_{kp}\Big),$$

$$(\mathcal{A} \cdot \mathcal{B}) \cdot \mathcal{C} = \Big(\sum_{j=1}^{n} a_{ij} \cdot b_{jk}\Big) \cdot (c_{kp}) = \Big(\sum_{k=1}^{t} \Big(\sum_{j=1}^{n} a_{ij} \cdot b_{jk}\Big) \cdot c_{kp}\Big)$$

$$= \Big(\sum_{k=1}^{t} \sum_{j=1}^{n} [a_{ij} \cdot b_{jk}] \cdot c_{kp}\Big)$$

nach dem Distributivgesetz von Definition 1.4.1.

$$\mathcal{A} \cdot (\mathcal{B} \cdot \mathcal{C}) = (a_{ij}) \cdot \Big(\sum_{k=1}^{t} b_{jk} V_\alpha \cdot c_{kp}\Big) = \Big(\sum_{j=1}^{n} a_{ij} \cdot \Big(\sum_{k=1}^{t} b_{jk} \cdot c_{kp}\Big)\Big)$$

$$= \Big(\sum_{j=1}^{n} \sum_{k=1}^{t} a_{ij} \cdot [b_{jk} \cdot c_{kp}]\Big).$$

Da nach Definition 1.4.1 die Reihenfolge der Summanden einer Summe bzw. der Faktoren eines Produkts von Elementen des Körpers F beliebig ist und es auf die Klammerung nicht ankommt, gilt

$$\sum_{j=1}^{n} \sum_{k=1}^{t} a_{ij} \cdot (b_{jk} \cdot c_{kp}) = \sum_{k=1}^{t} \sum_{j=1}^{n} (a_{ij} \cdot b_{jk}) \cdot c_{kp}$$

für alle i und p. Daher ist $(\mathcal{A} \cdot \mathcal{B}) \cdot \mathcal{C} = \mathcal{A} \cdot (\mathcal{B} \cdot \mathcal{C})$. ♦

3.1.22 Bemerkung. Durch mehrfache Anwendung von Satz 3.1.21 folgt sogar, daß es bei Produkten von endlich vielen Matrizen (sofern sie definiert sind) auf die Klammersetzung nicht ankommt. Deshalb werden die Klammern von nun an in der Regel fortgelassen.

3.1.23 Satz. (a) *Sind $\mathcal{A} = (a_{ij})$ eine $m \times n$-Matrix und $\mathcal{B} = (b_{jk})$ sowie $C = (c_{jk})$ jeweils eine $n \times t$-Matrix, dann gilt:*

$$\mathcal{A} \cdot (\mathcal{B} + \mathcal{C}) = \mathcal{A} \cdot \mathcal{B} + \mathcal{A} \cdot \mathcal{C}.$$

(b) *Analog gilt auch für $m \times n$-Matrizen $\mathcal{A}$ und $\mathcal{B}$ und für eine $n \times t$-Matrix $\mathcal{C}$:*

$$(\mathcal{A} + \mathcal{B}) \cdot \mathcal{C} = \mathcal{A} \cdot \mathcal{C} + \mathcal{B} \cdot \mathcal{C}.$$

Beweis: Sei $\mathcal{D} = (d_{ij}) = \mathcal{A} \cdot (\mathcal{B} + \mathcal{C})$. Nach Definition ist $\mathcal{B} + \mathcal{C} = (b_{jk} + c_{jk})$ eine $n \times t$-Matrix und somit ist $\mathcal{D}$ eine $m \times t$-Matrix. Für $1 \leq i \leq m$ und $1 \leq k \leq t$ gilt $d_{ik} = \sum_{j=1}^{n} a_{ij} \cdot (b_{jk} + c_{jk}) = \sum_{j=1}^{n} a_{ij} \cdot b_{jk} + \sum_{j=1}^{n} a_{ij} \cdot c_{jk}$.

Auf der anderen Seite sei $\mathcal{F} = (f_{ik}) = \mathcal{A} \cdot \mathcal{B} + \mathcal{A} \cdot \mathcal{C}$. Dann ist $\mathcal{F}$ wie $\mathcal{D}$ eine $m \times t$-Matrix und für $1 \leq i \leq m$ und $1 \leq k \leq t$ gilt $f_{ik} = \sum_{j=1}^{n} a_{ij} \cdot b_{jk} + \sum_{j=1}^{n} a_{ij} \cdot c_{jk}$. Somit ist $\mathcal{F} = \mathcal{D}$ und der Teil (a) ist bewiesen. Analog zeigt man (b). ♦

3.1.24 Bemerkungen.

(a) Die etwas unklare Redeweise von „Zeilenvektoren" und „Spaltenvektoren" läßt sich mittels Matrizen präzisieren: einem Vektor $\boldsymbol{v} \in F^n$, also einem n-Tupel $\boldsymbol{v} = (v_1, \dots, v_n) \in F^n$, läßt sich ganz natürlich eine $n \times 1$-Matrix zuordnen, nämlich

$$\begin{pmatrix} v_1 \\ v_2 \\ \vdots \\ v_n \end{pmatrix}$$

und ebenso natürlich eine $1 \times n$-Matrix, nämlich $(v_1, v_2, \dots, v_n)$. Es sind diese Matrizen gemeint, wenn von $\boldsymbol{v}$ als Spalten- oder Zeilenvektor die Rede ist. In dieser Interpretation ist $\mathcal{A} \cdot \boldsymbol{v}$ ein Spezialfall der Matrizenmultiplikation.

(b) Die Matrizenmultiplikation wurde mit Hilfe des Skalarproduktes definiert. Man kann auch umgekehrt vorgehen: Wenn $\boldsymbol{a}$ und $\boldsymbol{b}$ in F^n sind, betrachte man die $1 \times n$-Matrix $\mathcal{A} = (a_1 \dots a_n)$ (d. h. $\boldsymbol{a}$ als Zeilenvektor) und die $n \times 1$-Matrix $\mathcal{B} = \begin{pmatrix} b_1 \\ \vdots \\ b_n \end{pmatrix}$ (d. h. $\boldsymbol{b}$ als Spaltenvektor). Das Produkt $\mathcal{A} \cdot \mathcal{B}$ ist dann eine 1×1-Matrix, deren einziger Eintrag gerade das Skalarprodukt $\boldsymbol{a} \cdot \boldsymbol{b}$ ist.

3.1.25 Definition. Sei $\mathcal{A}$ eine $m \times n$-Matrix. Die $n \times m$-Matrix, deren j-ter Zeilenvektor der j-te Spaltenvektor von $\mathcal{A}$ ist, heißt die zu $\mathcal{A}$ *transponierte Matrix* $\mathcal{A}^T$. Eine quadratische $n \times n$-Matrix $\mathcal{A}$ heißt *symmetrisch*, wenn $\mathcal{A} = \mathcal{A}^T$.

3.1.26 Beispiele.

(a) $$\begin{pmatrix} 1 & 2 & -2 & 3 \\ 0 & 0 & 7 & 1 \\ 2 & -2 & 2 & -2 \end{pmatrix}^T = \begin{pmatrix} 1 & 0 & 2 \\ 2 & 0 & -2 \\ -2 & 7 & 2 \\ 3 & 1 & -2 \end{pmatrix}.$$

(b) $\mathcal{E}_n^T = \mathcal{E}_n$.

3.1.27 Bemerkungen.

(a) Wenn $\mathcal{A} = (a_{ij})$, dann ist a_{ji} der Eintrag an der Stelle (i, j) in $\mathcal{A}^T$, d. h. $\mathcal{A}^T = (a'_{ij})$ mit $a'_{ij} = a_{ji}$.

(b) Die Spalten von $\mathcal{A}^T$ sind die Zeilen von $\mathcal{A}$.

(c) $(\mathcal{A}^T)^T = \mathcal{A}$ und $(\mathcal{A}c)^T = (\mathcal{A}^T)c$ für alle $c \in F$.

(d) $(\mathcal{A} + \mathcal{B})^T = \mathcal{A}^T + \mathcal{B}^T$.

3.1.28 Satz. *Sei $\mathcal{A}$ eine $m \times n$-Matrix und $\mathcal{B}$ eine $n \times t$-Matrix. Dann ist $(\mathcal{A} \cdot \mathcal{B})^T = \mathcal{B}^T \cdot \mathcal{A}^T$.*

Beweis: Seien $\mathcal{A} = (a_{ij})$, $\mathcal{B} = (b_{jk})$ und $\mathcal{A} \cdot \mathcal{B} = (c_{ik})$. Mit den Bezeichnungen von Bemerkung 3.1.27(a) gilt dann für die Koeffizienten ihrer transponierten Matrizen die Gleichung:

$$c'_{ki} = c_{ik} = \sum_{j=1}^{n} a_{ij} \cdot b_{jk} = \sum_{j=1}^{n} b_{jk} \cdot a_{ij} = \sum_{j=1}^{n} b'_{kj} \cdot a'_{ji},$$

woraus $(\mathcal{A} \cdot \mathcal{B})^T = \mathcal{B}^T \cdot \mathcal{A}^T$ folgt. ♦

Im folgenden sei $n > 0$ eine natürliche Zahl und $\mathcal{E}_n$ die $n \times n$-Einheitsmatrix.

3.1.29 Definition. Eine $n \times n$-Matrix $\mathcal{A}$ heißt *invertierbar*, wenn es eine $n \times n$-Matrix $\mathcal{B}$ gibt mit

$$\mathcal{A} \cdot \mathcal{B} = \mathcal{B} \cdot \mathcal{A} = \mathcal{E}_n.$$

$\mathcal{B}$ ist durch $\mathcal{A}$ eindeutig bestimmt, wie in Satz 3.1.31 gezeigt wird. Man schreibt $\mathcal{B} = \mathcal{A}^{-1}$ und nennt $\mathcal{A}^{-1}$ die *inverse* Matrix von $\mathcal{A}$.

In der Literatur werden invertierbare Matrizen auch *regulär* genannt.

3.1.30 Beispiele.

(a) $\mathcal{E}_n$ ist invertierbar mit ${\mathcal{E}_n}^{-1} = \mathcal{E}_n$.

(b) Die Inverse der Matrix

$$\mathcal{D} = \begin{pmatrix} 5 & 10 & 20 \\ 1 & 1 & 1 \\ 12 & 12 & 20 \end{pmatrix} \quad \text{ist} \quad \mathcal{D}^{-1} = \begin{pmatrix} -1/5 & -1 & 1/4 \\ 1/5 & 7/2 & -3/8 \\ 0 & -3/2 & 1/8 \end{pmatrix}.$$

3.1.31 Satz. (a) *Wenn $\mathcal{A}$ invertierbar ist mit $\mathcal{A}^{-1} = \mathcal{B}$, dann ist $\mathcal{B}$ invertierbar mit $\mathcal{B}^{-1} = (\mathcal{A}^{-1})^{-1} = \mathcal{A}$.*

(b) *Wenn $\mathcal{A}$ und $\mathcal{B}$ invertierbar sind, dann ist auch $\mathcal{A} \cdot \mathcal{B}$ invertierbar, und es gilt $(\mathcal{A} \cdot \mathcal{B})^{-1} = \mathcal{B}^{-1} \cdot \mathcal{A}^{-1}$.*

(c) *Die Menge* $\mathrm{GL}(n, F)$ *aller invertierbaren $n \times n$-Matrizen ist bezüglich der Matrizenmultiplikation eine Gruppe, die man die* generelle lineare Gruppe der Dimension *n über dem Körper F nennt. Insbesondere ist die Inverse $\mathcal{A}^{-1}$ einer invertierbaren Matrix $\mathcal{A} \in \mathrm{GL}(n, F)$ eindeutig bestimmt.*

Beweis: (a) Folgt aus dem Beweis von Hilfssatz 1.3.6.

(b) Folgt aus Hilfssatz 1.3.7.

(c) Nach Satz 3.1.21 ist die Matrizenmultiplikation assoziativ. Sicherlich ist $\mathcal{A}\mathcal{E}_n = \mathcal{E}_n\mathcal{A} = \mathcal{A}$ für alle $\mathcal{A} \in \mathrm{GL}(n, F)$. Wegen (b) ist mit $\mathcal{A}$ und $\mathcal{B}$ auch $\mathcal{A}\mathcal{B}$ invertierbar. Daher ist $\mathrm{GL}(n, F)$ bezüglich der Matrizenmultipliation abgeschlossen. Schließlich ist mit $\mathcal{A}$ auch $\mathcal{A}^{-1}$ invertierbar, weil $(\mathcal{A}^{-1})^{-1} = \mathcal{A}$. Deshalb ist $\mathrm{GL}(n, F)$ eine Gruppe mit neutralem Element $\mathcal{E}_n$ ♦

3.1.32 Bemerkung. In Kapitel 4 wird ein Algorithmus zur Berechnung der Inversen angegeben. Kriterien für die Invertierbarkeit einer $n \times n$-Matrix $\mathcal{A}$ werden in Satz 3.4.9 angegeben. Folgerung 3.4.10 besagt, daß aus $\mathcal{A}\mathcal{B} = \mathcal{E}_n$ schon $\mathcal{B}\mathcal{A} = \mathcal{E}_n$ folgt. Dies ist eine erhebliche Abschwächung der Bedingung von Definition 3.1.29.

3.2 Lineare Abbildungen

Mit F^n wird wieder der n-dimensionale arithmetische Vektorraum über dem Körper F bezeichnet. Für eine beliebige $m \times n$-Matrix $\mathcal{A}$ ist nach Definition 3.1.7 das Produkt $\mathcal{A} \cdot \boldsymbol{v}$ für jeden Vektor $\boldsymbol{v} \in F^n$ ein Vektor $\boldsymbol{w} \in F^m$. Die Multiplikation mit $\mathcal{A}$ bildet also einen Vektor $\boldsymbol{v} \in F^n$ auf einen Vektor $\boldsymbol{w} = \mathcal{A} \cdot \boldsymbol{v} \in F^m$ ab. Dies schreiben wir auch als $\boldsymbol{v} \mapsto \mathcal{A} \cdot \boldsymbol{v} = \boldsymbol{w}$. Wir betrachten zunächst solche Abbildungen.

3.2.1 Satz. *Die Abbildung $\boldsymbol{v} \mapsto \boldsymbol{w} = \mathcal{A} \cdot \boldsymbol{v}$ von F^n nach F^m hat folgende Eigenschaften:*

(a) $\mathcal{A} \cdot (\boldsymbol{u} + \boldsymbol{v}) = \mathcal{A} \cdot \boldsymbol{u} + \mathcal{A} \cdot \boldsymbol{v}$ *für alle* $\boldsymbol{u}, \boldsymbol{v} \in F^n$.

(b) $\mathcal{A} \cdot (\boldsymbol{v} \cdot a) = (\mathcal{A} \cdot \boldsymbol{v}) \cdot a$ *für alle* $\boldsymbol{v} \in F^n$ *und* $a \in F$.

Beweis: Die Spaltenvektoren $\boldsymbol{u}$ und $\boldsymbol{v}$ sind $(n \times 1)$-Matrizen. also folgt die Behauptung aus Satz 3.1.23 (a) .

(b) Ergibt sich unmittelbar aus Satz 3.1.21. ♦

Satz 3.2.1 zeigt, daß lineare Abbildungen im Sinne der folgenden Definition existieren.

3.2.2 Definition. Seien V und W Vektorräume über demselben Körper F. Eine Abbildung α von V nach W ist eine *lineare Abbildung*, wenn die beiden folgenden Bedingungen erfüllt sind:

(a) $\alpha(\boldsymbol{v}_1 + \boldsymbol{v}_2) = \alpha(\boldsymbol{v}_1) + \alpha(\boldsymbol{v}_2)$ für alle $\boldsymbol{v}_1, \boldsymbol{v}_2 \in V$.

(b) $\alpha(\boldsymbol{v} \cdot a) = \alpha(\boldsymbol{v}) \cdot a$ für alle $\boldsymbol{v} \in V$ und $a \in F$.

Ist $V = W$, so heißt eine lineare Abbildung $\alpha : V \to V$ *Endomorphismus* von V. Eine Abbildung $\alpha : V \to W$ heißt

(c) *Epimorphismus*, wenn α linear und surjektiv ist,

(d) *Monomorphismus*, wenn α linear und injektiv ist,

(e) *Isomorphismus*, wenn α linear und bijektiv ist.

Die Vektorräume V und W heißen *isomorph*, wenn es einen Isomorphismus $\alpha : V \to W$ gibt.
Bezeichnung: $V \cong W$.

3.2.3 Bemerkungen.

(a) Für jede lineare Abbildung $\alpha : V \to W$ gilt $\alpha(\boldsymbol{o}) = \boldsymbol{o}$; denn nach 3.2.2 ist $\alpha(\boldsymbol{o}) = \alpha(\boldsymbol{o} \cdot 0) = \alpha(\boldsymbol{o}) \cdot 0 = \boldsymbol{o}$.

(b) $\alpha(-\boldsymbol{v}) = \alpha(\boldsymbol{v} \cdot (-1)) = \alpha(\boldsymbol{v}) \cdot (-1) = -\alpha(\boldsymbol{v})$ für alle $\boldsymbol{v} \in V$.

(c) Die Hintereinanderausführung $\beta\alpha$ zweier linearer Abbildungen $\alpha : V \to W$ und $\beta : W \to Z$ ist eine lineare Abbildung $\beta\alpha : V \to Z$.

(d) Die Hintereinanderausführung dreier linearer Abbildungen $\alpha : V \to W$, $\beta : W \to Y$, $\gamma : Y \to Z$ ist assoziativ, d. h. $\gamma(\beta\alpha) = (\gamma\beta)\alpha : V \to Z$.

Der folgende Satz liefert ein einfaches Verfahren, lineare Abbildungen zwischen zwei Vektorräumen zu konstruieren. Da nach Satz 2.3.15 jeder Vektorraum V eine Basis besitzt, können mit deren Hilfe lineare Abbildungen zwischen nicht notwendig endlich-dimensionalen Vektorräumen konstruiert werden.

3.2.4 Satz. *Seien $V \neq \boldsymbol{o}$ und W Vektorräume über dem Körper F. Sei B eine Basis von V. Ordnet man jedem Basisvektor $\boldsymbol{b} \in B$ einen Vektor $\boldsymbol{b}'$ aus W zu, dann gibt es genau eine lineare Abbildung $\alpha : V \to W$ mit $\alpha(\boldsymbol{b}) = \boldsymbol{b}'$ für alle $\boldsymbol{b} \in B$.*

Beweis: Nach Satz 2.3.15 hat jeder Vektor $\boldsymbol{v} \in V$ eine Darstellung $\boldsymbol{v} = \sum_{\boldsymbol{b}\in B} \boldsymbol{b} f_{\boldsymbol{b}}$, wobei die Körperelemente $f_{\boldsymbol{b}} \in F$ eindeutig durch $\boldsymbol{v}$ bestimmt sind und $f_{\boldsymbol{b}} = 0$ für fast alle $\boldsymbol{b} \in B$ gilt. Man definiere nun die Abbildung α durch

$$\alpha(\boldsymbol{v}) = \sum_{\boldsymbol{b}\in B} \boldsymbol{b}' f_{\boldsymbol{b}}.$$

Dann ist α wegen der Eindeutigkeit der Basisdarstellung wohldefiniert, und es gilt $\alpha(\boldsymbol{b}) = \boldsymbol{b}'$ für alle $\boldsymbol{b} \in B$.

Ist auch $\boldsymbol{w} = \sum_{\boldsymbol{b}\in B} \boldsymbol{b} g_{\boldsymbol{b}} \in V$ mit $g_{\boldsymbol{b}} \in F$, so ist

$$\begin{aligned}
\alpha(\boldsymbol{v} + \boldsymbol{w}) &= \alpha\Big(\sum_{\boldsymbol{b}\in B} \boldsymbol{b}[f_{\boldsymbol{b}} + g_{\boldsymbol{b}}]\Big) \\
&= \sum_{\boldsymbol{b}} \boldsymbol{b}'[f_{\boldsymbol{b}} + g_{\boldsymbol{b}}] \\
&= \sum_{\boldsymbol{b}} \boldsymbol{b}' f_{\boldsymbol{b}} + \sum_{\boldsymbol{b}} \boldsymbol{b}' g_{\boldsymbol{b}} \\
&= \alpha(\boldsymbol{v}) + \alpha(\boldsymbol{w}).
\end{aligned}$$

Ebenso folgt $\alpha(\boldsymbol{v} \cdot f) = \alpha\big(\sum_{\boldsymbol{b}\in B} \boldsymbol{b}[f_{\boldsymbol{b}} f]\big) = \sum_{\boldsymbol{b}\in B} \boldsymbol{b}'[f_{\boldsymbol{b}} f] = \big(\sum_{\boldsymbol{b}\in B} \boldsymbol{b}' f_{\boldsymbol{b}}\big) f = \alpha(\boldsymbol{v}) \cdot f$ für alle $\boldsymbol{v} \in V$ und $f \in F$. Also ist α eine lineare Abbildung von V in W.

Zum Nachweis der Eindeutigkeit von α sei nun β eine weitere lineare Abbildung von V in W mit $\beta(\boldsymbol{b}) = \boldsymbol{b}'$ für alle $\boldsymbol{b}$ aus B. Dann ist

$$\beta(\boldsymbol{v}) = \beta\Big(\sum_{\boldsymbol{b}\in B} \boldsymbol{b} f_{\boldsymbol{b}}\Big) = \sum_{\boldsymbol{b}\in B} \beta(\boldsymbol{b}) f_{\boldsymbol{b}} = \sum_{\boldsymbol{b}\in B} \boldsymbol{b}' f_{\boldsymbol{b}} = \alpha(\boldsymbol{v}) \quad \text{für alle } \boldsymbol{v} \in V.$$

Also ist $\beta = \alpha$. ♦

3.2.5 Beispiele.

(a) Die Abbildung α von F^3 nach F mit der Eigenschaft $\alpha(r_1, r_2, r_3) = r_1 + r_2 + r_3$ ist eine lineare Abbildung. Denn für $\boldsymbol{r} = (r_1, r_2, r_s)$, $\boldsymbol{s} = (s_1, s_2, s_3)$ aus F^3

und für alle $a \in F$ gelten:

$$\begin{aligned}
\alpha(\boldsymbol{r}+\boldsymbol{s}) &= \alpha(r_1+s_1, r_2+s_2, r_3+s_3) \\
&= (r_1+s_1)+(r_2+s_2)+(r_3+s_3) \\
&= (r_1+r_2+r_3)+(s_1+s_2+s_3) \\
&= \alpha(\boldsymbol{r})+\alpha(\boldsymbol{s}), \\
\alpha\,(\boldsymbol{r}a) &= \alpha(r_1\cdot a, r_2\cdot a, r_3\cdot a) \\
&= r_1\cdot a + r_2\cdot a + r_3\cdot a \\
&= (r_1+r_2+r_3)\cdot a \\
&= \alpha(\boldsymbol{r})\cdot a.
\end{aligned}$$

(b) Die Abbildung α von $\mathbb{Q}^2$ nach $\mathbb{Q}^2$, die den Vektor $(r_1, r_2) \in \mathbb{Q}^2$ nach (r_1+1, r_2+1) abbildet, ist *keine* lineare Abbildung, denn es gilt z. B.:

$$\begin{aligned}
\alpha(1,1)\cdot 2 &= (1+1, 1+1)\cdot 2 = (4,4), \qquad \text{aber} \\
\alpha[(1,1)\cdot 2] &= \alpha(2,2) = (2+1, 2+1) = (3,3).
\end{aligned}$$

3.2.6 Definition. Sei α eine lineare Abbildung von V nach W. Dann heißt die Menge

$$\operatorname{Ker}(\alpha) = \{\boldsymbol{v} \in V \mid \alpha(\boldsymbol{v}) = \boldsymbol{o} \in W\}$$

der *Kern* von α. Die Menge

$$\operatorname{Im}(\alpha) = \{\alpha(\boldsymbol{v}) \in W \mid \boldsymbol{v} \in V\}$$

heißt das *Bild* von α.

3.2.7 Satz. *Ist α eine lineare Abbildung von V nach W, dann gilt:*

(a) $\operatorname{Ker}(\alpha)$ *ist ein Unterraum von* V.

(b) $\operatorname{Ker}(\alpha) = \{\boldsymbol{o}\}$ *genau dann, wenn α eine injektive Abbildung ist.*

(c) *Für jeden Unterraum U von V ist $\alpha(U)$ ein Unterraum von W.*

(d) $\operatorname{Im}(\alpha) = W$ *genau dann, wenn α surjektiv ist.*

(e) *Das Urbild $\alpha^-(Z) = \{\boldsymbol{v} \in V \mid \alpha(\boldsymbol{v}) \in Z\}$ eines Unterraums Z von W ist ein Unterraum von V.*

Beweis: (a) Nach Bemerkung 3.2.3 ist $\alpha(\boldsymbol{o}) = \boldsymbol{o}$, d. h. $\boldsymbol{o} \in \operatorname{Ker}(\alpha)$. Wenn $\boldsymbol{v}_1, \boldsymbol{v}_2 \in \operatorname{Ker}(\alpha)$, dann ist $\alpha(\boldsymbol{v}_1+\boldsymbol{v}_2) = \alpha(\boldsymbol{v}_1)+\alpha(\boldsymbol{v}_2) = \boldsymbol{o}+\boldsymbol{o} = \boldsymbol{o} \in W$. Also ist $\boldsymbol{v}_1+\boldsymbol{v}_2 \in \operatorname{Ker}(\alpha)$. Für alle $a \in F$ und $\boldsymbol{v} \in \operatorname{Ker}(\alpha)$ ist $\alpha(\boldsymbol{v}\cdot a) = \alpha(\boldsymbol{v})\cdot a = \boldsymbol{o}\cdot a = \boldsymbol{o}$. Daher ist $\boldsymbol{v}\cdot a \in \operatorname{Ker}(\alpha)$, weshalb $\operatorname{Ker}(\alpha)$ ein Unterraum von V ist.

(b) Ist α eine injektive lineare Abbildung, so gilt $\alpha(\boldsymbol{a}) = \boldsymbol{o}$ nur genau für $\boldsymbol{a} = \boldsymbol{o}$, d. h. $\operatorname{Ker}(\alpha) = \{\boldsymbol{o}\}$. Sei umgekehrt $\operatorname{Ker}(\alpha) = \{\boldsymbol{o}\}$. Gilt $\alpha(\boldsymbol{v}) = \alpha(\boldsymbol{w})$ für zwei Elemente $\boldsymbol{v}, \boldsymbol{w} \in V$, dann ist $\boldsymbol{o} = \alpha(\boldsymbol{v}) - \alpha(\boldsymbol{w}) = \alpha(\boldsymbol{v} - \boldsymbol{w})$. Daher ist $\boldsymbol{v} - \boldsymbol{w} \in \operatorname{Ker}(\alpha) = \boldsymbol{o}$, woraus $\boldsymbol{v} = \boldsymbol{w}$ folgt.

(c) Wegen $\alpha(\boldsymbol{o}) = \boldsymbol{o}$ ist $\boldsymbol{o} \in \alpha(U)$. Seien $\boldsymbol{w}_1, \boldsymbol{w}_2 \in \alpha(U)$. Dann existieren $\boldsymbol{v}_1, \boldsymbol{v}_2 \in U$ mit $\boldsymbol{w}_i = \alpha(\boldsymbol{v}_i)$, $i = 1, 2$. Also ist $\boldsymbol{w}_1 + \boldsymbol{w}_2 = \alpha(\boldsymbol{v}_1) + \alpha(\boldsymbol{v}_2) = \alpha(\boldsymbol{v}_1 + \boldsymbol{v}_2) \in \alpha(U)$. Weiter gilt für jedes $a \in F$, daß $\boldsymbol{w}_1 \cdot a = \alpha(\boldsymbol{v}_1) \cdot a = \alpha(\boldsymbol{v}_1 \cdot a) \in \alpha(U)$. Damit ist (c) bewiesen.

(d) folgt aus (c), weil $\operatorname{Im}(\alpha) = \alpha(V)$ ist.

(e) Sei Z ein Unterraum von W. Dann ist $\boldsymbol{o} = \alpha(\boldsymbol{o}) \in Z$. Also ist $\boldsymbol{o} \in \alpha^-(Z)$. Sind $\boldsymbol{u}, \boldsymbol{v} \in \alpha^-(Z)$, dann sind $\alpha(\boldsymbol{u}), \alpha(\boldsymbol{v}) \in Z$, woraus $\alpha(\boldsymbol{u}+\boldsymbol{v}) = \alpha(\boldsymbol{u})+\alpha(\boldsymbol{v}) \in Z$ folgt. Deshalb ist $\boldsymbol{u}+\boldsymbol{v} \in \alpha^-(Z)$. Sei $c \in F$ und $\boldsymbol{u} \in \alpha^-(Z)$. Dann ist $\alpha(\boldsymbol{u}c) = \alpha(\boldsymbol{u})c \in Z$, d. h. $\boldsymbol{u}c \in \alpha^-(Z)$. Also ist $\alpha^-(Z)$ ein Unterraum von V. ♦

Nach Satz 3.2.1 ist die Multiplikation der Vektoren $\boldsymbol{v} \in F^n$ mit einer $m \times n$-Matrix $\mathcal{A}$ eine lineare Abbildung von F^n nach F^m. Der folgende Satz beschreibt den Bildraum $\operatorname{Im}(\mathcal{A})$ und den Kern $\operatorname{Ker}(\mathcal{A})$ dieser linearen Abbildung.

3.2.8 Satz. *Sei $\mathcal{A}$ eine $m \times n$-Matrix. Dann gilt:*

(a) *Der Bildraum* $\operatorname{Im}(\mathcal{A})$ *der linearen Abbildung $\boldsymbol{v} \mapsto \mathcal{A} \cdot \boldsymbol{v}$ von F^n nach F^m ist der Spaltenraum von $\mathcal{A}$.*

(b) *Der Kern* $\operatorname{Ker}(\mathcal{A})$ *dieser linearen Abbildung ist die Lösungsgesamtheit des homogenen Gleichungssystems*

$$\text{(H)} \qquad \mathcal{A} \cdot \boldsymbol{x} = \boldsymbol{o}.$$

Beweis: (a) Seien $\boldsymbol{s}_1, \dots, \boldsymbol{s}_n$ die Spaltenvektoren von $\mathcal{A}$. Für jeden Vektor $\boldsymbol{v} = (v_1, v_2, \dots, v_n) \in F^n$ gilt nach Definition $\mathcal{A} \cdot \boldsymbol{v} = \sum_{j=1}^n \boldsymbol{s}_j \cdot v_j$. Also ist $\operatorname{Im}(\mathcal{A})$ das Erzeugnis der Spaltenvektoren $\boldsymbol{s}_j$ von $\mathcal{A}$. Die Aussage (b) folgt sofort. ♦

3.2.9 Satz. *Sei* (H) $\mathcal{A} \cdot \boldsymbol{x} = \boldsymbol{o}$ *das zu* (G) $\mathcal{A} \cdot \boldsymbol{x} = \boldsymbol{d}$ *gehörige homogene lineare Gleichungssystem. Dann gelten:*

(a) $\operatorname{Ker}(\mathcal{A})$ *ist die Lösungsgesamtheit von* (H).

(b) *Ist $\boldsymbol{a}$ eine Lösung von* (G), *so ist*

$$\boldsymbol{a} + \operatorname{Ker}(\mathcal{A}) := \{\boldsymbol{a} + \boldsymbol{b} \mid \boldsymbol{b} \in \operatorname{Ker}(\mathcal{A})\}$$

die Lösungsgesamtheit von (G).

Beweis: (a) ist trivial.

(b) Sei $\boldsymbol{a} \in F^n$ eine Lösung von (G) und $\boldsymbol{b}$ eine von (H). Dann ist $\mathcal{A} \cdot \boldsymbol{a} = \boldsymbol{d}$ und $\mathcal{A} \cdot (\boldsymbol{a} + \boldsymbol{b}) = \mathcal{A} \cdot \boldsymbol{a} + \mathcal{A} \cdot \boldsymbol{b} = \boldsymbol{d} + \boldsymbol{o} = \boldsymbol{d}$. Also ist auch $\boldsymbol{a} + \boldsymbol{b}$ eine Lösung von (G). Sei umgekehrt $\boldsymbol{c} \in F^n$ eine beliebige Lösung von (G). Dann ist $\boldsymbol{b} = \boldsymbol{c} - \boldsymbol{a}$ wegen $\mathcal{A}\boldsymbol{b} = \boldsymbol{o}$ eine Lösung von (H), denn $\mathcal{A} \cdot \boldsymbol{b} = \mathcal{A} \cdot \boldsymbol{c} - \mathcal{A} \cdot \boldsymbol{a} = \boldsymbol{d} - \boldsymbol{d} = \boldsymbol{o}$. Also ist $\boldsymbol{b} \in \operatorname{Ker}(\mathcal{A})$, und es gilt $\boldsymbol{c} = \boldsymbol{a} + (\boldsymbol{c} - \boldsymbol{a}) = \boldsymbol{a} + \boldsymbol{b}$. ♦

Man nennt einen Körper F *unendlich*, wenn er unendlich viele Elemente besitzt. Beispiele für unendliche Körper sind: $\mathbb{Q}$, $\mathbb{R}$ und $\mathbb{C}$. Beispiele für endliche Körper werden in Kapitel 10 gegeben.

3.2.10 Satz. *Sei* (G) $\mathcal{A} \cdot \boldsymbol{x} = \boldsymbol{d}$ *ein lineares Gleichungssystem mit Koeffizienten aus dem Körper* F*. Dann gilt:*

(a) *Wenn* $\boldsymbol{d} \notin \operatorname{Im}(\mathcal{A})$, *dann hat* (G) *keine Lösung.*

(b) *Es hat* (G) *dann und nur dann genau eine Lösung, wenn* $\boldsymbol{d} \in \operatorname{Im}(\mathcal{A})$ und $\operatorname{Ker}(\mathcal{A}) = \{\boldsymbol{o}\}$.

Für unendliche Körper F *gilt zusätzlich:*

(d) *Wenn* $\boldsymbol{d} \in \operatorname{Im}(\mathcal{A})$ und $\operatorname{Ker}(\mathcal{A}) \neq \{\boldsymbol{o}\}$, *dann hat* (G) *unendlich viele Lösungen.*

Beweis: Seien $\boldsymbol{s}_j$, $1 \le j \le n$, die Spaltenvektoren von $\mathcal{A}$. Dann ist $\mathcal{A} \cdot \boldsymbol{x} = \sum_{j=1}^n \boldsymbol{s}_j \cdot x_j$. Daher hat $\mathcal{A} \cdot \boldsymbol{x} = \boldsymbol{d}$ genau dann eine Lösung, wenn $\boldsymbol{d} = \sum_{j=1}^n \boldsymbol{s}_j \cdot a_j$ für geeignete Skalare a_j ist, d. h. genau dann, wenn $\boldsymbol{d}$ im Spaltenraum von $\mathcal{A}$ oder nach 3.2.8 in $\operatorname{Im}(\mathcal{A})$ ist. Die Aussage (b) ergibt sich aus 3.2.9. Ist F unendlich und $\operatorname{Ker}(\mathcal{A}) \neq \{\boldsymbol{o}\}$, dann enthält $\operatorname{Ker}(\mathcal{A})$ einen eindimensionalen Unterraum $\boldsymbol{v}F$, der bereits aus unendlich vielen Vektoren besteht. ♦

3.2.11 Satz. *Sei* $\mathcal{A}$ *eine* $m \times n$*-Matrix über* F*. Genau dann ist* $\operatorname{Ker}(\mathcal{A}) = \{\boldsymbol{o}\}$, *wenn die Spalten von* $\mathcal{A}$ *linear unabhängig sind.*

Beweis: Seien $\boldsymbol{s}_j$, $j = 1, \dots, n$, die Spaltenvektoren von $\mathcal{A}$, und sei $\boldsymbol{v} \in F^n$. Wegen $\mathcal{A} \cdot \boldsymbol{v} = \sum_{j=1}^n \boldsymbol{s}_j \cdot v_j$, ist $\boldsymbol{v} \in \operatorname{Ker}(\mathcal{A})$ genau dann, wenn $\sum_{j=1}^n \boldsymbol{s}_j \cdot v_j = \boldsymbol{o}$ ist. Wenn die Spalten linear unabhängig sind, gilt dies nur für $v_1 = \cdots = v_n = 0$, also $\boldsymbol{v} = \boldsymbol{o}$. Es folgt $\operatorname{Ker}(\mathcal{A}) = \{\boldsymbol{o}\}$. Sind die Spaltenvektoren dagegen linear abhängig, dann gibt es $v_1, \dots, v_n$, welche nicht sämtlich gleich 0 sind und für die $\sum_{j=1}^n \boldsymbol{s}_j \cdot v_j = \boldsymbol{o}$ gilt. Damit ist $\boldsymbol{o} \neq \boldsymbol{v} = (v_1, \dots, v_n) \in \operatorname{Ker}(\mathcal{A})$. ♦

Satz 3.2.11 reduziert das Problem, die lineare Abhängigkeit einer Menge von Vektoren des arithmetischen Vektorraumes V^n nachzuweisen, auf die Bestimmung der Lösung eines homogenen Gleichungssystems.

3.2.12 Beispiel. Die Vektoren $\boldsymbol{v}_1 = (2, 1, 0)$, $\boldsymbol{v}_2 = (1, 0, 1)$, $\boldsymbol{v}_3 = (3, 1, 1)$ sind linear abhängig. Denn

$$\text{(H)} \qquad \begin{pmatrix} 2 & 1 & 3 \\ 1 & 0 & 1 \\ 0 & 1 & 1 \end{pmatrix} \cdot \begin{pmatrix} x_1 \\ x_2 \\ x_3 \end{pmatrix} = \begin{pmatrix} 0 \\ 0 \\ 0 \end{pmatrix}$$

hat die nicht triviale Lösung $\boldsymbol{x} = (1, 1, -1)$.

Für eine lineare Abbildung α wurde in Satz 3.2.7 gezeigt, daß $\operatorname{Ker}(\alpha)$ und $\operatorname{Im}(\alpha)$ Unterräume sind. Für deren Dimensionen gilt der grundlegende Satz.

3.2.13 Satz. *Sei V ein endlich-dimensionaler und W ein beliebiger Vektorraum über dem Körper F. Sei $\alpha : V \to W$ eine lineare Abbildung. Dann ist*

$$\dim V = \dim \operatorname{Ker}(\alpha) + \dim \operatorname{Im}(\alpha) \quad \textit{und} \quad \dim \operatorname{Im}(\alpha) \le \dim W.$$

Beweis: Nach Satz 3.2.7 ist $\operatorname{Im}(\alpha)$ ein Unterraum von W. Die zweite Behauptung folgt also aus Folgerung 2.2.14 (b). Sei $\{\boldsymbol{b}_1, \dots, \boldsymbol{b}_k\}$ eine Basis von $\operatorname{Ker}(\alpha)$, also $k = \dim \operatorname{Ker}(\alpha)$. Nach Satz 2.2.15 läßt sich diese durch Vektoren $\boldsymbol{a}_1, \dots, \boldsymbol{a}_d$ zu einer Basis von V ergänzen. Dann ist also $n = \dim V = k + d$.

Wir zeigen jetzt, daß $\alpha(\boldsymbol{a}_1), \dots, \alpha(\boldsymbol{a}_d)$ eine Basis von $\operatorname{Im}(\alpha)$ ist. Es folgt dann, daß $d = \dim \operatorname{Im}(\alpha)$, und damit die Behauptung.

Es ist klar, daß die angegebenen Vektoren in $\operatorname{Im}(\alpha)$ liegen. Sie sind linear unabhängig. Denn aus $\boldsymbol{o} = \alpha(\boldsymbol{a}_1) \cdot f_1 + \dots + \alpha(\boldsymbol{a}_d) \cdot f_d = \alpha(\boldsymbol{a}_1 \cdot f_1 + \dots + \boldsymbol{a}_d \cdot f_d)$ folgt $\boldsymbol{x} = \boldsymbol{a}_1 \cdot f_1 + \dots + \boldsymbol{a}_d \cdot f_d \in \operatorname{Ker}(\alpha)$. Also ist $\boldsymbol{x}$ eine Linearkombination von $\boldsymbol{b}_1, \dots, \boldsymbol{b}_k$. Sei $\boldsymbol{x} = \boldsymbol{a}_1 \cdot f_1 + \dots + \boldsymbol{a}_d \cdot f_d = \boldsymbol{b}_1 g_1 + \dots + \boldsymbol{b}_k \cdot g_k$. Hieraus folgt

$$\boldsymbol{o} = \boldsymbol{a}_1 \cdot f_1 + \dots + \boldsymbol{a}_d \cdot f_d - (\boldsymbol{b}_1 \cdot g_1 + \dots + \boldsymbol{b}_k \cdot g_k).$$

Da $\{\boldsymbol{a}_1, \dots, \boldsymbol{a}_d, \boldsymbol{b}_1, \dots, \boldsymbol{b}_k\}$ eine Basis von V ist, ergibt sich insbesondere, daß $f_i = 0$ ist für $i = 1, 2, \dots, d$.

Schließlich sei $\boldsymbol{w} \in \operatorname{Im}(\alpha)$. Dann ist $\boldsymbol{w} = \alpha(\boldsymbol{v})$ für ein $\boldsymbol{v} \in V$. Nun ist $\boldsymbol{v} = \boldsymbol{a}_1 \cdot f_1 + \dots + \boldsymbol{a}_d \cdot f_d + \boldsymbol{b}_1 \cdot g_1 + \dots + \boldsymbol{b}_k \cdot g_k$ eine Linearkombination von $\boldsymbol{a}_1, \dots, \boldsymbol{a}_d$ und $\boldsymbol{b}_1, \dots, \boldsymbol{b}_k$, woraus $\boldsymbol{w} = \alpha(\boldsymbol{v}) = \alpha(\boldsymbol{a}_1) \cdot f_1 + \dots + \alpha(\boldsymbol{a}_d) \cdot f_d$ folgt, da $\alpha(\boldsymbol{b}_j) = 0$ für alle j. Also ist $\alpha(\boldsymbol{a}_1), \dots, \alpha(\boldsymbol{a}_d)$ auch ein Erzeugendensystem von $\operatorname{Im}(\alpha)$, und $d = \dim \operatorname{Im}(\alpha)$. ♦

Bei linearen Abbildungen $\alpha : V \to W$ zwischen endlich dimensionalen Vektorräumen gleicher Dimension fallen die Begriffe „injektiv“, „surjektiv“ und „bijektiv“ zusammen, wie nun gezeigt wird.

3.2.14 Satz. *Für eine lineare Abbildung $\alpha : V \to W$ zwischen den n-dimensionalen F-Vektorräumen V und W sind folgende Aussagen äquivalent:*

(a) *α ist injektiv.*

(b) *α ist surjektiv.*

(c) *α ist bijektiv.*

(d) *Ist $B = \{\boldsymbol{v}_1, \boldsymbol{v}_2, \ldots, \boldsymbol{v}_n\}$ eine Basis von V, so ist $\alpha(B) = \{\alpha(\boldsymbol{v}_1), \alpha(\boldsymbol{v}_2), \ldots, \alpha(\boldsymbol{v}_n)\}$ eine Basis von W.*

Beweis: Ist α injektiv, so ist $\operatorname{Ker}(\alpha) = \{\boldsymbol{o}\}$ nach Satz 3.2.7 (b). Wegen Satz 3.2.13 gilt dann $n = \dim W = \dim \alpha(V)$, woraus $W = \alpha(V)$ nach Folgerung 2.2.14 folgt. Also folgen (b) und (c) aus (a). Mittels Satz 3.2.13 ergibt sich (c) ebenso einfach aus (b). Da (a) eine triviale Folge von (c) ist, sind die drei ersten Aussagen äquivalent.

Gilt (d), so ist $n = \dim \alpha(V) = \dim W$, woraus nach Folgerung 2.2.14 die Surjektivität von α folgt. Ist schließlich $\operatorname{Ker}(\alpha) = \{\boldsymbol{o}\}$, so folgt aus $\boldsymbol{o} = \sum_{i=1}^{n} \alpha(\boldsymbol{v}_i) f_i = \alpha\big(\sum_{i=1}^{n} \boldsymbol{v}_i f_i\big)$, daß $\sum_{i=1}^{n} \boldsymbol{v}_i f_i \in \operatorname{Ker}(\boldsymbol{v}) = \{\boldsymbol{o}\}$ und somit $f_i = 0$ für alle $f_i \in F$, $i = 1, 2, \ldots, n$ ist. Also ist auch (d) eine Folge von (a). ♦

3.2.15 Satz. *Zwei endlich-dimensionale Vektorräume V und W über dem Körper F sind genau dann isomorph, wenn* $\dim V = \dim W$.

Beweis: Ist $\alpha : V \to W$ ein Isomorphismus, so gilt $\dim V = \dim W$ nach Satz 3.2.14. Gilt umgekehrt diese Gleichung, dann ist $V \cong F^n$ und $W \cong F^n$ nach Satz 2.2.18. Daher ist $V \cong W$. ♦

Das Bild $\operatorname{Im}(\alpha)$ der linearen Abbildung $\alpha : V \to W$ zwischen den F-Vektorräumen V und W ist nach Satz 3.2.7 ein Unterraum von W. Deshalb kann α die folgende Invariante zugeordnet werden.

3.2.16 Definition. Es sei $\alpha : V \to W$ eine lineare Abbildung. Dann heißt $\operatorname{rg}(\alpha) = \dim \operatorname{Im}(\alpha)$ der *Rang* von α.

Man beachte, daß $\operatorname{rg}(\alpha) = \infty$ ist, falls $\operatorname{Im}(\alpha)$ ein unendlich-dimensionaler Unterraum von W ist.

3.2.17 Satz. *Seien U, V, W und Z Vektorräume, und es sei* $\dim V < \infty$. *Seien $\alpha : V \to W$, $\beta : U \to V$ und $\gamma : W \to Z$ lineare Abbildungen. Dann gilt:*

(a) $\operatorname{rg}(\alpha) \le \min\{\dim V, \dim W\}$.

(b) $\operatorname{rg}(\alpha\beta) \le \operatorname{rg}(\alpha)$.

(c) *Ist β surjektiv, so ist* $\operatorname{rg}(\alpha\beta) = \operatorname{rg}(\alpha)$.

(d) $\operatorname{rg}(\gamma\alpha) \le \operatorname{rg}(\alpha)$.

(e) *Ist γ injektiv, so ist* $\operatorname{rg}(\gamma\alpha) = \operatorname{rg}(\alpha)$.

Beweis: (a) Nach Satz 3.2.13 gilt $\mathrm{rg}(\alpha) = \dim \mathrm{Im}(\alpha) \le \dim W$ und $\mathrm{rg}(\alpha) = \dim \mathrm{Im}(\alpha) = \dim V - \dim(\mathrm{Ker}(\alpha)) \le \dim V$.

(b) Wegen $\mathrm{Im}(\beta) \le V$ folgt $\mathrm{Im}(\alpha\beta) \le \mathrm{Im}(\alpha)$. Also gilt $\mathrm{rg}(\alpha\beta) = \dim \mathrm{Im}(\alpha\beta) \le \dim \mathrm{Im}(\alpha) = \mathrm{rg}(\alpha)$.

(c) Ist $\mathrm{Im}(\beta) = V$, so ist $\mathrm{Im}(\alpha\beta) = \mathrm{Im}(\alpha)$ und $\mathrm{rg}(\alpha\beta) = \mathrm{rg}(\alpha)$.

(d) Da $\mathrm{Im}(\alpha)$ endlich-dimensional ist, folgt

$$\dim[\gamma\, \mathrm{Im}(\alpha)] = \dim \mathrm{Im}(\alpha) - \dim[\mathrm{Im}(\alpha) \cap \mathrm{Ker}(\gamma)]$$

nach Satz 3.2.13. Daher gilt

$$\mathrm{rg}(\gamma\alpha) = \dim \mathrm{Im}(\gamma\alpha) = \dim[\gamma\, \mathrm{Im}(\alpha)] \le \dim \mathrm{Im}(\alpha) = \mathrm{rg}(\alpha).$$

(e) Ist γ injektiv, so ist $\dim[\gamma\, \mathrm{Im}(\alpha)] = \dim \mathrm{Im}(\alpha)$ nach Satz 3.2.14. Deshalb ist $\mathrm{rg}(\gamma\alpha) = \mathrm{rg}(\alpha)$. ♦

3.3 Matrix einer linearen Abbildung

In diesem Abschnitt werden die Beziehungen der linearen Abbildungen $\alpha : V \to W$ zwischen zwei endlich-dimensionalen Vektorräumen V und W zu den Matrizen $\mathcal{A} = (a_{ij})$ mit Koeffizienten $a_{ij} \in F$ behandelt.

Dazu legen wir eine Basis $A = \{\boldsymbol{u}_1, \dots, \boldsymbol{u}_r\}$ von V fest. Weiter sei eine lineare Abbildung α von V in einen zweiten Vektorraum W gegeben. Auch in W wählen wir eine Basis $B = \{\boldsymbol{v}_1, \dots, \boldsymbol{v}_s\}$. Dann läßt sich der linearen Abbildung α eine Matrix $\mathcal{A} = \mathcal{A}_\alpha$ zuordnen, die alle Informationen über α enthält. Die Matrix hängt allerdings nicht nur von α ab, sondern auch von der Wahl der beiden Basen A und B in V bzw. W. Wie die Matrix sich ändert, wenn man andere Basen wählt, wird ebenfalls in diesem Abschnitt beschrieben.

3.3.1 Definition. Sei eine lineare Abbildung $\alpha : V \to W$ gegeben, und seien Basen $A = \{\boldsymbol{u}_1, \dots, \boldsymbol{u}_r\}$ von V und $B = \{\boldsymbol{v}_1, \dots, \boldsymbol{v}_s\}$ von W fest gewählt. Für jeden Basisvektor $\boldsymbol{u}_j \in A$ ist $\alpha(\boldsymbol{u}_j) \in W$. Also hat $\alpha(\boldsymbol{u}_j)$ nach Folgerung 2.2.14 (a) eine eindeutige Darstellung als Linearkombination

$$\alpha(\boldsymbol{u}_j) = \sum_{i=1}^{s} \boldsymbol{v}_i \cdot a_{ij} \quad \text{mit } a_{ij} \in F \text{ für } 1 \le i \le s,\ 1 \le j \le r.$$

Die $s \times r$-Matrix $\mathcal{A} = (a_{ij})$ heißt die *Matrix von α bezüglich der Basen A und B*. Man schreibt

$$\mathcal{A} = \mathcal{A}_\alpha = \mathcal{A}_\alpha(A, B).$$

3.3.2 Beispiel. Es ist einfach einzusehen, daß $V = \{(a, b, c) \in \mathbb{Q}^3 \mid a+b+c = 0\}$ und $W = \{(r, s, t, u) \in \mathbb{Q}^4 \mid r + s + t + u = 0\}$ Unterräume von $\mathbb{Q}^3$ bzw. $\mathbb{Q}^4$ sind. Seien $\boldsymbol{u}_1 = (1, -1, 0)$, $\boldsymbol{u}_2 = (1, 0, -1)$, $\boldsymbol{v}_1 = (1, -1, 0, 0)$, $\boldsymbol{v}_2 = (1, 0, -1, 0)$ und $\boldsymbol{v}_3 = (1, 0, 0, -1)$. Dann ist $A = \{\boldsymbol{u}_1, \boldsymbol{u}_2\}$ eine Basis von V, und $B = \{\boldsymbol{v}_1, \boldsymbol{v}_2, \boldsymbol{v}_3\}$ ist eine Basis von W.

Durch $\alpha(a, b, c) = (a-2b-c, 2a-b-c, -a-b, -6a-2c)$ wird eine lineare Abbildung $\alpha : V \to W$ definiert; denn aus $(a, b, c) \in V$ folgt wegen $a + b + c = 0$ für die Komponenten des Bildvektors

$$(a - 2b - c) + (2a - b - c) + (-a - b) + (-6a - 2c) = (a + b + c)(-4) = 0.$$

Also bildet α den Vektorraum V tatsächlich in den Vektorraum W ab. Die Linearitätseigenschaften von α überprüft man unmittelbar.

Es ist

$$\begin{aligned} \alpha(\boldsymbol{u}_1) &= \alpha(1, -1, 0) = (3, 3, 0, -6) \\ &= (1, -1, 0, 0)(-3) + (1, 0, 0, -1) \cdot 6 \\ &= \boldsymbol{v}_1(-3) + \boldsymbol{v}_2 0 + \boldsymbol{v}_3 6. \end{aligned}$$

Dies ergibt die erste Spalte der gesuchten Matrix. Ebenso ist

$$\begin{aligned} \alpha(\boldsymbol{u}_2) &= \alpha(1, 0, -1) = (2, 3, -1, -4) \\ &= (1, -1, 0, 0)(-3) + (1, 0, -1, 0) + (1, 0, 0, -1) \cdot 4 \\ &= \boldsymbol{v}_1(-3) + \boldsymbol{v}_2 + \boldsymbol{v}_3 4. \end{aligned}$$

Dies ergibt die zweite Spalte. Also ist α die Matrix $\mathcal{A}_\alpha(A, B) = \begin{pmatrix} -3 & -3 \\ 0 & 1 \\ 6 & 4 \end{pmatrix}$ zugeordnet.

3.3.3 Bemerkung. Kennt man die $s \times r$-Matrix $A = \mathcal{A}_\alpha(A, B)$, so kann man $\alpha(\boldsymbol{u})$ für jedes $\boldsymbol{u} \in V$ berechnen, und zwar wie folgt: Nach Folgerung 2.2.14 läßt sich $\boldsymbol{u}$ als Linearkombination von $\boldsymbol{u}_1, \dots, \boldsymbol{u}_r$ mit geeigneten $a_j \in F$ schreiben:

$$\boldsymbol{u} = \sum_{j=1}^{r} \boldsymbol{u}_j \cdot a_j.$$

Man multipliziert dann $\mathcal{A}$ mit dem Spaltenvektor $\boldsymbol{a} = (a_1, \dots, a_r)$ und erhält $\mathcal{A} \cdot \boldsymbol{a} = \boldsymbol{b} = (b_1, \dots, b_s) \in F^s$. Bildet man nun die Linearkombination

$$\boldsymbol{v} = \sum_{i=1}^{s} \boldsymbol{v}_i \cdot b_i,$$

so erhält man das gesuchte Bild von $\boldsymbol{u}$ unter α; denn

$$\begin{aligned}\alpha(\boldsymbol{u}) &= \sum_{j=1}^{r} \alpha(\boldsymbol{u}_j)\cdot a_j = \sum_{j=1}^{r}\Big(\sum_{i=1}^{s} \boldsymbol{v}_i \cdot a_{ij}\Big)\cdot a_j \\ &= \sum_{i=1}^{s} \boldsymbol{v}_i \cdot \Big(\sum_{j=1}^{r} a_{ij}\cdot a_j\Big) = \sum_{j=1}^{r} \boldsymbol{v}_i \cdot b_i = \boldsymbol{v}.\end{aligned}$$

3.3.4 Beispiel. Wir nehmen das Beispiel 3.3.2 noch einmal auf. Dort wurde schon

$$\mathcal{A}_\alpha(A, B) = \begin{pmatrix} -3 & -3 \\ 0 & 1 \\ 6 & 4 \end{pmatrix}$$

berechnet. Sei $\boldsymbol{u} = (2, 3, -5)$, also $\boldsymbol{u} = \boldsymbol{u}_1(-3)+\boldsymbol{u}_2\cdot 5 \in U$. Um $\alpha(\boldsymbol{u})$ zu berechnen, multiplizieren wir

$$\begin{pmatrix} -3 & -3 \\ 0 & 1 \\ 6 & 4 \end{pmatrix}\cdot\begin{pmatrix} -3 \\ 5 \end{pmatrix} = \begin{pmatrix} -6 \\ 5 \\ 2 \end{pmatrix}$$

und erhalten

$$\begin{aligned}\alpha(\boldsymbol{u}) &= v_1(-6) + v_2 5 + v_3 2 \\ &= (1, -1, 0, 0)(-6) + (1, 0, -1, 0)5 + (1, 0, 0, -1)2 \\ &= (1, 6, -5, -2).\end{aligned}$$

3.3.5 Definition. Seien $A = \{\boldsymbol{u}_1, \ldots, \boldsymbol{u}_r\}$ und $A' = \{\boldsymbol{u}'_1, \ldots, \boldsymbol{u}'_r\}$ zwei Basen des F-Vektorraumes V. Für jedes $j = 1, \ldots, r$ schreibt man $\boldsymbol{u}'_j$ als Linearkombination von $\boldsymbol{u}_1, \ldots, \boldsymbol{u}_r$ mit geeigneten $p_{ij} \in F$:

$$\boldsymbol{u}'_j = \sum_{i=1}^{r} \boldsymbol{u}_i \cdot p_{ij}.$$

Die $r \times r$-Matrix $\mathcal{P} = (p_{ij})$ heißt die *Matrix des Basiswechsels von A nach A'* .

3.3.6 Bemerkung. Bei dieser Definition der Matrix $\mathcal{P} = (p_{ij})$ des Basiswechsels von A nach A' ist zu beachten, daß die zu $\mathcal{P}$ gehörige lineare Abbildung $\alpha : V \to V$ die zugrunde gelegte Basis A auf die neue Basis A' abbildet, d. h. $\alpha(\boldsymbol{u}_j) = \boldsymbol{u}'_j = \sum_{i=1}^{r} \boldsymbol{u}_i p_{ij}$ für $j = 1, 2, \ldots, r$ und $\mathcal{A}_\alpha(A, A') = \mathcal{P}$. Nach Satz 3.2.4 ist die lineare Abbildung $\alpha : V \to V$ durch die Zuordnung $\alpha(\boldsymbol{u}_j) = \boldsymbol{u}'_j$ der Basisvektoren $\boldsymbol{u}_j \in A$, $j = 1, 2, \ldots, r$, eindeutig bestimmt. Sei id der Einsendomorphismus von V. Nach Definition 3.3.1 gilt dann:

$$\mathcal{P} = \mathcal{A}_\alpha(A, A) = \mathcal{A}_{\text{id}}(A', A).$$

3.3.7 Satz. *Seien V, W und Z endlich-dimensionale F-Vektorräume mit den Basen $A = (\boldsymbol{v}_1, \boldsymbol{v}_2, \dots, \boldsymbol{v}_n)$, $B = (\boldsymbol{w}_1, \boldsymbol{w}_2, \dots, \boldsymbol{w}_m)$ und $C = (z_1, z_2, \dots, z_p)$. Sind $\alpha : V \to W$ und $\beta : W \to Z$ lineare Abbildungen mit den Matrizen $\mathcal{A}_\alpha(A, B)$ und $\mathcal{A}_\beta(B, C)$, dann ist $\beta\alpha : V \to Z$ eine lineare Abbildung, deren Matrix*

$$\mathcal{A}_{\beta\alpha}(A, C) = \mathcal{A}_\beta(B, C) \cdot \mathcal{A}_\alpha(A, B)$$

ist.

Beweis: Die Hintereinanderausführung $\beta\alpha$ der beiden linearen Abbildungen α und β ist eine lineare Abbildung von V in Z gemäß Bemerkung 3.2.3. Nach Definition 3.3.1 erfüllen die Koeffizienten der Matrizen $\mathcal{A}_\alpha(A, B) = (a_{ij})$, $\mathcal{A}_\beta(B, C) = (b_{ki})$ und $\mathcal{A}_\gamma(A, C) = (c_{kj})$ mit $\gamma = \beta\alpha$ die folgenden Gleichungen:

$$\alpha(\boldsymbol{v}_j) = \sum_{i=1}^{m} \boldsymbol{w}_i a_{ij}, \quad 1 \le j \le n,$$

$$\beta(\boldsymbol{w}_i) = \sum_{k=1}^{p} z_k b_{ki}, \quad 1 \le i \le m,$$

$$\gamma(\boldsymbol{v}_j) = \sum_{k=1}^{p} z_k c_{kj}, \quad 1 \le j \le n.$$

Wendet man β auf die erste Gleichung an, so erhält man

$$\begin{aligned}\beta\alpha(\boldsymbol{v}_j) &= \sum_{i=1}^{m} \beta(\boldsymbol{w}_i) a_{ij} = \sum_{i=1}^{m} \left(\sum_{k=1}^{p} z_k b_{ki} \right) a_{ij} \\ &= \sum_{k=1}^{p} z_k \left(\sum_{i=1}^{m} b_{ki} a_{ij} \right) \quad \text{für } j = 1, 2, \dots, n.\end{aligned}$$

Also gilt $c_{kj} = \sum_{j=1}^{m} b_{ki} a_{ij}$, weil C eine Basis des Vektorraums Z ist. Nach Definition 3.1.17 ist $\mathcal{A}_{\beta\alpha}(A, C) = \mathcal{A}_\beta(B, C) \cdot \mathcal{A}_\alpha(A, B)$. ♦

3.3.8 Folgerung. *Die Matrix $\mathcal{P}$ des Basiswechsels von A nach A' ist invertierbar. Ihre Inverse ist die Matrix des Basiswechsels von A' nach A.*

Beweis: Sei $V = F^n$ und $\text{id} \in \text{End}_F(V)$ der Einsendomorphismus von V. Sei $\mathcal{E}_n$ die $n \times n$-Einsmatrix. Nach Bemerkung 3.3.6 ist $\mathcal{P} = \mathcal{A}_{\text{id}}(A', A)$ die Matrix des Basiswechsels von A nach A'. Ebenso ist $\mathcal{Q} = \mathcal{A}_{\text{id}}(A, A')$ die des Basiswechsels von A' nach A. Nach Satz 3.3.7 gilt:

$$\mathcal{E}_n = \mathcal{A}_{\text{id}}(A, A) = \mathcal{A}_{\text{id} \cdot \text{id}}(A, A) = \mathcal{A}_{\text{id}}(A', A)\mathcal{A}_{\text{id}}(A, A') = \mathcal{P}\mathcal{Q}.$$

Ebenso ergibt sich $\mathcal{Q}\mathcal{P} = \mathcal{E}_n$ durch Vertauschung der Basen A und A'. Nach Definition 3.1.29 ist also $\mathcal{Q}$ die Inverse von $\mathcal{P}$. ♦

3.3.9 Satz. *Seien V und W Vektorräume, und sei $\alpha : V \to W$ eine lineare Abbildung. Weiter seien zwei Basen A und A' von V und zwei Basen B und B' von W gegeben. Sei $\mathcal{P}$ die Matrix des Basiswechsels von A nach A' und $\mathcal{Q}$ die Matrix des Basiswechsels von B nach B'. Dann ist*

$$\mathcal{A}_\alpha(A', B') = \mathcal{Q}^{-1} \cdot \mathcal{A}_\alpha(A, B) \cdot \mathcal{P}.$$

Beweis: Sei id_V der identische Endomorphismus von V und id_W der von W. Dann gilt nach Bemerkung 3.3.6, daß $\mathcal{P} = \mathcal{A}_{\mathrm{id}_V}(A', A)$ und $\mathcal{Q} = \mathcal{A}_{\mathrm{id}_W}(B', B)$. Wegen $\alpha\,\mathrm{id}_V = \mathrm{id}_W\,\alpha$ folgt aus Folgerung 3.3.8, daß

$$\mathcal{A}_\alpha(A, B)\mathcal{P} = \mathcal{A}_{\alpha\,\mathrm{id}_V}(A', B) = \mathcal{A}_{\mathrm{id}_W\,\alpha}(A', B) = \mathcal{Q}\mathcal{A}_\alpha(A', B').$$

Multiplikation mit Q^{-1} von links liefert die Behauptung. ♦

3.4 Rang einer Matrix

In diesem Abschnitt wird gezeigt, daß der Spaltenrang $s(\mathcal{A})$ für jede $m \times n$-Matrix $\mathcal{A} = (a_{ij})$ mit Koeffizienten a_{ij} aus dem Körper F gleich dem Zeilenrang $z(\mathcal{A})$ ist. Diese Zahl heißt der Rang $r(\mathcal{A})$ von $\mathcal{A}$. Außerdem werden Kriterien für die Invertierbarkeit von Matrizen behandelt. Im folgenden werden die in Definition 3.3.1 eingeführten Bezeichnungen beibehalten.

3.4.1 Hilfssatz. *Seien V und W zwei endlich-dimensionale F-Vektorräume mit den Basen A und B. Sei $\alpha : V \to W$ eine lineare Abbildung, und sei $\mathcal{A} = \mathcal{A}_\alpha(A, B)$ die Matrix von α bezüglich der Basen A und B. Dann ist der Rang von α gleich dem Spaltenrang von $\mathcal{A}$, d. h. $\mathrm{rg}(\alpha) = s(\mathcal{A})$.*

Beweis: Nach Definition 3.2.16 und Satz 3.2.8 gelten die Gleichungen $\mathrm{rg}(\alpha) = \dim \mathrm{Im}(\alpha) = s(\mathcal{A})$. ♦

3.4.2 Hilfssatz. *Sei $\alpha : V \to W$ eine lineare Abbildung zwischen den endlich-dimensionalen F-Vektorräumen V und W mit den Dimensionen $\dim V = n$ und $\dim W = m$. Ist r der Rang von α, dann existieren Basen A' und B' von V bzw. W derart, daß α bezüglich der Basen A' und B' die $m \times n$-Matrix*

$$\mathcal{A}_\alpha(A', B') = \left(\begin{array}{c|c} \mathcal{E}_r & 0 \\ \hline 0 & 0 \end{array}\right)$$

zugeordnet ist.

Beweis: Nach Satz 3.2.13 ist $\operatorname{Ker}(\alpha)$ ein Unterraum von V mit $\dim \operatorname{Ker}(\alpha) = n - \dim \operatorname{Im}(\alpha) = n - r$. Sei $\boldsymbol{v}'_{r+1}, \boldsymbol{v}'_{r+2}, \ldots, \boldsymbol{v}'_n$ eine Basis von $\operatorname{Ker}(\alpha)$. Nach dem Austauschsatz 2.2.15 von Steinitz gibt es r linear unabhängige Vektoren im Vektorraum V, die mit $\boldsymbol{v}_1, \boldsymbol{v}_2, \ldots, \boldsymbol{v}_r$ bezeichnet seien, derart, daß $A' = \{\boldsymbol{v}_1, \boldsymbol{v}_2, \ldots, \boldsymbol{v}_r, \boldsymbol{v}'_{r+1}, \ldots, \boldsymbol{v}'_n\}$ eine Basis von V ist.

Da $\dim \alpha(V) + \dim \operatorname{Ker}(\alpha) = \dim V = n$ nach Satz 3.2.13 gilt, folgt, daß $\{\alpha(\boldsymbol{v}_1), \alpha(\boldsymbol{v}_2), \ldots, \alpha(\boldsymbol{v}_r)\}$ eine Basis des Unterraumes $\alpha(V)$ von W ist. Erneute Anwendung von Satz 2.2.15 ergibt die Existenz von $m - r$ linear unabhängigen Vektoren des Vektorraums W, die mit $\boldsymbol{w}_{r+1}, \boldsymbol{w}_{r+2}, \ldots, \boldsymbol{w}_m$ bezeichnet werden, derart, daß $B' = \{\alpha(\boldsymbol{v}_1), \alpha(\boldsymbol{v}_2), \ldots, \alpha(\boldsymbol{v}_r), \boldsymbol{w}_{r+1}, \boldsymbol{w}_{r+2}, \ldots, \boldsymbol{w}_m\}$ eine Basis von W ist. Bezüglich der Basen A' und B' hat α nach Definition 3.3.1 die Matrix $\mathcal{A}_\alpha(A', B')$, wie sie in der Behauptung angegeben ist. ♦

3.4.3 Hilfssatz. *$\mathcal{A}$ und $\mathcal{B}$ seien $m \times n$-Matrizen und $\mathcal{P}$, $\mathcal{Q}$ invertierbare $n \times n$- bzw. $m \times m$-Matrizen derart, daß $\mathcal{B} = \mathcal{Q}\mathcal{A}\mathcal{P}$ ist. Dann gilt für die Spaltenränge $s(\mathcal{B}) = s(\mathcal{A})$.*

Beweis: Nach den Sätzen 3.2.8 und 3.2.17 gilt

$$s(\mathcal{B}) = \dim \operatorname{Im}(\mathcal{B}) = \dim \operatorname{Im}(\mathcal{Q}\mathcal{A}\mathcal{P}) = \dim \operatorname{Im}(\mathcal{A}) = s(\mathcal{A}),$$

da $\mathcal{P}$ und $\mathcal{Q}$ invertierbare $n \times n$- bzw. $m \times m$-Matrizen über F sind. ♦

3.4.4 Satz. *Sei $\mathcal{A}$ eine $m \times n$-Matrix mit Koeffizienten aus dem Körper F. Dann stimmen der Zeilen- und der Spaltenrang von $\mathcal{A}$ überein, d. h. $z(\mathcal{A}) = s(\mathcal{A})$.*

Beweis: Seien $A = \{\boldsymbol{v}_1, \boldsymbol{v}_2, \ldots, \boldsymbol{v}_n\}$ und $B = \{\boldsymbol{w}_1, \boldsymbol{w}_2, \ldots, \boldsymbol{w}_m\}$ die kanonischen Basen der F-Vektorräume $V = F^n$ und $W = F^m$. Sei α die zu $\mathcal{A}$ gehörige lineare Abbildung

$$\alpha(\boldsymbol{v}) = \mathcal{A} \cdot \boldsymbol{v} \quad \text{für alle } \boldsymbol{v} \in V.$$

Wegen Hilfssatz 3.4.1 ist der Spaltenrang $s(\mathcal{A})$ von $\mathcal{A}$ gleich dem Rang r von α. Nach Hilfssatz 3.4.2 existieren Basen A' und B' von V bzw. W derart, daß

$$\mathcal{A}_\alpha(A', B') = \left(\begin{array}{c|c} \mathcal{E}_r & 0 \\ \hline 0 & 0 \end{array}\right) = \mathcal{A}'.$$

Offensichtlich gilt $r = s(\mathcal{A}') = z(\mathcal{A}') = s([\mathcal{A}']^T)$.

Sei $\mathcal{P}$ die Matrix des Basiswechsels von A nach A' und $\mathcal{Q}$ die Matrix des Basiswechsels von B nach B'. Nach Satz 3.3.9 folgt dann

$$\mathcal{A}' = \mathcal{A}_\alpha(A', B') = \mathcal{Q}^{-1}\mathcal{A}_\alpha(A, B)\mathcal{P} = \mathcal{Q}^{-1}\mathcal{A}\mathcal{P}.$$

Mittels Satz 3.1.28 ergibt sich $[\mathcal{A}']^T = \mathcal{P}^T \mathcal{A}^T (\mathcal{Q}^{-1})^T$. Die Matrizen $\mathcal{P}^T$ und $(\mathcal{Q}^{-1})^T$ sind invertierbar. Wegen Hilfssatz 3.4.3 folgt nun

$$s(\mathcal{A}) = r = s([\mathcal{A}']^T) = s(\mathcal{P}^T \mathcal{A}^T (\mathcal{Q}^{-1})^T) = s(\mathcal{A}^T) = z(\mathcal{A}),$$

denn $s(\mathcal{A}^T)$ ist der Zeilenrang $z(\mathcal{A})$ von $\mathcal{A}$. ♦

3.4.5 Definition. Sei $\mathcal{A}$ eine $m \times n$-Matrix mit Koeffizienten aus dem Körper F. Dann heißt der gemeinsame Wert $\operatorname{rg}(\mathcal{A}) = s(\mathcal{A}) = z(\mathcal{A})$ der *Rang* der Matrix $\mathcal{A}$.

3.4.6 Beispiele.

(a) Der Rang der $m \times n$-Nullmatrix ist 0.

(b) Der Rang der $n \times n$-Einheitsmatrix $\mathcal{E}_n$ ist n.

(c) Der Rang von $\begin{pmatrix} 1 & 2 \\ 3 & 4 \\ 5 & 6 \end{pmatrix}$ ist 2, denn die ersten beiden Zeilen sind linear unabhängig.

Algorithmen zur Berechnung des Ranges einer Matrix werden in Kapitel 4 beschrieben.

3.4.7 Folgerung. *Sei $\alpha : V \to W$ eine lineare Abbildung zwischen zwei endlich-dimensionalen F-Vektorräumen V und W mit den Basen A und B. Sei $\mathcal{A} = \mathcal{A}_\alpha(A, B)$ die Matrix von α bezüglich der Basen A und B. Dann gilt*

$$\operatorname{rg}(\alpha) = \operatorname{rg}(\mathcal{A}).$$

Beweis: Nach Hilfssatz 3.4.1 und Satz 3.4.4 gilt $\operatorname{rg}(\alpha) = s(\mathcal{A}) = \operatorname{rg}(\mathcal{A})$. ♦

3.4.8 Folgerung. *Sei $\mathcal{A}$ eine $m \times n$-Matrix. Dann gelten:*

(a) $\operatorname{rg}(\mathcal{A}) = \operatorname{rg}(\mathcal{A}^T)$.

(b) $\operatorname{rg}(\mathcal{A}) \le \min\{m, n\}$.

(c) $\operatorname{rg}(\mathcal{A} \cdot \mathcal{B}) \le \min(\operatorname{rg}(\mathcal{A}), \operatorname{rg}(\mathcal{B}))$ *für jede $n \times p$-Matrix $\mathcal{B}$.*

(d) *Sind $\mathcal{B}$ und $\mathcal{C}$ invertierbare $m \times m$- bzw. $n \times n$-Matrizen, so gilt*

$$\operatorname{rg}(\mathcal{B}\mathcal{A}) = \operatorname{rg}(\mathcal{A}) = \operatorname{rg}(\mathcal{A}\mathcal{C}).$$

(e) *Die Lösungsgesamtheit* $\operatorname{Ker}(\mathcal{A})$ *des homogenen Gleichungssystems*

(H) $$\mathcal{A}\boldsymbol{x} = \boldsymbol{o}$$

hat $n - \operatorname{rg}(\mathcal{A})$ linear unabhängige Lösungen.

Beweis: (a) Wegen Satz 3.4.4 gilt $\operatorname{rg}(\mathcal{A}^T) = s(\mathcal{A}^T) = z(\mathcal{A}) = \operatorname{rg}(\mathcal{A})$.

(b) Ist α die durch $\mathcal{A}$ definierte lineare Abbildung $\alpha : F^n \to F^m$, so folgt aus Satz 3.2.17 und Folgerung 3.4.7, daß $\operatorname{rg}(\mathcal{A}) = \operatorname{rg}(\alpha) \le \min(m, n)$ gilt.

(c) Folgt ebenso aus Satz 3.2.17.

(d) Nach Hilfssatz 3.4.3 und Satz 3.4.4 gilt $\operatorname{rg}(\mathcal{B}\mathcal{A}) = s(\mathcal{B}\mathcal{A}) = s(\mathcal{B}\mathcal{A}\mathcal{E}_n) = s(\mathcal{A}) = \operatorname{rg}(\mathcal{A})$. Ebenso folgt $\operatorname{rg}(\mathcal{A}\mathcal{C}) = s(\mathcal{E}_m\mathcal{A}\mathcal{C}) = s(\mathcal{A}) = \operatorname{rg}(\mathcal{A})$.

(e) Wegen Satz 3.2.8 und Satz 3.2.13 gilt $\dim \operatorname{Ker}(\mathcal{A}) = n - \dim \operatorname{Im}(\mathcal{A}) = n - \operatorname{rg}(\mathcal{A})$. Nach Satz 3.2.9 (a) hat (H) dann $n - \operatorname{rg}(\mathcal{A})$ linear unabhängige Lösungen. ♦

3.4.9 Satz. *Sei $\mathcal{A}$ eine $n \times n$-Matrix. Die folgenden Aussagen sind äquivalent:*

(a) *$\mathcal{A}$ ist invertierbar.*

(b) *Es gibt eine $n \times n$-Matrix $\mathcal{S}$ mit $\mathcal{A} \cdot \mathcal{S} = \mathcal{E}_n$.*

(c) *Es gibt eine $n \times n$-Matrix $\mathcal{T}$ mit $\mathcal{T} \cdot \mathcal{A} = \mathcal{E}_n$.*

(d) $\operatorname{rg}(\mathcal{A}) = n$.

Beweis: Sicherlich folgen (b) und (c) aus (a). Gilt (b), dann ist $n \ge \operatorname{rg}(\mathcal{A}) \ge \operatorname{rg}(\mathcal{A} \cdot \mathcal{S}) = \operatorname{rg}(\mathcal{E}_n) = n$ nach Folgerung 3.4.8. Also ist $\operatorname{rg}(\mathcal{A}) = n$. Daher gilt (d). Ebenso folgt (d) aus (c).

(d) $\Rightarrow$ (a): Da $n = \operatorname{rg}(\mathcal{A}) = \dim \operatorname{Im}(\mathcal{A})$, folgt nach Folgerung 2.2.14 (c), daß $\operatorname{Im}(\mathcal{A}) = F^n$ ist. Insbesondere gibt es zu den Einheitsvektoren $\boldsymbol{e}_j$ Vektoren $\boldsymbol{s}_1, \dots, \boldsymbol{s}_n \in F^n$ mit $\mathcal{A} \cdot \boldsymbol{s}_j = \boldsymbol{e}_j$ für $1 \le j \le n$. Bildet man die Matrix $\mathcal{S}$, deren Spalten gerade $\boldsymbol{s}_1, \dots, \boldsymbol{s}_n$ sind, dann folgt $\mathcal{A} \cdot \mathcal{S} = \mathcal{E}_n$. Da auch $\operatorname{rg}(\mathcal{A}^T) = n$ nach Folgerung 3.4.8 ist, gibt es ebenso eine Matrix $\mathcal{U}$ mit $\mathcal{A}^T \cdot \mathcal{U} = \mathcal{E}_n = \mathcal{E}_n^T = \mathcal{U}^T \cdot \mathcal{A}$. Hieraus folgt

$$\mathcal{U}^T = \mathcal{U}^T \mathcal{E}_n = \mathcal{U}^T \mathcal{A}\mathcal{S} = \mathcal{E}_n \mathcal{S} = \mathcal{S}$$

Daher ist $\mathcal{S} = \mathcal{U}^T$ die Inverse von $\mathcal{A}$. ♦

3.4.10 Folgerung. *Seien $\mathcal{A}$, $\mathcal{S}$ und $\mathcal{T}$ $n \times n$-Matrizen. Aus $\mathcal{A} \cdot \mathcal{S} = \mathcal{E}_n$ folgt die Invertierbarkeit von $\mathcal{A}$, d. h. $\mathcal{S} = \mathcal{A}^{-1}$. Ebenso folgt $\mathcal{T} = \mathcal{A}^{-1}$ schon aus $\mathcal{T} \cdot \mathcal{A} = \mathcal{E}_n$.*

Beweis: Nach Satz 3.4.9 hat $\mathcal{A}$ eine Inverse $\mathcal{A}^{-1}$. Also folgt die Behauptung aus Satz 3.1.31. ♦

3.5 Äquivalenz und Ähnlichkeit von Matrizen

Nach Satz 3.3.9 sind einer linearen Abbildung $\alpha : V \to W$ eines n-dimensionalen Vektorraums V in einen m-dimensionalen Vektorraum W über einem Körper F bezüglich verschiedener Basen A, A' von V und B, B' von W die i. a. verschiedenen

Matrizen $\mathcal{A}_\alpha(A, B)$ und $\mathcal{A}_\alpha(A', B')$ zugeordnet, zu denen es eine invertierbare $n \times n$-Matrix $\mathcal{P}$ und eine invertierbare $m \times m$-Matrix $\mathcal{Q}$ gibt derart, daß

$$\mathcal{A}_\alpha(A', B') = \mathcal{Q}^{-1}\mathcal{A}_\alpha(A, B)\mathcal{P}.$$

Da $\mathcal{Q}$ und $\mathcal{Q}^{-1}$ gleichzeitig invertierbar sind, sind die beiden Matrizen $\mathcal{A}_\alpha(A', B')$ und $\mathcal{A}_\alpha(A, B)$ äquivalent im Sinne der folgenden Definition, in der nur $\mathcal{Q}^{-1}$ durch $\mathcal{Q}$ ersetzt ist.

3.5.1 Definition. Zwei $m \times n$-Matrizen $\mathcal{A}$ und $\mathcal{B}$ heißen *äquivalent* , wenn es invertierbare $m \times m$- bzw. $n \times n$-Matrizen $\mathcal{Q}$ und $\mathcal{P}$ gibt derart, daß $\mathcal{B} = \mathcal{Q}\mathcal{A}\mathcal{P}$ gilt.
Bezeichnung: $\mathcal{A} \sim \mathcal{B}$.

3.5.2 Bemerkungen.

(a) Die nach 3.5.1 zwischen den Matrizen gleicher Zeilen- und Spaltenzahl definierte Relation $\mathcal{A} \sim \mathcal{B}$ ist eine Äquivalenzrelation im Sinne der Definition 1.2.5, wie man sofort nachrechnet.

(b) Die Äquivalenz zweier $m \times n$-Matrizen $\mathcal{A}$ und $\mathcal{B}$ ist nach den Sätzen 3.2.1 und 3.3.9 gleichbedeutend damit, daß die Matrizen $\mathcal{A}$ und $\mathcal{B}$ hinsichtlich geeigneter Basen von $V = F^n$ bzw. $W = F^m$ dieselbe lineare Abbildung $\alpha : V \to W$ beschreiben.

3.5.3 Folgerung. (a) *Jede* $(m \times n)$*-Matrix* $\mathcal{A}$ *mit Rang* $\operatorname{rg} \mathcal{A} = r$ *ist zu der* $m \times n$*-Matrix*

$$\left(\begin{array}{c|c} \mathcal{E}_r & 0 \\ \hline 0 & 0 \end{array}\right)$$

äquivalent.

(b) *Zwei* $m \times n$*-Matrizen* $\mathcal{A}$ *und* $\mathcal{B}$ *über dem Körper* F *sind genau dann äquivalent, wenn sie denselben Rang* $\operatorname{rg}(\mathcal{A}) = \operatorname{rg}(\mathcal{B}) = r$ *besitzen.*

(c) *Es gibt genau* $1 + \min(n, m)$ *Äquivalenzklassen von* $m \times n$*-Matrizen.*

Beweis: (a) Sei $\operatorname{rg}(\mathcal{A}) = r$. Seien A und B die kanonischen Basen von $V = F^n$ bzw. $W = F^m$. Sei $\alpha : V \to W$ die durch die Multiplikation der Spaltenvektoren $\boldsymbol{v} \in V$ mit $\mathcal{A}$ definierte lineare Abbildung $\alpha : \boldsymbol{v} \to \mathcal{A}\boldsymbol{v}$. Dann existieren nach Hilfssatz 3.4.2 Basen A' von V und B' von W derart, daß

$$\mathcal{A}_\alpha(A', B') = \left(\begin{array}{c|c} \mathcal{E}_r & 0 \\ \hline 0 & 0 \end{array}\right) = \mathcal{D}_r.$$

Sind nun $\mathcal{P}$ und $\mathcal{Q}$ die Matrizen der Basiswechsel $A \to A'$ bzw. $B \to B'$, dann ist $\mathcal{A}_\alpha(A', B') = \mathcal{Q}^{-1}\mathcal{A}\mathcal{P}$ nach Satz 3.3.9. Also sind $\mathcal{A}$ und $\mathcal{D}_r$ äquivalent.

(b) Sind die Matrizen $\mathcal{A}$ und $\mathcal{B}$ äquivalent, so ist $\mathrm{rg}(\mathcal{A}) = \mathrm{rg}(\mathcal{B})$ nach Hilfssatz 3.4.3 und Satz 3.4.4. Haben umgekehrt die Matrizen $\mathcal{A}$ und $\mathcal{B}$ den gleichen Rang r, dann existieren nach (a) invertierbare Matrizen $\mathcal{P}_1, \mathcal{P}_2$ und $\mathcal{Q}_1, \mathcal{Q}_2$ passender Größe derart, daß $\mathcal{Q}_1^{-1}\mathcal{A}\mathcal{P}_1 = \mathcal{D}_r = \mathcal{Q}_2^{-1}\mathcal{B}\mathcal{P}_2$. Daher ist $\mathcal{Q}_2\mathcal{Q}_1^{-1}\mathcal{A}\mathcal{P}_1\mathcal{P}_2^{-1} = \mathcal{B}$, und $\mathcal{A}$ und $\mathcal{B}$ sind äquivalent.

(c) folgt unmittelbar aus (b) und Folgerung 3.4.8. ♦

3.5.4 Definition. Zwei $n \times n$-Matrizen $\mathcal{A}$ und $\mathcal{B}$ heißen *ähnlich*, wenn es eine invertierbare $n \times n$-Matrix $\mathcal{P}$ gibt mit $\mathcal{B} = \mathcal{P}^{-1}\mathcal{A}\mathcal{P}$.

3.5.5 Bemerkungen.

(a) Zwei $n \times n$- Matrizen $\mathcal{A}$ und $\mathcal{B}$ sind ähnlich, wenn sie hinsichtlich zweier Basen A und B von $V = F^n$ dieselbe lineare Abbildung α von V beschreiben. Dies folgt unmittelbar aus Satz 3.3.9 und Satz 3.2.1. Ist $\mathcal{A} = \mathcal{A}_\alpha(A, A)$ und $\mathcal{B} = \mathcal{A}_\alpha(B, B)$, dann gilt $\mathcal{B} = \mathcal{P}^{-1}\mathcal{A}\mathcal{P}$, wenn $\mathcal{P}$ die Matrix des Basiswechsel von A nach B ist.

(b) Zwei ähnliche Matrizen $\mathcal{A}$ und $\mathcal{B}$ sind äquivalent, denn die invertierbaren Matrizen $\mathcal{P}^{-1}$ und $\mathcal{P}$ erfüllen die Bedingungen an die Matrizen $\mathcal{Q}$ und $\mathcal{P}$ in Definition 3.5.1.

(c) Zwei ähnliche Matrizen haben denselben Rang; dies folgt unmittelbar aus (b) und Folgerung 3.5.3(b).

3.5.6 Definition. Die *Spur* einer $n \times n$-Matrix $\mathcal{A} = (a_{ij})$ mit Koeffizienten aus dem Körper F ist

$$\mathrm{tr}(\mathcal{A}) = a_{11} + a_{22} + \cdots + a_{nn}.$$

3.5.7 Satz. *Zwei ähnliche Matrizen $\mathcal{A}$ und $\mathcal{B}$ besitzen dieselbe Spur; d. h.* $\mathrm{tr}(\mathcal{A}) = \mathrm{tr}(\mathcal{B})$.

Beweis: Sei $\mathcal{P}$ eine invertierbare Matrix mit $\mathcal{B} = \mathcal{P}^{-1}\mathcal{A}\mathcal{P}$. Nach Aufgabe 3.5 gilt allgemein $\mathrm{tr}(\mathcal{A}\mathcal{C}) = \mathrm{tr}(\mathcal{C}\mathcal{A})$. Hieraus folgt $\mathrm{tr}(\mathcal{B}) = \mathrm{tr}[\mathcal{P}^{-1}(\mathcal{A}\mathcal{P})] = \mathrm{tr}[(\mathcal{A}\mathcal{P})\mathcal{P}^{-1}] = \mathrm{tr}[\mathcal{A}(\mathcal{P}\mathcal{P}^{-1})] = \mathrm{tr}(\mathcal{A})$. ♦

3.5.8 Definition. Sei α ein Endomorphismus des endlich-dimensionalen Vektorraums V. Sei $\mathcal{A} = \mathcal{A}_\alpha(B, B)$ die Matrix von α bezüglich einer Basis B von V. Dann ist die Spur von α definiert durch $\mathrm{tr}(\alpha) = \mathrm{tr}(\mathcal{A})$.

3.5.9 Bemerkung. Wegen Satz 3.5.7 und Bemerkung 3.5.5(b) ist die Definition der Spur $\mathrm{tr}(\alpha)$ eines Endomorphismus von V unabhängig von der Auswahl der Basis B von V.

3.6 Abbildungsräume und Dualraum

In diesem Abschnitt wird gezeigt, daß die Menge $\mathrm{Hom}_F(V, W)$ aller linearen Abbildungen $\alpha : V \to W$ zwischen zwei beliebigen F-Vektorräumen V und W ebenfalls ein F-Vektorraum ist. Für endlich-dimensionale F-Vektorräume V und W wird die Dimension von $\mathrm{Hom}_F(V, W)$ angegeben. Ist $W = F$, so ist $V^* = \mathrm{Hom}_F(V, F)$ der Dualraum von V. Für jede endliche Basis B von V wird die duale Basis B^* in V^* konstruiert.

Im folgenden sind V und W zwei beliebige Vektorräume über dem Körper F, und $\mathrm{Hom}_F(V, W)$ ist die Menge aller linearen Abbildungen $\alpha : V \to W$.

3.6.1 Satz. $\mathrm{Hom}_F(V, W)$ *ist ein F-Vektorraum bezüglich der linearen Operationen $+$ und $\cdot$, die wie folgt definiert sind:*

(a) *Für alle $\alpha, \beta \in \mathrm{Hom}_F(V, W)$ sei die Summe $\alpha + \beta$ erklärt durch*

$$(\alpha + \beta)(\boldsymbol{v}) = \alpha(\boldsymbol{v}) + \beta(\boldsymbol{v}) \quad \textit{für alle } \boldsymbol{v} \in V.$$

(b) *Für alle $\alpha \in \mathrm{Hom}_F(V, W)$ und $f \in F$ sei $\alpha \cdot f$ die Abbildung*

$$(\alpha \cdot f)(\boldsymbol{v}) = \alpha(\boldsymbol{v}) \cdot f \quad \textit{für alle } \boldsymbol{v} \in V.$$

Beweis: Zunächst ist zu zeigen, daß $\alpha + \beta$ und $\alpha \cdot f$ lineare Abbildungen sind. Dazu wählen wir Vektoren $\boldsymbol{v}_1, \boldsymbol{v}_2 \in V$ und einen Skalar $a \in F$. Nach (a) und Definition 3.2.2 gilt dann

$$\begin{aligned}(\alpha + \beta)(\boldsymbol{v}_1 + \boldsymbol{v}_2) &= \alpha(\boldsymbol{v}_1 + \boldsymbol{v}_2) + \beta(\boldsymbol{v}_1 + \boldsymbol{v}_2)\\ &= \alpha(\boldsymbol{v}_1) + \alpha(\boldsymbol{v}_2) + \beta(\boldsymbol{v}_1) + \beta(\boldsymbol{v}_2)\\ &= \alpha(\boldsymbol{v}_1) + \beta(\boldsymbol{v}_1) + \alpha(\boldsymbol{v}_2) + \beta(\boldsymbol{v}_2)\\ &= (\alpha + \beta)(\boldsymbol{v}_1) + (\alpha + \beta)(\boldsymbol{v}_2).\end{aligned}$$

Ebenso zeigt man $\quad (\alpha + \beta)(\boldsymbol{v}a) = [(\alpha + \beta)\boldsymbol{v}]a.$

Weiter folgt

$$\begin{aligned}(\alpha \cdot f)(\boldsymbol{v}_1 \cdot a) &= \alpha(\boldsymbol{v}_1 \cdot a) \cdot f = \alpha(\boldsymbol{v}_1) \cdot a \cdot f = \alpha(\boldsymbol{v}_1) \cdot f \cdot a\\ &= [\alpha \cdot (\boldsymbol{v}_1) \cdot f]\, a = [(\alpha \cdot f)(\boldsymbol{v}_1)]\, a,\end{aligned}$$

weil F kommutativ ist. Außerdem gilt $(\alpha \cdot f)(\boldsymbol{v}_1 + \boldsymbol{v}_2) = (\alpha \cdot f)(\boldsymbol{v}_1) + (\alpha \cdot f)(\boldsymbol{v}_2)$, wie man leicht nachrechnet. Daher sind $\alpha + \beta$ und $\alpha \cdot f$ lineare Abbildungen von V in W.

W ist ein Vektorraum. Deshalb ist es nun einfach, die Axiome der Definition 1.5.1 für $\mathrm{Hom}_F(V, W)$ nachzuweisen. Insbesondere folgt unmittelbar, daß $\mathrm{Hom}_F(V, W)$ bezüglich + eine abelsche Gruppe mit der Nullabbildung als Nullelement ist. Sind $f, g \in F$ und $\alpha \in \mathrm{Hom}_F(V, W)$, so gilt für alle $\boldsymbol{v} \in V$ die Gleichung

$$[\alpha \cdot (fg)]\,(\boldsymbol{v}) = \alpha(\boldsymbol{v})(fg) = [\alpha(\boldsymbol{v})f]\,g = [(\alpha \cdot f)(\boldsymbol{v})]\,g = [(\alpha \cdot f) \cdot g]\,(\boldsymbol{v}).$$

Also ist $\alpha \cdot (fg) = (\alpha \cdot f) \cdot g$. Weiter gilt

$$\begin{aligned}[\alpha \cdot (f+g)]\,(\boldsymbol{v}) &= \alpha(\boldsymbol{v})(f+g) = \alpha(\boldsymbol{v}) \cdot f + \alpha(\boldsymbol{v})g \\ &= (\alpha \cdot f)(\boldsymbol{v}) + (\alpha \cdot g)(\boldsymbol{v}) \\ &= [(\alpha \cdot f) + (\alpha \cdot g)]\,(\boldsymbol{v}).\end{aligned}$$

Also ist $\alpha \cdot (f+g) = \alpha \cdot f + \alpha \cdot g$. Analog zeigt man das zweite Distributivgesetz $(\alpha + \beta) \cdot f = \alpha \cdot f + \beta \cdot f$. Da die $1 \in F$ jeden Vektor $\boldsymbol{w} \in W$ festläßt, folgt $(\alpha \cdot 1)(\boldsymbol{v}) = \alpha(\boldsymbol{v}) \cdot 1 = \alpha(\boldsymbol{v})$ für alle $\boldsymbol{v} \in V$. Also ist $\alpha \cdot 1 = \alpha$. Nach Definition 1.5.1 ist $\operatorname{Hom}_F(V, W)$ ein F-Vektorraum. ♦

3.6.2 Folgerung. *Für jeden F-Vektorraum V ist $E = \operatorname{Hom}_F(V, V)$ ein Ring mit der Hintereinanderausführung als Multiplikation. Die identische Abbildung* id *ist das Einselement des* Endomorphismenrings $E = \operatorname{End}_F(V)$.

Beweis: Nach Satz 3.6.1 ist $E = \operatorname{Hom}_F(V, V)$ ein F-Vektorraum. Die Hintereinanderausführung $\beta\alpha$ zweier linearer Abbildungen $\alpha, \beta \in \operatorname{Hom}_F(V, V)$ ist nach Bemerkung 3.2.3 (c) eine F-lineare Abbildung von V in V. Sie definiert wegen Bemerkung 3.2.3 (d) auf E eine assoziative Multiplikation. Die identische Abbildung id ist das Einselement von E. Nach Definition 1.4.1 genügt es daher, die Distributivität der Multiplikation nachzuweisen. Dazu wählen wir drei Elemente $\alpha, \beta, \gamma \in E$ und einen beliebigen Vektor $\boldsymbol{v} \in V$. Nach Satz 3.6.1 gilt dann

$$\big[(\alpha + \beta)\gamma\big]\,(\boldsymbol{v}) = [\alpha + \beta]\gamma(\boldsymbol{v}) = \alpha\,(\gamma(\boldsymbol{v})) + \beta\,(\gamma(\boldsymbol{v})) = [(\alpha\gamma) + (\beta\gamma)](\boldsymbol{v}).$$

Also ist $(\alpha + \beta)\gamma = \alpha\gamma + \beta\gamma$. Ebenso zeigt man $\alpha(\beta + \gamma) = \alpha\beta + \alpha\gamma$. ♦

3.6.3 Definition. Sei V ein F-Vektorraum. Jedes Element $\alpha \in E = \operatorname{End}_F(V)$ wird ein *Endomorphismus* von V genannt. Ein bijektiver Endomorphismus $\alpha \in E$ heißt *Automorphismus* von V. Die Menge $\mathrm{GL}(V)$ aller Automorphismen von V ist eine Gruppe mit der Identität id als Einselement. Sie heißt *Automorphismengruppe* oder *generelle lineare Gruppe* von V.

3.6.4 Satz. *Sind V und W zwei endlich-dimensionale F-Vektorräume der Dimensionen* $\dim V = n$ *und* $\dim W = m$, *dann gelten:*

(a) $\dim \operatorname{Hom}_F(V, W) = m \cdot n$,

(b) $\operatorname{Hom}_F(V, W) \cong \operatorname{Mat}_{m,n}(F)$,

wobei $\operatorname{Mat}_{m,n}(F)$ *den F-Vektorraum aller $m \times n$-Matrizen über F bezeichnet.*

Beweis: (a) folgt aus (b). Denn nach Satz 3.6.1 und Satz 3.1.6 gilt

$$\dim \operatorname{Hom}_F(V, W) = \dim \operatorname{Mat}_{m,n}(F) = m \cdot n.$$

(b) Sei $A = \{\boldsymbol{v}_1, \boldsymbol{v}_2, \ldots, \boldsymbol{v}_n\}$ eine Basis von V und $B = \{\boldsymbol{w}_1, \boldsymbol{w}_2, \ldots, \boldsymbol{w}_m\}$ eine Basis von W. Dann gibt es nach Definition 3.3.1 zu jedem $\alpha \in \mathrm{Hom}_F(V, W)$ genau eine $m \times n$-Matrix $\mathcal{A}_\alpha(A, B)$, so daß durch $\alpha \mapsto \mathcal{A}_\alpha$ eine Abbildung $\psi : \mathrm{Hom}_F(V, W) \to \mathrm{Mat}_{m,n}(F)$ definiert wird. Wegen Satz 3.2.1 ist ψ surjektiv und auch injektiv, weil $\mathcal{A}_\alpha$ auch α eindeutig bestimmt. Seien $\alpha, \beta \in \mathrm{Hom}_F(V, W)$. Die Koeffizienten von $\mathcal{A}_\alpha = (a_{ij})$ und $\mathcal{A}_\beta = (b_{ij})$ sind durch

$$\alpha(\boldsymbol{v}_j) = \sum_{i=1}^{m} \boldsymbol{w}_i a_{ij}, \quad \beta(\boldsymbol{v}_j) = \sum_{i=1}^{m} \boldsymbol{w}_i b_{ij}, \quad j = 1, 2, \ldots, n$$

bestimmt. Es folgt

$$(\alpha + \beta)(\boldsymbol{v}_j) = \alpha(\boldsymbol{v}_j) + \beta(\boldsymbol{v}_j) = \sum_{i=1}^{m} \boldsymbol{w}_i (a_{ij} + b_{ij}).$$

Daher ist $\mathcal{A}_{\alpha+\beta} = \mathcal{A}_\alpha + \mathcal{A}_\beta$, d. h. $\psi(\alpha + \beta) = \psi(\alpha) + \psi(\beta)$.

Für jedes $f \in F$ ist $(\alpha \cdot f)(\boldsymbol{v}_j) = \left(\sum_{i=1}^{m} \boldsymbol{w}_i a_{ij}\right) \cdot f = \sum_{i=1}^{m} \boldsymbol{w}_i (a_{ij} \cdot f)$, d. h. $\mathcal{A}_{\alpha \cdot f} = (a_{ij} \cdot f) = \mathcal{A}_\alpha \cdot f$ und so $\psi(\alpha \cdot f) = \psi(\alpha) \cdot f$. Somit ist ψ auch eine lineare Abbildung und damit ein Isomorphismus. ♦

3.6.5 Definition. Seien R und S zwei Ringe mit Einselement. Eine bijektive Abbildung $\varphi : R \to S$ ist ein *Isomorphismus*, falls $\varphi(a + b) = \varphi(a) + \varphi(b)$ und $\varphi(a \cdot b) = \varphi(a) \cdot \varphi(b)$ für alle $a, b \in R$ gelten.

Zwei Ringe R und S heißen *isomorph*, falls es einen Isomorphismus von R auf S gibt.
Bezeichnung: $R \cong S$.

Analog erklärt man den Isomorphie-Begriff für Gruppen. Dabei berücksichtigt man nur die Bedingung für die Gruppenverknüpfung.

3.6.6 Folgerung. *Sei V ein endlich-dimensionaler F-Vektorraum der Dimension* $\dim V = n$. *Dann gelten:*

(a) *Der Endomorphismenring* $E = \mathrm{Hom}_F(V, V)$ *von V ist isomorph zum Ring* $\mathrm{Mat}_n(F)$ *aller $n \times n$-Matrizen über F.*

(b) *Die Automorphismengruppe* $\mathrm{GL}(V)$ *ist isomorph zur generellen linearen Gruppe* $\mathrm{GL}(n, F)$.

Beweis: (a) Aus den Sätzen 3.1.21 und 3.1.23 folgt, daß $\mathrm{Mat}_n(F)$ ein Ring mit Eins ist. Mittels Satz 3.6.4 und Satz 3.3.7 ergibt sich, daß die Ringe $E = \mathrm{Hom}_F(V, V)$ und $\mathrm{Mat}_n(F)$ isomorph sind.

(b) Nach Satz 3.1.31 ist $\mathrm{GL}(n, F)$ eine Gruppe. Sei $B = \{\boldsymbol{v}_1, \boldsymbol{v}_2, \ldots, \boldsymbol{v}_n\}$ eine fest gewählte Basis von V. Dann ist für jedes $\alpha \in \mathrm{GL}(V)$ die zugehörige Matrix

$\mathcal{A}_\alpha(B, B) = \mathcal{A}_\alpha$ nach Satz 3.4.9 invertierbar, weil $\text{rg}(\mathcal{A}_\alpha) = n$ ist. Wie im Beweis von Satz 3.6.4 (b) wird durch $\psi : \alpha \mapsto \mathcal{A}_\alpha \in \text{GL}(n, F)$ eine injektive Abbildung ψ von $\text{GL}(V)$ in $\text{GL}(n, F)$ definiert. Nach Satz 3.2.1 bestimmt jede invertierbare $n \times n$-Matrix $\mathcal{A}$ einen Automorphismus von V. Also ist ψ surjektiv. Wegen Satz 3.3.7 ist ψ ein Isomorphismus. ♦

Die in dieser Folgerung beschriebenen Isomorphismen werden in den folgenden Kapiteln oft stillschweigend angewendet. Es ist vorteilhaft, lineare Abbildungen bei theoretischen Überlegungen zu verwenden, die unabhängig von der Basiswahl des Vektorraums V gelten. Bei konkreten Rechnungen wird jedoch bevorzugt die zu einer linearen Abbildung gehörende Matrix bezüglich einer festen Basis von V verwendet.

Nach Beispiel 1.5.2 b) ist der Körper F ein F-Vektorraum. Also ist nach Satz 3.6.1 auch $V^* = \text{Hom}_F(V, F)$ ein F-Vektorraum.

3.6.7 Definition. Der Vektorraum $V^* = \text{Hom}_F(V, F)$ heißt der *duale Vektorraum* des F-Vektorraums V. Die Elemente $\alpha \in V^*$ heißen *Linearformen* von V.

3.6.8 Satz. *Sei $B = \{\boldsymbol{v}_1, \boldsymbol{v}_2, \dots, \boldsymbol{v}_n\}$ eine Basis des endlich-dimensionalen F-Vektorraums V. Für $i = 1, 2, \dots, n$ sei $\alpha_i \in V^*$ definiert durch*

$$\alpha_i(\boldsymbol{v}_j) = \begin{cases} 1 & \text{falls } i = j, \\ 0 & \text{falls } i \neq j, \end{cases} \qquad j = 1, 2, \dots, n.$$

Dann ist $B^* = \{\alpha_1, \alpha_2, \dots, \alpha_n\}$ eine Basis von V^*, und es gilt

$$\dim_F V^* = n = \dim_F V.$$

Beweis: Sei $\beta \in V^*$. Dann ist $\beta(\boldsymbol{v}_i) = f_i \in F$ für $i = 1, 2, \dots, n$. Sicherlich ist auch $\beta' = \alpha_1 f_1 + \alpha_2 f_2 + \dots + \alpha_n f_n \in V^*$. Nun gilt

$$\beta'(\boldsymbol{v}_j) = \left(\sum_{i=1}^{n} \alpha_i f_i\right)(\boldsymbol{v}_j) = \sum_{i=1}^{n} \left[\alpha_i(\boldsymbol{v}_j)\right] f_i = \alpha_j(\boldsymbol{v}_j) f_j = 1\beta(\boldsymbol{v}_j) = \beta(\boldsymbol{v}_j)$$

für $j = 1, 2, \dots, n$. Also ist $\beta = \beta' = \sum_{i=1}^{n} \alpha_i f_i$, und B^* ist ein Erzeugendensystem von V^*.

Angenommen, $\sum_{i=1}^{n} \alpha_i t_i = 0$ für $t_i \in F$. Dann ist

$$0 = 0(\boldsymbol{v}_j) = \left(\sum_{i=1}^{n} \alpha_i t_i\right)(\boldsymbol{v}_j) = \alpha_j(\boldsymbol{v}_j) \cdot t_j = 1 \cdot t_j = t_j$$

für $j = 1, 2, \dots, n$. Also sind die Vektoren $\alpha_i \in V^*$ linear unabhängig, und B^* ist eine Basis von V^*. ♦

3.6.9 Definition. Die in Satz 3.6.8 konstruierte Basis $B^* = \{\alpha_1, \alpha_2, \dots, \alpha_n\}$ des dualen Vektorraums V^* heißt die zur Basis $B = \{\boldsymbol{v}_1, \boldsymbol{v}_2, \dots, \boldsymbol{v}_n\}$ von V gehörige *duale Basis*.

3.6.10 Bemerkung. Aus Satz 3.6.8 folgt, daß für endlich-dimensionale F-Vektorräume V gilt:

$$V \cong V^* \cong V^{**}, \quad \text{wobei } V^{**} = \operatorname{Hom}_F(V^*, F) \text{ ist.}$$

Dies gilt *nicht* für unendlich-dimensionale Vektorräume. Hierzu wird auf Aufgabe 3.17 verwiesen. Andererseits läßt sich im unendlich-dimensionalen Fall der Vektorraum V wenigstens in V^{**} injektiv einbetten:

Jeder Vektor $\boldsymbol{v} \in V$ bestimmt eindeutig die durch $\delta_{\boldsymbol{v}}(\alpha) = \alpha(\boldsymbol{v})$ definierte Linearform $\delta_{\boldsymbol{v}} \in V^{**}$, denn es gilt ja $\delta_{\boldsymbol{v}}(\alpha + \beta) = (\alpha + \beta)\boldsymbol{v} = \alpha(\boldsymbol{v}) + \beta(\boldsymbol{v}) = \delta_{\boldsymbol{v}}(\alpha) + \delta_{\boldsymbol{v}}(\beta)$ und $\delta_{\boldsymbol{v}}(\alpha c) = (\alpha c)\boldsymbol{v} = (\alpha(\boldsymbol{v}))c = (\delta_{\boldsymbol{v}}(\alpha))c$ für alle $\alpha, \beta \in V^*$ und $c \in F$. Durch $\Theta(\boldsymbol{v}) = \delta_{\boldsymbol{v}}$ wird daher weiter eine Abbildung $\Theta : V \to V^{**}$ definiert. Wegen $(\Theta(\boldsymbol{v} + \boldsymbol{v}'))\alpha = \delta_{\boldsymbol{v}+\boldsymbol{v}'}(\alpha) = \alpha(\boldsymbol{v} + \boldsymbol{v}') = \alpha(\boldsymbol{v}) + \alpha(\boldsymbol{v}') = \delta_{\boldsymbol{v}}(\alpha) + \delta_{\boldsymbol{v}'}(\alpha) = (\Theta(\boldsymbol{v}) + \Theta(\boldsymbol{v}'))\alpha$ für alle $\alpha \in V^*$ folgt $\Theta(\boldsymbol{v} + \boldsymbol{v}') = \Theta(\boldsymbol{v}) + \Theta(\boldsymbol{v}')$. Entsprechend ergibt sich $\Theta(\boldsymbol{v} \cdot c) = (\Theta(\boldsymbol{v})) \cdot c$, d. h. Θ ist eine lineare Abbildung. Aus $\Theta(\boldsymbol{v}) = \boldsymbol{o} \in V^{**}$ folgt $(\Theta(\boldsymbol{v}))\alpha = \delta_{\boldsymbol{v}}(\alpha) = \alpha(\boldsymbol{v}) = \boldsymbol{o}$ für alle $\alpha \in V^*$. Da es aber zu $\boldsymbol{v} \neq 0$ ein α mit $\alpha(\boldsymbol{v}) = 1$ gibt, muß sogar $\boldsymbol{v} = 0$ erfüllt sein. Damit ist Θ auch injektiv. Man nennt Θ die *natürliche Injektion* von V in V^{**}.

3.6.11 Definition. Sei U ein Unterraum des F-Vektorraumes V. Dann ist

$$U^\perp = \{\alpha \in V^* \mid \alpha(\boldsymbol{u}) = 0 \text{ für alle } \boldsymbol{u} \in U\}$$

ein Unterraum des dualen Vektorraums V^*, der das *orthogonale Komplement* von U im Dualraum V^* genannt wird.

3.6.12 Satz. *Sei U ein r-dimensionaler Unterraum des n-dimensionalen F-Vektorraumes V. Dann gelten:*

(a) *Das orthogonale Komplement von U ist ein $(n-r)$-dimensionaler Unterraum von V^*.*

(b) $U^{\perp\perp} = \{\boldsymbol{v} \in V \mid \alpha(\boldsymbol{v}) = 0 \textit{ für alle } \alpha \in U^\perp\} = U$.

Beweis: (a) Sei $\{\boldsymbol{u}_1, \boldsymbol{u}_2, \dots, \boldsymbol{u}_r\}$ eine Basis von U. Nach Satz 2.2.15 läßt sie sich zu einer Basis $B = \{\boldsymbol{u}_1, \boldsymbol{u}_2, \dots, \boldsymbol{u}_r, \boldsymbol{u}_{r+1}, \dots, \boldsymbol{u}_n\}$ von V erweitern. Ihre duale Basis $B^* = \{\alpha_1, \alpha_2, \dots, \alpha_n\}$ ist nach Satz 3.6.8 die Menge der Linearformen α_i mit

$$\alpha_i(\boldsymbol{u}_j) = \begin{cases} 1 & \text{falls } i = j, \\ 0 & \text{falls } i \neq j. \end{cases}$$

Also sind die $n - r$ linear unabhängigen Linearformen $\alpha_{r+1}, \alpha_{r+2}, \ldots, \alpha_n$ in $U^{\perp}$. Sei α ein Element von $U^{\perp}$ und $\alpha(\boldsymbol{u}_i) = f_i \in F$ für $i = 1, 2, \ldots, n$. Dann ist $\alpha = \sum_{i=1}^{n} \alpha_i f_i$ nach Satz 3.6.8, und für $j = 1, 2, \ldots, r$ gilt $0 = \alpha(\boldsymbol{u}_j) = \sum_{i=1}^{n} \alpha_i(\boldsymbol{u}_j) f_i = \alpha_j(\boldsymbol{u}_j) f_j = f_j$. Also ist $\alpha = \sum_{i=r+1}^{n} \alpha_i f_i$, und $\{\alpha_{r+1}, \alpha_{r+2}, \ldots, \alpha_n\}$ ist eine Basis von $U^{\perp}$. Daher ist $\dim U^{\perp} = n - r$.

(b) Nach Definition von $U^{\perp}$ gilt $\alpha(\boldsymbol{u}) = 0$ für alle $\alpha \in U^{\perp}$ und alle $\boldsymbol{u} \in U$. Also ist $U \subseteq U^{\perp\perp}$. Wendet man den Satz 3.6.8 auf den F-Vektorraum V^* und seine Basis B^* an, dann ist B nach Bemerkung 3.6.10 die duale Basis von B^* in $V^{**} \cong V$. Wegen (a) gilt dann $\dim(U^{\perp\perp}) = n - \dim U^{\perp} = n - (n - r) = r$. Daher ist $U = U^{\perp\perp}$ nach Folgerung 2.2.14. ♦

3.6.13 Folgerung. *Sei V ein endlich-dimensionaler F-Vektorraum. Dann ist die Abbildung $U \mapsto U^{\perp}$ der Menge der Unterräume U von V in die Menge der Unterräume U' des Dualraums V^* eine Bijektion derart, daß aus $U_1 \le U_2$ stets $U_2^{\perp} \le U_1^{\perp}$ folgt.*

Beweis: Ergibt sich sofort aus Satz 3.6.12 (a) und (b), wobei die endlich-dimensionalen Vektorräume V und V^{**} mittels der Einbettung Θ von Bemerkung 3.6.10 identifiziert sind. ♦

3.7 Matrizen und direkte Zerlegung

In diesem Abschnitt ist V stets ein n-dimensionaler Vektorraum über dem kommutativen Körper F. Sei $\alpha \in \operatorname{End}_F(V)$ ein fest gewählter Endomorphismus von V und $A = \{\boldsymbol{u}_1, \boldsymbol{u}_2, \ldots, \boldsymbol{u}_n\}$ eine Basis von V. Nach Definition 3.3.1 ist die Matrix $\mathcal{A}_\alpha(A, A) = (a_{ij})$ von α bezüglich der Basis A gegeben durch die n-Gleichungen

$$\alpha(\boldsymbol{u}_j) = \sum_{i=1}^{n} \boldsymbol{u}_i a_{ij}, \quad j = 1, 2, \ldots, n.$$

Es werden nun die Beziehungen zwischen der Matrizendarstellung $\mathcal{A}_\alpha(A, A)$ des Endomorphismus α von V und den direkten Zerlegungen $V = U_1 \oplus U_2 \oplus \cdots \oplus U_t$ von V in α-invariante Unterräume U_i beschrieben.

3.7.1 Definition. Ist α ein Endomorphismus des F-Vektorraums V und U ein Unterraum von V, so heißt U genau dann *α-invariant*, wenn $\alpha(U) \le U$.

3.7.2 Definition. Sei α ein Endomorphismus des n-dimensionalen F-Vektorraums V. Ist U ein α-invarianter Unterraum von V, dann ist die *Einschränkung $\alpha_{|U}$ von α auf U* definiert durch

$$\alpha_{|U}(\boldsymbol{u}) = \alpha(\boldsymbol{u}) \quad \text{für alle } \boldsymbol{u} \in U.$$

Da U α-invariant ist, ist $\alpha_{|U}$ ein Endomorphismus des Unterraums U.
Bezeichnung: $\alpha_{|U}$

3.7.3 Satz. *Sei α ein Endomorphismus des Vektorraums V und sei*

$$V = U_1 \oplus U_2 \oplus \cdots \oplus U_t$$

eine direkte Zerlegung von V in α-invariante Unterräume $U_s \neq \{\boldsymbol{o}\}$, $1 \leq s \leq t$. Sei $\alpha_s = \alpha_{|U_s}$ die Einschränkung von α auf den k_s-dimensionalen Unterraum U_s und

$$B_s = \{\boldsymbol{u}_i \mid k_1 + k_2 + \cdots + k_{s-1} < i \leq k_1 + k_2 + \cdot + k_s\}$$

eine Basis von U_s für $s = 1, 2, \ldots, t$. Dann gelten die folgenden Aussagen:

(a) *$B = \bigcup_{s=1}^{t} B_s$ ist eine Basis des Vektorraums V.*

(b) *Ist $\mathcal{A}_s = \mathcal{A}_{\alpha_s}(B_s, B_s)$ die $k_s \times k_s$-Matrix des Endomorphismus α_s von U_s bezüglich der Basis B_s für $s = 1, 2, \ldots, t$, dann ist die Matrix $\mathcal{A}_\alpha(B, B)$ des Endomorphismus α von V bezüglich der Basis B die diagonale Blockmatrix*

$$\mathcal{A}_\alpha(B, B) = \begin{pmatrix} \mathcal{A}_1 & 0 & \cdots & & 0 \\ 0 & \mathcal{A}_2 & & & \vdots \\ \vdots & \ddots & \ddots & & \vdots \\ & & & \mathcal{A}_{t-1} & 0 \\ 0 & \cdots & & 0 & \mathcal{A}_t \end{pmatrix}.$$

Beweis: (a) folgt unmittelbar aus Satz 2.3.6 und Folgerung 2.2.14.

(b) Für alle $s = 1, 2, \ldots, t$ sei $z_s = \sum_{q=1}^{s} k_q$, und für $s = 0$ sei $z_0 = 0$. Da die direkten Summanden U_s von V α-invariant sind, gilt für alle $s = 1, 2, \ldots, t$ und j mit $z_{s-1} + 1 \leq j \leq z_s$, daß

$$\alpha(\boldsymbol{u}_j) = \alpha_s(\boldsymbol{u}_j) = \sum_{i=z_{s-1}+1}^{z_s} \boldsymbol{u}_i a_{ij} \in U_s$$

für eindeutig bestimmte Körperelemente $a_{ij} \in F$ gilt. Nach Definition 3.3.1 folgt daher die Behauptung. ♦

3.8 Aufgaben

3.1 Sei $\boldsymbol{a} \in F^n$. Zeigen Sie, daß für das Skalarprodukt $\boldsymbol{a} \cdot \boldsymbol{b} = 0$ für alle $\boldsymbol{b} \in F^n$ genau dann gilt, wenn $\boldsymbol{a} = \boldsymbol{o}$.

3.2 Sei $\mathcal{A} = \begin{pmatrix} 1 & 2 \\ 0 & 1 \end{pmatrix}$.

(a) Berechnen Sie $\mathcal{A}^{20}$ mit möglichst wenigen Rechenschritten.

(b) Bestimmen Sie $\mathcal{A}^n$ für eine beliebige natürliche Zahl n.

3.3 Seien $\mathcal{A}$, $\mathcal{B}$ zwei $n \times n$-Matrizen über dem Körper F.

(a) Zeigen Sie: Ist $\mathcal{A}^2 = \mathcal{A}$, dann ist $(\mathcal{A}\mathcal{B} - \mathcal{A}\mathcal{B}\mathcal{A})^2 = 0$.

(b) Folgt $\mathcal{B}\mathcal{A} = 0$ aus $\mathcal{A}\mathcal{B} = 0$? Wenn nein, geben Sie ein Gegenbeispiel an.

3.4 Seien $\mathcal{A}$ und $\mathcal{B}$ beide 3×5-Matrizen vom Rang 2. Beweisen Sie die Existenz eines Vektors $\boldsymbol{o} \neq \boldsymbol{v} \in F^5$ mit $\mathcal{A} \cdot \boldsymbol{v} = \mathcal{B} \cdot \boldsymbol{v} = \boldsymbol{o} \in F^3$.

3.5 Die Spur einer $n \times n$-Matrix $\mathcal{A} = (a_{ij})$ ist das Körperelement $\operatorname{tr}(\mathcal{A}) = a_{11} + a_{22} + \cdots + a_{nn} \in F$. Beweisen Sie für alle $n \times n$-Matrizen $\mathcal{A}$, $\mathcal{B}$ die Gültigkeit folgender Gleichungen:

(a) $\operatorname{tr}(\mathcal{A} + \mathcal{B}) = \operatorname{tr}(\mathcal{A}) + \operatorname{tr}(\mathcal{B})$.

(b) $\operatorname{tr}(\mathcal{A}c) = \operatorname{tr}(\mathcal{A}) \cdot c$.

(c) $\operatorname{tr}(\mathcal{A}\mathcal{B}) = \operatorname{tr}(\mathcal{B}\mathcal{A})$.

(d) Zu jeder $n \times n$-Matrix $\mathcal{A}$ existiert ein $a \in F$ derart, daß $\operatorname{tr}(\mathcal{B}) = 0$ für $\mathcal{B} = \mathcal{A} - \mathcal{E}_n a$ gilt, sofern $n \cdot 1 \neq 0$ in F ist.

3.6 Im $\mathbb{Q}^3$ seien

$$A = \{(1,2,3), (4,5,6), (7,8,0)\} \quad \text{und}$$
$$B = \{(1,1,1), (1,0,-1), (1,-1,0)\}.$$

Sei $\alpha(a,b,c) = (4a - 2b + 7c, a + 7b + c, 4a + 4b + c) \cdot 1/3$.

(a) Zeigen Sie, daß A und B Basen von $\mathbb{Q}^3$ sind.

(b) Berechnen Sie die Matrix des Basiswechsels von A nach B.

(c) Berechnen Sie $\mathcal{A}_\alpha(A, A)$ und $\mathcal{A}_\alpha(B, B)$.

3.7 Sei $V = F_n[X]$ der F-Vektorraum aller Polynome $p(X) = p_0 + p_1 X + \cdots + p_n X^n$ vom Grad $p(X) \leq n$. Zeigen Sie, daß auf V durch $p(X) \mapsto Xp'(X)$ eine lineare Abbildung α definiert wird. Dabei ist $p'(X)$ die *Ableitung* von $p(X)$, d. h. $\left(\sum_{i=0}^n a_i \cdot X^i\right)' = \sum_{i=1}^n i \cdot a_i \cdot X^{i-1}$. Sei $B = \{1, X, \dots, X^n\}$ die natürliche Basis von V. Berechnen Sie $\mathcal{A}_\alpha(B, B)$.

3.8 Sei $V = F_{n-1}[X]$ der Vektorraum aller Polynome $p(X) \in F[X]$ vom Grad $p(X) \leq n-1$. Sei $A = \{G_i(X) \mid i = 1, 2, \dots, n\}$ die Basis von V aus Aufgabe 2.8 (a) und $B = \{1, (X-a), \dots, (X-a)^{n-1}\}$, $a \in F$ fest gewählt, die Basis von V aus Aufgabe 2.8 (c). Berechnen Sie die Matrix $\mathcal{P} = (p_{ij})$ des Basiswechsels von A nach B.

3.9 Es seien U, V, W, X Vektorräume über dem Körper F und $\alpha : U \to V$, $\beta : V \to W$, $\gamma : W \to X$ lineare Abbildungen. Zeigen Sie:

(a) $\operatorname{Im}(\beta\alpha)$ ist ein Unterraum von $\operatorname{Im}(\beta)$.

(b) Sei W_0 ein Komplement von $\operatorname{Im}(\beta\alpha)$ in $\operatorname{Im}(\beta)$. Dann gilt $\operatorname{Im}(\gamma\beta) = \operatorname{Im}(\gamma\beta\alpha) + \gamma W_0$.

(c) Es gilt $\dim \operatorname{Im}(\beta\alpha) + \dim \operatorname{Im}(\gamma\beta) \leq \dim \operatorname{Im}(\beta) + \dim \operatorname{Im}(\gamma\beta\alpha)$ (*Frobenius-Ungleichung*).

3.10 Es sei $\mathcal{A}$ eine $n \times n$-Matrix über dem Körper F. Dann heißt $\mathcal{A}$ *nilpotent*, falls ein $k \in \mathbb{N}$ existiert, so daß $\mathcal{A}^k = 0$. Die kleinste Zahl k mit $\mathcal{A}^k = 0$ heißt der *Nilpotenz-Index* von $\mathcal{A}$.

(a) Zeigen Sie, daß der Nilpotenz-Index einer nilpotenten $n \times n$-Matrix $\mathcal{A}$ kleiner oder gleich n ist.

(b) Bestimmen Sie den Nilpotenz-Index der Matrix $\mathcal{A} = (a_{ij})$ mit $a_{ij} = 1$ falls $j = i + 1$ und $a_{ij} = 0$ falls $j \neq i + 1$.

(c) Zeigen Sie, daß für jedes $1 \leq k \leq n$ eine $n \times n$-Matrix $\mathcal{A}$ mit Nilpotenz-Index k existiert.

3.11

(a) Es seien $\mathcal{A}$ und $\mathcal{B}$ zwei kommutierende nilpotente Matrizen. Zeigen Sie: $\mathcal{A} + \mathcal{B}$ ist nilpotent.

(b) Man gebe zwei nilpotente 2×2-Matrizen $\mathcal{A}$ und $\mathcal{B}$ an, für die $\mathcal{A} + \mathcal{B}$ nicht nilpotent ist.

(c) Es sei $\mathcal{A}$ eine nilpotente $n \times n$-Matrix. Zeigen Sie: Ist $\mathcal{B} = \mathcal{E}_n a_0 + \mathcal{A} a_1 + \cdots + \mathcal{A}^m a_m$, dann ist $\mathcal{B}$ genau dann invertierbar, wenn $a_0 \neq 0$.

3.12 Sei $F_n[X]$ der Vektorraum $\{p(X) = a_n X^n + \cdots + a_0 \mid a_i \in F\}$ der Polynome vom Grad $\leq n$ über dem Körper F. Die Abbildung α von $F_n[X]$ sei definiert durch $\alpha(p(X)) := \frac{d}{dX}\left(X^n \cdot p\left(\frac{1}{X}\right)\right)$ für $p(X) \in F_n[X]$. Zeigen Sie:

(a) $\alpha(p(X)) \in F_n[X]$ für $p(X) \in F_n[X]$.

(b) α ist eine lineare Abbildung. Bestimmen Sie die Matrix $\mathcal{A}_\alpha(A, A)$ der Abbildung α bezüglich der Basis $A = \{1, X, \ldots, X^n\}$.

3.13 Es seien V und W zwei endlich-dimensionale reelle Vektorräume. Hinsichtlich je einer Basis B und B' von V bzw. W sei der linearen Abbildung $\alpha : V \to W$ die Matrix

$$\mathcal{A}_\alpha(B, B') = \begin{pmatrix} 2 & -1 & 3 & 4 \\ -1 & 6 & 4 & 9 \\ 5 & -12 & -2 & -9 \end{pmatrix}$$

zugeordnet. Ferner seien $(3, 2, 1, 1)$, $(1, 0, -2, -3)$, $(-2, 5, 5, 0)$ die Koordinaten von Vektoren $\boldsymbol{v}_1, \boldsymbol{v}_2, \boldsymbol{v}_3$ aus V.

(a) Bestimmen Sie eine Basis von $\operatorname{Ker} \alpha$.

(b) Wie lauten die Koordinaten der Bildvektoren $\alpha\boldsymbol{v}_1, \alpha\boldsymbol{v}_2, \alpha\boldsymbol{v}_3$ hinsichtlich der gegebenen Basis B' von W?

(c) Welche Dimension besitzt der von $\boldsymbol{v}_1, \boldsymbol{v}_2, \boldsymbol{v}_3$ aufgespannte Unterraum U von V, und welche Dimension besitzt sein Bild αU?

3.14 Zeigen Sie: Zu jedem Unterraum U des Vektorraums F^n existiert ein homogenes lineares Gleichungssystem (H) $\mathcal{A} \cdot \boldsymbol{x} = \boldsymbol{o}$ mit einer $n \times n$-Matrix $\mathcal{A} = (a_{ij})$, $a_{ij} \in F$, derart, daß U die Lösungsgesamtheit von (H) ist.

3.15 Es seien φ und ψ zwei lineare Abbildungen des F-Vektorraums V in den F-Vektorraum W mit $\dim \varphi V = m$ und $\dim \psi V = n$. Zeigen Sie:

$$|m - n| \leqq \operatorname{rg}(\varphi + \psi) \leqq m + n.$$

3.16 Unter dem *Zentrum* einer Gruppe G versteht man die Menge aller Gruppenelemente z, die mit jedem anderen Gruppenelement vertauschbar sind, die also die Gleichung $az = za$ für alle $a \in G$ erfüllen. Zeigen Sie: Das Zentrum der linearen Gruppe $\mathrm{GL}(n, F)$ besteht genau aus allen n-reihigen invertierbaren Matrizen der Form

$$\mathcal{E}_n \cdot c = \begin{pmatrix} c & & & \\ & c & & \\ & & \ddots & \\ & & & c \end{pmatrix} \quad \text{mit } c \neq 0.$$

3.17 Es sei V ein unendlich-dimensionaler Vektorraum, und $\{\boldsymbol{v}_\alpha \mid \alpha \in \mathcal{A}\}$ sei eine Basis von V. Hierbei ist also $\mathcal{A}$ eine unendliche Indexmenge. Für jeden Index $\alpha \in \mathcal{A}$ wird dann durch $\varphi_\alpha \boldsymbol{v}_\chi = 0$ ($\chi \neq \alpha$, $\chi \in \mathcal{A}$) und $\varphi_\alpha \boldsymbol{v}_\alpha = 1$ eine Linearform $\varphi_\alpha \in V^*$ definiert.

(a) Zeigen Sie, daß die Teilmenge $\{\varphi_\alpha \mid \alpha \in \mathcal{A}\}$ von V^* linear unabhängig ist.

(b) Durch $\varphi \boldsymbol{v}_\alpha = 1$ für alle $\alpha \in \mathcal{A}$ wird ebenfalls eine Linearform $\varphi \in V^*$ definiert. Zeigen Sie, daß φ nicht als Linearkombination der Menge $\{\varphi_\alpha \mid \alpha \in \mathcal{A}\}$ dargestellt werden kann. Folgern Sie, daß $\{\varphi_\alpha \mid \alpha \in \mathcal{A}\}$ keine Basis von V^* ist.

(c) Folgern Sie, daß die in Bemerkung 3.6.10 eingeführte natürliche Injektion $\Theta : V \to V^{**}$, die $\boldsymbol{v} \in V$ das Element $\delta_v \in V^{**}$ zuordnet, kein Isomorphismus ist, daß also ΘV ein echter Unterraum von V^{**} ist.

3.18 Es sei U ein Unterraum von V, C ein Komplement von U in V und $U^\perp$ das orthogonale Komplement von U in V^*. Zeigen Sie:

$$C^* \cong U^\perp.$$

3.19 Sei $\alpha \in \operatorname{End}_F(V)$ mit eindimensionalem Bildraum $\operatorname{Im}(\alpha)$. Zeigen Sie:

a) $\operatorname{Im}(\alpha)$ ist ein α-invarianter Unterraum von V.

b) Es gibt genau ein $f \in F$ mit $\alpha^2 = f\alpha$.

4 Gauß-Algorithmus und lineare Gleichungssysteme

Die im dritten Kapitel gewonnenen Resultate über lineare Abbildungen und Matrizen finden nun Anwendung in der Theorie der linearen Gleichungssysteme. Dabei wird hier der Schwerpunkt auf die Behandlung der effektiven Algorithmen zur Berechnung der Lösungsgesamtheit eines solchen Gleichungssystems gelegt.

Deshalb wird im ersten Abschnitt dieses Kapitels der Gauß-Algorithmus für die Bestimmung des Ranges $r(\mathcal{A})$ einer $m \times n$-Matrix $\mathcal{A}$ und der Gauß-Jordan-Algorithmus zur Berechnung der Treppennormalform von $\mathcal{A}$ ausführlich dargestellt.

Mit diesen Algorithmen wird im zweiten Abschnitt die Konstruktion der Lösungsgesamtheit eines linearen Gleichungssystems beschrieben. Sie findet Anwendung bei der Beschreibung eines Verfahrens für die Berechnung der Inversen einer quadratischen Matrix.

4.1 Gauß-Algorithmus

In diesem Abschnitt werden effiziente Algorithmen zum Berechnen des Ranges $r(\mathcal{A})$ und der Treppennormalform einer $m \times n$-Matrix $\mathcal{A}$ dargestellt.

4.1.1 Definition. Die $m \times n$-Matrix $\mathcal{A} = (a_{ij})$ mit den Zeilenvektoren z_i ist in *Treppenform*, falls $\mathcal{A}$ die Nullmatrix 0 ist oder ein r mit $1 \le r \le m$ und eine Folge $1 \le j_1 < j_2 < \cdots < j_r \le n$ existieren mit folgenden Eigenschaften:

(a) Wenn $i > r$, dann ist $z_i = \boldsymbol{o}$.

(b) Wenn $1 \le i \le r$ und $k < j_i$, dann ist $a_{ik} = 0$.

(c) Für alle i mit $1 \le i \le r$ ist $a_{ij_i} \neq 0$.

4.1.2 Bemerkung. Die Bedingungen 4.1.1(b) und (c) besagen, daß für $i \le r$ der erste von Null verschiedene Eintrag der i-ten Zeile in der j_i-ten Spalte von $\mathcal{A}$ steht. Wegen $j_i < j_{i+1}$ wandern diese „führenden“, von Null verschiedenen Koeffizienten a_{ij_i} von $\mathcal{A}$ mit wachsendem i nach rechts.

4.1.3 Beispiele.

$$\mathcal{A} = \begin{pmatrix} 1 & 2 & 3 \\ 0 & 0 & 4 \\ 0 & 0 & 0 \end{pmatrix} \text{ ist in Treppenform, ebenso } \mathcal{B} = \begin{pmatrix} 2 & 0 & -1 & -4 \\ 0 & 0 & 1 & 0 \\ 0 & 0 & 0 & 0 \end{pmatrix}.$$

Für beide Matrizen ist $r = 2$. Dagegen sind

$$\mathcal{C} = \begin{pmatrix} 0 & 1 & 3 & 0 & 0 & 4 & 0 \\ 0 & 0 & 0 & 1 & 0 & -3 & 0 \\ 0 & 0 & 0 & 0 & 1 & 0 & 2 \\ 7 & 0 & 0 & 0 & 0 & 0 & 0 \end{pmatrix} \quad \text{und} \quad \mathcal{D} = \begin{pmatrix} 1 & 0 & 0 & 0 \\ 0 & 1 & 0 & 0 \\ 0 & 1 & 1 & 1 \\ 0 & 0 & 0 & 1 \end{pmatrix}$$

nicht in Treppenform.

4.1.4 Bemerkung. Sei $\mathcal{A} = (a_{ij})$ eine $m \times n$-Matrix in Treppenform und r wie in der Definition 4.1.1.

(a) Die Anzahl der Zeilen $z_i \neq \boldsymbol{o}$ von $\mathcal{A}$ ist r. Dies ist zugleich der Rang von $\mathcal{A}$, da diese Zeilen offenbar linear unabhängig sind. Man kann also den Rang einer Matrix in Treppenform leicht ablesen.

(b) Wenn speziell $m = n$, also $\mathcal{A}$ eine quadratische Matrix ist, dann ist $a_{ik} = 0$, falls $i > k$.

Dies sieht man wie folgt: Wenn $i > r$, dann ist die i-te Zeile $\boldsymbol{o}$, also jedes $a_{ik} = 0$. Wenn $i \leq r$, dann ist $j_i \geq i$ wegen $1 \leq j_1 < j_2 < \cdots < j_i$. Daher ist $j_i > k$, also $a_{ik} = 0$ nach Bedingung 4.1.1(b).

Alle quadratischen Matrizen in Treppenform liefern Beispiele für folgende

4.1.5 Definition. Eine $n \times n$-Matrix $\mathcal{A} = (a_{ij})$ heißt *obere* (bzw. *untere*) *Dreiecksmatrix*, falls $a_{ij} = 0$ für jedes $i > j$ (bzw. $i < j$).

4.1.6 Beispiele.

(a) $\begin{pmatrix} 1 & 0 & 0 \\ 0 & 0 & 2 \\ 0 & 0 & 3 \end{pmatrix}$ ist eine obere Dreiecksmatrix, aber nicht in Treppenform.

(b) $\begin{pmatrix} 1 & 2 & 3 \\ 0 & 1 & 1 \\ 0 & 0 & 0 \end{pmatrix}$ ist eine obere Dreiecksmatrix in Treppenform.

4.1.7 Bemerkung. Sei $\mathcal{A}$ quadratisch und in Treppenform. Wenn $n = \operatorname{rg}(\mathcal{A})$ ist, also $r = n$, dann folgt aus $1 \leq j_1 < j_2 < \cdots < j_n \leq n$, daß $j_i = i$ für jedes i. Also ist $a_{ii} = a_{ij_i} \neq 0$, d. h. $\mathcal{A}$ ist eine obere Dreiecksmatrix, und die Einträge auf der Diagonalen sind alle von 0 verschieden. Umgekehrt ist eine solche Matrix offenbar in Treppenform und hat den Rang n.

4.1.8 Beispiel. $\mathcal{A} = \begin{pmatrix} 1 & 2 & 3 \\ 0 & 1 & 1 \\ 0 & 0 & -5 \end{pmatrix}$ ist in Treppenform und vom Rang 3. Daher ist $\mathcal{A}$ eine obere Dreiecksmatrix mit Diagonalelementen ungleich 0.

Eine gegebene Matrix $\mathcal{A}$, welche nicht in Treppenform ist, kann in eine neue Matrix $\mathcal{T}$ in Treppenform „umgeformt" werden, ohne daß sich der Zeilenraum ändert. Hierzu werden die folgenden Umformungsschritte eingeführt:

4.1.9 Definition. Die *elementaren Zeilenumformungen* einer $m \times n$-Matrix $\mathcal{A}$ sind:

(a) Vertauschung zweier Zeilen,

(b) Multiplikation einer Zeile mit einem Skalar ungleich 0,

(c) Addition eines Vielfachen einer Zeile zu einer anderen Zeile.

Analog erklärt man die *elementaren Spaltenumformungen* von $\mathcal{A}$.

4.1.10 Definition. Wenn man eine elementare Zeilenumformung von $\mathcal{A}$ speziell auf die $m \times m$-Einheitsmatrix anwendet, so nennt man das Ergebnis *die zu dieser Umformung gehörige Elementarmatrix*. Ebenso erhält man die zu einer elementaren Spaltenumformung von $\mathcal{A}$ gehörige Elementarmatrix, indem man diese Spaltenumformung auf die $n \times n$-Einheitsmatrix anwendet.

4.1.11 Beispiel. Sei

$$\mathcal{A} = \begin{pmatrix} 1 & 2 & 3 & 4 \\ 2 & 1 & 0 & 0 \\ -7 & 1 & 1 & 1 \end{pmatrix}.$$

Addiert man das Dreifache der ersten Zeile zur dritten, so erhält man

$$\begin{pmatrix} 1 & 2 & 3 & 4 \\ 2 & 1 & 0 & 0 \\ -4 & 7 & 10 & 13 \end{pmatrix}.$$

Die zugehörige Elementarmatrix ergibt sich, indem man diese Zeilenumformung auf

$\begin{pmatrix} 1 & 0 & 0 \\ 0 & 1 & 0 \\ 0 & 0 & 1 \end{pmatrix}$ anwendet; sie ist also $\begin{pmatrix} 1 & 0 & 0 \\ 0 & 1 & 0 \\ 3 & 0 & 1 \end{pmatrix}$.

Vertauscht man die beiden ersten Spalten in $\mathcal{A}$, so erhält man

$$\begin{pmatrix} 2 & 1 & 3 & 4 \\ 1 & 2 & 0 & 0 \\ 1 & -7 & 1 & 1 \end{pmatrix}.$$

Die zugehörige Elementarmatrix ergibt sich, indem man diese Spaltenumformung auf $\mathcal{E}_4 = \begin{pmatrix} 1 & 0 & 0 & 0 \\ 0 & 1 & 0 & 0 \\ 0 & 0 & 1 & 0 \\ 0 & 0 & 0 & 1 \end{pmatrix}$ anwendet. Sie ist also $\begin{pmatrix} 0 & 1 & 0 & 0 \\ 1 & 0 & 0 & 0 \\ 0 & 0 & 1 & 0 \\ 0 & 0 & 0 & 1 \end{pmatrix}$.

4.1.12 Bemerkung. (a) Bei Vertauschung $ZV(i, j)$ der i-ten und j-ten Zeile geht die Einheitsmatrix $\mathcal{E}_m$ über in die $m \times m$-Elementarmatrix:

$$\mathcal{ZV}_{i,j} = \begin{pmatrix} 1 & & & & & & & & \\ & \ddots & & & & & & & \\ & & 1 & & & & & & \\ & & & 0 & & & 1 & & \\ & & & & 1 & & & & \\ & & & & & \ddots & & & \\ & & & & & & 1 & & \\ & & & 1 & & & 0 & & \\ & & & & & & & 1 & \\ & & & & & & & & \ddots \\ & & & & & & & & & 1 \end{pmatrix}.$$
$$\underset{i}{} \qquad\qquad \underset{j}{}$$

(b) Bei Multiplikation $ZM(i, a)$ der i-ten Zeile von $\mathcal{E}_m$ mit dem Skalar a entsteht die $m \times m$-Elementarmatrix:

$$\mathcal{ZM}_{i,a} = \begin{pmatrix} 1 & & & & & & \\ & \ddots & & & & & \\ & & 1 & & & & \\ & & & a & & & \\ & & & & 1 & & \\ & & & & & \ddots & \\ & & & & & & 1 \end{pmatrix}.$$
$$\underset{i}{}$$

(c) Durch Addition $ZA(i, j, a)$ des a-fachen der i-ten Zeile zur j-ten Zeile von $\mathcal{E}_m$ entsteht die $m \times m$-Elementarmatrix:

$$\mathcal{ZA}_{i,j,a} = \begin{pmatrix} 1 & & & & & & \\ & \ddots & & & & & \\ & & 1 & & & & \\ & & & \ddots & & & \\ & & a & & 1 & & \\ & & | & & | & \ddots & \\ & & | & & | & & 1 \end{pmatrix}.$$
$$\qquad\qquad\qquad i \qquad\quad j$$

4.1.13 Satz. *Sei $\mathcal{U}$ die zu einer elementaren Zeilenumformung gehörige Elementarmatrix. Dann ist $\mathcal{U} \cdot \mathcal{A}$ die Matrix, welche aus $\mathcal{A}$ bei dieser Umformung entsteht.*

Beweis: Sei $\mathcal{U} = (u_{rs})$ und seien $z_1, \dots, z_m$ die Zeilenvektoren von $\mathcal{A}$; dann ist $\sum_{s=1}^m z_s \cdot u_{rs}$ die r-te Zeile von $\mathcal{U} \cdot \mathcal{A}$, denn die t-te Komponente dieses Vektors ist $\sum_{s=1}^m u_{rs} \cdot a_{st}$, also der Eintrag an der Stelle (r, t) in $\mathcal{U} \cdot \mathcal{A}$. Nach Bemerkung 4.1.12 kennt man u_{rs}. Durch Einsetzen der jeweiligen Werte von u_{rs} folgt für jeden der drei Typen elementarer Umformungen die Behauptung. Dies wird hier nur explizit durchgeführt für die Zeilenvertauschung $ZV(i, j)$.

$$u_{rs} = \begin{cases} 1 & \text{falls } r = s \neq i, j \text{ oder } r = i,\ s = j \text{ oder } r = j,\ s = i, \\ 0 & \text{sonst.} \end{cases}$$

Die r-te Zeile von $\mathcal{U} \cdot \mathcal{A} = \mathcal{ZV}_{i,j}\mathcal{A}$ ist also

$$\begin{aligned} &z_r, && \text{falls } r \neq i, j, \\ &z_j, && \text{falls } r = i, \\ &z_i, && \text{falls } r = j. \end{aligned}$$

Die Behauptung folgt in diesem Fall. ♦

4.1.14 Bemerkung. Bemerkung 4.1.12 und Satz 4.1.13 gelten analog für Spaltenumformungen und die zugehörigen elementaren Matrizen, wenn man das Produkt $\mathcal{U} \cdot \mathcal{A}$ durch $\mathcal{A} \cdot \mathcal{U}$ ersetzt. Dies folgt sofort aus den Sätzen 4.1.13 und 3.1.28.

4.1.15 Folgerung. (a) *Die Elementarmatrizen sind invertierbar.*

(b) *Ihre Inversen sind Elementarmatrizen.*

(c) *Elementare Umformungen ändern den Rang einer Matrix nicht.*

Beweis: (a) und (b). Zur Vertauschung $ZV(i, j)$ zweier Zeilen gehört nach Bemerkung 4.1.12 die $m \times m$-Elementarmatrix $\mathcal{ZV}_{i,j}$. Wegen $(\mathcal{ZV}_{i,j})^2 = \mathcal{E}_m$ ist $\mathcal{ZV}_{i,j}$ invertierbar. Sei $a \neq 0$. Dann ist nach Bemerkung 4.1.12(b) $\mathcal{ZM}_{i,a} \cdot \mathcal{ZM}_{i,a^{-1}} = \mathcal{E}_m$. Ebenso folgt $\mathcal{ZA}_{i,j;a} \cdot \mathcal{ZA}_{i,j;-a} = \mathcal{E}_m$. Also sind alle $m \times m$-Elementarmatrizen invertierbar, und ihre Inversen sind ebenfalls Elementarmatrizen.

(c) Nach Satz 4.1.13 und (a) entspricht eine elementare Umformung von $\mathcal{A}$ der Linksmultiplikation mit einer invertierbaren Matrix $\mathcal{U}$. Nach Folgerung 3.4.8 gilt dann aber $\text{rg}(\mathcal{UA}) = \text{rg}(\mathcal{A})$. ♦

Um den Rang einer $m \times n$-Matrix $\mathcal{A}$ zu berechnen, wendet man elementare Umformungen nach dem folgenden Schema solange an, bis man $\mathcal{A}$ schließlich zu einer Matrix in Treppenform umgeformt hat, der man ihren Rang dann ansieht.

4.1.16 Beispiel.

Umformung	$\mathcal{E}_m$			$\mathcal{A}$			
	1	0	0	5	10	20	1000
	0	1	0	1	1	1	100
	0	0	1	12	12	20	1400
	1	−5	0	0	5	15	500
$ZA(2, 1, -5)$	0	1	0	1	1	1	100
	0	0	1	12	12	20	1400
	0	1	0	1	1	1	100
$ZV(1, 2)$	1	−5	0	0	5	15	500
	0	0	1	12	12	20	1400
	0	1	0	1	1	1	100
$ZA(1, 3, -12)$	1	−5	0	0	5	15	500
	0	−12	1	0	0	8	200
	$\mathcal{U}$			$\mathcal{T}$			

$\mathcal{T}$ ist eine Treppenform von $\mathcal{A}$. Weiter ist $\mathcal{U}$ das Produkt der Elementarmatrizen, die zu den 3 elementaren Umformungen gehören. Es folgt

$$\mathcal{UA} = \begin{pmatrix} 0 & 1 & 0 \\ 1 & -5 & 0 \\ 0 & -12 & 1 \end{pmatrix} \begin{pmatrix} 5 & 10 & 20 & 1000 \\ 1 & 1 & 1 & 100 \\ 12 & 12 & 20 & 1400 \end{pmatrix} = \begin{pmatrix} 1 & 1 & 1 & 100 \\ 0 & 5 & 15 & 500 \\ 0 & 0 & 8 & 200 \end{pmatrix} = \mathcal{T},$$

und $\text{rg}(\mathcal{A}) = \text{rg}(\mathcal{T}) = 3$.

Der folgende Algorithmus von C. F. Gauß beschreibt ein effizientes Verfahren zur Berechnung einer Treppenform $\mathcal{T}(\mathcal{A})$ zu einer $m \times n$-Matrix $\mathcal{A}$ mittels elementarer Zeilenumformungen. Bei seiner Formulierung wird die inzwischen übliche Bezeichnungsweise für die Darstellung von Algorithmen und Computer-Programmen benutzt.

4.1.17 Algorithmen-Konvention. Wendet man auf die Koeffizienten a_{ij} einer $m \times n$-Matrix $\mathcal{A} = (a_{ij})$ einen Umformungsschritt eines Algorithmus an, bei dem a_{ij} in ein Element b_{ij} übergeht, dann wird das Endergebnis (b_{ij}) dieses Schrittes wiederum mit $\mathcal{A} = (a_{ij})$ bezeichnet. Auf diese neue Matrix $\mathcal{A}$ wird der nächste Schritt des Algorithmus mit der gleichen Konvention angewendet.

Diese Festlegung macht die Abfassung der Algorithmen sehr einfach. Deshalb wird sie bei allen in diesem Buch dargestellten Algorithmen verwendet.

4.1.18 Algorithmus (Gauß). Jede $m \times n$-Matrix $\mathcal{A} = (a_{ij})$ mit Zeilenvektoren z_i und Spaltenvektoren $\boldsymbol{s}_j$ wird durch folgenden Algorithmus in eine $m \times n$-Matrix umgeformt, die mit $\mathcal{T}(\mathcal{A})$ bezeichnet wird. Wenn $\mathcal{A}$ die Nullmatrix ist, bricht der Algorithmus ab. Andernfalls wende man folgende Schritte an:

Sei $r = 1$.

1. Schritt: Sei $\boldsymbol{s}_{j_r}$ der erste Spaltenvektor von $\mathcal{A}$, der ab der r-ten Zeile z_r nicht nur Komponenten gleich Null hat. Dazu gibt es einen ersten Zeilenvektor $z_i = (a_{i1}, \dots, a_{ij_r}, \dots, a_{in})$ mit $i \geq r$ und $a_{ij_r} \neq 0$. Vertausche z_r mit diesem Zeilenvektor z_i. In der neuen Matrix $\mathcal{A} = (a_{ij})$ gilt $a_{rj_r} \neq 0$.

2. Schritt: Für jedes $i > r$ wende die Zeilenoperation an, die z_i durch $z_i - z_r \cdot \frac{a_{ij_r}}{a_{rj_r}}$ ersetzt.

3. Schritt: Gibt es in der Matrix $\mathcal{A}$ noch einen Spaltenvektor, der ab der $(r+1)$-ten Zeile nicht nur Komponenten gleich Null hat, so ersetze man r durch $r+1$ und wiederhole die Schritte 1 bis 3. Andernfalls bricht der Algorithmus ab.

4.1.19 Satz. (a) *Wendet man den Gauß-Algorithmus auf eine $m \times n$-Matrix $\mathcal{A} = (a_{ij})$ mit Koeffizienten a_{ij} aus dem Körper F an, so erhält man nach spätestens $3m$ Schritten eine Matrix $\mathcal{T}(\mathcal{A})$ in Treppenform.*

(b) *Der Gauß-Algorithmus erhält den Rang einer Matrix, d. h.* $\operatorname{rg}(\mathcal{T}(\mathcal{A})) = \operatorname{rg}(\mathcal{A})$.

Beweis: (a) folgt unmittelbar aus dem Algorithmus.

(b) folgt aus Folgerung 4.1.15, da nur elementare Zeilenumformungen angewendet werden. ♦

4.1.20 Beispiel. Sei

$$\mathcal{A} = \begin{pmatrix} 0 & 0 & 1 & 1 & 2 \\ 0 & 2 & 3 & 7 & 8 \\ 0 & 4 & 1 & 9 & 6 \\ 0 & 6 & -4 & 8 & 2 \end{pmatrix}.$$

Zunächst ist $r = 1$ und $j_1 = 2$, da dies die erste Spalte $\neq \boldsymbol{o}$ ist. Dann ist $i = 2$, da in der zweiten Spalte der zweite Eintrag der erste von Null verschiedene Eintrag ist. Also ist $a_{ij_r} = a_{22} = 2$. Im zweiten Schritt werden die r-te und die i-te Zeile vertauscht, also die erste und die zweite Zeile. Dann erhält man

$$\mathcal{A} = \begin{pmatrix} 0 & 2 & 3 & 7 & 8 \\ 0 & 0 & 1 & 1 & 2 \\ 0 & 4 & 1 & 9 & 6 \\ 0 & 6 & -4 & 8 & 2 \end{pmatrix}.$$

Anschließend subtrahiert man $\left(\frac{1}{2} \cdot z_1\right) \cdot a_{j2}$ von z_j für $j = 2, 3, 4$ und erhält

$$\mathcal{A} = \begin{pmatrix} 0 & 2 & 3 & 7 & 8 \\ 0 & 0 & 1 & 1 & 2 \\ 0 & 0 & -5 & -5 & -10 \\ 0 & 0 & -13 & -13 & -22 \end{pmatrix}.$$

Es gibt noch Spalten, die ab der zweiten Stelle nicht nur Nullen enthalten. Daher setzt man jetzt $r = 2$. Die erste Spalte, die ab der zweiten Stelle noch Elemente $\neq 0$ enthält, ist die dritte, also ist $j_2 = 3$. Das erste Element $\neq 0$ ab dieser Stelle in dieser Spalte ist $a_{23} = 1$, also ist $i = 2 = r$. Vertauschen der i-ten mit der r-ten Zeile ändert also die Matrix nicht. Anschließend subtrahiert man $z_2 \cdot a_{j3}$ von z_j für $j = 3, 4$ und erhält

$$\mathcal{A} = \begin{pmatrix} 0 & 2 & 3 & 7 & 8 \\ 0 & 0 & 1 & 1 & 2 \\ 0 & 0 & 0 & 0 & 0 \\ 0 & 0 & 0 & 0 & 4 \end{pmatrix}.$$

Es gibt noch Spalten, die ab der dritten Stelle nicht nur Nullen enthalten. Daher setzt man $r = 3$. Die erste solche Spalte ist die fünfte, also ist $j_r = 5$. Das kleinste $i \geq 3$ mit $a_{i5} \neq 0$ ist $i = 4$. Vertauschung der dritten und vierten Zeile ergibt

$$\mathcal{T}(\mathcal{A}) = \begin{pmatrix} 0 & 2 & 3 & 7 & 8 \\ 0 & 0 & 1 & 1 & 2 \\ 0 & 0 & 0 & 0 & 4 \\ 0 & 0 & 0 & 0 & 0 \end{pmatrix}.$$

Hier endet der Algorithmus.

Die Bedeutung des Gauß-Algorithmus liegt darin, daß damit ein Verfahren beschrieben ist, welches stets zu einer Matrix in Treppenform führt. Außerdem ist er leicht zu programmieren.

4.1.21 Bemerkung. Bei der Beschreibung des Gauß'schen Algorithmus wurden elementare Zeilenumformungen des zweiten Typs, nämlich Multiplikation einer Zeile mit einem Skalar, nicht benötigt. Dies wird sich beim Berechnen von Determinanten als nützlich erweisen.

4.1.22 Definition. Sei $\mathcal{A} = (a_{ij})$ eine $m \times n$-Matrix und $a_{rs} \neq 0$ für ein r mit $1 \leq r \leq m$ und ein s mit $1 \leq s \leq n$. Seien z_i, $i = 1, \dots, m$, die Zeilenvektoren von $\mathcal{A}$. Dann nennt man die folgende Matrizenumformung *Zeilenpivotierung von $\mathcal{A}$ an der Pivotstelle* (r, s):

(a) Man multipliziert die r-te Zeile z_r mit $1/a_{rs}$, d. h. man ersetzt z_r durch $z_r \cdot (a_{rs})^{-1}$.

(b) Für $k = 1, \dots, m$, $k \neq r$ ersetzt man die k-te Zeile z_k durch $z_k - z_r \cdot a_{ks}$.

Analog erklärt man die *Spaltenpivotierung*.

Bezeichnung:	zpivot $(\mathcal{A}, i, j)$	Zeilenpivotierung an der Pivotstelle (i, j).
	spivot $(\mathcal{A}, i, j)$	Spaltenpivotierung an der Pivotstelle (i, j).

4.1.23 Bemerkung. Aus (a) und (b) folgt, daß die durch Zeilenpivotierung aus $\mathcal{A}$ hervorgegangene Matrix $\mathcal{B} = (b_{ij})$ in der s-ten Spalte bis auf die Komponente b_{rs} nur aus Nullen besteht und $b_{rs} = 1$ ist. Also ist die s-te Spalte gleich dem Einheitsvektor $\boldsymbol{e}_r$.

4.1.24 Beispiel. Wir führen die Zeilenpivotierung der folgenden Matrix $\mathcal{A}$ an der Pivotstelle (3, 3) durch:

$$\mathcal{A} = \begin{pmatrix} 1 & 2 & -1 \\ 3 & 0 & 1 \\ 0 & 1 & 2 \end{pmatrix} \xrightarrow{ZM(3;\, \frac{1}{2})} \begin{pmatrix} 1 & 2 & -1 \\ 3 & 0 & 1 \\ 0 & 1/2 & 1 \end{pmatrix} \longrightarrow$$

$$\xrightarrow{ZA(3,1;1)} \begin{pmatrix} 1 & 5/2 & 0 \\ 3 & 0 & 1 \\ 0 & 1/2 & 1 \end{pmatrix} \xrightarrow{ZA(3,2;-1)} \begin{pmatrix} 1 & 5/2 & 0 \\ 3 & -1/2 & 0 \\ 0 & 1/2 & 1 \end{pmatrix}.$$

4.1.25 Definition. Eine $m \times n$-Matrix $\mathcal{T} = (t_{ij})$ ist in *Treppennormalform*, wenn $\mathcal{T}$ die Nullmatrix ist oder ein r mit $1 \leq r \leq m$ und eine Folge $1 \leq j_1 < \cdots < j_r \leq n$ existieren derart, daß folgendes gilt:

(a) Wenn $i > r$, dann ist $t_{ik} = 0$ für $k = 1, \dots, n$.

(b) $t_{ik} = 0$ für $i = 1, \dots, r$ und $k < j_i$.

(c) $t_{ij_i} = 1$ für $i = 1, \dots, r$.

(d) $t_{sj_i} = 0$ für $i = 1, \dots, r$ und $s \neq i$.

4.1.26 Bemerkung. Die Bedingungen von Definition 4.1.25 (a) bis (c) besagen, daß $\mathcal{T}$ in Treppenform ist. Aus (c) und (d) folgt, daß diese „führenden“, von Null verschiedenen Zahlen immer 1 sind und daß eine Spalte, die solch eine „führende Eins“ enthält, sonst nur aus Nullen besteht; genauer ist die j_i-te Spalte gerade $\boldsymbol{e}_i \in F_s^m$.

4.1.27 Beispiele.

(a) Die Matrix $\begin{pmatrix} 5 & 1 & 2 & 7 & 9 & 0 & 8 \\ 0 & 0 & 3 & 6 & 1 & 7 & 2 \\ 0 & 0 & 0 & -2 & 3 & -1 & 1 \\ 0 & 0 & 0 & 0 & 0 & 0 & 1 \end{pmatrix}$ ist in Treppenform, aber nicht in Treppennormalform.

(b) Die Matrix $\mathcal{B} = \begin{pmatrix} 1 & 2 & 0 & -1 & 0 & 2 \\ 0 & 0 & 1 & 5 & 0 & -2 \\ 0 & 0 & 0 & 0 & 1 & 7 \\ 0 & 0 & 0 & 0 & 0 & 0 \end{pmatrix}$ ist in Treppennormalform.

4.1.28 Algorithmus (Gauß-Jordan). Jede $m \times n$-Matrix $\mathcal{A} = (a_{ij})$ mit Zeilenvektoren z_i, $i = 1, \dots, m$ und Spaltenvektoren $\boldsymbol{s}_j$, $j = 1, \dots, n$ wird durch folgenden Algorithmus zu einer neuen $m \times n$-Matrix $\mathcal{T}$ umgeformt.

Wenn $\mathcal{A}$ die Nullmatrix ist, bricht der Algorithmus ab. Andernfalls wende man folgende Schritte an:

Sei $r = 1$.

1. Schritt: Man suche den ersten Spaltenvektor $\boldsymbol{s}_{j_r}$ von $\mathcal{A}$, der ab der r-ten Stelle nicht nur Komponenten gleich Null hat, d. h. $a_{kj_r} \neq 0$ für ein k mit $r \leq k \leq m$. Sei ferner $a_{i_r j_r}$ der erste von Null verschiedene Eintrag in $\boldsymbol{s}_{j_r}$ mit $i_r \geq r$, d. h. $a_{i_r j_r}$ steht in der i_r-ten Zeile z_{i_r} von $\mathcal{A}$.

2. Schritt: Nun vertausche man die r-te mit der i_r-ten Zeile und führe anschließend zpivot $[\mathcal{A}, r, j_r]$ durch. Dies erzeugt in der j_r-ten Spalte Nullen, bis auf den r-ten Eintrag in $\boldsymbol{s}_{j_r}$, der gleich 1 ist.

3. Schritt: Wenn es in der Matrix $\mathcal{A}$ noch einen Spaltenvektor gibt, der ab der $(r+1)$-ten Stelle nicht nur Komponenten gleich Null hat, so ersetze man r durch $r+1$ und wiederhole die Schritte 1 bis 3. Sonst bricht das Verfahren jetzt ab.

4.1.29 Beispiel. Der Gauß-Jordan Algorithmus wird nun angewendet auf die 3×4-Matrix

$$\mathcal{A} = \begin{pmatrix} 2 & 2 & 1 & 7 \\ 1 & 1 & 1 & 4 \\ 0 & 0 & 2 & 2 \end{pmatrix} \xrightarrow{\text{zpivot}[\mathcal{A},1,1]} \begin{pmatrix} 1 & 1 & 1/2 & 7/2 \\ 0 & 0 & 1/2 & 1/2 \\ 0 & 0 & 2 & 2 \end{pmatrix} \longrightarrow$$

$$\xrightarrow{\text{zpivot}[\mathcal{A},2,3]} \begin{pmatrix} 1 & 1 & 0 & 3 \\ 0 & 0 & 1 & 1 \\ 0 & 0 & 0 & 0 \end{pmatrix} = \mathcal{T}.$$

$\mathcal{T}$ ist in Treppennormalform.

Die Überführung einer gegebenen Matrix in eine Treppenmatrix mit Hilfe elementarer Zeilenumformungen ist, wie einfache Beispiele zeigen, keineswegs eindeutig. Anders liegen jedoch die Verhältnisse bei Treppennormalformen.

4.1.30 Satz. *Zu jeder Matrix $\mathcal{A}$ gibt es genau eine Matrix $\mathcal{T}$ in Treppennormalform, in die sich $\mathcal{A}$ mit elementaren Zeilenumformungen überführen läßt.*

Beweis: Es sei $\mathcal{A}$ eine $m \times n$-Matrix mit den Spaltenvektoren $\boldsymbol{s}_1, \ldots, \boldsymbol{s}_n$. Da die Behauptung für die Nullmatrix trivial ist, kann außerdem $\mathcal{A} \neq 0$ vorausgesetzt werden.

Wendet man den Gauß-Jordan-Algorithmus auf $\mathcal{A}$ an, überführt er $\mathcal{A}$ mit elementaren Zeilenumformungen in eine Treppennormalform $\mathcal{T}$, deren Existenz damit gesichert ist. Zu beweisen ist nun noch die Eindeutigkeit von $\mathcal{T}$.

Dazu sei $U_j = \langle \boldsymbol{s}_1, \ldots, \boldsymbol{s}_j \rangle$ für $j = 1, \ldots, n$, und U'_j sei der entsprechende Spaltenraum von $\mathcal{T}$. Ferner sei $d_j = \dim U_j$ und $d'_j = \dim U'_j$. Da aber Zeilenumformungen die Spaltenräume nicht verändern, gilt $U_j = U'_j$ und $d_j = d'_j$ für $j = 1, \ldots, n$. Also folgt $r = \operatorname{rg}(\mathcal{T}) = d'_n = d_n = \operatorname{rg}(\mathcal{A})$. Nun ist aber r die Stufenzahl der Treppennormalform $\mathcal{T}$, die hiernach eindeutig durch $\mathcal{A}$ bestimmt ist. Mit den Bezeichnungen aus Definition 4.1.25 gilt weiter

$$d_1 = d_{j_1} = \cdots = d_{j_2-1} < d_{j_2} = \cdots = d_{j_3-1} < d_{j_3} = \cdots < d_{j_r} = \cdots = d_n,$$

wobei sich die Dimensionen an den Stellen des $<$-Zeichens jeweils um Eins erhöhen. Die Stellen dieser Dimensionssprünge, nämlich die Spaltenindizes $j_1, \ldots, j_r$, sind demnach ebenfalls durch $\mathcal{A}$ eindeutig festgelegt. Die ersten r Zeilen $z'_i = (z'_{i1}, \ldots, z'_{in})$ von $\mathcal{T}$ bilden eine Basis B' des Zeilenraumes von $\mathcal{T}$. Entsprechend bilden die ersten r linear unabhängigen Zeilen $z_{i_k} = (z_{i_{k_1}1}, \ldots, z_{i_k n})$ mit $k = 1, \ldots, r$ wegen $\operatorname{rg}(\mathcal{A}) = r$ eine Basis B des Zeilenraumes von $\mathcal{A}$. Wegen der speziellen Gestalt der Zeilen z'_i, nämlich wegen $z'_{ij_i} = 1$ und $z'_{ij_s} = 0$ für $s \neq i$, ist $\mathcal{P} = (z_{i_k j_s})$ die Transformationsmatrix des Basiswechsels von B' nach B. Sie ist ebenfalls durch $\mathcal{A}$ eindeutig bestimmt. Da umgekehrt die Zeilen $z'_1, \ldots, z'_r$ von $\mathcal{T}$ durch die inverse Matrix $\mathcal{P}^{-1}$ als Linearkombinationen der Zeilen $z_{i_1}, \ldots, z_{i_r}$ von $\mathcal{A}$ ausgedrückt werden, ist schließlich $\mathcal{T}$ selbst durch $\mathcal{A}$ eindeutig bestimmt. ♦

4.2 Lösungsverfahren für Gleichungssysteme

Jedes lineare Gleichungssystem mit $m \times n$-Koeffizientenmatrix $\mathcal{A}$, Unbestimmtenvektor $\boldsymbol{x}$ und Konstantenvektor $\boldsymbol{d} \in F^m$ hat die Form

(G) $$\mathcal{A} \cdot \boldsymbol{x} = \boldsymbol{d}.$$

4.2.1 Definition. Sei $\hat{\mathcal{A}}$ die $m \times (n+1)$-Matrix, die aus $\mathcal{A}$ entsteht, indem man den Vektor $\boldsymbol{d}$ als letzte Spalte zu $\mathcal{A}$ hinzufügt, d. h. $\hat{\mathcal{A}} = (\mathcal{A}, \boldsymbol{d})$. $\hat{\mathcal{A}}$ heißt *erweiterte Matrix* des Gleichungssystems.

4.2.2 Beispiel. Das Gleichungssystem (G) $\mathcal{A} \cdot \boldsymbol{x} = \boldsymbol{d}$ mit

$$\mathcal{A} = \begin{pmatrix} 5 & 10 & 20 \\ 1 & 1 & 1 \\ 12 & 12 & 20 \end{pmatrix} \quad \text{und} \quad \boldsymbol{d} = \begin{pmatrix} 1000 \\ 100 \\ 1400 \end{pmatrix}$$

hat die erweiterte Matrix

$$\hat{\mathcal{A}} = \begin{pmatrix} 5 & 10 & 20 & 1000 \\ 1 & 1 & 1 & 100 \\ 12 & 12 & 20 & 1400 \end{pmatrix}.$$

4.2.3 Satz. *Das lineare Gleichungssystem*

$$\text{(G)} \qquad \mathcal{A} \cdot \boldsymbol{x} = \boldsymbol{d}$$

hat genau dann eine Lösung, wenn die Koeffizientenmatrix $\mathcal{A}$ und die erweiterte Matrix $\hat{\mathcal{A}}$ von (G) *den gleichen Rang haben, d. h.* $\operatorname{rg}(\mathcal{A}) = \operatorname{rg}(\hat{\mathcal{A}})$.

Beweis: Nach Satz 3.2.8 ist $\operatorname{Im}(\mathcal{A})$ der Spaltenraum von $\mathcal{A}$. Das Gleichungssystem (G) ist nach Satz 3.2.10 genau dann lösbar, wenn $\boldsymbol{d} \in \operatorname{Im}(\mathcal{A})$. Nach Definition 4.2.1 ist diese Bedingung äquivalent zu $\operatorname{rg}(\mathcal{A}) = \operatorname{rg}(\hat{\mathcal{A}})$. ♦

Darf man ein gegebenes Gleichungssystem stets durch elementare Zeilenoperationen umformen, ohne daß sich die Lösungsgesamtheit des neu entstandenen Gleichungssystems von der des ursprünglichen Systems unterscheidet? Eine Antwort auf diese Fragen geben die beiden folgenden Resultate.

4.2.4 Satz. *Sei* (G) $\mathcal{A} \cdot \boldsymbol{x} = \boldsymbol{d}$ *ein lineares Gleichungssystem mit m Gleichungen. Wenn $\mathcal{S}$ eine invertierbare $m \times m$-Matrix ist, dann hat* (G′) $\mathcal{S} \cdot \mathcal{A} \cdot \boldsymbol{x} = \mathcal{S} \cdot \boldsymbol{d}$ *die gleichen Lösungen wie* (G).

Beweis: Wenn $\boldsymbol{u}$ eine Lösung von (G) ist, dann ist $\mathcal{A} \cdot \boldsymbol{u} = \boldsymbol{d}$, also $\mathcal{S} \cdot \mathcal{A} \cdot \boldsymbol{u} = \mathcal{S} \cdot \boldsymbol{d}$. Daher ist $\boldsymbol{u}$ eine Lösung von (G′). Wenn $\boldsymbol{v}$ eine Lösung von (G′) ist, dann ist $\mathcal{S} \cdot \mathcal{A} \cdot \boldsymbol{v} = \mathcal{S} \cdot \boldsymbol{d}$, also $\mathcal{A} \cdot \boldsymbol{v} = \mathcal{S}^{-1} \cdot \mathcal{S} \cdot \mathcal{A} \cdot \boldsymbol{v} = \mathcal{S}^{-1} \cdot \mathcal{S} \cdot \boldsymbol{d} = \boldsymbol{d}$. Daher ist $\boldsymbol{v}$ eine Lösung von (G). ♦

4.2.5 Folgerung. *Seien $\hat{\mathcal{A}}$ und $\hat{\mathcal{B}}$ die erweiterten Matrizen der linearen Gleichungssysteme* (G) *und* (G′). *Wenn $\hat{\mathcal{B}}$ aus $\hat{\mathcal{A}}$ durch endlich viele elementare Zeilenumformungen hervorgeht, dann haben* (G) *und* (G′) *dieselben Lösungen.*

Beweis: Nach Satz 4.1.13 und Folgerung 4.1.15 werden elementare Zeilenumformungen durch Multiplikation von links mit einer invertierbaren Matrix bewirkt. Die Behauptung folgt also aus Satz 4.2.4. ♦

Nach Satz 4.1.30 geht die erweiterte Matrix $\hat{\mathcal{A}}$ des Gleichungssystems (G) $\mathcal{A} \cdot \boldsymbol{x} = \boldsymbol{d}$ durch den Gauß-Jordan-Algorithmus in eine Matrix $\hat{\mathcal{T}}$ über, die in Treppennormalform ist. Wegen Folgerung 4.2.5 erhält man daher die Lösungsgesamtheit von (G) durch den folgenden

4.2.6 Satz. *Sei* (G) *ein lineares Gleichungssystem mit $m \times n$-Koeffizientenmatrix $\mathcal{T}$, Unbestimmtenvektor $\boldsymbol{x}$ und Konstantenvektor $\boldsymbol{d} \in F^m$. Sei die erweiterte Matrix von* (G) *eine $m \times (n+1)$-Matrix $\hat{\mathcal{T}} = (t_{ij})$ in Treppennormalform derart, daß die führenden Einsen an den Stellen (i, j_i) für $i = 1, \dots, r$ stehen. Dann gilt:*

(a) *Wenn die letzte Spalte von $\hat{\mathcal{T}}$ eine führende Eins enthält, dann hat* (G) *keine Lösung.*

(b) *Wenn die letzte Spalte von $\hat{\mathcal{T}}$ keine führende Eins enthält, dann ist $\boldsymbol{a} = (a_1, \dots, a_n)$, definiert durch*

$$a_s = \begin{cases} t_{i,n+1} & \text{falls } s = j_i, \\ 0 & \text{sonst} \end{cases}$$

eine spezielle Lösung von (G). *Außerdem erhält man eine Basis des Lösungsraums des zugehörigen homogenen Systems* (H) *wie folgt: Für jedes $1 \le k \le n$ mit $k \ne j_i$, $i = 1, \dots, r$, sei der Vektor $\boldsymbol{b}_k = (b_{1k}, \dots, b_{nk}) \in F^n$ definiert durch*

$$b_{sk} = \begin{cases} t_{ik} & \text{falls } s = j_i, \\ -1 & \text{falls } s = k, \\ 0 & \text{sonst.} \end{cases}$$

Dann ist $\{\boldsymbol{b}_k \mid 1 \le k \le n,\ k \ne j_i \text{ für } i = 1, \dots, r\}$ eine Basis des Lösungsraumes $\operatorname{Ker}(\mathcal{T})$ *von* (H).

Beweis: (a) Enthält die letzte Spalte von $\hat{\mathcal{T}}$ eine führende Eins, dann ist $\operatorname{rg}(\hat{\mathcal{T}}) = 1 + \operatorname{rg}(\mathcal{T})$. Also hat (G) keine Lösung nach Satz 4.2.3.

(b) Seien $\boldsymbol{v}_1, \dots, \boldsymbol{v}_{n+1}$ die Spaltenvektoren von $\hat{\mathcal{T}}$. Es ist nach Bemerkung 4.1.25

$$\sum_{s=1}^{n} \boldsymbol{v}_s \cdot a_s = \sum_{i=1}^{r} \boldsymbol{v}_{j_i} \cdot a_{j_i} = \sum_{i=1}^{r} \boldsymbol{e}_i \cdot t_{i,\,n+1} = \boldsymbol{v}_{n+1}.$$

Daraus folgt, daß $\boldsymbol{a}$ eine spezielle Lösung von (G) ist. Für jedes k mit $1 \le k \le n$ und $k \ne j_i$ für $i = 1, \dots, r$ gilt

$$\sum_{s=1}^{n} \boldsymbol{v}_s \cdot b_{sk} = -\boldsymbol{v}_k + \sum_{i=1}^{r} \boldsymbol{v}_{j_i} \cdot t_{ik} = -\boldsymbol{v}_k + \sum_{i=1}^{r} \boldsymbol{e}_i \cdot t_{ik} = -\boldsymbol{v}_k + \boldsymbol{v}_k = 0.$$

Also sind alle $\boldsymbol{b}_k$ Lösungen von (H). Wenn

$$\sum_{\substack{k=1\\ k\neq j_1,\dots,j_r}}^{n} \boldsymbol{b}_k \cdot a_k = \boldsymbol{o}$$

für $a_k \in F$, dann ist für jedes q mit $1 \le q \le n$ und $q \neq j_1, \dots, j_r$ auch

$$0 = \sum_{\substack{k=1\\ k\neq j_1,\dots,j_r}}^{n} b_{qk} \cdot a_k = -a_q .$$

Daraus folgt, daß alle $a_k = 0$ sind, und somit sind die $\boldsymbol{b}_k$'s linear unabhängig.

Da $\operatorname{rg}(\hat{\mathcal{T}}) = r$, ist die Dimension des Lösungsraumes von (H) nach Satz 3.2.13 gleich $\dim \operatorname{Ker}(\mathcal{T}) = n - \dim \operatorname{Im}(\mathcal{T}) = n - r$. Also bilden die $\boldsymbol{b}_k$'s eine Basis des Lösungsraumes $\operatorname{Ker}(\mathcal{T})$ von (H) nach Folgerung 3.2.14. ♦

Aus Folgerung 4.2.5 und Satz 4.2.6 ergibt sich folgendes Lösungsverfahren für lineare Gleichungssysteme.

4.2.7 Lösungsverfahren. Gegeben sei ein lineares Gleichungssystem (G) $\mathcal{A} \cdot \boldsymbol{x} = \boldsymbol{d}$ mit $m \times n$-Koeffizientenmatrix $\mathcal{A} = (a_{ij})$, Unbestimmtenvektor $\boldsymbol{x}$ und Konstantenvektor $\boldsymbol{d} \in F^m$. Sei $\hat{\mathcal{A}} = (\mathcal{A}, \boldsymbol{d})$ die zu (G) gehörige erweiterte Matrix. Dann wendet man den Gauß-Jordan-Algorithmus auf $\hat{\mathcal{A}}$ an und erhält eine $m \times (n+1)$-Matrix $\hat{\mathcal{T}} = (t_{ij})$ in Treppennormalform mit führenden Einsen an den Stellen (i, j_i), $i = 1, \dots, r$.

1. Fall: Hat $\hat{\mathcal{T}}$ in der letzten Spalte eine führende Eins, so hat (G) keine Lösung.

2. Fall: Gibt es keine führende Eins in der letzten Spalte, so sieht $\hat{\mathcal{T}}$ wie folgt aus:

$$\left(\begin{array}{cccccccccccccc}
0 & \cdots & 0 & \overset{\boldsymbol{j_1}}{1} & t_{1,j_1+1} & \cdots & t_{1,j_2-1} & \overset{\boldsymbol{j_2}}{0} & t_{1,j_2+1} & \cdots\cdots & \overset{\boldsymbol{j_r}}{0} & t_{1,j_r+1} & \cdots & t_{1,n+1} \\
 & & & 0 & 0 & \cdots & 0 & 1 & t_{2,j_2+1} & \cdots\cdots & 0 & t_{2,j_r+1} & \cdots & t_{2,n+1} \\
 & & & & & & & 0 & 0 & \cdots\cdots & 0 & \vdots & & \vdots \\
 & & & & & & & & & & \vdots & \vdots & & \vdots \\
 & & & & & & & & & & 0 & \vdots & & \vdots \\
 & & & & & & & & & & 1 & t_{r,j_r+1} & \cdots & t_{r,n+1} \\
 & & & & & & & & & & 0 & 0 & \cdots & 0 \\
 & & & & & & & & & & & \vdots & & \vdots \\
 & & & & & & & & & & & 0 & \cdots & 0
\end{array}\right).$$

Nun füge man in die Matrix $\hat{\mathcal{T}}$ Nullzeilen so ein, daß die führenden Einsen in der neuen Matrix auf der Diagonalen stehen, d. h. sie stehen dann an der Stelle (j_i, j_i). Durch weiteres Anhängen bzw. Streichen von Nullzeilen bringe man die neue Matrix auf das Format $n \times (n+1)$. Dann ersetze man alle Nullen an der Stelle (k, k) mit $1 \leq k \leq n$ und $k \neq j_1, \ldots, j_r$ durch eine -1. Sei $\mathcal{S}$ die neu entstandene Matrix mit den Spaltenvektoren $\boldsymbol{s}_1, \boldsymbol{s}_2, \ldots, \boldsymbol{s}_{n+1}$. Dann ist $\boldsymbol{s}_{n+1}$ eine spezielle Lösung von (G), und die Vektoren $\boldsymbol{s}_k$ für $1 \leq k \leq n$ mit $k \neq j_1, \ldots, j_r$ bilden eine Basis des homogenen Gleichungssystems (H) $\mathcal{A} \cdot x = 0$ von (G). Nach Satz 3.2.9 folgt dann:

Die Menge $L = \{\boldsymbol{s}_{n+1} + \sum_{k=1_{k \neq j_1, \ldots, j_r}}^{n} \boldsymbol{s}_k \cdot a_k \mid a_k \in F\}$ ist die Lösungsgesamtheit des Gleichungssystems (G).

4.2.8 Beispiel. Sei

$$\hat{\mathcal{A}} = \begin{pmatrix} 1 & 2 & 0 & -1 & 0 & 2 \\ 0 & 0 & 1 & 5 & 0 & -2 \\ 0 & 0 & 0 & 0 & 1 & 7 \\ 0 & 0 & 0 & 0 & 0 & 0 \end{pmatrix}.$$

$\hat{\mathcal{A}}$ ist in Treppennormalform. Die Matrix wird mit Nullzeilen so erweitert, daß die führenden Einsen auf der Diagonalen (ohne letzte Spalte) stehen; durch anschließendes Streichen der letzten Nullzeile erhält man die 5×6-Matrix

$$\begin{pmatrix} 1 & 2 & 0 & -1 & 0 & 2 \\ 0 & 0 & 0 & 0 & 0 & 0 \\ 0 & 0 & 1 & 5 & 0 & -2 \\ 0 & 0 & 0 & 0 & 0 & 0 \\ 0 & 0 & 0 & 0 & 1 & 7 \end{pmatrix}.$$

Die Nullen in der Diagonalen werden durch -1 ersetzt:

$$\begin{pmatrix} 1 & 2 & 0 & -1 & 0 & 2 \\ 0 & -1 & 0 & 0 & 0 & 0 \\ 0 & 0 & 1 & 5 & 0 & -2 \\ 0 & 0 & 0 & -1 & 0 & 0 \\ 0 & 0 & 0 & 0 & 1 & 7 \end{pmatrix}.$$

Sei $\boldsymbol{a} = (2, 0, -2, 0, 7)$ die letzte, $\boldsymbol{b}_1 = (2, -1, 0, 0, 0)$ die zweite und $\boldsymbol{b}_2 = (-1, 0, 5, -1, 0)$ die vierte Spalte. Dann ist $L = \{\boldsymbol{a} + \boldsymbol{b}_1 \cdot s + \boldsymbol{b}_2 \cdot r \mid s, r \in F\}$ die Lösungsmenge des linearen Gleichungssystems, das zur erweiterten Matrix $\hat{\mathcal{A}}$ gehört.

4.2.9 Bemerkung. Sei $\hat{\mathcal{T}}$ die Treppennormalform der erweiterten Matrix zu einem lösbaren linearen Gleichungssystem, wobei die Nullzeilen weggelassen sind. Wenn

$\boldsymbol{s}_1, \ldots, \boldsymbol{s}_{n+1}$ die Spalten von $\hat{\mathcal{T}}$ sind, dann läßt sich das zugehörige Gleichungssystem schreiben als

$$\sum_{j=1}^{n} \boldsymbol{s}_j \cdot x_j = \boldsymbol{s}_{n+1}.$$

Nun seien $j_1, \ldots, j_r$ wie in der Definition der Treppennormalform. Nach Bemerkung 4.1.23 ist dann $\boldsymbol{s}_{j_i} = \boldsymbol{e}_i$ für $i = 1, \ldots, r$. Daher ist

$$\begin{pmatrix} x_{j_1} \\ \vdots \\ x_{j_r} \end{pmatrix} = \sum_{i=1}^{r} \boldsymbol{s}_{j_i} \cdot x_{j_i} = \boldsymbol{s}_{n+1} - \sum_{\substack{j=1 \\ j \neq j_1, \ldots, j_r}}^{n} \boldsymbol{s}_j \cdot x_j,$$

d. h. die x_{j_i}'s lassen sich durch die übrigen x_j's ausdrücken. Wenn die x_j's in einer mathematischen Formel auftreten, dann kann man die x_{j_i}'s durch die entsprechenden Ausdrücke ersetzen und erhält eine Formel, welche nur noch die x_j's mit $j \neq j_1, \ldots, j_r$ enthält. Diesen Prozess nennt man *Elimination*.

Zur Berechnung der Inversen einer invertierbaren $n \times n$-Matrix kann der Gauß-Jordan-Algorithmus ebenfalls benutzt werden. Das entsprechende Berechnungsverfahren ergibt sich aus

4.2.10 Satz. *Sei $\mathcal{A}$ eine $n \times n$-Matrix. Genau dann ist $\mathcal{A}$ ein Produkt von Elementarmatrizen, wenn $\operatorname{rg}(\mathcal{A}) = n$ ist.*

Beweis: Nach Folgerung 4.1.15 sind die $n \times n$-Elementarmatrizen invertierbar. Ist $\mathcal{A}$ ein Produkt von Elementarmatrizen, so ist $\mathcal{A}$ auch invertierbar. Daher ist $\operatorname{rg}(\mathcal{A}) = n$ nach Satz 3.4.9.

Sei umgekehrt $\operatorname{rg}(\mathcal{A}) = n$. Sei $\mathcal{T}$ die Treppennormalform von $\mathcal{A}$. Nach Folgerung 4.1.15 gilt $\operatorname{rg}(\mathcal{T}) = n$. Daher ist $\mathcal{T} = \mathcal{E}_n$ die $n \times n$-Einheitsmatrix. Nach Satz 4.1.13 läßt sich $\mathcal{T}$ schreiben als $\mathcal{T} = \mathcal{X}_1 \ldots \mathcal{X}_s \cdot \mathcal{A} = \mathcal{E}_n$ für geeignete Elementarmatrizen $\mathcal{X}_i$, $i = 1, \ldots, s$. Daher ist $\mathcal{X}_1 \ldots \mathcal{X}_s = \mathcal{A}^{-1}$ und $\mathcal{A} = \mathcal{X}_s^{-1} \ldots \mathcal{X}_1^{-1}$. Also ist $\mathcal{A}$ ein Produkt von Elementarmatrizen nach Folgerung 4.1.15. ♦

4.2.11 Berechnungsverfahren für die Inverse einer Matrix. Sei $\mathcal{A}$ eine $n \times n$-Matrix. Man bilde eine $n \times 2n$-Matrix $\mathcal{K} = (\mathcal{A}, \mathcal{E}_n)$, indem man die $n \times n$-Einheitsmatrix $\mathcal{E}_n$ rechts an $\mathcal{A}$ anfügt. Nun wende man den Gauß-Jordan-Algorithmus auf die Matrix $\mathcal{K}$ an. Die dadurch entstehende $n \times 2n$-Matrix $\mathcal{L}$ ist in Treppennormalform, und, falls $\mathcal{A}$ invertierbar ist, sind nach Satz 4.2.10 die ersten n Spaltenvektoren von $\mathcal{L}$ die Spaltenvektoren der $n \times n$-Einheitsmatrix $\mathcal{E}_n$. Sei $\mathcal{B}$ die Matrix, deren Spaltenvektoren die letzten n Spaltenvektoren von $\mathcal{L}$ sind. Dann ist $\mathcal{B} = \mathcal{A}^{-1}$ nach dem Beweis von Satz 4.2.10.

4.2.12 Beispiel. Die Inverse der 3×3-Matrix $\mathcal{A} = \begin{pmatrix} 1 & 2 & 1 \\ 1 & 1 & 1 \\ 1 & 1 & -1 \end{pmatrix}$ wird gemäß Verfahren 4.2.11 nach folgendem Schema berechnet.

Umformung	$\mathcal{A}$			$\mathcal{E}_3$		
	1	2	1	1	0	0
	1	1	1	0	1	0
	1	1	−1	0	0	1
	1	2	1	1	0	0
zpivot(1, 1)	0	−1	0	−1	1	0
	0	−1	−2	−1	0	1
	1	0	1	−1	2	0
zpivot(2, 2)	0	1	0	1	−1	0
	0	0	−2	0	−1	1
	1	0	0	−1	$\frac{3}{2}$	$\frac{1}{2}$
zpivot(3, 3)	0	1	0	1	−1	0
	0	0	1	0	$\frac{1}{2}$	$-\frac{1}{2}$
	$\mathcal{E}_3$			$\mathcal{A}^{-1}$		

Also ist $\mathcal{A}^{-1} = \begin{pmatrix} -1 & 3/2 & 1/2 \\ 1 & -1 & 0 \\ 0 & 1/2 & -1/2 \end{pmatrix}$.

4.3 Aufgaben

4.1 Berechnen Sie mit Hilfe elementarer Umformungen den Rang von

$$\mathcal{A} = \begin{pmatrix} 2 & 3 & -4 & 3 & 18 \\ 6 & 18 & -4 & -22 & -6 \\ 4 & 12 & -6 & -8 & 6 \\ 6 & 18 & 6 & -42 & -36 \end{pmatrix}.$$

4.2 Berechnen Sie den Zeilenrang von $\mathcal{A}\mathcal{B}$ für die Matrizen

$$\mathcal{A} = \begin{pmatrix} 0 & -1 & -2 & -3 & -4 & -5 \\ 1 & 0 & -1 & -2 & -3 & -4 \\ 2 & 1 & 0 & -1 & -2 & -3 \\ 3 & 2 & 1 & 0 & -1 & -2 \\ 4 & 3 & 2 & 1 & 0 & -1 \\ 5 & 4 & 3 & 2 & 1 & 0 \end{pmatrix},$$

$$\mathcal{B} = \begin{pmatrix} 1 & -1 & -2 & -3 & -4 & -5 \\ 1 & 1 & -1 & -2 & -3 & -4 \\ 2 & 1 & 1 & -1 & -2 & -3 \\ 3 & 2 & 1 & 1 & -1 & -2 \\ 4 & 3 & 2 & 1 & 1 & -1 \\ 5 & 4 & 3 & 2 & 1 & 1 \end{pmatrix}.$$

4.3 Im $\mathbb{R}^4$ sei U der von den Vektoren

$$(1, 3, 5, -4),\ (2, 6, 7, -7),\ (0, 0, 1, -1),\ (1, 3, -1, 2)$$

und V der von den Vektoren

$$(1, 0, 2, -2),\ (0, 3, 3, -5),\ (5, -3, 6, -3),\ (6, -6, 5, 0)$$

erzeugte Unterraum. Berechnen Sie je eine Basis von U, V, $U + V$ und $U \cap V$.

4.4 Berechnen Sie mittels des Gauß-Algorithmus eine Treppenform $\mathcal{T}(\mathcal{A})$ und mittels des Gauß-Jordan Algorithmus die Treppennormalform $\mathcal{T}$ der folgenden Matrix:

$$\mathcal{A} = \begin{pmatrix} 1 & 3 & 4 & 0 & 2 \\ 2 & 5 & 7 & 1 & 0 \\ -1 & 2 & -3 & 0 & 0 \\ 3 & 8 & 11 & 4 & 0 \\ 3 & 8 & 11 & 1 & 2 \end{pmatrix}.$$

4.5 Bestimmen Sie die Lösungsgesamtheit des folgenden linearen Gleichungssystems über den komplexen Zahlen:

$$\begin{aligned} 2x_1 - 3x_2 - 7x_3 + 5x_4 + 2x_5 &= 1 \\ x_1 - 2x_2 - 4x_3 + 3x_4 + x_5 &= i \\ 2x_1 - 4x_3 + 2x_4 + x_5 &= i \\ x_1 - 5x_2 - 7x_3 + 6x_4 + 2x_5 &= 1. \end{aligned}$$

4.6 Bestimmen Sie mit Hilfe eines Computeralgebrasystems die Lösungsgesamtheit des folgenden linearen Gleichungssystems mit Koeffizienten aus $\mathbb{Q}$:

$$\text{(G)} \qquad \begin{aligned} -2x_2 + 2x_3 + x_5 - 2x_6 - 3x_8 - x_{10} &= -7 \\ -x_1 + x_2 - 2x_5 - 2x_6 + 6x_8 + 2x_9 &= 5 \\ -x_1 + x_3 + x_4 + 2x_6 - 3x_8 &= 2 \\ -3x_1 - 6x_2 + 9x_3 + x_5 - 10x_6 - 3x_8 - 3x_{10} &= -32 \\ 2x_1 + 3x_2 - 5x_3 + x_4 + 8x_6 + x_7 - 3x_8 &= 16 \\ -x_1 + x_3 - x_5 - 2x_6 + 3x_8 + x_9 &= 1 \\ 2x_1 + 2x_2 - 4x_3 + 4x_6 + x_{10} &= 13. \end{aligned}$$

4.7 Sei $\mathcal{A}$ eine $n \times n$-Matrix. Zeigen Sie:

(a) $\mathcal{A}$ ist genau dann invertierbar, wenn ihre transponierte Matrix $\mathcal{A}^T$ invertierbar ist.

(b) Ist $\mathcal{A}$ invertierbar, so ist $(\mathcal{A}^T)^{-1} = (\mathcal{A}^{-1})^T$.

4.8 Berechnen Sie die Inversen der folgenden Matrix $\mathcal{A}$ und ihrer transponierten Matrix $\mathcal{A}^T$.

$$\mathcal{A} = \begin{pmatrix} -1 & 2 & -3 & 0 & 0 & 0 \\ 2 & 1 & 0 & 0 & 0 & 0 \\ 4 & -2 & 0 & 0 & 0 & 24 \\ 0 & 0 & 0 & 2 & 1 & -1 \\ 0 & 0 & 0 & 2 & 1 & 0 \\ 0 & 0 & 0 & 5 & 2 & -3 \end{pmatrix}.$$

4.9 Es sei J eine Menge von $n \times n$-Matrizen, so daß gilt:

(a) J enthält eine von 0 verschiedene Matrix,

(b) J ist bezüglich der Addition von Matrizen eine abelsche Gruppe, und

(c) für eine Matrix $\mathcal{A} \in J$ und eine beliebige Matrix $\mathcal{X} \in \mathrm{Mat}_n(F)$ liegen $\mathcal{X}\mathcal{A}$ und $\mathcal{A}\mathcal{X}$ in J.

Zeigen Sie: Die $n \times n$-Einheitsmatrix $\mathcal{E}_n$ liegt in J.

4.10 Sei $\mathcal{A} = (a_{ij})$ eine reelle $n \times n$-Matrix derart, daß die Absolutbeträge $|a_{ij}|$ ihrer Koeffizienten die folgenden n Ungleichungen erfüllen:

$$\sum_{\substack{j=1 \\ j \neq i}}^{n} |a_{ij}| < |a_{ii}| \quad \text{für } i = 1, 2, \dots, n.$$

Bestimmen Sie $\mathrm{rg}(\mathcal{A})$.

5 Determinanten

Die Determinantenabbildung ordnet jeder $n \times n$-Matrix $\mathcal{A} = (a_{ij})$ mit Koeffizienten a_{ij} aus dem Körper F ein eindeutig bestimmtes Körperelement $\det \mathcal{A}$ aus F zu. Sie ist ein wichtiges Hilfsmittel zur Berechnung der Eigenwerte von $\mathcal{A}$, einem zentralen Problem der linearen Algebra, mit dem sich das nächste Kapitel befaßt.

Zur Vorbereitung des Existenz- und Eindeutigkeitsbeweises für die Determinantenabbildung werden im ersten Abschnitt einige Ergebnisse über Permutationen endlicher Mengen dargestellt.

Während in Abschnitt 2 auf die multilinearen Abbildungen und in Abschnitt 3 auf die Existenz und Eindeutigkeit der Determinantenabbildung eingegangen wird, behandelt der vierte Abschnitt einige Verfahren zur Berechnung der Determinante einer $n \times n$-Matrix $\mathcal{A}$. Hierbei findet auch der Gauß'sche Algorithmus eine weitere Anwendung.

Schließlich werden im fünften Abschnitt die Determinanten zur Berechnung der Inversen $\mathcal{A}^{-1}$ einer invertierbaren $n \times n$-Matrix und zur Auflösung linearer Gleichungssysteme herangezogen. Diese Anwendungen sind vor allem von theoretischem Interesse.

5.1 Permutationen

In 1.3.2 wurde die symmetrische Gruppe S_n eingeführt. Die dort gewählten Bezeichnungen gelten weiterhin. Zunächst werden einige grundlegende Begriffe und Ergebnisse über die symmetrische Gruppe dargestellt. Sie werden später bei der Entwicklung der Determinantentheorie benötigt.

5.1.1 Definition. Sei $n \in \mathbb{N}$, $n \neq 0$ und $M = \{1, 2, \ldots, n\}$. Eine bijektive Abbildung π von M auf M heißt *Permutation* von M. Die Menge aller Permutationen von M bildet bezüglich der Hintereinanderausführung als Verknüpfung eine Gruppe, die *symmetrische Gruppe* S_n.
Bezeichnung: $\pi = (\pi(1), \pi(2), \ldots, \pi(n))$ für alle $\pi \in S_n$.

Entsprechend der in Beispiel 1.3.2 (c) festgelegten Multiplikation in S_n gilt $(\pi\pi')(m) = \pi(\pi'(m))$ für $m \in \{1, 2, \ldots, n\}$. Die Fixpunkte $\pi(i) = i$ einer Permutation $\pi \in S_n$ werden von nun an in dem n-Tupel $\pi = (\pi(1), \pi(2), \ldots, \pi(n))$

häufig weggelassen. Insbesondere ist das leere Tupel das Einselement id von S_n. Ist $\pi = (2, 1, 3)$, also $\pi(3) = 3$, so ist $\pi = (2, 1) \in S_3$.

5.1.2 Definition. Eine Permutation π von $M = \{1, 2, \ldots, n\}$ mit $n \geq 2$ heißt *Transposition*, wenn $\pi(i) = j$ und $\pi(j) = i$ für zwei verschiedene Elemente i, j von M gilt und π alle anderen Elemente von M festläßt.
Bezeichnung: $\pi = (i, j) \in S_n$

5.1.3 Satz. *Die symmetrische Gruppe S_n hat die Ordnung $|S_n| = n!$.*

Beweis: Vollständige Induktion nach n: Für $n = 1$ ist $|S_1| = |\{\mathrm{id}\}| = 1$. Für $n - 1$ gelte $|S_{n-1}| = (n - 1)!$. In der symmetrischen Gruppe S_n kann S_{n-1} mit der Menge aller Bijektionen π von $M = \{1, 2, \ldots, n\}$ auf M mit der Eigenschaft $\pi(n) = n$ identifiziert werden. Für alle anderen $\pi \in S_n$ gilt $\pi(n) \neq n$. Für $i = 1, 2, \ldots, n - 1$ sei π_i diejenige Transposition von M, die n mit i vertauscht, d. h. $\pi_i = (n, i)$. Sei nun $\pi(n) = i$. Dann ist $\pi_i^{-1}\pi(n) = n$. Also ist $\pi_i^{-1}\pi \in S_{n-1}$ und so $\pi \in \pi_i S_{n-1} = \{\pi_i\sigma | \sigma \in S_{n-1}\}$. Daher ist $S_n = \bigcup_{i=1}^{n-1} \pi_i S_{n-1} \cup S_{n-1}$, wobei in dieser Vereinigung die einzelnen Mengen paarweise disjunkt sind. Hieraus folgt: $|S_n| = |S_{n-1}| + \sum_{i=1}^{n-1} |S_{n-1}| = n(n - 1)! = n!$ ♦

5.1.4 Satz. *Für $n \geq 2$ ist jede Permutation π von $M = \{1, 2, \ldots, n\}$ Produkt von endlich vielen Transpositionen.*

Beweis: Die symmetrische Gruppe S_2 besteht aus den Elementen id und der Transposition $\sigma = (2, 1)$. Wegen $\mathrm{id} = \sigma \cdot \sigma$ gilt die Behauptung des Satzes für $n = 2$. Für $i = 1, 2, \ldots, n - 1$ sei π_i wie im Beweis von Satz 5.1.3 die Transposition mit $\pi_i(n) = i$ und $\pi_i(i) = n$. Dann ist $S_n = S_{n-1} \cup \bigcup_{i=1}^{n-1} \pi_i S_{n-1}$, wobei S_{n-1} wieder aus allen Permutationen π von S_n mit $\pi(n) = n$ besteht. Wegen der Induktionsannahme folgt hieraus die Behauptung für S_n. ♦

5.1.5 Bemerkung. Die in Satz 5.1.4 gegebene Produktdarstellung einer Permutation $\pi \in S_n$ ist im allgemeinen *nicht* eindeutig, z. B. gilt

$$\pi = (3, 1, 2) = (2, 1)(3, 1) = (3, 1)(3, 2) \quad \text{in } S_3.$$

Sei $n \geq 2$. Seien $X_1, X_2, \ldots, X_n$ Unbestimmte über dem Ring $\mathbb{Z}$ der ganzen Zahlen. Dann operiert die symmetrische Gruppe S_n auf den Polynomen

$$p(X_1, X_2, \ldots, X_n) \in \mathbb{Z}[X_1, X_2, \ldots, X_n],$$

und zwar durch Vertauschung der Indizes, d. h.

$$\pi p(X_1, X_2, \ldots, X_n) = p(X_{\pi(1)}, X_{\pi(2)}, \ldots, X_{\pi(n)}) \quad \text{für } \pi \in S_n.$$

5.1.6 Beispiel. Sei $\pi = (2, 3, 1) \in S_3$, $p(X_1, X_2, X_3) = X_1 - X_2 + X_1X_3 \in \mathbb{Z}[X_1, X_2, X_3]$. Dann ist $\pi p(X_1, X_2, X_3) = X_{\pi(1)} - X_{\pi(2)} + X_{\pi(1)}X_{\pi(3)} = X_2 - X_3 + X_2X_1$.

5.1.7 Hilfssatz. *Sei $M = \{1, 2, \ldots, n\}$ mit $n \geq 2$. Seien $X_1, X_2, \ldots, X_n$ Unbestimmte über dem Ring $\mathbb{Z}$ der ganzen Zahlen. Sei $f(X_1, X_2, \ldots, X_n) = \prod_{i<j}(X_j - X_i) \in \mathbb{Z}[X_1, X_2, \ldots, X_n]$, wobei das Produkt über alle Paare $(i, j) \in M \times M$ mit $i < j$ gebildet wird. Dann gelten:*

(a) *Für jede Permutation $\pi \in S_n$ ist $\pi f(X_1, \ldots, X_n) = s(\pi) f(X_1, \ldots, X_n)$ für ein eindeutig bestimmtes Vorzeichen $s(\pi) \in \{+1, -1\}$.*

(b) *$s(\pi) = -1$ für jede Transposition $\pi \in S_n$.*

Beweis: (a) Für jedes $\pi \in S_n$ sei $a(\pi)$ die Anzahl der Paare $(i, j) \in M \times M$ mit $i < j$ und $\pi(i) > \pi(j)$. Dann ist $\pi f(X_1, X_2, \ldots, X_n) = \prod_{i<j}(X_{\pi(j)} - X_{\pi(i)}) = (-1)^{a(\pi)} \prod_{i<j}(X_j - X_i) = s(\pi) f(X_1, X_2, \ldots, X_n)$, wobei $s(\pi) = (-1)^{a(\pi)} \in \{+1, -1\}$ eindeutig durch π bestimmt ist.

(b) Ist $\pi = (j, i)$ mit $i < j$ die Transposition von M, die i und j vertauscht, dann ist $\pi(i) = j$, $\pi(j) = i$ und $\pi(k) = k$ für alle $k \in \{1, 2, \ldots, n\}$ mit $k \neq i, j$. Insbesondere gilt für $k = i + 1, \ldots, j - 1$, daß

$$\pi(i, j) = (j, i), \quad \pi(i, k) = (j, k) \quad \text{und} \quad \pi(k, j) = (k, i)$$

ist. Daher sind diese $2(j - i - 1) + 1$ Paare (a, b) mit $a < b$ alle Paare (x, y), $x, y \in \{1, 2, \ldots, n\}$ mit $x < y$, für die $\pi(x) > y$ gilt. Hieraus folgt:

$$\pi f(X_1, X_2, \ldots, X_n) = (-1)^{2(j-i-1)+1} f(X_1, X_2, \ldots, X_n) = -f(X_1, X_2, \ldots, X_n).$$

Also gilt $s(\pi) = -1$. ♦

5.1.8 Definition. Sei $M = \{1, 2, \ldots, n\}$ mit $n \geq 2$. Das nach Hilfssatz 5.1.7 eindeutig bestimmte Vorzeichen $s(\pi) \in \{+1, -1\}$ der Permutation $\pi \in S_n$ heißt *Signum* von π.
Bezeichnung: $\operatorname{sign} \pi$.

Die Permutation $\pi \in S_n$ heißt *gerade*, wenn $\operatorname{sign} \pi = 1$. Sonst heißt π *ungerade*.

5.1.9 Satz. *Für alle Paare $\sigma, \pi \in S_n$ gilt:*

$$\operatorname{sign}(\sigma\pi) = (\operatorname{sign} \sigma)(\operatorname{sign} \pi).$$

Beweis: Nach Hilfssatz 5.1.7 ist $(\sigma\pi)f(X_1, \ldots, X_n) = s(\sigma\pi)f(X_1, \ldots, X_n)$. Andererseits ist

$$\begin{aligned}(\sigma\pi)f(X_1, X_2, \ldots, X_n) &= \sigma[\pi f(X_1, X_2, \ldots, X_n)] \\ &= \sigma[s(\pi)f(X_1, X_2, \ldots, X_n)] \\ &= s(\pi)[\sigma f(X_1, X_2, \ldots, X_n)] \\ &= s(\pi)[s(\sigma)f(X_1, X_2, \ldots, X_n)] \\ &= s(\sigma)s(\pi)f(X_1, X_2, \ldots, X_n).\end{aligned}$$

Also gilt $\operatorname{sign}(\sigma\pi) = (\operatorname{sign}\sigma)(\operatorname{sign}\pi)$. ♦

5.1.10 Satz. (a) *Ist* $\pi \in S_n$, *so ist* $\operatorname{sign}\pi = 1$ *dann und nur dann, wenn* π *ein Produkt einer geraden Anzahl von Transpositionen ist.*

(b) *Die Permutation* $\pi \in S_n$ *sei Produkt von k Transpositionen. Dann gilt* $\operatorname{sign}\pi = (-1)^k$.

Beweis: Da $\operatorname{sign}\tau = -1$ für jede Transposition τ gilt, folgt (a) sofort aus Satz 5.1.9 und Satz 5.1.4.

(b) Nach Satz 5.1.4 existieren k Transpositionen $\sigma_1, \sigma_2, \ldots, \sigma_k$ mit $\pi = \sigma_1\sigma_2\ldots\sigma_k$. Nach Satz 5.1.9 gilt daher

$$\operatorname{sign}\pi = \prod_{i=1}^{k} \operatorname{sign}\sigma_i = (-1)^k.$$

Da $\operatorname{sign}\pi$ entweder 1 oder -1 ist und nach (a) $\operatorname{sign}\pi = 1$ genau dann gilt, wenn k gerade ist, gilt die Behauptung von (b) unabhängig von der jeweiligen Produktdarstellung von π als Produkt von Transpositionen. ♦

5.1.11 Folgerung. *Für* $n \geq 2$ *gibt es genau* $\frac{1}{2}n!$ *gerade und* $\frac{1}{2}n!$ *ungerade Permutationen der Zahlen* $1, 2, \ldots, n$.

Beweis: Folgt unmittelbar aus Satz 5.1.3 und Satz 5.1.9. ♦

5.1.12 Definition. Die geraden Permutationen bilden wegen Satz 5.1.9 eine Untergruppe A_n von S_n, die man die *alternierende Gruppe* nennt.

5.2 Multilinearformen

5.2.1 Definition. Seien $V_1, V_2, \ldots, V_n, W$ Vektorräume über dem gemeinsamen Körper F. Eine Abbildung

$$\varphi : V_1 \times V_2 \times \cdots \times V_n \to W$$

heißt *n-fach linear* (oder *n-linear*), wenn sie folgende Eigenschaften besitzt:

(a) $\varphi(\boldsymbol{v}_1, \ldots, \boldsymbol{v}_i + \boldsymbol{v}'_i, \ldots, \boldsymbol{v}_n) = \varphi(\boldsymbol{v}_1, \ldots, \boldsymbol{v}_i, \ldots, \boldsymbol{v}_n) + \varphi(\boldsymbol{v}_1, \ldots, \boldsymbol{v}'_i, \ldots, \boldsymbol{v}_n)$ für alle $\boldsymbol{v}_j \in V_j$, $j = 1, 2, \ldots, n$, und $\boldsymbol{v}_i, \boldsymbol{v}'_i \in V_i$ für $i = 1, 2, \ldots, n$.

(b) $\varphi(\boldsymbol{v}_1, \ldots, \boldsymbol{v}_i k, \ldots, \boldsymbol{v}_n) = \varphi(\boldsymbol{v}_1, \ldots, \boldsymbol{v}_i, \ldots, \boldsymbol{v}_n)k$ für $k \in F$ und $\boldsymbol{v}_i \in V_i$, $i = 1, 2, \ldots, n$.

Ist $W = F$ und $V_i = V$ für $i = 1, 2, \ldots, n$, so heißt φ eine *n-fache Linearform* von V. Ist zusätzlich $n = 2$, so heißt φ *Bilinearform*.

5.2.2 Beispiel. Die Abbildung $\varphi : F^2 \to F$, definiert durch

$$\varphi\left[\begin{pmatrix} a_{11} \\ a_{21} \end{pmatrix}, \begin{pmatrix} a_{12} \\ a_{22} \end{pmatrix}\right] = a_{11}a_{22} - a_{12}a_{21},$$

ist eine Bilinearform.

5.2.3 Definition. Sei V ein n-dimensionaler F-Vektorraum. Eine n-fache Linearform φ von V heißt *nicht ausgeartet*, wenn n Vektoren $\boldsymbol{a}_1, \boldsymbol{a}_2, \ldots, \boldsymbol{a}_n$ in V existieren derart, daß $\varphi(\boldsymbol{a}_1, \boldsymbol{a}_2, \ldots, \boldsymbol{a}_n) \neq 0$, wenn also φ nicht die Nullform ist.

5.2.4 Definition. Eine n-fache Linearform φ von V heißt *alternierend*, wenn für jedes n-Tupel $(\boldsymbol{a}_1, \boldsymbol{a}_2, \ldots, \boldsymbol{a}_n)$ von linear abhängigen Vektoren aus V stets $\varphi(\boldsymbol{a}_1, \boldsymbol{a}_2, \ldots, \boldsymbol{a}_n) = 0$ gilt.

Für eine alternierende n-fache Linearform ist insbesondere $\varphi(\boldsymbol{a}_1, \ldots, \boldsymbol{a}_n) = 0$, falls $\boldsymbol{a}_i = \boldsymbol{a}_j$ für ein Paar $i < j$ gilt.

5.2.5 Hilfssatz. *Sei φ eine alternierende n-fache Linearform von V und π eine Permutation. Dann gilt für $\boldsymbol{a}_1, \boldsymbol{a}_2, \ldots, \boldsymbol{a}_n \in V$ stets*

$$\varphi\left(\boldsymbol{a}_{\pi(1)}, \boldsymbol{a}_{\pi(2)}, \ldots, \boldsymbol{a}_{\pi(n)}\right) = (\operatorname{sign} \pi) \cdot \varphi(\boldsymbol{a}_1, \boldsymbol{a}_2, \ldots, \boldsymbol{a}_n).$$

Beweis: Sicherlich gilt die Behauptung für $n = 1$, weil dann $\pi = \mathrm{id}$ die Identität ist. Sei also $n \geq 2$. Nach Satz 5.1.9 und Satz 5.1.4 genügt es, die Behauptung für eine Transposition π mit $\pi(i) = j$ zu beweisen. Da φ alternierend ist, gilt für $i < j$:

$$\begin{aligned} 0 &= \varphi(\boldsymbol{a}_1, \ldots, (\boldsymbol{a}_i + \boldsymbol{a}_j), \ldots, (\boldsymbol{a}_i + \boldsymbol{a}_j), \ldots, \boldsymbol{a}_n) \\ &= \varphi(\boldsymbol{a}_1, \ldots, \boldsymbol{a}_i, \ldots, \boldsymbol{a}_i, \ldots, \boldsymbol{a}_n) \\ &\quad + \varphi(\boldsymbol{a}_1, \ldots, \boldsymbol{a}_i, \ldots, \boldsymbol{a}_j, \ldots, \boldsymbol{a}_n) \\ &\quad + \varphi(\boldsymbol{a}_1, \ldots, \boldsymbol{a}_j, \ldots, \boldsymbol{a}_i, \ldots, \boldsymbol{a}_n) \\ &\quad + \varphi(\boldsymbol{a}_1, \ldots, \boldsymbol{a}_j, \ldots, \boldsymbol{a}_j, \ldots, \boldsymbol{a}_n) \\ &= \varphi(\boldsymbol{a}_1, \ldots, \boldsymbol{a}_j, \ldots, \boldsymbol{a}_i, \ldots, \boldsymbol{a}_n) \\ &\quad + \varphi(\boldsymbol{a}_1, \ldots, \boldsymbol{a}_i, \ldots, \boldsymbol{a}_j, \ldots, \boldsymbol{a}_n). \end{aligned}$$

Daher folgt $\varphi(\boldsymbol{a}_{\pi(1)}, \boldsymbol{a}_{\pi(2)}, \ldots, \boldsymbol{a}_{\pi(n)}) = (\operatorname{sign} \pi)\varphi(\boldsymbol{a}_1, \boldsymbol{a}_2, \ldots, \boldsymbol{a}_n)$ wegen $\operatorname{sign} \pi = -1$. ♦

5.2.6 Hilfssatz. *Sei V ein n-dimensionaler Vektorraum und φ eine nicht ausgeartete alternierende n-fache Linearform von V. Dann sind die n Vektoren $\boldsymbol{a}_1, \boldsymbol{a}_2, \dots, \boldsymbol{a}_n$ genau dann linear abhängig, wenn $\varphi(\boldsymbol{a}_1, \boldsymbol{a}_2, \dots, \boldsymbol{a}_n) = 0$.*

Beweis: Wegen Definition 5.2.4 bleibt nur zu zeigen, daß $\varphi(\boldsymbol{b}_1, \boldsymbol{b}_2, \dots, \boldsymbol{b}_n) \neq 0$, wenn immer $\boldsymbol{b}_1, \boldsymbol{b}_2, \dots, \boldsymbol{b}_n \in V$ linear unabhängig sind. Dann ist $B = \{\boldsymbol{b}_1, \boldsymbol{b}_2, \dots, \boldsymbol{b}_n\}$ eine Basis von V. Da φ nicht ausgeartet ist, existieren nach Definition 5.2.3 Vektoren $\boldsymbol{c}_1, \boldsymbol{c}_2, \dots, \boldsymbol{c}_n$ in V derart, daß $\varphi(\boldsymbol{c}_1, \boldsymbol{c}_2, \dots, \boldsymbol{c}_n) \neq 0$. Jeder dieser Vektoren $\boldsymbol{c}_i$ hat nach Folgerung 2.2.14 eine eindeutige Darstellung

$$\boldsymbol{c}_i = \sum_{j=1}^{n} \boldsymbol{b}_j k_{ij} \quad \text{mit } k_{ij} \in F,$$

weil B eine Basis von V ist. Da φ eine n-fache Linearform ist, folgt

$$0 \neq \varphi(\boldsymbol{c}_1, \boldsymbol{c}_2, \dots, \boldsymbol{c}_n) = \sum_{j_1=1}^{n} \sum_{j_2=1}^{n} \dots \sum_{j_n=1}^{n} \varphi(\boldsymbol{b}_{j_1}, \boldsymbol{b}_{j_2}, \dots, \boldsymbol{b}_{j_n}) k_{1,j_1} k_{2,j_2} \dots k_{n,j_n}.$$

Wenn in einem Summanden dieser n-fachen Summe zwei der Indizes $j_1, j_2, \dots, j_n$ gleich sind, verschwindet dieser Summand, weil dann $\varphi(\boldsymbol{b}_{j_1}, \boldsymbol{b}_{j_2}, \dots, \boldsymbol{b}_{j_n}) = 0$ gilt. Wenn aber die Indizes $j_1, j_2, \dots, j_n$ paarweise verschieden sind, stellen sie eine Permutation π der Zahlen $1, 2, \dots, n$ dar. Wegen Hilfssatz 5.2.5 folgt daher

$$0 \neq \varphi(\boldsymbol{c}_1, \boldsymbol{c}_2, \dots, \boldsymbol{c}_n) = \varphi(\boldsymbol{b}_1, \boldsymbol{b}_2, \dots, \boldsymbol{b}_n) \Big(\sum_{\pi \in S_n} (\operatorname{sign} \pi) k_{1,\pi(1)} k_{2,\pi(2)} \dots k_{n,\pi(n)} \Big).$$

Summiert wird dabei über alle $n!$ Permutationen aus der symmetrischen Gruppe S_n. Also ist $\varphi(\boldsymbol{b}_1, \boldsymbol{b}_2, \dots, \boldsymbol{b}_n) \neq 0$. ♦

5.2.7 Satz. *Sei V ein n-dimensionaler Vektorraum, und $\{\boldsymbol{a}_1, \boldsymbol{a}_2, \dots, \boldsymbol{a}_n\}$ sei eine Basis von V. Dann gilt:*

(a) *Haben die n Vektoren $\boldsymbol{b}_i$ von V die Basisdarstellung $\boldsymbol{b}_i = \sum_{j=1}^{n} \boldsymbol{a}_j k_{ij}$ für $i = 1, 2, \dots, n$, so ist*

$$(*) \qquad \varphi(\boldsymbol{b}_1, \dots, \boldsymbol{b}_n) = \varphi(\boldsymbol{a}_1, \dots, \boldsymbol{a}_n) \sum_{\pi \in S_n} (\operatorname{sign} \pi) k_{1,\pi(1)} \dots k_{n,\pi(n)}.$$

(b) *Ersetzt man in $(*)$ auf der rechten Seite $\varphi(\boldsymbol{a}_1, \boldsymbol{a}_2, \dots, \boldsymbol{a}_n)$ durch einen nicht von $\boldsymbol{b}_1, \dots, \boldsymbol{b}_n$ abhängigen Skalar $a \neq 0$, so wird durch $(*)$ eine nicht ausgeartete alternierende n-fache Linearform φ von V definiert.*

Beweis: Wegen des Beweises von Hilfssatz 5.2.6 ist nur die zweite Behauptung zu beweisen. Es kann $n > 1$ angenommen werden, weil die Aussage im Fall $n = 1$ trivial ist. Sei also für ein fest gewähltes $a \neq 0$ aus F die Abbildung $\varphi : V \times V \times \cdots \times V \to F$ definiert durch

$$\varphi(\boldsymbol{b}_1, \boldsymbol{b}_2, \ldots, \boldsymbol{b}_n) = a\Big(\sum_{\pi \in S_n} (\operatorname{sign} \pi) k_{1,\pi(1)} k_{2,\pi(2)} \ldots k_{n,\pi(n)}\Big).$$

Dann ist φ eine n-fache Linearform, wie man leicht verifiziert.

Wählt man speziell $\boldsymbol{b}_i = \boldsymbol{a}_i$ für $i = 1, 2, \ldots, n$, so ist $k_{ij} = 0$ für $i \neq j$ und $k_{ii} = 1$ für $i = 1, 2, \ldots, n$. Also ist

$$k_{1,\pi(1)} k_{2,\pi(2)} \ldots k_{n,\pi(n)} = \begin{cases} 0 & \text{für } \pi \neq \mathrm{id} \in S_n, \\ 1 & \text{für } \pi = \mathrm{id} \in S_n. \end{cases}$$

Hieraus folgt $\varphi(\boldsymbol{a}_1, \boldsymbol{a}_2, \ldots, \boldsymbol{a}_n) = a \neq 0$. Daher ist φ nicht ausgeartet.

Wenn die Vektoren $\boldsymbol{b}_1, \boldsymbol{b}_2, \ldots, \boldsymbol{b}_n$ linear abhängig sind, dann existieren $c_j \in F$ mit $\boldsymbol{b}_1 c_1 + \boldsymbol{b}_2 c_2 + \cdots + \boldsymbol{b}_n c_n = \boldsymbol{o}$, wobei $c_1 \neq 0$ angenommen werden kann. Wegen $n > 1$ gilt

$$\boldsymbol{b}_1 = \boldsymbol{b}_2 f_2 + \boldsymbol{b}_3 f_3 + \cdots + \boldsymbol{b}_n f_n \quad \text{mit } f_j = -\frac{c_j}{c_1} \text{ für } j = 2, \ldots n.$$

Dann folgt

$$\begin{aligned}\varphi(\boldsymbol{b}_1, \boldsymbol{b}_2, \ldots, \boldsymbol{b}_n) = {} & \varphi(\boldsymbol{b}_2, \boldsymbol{b}_2, \boldsymbol{b}_3, \ldots, \boldsymbol{b}_n) f_2 + \varphi(\boldsymbol{b}_3, \boldsymbol{b}_2, \boldsymbol{b}_3, \ldots, \boldsymbol{b}_n) f_3 + \cdots \\ & + \varphi(\boldsymbol{b}_n, \boldsymbol{b}_2, \ldots, \boldsymbol{b}_n) f_n.\end{aligned}$$

Zum Nachweis von $\varphi(\boldsymbol{b}_1, \boldsymbol{b}_2, \ldots, \boldsymbol{b}_n) = 0$ genügt es daher zu beweisen, daß $\varphi(\boldsymbol{b}_1, \ldots, \boldsymbol{b}_t, \ldots, \boldsymbol{b}_n) = 0$ für $\boldsymbol{b}_1 = \boldsymbol{b}_t$ und für $t = 2, 3, \ldots, n$ gilt.

Es sei nun π_0 diejenige Transposition, die die Indizes 1 und t vertauscht. Durchläuft dann π die Menge A_n aller geraden Permutationen, so durchlaufen nach Folgerung 5.1.11 die Produkte $\pi\pi_0$ alle ungeraden Permutationen, weil $\operatorname{sign}(\pi\pi_0) = -\operatorname{sign}\pi = -1$ nach Satz 5.1.9 gilt. Hieraus folgt,

$$\begin{aligned}\varphi(\boldsymbol{b}_t, \ldots \boldsymbol{b}_t, \ldots, \boldsymbol{b}_n) &= \sum_{\sigma \in S_n} (\operatorname{sign} \sigma) k_{t,\sigma(1)} \ldots k_{t,\sigma(t)} \ldots k_{n,\sigma(n)} \\ &= \sum_{\pi \in A_n} (\operatorname{sign} \pi) k_{t,\pi(1)} \ldots k_{t,\pi(t)} \ldots k_{n,\pi(n)} \\ &\quad + \sum_{\pi \in A_n} (\operatorname{sign} \pi \cdot \pi_0) k_{t,\pi\pi_0(1)} \ldots k_{t,\pi\pi_0(t)} \ldots k_{n,\pi\pi_0(n)} \\ &= \sum_{\pi \in A_n} (\operatorname{sign} \pi + \operatorname{sign} \pi\pi_0) k_{t,\pi(1)} \ldots k_{t,\pi(t)} \ldots k_{n,\pi(n)} \\ &= 0,\end{aligned}$$

weil $k_{t,\pi(t)} \dots k_{t,\pi(1)} \dots k_{n,\pi(n)} = k_{t,\pi(1)} \dots k_{t,\pi(t)} \dots k_{n,\pi(n)}$ und $\operatorname{sign} \pi + \operatorname{sign} \pi\pi_0 = 1 - 1 = 0$ für alle $\pi \in A_n$ gilt. Also ist φ auch alternierend. ♦

5.2.8 Bemerkung. Durch den zweiten Teil des Satzes 5.2.7 ist gesichert, daß es für jedes n und jeden n-dimensionalen Vektorraum eine nicht ausgeartete alternierende n-fache Linearform gibt.

5.2.9 Satz. *Es seien φ_1 und φ_2 zwei nicht ausgeartete alternierende n-fache Linearformen von V. Dann gibt es zu ihnen einen Skalar $k \neq 0$ mit $\varphi_2 = \varphi_1 \cdot k$, d. h. $\varphi_2(\boldsymbol{v}_1, \dots, \boldsymbol{v}_n) = \varphi_1(\boldsymbol{v}_1, \dots, \boldsymbol{v}_n) \cdot k$ für alle $\boldsymbol{v}_1, \dots, \boldsymbol{v}_n \in V$.*

Beweis: Es sei $\{\boldsymbol{a}_1, \dots, \boldsymbol{a}_n\}$ eine Basis von V. Nach Hilfssatz 5.2.6 gilt $\varphi_s(\boldsymbol{a}_1, \boldsymbol{a}_2, \dots, \boldsymbol{a}_n) \neq 0$ für $s = 1, 2$. Dann sei $k = \frac{\varphi_1(\boldsymbol{a}_1, \boldsymbol{a}_2, \dots, \boldsymbol{a}_n)}{\varphi_2(\boldsymbol{a}_1, \boldsymbol{a}_2, \dots, \boldsymbol{a}_n)} \in F$. Für beliebige Vektoren $\boldsymbol{v}_1, \dots, \boldsymbol{v}_n$ mit den Basisdarstellungen

$$\boldsymbol{v}_i = \sum_{j=1}^{n} \boldsymbol{a}_j k_{ij}, \quad i = 1, 2, \dots, n,$$

gilt nach Satz 5.2.7 für $s = 1, 2$:

$$\varphi_s(\boldsymbol{v}_1, \boldsymbol{v}_2, \dots, \boldsymbol{v}_n) = \varphi_s(\boldsymbol{a}_1, \boldsymbol{a}_2, \dots, \boldsymbol{a}_n)\Bigg(\sum_{\pi \in S_n} (\operatorname{sign} \pi) k_{1,\pi(1)} k_{2,\pi(2)} \dots k_{n,\pi(n)}\Bigg).$$

Da $c = \sum_{\pi \in S_n} (\operatorname{sign} \pi) k_{1,\pi(1)} \dots k_{n,\pi(n)} \in F$ unabhängig von s ist, folgt

$$\frac{\varphi_1(\boldsymbol{v}_1, \dots, \boldsymbol{v}_n)}{\varphi_2(\boldsymbol{v}_1, \dots, \boldsymbol{v}_n)} = \frac{\varphi_1(\boldsymbol{a}_1, \dots, \boldsymbol{a}_n)c}{\varphi_2(\boldsymbol{a}_1, \dots, \boldsymbol{a}_n)c} = k.$$

♦

5.3 Determinanten von Endomorphismen und Matrizen

Mittels der Ergebnisse der vorangehenden Abschnitte wird nun der Begriff der Determinante eines Endomorphismus α eines n-dimensionalen F-Vektorraums V und einer $n \times n$-Matrix $\mathcal{A} = (a_{ij})$ eingeführt.

5.3.1 Definition. Sei $B = \{\boldsymbol{a}_1, \boldsymbol{a}_2, \dots, \boldsymbol{a}_n\}$ eine Basis des n-dimensionalen F-Vektorraumes V, und sei φ eine nicht ausgeartete alternierende n-fache Linearform von V. Dann ist die *Determinante des Endomorphismus α von V* das Körperelement

$$\det(\alpha) = \frac{\varphi(\alpha(\boldsymbol{a}_1), \alpha(\boldsymbol{a}_2), \dots, \alpha(\boldsymbol{a}_n))}{\varphi(\boldsymbol{a}_1, \boldsymbol{a}_2, \dots, \boldsymbol{a}_n)}.$$

Im folgenden Satz wird nun gezeigt, daß die Determinante allein durch den Endomorphismus α bestimmt ist. Sie hängt weder von der ausgewählten Basis B von V noch von der zugrunde liegenden n-fachen Linearform φ von V ab.

5.3.2 Satz. *Die Determinante des Endomorphismus α von V ist unabhängig von der Auswahl der Basis $\{\boldsymbol{a}_1, \boldsymbol{a}_2, \dots, \boldsymbol{a}_n\}$ von V und der nicht ausgearteten alternierenden n-fachen Linearform φ von V.*

Beweis: Ist der Endomorphismus α von V nicht bijektiv, so ist $\{\alpha(\boldsymbol{a}_1), \alpha(\boldsymbol{a}_2), \dots, \alpha(\boldsymbol{a}_n)\}$ nach Folgerung 3.2.14 linear abhängig. Also gilt nach Definition 5.2.4

$$\varphi(\alpha(\boldsymbol{a}_1), \alpha(\boldsymbol{a}_2), \dots, \alpha(\boldsymbol{a}_n)) = 0$$

für alle Basen und alle alternierenden nicht ausgearteten n-fachen Linearformen φ von V. Insbesondere ist $\det \alpha = 0$.

Sei nun α ein Automorphismus von V. Nach Folgerung 3.2.14 ist dann auch $B = \{\alpha(\boldsymbol{a}_1), \alpha(\boldsymbol{a}_2), \dots, \alpha(\boldsymbol{a}_n)\}$ eine Basis von V. Ist φ eine nicht ausgeartete alternierende n-fache Linearform von V, dann ist

$$\varphi(\alpha(\boldsymbol{a}_1), \alpha(\boldsymbol{a}_2), \dots, \alpha(\boldsymbol{a}_n)) \neq 0.$$

Sei $\varphi_\alpha : V \times V \times \cdots \times V \to F$ definiert durch

$$\varphi_\alpha(\boldsymbol{b}_1, \boldsymbol{b}_2, \dots, \boldsymbol{b}_n) = \varphi(\alpha(\boldsymbol{b}_1), \alpha(\boldsymbol{b}_2), \dots, \alpha(\boldsymbol{b}_n)).$$

Da α linear und φ eine n-fache Linearform ist, ist φ_α n-linear. Da α ein Automorphismus von V ist, sind die $\alpha(\boldsymbol{b}_i)$, $i = 1, 2, \dots, n$, nach Folgerung 3.2.14 genau dann linear abhängig, wenn die Vektoren $\boldsymbol{b}_1, \boldsymbol{b}_2, \dots, \boldsymbol{b}_n$ von V linear abhängig sind. Da φ alternierend ist, folgt nach Hilfssatz 5.2.6, daß φ_α alternierend ist. Wegen $\varphi_\alpha(\boldsymbol{a}_1, \boldsymbol{a}_2, \dots, \boldsymbol{a}_n) = \varphi(\alpha(\boldsymbol{a}_1), \alpha(\boldsymbol{a}_2), \dots, \alpha(\boldsymbol{a}_n)) \neq 0$ ist φ_α auch nicht ausgeartet. Nach Satz 5.2.9 gilt daher, daß

$$k = \frac{\varphi_\alpha(\boldsymbol{a}_1, \boldsymbol{a}_2, \dots, \boldsymbol{a}_n)}{\varphi(\boldsymbol{a}_1, \boldsymbol{a}_2, \dots, \boldsymbol{a}_n)} = \frac{\varphi(\alpha(\boldsymbol{a}_1), \alpha(\boldsymbol{a}_2), \dots, \alpha(\boldsymbol{a}_n))}{\varphi(\boldsymbol{a}_1, \boldsymbol{a}_2, \dots, \boldsymbol{a}_n)} = \det \alpha$$

unabhängig von der jeweiligen Basis $\{\boldsymbol{a}_1, \boldsymbol{a}_2, \dots, \boldsymbol{a}_n\}$ ist.

Angenommen, ψ ist eine zweite nicht ausgeartete alternierende n-fache Linearform von V. Sei wieder $\psi_\alpha(\boldsymbol{b}_1, \boldsymbol{b}_2, \dots, \boldsymbol{b}_n) = \psi(\alpha(\boldsymbol{b}_1), \alpha(\boldsymbol{b}_2), \dots, \alpha(\boldsymbol{b}_n))$ für alle $\boldsymbol{b}_1, \boldsymbol{b}_2, \dots, \boldsymbol{b}_n \in V$. Dann ist ψ_α ebenfalls eine nicht ausgeartete alternierende n-fache Linearform von V. Nach Satz 5.2.9 existiert ein $0 \neq c \in F$ derart, daß

$$c = \frac{\psi(\boldsymbol{a}_1, \boldsymbol{a}_2, \dots, \boldsymbol{a}_n)}{\varphi(\boldsymbol{a}_1, \boldsymbol{a}_2, \dots, \boldsymbol{a}_n)}$$

unabhängig von der Auswahl der Basis $\{\boldsymbol{a}_1, \boldsymbol{a}_2, \ldots, \boldsymbol{a}_n\}$ von V ist. Hieraus folgt

$$\begin{aligned}\det(\alpha) &= \frac{\varphi_\alpha(\boldsymbol{a}_1, \boldsymbol{a}_2, \ldots, \boldsymbol{a}_n)}{\varphi(\boldsymbol{a}_1, \boldsymbol{a}_2, \ldots, \boldsymbol{a}_n)} \\ &= \frac{c\varphi_\alpha(\boldsymbol{a}_1, \boldsymbol{a}_2, \ldots, \boldsymbol{a}_n)}{c\varphi(\boldsymbol{a}_1, \boldsymbol{a}_2, \ldots, \boldsymbol{a}_n)} \\ &= \frac{c\varphi(\alpha(\boldsymbol{a}_1), \alpha(\boldsymbol{a}_2), \ldots, \alpha(\boldsymbol{a}_n))}{\psi(\boldsymbol{a}_1, \boldsymbol{a}_2, \ldots, \boldsymbol{a}_n)} \\ &= \frac{\psi(\alpha(\boldsymbol{a}_1), \alpha(\boldsymbol{a}_2), \ldots, \alpha(\boldsymbol{a}_n))}{\psi(\boldsymbol{a}_1, \boldsymbol{a}_2, \ldots, \boldsymbol{a}_n)} \\ &= \frac{\psi_\alpha(\boldsymbol{a}_1, \boldsymbol{a}_2, \ldots, \boldsymbol{a}_n)}{\psi(\boldsymbol{a}_1, \boldsymbol{a}_2, \ldots, \boldsymbol{a}_n)}.\end{aligned}$$

Also ist $\det\alpha$ auch unabhängig von der Wahl der alternierenden nicht ausgearteten n-fachen Linearform φ von V. ♦

5.3.3 Folgerung. *Sei V ein n-dimensionaler F-Vektorraum. Dann gilt:*

(a) *Der Endomorphismus α von V ist genau dann ein Automorphismus von V, wenn* $\det\alpha \neq 0$ *ist.*

(b) *Sind α und β Endomorphismen von V, so ist*

$$\det(\alpha\beta) = \det(\alpha)\det(\beta).$$

(c) $\det(\text{id}) = 1$.

(d) *Ist der Endomorphismus α von V invertierbar, so gilt* $\det(\alpha^{-1}) = [\det(\alpha)]^{-1}$.

Beweis: Sei $B = \{\boldsymbol{a}_1, \boldsymbol{a}_2, \ldots, \boldsymbol{a}_n\}$ eine Basis von V und φ eine nicht ausgeartete alternierende n-fache Linearform von V, mit der die Determinanten

$$\det(\alpha) = \frac{\varphi(\alpha(\boldsymbol{a}_1), \alpha(\boldsymbol{a}_2), \ldots, \alpha(\boldsymbol{a}_n))}{\varphi(\boldsymbol{a}_1, \boldsymbol{a}_2, \ldots, \boldsymbol{a}_n)}$$

aller Endomorphismen α von V konstruiert werden. Dann ist $\det\alpha$ unabhängig von φ und B nach Satz 5.3.2.

(a) Nach Folgerung 3.2.14 ist α genau dann ein Automorphismus von V, wenn $\alpha(\boldsymbol{a}_1), \alpha(\boldsymbol{a}_2), \ldots, \alpha(\boldsymbol{a}_n)$ linear unabhängige Vektoren von V sind. Wegen Hilfssatz 5.2.6 ist daher α genau dann ein Automorphismus von V, wenn $\varphi(\alpha(\boldsymbol{a}_1), \alpha(\boldsymbol{a}_2), \ldots, \alpha(\boldsymbol{a}_n)) \neq 0$ und somit $\det\alpha \neq 0$ ist.

(b) Sind α und β Automorphismen, dann gilt nach Definition 5.3.1 und Satz 5.3.2:

$$\begin{aligned}\det(\alpha\beta) &= \frac{\varphi(\alpha\beta(\boldsymbol{a}_1), \alpha\beta(\boldsymbol{a}_2), \dots, \alpha\beta(\boldsymbol{a}_n))}{\varphi(\boldsymbol{a}_1, \boldsymbol{a}_2, \dots, \boldsymbol{a}_n)} \\ &= \frac{\varphi(\alpha\beta(\boldsymbol{a}_1), \alpha\beta(\boldsymbol{a}_2), \dots, \alpha\beta(\boldsymbol{a}_n))}{\varphi(\beta(\boldsymbol{a}_1), \beta(\boldsymbol{a}_2), \dots, \beta(\boldsymbol{a}_n))} \cdot \frac{\varphi(\beta(\boldsymbol{a}_1), \beta(\boldsymbol{a}_2), \dots, \beta(\boldsymbol{a}_n))}{\varphi(\boldsymbol{a}_1, \boldsymbol{a}_2, \dots, \boldsymbol{a}_n)} \\ &= \det(\alpha) \cdot \det(\beta),\end{aligned}$$

weil $\{\beta(\boldsymbol{a}_1), \beta(\boldsymbol{a}_2), \dots, \beta(\boldsymbol{a}_n)\}$ nach Folgerung 3.2.14 eine Basis von V und damit $\varphi(\beta(\boldsymbol{a}_1), \beta(\boldsymbol{a}_2), \dots, \beta(\boldsymbol{a}_n)) \neq 0$ ist.

Ist einer der beiden Endomorphismen α oder β kein Automorphismus, so ist nach Folgerung 3.2.14 auch $\alpha\beta$ kein Automorphismus. Aus (a) folgt nun

$$\det(\alpha\beta) = 0 = \det(\alpha)\det(\beta).$$

(c)

$$\det(\mathrm{id}) = \frac{\varphi(\mathrm{id}(\boldsymbol{a}_1), \mathrm{id}(\boldsymbol{a}_2), \dots, \mathrm{id}(\boldsymbol{a}_n))}{\varphi(\boldsymbol{a}_1, \boldsymbol{a}_2, \dots, \boldsymbol{a}_n)} = \frac{\varphi(\boldsymbol{a}_1, \boldsymbol{a}_2, \dots, \boldsymbol{a}_n)}{\varphi(\boldsymbol{a}_1, \boldsymbol{a}_2, \dots, \boldsymbol{a}_n)} = 1.$$

(d) folgt aus $\det(\alpha^{-1}) \cdot \det(\alpha) = \det(\alpha^{-1}\alpha) = \det(\mathrm{id}) = 1$. ♦

Ist α ein Endomorphismus von V und $A = \{\boldsymbol{a}_1, \boldsymbol{a}_2, \dots, \boldsymbol{a}_n\}$ eine fest gewählte Basis von V, so ist

$$\alpha(\boldsymbol{a}_i) = \sum_{j=1}^{n} \boldsymbol{a}_j a_{ij}, \quad i = 1, 2, \dots, n,$$

mit eindeutig bestimmten $a_{ij} \in F$, und $\mathcal{A}_\alpha(A, A) = \mathcal{A}_\alpha = (a_{ij})$ ist nach Definition 3.3.1 die zu α gehörige $n \times n$-Matrix in $\mathrm{Mat}_n(F)$. Wegen Definition 3.3.1 und der Sätze 5.2.7 und 5.3.2 gilt

$$\det(\alpha) = \sum_{\pi \in S_n} (\operatorname{sign} \pi) a_{1,\pi(1)} a_{2,\pi(2)} \dots a_{n,\pi(n)} \in F.$$

Also ist $\det(\alpha) = \det(\mathcal{A}_\alpha(A, A))$ im Sinne der folgenden Definition.

5.3.4 Definition. Als *Determinante der n-reihigen quadratischen Matrix* $\mathcal{A} = (a_{ij})$ mit Koeffizienten aus dem Körper F bezeichnet man das Element

$$\det \mathcal{A} = \sum_{\pi \in S_n} (\operatorname{sign} \pi) a_{1,\pi(1)} a_{2,\pi(2)} \dots a_{n,\pi(n)} \in F.$$

Bezeichnung: Wenn man bei der Determinante einer quadratischen Matrix $\mathcal{A} = (a_{ij})$ die Elemente der Matrix explizit angeben will, schreibt man statt $\det \mathcal{A}$ ausführlicher $\det(a_{ij})$ oder

$$\begin{vmatrix} a_{1,1} & \dots & a_{1,n} \\ \vdots & & \vdots \\ a_{n,1} & \dots & a_{n,n} \end{vmatrix},$$

indem man das Matrix-Schema in senkrechte Striche einschließt.

5.4 Rechenregeln für Determinanten von Matrizen

In diesem Abschnitt werden die wesentlichen Verfahren für die Berechnung der Determinante einer $n \times n$-Matrix $\mathcal{A} = (a_{ij})$ mit Koeffizienten aus einem Körper F dargestellt.

5.4.1 Satz. *Die Determinante einer n-reihigen quadratischen Matrix $\mathcal{A} = (a_{ij})$ über dem Körper F besitzt folgende Eigenschaften:*

(a) *Die Matrix $\mathcal{A}$ und ihre Transponierte $\mathcal{A}^T$ besitzen dieselbe Determinante:* $\det \mathcal{A}^T = \det \mathcal{A}$.

(b) *Vertauscht man in $\mathcal{A}$ zwei Zeilen oder Spalten, so ändert die Determinante ihr Vorzeichen.*

(c) *Addiert man zu einer Zeile (Spalte) eine Linearkombination der übrigen Zeilen (Spalten), so ändert sich die Determinante nicht.*

(d) *Multipliziert man die Elemente einer Zeile (Spalte) mit einem Skalar c, so wird die Determinante mit c multipliziert.*

(e) *Sind in $\mathcal{A}$ zwei Zeilen (Spalten) gleich, so gilt* $\det \mathcal{A} = 0$.

(f) $\det(\mathcal{A}c) = (\det \mathcal{A})c^n$.

(g) $\det \mathcal{A}^{-1} = (\det \mathcal{A})^{-1}$, *falls $\mathcal{A}$ invertierbar ist.*

(h) *Ist $\mathcal{B}$ eine zweite n-reihige quadratische Matrix, so gilt*

$$\det(\mathcal{A}\mathcal{B}) = (\det \mathcal{A})(\det \mathcal{B}).$$

(i) *Für die Einheitsmatrix $\mathcal{E}_n$ gilt:* $\det \mathcal{E}_n = 1$.

Beweis: Es sei π^{-1} die zu π inverse Permutation. Da die Multiplikation im Körper F kommutativ ist, gilt für die in Definition 5.3.4 auftretenden Produkte

$$a_{1,\pi(1)} \dots a_{n,\pi(n)} = a_{\pi^{-1}(1),1} \dots a_{\pi^{-1}(n),n}.$$

Da weiter mit π auch π^{-1} alle Permutationen aus S_n durchläuft und $\operatorname{sign}\pi^{-1} = \operatorname{sign}\pi$ gilt, erhält man

$$\det \mathcal{A} = \sum_{\pi \in S_n} (\operatorname{sign}\pi) a_{\pi(1),1} \dots a_{\pi(n),n}.$$

Der hier auf der rechten Seite stehende Ausdruck ist aber gerade die Determinante von $\mathcal{A}^T$. Damit ist die Behauptung (a) bewiesen. Aus ihr folgt, daß alle Ergebnisse über Determinanten richtig bleiben, wenn man in ihnen die Begriffe „Zeile" und „Spalte" vertauscht. Die Behauptungen (b) bis (e) brauchen daher nur für Spalten bewiesen zu werden.

Entspricht die Matrix $\mathcal{A}$ hinsichtlich einer Basis $\{\boldsymbol{a}_1, \dots, \boldsymbol{a}_n\}$ dem Endomorphismus α von V, so sind die Spalten von $\mathcal{A}$ gerade die Koordinaten der Bildvektoren $\alpha(\boldsymbol{a}_1), \dots, \alpha(\boldsymbol{a}_n)$. Wegen der Definitionen 5.3.1 und 5.3.4 gilt

$$\det \mathcal{A} = \frac{\varphi(\alpha(\boldsymbol{a}_1), \alpha(\boldsymbol{a}_2), \dots, \alpha(\boldsymbol{a}_n))}{\varphi(\boldsymbol{a}_1, \boldsymbol{a}_2, \dots, \boldsymbol{a}_n)}.$$

Deswegen folgt (b) aus Hilfssatz 5.2.5, (c) aus Definition 5.2.1 und Hilfssatz 5.2.6, (d) aus der Linearität der Determinantenformen und (e) aus Hilfssatz 5.2.6.

Da bei der Bildung der Matrix $\mathcal{A}c$ jede Zeile von $\mathcal{A}$ mit c multipliziert wird, folgt (f) durch n-malige Anwendung von (d). Schließlich sind (g), (h) und (i) eine unmittelbare Konsequenz von Folgerung 5.3.3. ♦

5.4.2 Satz. *Zwei ähnliche Matrizen $\mathcal{A}$ und $\mathcal{B}$ besitzen denselben Rang und dieselbe Determinante:* $\operatorname{rg}(\mathcal{A}) = \operatorname{rg}(\mathcal{B})$ *und* $\det(\mathcal{A}) = \det(\mathcal{B})$.

Beweis: Da Ähnlichkeit ein Spezialfall von Äquivalenz ist, gilt $\operatorname{rg}(\mathcal{A}) = \operatorname{rg}(\mathcal{B})$ nach Folgerung 3.5.3.

Sei $\mathcal{P}$ eine invertierbare Matrix mit $\mathcal{B} = \mathcal{P}^{-1}\mathcal{A}\mathcal{P}$. Dann folgt aus (g) und (h) von Satz 5.4.1, daß

$$\det \mathcal{B} = \det(\mathcal{P}^{-1}) \cdot \det(\mathcal{A}) \cdot \det(\mathcal{P}) = \det(\mathcal{A}) \cdot \det(\mathcal{P}^{-1}) \cdot (\det \mathcal{P}) = \det(\mathcal{A})$$

gilt. ♦

5.4.3 Folgerung. *Folgende Eigenschaften einer $n \times n$-Matrix $\mathcal{A}$ über dem Körper F sind äquivalent:*

(a) *$\mathcal{A}$ ist invertierbar, d. h. $\mathcal{A}$ besitzt eine inverse Matrix $\mathcal{A}^{-1}$.*

(b) $\operatorname{rg}\mathcal{A} = n$.

(c) $\det \mathcal{A} \neq 0$.

Beweis: Die Äquivalenz von (a) und (b) gilt nach Satz 3.4.9. Nach Satz 5.4.1 (g), (h) und (i) folgt (c) aus (a). Ist umgekehrt det $\mathcal{A} \neq 0$, dann ist nach Satz 3.2.8 und der Definition von det $\mathcal{A}$ der Spaltenrang $s(\mathcal{A}) = n$. Daher ist rg $\mathcal{A} = n$ nach Satz 3.4.4. ♦

Die Determinante einer n-reihigen quadratischen Matrix $\mathcal{A} = (a_{ij})$ kann mit Hilfe ihrer Definitionsgleichung

$$\det \mathcal{A} = \sum_{\pi \in S_n} (\operatorname{sign} \pi) a_{1,\pi(1)} \dots a_{n,\pi(n)}$$

explizit berechnet werden. Praktisch brauchbar ist diese Gleichung indes nur in den einfachsten Fällen $n = 1, 2, 3$. Im Fall $n = 1$ besteht die Matrix $\mathcal{A}$ aus nur einem Element a und es gilt det $\mathcal{A} = a$. Im Fall $n = 2$ liefert die Formel sofort

$$\begin{vmatrix} a_{1,1} & a_{1,2} \\ a_{2,1} & a_{2,2} \end{vmatrix} = a_{1,1}a_{2,2} - a_{1,2}a_{2,1}.$$

Im Fall $n = 3$ hat man es mit folgenden sechs Permutationen zu tun:

$$(1, 2, 3), \ (2, 3, 1), \ (3, 1, 2) \quad \text{und} \quad (3, 2, 1), \ (2, 1, 3), \ (1, 3, 2).$$

Unter ihnen sind die ersten drei gerade, die letzten drei ungerade. Es folgt

$$\begin{vmatrix} a_{1,1} & a_{1,2} & a_{1,3} \\ a_{2,1} & a_{2,2} & a_{2,3} \\ a_{3,1} & a_{3,2} & a_{3,3} \end{vmatrix} = \begin{aligned} &a_{1,1}a_{2,2}a_{3,3} + a_{1,2}a_{2,3}a_{3,1} + a_{1,3}a_{2,1}a_{3,2} \\ &- a_{1,3}a_{2,2}a_{3,1} - a_{1,2}a_{2,1}a_{3,3} - a_{1,1}a_{2,3}a_{3,2}. \end{aligned}$$

Als Merkregel für diesen Ausdruck ist folgende Vorschrift nützlich:

5.4.4 Regel von Sarrus. Man schreibe die erste und zweite Spalte der Matrix nochmals als vierte und fünfte Spalte hin. Dann bilde man die Produkte längs der ausgezogenen Linien, addiere sie und ziehe die Produkte längs der gepunkteten Linien ab:

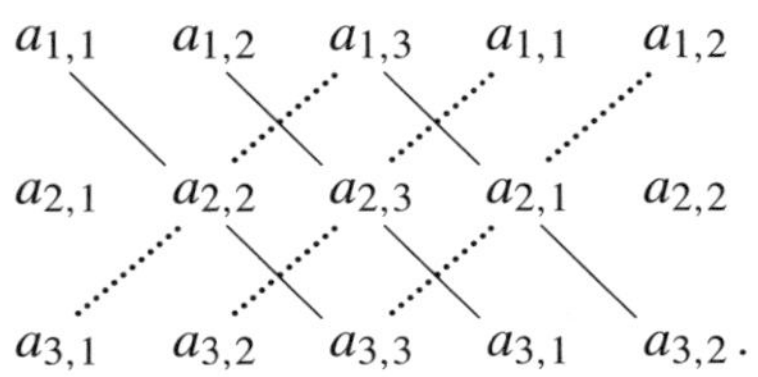

Für $n \geqq 4$ wird die Definitionsgleichung recht umfangreich und unübersichtlich, so daß sie für die praktische Rechnung im allgemeinen unbrauchbar ist. Hier hilft ein anderer Weg, der wieder an die elementaren Umformungen aus Kapitel 4 anknüpft.

Eigenschaft (c) aus Satz 5.4.1 besagt, daß die Determinante durch elementare Umformungen des Typs (c) in Definition 4.1.9 nicht geändert wird. Weiter besagt die Eigenschaft (b), daß Zeilen- und Spaltenvertauschungen, also die elementaren Umformungen des Typs (a) von Definition 4.1.9 bei der Determinante lediglich einen Vorzeichenwechsel bewirken. Nun kann man nach Satz 4.1.19 eine n-reihige quadratische Matrix $\mathcal{A}$ mit Hilfe des Gauß-Algorithmus immer in eine Matrix $\mathcal{B}$ folgender Gestalt überführen:

$$\mathcal{B} = \begin{pmatrix} b_{1,1} & \dots & & b_{1,n} \\ 0 & b_{2,2} & & \vdots \\ \vdots & \ddots & \ddots & \\ 0 & \dots & 0 & b_{n,n} \end{pmatrix},$$

bei der unterhalb der Hauptdiagonale lauter Nullen stehen. Daß noch weitere Nullen auftreten können, interessiert in diesem Zusammenhang nicht. Nach den vorangehenden Bemerkungen gilt dann

$$\det \mathcal{A} = (-1)^k \det \mathcal{B},$$

wobei k die Anzahl der bei den Umformungen vorgenommen Zeilen- und Spaltenvertauschungen ist. Die Determinante der Matrix $\mathcal{B}$ kann aber sofort angegeben werden:

Für die Elemente $b_{i,j}$ von $\mathcal{B}$ gilt zunächst $b_{i,j} = 0$ für $i > j$. Ist nun π eine von der Identität verschiedene Permutation aus S_n, so gibt es mindestens ein i mit $i > \pi(i)$. Wegen $b_{i,\pi(i)} = 0$ verschwindet daher der zu dieser Permutation gehörende Summand in der Definitionsgleichung der Determinante. Die Summe reduziert sich somit auf den zur identischen Permutation gehörenden Summanden, und man erhält den

5.4.5 Satz. *Eine Dreiecksmatrix $\mathcal{B} = (b_{ij})$ hat die Determinante*

$$\det \mathcal{B} = b_{1,1} b_{2,2} \dots b_{n,n}.$$

Damit hat sich für die Berechnung von Determinanten folgende allgemeine Vorschrift ergeben:

5.4.6 Berechnungsverfahren für Determinanten. Es sei $\mathcal{A}$ eine n-reihige quadratische Matrix. Diese werde durch elementare Umformungen (a) und (c), unter denen genau k Zeilen- oder Spaltenvertauschungen vorkommen, in eine Matrix $\mathcal{B} = (b_{ij})$ überführt, bei der unterhalb der Hauptdiagonale lauter Nullen auftreten. Dann gilt

$$\det \mathcal{A} = (-1)^k b_{1,1} b_{2,2} \dots b_{n,n}.$$

5.4.7 Beispiel. Gegeben sei die Matrix

$$\mathcal{A} = \begin{pmatrix} 1 & 3 & 4 & 0 \\ 2 & 5 & 7 & 1 \\ -1 & 2 & -3 & 0 \\ 0 & 0 & 1 & 4 \end{pmatrix}.$$

Durch elementare Umformungen der Form (c) von Definition 4.1.9 geht die Matrix $\mathcal{A}$ über in die Matrizen

$$\begin{pmatrix} 1 & 3 & 4 & 0 \\ 0 & -1 & -1 & 1 \\ 0 & 5 & 1 & 0 \\ 0 & 0 & 1 & 4 \end{pmatrix}, \quad \begin{pmatrix} 1 & 3 & 4 & 0 \\ 0 & -1 & -1 & 1 \\ 0 & 0 & -4 & 5 \\ 0 & 0 & 1 & 4 \end{pmatrix}$$

und schließlich

$$\mathcal{B} = \begin{pmatrix} 1 & 3 & 4 & 0 \\ 0 & -1 & -1 & 1 \\ 0 & 0 & -4 & 5 \\ 0 & 0 & 0 & \frac{21}{4} \end{pmatrix}.$$

Da keine Vertauschungen vorgenommen wurden, ergibt sich nach Satz 5.4.5

$$\det \mathcal{A} = \det \mathcal{B} = 1(-1)(-4)\left(\frac{21}{4}\right) = 21.$$

5.4.8 Definition. $\mathcal{A} = (a_{ij})$ sei eine $n \times n$-Matrix über dem Körper F. Durch Weglassen der i-ten Zeile und der j-ten Spalte erhält man eine $(n-1) \times (n-1)$-Matrix $\mathcal{M}_{ij}$, eine *Untermatrix* von $\mathcal{A}$. Ihre Determinante $\det \mathcal{M}_{ij}$ heißt die *Unterdeterminante* von $\mathcal{A}$ bezüglich a_{ij}, und den Ausdruck $A_{ij} = (-1)^{i+j} \det \mathcal{M}_{ij}$ bezeichnet man als *Adjunkte* von a_{ij}.

5.4.9 Satz (Entwicklungssatz von Laplace). *Ist $\mathcal{A} = (a_{ij})$ eine $n \times n$-Matrix über dem Körper F, dann gelten:*

(a) $\det \mathcal{A} = \sum_{j=1}^{n} a_{ij} A_{ij}$, *Entwicklung nach der i-ten Zeile von $\mathcal{A}$.*

(b) $\det \mathcal{A} = \sum_{i=1}^{n} a_{ij} A_{ij}$, *Entwicklung nach der j-ten Spalte von $\mathcal{A}$.*

Beweis: Nach Definition 5.3.4 gilt

$$(*) \qquad \det \mathcal{A} = \sum_{\pi \in S_n} (\operatorname{sign} \pi) a_{1,\pi(1)} a_{2,\pi(2)} \dots a_{n,\pi(n)}.$$

Jedes Monom $a_{1,\pi(1)} a_{2,\pi(2)} \dots a_{n,\pi(n)}$ enthält genau einen Koeffizienten des i-ten Zeilenvektors $z_i = (a_{i1}, a_{i2}, \dots, a_{in})$ von $\mathcal{A}$. Daher läßt sich $(*)$ schreiben als

$$(**) \qquad \det \mathcal{A} = a_{i1} A_{i1}^* + a_{i2} A_{i2}^* + \dots + a_{in} A_{in}^*,$$

wobei jedes A^*_{ij} eine Summe von Monomen mit $n-1$ Faktoren ist, von denen keiner eine Komponente a_{ij} des i-ten Zeilenvektors z_i ist. Daher genügt es zu zeigen, daß

$$(***) \qquad A^*_{ij} = A_{ij},$$

wobei A_{ij} die Adjunkte von a_{ij} ist.

Sei zunächst $i = n$ und $j = n$. Dann ist die Summe der Terme von $\det(\mathcal{A})$ in $(*)$, die den Faktor a_{nn} enthalten, gerade der Ausdruck

$$a_{nn}A^*_{n,n} = a_{nn}\left(\sum_{\pi}(\operatorname{sign}\pi)a_{1,\pi(1)}a_{2,\pi(2)}\dots a_{n-1,\pi(n-1)}\right),$$

wobei die Summe über alle Permutationen $\pi \in S_n$ mit $\pi(n) = n$ gebildet wird. Indem man in $(*)$ und $(**)$ den Koeffizienten von a_{nn} betrachtet, erhält man nun

$$A^*_{n,n} = \sum_{\pi\in S_{n-1}}(\operatorname{sign}\pi)a_{1,\pi(1)}a_{2,\pi(2)}\dots a_{n-1,\pi(n-1)}.$$

Daher ist $A^*_{n,n} = (-1)^{n+n}\det \mathcal{M}_{n,n} = A_{n,n}$.

Man betrachte nun ein beliebiges Paar (i, j). Dann werde die i-te Zeile z_i mit der $(i+1)$-ten Zeile z_{i+1} vertauscht. Dieser Prozeß wird solange fortgesetzt, bis z_i zur letzten Zeile der Matrix $\mathcal{A}$ geworden ist. Ebenso vertauscht man dann die j-te Spalte s_j von $\mathcal{A}$ solange mit der um 1 höher indizierten Spalte s_{j+1} von $\mathcal{A}$, bis s_j zur letzten Spalte von $\mathcal{A}$ geworden ist. Hierbei hat sich der Wert der Determinante der Matrix $\mathcal{M}_{ij}$ nach Satz 5.4.1 nicht geändert. Jedoch hat sich das Vorzeichen von $\det(\mathcal{A})$ und von A^*_{ij} um den Faktor $(-1)^{n-i+n-j}$ geändert. Also gilt

$$A^*_{ij} = (-1)^{n-i+n-j}\det(\mathcal{M}_{ij}) = (-1)^{i+j}\det(\mathcal{M}_{i,j}) = A_{i,j}.$$

Wegen $(**)$ folgt daher

$$\det \mathcal{A} = \sum_{j=1}^{n} a_{ij}A_{ij}.$$

(b) Wegen Satz 5.4.1(a) folgt (b) sofort durch Transposition aus (a). ♦

In der Regel ist der Entwicklungssatz von Laplace für die Berechnung einer größeren $n\times n$-Matrix $\mathcal{A}$ wenig brauchbar. Ist $n > 4$, so muß man die Laplace-Entwicklung auch auf alle $(n-1)\times(n-1)$-Untermatrizen $\mathcal{M}_{ij}$ anwenden. Das ist sehr rechenintensiv. Sind jedoch verhältnismäßig viele Koeffizienten a_{ij} der Matrix $\mathcal{A}$ gleich Null, dann kann es vorteilhaft sein, ihre Determinante mittels Satz 5.4.9 zu berechnen.

5.4.10 Beispiel. Durch Entwickeln nach der dritten Zeile und dann nach der zweiten Spalte erhält man

$$\begin{aligned}\det\begin{pmatrix} 5 & 2 & -2 & 1 \\ 3 & 0 & 1 & 4 \\ 0 & 0 & 0 & 2 \\ 1 & 0 & 3 & -4 \end{pmatrix} &= (-1)^{3+4}\cdot 2\cdot\det\begin{pmatrix} 5 & 2 & -2 \\ 3 & 0 & 1 \\ 1 & 0 & 3 \end{pmatrix} \\ &= (-2)\cdot(-2)\det\begin{pmatrix} 3 & 1 \\ 1 & 3 \end{pmatrix} \\ &= 4\cdot(9-1) = 32.\end{aligned}$$

5.4.11 Definition. Eine $n\times n$-Matrix $\mathcal{A} = (a_{ij})$ ist eine *obere Blockmatrix*, wenn eine natürliche Zahl $p < n$ existiert mit $a_{ij} = 0$ für $p+1 \le i \le n$ und $1 \le j \le p$. Sei

$$\begin{aligned} \mathcal{P} &= (a_{ij}) \quad \text{mit } 1 \le i \text{ und } j \le p, \\ \mathcal{Q} &= (a_{ij}) \quad \text{mit } p+1 \le i \text{ und } j \le n, \\ \mathcal{D} &= (a_{ij}) \quad \text{mit } 1 \le i \le p \text{ und } p+1 \le j \le n. \end{aligned}$$

Dann hat $\mathcal{A}$ die Form

$$\mathcal{A} = \begin{pmatrix} \mathcal{P} & \mathcal{D} \\ 0 & \mathcal{Q} \end{pmatrix}.$$

Analog definiert man *untere Blockmatrizen* der Form

$$\mathcal{A} = \begin{pmatrix} \mathcal{P} & 0 \\ \mathcal{D} & \mathcal{Q} \end{pmatrix}.$$

5.4.12 Satz. *Ist $\mathcal{A}$ eine obere $n\times n$-Blockmatrix von der Form $\mathcal{A} = \begin{pmatrix} \mathcal{P} & \mathcal{D} \\ 0 & \mathcal{Q} \end{pmatrix}$, dann ist*

$$\det\mathcal{A} = (\det\mathcal{P})\cdot(\det\mathcal{Q}).$$

Beweis: Durch elementare Zeilenumformungen, die nur die ersten p Zeilen verändern, läßt sich $\mathcal{A}$ umformen zu

$$\mathcal{A}' = \begin{pmatrix} \mathcal{P}' & \mathcal{D}' \\ 0 & \mathcal{Q} \end{pmatrix}$$

derart, daß $\mathcal{P}'$ obere Dreiecksform hat. Sei s die Zahl der dabei benutzten Zeilenvertauschungen. Dann verwendet man elementare Zeilenumformungen, die nur die letzten $n-p$ Zeilen verändern, um $\mathcal{A}'$ zu

$$\mathcal{A}'' = \begin{pmatrix} \mathcal{P}' & \mathcal{D}' \\ 0 & \mathcal{Q}' \end{pmatrix}$$

umzuformen, und zwar derart, daß auch $\mathcal{Q}'$ obere Dreiecksform hat. Sei t die Anzahl der dabei verwendeten Zeilenvertauschungen. Dann hat $\mathcal{A}''$ ebenfalls obere Dreiecksform, und nach den Sätzen 5.4.5 und 5.4.1 gilt:

$$\begin{aligned} \det \mathcal{A}'' &= (\det \mathcal{P}') \cdot (\det \mathcal{Q}') = (-1)^{s+t} \det \mathcal{A} \\ &= [(-1)^s \det(\mathcal{P})][(-1)^t \det \mathcal{Q}] = (-1)^{s+t} \det(\mathcal{P}) \det(\mathcal{Q}), \end{aligned}$$

woraus die Behauptung folgt. ♦

5.5 Anwendungen

Eine Anwendung der Determinantentheorie bezieht sich auf die Auflösung linearer Gleichungssysteme, deren Koeffizientenmatrix quadratisch und invertierbar ist. Ebenso ist es möglich, die Inverse $\mathcal{A}^{-1}$ einer invertierbaren $n \times n$-Matrix $\mathcal{A}$ explizit mit Hilfe geeigneter Determinanten anzugeben.

5.5.1 Definition. Ist $\mathcal{A} = (a_{ij})$ eine $n \times n$-Matrix über dem Körper F und A_{ij} jeweils die Adjunkte zu a_{ij}, so heißt die Matrix

$$\operatorname{adj} \mathcal{A} = \begin{pmatrix} A_{11} & \dots & A_{n1} \\ \vdots & & \vdots \\ A_{1n} & \dots & A_{nn} \end{pmatrix}$$

die *Adjunkte* von $\mathcal{A}$.

Beachte: $\operatorname{adj} \mathcal{A}$ ist die Transponierte zu (A_{ij}).

5.5.2 Satz. *Für jede $n \times n$-Matrix $\mathcal{A}$ über dem Körper F gilt:*

(a) $\mathcal{A} \cdot (\operatorname{adj} \mathcal{A}) = (\operatorname{adj} \mathcal{A}) \cdot \mathcal{A} = \mathcal{E}_n \cdot (\det \mathcal{A})$.

(b) $\mathcal{A}^{-1} = \frac{1}{\det \mathcal{A}} (\operatorname{adj} \mathcal{A})$, *falls $\mathcal{A}$ invertierbar ist.*

Beweis: (a)

$$\mathcal{A} \cdot (\operatorname{adj} \mathcal{A}) = (a_{ij})(A_{kj})^T = \left(\sum_{j=1}^{n} a_{ij} A_{kj} \right).$$

Nach Definition 5.4.8 und Satz 5.4.9 gilt wegen der anschließenden Bemerkung:

$$(*) \qquad \sum_{j=1}^{n} a_{ij} A_{kj} = \begin{cases} \det \mathcal{A} & \text{falls } i = k, \\ 0 & \text{sonst.} \end{cases}$$

Denn für $k \neq i$ ist $\sum_{j=1}^{n} a_{ij} A_{kj} = \det \mathcal{C}_k$, wobei $\mathcal{C}_k$ diejenige $n \times n$-Matrix ist, die aus $\mathcal{A}$ entsteht, indem man die k-te Zeile durch die i-te Zeile von $\mathcal{A}$ ersetzt. Da $\mathcal{C}_k$

zwei gleiche Zeilen hat, ist $\det C_k = 0$ nach Satz 5.4.1. Deshalb ist $\mathcal{A} \cdot (\operatorname{adj} \mathcal{A}) = (\det \mathcal{A}) \cdot \mathcal{E}_n$ nach $(*)$.

(b) Falls $\mathcal{A}$ invertierbar ist, folgt $\mathcal{A}^{-1} = \frac{1}{\det \mathcal{A}}(\operatorname{adj} \mathcal{A})$ aus (a). ♦

5.5.3 Satz (Cramersche Regel). *Gegeben sei ein lineares Gleichungssystem*

$$\begin{array}{ccccccc} a_{11}x_1 & + & \cdots & + & a_{1n}x_n & = & d_1 \\ \vdots & & & & \vdots & & \vdots \\ a_{n1}x_1 & + & \cdots & + & a_{nn}x_n & = & d_n \end{array}$$

mit der $n \times n$-Koeffizientenmatrix $\mathcal{A} = (a_{ij})$. Ist $\det \mathcal{A} \neq 0$, *dann hat das Gleichungssystem die eindeutig bestimmte Lösung*

$$x_j = \frac{1}{\det \mathcal{A}} \cdot \sum_{i=1}^{n} d_i A_{ij} \quad \textit{für } j = 1, \ldots, n.$$

Beweis: Wegen $\det \mathcal{A} \neq 0$ hat das Gleichungssystem (G) $\mathcal{A}\boldsymbol{x} = \boldsymbol{d}$ nach Folgerung 5.4.3 die eindeutig bestimmte Lösung $\boldsymbol{x} = \mathcal{A}^{-1}\boldsymbol{d}$. Nach Satz 5.5.2 (b) ist $\mathcal{A}^{-1} = \frac{1}{\det}(\operatorname{adj} \mathcal{A})$. Wegen Definition 5.5.1 erfüllt daher die j-te Komponente des Spaltenvektors $(\operatorname{adj} \mathcal{A})\boldsymbol{d}$ die Gleichung $(\det \mathcal{A})x_j = \sum_{i=1}^{n} \mathcal{A}_{ij} d_i$. Also gilt die Behauptung. ♦

5.5.4 Bemerkung. Da die Berechnung von Determinanten recht mühevoll ist, ist die Cramersche Regel für praktische Anwendungen zur Auflösung linearer Gleichungssysteme weitgehend unbrauchbar. Für theoretische Untersuchungen ist sie jedoch oft wegen ihrer expliziten Beschreibung der Lösung eines Gleichungssystems (G) $\mathcal{A}\boldsymbol{x} = \boldsymbol{d}$ sehr hilfreich.

5.6 Aufgaben

5.1 (a) Bestimmen Sie die Determinante von

$$A = \begin{pmatrix} 1 & 2 & 3 & 4 & 5 \\ 2 & 6 & 9 & 12 & 15 \\ 3 & 10 & 18 & 24 & 30 \\ 4 & 14 & 27 & 40 & 50 \\ 5 & 18 & 36 & 56 & 75 \end{pmatrix}.$$

(b) Berechnen Sie:

$$\det \begin{pmatrix} a & b & c & d \\ b & a & c & d \\ r & s & t & u \\ v & w & x & y \end{pmatrix}.$$

5.2 (Vandermondesche Determinante) Man beweise

$$\det \begin{pmatrix} 1 & 1 & \dots & 1 \\ c_1 & c_2 & \dots & c_n \\ c_1^2 & c_2^2 & \dots & c_n^2 \\ \vdots & \vdots & & \vdots \\ c_1^{n-1} & c_2^{n-1} & \dots & c_n^{n-1} \end{pmatrix} = \prod_{i<j} (c_j - c_i).$$

5.3 Man berechne die Determinante der $n \times n$-Matrizen $\mathcal{A}$, $\mathcal{B}$ als Funktionen von n:

$$\mathcal{A} = (a_{ij}), \quad a_{ij} = \begin{cases} 1 & i \leq j \\ n+1-j & i > j \end{cases} \quad \text{für } 1 \leq i, j \leq n,$$

$$\mathcal{B} = (b_{ij}), \quad b_{ij} = \begin{cases} 1 & i+j = n+1 \\ 0 & \text{sonst} \end{cases} \quad \text{für } 1 \leq i, j \leq n.$$

5.4 Die $n \times n$-Matrix

$$\mathcal{A} = \begin{pmatrix} \mathcal{P} & \mathcal{Q} \\ \mathcal{R} & \mathcal{S} \end{pmatrix}$$

sei durch die $r \times r$-Matrix $\mathcal{P}$, die $(n-r) \times r$-Matrix $\mathcal{R}$, die $r \times (n-r)$-Matrix $\mathcal{Q}$ und die $(n-r) \times (n-r)$-Matrix $\mathcal{S}$ in Blöcke unterteilt, wobei $\mathcal{P}$ außerdem invertierbar sei.

(a) Zeigen Sie, daß durch elementare Umformungen die Matrix $\mathcal{A}$ in die Form

$$\begin{pmatrix} \mathcal{P} & 0 \\ \mathcal{R} & \mathcal{S} - \mathcal{R} \cdot \mathcal{P}^{-1} \cdot \mathcal{Q} \end{pmatrix}$$

gebracht werden kann.

(b) Folgern Sie aus (a), daß $\det(\mathcal{A}) = \det(\mathcal{P}) \cdot \det(\mathcal{S} - \mathcal{R} \cdot \mathcal{P}^{-1} \cdot \mathcal{Q})$.

5.5 Gegeben seien die $n \times n$-Matrizen $\mathcal{A}$ und $\mathcal{B}$ über dem Körper F. Die $2n \times 2n$-Matrix

$$\mathcal{P} = \begin{pmatrix} \mathcal{E}_n & \mathcal{B} \\ -\mathcal{A} & 0 \end{pmatrix}$$

ist durch $\mathcal{A}$, $\mathcal{B}$ und die $n \times n$-Einheitsmatrix $\mathcal{E}_n$ in Blöcke zerlegt.

(a) Folgern Sie aus dieser Zerlegung $\det(\mathcal{P}) = \det(\mathcal{A}) \cdot \det(\mathcal{B})$.

(b) Zeigen Sie, daß durch elementare Zeilenumformungen die Matrix $\mathcal{P}$ in die Form

$$\begin{pmatrix} \mathcal{E}_n & \mathcal{B} \\ 0 & \mathcal{A}\mathcal{B} \end{pmatrix}$$

gebracht werden kann.

(c) Folgern Sie aus (b), daß $\det(\mathcal{P}) = \det(\mathcal{A}\mathcal{B})$ gilt. Liefern Sie damit einen Beweis des Produktsatzes $\det(\mathcal{A}\mathcal{B}) = \det(\mathcal{A}) \cdot \det(\mathcal{B})$.

5.6 Bestimmen Sie die Lösungsgesamtheit des folgenden Gleichungssystems mittels der Cramerschen Regel:

$$\begin{aligned} x_1 + 3x_2 + 4x_3 &= 19 \\ 2x_1 + 5x_2 + 7x_3 + x_4 &= 32 \\ -x_1 + 2x_2 - 3x_3 &= -6 \\ x_3 + 4x_4 &= -1. \end{aligned}$$

5.7 Wie lautet die dem Satz 5.4.12 entsprechende Gleichung für die Determinante einer Matrix der Form

$$\mathcal{A} = \left(\begin{array}{c|c} 0 & \mathcal{A}_1 \\ \hline \mathcal{A}_2 & \mathcal{B} \end{array} \right) ?$$

5.8 Berechnen Sie die Inverse der Matrix

$$\mathcal{A} = \begin{pmatrix} 1 & 0 & -1 \\ 3 & 1 & -3 \\ 1 & 2 & -2 \end{pmatrix}$$

mit Hilfe von Satz 5.5.2.

5.9 Für die invertierbare $n \times n$-Matrix $\mathcal{A} = (a_{i,j})$ gelte

$$\sum_{j=1}^{n} a_{i,j} a_{k,j} = \begin{cases} 1 & \text{für } i = k, \\ 0 & \text{für } i \neq k. \end{cases}$$

Folgern Sie, daß $\det \mathcal{A} = \pm 1$ und $a_{i,k} = (\det \mathcal{A})(A_{i,k})$ gilt, wobei $A_{i,k}$ die Adjunkte zu $a_{i,k}$ ist.

5.10 Es sei $\mathcal{C}_{i,j}$ diejenige n-reihige quadratische Matrix über einem Körper F, die im Kreuzungspunkt der i-ten Zeile und der j-ten Spalte eine 1 und sonst lauter Nullen aufweist. Ferner sei M die Menge aller Matrizen der Form $\mathcal{E}_n + a\mathcal{C}_{i,j}$ mit $i \neq j$ und beliebigem $a \in F$. Beweisen Sie die folgenden Behauptungen:

(a) Die Matrizen aus M besitzen die Determinante 1.

(b) Jede n-reihige quadratische Matrix über F, die die Determinante 1 besitzt, kann als Produkt endlich vieler Matrizen aus M dargestellt werden.

6 Eigenwerte und Eigenvektoren

Zwei $n \times n$-Matrizen $\mathcal{A}$ und $\mathcal{B}$ über dem Körper F heißen nach Definition 3.5.4 *ähnlich*, wenn es eine invertierbare $n \times n$-Matrix $\mathcal{P}$ gibt derart, daß $\mathcal{B} = \mathcal{P}^{-1}\mathcal{A}\mathcal{P}$ gilt. In diesem Kapitel wird die Frage untersucht, unter welchen Bedingungen eine Matrix $\mathcal{A}$ zu einer Diagonalmatrix $\mathcal{D} = (d_{ij})$, $d_{ij} = 0$ für $i \neq j$, ähnlich ist. Hierzu werden die Begriffe „Eigenvektor", „Eigenwert" und „charakteristisches Polynom" eingeführt. Im allgemeinen ist eine Matrix $\mathcal{A}$ nicht diagonalisierbar. Liegen jedoch alle Eigenwerte von $\mathcal{A}$ im Körper F, so ist $\mathcal{A}$ ähnlich zu einer sehr speziellen, eindeutig bestimmten Dreiecksmatrix $\mathcal{J}$; sie heißt Jordansche Normalform von $\mathcal{A}$. Diese Ergebnisse und ein Berechnungsverfahren für die Jordansche Normalform werden im dritten Abschnitt dieses Kapitels dargestellt. Im vierten Abschnitt wird eine Anwendung auf die Lösung linearer homogener Differentialgleichungssysteme vorgestellt.

6.1 Charakteristisches Polynom und Eigenwerte

Es seien V ein beliebiger F-Vektorraum und $\alpha : V \to V$ ein Endomorphismus. Offenbar ist die Wirkung von α auf diejenigen Vektoren besonders einfach, die durch α nur auf Vielfache von sich selbst abgebildet werden. Derartige Vektoren spielen bei der Beschreibung von Normalformen von Endomorphismen und Matrizen eine entscheidende Rolle.

6.1.1 Definition. Ein Skalar $f \in F$ heißt *Eigenwert* des Endomorphismus $\alpha \in \operatorname{End}_F(V)$, wenn es einen Vektor $\boldsymbol{v} \neq 0$ in V gibt derart, daß $\alpha(\boldsymbol{v}) = \boldsymbol{v}f$ ist.

Jeder vom Nullvektor verschiedene Vektor $\boldsymbol{v} \in V$ mit $\alpha(\boldsymbol{v}) = \boldsymbol{v}f$ heißt *Eigenvektor* von α mit Eigenwert f.

Im Fall $\dim V = n < \infty$ sei B eine Basis von V, und $\mathcal{A} = \mathcal{A}_\alpha(B, B)$ sei die α zugeordnete Matrix. Dann können die Begriffe Eigenvektor und Eigenwert unmittelbar auf die Matrix $\mathcal{A}$ und auf Spaltenvektoren von F^n übertragen werden.

6.1.2 Definition. Sei $\mathcal{A}$ eine $n \times n$-Matrix mit Koeffizienten aus dem Körper F. Ein Skalar $f \in F$ heißt *Eigenwert* von $\mathcal{A}$, wenn es einen vom Nullvektor verschiedenen Spaltenvektor $s \in F^n$ gibt derart, daß $\mathcal{A}s = sf$ ist.

Jeder Spaltenvektor $0 \neq \boldsymbol{s} \in F^n$ mit $\mathcal{A}\boldsymbol{s} = \boldsymbol{s}f$ heißt *Eigenvektor* der Matrix $\mathcal{A}$ mit Eigenwert f.

6.1.3 Bemerkung. Ist $\mathcal{A} = \mathcal{A}_\alpha(B, B)$ die dem Endomorphismus α hinsichtlich einer Basis B zugeordnete Matrix und entspricht dem Vektor $\boldsymbol{v} \in V$ bezüglich B die Koordinatenspalte $\boldsymbol{s} \in F^n$, so ist die Gleichung $\alpha(\boldsymbol{v}) = \boldsymbol{v}f$ gleichwertig mit $\mathcal{A}\boldsymbol{s} = \boldsymbol{s}f$, d. h. $\boldsymbol{v}$ ist genau dann Eigenvektor von α, wenn $\boldsymbol{s}$ Eigenvektor der Matrix $\mathcal{A}$ ist. Der Koordinatenvektor $\boldsymbol{s}$ hängt dabei aber, ebenso wie die Matrix $\mathcal{A}$, noch von der Wahl der Basis B ab und ändert sich im allgemeinen bei einem Basiswechsel. Der Eigenwert f hingegen ist in allen Fällen derselbe. Er hängt nur von α, nicht aber von der Wahl der Basis und der dadurch bestimmten Matrix $\mathcal{A}$ ab.

6.1.4 Satz. *Ähnliche Matrizen besitzen dieselben Eigenwerte.*

Beweis: Zwei $n \times n$-Matrizen $\mathcal{A}$, $\mathcal{B}$ sind nach Bemerkung 3.5.5(a) genau dann ähnlich, wenn sie hinsichtlich geeigneter Basen denselben Endomorphismus α beschreiben. Da nach Bemerkung 6.1.3 die Eigenwerte von $\mathcal{A}$ und $\mathcal{B}$ mit den Eigenwerten von α übereinstimmen, folgt die Behauptung. ♦

Die Definitionsgleichung $\alpha(\boldsymbol{v}) = \boldsymbol{v}f$ für Eigenvektoren und Eigenwerte ist gleichwertig mit

$$(*) \qquad \boldsymbol{o} = \boldsymbol{v}f - \alpha(\boldsymbol{v}) = (\mathrm{id} \cdot f - \alpha)\boldsymbol{v},$$

wobei dann $\mathrm{id} \cdot f - \alpha$ wieder ein Endomorphismus von V ist.

6.1.5 Satz. *Genau dann ist f Eigenwert von α bzw. der $n \times n$-Matrix $\mathcal{A}$, wenn* $\mathrm{Ker}(\mathrm{id} \cdot f - \alpha) \neq \{\boldsymbol{o}\}$ *bzw.* $\mathrm{Ker}(\mathcal{E}_n \cdot f - \mathcal{A}) \neq \{\boldsymbol{o}\}$ *gilt. Ist f ein Eigenwert, so sind die zu f gehörenden Eigenvektoren genau die von $\boldsymbol{o}$ verschiedenen Vektoren*

$$\boldsymbol{v} \in \mathrm{Ker}(\mathrm{id} \cdot f - \alpha) \quad \textit{bzw.} \quad \boldsymbol{s} \in \mathrm{Ker}(\mathcal{E}_n \cdot f - \mathcal{A}).$$

Beweis: Genau dann ist f Eigenwert von α, wenn $(*)$ einen Lösungsvektor $\boldsymbol{v} \neq \boldsymbol{o}$ besitzt. Dies ist gleichwertig mit $\mathrm{Ker}(\mathrm{id} \cdot f - \alpha) \neq \{\boldsymbol{o}\}$. Die zugehörigen Eigenvektoren sind genau die Lösungsvektoren $\boldsymbol{v} \neq \boldsymbol{o}$ von $(*)$, also die Vektoren $\boldsymbol{v} \neq \boldsymbol{o}$ aus $\mathrm{Ker}(\mathrm{id} \cdot f - \alpha)$. Im endlich-dimensionalen Fall ergibt sich die entsprechende Behauptung für Matrizen aus Satz 3.2.8(b) und Definition 6.1.2. ♦

6.1.6 Definition. Ist f ein Eigenwert des Endomorphismus α bzw. der $n \times n$-Matrix $\mathcal{A}$, so heißt der von $\{\boldsymbol{o}\}$ verschiedene Unterraum

$$\mathrm{Ker}(\mathrm{id} \cdot f - \alpha) \quad \text{bzw.} \quad \mathrm{Ker}(\mathcal{E}_n \cdot f - \mathcal{A})$$

der zu f gehörende *Eigenraum*.

Sei $B = \{\boldsymbol{v}_1, \boldsymbol{v}_2, \ldots, \boldsymbol{v}_n\}$ eine Basis des endlich-dimensionalen Vektorraums V. Sei $\mathcal{A} = \mathcal{A}_\alpha(B, B) = (a_{ij})$ die dem Endomorphismus $\alpha : V \to V$ hinsichtlich B zugeordnete $n \times n$-Matrix. Die Eigenwertbedingung $\text{Ker}(\text{id} \cdot f - \alpha) \neq \{\boldsymbol{o}\}$ aus Satz 6.1.5 ist dann nach Satz 3.2.13 und Folgerung 3.4.8 gleichwertig mit $\text{rg}(\text{id} \cdot f - \alpha) < n$ bzw. $\text{rg}(\mathcal{E}_n \cdot f - \mathcal{A}) < n$ und wegen Folgerung 5.4.3 auch gleichwertig mit $\det(\text{id} \cdot f - \alpha) = 0$ bzw. $\det(\mathcal{E}_n \cdot f - \mathcal{A}) = 0$. Diese Determinantenbedingung kann man nun aber als Bestimmungsgleichung für die zunächst noch unbekannten Eigenwerte f auffassen, indem man in ihr f durch eine Unbestimmte X ersetzt. Dazu bedarf es allerdings zunächst einer Vorbemerkung.

6.1.7 Bemerkung. Die entstehende Bestimmungsgleichung

$$\det(\text{id} \cdot X - \alpha) = \det(\mathcal{E}_n \cdot X - \mathcal{A}) = \begin{vmatrix} X - a_{11} & \cdots & -a_{1n} \\ \vdots & \ddots & \vdots \\ -a_{n1} & \cdots & X - a_{nn} \end{vmatrix} = 0$$

erfordert die Berechnung der Determinante einer Matrix, deren Koeffizienten nicht alle aus dem Körper F stammen. Denn aus der letzten Determinante erkennt man, daß jedenfalls die Hauptdiagonalelemente $X - a_{ii}$ Polynome aus dem Polynomring $F[X]$ sind. In Kapitel 10 wird gezeigt, daß Determinanten aber auch von Matrizen gebildet werden können, deren Koeffizienten nur in einem Ring liegen. In der dort entwickelten allgemeineren Determinantentheorie über kommutativen Ringen gelten dann auch die Rechenregeln des Kapitels 5, sofern sie sich nicht auf die Bildung von Inversen von Ringelementen bzw. Matrizen beziehen.

6.1.8 Definition. Sei X eine Unbestimmte über dem Körper F. Das Polynom

$$\text{char Pol}_{\mathcal{A}}(X) = \det(\mathcal{E} \cdot X - \mathcal{A}) \quad \text{bzw.} \quad \text{char Pol}_\alpha(X) = \det(\text{id} \cdot X - \alpha)$$

heißt *charakteristisches Polynom* der $n \times n$-Matrix $\mathcal{A}$ bzw. des Endomorphismus α des F-Vektorraums V.

6.1.9 Satz. (a) *Sei $\mathcal{A} = \mathcal{A}_\alpha(B, B)$ die $n \times n$-Matrix des Endomorphismus α bezüglich der Basis B des Vektorraums V. Dann gilt* $\text{char Pol}_\alpha(X) = \text{char Pol}_{\mathcal{A}}(X)$.

(b) *Ähnliche Matrizen besitzen dasselbe charakteristische Polynom.*

Beweis: (a) Für jeden Skalar $f \in F$ ist $\mathcal{E}_n \cdot f - \mathcal{A}$ nach Definition 3.3.1 die Matrix des Endomorphismus $\text{id} \cdot f - \alpha$ von V. Ersetzt man nun f durch die Unbestimmte X, so folgt wegen Bemerkung 6.1.7 und Definition 5.3.4, daß

$$\det(\text{id} \cdot X - \alpha) = \det(\mathcal{E}_n \cdot X - \mathcal{A}).$$

Also gilt (a).

(b) Nach Bemerkung 3.5.5 (a) beschreiben ähnliche Matrizen denselben Endomorphismus von V. Deshalb ist (b) eine Folge von (a). ♦

Wegen Satz 6.1.9 genügt es, im folgenden Sätze über charakteristische Polynome von Endomorphismen bzw. Matrizen nur für einen dieser Fälle zu formulieren. Falls Fragen der Berechenbarkeit im Vordergrund stehen, werden diese Sätze für Matrizen formuliert.

6.1.10 Satz. *Das charakteristische Polynom einer $n \times n$-Matrix $\mathcal{A} = (a_{ij})$ mit Koeffizienten $a_{ij} \in F$ hat die Form*

$$\operatorname{char Pol}_{\mathcal{A}}(X) = X^n + q_{n-1}X^{n-1} + \cdots + q_1 X + q_0,$$

mit geeigneten Koeffizienten $q_0, q_1, \ldots, q_{n-1} \in F$, wobei $q_0 = (-1)^n \det \mathcal{A}$ und $q_{n-1} = -\operatorname{tr} \mathcal{A}$ gilt.

Beweis: Sei $(\mathcal{E}_n \cdot X - \mathcal{A}) = (b_{ij})$ mit $1 \leq i, j \leq n$. Nach Definition 5.3.4 ist

$$\det(\mathcal{E}_n \cdot X - \mathcal{A}) = \sum_{\pi \in S_n} (\operatorname{sign} \pi)\, b_{1,\pi(1)} b_{2,\pi(2)} \ldots b_{n,\pi(n)}.$$

Für $\pi = \mathrm{id} \in S_n$ ist $b_{1,\pi(1)} b_{2,\pi(2)} \ldots b_{n,\pi(n)} = \prod_{i=1}^n (X - a_{ii})$ ein normiertes Polynom vom Grade n. Alle anderen Summanden gehören zu Permutationen $\pi \neq \mathrm{id}$. Bei denen gilt $\pi(i) \neq i$ für mindestens zwei Indizes i. Daher ist der entsprechende Summand $(\operatorname{sign} \pi) b_{1,\pi(1)} b_{2,\pi(2)} \ldots b_{n,\pi(2)}$ ein Polynom höchstens $(n-2)$-ten Grades in X, d. h.

$$r(X) = \sum_{\mathrm{id} \neq \pi \in S_n} (\operatorname{sign} \pi)\, b_{1,\pi(1)} b_{2,\pi(2)} \ldots b_{n,\pi(n)} \in F[X]$$

ist ein Polynom mit Grad $r(X) \leq n - 2$. Hieraus folgt

$$\operatorname{char Pol}_{\mathcal{A}}(X) = \det(\mathcal{E}_n X - \mathcal{A}) = \prod_{i=1}^n (X - a_{ii}) + r(X)$$

und Grad $\left(\prod_{i=1}^n (X - a_{ii}) \right) = n \geq \operatorname{Grad} r(X) + 2$. Da

$$\prod_{i=1}^n (X - a_{ii}) = X^n - (a_{11} + a_{22} + \cdots + a_{nn}) X^{n-1} + \cdots + (-1)^n \prod_{i=1}^n a_{ii},$$

und $\operatorname{tr}(\mathcal{A}) = \sum_{i=1}^n a_{ii}$ ist, folgt

$$\operatorname{char Pol}_{\mathcal{A}}(X) = X^n - \operatorname{tr}(\mathcal{A}) X^{n-1} + q_{n-2} X^{n-2} + \cdots + q_1 X + q_0$$

für geeignete $q_i \in F$. Setzt man $X = 0$, so folgt $q_0 = \operatorname{char Pol}_{\mathcal{A}}(0) = \det(-\mathcal{A}) = (-1)^n \det \mathcal{A}$ nach Satz 5.4.1. ♦

6.1.11 Bemerkung. Theoretisch lassen sich die Koeffizienten des charakteristischen Polynoms

$$\operatorname{char Pol}_{\mathcal{A}}(X) = X^n + q_{n-1}X^{n-1} + \cdots + q_1 X + q_0$$

einer $(n \times n)$-Matrix $\mathcal{A}$ mit dem Entwicklungssatz 5.4.9 von Laplace berechnen. Hat man einen Computer zur Hand, so ist folgendes Verfahren erheblich praktischer.

Man wählt n verschiedene Zahlen z_i im Körper F, $i = 1, 2, \dots, n$. Dann berechnet man mit dem Verfahren 5.4.6 die n Determinanten

$$\det(z_i \mathcal{E} - \mathcal{A}) = d_i \in F.$$

Nach Satz 6.1.10 ergibt sich hieraus das inhomogene Ungleichungssystem mit den n Gleichungen

$$(*) \qquad q_{n-1}z_i^{n-1} + q_{n-z}z_i^{n-2} + \cdots + q_1 z_i + q_0 = d_i - z_i^n, \quad 1 \le i \le n,$$

in den n Unbestimmten $q_0, q_1, \dots, q_{n-1}$. Mittels des Lösungsverfahrens 4.2.7 bestimmt man die Lösung von $(*)$.

Es sei jetzt $f(X) \in F[X]$ ein Polynom. Dann nennt man bekanntlich ein Element $a \in F$ eine *Nullstelle* von $f(X)$, falls $f(a) = 0$ gilt.

6.1.12 Satz. *Genau dann ist $f \in F$ ein Eigenwert der $n \times n$-Matrix $\mathcal{A}$, wenn f eine Nullstelle des charakteristischen Polynoms* $\operatorname{char Pol}_{\mathcal{A}}(X)$ *von $\mathcal{A}$ ist.*

Beweis: $f \in F$ ist Nullstelle des charakteristischen Polynoms von $\mathcal{A}$ genau dann, wenn $0 = \operatorname{char Pol}_{\mathcal{A}}(f) = \det(\mathcal{E} \cdot f - \mathcal{A})$. Dies ist nach Folgerung 5.4.3 genau dann der Fall, wenn $\operatorname{rg}(\mathcal{E} \cdot f - \mathcal{A}) < n$ ist. Nach Satz 3.2.13 ist diese Ungleichung äquivalent zu $\dim \operatorname{Ker}(\mathcal{E} \cdot f - \mathcal{A}) = n - \operatorname{rg}(\mathcal{E} \cdot f - \mathcal{A}) > 0$. Also ist $f \in F$ genau dann eine Nullstelle von $\operatorname{char Pol}_{\mathcal{A}}(X)$, wenn $\mathcal{A}$ einen Eigenvektor $\boldsymbol{v} \neq 0$ zum Eigenwert f hat. ♦

6.1.13 Beispiel. Mittels Satz 6.1.12 sollen nun die Eigenwerte und Eigenvektoren der folgenden Matrix bestimmt werden.

$$\mathcal{A} = \begin{pmatrix} 3 & 1 & 1 \\ 2 & 4 & 2 \\ 1 & 1 & 3 \end{pmatrix}.$$

Mit Hilfe der Regel 5.4.4 von Sarrus folgt

$$\begin{aligned} \operatorname{char Pol}_{\mathcal{A}}(X) &= \det \begin{pmatrix} X-3 & -1 & -1 \\ -2 & X-4 & -2 \\ -1 & -1 & X-3 \end{pmatrix} \\ &= (X-3)^2(X-4) - 2 - 2 - (X-4) - 2(X-3) - 2(X-3) \\ &= X^3 - 10X^2 + 28X - 24. \end{aligned}$$

Dieses Polynom hat $f_1 = 2$ als eine Nullstelle, wie man durch Einsetzen sieht. Um die übrigen Nullstellen zu finden, teilt man das charakteristische Polynom durch $(X - 2)$ und erhält:

$$
\begin{array}{llll}
(X^3 & -10X^2 & +28X & -24) : (X-2) = X^2 - 8X + 12. \\
\underline{X^3} & \underline{-\ 2X^2} & & \\
 & -8X^2 & +28X & \\
 & \underline{-8X^2} & \underline{+16X} & \\
 & & 12X & -24 \\
 & & 12X & -24
\end{array}
$$

$X^2 - 8X + 12$ hat die Nullstellen $f_{2,3} = 4 \pm \sqrt{16 - 12}$. Also ist $f_2 = 6$, $f_3 = 2$. Nach Satz 6.1.12 hat $\mathcal{A}$ die Eigenwerte $f_1 = f_3 = 2$ und $f_2 = 6$.

Der Eigenraum $\operatorname{Ker}(\mathcal{E}_3 \cdot f_1 - \mathcal{A})$ zum Eigenwert f_1 ist die Lösungsgesamtheit des homogenen Gleichungssystems mit der Koeffizientenmatrix

$$\mathcal{E}_3 \cdot 2 - \mathcal{A} = \begin{pmatrix} -1 & -1 & -1 \\ -2 & -2 & -2 \\ -1 & -1 & -1 \end{pmatrix}.$$

Da $\operatorname{rg}(\mathcal{E}_3 \cdot 2 - \mathcal{A}) = 1$ ist, gilt $\dim \operatorname{Ker}(\mathcal{E}_3 \cdot 2 - \mathcal{A}) = 2$ nach Satz 3.2.13. Deshalb bilden $\boldsymbol{v}_1 = (1, -1, 0)$ und $\boldsymbol{v}_2 = (1, 0, -1)$ eine Basis von $\operatorname{Ker}(\mathcal{E}_3 \cdot f_1 - \mathcal{A})$.

Ebenso sieht man, daß $\dim \operatorname{Ker}(\mathcal{E}_3 \cdot f_2 - \mathcal{A}) = 1$ und $\boldsymbol{v}_3 = (1, 2, 1)$ ein Eigenvektor zum Eigenwert $f_2 = 6$ ist, weil

$$(\mathcal{E}_3 \cdot 6 - \mathcal{A}) = \begin{pmatrix} 3 & -1 & -1 \\ -2 & -2 & -2 \\ -1 & -1 & 3 \end{pmatrix}$$

den Rang 2 hat. Diese drei Eigenvektoren sind sogar linear unabhängig. Also ist $\{\boldsymbol{v}_1, \boldsymbol{v}_2, \boldsymbol{v}_3\}$ eine Basis von $V = F^3$.

6.1.14 Bemerkungen.

(a) Während die Berechnung von Eigenvektoren zu gegebenem Eigenwert unproblematisch ist, da nach Satz 6.1.5 nur lineare Gleichungssysteme gelöst werden müssen, stellt die Berechnung der Eigenwerte, also der Nullstellen des charakteristischen Polynoms $\operatorname{char Pol}_{\mathcal{A}}(X)$, oft eine große Schwierigkeit dar. Selbst im Falle der Körper $\mathbb{R}$ oder $\mathbb{C}$ gibt es für Polynome eines Grades größer gleich 5 keine allgemeinen Verfahren zur Berechnung ihrer Nullstellen. Hierzu ist man auf numerische Nährungsverfahren angewiesen.

(b) Es kann passieren, daß das charakteristische Polynom einer Matrix $\mathcal{A}$ gar keine Nullstellen in F hat. Dann hat $\mathcal{A}$ nach Satz 6.1.12 auch keine Eigenvektoren in F^n. Hierfür ist $\mathcal{A} = \left(\begin{smallmatrix} 0 & 1 \\ -1 & 0 \end{smallmatrix}\right)$ im Fall des Körpers $F = \mathbb{R}$ der reellen Zahlen ein Beispiel; denn $\operatorname{char Pol}_{\mathcal{A}}(X) = X^2 + 1$ hat in $\mathbb{R}$ keine Nullstellen.

(c) Besitzt das Polynom $g(X) \in F[X]$ in F genau die nicht notwendig verschiedenen Nullstellen $f_1, f_2, \dots, f_t$, so kann es in der Form $g(X) = (X - f_1) \cdot (X - f_2) \dots (X - f_t) \cdot h(X)$ dargestellt werden, wobei dann $h(X) \in F[X]$ in F keine Nullstellen besitzt.

(d) Jeder Körper kann zu einem (kleinsten) algebraisch abgeschlossenen Körper erweitert werden. Im Falle des Körpers $\mathbb{R}$ ist $\mathbb{C}$ dieser algebraisch abgeschlossene Erweiterungskörper (Hauptsatz 1.4.4 der Algebra). Um fehlende Eigenwerte zu vermeiden, ist es häufig zweckmäßig, den Skalarenkörper zu einem algebraisch abgeschlossenen Körper zu erweitern, also z. B. einen reellen Vektorraum in seine komplexe Erweiterung einzubetten. Dies wird in Kapitel 7 näher beschrieben.

In Beispiel 6.1.13 hatte der Eigenwert 2 die Vielfachheit 2, und dem entsprach, daß es zu diesem Eigenwert auch zwei linear unabhängige Eigenvektoren gab. Diese Situation muß aber keineswegs immer eintreten. So besitzt die Matrix $\mathcal{A} = \left(\begin{smallmatrix} 1 & 1 \\ 0 & 1 \end{smallmatrix}\right)$ den doppelten Eigenwert 1, es gilt aber $\dim \operatorname{Ker}(\mathcal{E}_2 \cdot 1 - \mathcal{A}) = 1$. Umgekehrt zeigt aber der nächste Satz, daß die Dimension des Eigenraums die Vielfachheit des Eigenwertes nicht übersteigen kann.

6.1.15 Definition. Sind alle Eigenwerte f_r, $1 \le r \le k$, der $n \times n$-Matrix $\mathcal{A} = (a_{ij})$ mit Koeffizienten a_{ij} aus dem Körper F in F enthalten, dann ist $\operatorname{char Pol}_{\mathcal{A}}(X) = \prod_{r=1}^{k} (X - f_r)^{c_r}$ nach Satz 6.1.12. Die natürliche Zahl c_r heißt die *Vielfachheit* des Eigenwerts f_r von $\mathcal{A}$.

Analog erklärt man die Vielfachheit des Eigenwertes f eines Endomorphismus $\alpha \in \operatorname{End}_F(V)$.

6.1.16 Satz. *Sei f ein Eigenwert von $\alpha \in \operatorname{End}_F(V)$ der Vielfachheit c. Dann gilt für die Dimension des Eigenraumes* $\dim \operatorname{Ker}(\mathrm{id} \cdot f - \alpha) \le c$.

Beweis: Es sei $\{\boldsymbol{v}_1, \dots, \boldsymbol{v}_r\}$ eine Basis des Eigenraumes zum Eigenwert f, die zu einer Basis $B = \{\boldsymbol{v}_1, \dots, \boldsymbol{v}_r, \dots, \boldsymbol{v}_n\}$ des Vektorraums V ergänzt wird. Wegen $\alpha(\boldsymbol{v}_i) = \boldsymbol{v}_i \cdot f$ für $i = 1, \dots, r$ hat α bezüglich der Basis B die Matrix

$$\mathcal{A}_\alpha(B, B) = \left(\begin{array}{ccc|c} f & \cdots & 0 & \\ \vdots & \ddots & \vdots & \mathcal{C} \\ 0 & \cdots & f & \\ \hline 0 & \cdots & 0 & \\ \vdots & & \vdots & \mathcal{D} \\ 0 & \cdots & 0 & \end{array}\right),$$

die eine obere Blockmatrix ist, deren oberstes linkes Kästchen eine Diagonalmatrix mit dem einzigen Eigenwert f ist. Nach Satz 5.4.12 und Satz 6.1.12 folgt, daß f ein mindestens r-facher Eigenwert von α ist. ♦

6.2 Diagonalisierbarkeit von Matrizen

In diesem Abschnitt bezeichnet V stets einen endlich-dimensionalen Vektorraum über dem Körper F. Es werden diejenigen Endomorphismen $\alpha \in \mathrm{End}_F(V)$ charakterisiert, für die V eine Basis B besitzt, die aus Eigenvektoren von α besteht.

6.2.1 Satz. *Eigenvektoren zu verschiedenen Eigenwerten eines Endomorphismus α von V sind linear unabhängig.*

Beweis: Es seien $f_1, f_2, \dots, f_k$ paarweise verschiedene Eigenwerte von α, wobei $k \leq n = \dim_F V$. Für $i = 1, 2, \dots, k$ sei $\boldsymbol{v}_i$ ein zu f_i gehörender Eigenvektor von α. Dann gilt:

$$(\mathrm{id} \cdot f_i - \alpha)\boldsymbol{v}_j = \boldsymbol{v}_j f_i - \alpha(\boldsymbol{v}_j) = \boldsymbol{v}_j f_i - \boldsymbol{v}_j \cdot f_j = \begin{cases} \boldsymbol{o} & \text{für } i = j, \\ \boldsymbol{v}_j(f_i - f_j) & \text{sonst.} \end{cases}$$

Wäre $\{\boldsymbol{v}_1, \boldsymbol{v}_2, \dots, \boldsymbol{v}_k\}$ linear abhängig, dann existierten $c_i \in F$, die nicht alle gleich 0 wären, derart, daß

$$(*) \qquad \sum_{i=1}^{k} \boldsymbol{v}_i c_i = \boldsymbol{o}.$$

Sei $c_1 \neq 0$. Wendet man den Endomorphismus $\prod_{i=2}^{k}(\mathrm{id} \cdot f_i - \alpha)$ auf $(*)$ an, dann folgt der Widerspruch

$$\boldsymbol{o} = \left[\prod_{i=2}^{k}(\mathrm{id} \cdot f_i - \alpha)\right]\left(\sum_{i=1}^{k} \boldsymbol{v}_i c_i\right) = \boldsymbol{v}_1 c_1 (f_2 - f_1) \dots (f_k - f_1) \neq \boldsymbol{o}.$$

♦

Entsprechend gilt Satz 6.2.1 auch für $n \times n$-Matrizen $\mathcal{A}$ mit Koeffizienten aus dem Körper F.

6.2.2 Folgerung. *Wenn das charakteristische Polynom des Endomorphismus α von V genau $n = \dim V$ verschiedene Nullstellen hat, dann besitzt V eine Basis aus Eigenvektoren von α.*

Beweis: Wenn $\boldsymbol{b}_1, \dots, \boldsymbol{b}_n$ Eigenvektoren zu den verschiedenen Eigenwerten $f_1, \dots, f_n$ sind, so sind sie linear unabhängig nach Satz 6.2.1. Nach Folgerung 2.2.14 bilden sie eine Basis von V. ♦

6.2.3 Definition. Eine quadratische Matrix $\mathcal{D} = (d_{ij})$ heißt *Diagonalmatrix*, falls $d_{ij} = 0$ für alle $i \neq j$ gilt. Setzt man $d_{ii} = d_i$ für $i = 1, 2, \dots, n$, dann wird die Diagonalmatrix $\mathcal{D}$ mit $\operatorname{diag}(d_1, d_2, \dots, d_n)$ bezeichnet.

6.2.4 Definitionen.

(a) Eine quadratische $n \times n$-Matrix $\mathcal{A}$ heißt *diagonalisierbar*, wenn sie zu einer $n \times n$-Diagonalmatrix $\mathcal{D}$ ähnlich ist.

(b) Ein Endomorphismus α von V heißt *diagonalisierbar*, wenn V eine Basis B besitzt, die aus Eigenvektoren von α besteht.

6.2.5 Bemerkung. Wenn $\mathcal{D} = \operatorname{diag}(f_1, \dots, f_n)$ eine Diagonalmatrix ist, dann gilt $\operatorname{char Pol}_{\mathcal{D}}(X) = (X - f_1) \dots (X - f_n)$, d. h. die Diagonalelemente f_i sind genau die Eigenwerte von $\mathcal{D}$.

6.2.6 Satz. *Sei $\mathcal{A}$ eine $n \times n$-Matrix, und seien $f_1, \dots, f_s$ die verschiedenen Eigenwerte von $\mathcal{A}$. Weiter sei $d_i = \dim \operatorname{Ker}(\mathcal{E} \cdot f_i - \mathcal{A})$ die Dimension des Eigenraums zu f_i. Dann sind die folgenden Aussagen äquivalent:*

(a) *Es gibt eine Basis von F^n, welche aus Eigenvektoren von $\mathcal{A}$ besteht.*

(b) *$\mathcal{A}$ ist diagonalisierbar.*

(c) $\sum_{i=1}^{s} d_i = n$.

Beweis: (a) $\Rightarrow$ (b): Sei $B = \{\boldsymbol{b}_1, \dots, \boldsymbol{b}_n\}$ eine Basis, die aus Eigenvektoren zu den Eigenwerten f_i besteht. Dann ist $\mathcal{A} \cdot \boldsymbol{b}_i = \boldsymbol{b}_i \cdot f_i$. Die Matrix $\mathcal{A}_\alpha(B, B)$ der linearen Abbildung $\alpha : \boldsymbol{v} \mapsto \mathcal{A} \cdot \boldsymbol{v}$ von F^n nach F^n bezüglich dieser Basis ist die Diagonalmatrix $\mathcal{D} = \operatorname{diag}(f_1, \dots, f_n)$.

Wenn $\mathcal{P}$ die Matrix des Basiswechsels von $\{\boldsymbol{e}_1, \dots, \boldsymbol{e}_n\}$ nach $\{\boldsymbol{b}_1, \dots, \boldsymbol{b}_n\}$ ist, dann gilt $\mathcal{D} = \mathcal{P}^{-1} \cdot \mathcal{A} \cdot \mathcal{P}$ nach Satz 3.3.9. Also ist $\mathcal{A}$ diagonalisierbar.

(b) $\Rightarrow$ (c): Da $\mathcal{A}$ diagonalisierbar ist, existiert eine invertierbare Matrix $\mathcal{P}$ so, daß $\mathcal{P}^{-1}\mathcal{A}\mathcal{P} = \mathcal{D} = \operatorname{diag}(f_1, \dots, f_n)$ eine Diagonalmatrix ist. Ihre Koeffizienten f_r sind nach Bemerkung 6.2.5 und Satz 6.1.12 gerade die Eigenwerte von $\mathcal{A}$. Sei c_r die Vielfachheit des Eigenwerts f_r. Dann ist $n = \sum_{r=1}^{s} c_r$, wobei s die Anzahl der verschiedenen Eigenwerte von $\mathcal{A}$ ist. Für jeden Eigenvektor $\boldsymbol{v} \in V$ zum Eigenwert f von $\mathcal{A}$ gilt $\mathcal{A}\boldsymbol{v} = \boldsymbol{v} f$, woraus

$$\mathcal{D}(\mathcal{P}^{-1}\boldsymbol{v}) = (\mathcal{P}^{-1}\mathcal{A}\mathcal{P})(\mathcal{P}^{-1}\boldsymbol{v}) = (\mathcal{P}^{-1}\boldsymbol{v})f$$

folgt. Also haben $\mathcal{A}$ und $\mathcal{D}$ isomorphe Eigenräume, d. h. $\dim \operatorname{Ker}(\mathcal{E} f_r - \mathcal{A}) = \dim \operatorname{Ker}(\mathcal{E} f_r - \mathcal{D})$. Daher genügt es, (c) für die Diagonalmatrix $\mathcal{D}$ zu beweisen.

Die Diagonalmatrix $\mathcal{E} \cdot f_r - \mathcal{D}$ hat genau c_r Nullen auf der Diagonalen. Daher ist

$$n - c_r = \operatorname{rg}(\mathcal{E} \cdot f_r - \mathcal{D}) = n - \dim \operatorname{Ker}(\mathcal{E} f_r - \mathcal{D}) = n - d_r.$$

nach Satz 3.2.13. Also ist $d_r = c_r$ und $\sum_{r=1}^{s} d_r = \sum_{r=1}^{s} c_r = n$.

(c) $\Rightarrow$ (a): Sei U_i der Eigenraum von $\mathcal{A}$ zum Eigenwert f_i. Nach Satz 6.2.1 und Satz 2.3.6 ist die Summe $\sum_{i=1}^{s} U_i$ dieser Unterräume U_i von $V = F^n$ direkt. Nach Voraussetzung gilt daher

$$n = \sum_{i=1}^{s} d_i = \sum_{i=1}^{s} \dim U_i = \dim\left(\bigoplus_{i=1}^{s} U_i\right).$$

Also ist $V = \bigoplus_{i=1}^{s} U_i$ nach Folgerung 2.2.14.

Wegen Satz 2.2.11 hat jeder Unterraum U_i eine Basis B_i mit d_i Elementen $\boldsymbol{b}_{ij}$, $j = 1, 2, \ldots, d_i$. Wegen $U_i = \operatorname{Ker}(\mathcal{E} f_i - \mathcal{A})$ ist jeder Vektor $\boldsymbol{b}_{ij}$ ein Eigenvektor von $\mathcal{A}$ zum Eigenwert f_i. Da V die direkte Summe der Eigenräume U_i ist, ist

$$B = B_1 \cup B_2 \cup \cdots \cup B_s = \{\boldsymbol{b}_{ij} \mid i = 1, 2, \ldots, s,\ 1 \le j_i \le d_i\}$$

eine Basis von V, die aus Eigenvektoren von $\mathcal{A}$ besteht. ♦

6.2.7 Beispiele.

(a) Sei $\mathcal{A} = \begin{pmatrix} 1 & 1 \\ 0 & 1 \end{pmatrix}$. Dann ist $\operatorname{char Pol}_{\mathcal{A}}(X) = (X-1)^2$, also ist 1 der einzige Eigenwert von $\mathcal{A}$. Weil $\operatorname{rg}(\mathcal{E} - \mathcal{A}) = \operatorname{rg}\begin{pmatrix} 0 & -1 \\ 0 & 0 \end{pmatrix} = 1$ ist, folgt $d_1 = 2 - 1 = 1 < 2 = n$. Also ist $\mathcal{A}$ nicht diagonalisierbar.

(b) Die Matrix

$$\mathcal{A} = \begin{pmatrix} 3 & 1 & 1 \\ 2 & 4 & 2 \\ 1 & 1 & 3 \end{pmatrix}$$

ist dagegen diagonalisierbar, weil sie nach Beispiel 6.1.13 zwei Eigenwerte $f_1 = 2$ und $f_2 = 6$ hat, für die $d_1 = 2$ und $d_2 = 1$ gilt. Daher ist $d_1 + d_2 = n = 3$.

6.2.8 Berechnungsverfahren für die Transformationsmatrix $\mathcal{P}$ einer diagonalisierbaren $n \times n$-Matrix. Nach Satz 6.2.6 ist die Matrix $\mathcal{A} = (a_{ij})$ genau dann diagonalisierbar, wenn der Vektorraum $V = F^n$ eine Basis $\{\boldsymbol{v}_1, \boldsymbol{v}_2, \ldots, \boldsymbol{v}_n\}$ besitzt, die aus Eigenvektoren von $\mathcal{A}$ besteht. Daher liegen nach Voraussetzung alle Eigenwerte f_i von $\mathcal{A}$ im Körper F, und man kann folgende Schritte durchführen:

(a) Man berechne die Koeffizienten des charakteristischen Polynoms $\operatorname{char Pol}_{\mathcal{A}}(X)$ von $\mathcal{A}$.

(b) Man bestimme die Nullstellen f_j von $\operatorname{char Pol}_{\mathcal{A}}(X) = \prod_{j=1}^{k} (X - f_j)^{d_j}$. Dabei sind alle $f_j \in F$, $j = 1, 2, \ldots, k$, verschieden, und es gilt $n = \sum_{j=1}^{k} d_j$.

(c) Zu jedem Eigenwert f_j von $\mathcal{A}$ berechne man eine Basis $B_j = \{\boldsymbol{s}_{t+1}, \boldsymbol{s}_{t+2}, \dots, \boldsymbol{s}_{t+d_j}\}$, des Eigenraums $W_j = \operatorname{Ker}(\mathcal{E} f_j - \mathcal{A})$, wobei $t = \sum_{i=1}^{j-1} d_i$ ist.

(d) Dann ist $B = B_1 \cup B_2 \cup \cdots \cup B_k$ eine Basis von V. Sei $\mathcal{P}$ die $n \times n$-Matrix, deren Spaltenvektoren die Vektoren $\boldsymbol{s}_r$ von B sind, und zwar in der Reihenfolge von (c). Dann ist $\mathcal{D} = \mathcal{P}^{-1}\mathcal{A}\mathcal{P}$ eine Diagonalmatrix.

Beweis: Es bleibt nur zu zeigen, daß $\mathcal{D}$ eine Diagonalmatrix ist. Wegen $\dim W_j = d_j$ und $n = \sum_{j=1}^{k} d_j$ besteht die Basis B von V nach Satz 6.2.6 aus Eigenvektoren $\boldsymbol{s}_r$ von V. Nach Konstruktion der Matrix $\mathcal{P}$ sind diese Eigenvektoren $\boldsymbol{s}_r$ gerade die Spaltenvektoren von $\mathcal{P}$. Deshalb ist $\mathcal{D} = \mathcal{P}^{-1}\mathcal{A}\mathcal{P}$ nach Satz 3.3.9 eine Diagonalmatrix. ♦

6.2.9 Beispiel. Das charakteristische Polynom der reellen Matrix

$$\mathcal{A} = \begin{pmatrix} 2 & 0 & 0 & 0 \\ 0 & 2 & 0 & 0 \\ 1 & -2 & 0 & -1 \\ 2 & -4 & 1 & 0 \end{pmatrix}$$

ist nach Satz 5.4.12

$$\operatorname{char Pol}_{\mathcal{A}}(X) = \det \begin{pmatrix} X-2 & 0 & 0 & 0 \\ 0 & X-2 & 0 & 0 \\ -1 & 2 & X & 1 \\ -2 & 4 & -1 & X \end{pmatrix} = (X-2)^2(X^2+1).$$

Ist nun $F = \mathbb{C}$ der Körper der komplexen Zahlen, so sind 2, i und $-i$ die verschiedenen Eigenwerte von $\mathcal{A}$ nach Satz 6.1.12. Der Eigenraum zum Eigenwert 2 hat die Dimension

$$n - \operatorname{rg}(\mathcal{E} \cdot 2 - \mathcal{A}) = 4 - \operatorname{rg} \begin{pmatrix} 0 & 0 & 0 & 0 \\ 0 & 0 & 0 & 0 \\ -1 & 2 & 2 & 1 \\ -2 & 4 & -1 & 2 \end{pmatrix} = 2.$$

Also ist $\{\boldsymbol{v}_1 = (2, 1, 0, 0), \boldsymbol{v}_2 = (1, 0, 0, 1)\}$ eine Basis des Eigenraums $\operatorname{Ker}(\mathcal{E} \cdot 2 - \mathcal{A})$ zum Eigenwert 2. Zum Eigenwert i gehört das homogene Gleichungssystem

$$\begin{pmatrix} i-2 & 0 & 0 & 0 \\ 0 & i-2 & 0 & 0 \\ -1 & 2 & i & 1 \\ -2 & 4 & -1 & i \end{pmatrix} \begin{pmatrix} x_1 \\ x_2 \\ x_3 \\ x_4 \end{pmatrix} = \begin{pmatrix} 0 \\ 0 \\ 0 \\ 0 \end{pmatrix}.$$

Hieraus folgt $x_1 = x_2 = 0$ und

$$\begin{aligned} ix_3 + x_4 &= 0 \\ -x_3 + ix_4 &= 0. \end{aligned}$$

Da die beiden letzten Gleichungen sich nur um den Faktor $-i \in \mathbb{C}$ unterscheiden, gilt $\dim \operatorname{Ker}(\mathcal{E}i - \mathcal{A}) = 1$, und $\boldsymbol{v}_3 = (0, 0, i, 1)$ ist eine Basis dieses Eigenraums. Analog ist $\boldsymbol{v}_4 = (0, 0, i, -1)$ eine Basis von $\operatorname{Ker}(\mathcal{E}(-i) - \mathcal{A})$.

Die Transformationsmatrix $\mathcal{P}$ des Basiswechsels ist nach dem Verfahren 6.2.8

$$\mathcal{P} = \begin{pmatrix} 2 & 1 & 0 & 0 \\ 1 & 0 & 0 & 0 \\ 0 & 0 & i & i \\ 0 & 1 & 1 & -1 \end{pmatrix} \quad \text{mit } \mathcal{P}^{-1} = \begin{pmatrix} 0 & 1 & 0 & 0 \\ 1 & -2 & 0 & 0 \\ -\frac{1}{2} & 1 & -\frac{i}{2} & \frac{1}{2} \\ \frac{1}{2} & -1 & -\frac{i}{2} & -\frac{1}{2} \end{pmatrix}.$$

$$\mathcal{P}^{-1}\mathcal{A}\mathcal{P} = \begin{pmatrix} 2 & 0 & 0 & 0 \\ 0 & 2 & 0 & 0 \\ 0 & 0 & i & 0 \\ 0 & 0 & 0 & -i \end{pmatrix}$$

ist eine zu $\mathcal{A}$ ähnliche Diagonalmatrix über dem Körper $\mathbb{C}$ der komplexen Zahlen.

6.3 Jordansche Normalform

Sei V ein n-dimensionaler Vektorraum über dem Körper F. Von allen in diesem Abschnitt betrachteten Endomorphismen $\alpha \in \operatorname{End}_F(V)$ von V wird vorausgesetzt, daß ihr charakteristisches Polynom in Linearfaktoren über F zerfällt. Sind $f_1, f_2, \ldots, f_m \in F$ die verschiedenen Eigenwerte von α mit den algebraischen Vielfachheiten $c_1, c_2, \ldots, c_m$, dann gilt also

$$\operatorname{char Pol}_\alpha(X) = (X - f_1)^{c_1}(X - f_1)^{c_2} \ldots (X - f_m)^{c_m},$$

wobei $c_1 + c_2 + \cdots + c_m = n$.

6.3.1 Definition. Sei $\alpha \in \operatorname{End}_F(V)$ ein Endomorphismus des F-Vektorraumes V. Der Körper F heißt ein *Zerfällungskörper* für α, wenn sein charakteristisches Polynom $\operatorname{char Pol}_\alpha(X)$ über F in Linearfaktoren zerfällt.

6.3.2 Beispiele.

(a) $\mathbb{C}$ ist ein Zerfällungskörper für jedes $\alpha \in \operatorname{End}(V)$; denn nach dem Hauptsatz der Algebra 1.4.4 zerfällt jedes Polynom $f(X) \in \mathbb{C}[X]$ in Linearfaktoren.

(b) $\mathbb{R}$ ist kein Zerfällungskörper für die Matrix $\mathcal{A} = \begin{pmatrix} 0 & 1 \\ -1 & 0 \end{pmatrix}$; denn ihr charakteristisches Polynom ist $\operatorname{char}\operatorname{Pol}_\alpha(X) = X^2 + 1$.

In diesem Abschnitt wird gezeigt, daß zu jedem Endomorphismus $\alpha \in \operatorname{End}_F(V)$ über einem Zerfällungskörper F eine Basis B von V existiert derart, daß die Matrix $A_\alpha(B, B)$ von α eine spezielle Dreiecksmatrix ist. Sie heißt Jordansche Normalform von α. Ist α diagonalisierbar, so ist $A_\alpha(B, B)$ eine Diagonalmatrix.

6.3.3 Satz (Fitting). *Sei V ein n-dimensionaler Vektorraum über dem Körper F und $\alpha \in \operatorname{End}_F(V)$. Dann existiert eine natürliche Zahl $0 < k \leq n$ derart, daß $\alpha^{k+1}V = \alpha^k V$ und $\operatorname{Ker}(\alpha^{k+1}) = \operatorname{Ker}(\alpha^k)$,*

$$V = \alpha^k V \oplus \operatorname{Ker}(\alpha^k).$$

Insbesondere sind die direkten Summanden $\alpha^k V$ und $\operatorname{Ker}(\alpha^k)$ von V α-invariante Unterräume.

Beweis: Wegen $\dim_F \operatorname{Ker}(\alpha^i) \leq n$ für $i = 1, 2, \dots$ tritt in der aufsteigenden Kette

$$\operatorname{Ker}(\alpha) \leq \operatorname{Ker}(\alpha^2) \leq \cdots \leq \operatorname{Ker}(\alpha^i) \leq \operatorname{Ker}(\alpha^{i+1}) \leq \cdots$$

das Gleichheitszeichen auf. Sei

$$k = \min\{i \mid \operatorname{Ker}(\alpha^i) = \operatorname{Ker}(\alpha^{i+1})\}.$$

Nach Satz 3.2.13 ist daher

$$\begin{aligned} \dim_F(\alpha^{k+1}V) &= n - \dim_F[\operatorname{Ker}(\alpha^{k+1})] \\ &= n - \dim_F[\operatorname{Ker}(\alpha^k)] = \dim_F(\alpha^k V). \end{aligned}$$

Deshalb ist $\alpha^{k+1}V = \alpha^k V$ nach Folgerung 2.2.14, weil stets $\alpha^{k+1}V \leq \alpha^k V$ gilt.

Aus $\alpha^{k+1}V = \alpha^k V$ folgt $\alpha^{k+r}V = \alpha^k V$ für alle $r = 1, 2, \dots$. Wegen $\operatorname{Ker}(\alpha^k) \leq \operatorname{Ker}(\alpha^{k+r})$ und Satz 3.2.13 gilt daher $\operatorname{Ker}(\alpha^{k+r}) = \operatorname{Ker}(\alpha^k)$ für alle $r = 1, 2, \dots$.

Sei $\boldsymbol{v} \in \alpha^k V \cap \operatorname{Ker}(\alpha^k)$. Dann ist $\boldsymbol{v} = \alpha^k \boldsymbol{u}$ für ein $\boldsymbol{u} \in V$ und $\boldsymbol{o} = \alpha^k \boldsymbol{v} = \alpha^{2k}\boldsymbol{u}$. Also ist $\boldsymbol{u} \in \operatorname{Ker}(\alpha^{2k}) = \operatorname{Ker}(\alpha^k)$, woraus $\boldsymbol{v} = \alpha^k \boldsymbol{u} = \boldsymbol{o}$ folgt. Deshalb ist $\operatorname{Ker}(\alpha^k) \cap \alpha^k V = \boldsymbol{o}$ und $V = \alpha^k V + \operatorname{Ker}(\alpha^k)$, weil

$$n = \dim_F V = \dim_F(\alpha^k V) + \dim_F(\operatorname{Ker}\alpha^k).$$

Wegen $\alpha^{k+1}V = \alpha^k V$ und $\operatorname{Ker}(\alpha^k) = \operatorname{Ker}(\alpha^{k+1})$ sind diese Unterräume von V beide α-invariant. ♦

6.3.4 Definition. Sei $\alpha \in \operatorname{End}_F(V)$ und $f \in F$ ein Eigenwert von α. Sei $\beta = \alpha - f\,\mathrm{id}_V \in \operatorname{End}_F(V)$. Die nach dem Satz von Fitting existierende kleinste natürliche Zahl $0 < k \le n = \dim_F V$ mit $\beta^{k+1}V = \beta^k V$, $\operatorname{Ker}(\beta^{k+1}) = \operatorname{Ker}(\beta^k)$ und $V = \beta^k V \oplus \operatorname{Ker}(\beta^k)$ heißt der *Exponent des Eigenwerts f von α*. Er wird mit $e = e_\alpha(f) = k$ bezeichnet.

Der hierzu gehörige Unterraum $\operatorname{Ker}(\beta^e) = \operatorname{Ker}(\beta^k)$ heißt der *verallgemeinerte Eigenraum* von α *zum Eigenwert* f.

6.3.5 Hilfssatz. *Sei $f \in F$ ein Eigenwert von $\alpha \in \operatorname{End}_F(V)$ mit Exponent $e_\alpha(f) = e$. Sei $\beta = \alpha - f\,\mathrm{id}_V \in \operatorname{End}_F(V)$ und*

$$\operatorname{char}\operatorname{Pol}_\alpha(X) = (X - f)^c (X - f_2)^{c_2} \dots (X - f_m)^{c_m},$$

das charakteristische Polynom von α mit paarweise verschiedenen Eigenwerten $f, f_2, \dots, f_m$. Dann gelten:

(a) $V = \beta^e(V) \oplus \operatorname{Ker}(\beta^e)$.

(b) *Beide Unterräume $\beta^e(V)$ und $\operatorname{Ker}(\beta^e)$ von V sind sowohl α- als auch β-invariant.*

(c) *Die Einschränkung β' von β auf $\beta^e(V)$ ist injektiv.*

(d) *f ist kein Eigenwert der Einschränkung α' von α auf $\beta^e(V)$.*

(e) *$(X - f)^c$ ist das charakteristische Polynom der Einschränkung α'' von α auf $\operatorname{Ker}(\beta^e)$.*

(f) $\operatorname{char}\operatorname{Pol}_{\alpha'}(X) = (X - f_2)^{c_2}(X - f_3)^{c_3} \dots (X - f_m)^{c_m}$ *ist das charakteristische Polynom der Einschränkung α' von α auf $\beta^e(V)$.*

Beweis: (a) gilt nach Satz 6.3.3 und Definition 6.3.4.

(b) Wegen $\beta = \alpha - f\,\mathrm{id}_V \in \operatorname{End}_F(V)$ ist $\alpha\beta = \beta\alpha$, und so $\alpha\beta^e = \beta^e\alpha$. Daher gilt $\alpha[\beta^e(V)] = \beta^e(\alpha V) \le \beta^e(V)$. Ist $\boldsymbol{v} \in \operatorname{Ker}(\beta^e)$, so ist $\beta^e\boldsymbol{v} = 0$ und $\alpha\beta^e\boldsymbol{v} = \beta^e(\alpha\boldsymbol{v}) = 0$. Also ist auch $\operatorname{Ker}(\beta^e)$ α-invariant. Nach Satz 6.3.3 sind beide Unterräume β-invariant.

(c) Nach Definition 6.3.4 und Satz 6.3.3 gilt $\beta^{e+1}(V) = \beta^e V$. Also ist die Einschränkung β' von β auf $\beta^e(V)$ surjektiv. Aus dem Dimensionssatz 3.2.13 folgt daher $\operatorname{Ker}(\beta') = 0$.

(d) Nach (c) gilt $\operatorname{Ker}(\beta') = \operatorname{Ker}(\alpha' - f\,\mathrm{id}'_V) = 0$, wobei α' die Einschränkung von α auf $\beta^e(V)$ ist. Also ist f kein Eigenwert von α'.

(e) Sei α'' die Einschränkung von α auf $\operatorname{Ker}(\beta^k)$. Aus (a) und Satz 3.7.3 folgt

$$(*) \qquad \operatorname{char}\operatorname{Pol}_\alpha(X) = [\operatorname{char}\operatorname{Pol}_{\alpha'}(X)] \cdot [\operatorname{char}\operatorname{Pol}_{\alpha''}(X)].$$

Nach (d) ist $(X - f)^c$ kein Teiler von $\operatorname{char}\operatorname{Pol}_{\alpha'}(X)$. Wegen der eindeutigen Faktorisierung von $\operatorname{char}\operatorname{Pol}_{\alpha}(X)$ in Linearfaktoren folgt, daß $(X - f)^c$ ein Teiler von $\operatorname{char}\operatorname{Pol}_{\alpha''}(X)$ ist.

Wäre f_i für ein $i \in \{2, 3, \dots, m\}$ ein Eigenwert von α'', dann wäre $\alpha \boldsymbol{v} = \boldsymbol{v} f_i$ für ein $0 \neq \boldsymbol{v} \in \operatorname{Ker}(\beta^e)$. Also existiert eine kleinste natürliche Zahl $s < e$ mit $\boldsymbol{v} \in \operatorname{Ker}(\beta^s)$, aber $\boldsymbol{v} \notin \operatorname{Ker}(\beta^{s-1})$. Sicherlich ist

$$\alpha \boldsymbol{v} = \boldsymbol{v} f_i = \boldsymbol{v}(f_i - f) + \boldsymbol{v} f,$$

und so

$$\boldsymbol{v}(f_i - f) = \alpha \boldsymbol{v} - \boldsymbol{v} f = \beta \boldsymbol{v} \quad \text{mit } f_i - f \neq 0.$$

Hieraus folgt

$$\beta^{s-1} \boldsymbol{v}(f_i - f) = \beta^s \boldsymbol{v} = 0.$$

Also ist $\beta^{s-1} \boldsymbol{v} = 0$ im Widerspruch zu $\boldsymbol{v} \notin \operatorname{Ker}(\beta^{s-1})$. Daher ist $\operatorname{char}\operatorname{Pol}_{\alpha''}(X) = (X - f)^c$.

(f) ist eine unmittelbare Folge von (∗) und (e). ♦

6.3.6 Satz. *Sei α ein Endomorphismus des n-dimensionalen Vektorraums V über dem Körper F, dessen Eigenwerte $f_1, f_2, \dots f_m$ zu F gehören. Dann gelten:*

(a) *Jeder verallgemeinerte Eigenraum* $\operatorname{Ker}[(\alpha - f_i \operatorname{id}_V)^{e_i}]$ *ist ein α-invarianter Unterraum von V.*

(b) *V ist die direkte Summe der m verallgemeinerten Eigenräume*

$$\operatorname{Ker}[(\alpha - f_i \operatorname{id}_V)^{e_i}]$$

von α, wobei e_i der Exponent des Eigenwerts f_i ist.

Beweis: (a) folgt unmittelbar aus Hilfssatz 6.3.5.

(b) Sei $\operatorname{char}\operatorname{Pol}_{\alpha}(X) = (X - f_1)^{c_i}(X - f_2)^{c_2} \dots (X - f_m)^{c_m}$. Sei $\beta_i = \alpha - f_i \operatorname{id}_V$ und e_i der Exponent von f_i für $i = 1, 2, \dots, m$. Nach Hilfssatz 6.3.5 gilt:

$$V = \beta_1^{e_1}(V) \oplus \operatorname{Ker}(\beta_1^{e_1})$$

und $\operatorname{char}\operatorname{Pol}_{\alpha'}(X) = (X - f_2)^{c_2}(X - f_3)^{c_3} \dots (X - f_m)^{c_m}$, wobei α' die Einschränkung von α auf $V' = \beta_1^{e_1}(V)$ ist. Da V' und $\operatorname{Ker}(\beta_1^{e_1})$ α-invariante Unterräume nach Hilfssatz 6.3.5 (b) sind, ergibt sich die Behauptung (b) durch vollständige Induktion nach m. ♦

6.3.7 Definition. Ein Endomorphismus α des F-Vektorraums V heißt *nilpotent*, wenn es eine natürliche Zahl s gibt derart, daß $\alpha^s = 0$. Die kleinste Zahl k mit $\alpha^k = 0$ heißt der *Nilpotenzindex* von α.

6.3.8 Bemerkung. Mit den Bezeichnungen des Satzes 6.3.3 von Fitting gilt: Die Einschränkung von α auf den α-invarianten Unterraum $U = \operatorname{Ker}(\alpha^k)$ von V ist ein nilpotenter Endomorphismus von U mit Nilpotenzindex k.

Im folgenden Satz wird ein Verfahren für die Berechnung der Elementarteiler eines nilpotenten Endomorphismus γ eines n-dimensionalen F-Vektorraums V beschrieben. Außerdem wird eine Basis B von V konstruiert, bezüglich derer die $n \times n$-Matrix $\mathcal{A}_\gamma(B, B)$ die Jordansche Normalform von γ ist. Danach wird gezeigt, daß man auch die Bestimmung der Jordanschen Normalform eines *beliebigen* Endomorphismus α von V auf den nilpotenten Fall reduzieren kann.

6.3.9 Definition. Sei $\gamma \in \operatorname{End}_F(V)$ ein nilpotenter Endomorphismus des n-dimensionalen Vektorraums V über dem Körper F mit Nilpotenzindex $e \neq 0$. Dann ist

$$0 < \operatorname{Ker}(\gamma) < \operatorname{Ker}(\gamma^2) < \cdots < \operatorname{Ker}(\gamma^{e-1}) < \operatorname{Ker}(\gamma^e) = V$$

eine echt aufsteigende Folge γ-invarianter Unterräume von V. Sei

$$h = |\{1 \leq j \leq e | \dim_F[\operatorname{Ker}(\gamma^j)/\operatorname{Ker}(\gamma^{j-1})] > \dim_F[\operatorname{Ker}(\gamma^{j+1})/\operatorname{Ker}(\gamma^j)]\}|.$$

Dann existiert eine eindeutig bestimmte echt absteigende Folge

$$e_1 = e > e_2 > \cdots > e_h > 0$$

von natürlichen Zahlen e_i derart, daß die Einschränkung γ_i von γ auf $\operatorname{Ker}(\gamma^{e_i})$ ein nilpotenter Endomorphismus von $\operatorname{Ker}(\gamma^{e_i})$ mit Nilpotenzindex e_i ist.

Die h natürlichen Zahlen e_i sind die *verschiedenen Elementarteiler des nilpotenten Endomorphismus* $\gamma \in \operatorname{End}_F(V)$.

Für $i = 1, 2, \ldots, h$ ist die *Vielfachheit* w_i des *Elementarteilers* e_i sukzessiv durch die Gleichung

$$\sum_{j=1}^{i} w_j = \dim_F[\operatorname{Ker}(\gamma^{e_i})/\operatorname{Ker}(\gamma^{e_i-1})]$$

eindeutig bestimmt.

6.3.10 Satz. *Sei $\gamma \in \operatorname{End}_F(V)$ ein nilpotenter Endomorphismus des n-dimensionalen Vektorraums V über dem Körper F mit den verschiedenen Elementarteilern*

$$e_1 > e_2 > \cdots > e_h > 0$$

mit den Vielfachheiten $w_1, w_2, \ldots, w_h$. Sei $r = \dim_F \operatorname{Ker}(\gamma)$. Dann gelten:

(a) $\sum_{i=1}^{h} w_i = r$.

(b) *Für jedes* $i = 1, 2, \ldots, h$ *gibt es eine direkte Summe* $\bigoplus_{j_i=1}^{w_i} U_{ij_i}$ *von* γ*-invarianten Unterräumen* U_{ij_i}, $1 \leq j_i \leq w_i$, *die jeweils eine Basis* $B_{ij_i} = \{\boldsymbol{m}_{ij_i}, \gamma\boldsymbol{m}_{ij_i}, \ldots, \gamma^{e_i-1}\boldsymbol{m}_{ij_i}\}$ *besitzen, bezüglich derer die Einschränkung* $\gamma_{|U_{ij_i}} = \gamma_{ij_i}$ *von* γ *auf* U_{ij_i} *die* $e_i \times e_i$*-Matrix*

$$J_{ij_i} = \mathcal{A}_{\gamma_{ij_i}}(B_{ij_i}, B_{ij_i}) = \begin{pmatrix} 0 & & \cdots & & 0 \\ 1 & 0 & & & \\ 0 & 1 & 0 & & \vdots \\ \vdots & \ddots & \ddots & \ddots & \\ 0 & \cdots & 0 & 1 & 0 \end{pmatrix}$$

mit $e_i - 1$ *Einsen in der unteren Nebendiagonalen hat.*

(c) $V = \bigoplus_{i=1}^{h} \bigoplus_{j_i=1}^{w_i} U_{ij_i}$ *und* $n = \sum_{i=1}^{h} e_i w_i$.

(d) $B = \bigcup_{i=1}^{h} \bigcup_{j_i=1}^{w_i} B_{ij_i}$ *ist eine Basis von* V *bezüglich derer* γ *die diagonale Blockmatrix*

$$J = \mathcal{A}_{\gamma}(B, B) = \begin{pmatrix} J_{11} & & & & & \\ & \ddots & & & & \\ & & J_{1,w_1} & & & \\ & & & \ddots & & \\ & & & & J_{h,1} & & \\ & & & & & \ddots & \\ & & & & & & J_{h,w_h} \end{pmatrix}$$

hat.

Beweis: Da γ nilpotent ist, ist nach Definition 6.3.9 der Nilpotenzindex e_1 von γ der größte Elementarteiler von γ. Also ist $V = \operatorname{Ker}(\gamma^{e_1}) > \operatorname{Ker}(\gamma^{e_1-1})$. Nach Satz 2.3.18 gibt es daher w_1 linear unabhängige Vektoren $\boldsymbol{m}_{1j_1} \in V$, $1 \leq j_1 \leq w_1$, die einen Unterraum U_1 von V erzeugen derart, daß

$$V = \operatorname{Ker}(\gamma^{e_1-1}) \oplus U_1 \quad \text{und so} \quad \operatorname{Ker}(\gamma^{e_1-1}) \cap U_1 = 0$$

ist. Für jedes j_1 sind die Vektoren $\boldsymbol{m}_{1j_1}, \gamma\boldsymbol{m}_{1j_1}, \ldots, \gamma^{e_1-1}\boldsymbol{m}_{1j_1}$ linear unabhangig, weil aus

$$\boldsymbol{m}_{1j_1} f_0 + \gamma\boldsymbol{m}_{1j_1} f_1 + \cdots + \gamma^{e_1-1}\boldsymbol{m}_{1j_1} f_{e_1-1} = 0$$

zunächst $\gamma^{e_1-1}\boldsymbol{m}_{1j_1}f_0 = 0$ und so

$$\boldsymbol{m}_{1j_1}f_0 \in \operatorname{Ker}(\gamma^{e_1-1}) \cap U_1 = 0$$

folgt, woraus sich $f_0 = 0$ und anschließend durch analoge Schlußweise $f_i = 0$ für alle $1 \leq i \leq e_1 - 1$ ergibt.

Da γ den Nilpotenzindex e_1 hat, ist

$$U_{1j_1} = \langle \boldsymbol{m}_{1j_1}, \gamma\boldsymbol{m}_{1j_1}, \ldots, \gamma^{e_1-1}\boldsymbol{m}_{1j_1}\rangle$$

für jedes $j_1 = 1, 2, \ldots, w_1$ ein γ-invarianter Unterraum von V mit Dimension e_1.

Wäre $U_{11} \cap \sum_{j_1=2}^{w_1} U_{1j_1} = 0$, dann wäre

$$(*) \qquad \boldsymbol{m}_{1j_1}f_0 + \gamma\boldsymbol{m}_{1j_1}f_1 + \cdots + \gamma^{e_1-1}\boldsymbol{m}_{1j_1}f_{e_1-1} = \sum_{j_1=2}^{w_1}\sum_{k=0}^{e_1-1}\gamma^k\boldsymbol{m}_{1j_1}f_{kj_1}$$

für geeignete $f_k, f_{kj_1} \in F$, die nicht sämtlich Null sind. Durch Linksmultiplikation von $(*)$ mit γ^{e_1-1} folgt

$$\gamma^{e_1-1}\boldsymbol{m}_{1j_1}f_0 = \gamma^{e_1-1}\left(\sum_{j_1=2}^{w_1}\boldsymbol{m}_{1j_1}f_{0j_1}\right),$$

und so

$$\boldsymbol{m}_{1j_1}f_0 - \sum_{j_1=2}^{w_1}\boldsymbol{m}_{1j_1}f_{0j_1} \in \operatorname{Ker}(\gamma^{e_1-1}) \cap U_1 = 0$$

Wegen der linearen Unabhängigkeit der w_1 Vektoren m_{1j_1}, $1 \leq j_1 \leq w_1$, gilt daher $f_0 = 0 = f_{0j_1}$ für alle $2 \leq j_1 \leq w_1$. Analog zeigt man durch Linksmultiplikation von $(*)$ mit γ^{e_1-2}, γ^{e_1-3}, daß auch die restlichen Koeffizienten f_i und f_{kj_1} gleich Null sind. Aus diesem Widerspruch folgt, daß $W_1 = \bigoplus_{j_1=1}^{w_1} U_{1j_1}$ eine direkte Summe von γ-invarianten Unterräumen von V ist.

Ist $h = 1$, dann ist $V = W_1$ und weiter $\gamma^{e_1-1}(W_1) = \operatorname{Ker}(\gamma)$, d. h. $w_1 = \dim_F \operatorname{Ker}(\gamma) = r$. Also gelten alle Behauptungen (a) bis (d) für $h = 1$.

Angenommen, für $i = 1, 2, \ldots, k$ und $k < h$ sei schon die Existenz von γ-invarianten Unterräumen U_{ij_i}, $1 \leq j_i \leq w_i$, $1 \leq i \leq k$ gezeigt derart, daß $W_i = \bigoplus_{j_i=1}^{w_i} U_{ij_i}$ eine direkte Summe von γ-invarianten, e_i-dimensionalen Unterräumen von V ist und $W_1 \oplus W_2 \oplus \cdots \oplus W_k$ eine direkte Summe ist. Dabei sei $B_{ij_i} = \{\boldsymbol{m}_{ij_i}, \gamma m_{ij_i}, \ldots, \gamma^{e_i-1}\boldsymbol{m}_{ij_i}\}$ eine Basis von U_{ij_i} und $U_i = \langle \boldsymbol{m}_{ij_i} \mid 1 \leq j_i \leq w_i\rangle$ ein Unterraum von V mit

$$\left[\sum_{s=1}^{i-1}\gamma^{e_s-e_i}(W_s) + \operatorname{Ker}(\gamma^{e_i-1})\right] \cap U_i = 0$$

und

$$\operatorname{Ker}(\gamma^{e_i}) = \left[\sum_{s=1}^{i-1} \gamma^{e_s - e_i}(W_s) + \operatorname{Ker}(\gamma^{e_i - 1})\right] \oplus U_i.$$

Wegen $k < h$ ist $0 < e_{k+1} < e_k$. Nach Definition 6.3.9 ist

$$w_{k+1} = \dim_F[\operatorname{Ker}(\gamma^k)/\operatorname{Ker}(\gamma^{k-1})] - \dim_F[\operatorname{Ker}(\gamma^{k+1})/\operatorname{Ker}(\gamma^k)] > 0.$$

Also existiert ein w_{k+1}-dimensionaler Unterraum U_{k+1} von $\operatorname{Ker}(\gamma^{e_{k+1}})$ mit

$$\left[\sum_{s=1}^{k} \gamma^{e_s - e_{k+1}}(W_s) + \operatorname{Ker}(\gamma^{e_{k+1}-1})\right] \oplus U_{k+1} = \operatorname{Ker}(\gamma^{e_{k+1}})$$

und Basis $\{\boldsymbol{m}_{k+1,j_{k+1}} \mid 1 \leq j_{k+1} \leq w_{k+1}\}$. Für jedes j_{k+1} sei $B_{k+1,j_{k+1}} = \{\boldsymbol{m}_{k+1,j_{k+1}}, \gamma\boldsymbol{m}_{k+1,j_{k+1}}, \dots, \gamma^{e_{k+1}-1}\boldsymbol{m}_{k+1,j_{k+1}}\}$ und $U_{k+1,j_{k+1}}$ das Erzeugnis von $B_{k+1,j_{k+1}}$. Dann sind nach dem im ersten Abschnitt gegebenen Beweis die w_{k+1} Unterräume $U_{k+1,j_{k+1}}$ alle e_{k+1}-dimensional und γ-invariant. Weiter ist die Summe

$$W_{k+1} = \bigoplus_{j_{k+1}=1}^{w_{k+1}} U_{k+1,j_{k+1}}$$

direkt. Wegen $U_{k+1} \cap \left[\sum_{s=1}^{k} \gamma^{e_s - e_{k+1}}(W_s) + \operatorname{Ker}(\gamma^{e_{k+1}^{-1}})\right] = 0$ ist es wie oben einfach zu zeigen, daß die Summe $\bigoplus_{s=1}^{k+1} W_s$ direkt ist. Insbesondere sind die w_{k+1} linear unabhängigen Elemente $\gamma^{e_{k+1}^{-1}}\boldsymbol{m}_{k+1,j_{k+1}}$ im Kern von γ. Durch vollständige Induktion nach k folgen nun (a) $\sum_{i=1}^{h} w_i = r = \dim_F \operatorname{Ker}(\gamma)$ und die Behauptungen (b) und (c) des Satzes. Die Behauptung (d) folgt unmittelbar aus (c) und Satz 3.7.3♦

6.3.11 Satz (Jordansche Normalform). *Sei F ein Zerfällungskörper für den Endomorphismus α des n-dimensionalen F-Vektorraums V. Seien $f_1, f_2, \dots, f_k$ die verschiedenen Eigenwerte von α. Für jedes $i = 1, 2, \dots, k$ sei $\beta_i = \alpha - f_i \operatorname{id}_V \in$* $\operatorname{End}_F(V)$ *und $e_i = e_\alpha(f_i)$ der Exponent von f_i. Dann gelten:*

(a) *Die k verallgemeinerten Eigenräume* $\operatorname{Ker}(\beta_i^{e_i})$ *von α sind α-invariante Unterräume.*

(b) $V = \bigoplus_{i=1}^{k} \operatorname{Ker}(\beta_i^{e_i})$.

(c) *β_i ist ein nilpotenter Endomorphismus von* $\operatorname{Ker}(\beta_i^{e_i})$ *mit Nilpotenzindex e_i.*

(d) *Seien $e_{i1} = e_i > e_{i2} > \cdots > e_{ir_i} > 0$ die verschiedenen Elementarteiler von β_i und sei w_{ij_i} die Vielfachheit des Elementarteilers e_{ij_i} von β_i. Dann gibt es* *eine Basis B von V, bezüglich derer die Matrix* $\mathcal{A}_\alpha(B, B)$ *von* α *die folgende Gestalt hat:*

$$\mathcal{J} = \mathcal{A}_\alpha(B, B) = \begin{pmatrix} \mathcal{R}_1 & 0 & \cdots & 0 \\ 0 & \mathcal{R}_2 & \ddots & \vdots \\ \vdots & \ddots & \ddots & 0 \\ 0 & \cdots & 0 & \mathcal{R}_k \end{pmatrix},$$

und jede Matrix $\mathcal{R}_i$ *hat die Form*

$$\mathcal{R}_i = \begin{pmatrix} \mathcal{B}_{i1} & 0 & \cdots & 0 \\ 0 & \mathcal{B}_{i2} & \ddots & 0 \\ \vdots & \ddots & \ddots & \vdots \\ & & & 0 \\ 0 & \cdots & 0 & \mathcal{B}_{ir_i} \end{pmatrix},$$

wobei $\mathcal{B}_{ij_i}$ *eine diagonale Blockmatrix mit* w_{ij_i} *gleichen* $e_{ij_i} \times e_{ij_i}$*-Matrizen* $\mathcal{J}_{ij_i}$ *der folgenden Gestalt ist:*

$$\mathcal{J}_{ij_i} = \begin{pmatrix} f_i & 0 & 0 & \cdots & & 0 \\ 1 & f_i & 0 & \cdots & & \vdots \\ 0 & 1 & f_i & \cdots & & 0 \\ \vdots & 0 & 1 & \ddots & & \vdots \\ & & \ddots & \ddots & \ddots & 0 \\ 0 & \cdots & & 0 & 1 & f_i \end{pmatrix}.$$

Die Matrizen $\mathcal{J}_{ij_i}$ *heißen* Jordankästchen von α zum Eigenwert f_i und Elementarteiler e_{ij_i}.

Beweis: (a) und (b) gelten nach Satz 6.3.6. (c) folgt aus Satz 6.3.3.

Nach (a), Hilfssatz 6.3.5 und Satz 3.7.3 kann angenommen werden, daß $\operatorname{char}\operatorname{Pol}_\alpha(X) = (X - f)^n$ für ein $f \in F$ ist. Insbesondere ist $\beta = \alpha - f\,\mathrm{id}_V \in \operatorname{End}_F(V)$ nilpotent mit Nilpotenzindex $e = e_\alpha(f)$. Wegen Satz 3.7.3 und Satz 6.3.10 existiert ein $0 \neq \boldsymbol{w} \in V$ derart, daß $B = \{\boldsymbol{w}, (\alpha - t)\boldsymbol{w}, \dots, (\alpha - t)^{e-1}\boldsymbol{w}\}$ eine Basis des F-Vektorraums V ist. Hieraus folgt

$$\alpha\boldsymbol{w} = (\alpha - f)\boldsymbol{w} + f\boldsymbol{w},$$
$$\alpha[(\alpha - f)^j\boldsymbol{w}] = (\alpha - f)^{j+1}\boldsymbol{w} + f(\alpha - f)^j\boldsymbol{w} \quad \text{für } j = 1, 2, \dots, r - 1.$$

Daher hat α bezüglich der Basis B von V die Matrix

$$\mathcal{A}_\alpha(B,B)=\begin{pmatrix} f & 0 & 0 & \cdots & & 0\\ 1 & f & 0 & \cdots & & \vdots \\ 0 & 1 & f & \cdots & & 0 \\ \vdots & 0 & 1 & \ddots & & \vdots \\ & & \ddots & \ddots & \ddots & 0 \\ 0 & \cdots & & 0 & 1 & f \end{pmatrix}$$

nach Definition 3.3.1. ♦

6.3.12 Folgerung. *Ein Endomorphismus α eines endlich-dimensionalen Vektorraums V ist genau dann diagonalisierbar, wenn sein charakteristisches Polynom in Linearfaktoren zerfällt und für alle Eigenwerte f von α und deren Exponenten $e_\alpha(f)=1$ gilt.*

Beweis: Folgt sofort aus Satz 6.3.11 und Definition 6.3.4. ♦

6.3.13 Berechnungsverfahren für die Jordansche Normalform und die zugehörige Transformationsmatrix. Sei $V=F^n$ der n-dimensionale, arithmetische Vektorraum über dem Körper F. Sei $E=\{\boldsymbol{e}_1,\boldsymbol{e}_2,\dots,\boldsymbol{e}_n\}$ die kanonische Basis von V. Sei $\mathcal{A}=(a_{ij})\in \operatorname{Mat}_n(F)$ eine $n\times n$-Matrix, deren sämtliche verschiedenen Eigenwerte f_u, $1\le u\le k$, im Körper F liegen. Sei $\alpha\in \operatorname{End}_F(V)$ der zu $\mathcal{A}$ gehörige Endomorphismus von V, d. h. $\alpha(\boldsymbol{e}_j)=\sum_{i=1}^n \boldsymbol{e}_i a_{ij}$ für $j=1,2,\dots,n$. Dann existiert nach Satz 6.3.11 eine Basis B von V, bezüglich derer die Matrix $\mathcal{A}_\alpha(B,B)$ von α die Jordansche Normalform von $\mathcal{A}$ ist. Außerdem sind die Basisvektoren $\boldsymbol{b}$ von B die Spaltenvektoren der Transformationsmatrix $\mathcal{Q}$, für die $\mathcal{A}_\alpha(B,B)=\mathcal{Q}^{-1}\mathcal{A}\mathcal{Q}$ gilt.

Die Berechnung der Eigenwerte f_u, $1\le u\le k$, von $\mathcal{A}$, der zugehörigen Elementarteiler $e_{u1}\ge e_{u2}\ge e_{u3}\ge\cdots\ge e_{ur_u}>0$ und der Basisvektoren von B wird in folgenden Schritten durchgeführt.

(a) Man berechnet die Koeffizienten des charakteristischen Polynoms $\operatorname{char}\operatorname{Pol}_{\mathcal{A}}(X)$.

(b) Man bestimmt die Nullstellen f_u von $\operatorname{char}\operatorname{Pol}_{\mathcal{A}}(X)=\prod_{u=1}^k (X-f_u)^{k_u}$.

(c) Für jeden Eigenwert f_u von $\mathcal{A}$, $1\le u\le k$, bestimmt man den größten Elementarteiler $e_{u1}=e_u$ durch

$$e_u=\min\left\{j\in\{1,2,\dots,k_u\}\mid \operatorname{Ker}\left[(\mathcal{A}-f_u\mathcal{E}_n)^j\right]=\operatorname{Ker}\left[(\mathcal{A}-f_u\mathcal{E}_n)^{j+1}\right]\right\}.$$

Dann ist nach Satz 6.3.6 $V_u = \operatorname{Ker}[(\mathcal{A} - f_u\mathcal{E}_n)^{e_u}]$ der verallgemeinerte Eigenraum von $\mathcal{A}$ zum Eigenwert f_u, und V hat die eindeutige Zerlegung

$$V = \bigoplus_{u=1}^{k} V_u.$$

(d) Für jeden Eigenwert f_u von $\mathcal{A}$, $1 \le u \le k$, sei $\alpha_u = \alpha_{|Vu}$ die Einschränkung von α auf den α-invarianten Unterraum V_u von V. Weiter sei ε_u der identische Endomorphismus von V_u und $\beta_u = \alpha_u - f_u\varepsilon_u \in \operatorname{End}_F(V_u)$. Dann ist β_u ein nilpotenter Endomorphismus von V_u mit Nilpotenzindex e_u.

(e) Für jedes $u \in \{1, 2, \dots, k\}$ sind nach Satz 6.3.11 die verschiedenen Elementarteiler $e_u = e_{u1} \ge e_{u2} \ge \dots \ge e_{ur_u} > 0$ von $\mathcal{A}$ zum Eigenwert f_u gleich den Elementarteilern des nilpotenten Endomorphismus β_u des verallgemeinerten Eigenraums V_u von V. Die Elementarteiler und die jeweilige Vielfachheit eines jeden der k nilpotenten Endomorphismen $\beta_u \in \operatorname{End}_F(V_u)$, $1 \le u \le k$, berechnet man mit dem in Satz 6.3.10 beschriebenen Verfahren.

(f) Für jedes $u \in \{1, 2, \dots, k\}$ konstruiert man mit dem in Satz 6.3.10 beschriebenen Verfahren eine Basis B_u des verallgemeinerten Eigenraums V_u von B. Wegen

$$\operatorname{Ker}[(\beta_u)^j] = \{\boldsymbol{v} \in V_u \mid (\beta_u)^j(\boldsymbol{v}) = 0\} = \operatorname{Ker}[(\mathcal{A} - f_u\mathcal{E}_n)^j] \le V_u \le V$$

für $j = 1, 2, \dots, e_u$ sind die Vektoren der Basis B_u Spaltenvektoren aus $F^n = V$. Da $V = \bigoplus_{u=1}^{k} V_u$ ist, ist $B = \bigcup_{u=1}^{k} B_u$ eine Basis von V. Nach dem Beweis der Sätze 6.3.10 und 6.3.11 ist die $n \times n$-Matrix $\mathcal{A}_\alpha(B, B)$ von α die Jordansche Normalform der Matrix $\mathcal{A}$.

(g) Die Spaltenvektoren der $n \times n$-Transformationsmatrix $\mathcal{Q}$ sind die n-Tupel der Vektoren der Basen B_u, $1 \le u \le k$, in der in Satz 6.3.10 angegebenen Reihenfolge. $\mathcal{A}_\alpha(B, B) = \mathcal{Q}^{-1}\mathcal{A}\mathcal{Q}$ ist die Jordansche Normalform der $n \times n$-Matrix $\mathcal{A}$.

6.3.14 Beispiel. Nach dem Verfahren 6.3.13 wird nun die Jordansche Normalform der Matrix

$$\mathcal{A} = \begin{pmatrix} -3 & -1 & 4 & -3 & -1 \\ 1 & 1 & -1 & 1 & 0 \\ -1 & 0 & 2 & 0 & 0 \\ 4 & 1 & -4 & 5 & 1 \\ -2 & 0 & 2 & -2 & 1 \end{pmatrix}$$

über dem Körper $\mathbb{Q}$ berechnet:

(a)
$$\begin{aligned} \operatorname{char Pol}_{\mathcal{A}}(X) &= \det(X\mathcal{E}_5 - \mathcal{A}) \\ &= X^5 - 6X^4 + 14X^3 - 16X^2 + 9X - 2 \\ &= (X-1)^4(X-2). \end{aligned}$$

Also hat $\mathcal{A}$ die Eigenwerte $f_1 = 2$ und $f_2 = 1$. Nach Satz 6.3.6 ist $V_1 = \operatorname{Ker}(2\mathcal{E}_5 - \mathcal{A})$ der verallgemeinerte Eigenraum von $\mathcal{A}$ zum Eigenwert 2, weil $(X-2)$ nur zur ersten Potenz im charakteristischen Polynom von $\mathcal{A}$ aufgeht. Wegen $\operatorname{rg}(\mathcal{A} - 2\mathcal{E}_5) = 4$ ist $\boldsymbol{a} = (0, 1, 2, 3, -2) \in V = \mathbb{Q}^5$ eine Basis von $V_1 = \operatorname{Ker}(\mathcal{A} - 2\mathcal{E}_5) = \boldsymbol{a}\mathbb{Q}$. Nach Satz 6.3.11 ist daher $e_{11} = 1$ der einzige Elementarteiler von $\mathcal{A}$ zum Eigenwert $f_1 = 2$.

Für $f_2 = 1$ betrachtet man zunächst die Ränge der Matrizen $(\mathcal{A} - \mathcal{E}_5)^j$ mit $j =\in \{1, 2, 3, 4\}$. Wegen

$$(\mathcal{A} - \mathcal{E}_5)^3 = \begin{pmatrix} 0 & 0 & 0 & 0 & 0 \\ 1 & 0 & -1 & 1 & 0 \\ 2 & 0 & -2 & 2 & 0 \\ 3 & 0 & -3 & 3 & 0 \\ -2 & 0 & 2 & -2 & 0 \end{pmatrix} \neq 0$$

und $\operatorname{rg}[(\mathcal{A} - \mathcal{E}_5)^3] = 1$ ist $V_2 = \operatorname{Ker}[(\mathcal{A} - \mathcal{E}_5)^3]$ der verallgemeinerte Eigenraum zum Eigenwert $f_2 = 1$, weil $\dim_{\mathbb{Q}} \operatorname{Ker}[(\mathcal{A} - \mathcal{E}_5)^3] = 4 = \dim_{\mathbb{Q}} V - \dim_{\mathbb{Q}} V_1$ ist. Nach 6.3.13 (c) ist $e_{21} = 3$ der größte Elementarteiler von $\mathcal{A}$ zum Eigenwert $f_2 = 1$. Wegen

$$\operatorname{rg}(\mathcal{A} - \mathcal{E}_5) = \operatorname{rg} \begin{pmatrix} -4 & -1 & 4 & -3 & -1 \\ 1 & 0 & -1 & 1 & 0 \\ -1 & 0 & 1 & 0 & 0 \\ 4 & 1 & -4 & 4 & 1 \\ -2 & 0 & 2 & -2 & 0 \end{pmatrix} = 3$$

hat $\mathcal{A}$ nach Satz 6.3.10 zum Eigenwert $f_2 = 1$ nur $r_2 = \dim_{\mathbb{Q}} \operatorname{Ker}(\mathcal{A} - \mathcal{E}_5) = 2$ verschiedene Elementarteiler $e_{21} = 3 > e_{22} > 0$. Wegen $\dim_{\mathbb{Q}} V_2 = 4$ folgt $e_{22} = 1$. Da

$$(\mathcal{A} - \mathcal{E}_5)^2 = \begin{pmatrix} 1 & 1 & -1 & 1 & 1 \\ 1 & 0 & -1 & 1 & 0 \\ 3 & 1 & -3 & 3 & 1 \\ 3 & 0 & -3 & 3 & 0 \\ -2 & 0 & 2 & -2 & 0 \end{pmatrix},$$

ist $\boldsymbol{b} = (0, 1, 0, 0, 0) \in \operatorname{Ker}[(\mathcal{A} - \mathcal{E}_5)^3] = V_2$, aber $\boldsymbol{b} \notin \operatorname{Ker}[(\mathcal{A} - \mathcal{E}_5)^2]$. Nun ist $(\mathcal{A} - \mathcal{E}_5)\boldsymbol{b} = (-1, 0, 0, 1, 0)$ und $0 \neq (\mathcal{A} - \mathcal{E}_5)^2\boldsymbol{b} = (1, 0, 1, 0, 0) \in \operatorname{Ker}(\mathcal{A} - \mathcal{E}_5)$.

Also sind $(\mathcal{A} - \mathcal{E}_5)^2\boldsymbol{b} = (1, 0, 1, 0, 0)$ und $\boldsymbol{c} = (0, -1, 0, 0, 1)$ eine Basis von $\operatorname{Ker}(\mathcal{A} - \mathcal{E}_5)$. Deshalb ist

$$B = B_1 \cup B_2 = \{\boldsymbol{a}\} \cup \{\boldsymbol{b}, (\mathcal{A} - \mathcal{E}_5)\boldsymbol{b}, (\mathcal{A} - \mathcal{E}_5)^2\boldsymbol{b}, \boldsymbol{c}\}$$

eine Basis von V, bezüglich derer der zur Matrix $\mathcal{A}$ gehörige Endomorphismus $\alpha \in \operatorname{End}_{\mathbb{Q}}(V)$ die Jordansche Normalform

$$\mathcal{A}_\alpha(B, B) = \left(\begin{array}{c|ccc|c} 2 & 0 & 0 & 0 & 0 \\ \hline 0 & 1 & 0 & 0 & 0 \\ 0 & 1 & 1 & 0 & 0 \\ 0 & 0 & 1 & 1 & 0 \\ \hline 0 & 0 & 0 & 0 & 1 \end{array}\right)$$

hat. Die Transformationsmatrix $\mathcal{Q}$ mit $\mathcal{A}_\alpha(B, B) = \mathcal{Q}^{-1}\mathcal{A}\mathcal{Q}$ ist daher

$$\mathcal{Q} = \begin{pmatrix} 0 & 0 & -1 & 1 & 0 \\ 1 & 1 & 0 & 0 & -1 \\ 2 & 0 & 0 & 1 & 0 \\ 3 & 0 & 1 & 0 & 0 \\ -2 & 0 & 0 & 0 & 1 \end{pmatrix}.$$

6.4 Anwendung der Jordanschen Normalform

Eine wichtige Anwendung findet die Jordansche Normalform einer $(n \times n)$-Matrix $\mathcal{A} = (a_{ij})$ beim Lösen von Systemen homogener linearer Differentialgleichungen 1. Ordnung mit konstanten Koeffizienten $a_{ij} \in F$, wobei F entweder der Körper $\mathbb{R}$ der reellen Zahlen oder der Körper $\mathbb{C}$ der komplexen Zahlen ist.

6.4.1 Definition. Seien $x_1(t), x_2(t), \dots, x_n(t)$ gesuchte, auf $\mathbb{R}$ oder $\mathbb{C}$ definierte, reell- oder komplexwertige Funktionen in der Variablen t, die zusammen mit ihren ersten Ableitungen $x_i'(t)$ für alle $t \in \mathbb{R}$ oder $t \in \mathbb{C}$ die folgenden linearen Gleichungen

$$\begin{aligned} x_1'(t) &= a_{11}x_1(t) + a_{12}x_2(t) + \cdots + a_{1n}x_n(t) \\ x_2'(t) &= a_{21}x_1(t) + a_{22}x_2(t) + \cdots + a_{2n}x_n(t) \\ &\vdots \\ x_n'(t) &= a_{n1}x_1(t) + a_{n2}x_2(t) + \cdots + a_{nn}x_n(t) \end{aligned} \tag{1}$$

mit konstanten Koeffizienten $a_{ij} \in F$ erfüllen.

Ein solches System (1) heißt *homogenes System von linearen Differentialgleichungen erster Ordnung mit konstanten Koeffizienten.* Die $(n \times n)$-Matrix $\mathcal{A} = (a_{ij})$ heißt *Koeffizientenmatrix* des homogenen linearen Differentialgleichungssystems.

Mit den Spaltenvektoren

$$\boldsymbol{x}(t) = (x_1(t), x_2(t), \ldots, x_n(t)) \quad \text{und} \quad \boldsymbol{x}'(t) = (x_1'(t), x_2'(t), \ldots, x_n'(t))$$

hat das System (1) auch die Matrizenform

$$\boldsymbol{x}'(t) = \mathcal{A}\boldsymbol{x}(t). \tag{2}$$

In der Vorlesung über Differentialgleichungen wird gezeigt, daß ein System $\boldsymbol{x}'(t) = \mathcal{A}\boldsymbol{x}(t)$ von homogenen linearen Differentialgleichungen unendlich viele Lösungsvektoren $\boldsymbol{x}(t)$ besitzt, daß man aber unter ihnen jeweils eine durch eine *Anfangsbedingung* eindeutig festlegen kann.

6.4.2 Definition. Zur reellen bzw. komplexen Anfangsstelle t_0 und gegebenen Werten $b_1, b_2 \ldots, b_n \in F$ gibt es genau einen Lösungsvektor $x(t)$ des homogenen Systems von linearen Differentialgleichungen erster Ordnung

$$\boldsymbol{x}'(t) = \mathcal{A}\boldsymbol{x}(t) \tag{2}$$

derart, daß $\boldsymbol{x}(t_0) = \boldsymbol{b} = (b_1, b_2, \ldots, b_n)$.

Die Vektorgleichung $\boldsymbol{x}(t_0) = \boldsymbol{b}$ heißt *Anfangsbedingung* von (2). Der Vektor $\boldsymbol{b}$ heißt *Anfangsvektor* .

6.4.3 Hilfssatz. *Sei* $(*)\ \boldsymbol{x}'(t) = \mathcal{A}\boldsymbol{x}(t)$ *ein homogenes lineares Differentialgleichungssystem* 1. *Ordnung mit* $(n \times n)$*-Koeffizientenmatrix* $\mathcal{A} = (a_{ij})$, $a_{ij} \in F$, *und Anfangsbedingung* $\boldsymbol{x}(t_0) = \boldsymbol{c} \in F^n$. *Sei* $\mathcal{D} = \mathcal{P}^{-1}\mathcal{A}\mathcal{P}$ *für eine invertierbare* $(n \times n)$*-Matrix* $\mathcal{P} = (p_{ij})$, $p_{ij} \in F$.

Genau dann ist $\boldsymbol{u}(t)$ *eine Lösung von* $(*)$ *mit Anfangsbedingung* $\boldsymbol{u}(t_0) = \boldsymbol{x}(t_0) = \boldsymbol{c}$, *wenn* $\boldsymbol{w} = \mathcal{P}^{-1}\boldsymbol{u}$ *eine Lösung ist von*

$$(**) \qquad \boldsymbol{y}'(t) = \mathcal{D}\boldsymbol{y}(t) \quad \textit{mit Anfangsbedingung } \boldsymbol{y}(t_0) = \boldsymbol{b} = \mathcal{P}^{-1}\boldsymbol{c}.$$

Beweis: Sei $\boldsymbol{u}(t)$ eine Lösung des Systems

$$(*) \qquad bx'(t) = \mathcal{A}\boldsymbol{x}(t) \quad \text{mit Anfangsvektor } \boldsymbol{x}(t_0) = \boldsymbol{c} \in F^n.$$

Dann gilt $\boldsymbol{u}'(t) = \mathcal{A}\boldsymbol{u}(t) = \mathcal{A}\mathcal{P}(\mathcal{P}^{-1}\boldsymbol{u}(t))$, woraus wegen $\mathcal{D} = \mathcal{P}^{-1}\mathcal{A}\mathcal{P}$ folgt

$$\mathcal{P}^{-1}\boldsymbol{u}'(t) = (\mathcal{P}^{-1}\mathcal{A}\mathcal{P})(\mathcal{P}^{-1}\boldsymbol{u}(t)) = \mathcal{D}(\mathcal{P}^{-1}\boldsymbol{u}(t)).$$

Da konstante Faktoren bei der Ableitung erhalten bleiben, ist $(\mathcal{P}^{-1}\boldsymbol{u}(t))' = \mathcal{P}^{-1}\boldsymbol{u}'(t)$. Also ist $\boldsymbol{w}(t) = \mathcal{P}^{-1}\boldsymbol{u}(t)$ eine Lösung des Systems $(**)$. Ist umgekehrt $\boldsymbol{w}(t)$ eine Lösung von $(**)$, dann ergibt sich ebenso, daß $\boldsymbol{u}(t) = \mathcal{P}\boldsymbol{w}(t)$ eine Lösung von $(*)$ ist. ♦

6.4.4 Satz. *Sei* $(*)$ $\mathbf{y}'(t) = \mathcal{J}\mathbf{y}(t)$ *ein homogenes Differentialgleichungssystem erster Ordnung mit* $(k \times k)$*-Koeffizientenmatrix*

$$\mathcal{J} = \begin{pmatrix} f & 0 & 0 & \cdots & & 0 \\ 1 & f & 0 & \cdots & & \vdots \\ 0 & 1 & f & \cdots & & 0 \\ \vdots & 0 & 1 & \ddots & & \vdots \\ & & \ddots & \ddots & \ddots & 0 \\ 0 & \cdots & & 0 & 1 & f \end{pmatrix}.$$

und Eigenwert $f \in F$. *Sei* $\mathbf{y}(t_0) = (b_1, b_2, \dots, b_k) \in F^k$ *die Anfangsbedingung von* $(*)$. *Dann bilden die k Funktionen*

$$y_i(t) = e^{f(t-t_0)} \left[\frac{1}{(i-1)!} b_1 (t-t_0)^{i-1} + \frac{1}{(i-2)!} b_2 (t-t_0)^{i-2} + \cdots + b_{i-1}(t-t_0) + b_i \right]$$

für $1 \le i \le k$ *eine Lösung* $\mathbf{y}(t) = (y_1(t), y_2(t), \dots, y_k(t))$ *von* $(*)$. *Dabei ist* e^t *die reelle bzw. komplexe Exponentialfunktion.*

Beweis: Ist $k = 1$ so ist $y(t) = y_1(t) = b_1 e^{f(t-t_0)}$ eine Lösung von $(*)$ $y_1'(t) = f y_1(t)$.

Angenommen, die Behauptung ist schon für $k-1$ bewiesen. Nach $(*)$ gilt dann für die k-te Gleichung:

$$y_k'(t) = y_{k-1}(t) + f y_k(t),$$

wobei nach Induktionsannahme

$$y_{k-1}(t) = e^{f(t-t_0)} \left(\frac{1}{(k-2)!} b_1 (t-t_0)^{k-2} + \cdots + b_{k-2}(t-t_0) + b_{k-1} \right)$$

ist. Hieraus folgt

$$y_k'(t) e^{-f(t-t_0)} - f y_k(t) e^{f(t-t_0)} = \frac{1}{(k-2)!} b_1 (t-t_0)^{k-2} + \cdots + b_{k-2}(t-t_0) + b_{k-1}.$$

Nach dem Produktsatz der Differentialrechnung gilt

$$[y_k(t) e^{-f(t-t_0)}]' = y_k'(t) e^{-f(t-t_0)} - f y_k(t) e^{-f(t-t_0)}.$$

Also ist nach Integration

$$y_k(t) e^{-f(t-t_0)} = \frac{1}{(k-1)!} b_1 (t-t_0)^{k-1} + \cdots + \frac{1}{2} b_{k-2}(t-t_0)^2 + b_{k-1})(t-t_0) + c,$$

wobei $c \in F$ eine Konstante ist. Hieraus folgt

$$y_k(t) = e^{f(t-t_0)} \left[\frac{1}{(k-1)!} b_1 (t-t_0)^{k-1} + \right.$$
$$\left. \cdots + \frac{1}{2} b_{k-2}(t-t_0)^2 + b_{k-1}(t-t_0) + c \right].$$

Wegen $y_k(t_0) = b_k$ ist $c = b_k$. ♦

Mit diesen Hilfsmitteln soll nun ein konkretes homogenes System von linearen Differentialgleichungen erster Ordnung gelöst werden.

6.4.5 Beispiel. Gegeben sei das homogene System linearer Differentialgleichungen erster Ordnung $(*)\ \boldsymbol{x}'(t) = \mathcal{A}\boldsymbol{x}(t)$ mit der Koeffizientenmatrix $\mathcal{A}$ von Beispiel 6.3.14 und der Anfangsbedingung

$$t_0 = 1 \quad \text{und} \quad \boldsymbol{b} = (3, -1, 2, 0, 4) \ .$$

Mit der in 6.3.14 berechneten Transformationsmatrix $\mathcal{Q}$ gilt

$$\mathcal{Q}^{-1}\mathcal{A}\mathcal{Q} = \mathcal{J} = \begin{pmatrix} 2 & & & & \\ & 1 & 0 & 0 & \\ & 1 & 1 & 0 & \\ & 0 & 1 & 1 & \\ & & & & 1 \end{pmatrix}.$$

Dabei hat $\mathcal{Q}$ die inverse Matrix

$$\mathcal{Q}^{-1} = \begin{pmatrix} 1 & 0 & -1 & 1 & 0 \\ 1 & 1 & -1 & 1 & 1 \\ -3 & 0 & 3 & -2 & 0 \\ -2 & 0 & 3 & -2 & 0 \\ 2 & 0 & -2 & 2 & 1 \end{pmatrix}.$$

Nach Hilfssatz 6.4.3 hat

$$(**) \qquad \boldsymbol{y}'(t) = \mathcal{J}\boldsymbol{y}(t)$$

die Anfangsbedingung $\boldsymbol{c} = \boldsymbol{y}(1) = \mathcal{Q}^{-1}\boldsymbol{b} = (1, 4, -3, 0, 6)$. Da $\mathcal{J}$ aus 3 Jordankästchen besteht, liefert Satz 6.4.4 den folgenden Lösungsvektor

$$\boldsymbol{y}(t) = (y_1(t), y_2(t), \ldots, y_5(t)$$

von $(**)$, wobei

$$y_1(t) = e^{2(t-1)}, \quad y_2(t) = 4e^{t-1}, \quad y_3(t) = e^{t-1}[4(t-1) - 3]$$
$$y_4(t) = e^{t-1}[2(t-1)^2 - 3(t-1)], \quad y_5(t) = 6e^{t-1}.$$

Als Lösungsvektor $\boldsymbol{x}(t)$ des ursprünglichen Systems $(*)$ $\boldsymbol{x}'(t) = \mathcal{A}\boldsymbol{x}(t)$ mit Anfangsbedingung $\boldsymbol{x}(t_0) = \boldsymbol{b}$ erhält man wegen Hilfssatz 6.4.3 schließlich

$$\boldsymbol{x}(t) = \mathcal{Q}\boldsymbol{y}(t) = \begin{pmatrix} & & e^{t-1}(2t^2 - 11t + 12 \\ e^{2(t-1)} & - & 2e^{t-1} \\ 2e^{2(t-1)} & + & e^{t-1}(2t^2 - 7t + 5) \\ 3e^{2(t-1)} & + & e^{t-1}(4t - 7) \\ -2e^{2(t-1)} & + & 6e^{t-1} \end{pmatrix}.$$

Von der Richtigkeit dieser Lösung überzeuge man sich durch Einsetzen in das homogene lineare Differentialgleichungssystem $(*)$ $\boldsymbol{x}'(t) = \mathcal{A}\boldsymbol{x}(t)$ und prüfe die Anfangsbedingung $\boldsymbol{x}(t_0) = \boldsymbol{x}(t) = \boldsymbol{b}$ durch Einsetzen von $t = 1$.

6.5 Aufgaben

6.1 (a) Man zeige, daß die Matrix

$$\mathcal{A} = \begin{pmatrix} 0 & 0 & 1 \\ 1 & 0 & 0 \\ 0 & 1 & 0 \end{pmatrix}$$

zu einer komplexen Diagonalmatrix $\mathcal{D}$ ähnlich ist und bestimme mittels des Berechnungsverfahrens 6.2.8 die Transformationsmatrix $\mathcal{P} \in GL(3, \mathbb{C})$, für die $\mathcal{D} = \mathcal{P}^{-1}\mathcal{A}\mathcal{P}$ gilt.

(b) Ist die Matrix

$$\mathcal{B} = \begin{pmatrix} 1 & 0 & 0 \\ 1 & 1 & 0 \\ 0 & 1 & 1 \end{pmatrix}$$

diagonalisierbar?

6.2 Berechnen Sie das charakteristische Polynom und die Eigenwerte der folgenden reellen 5×5-Matrix

$$\begin{pmatrix} 1 & 2 & 3 & 4 & 5 \\ 2 & 3 & 4 & 5 & 1 \\ 3 & 4 & 5 & 1 & 2 \\ 4 & 5 & 1 & 2 & 3 \\ 5 & 1 & 2 & 3 & 4 \end{pmatrix}.$$

6.3 Zeigen Sie, daß die Matrizen

$$\mathcal{A} = \begin{pmatrix} 1 & -2 & 1 \\ 0 & 3 & -1 \\ 0 & 2 & 0 \end{pmatrix} \quad \text{und} \quad \mathcal{B} = \begin{pmatrix} -5 & -10 & 2 \\ 4 & 9 & -2 \\ 8 & 12 & -1 \end{pmatrix}$$

folgende Eigenschaften haben:

(a) Sie sind vertauschbar, d. h. $\mathcal{A}\mathcal{B} = \mathcal{B}\mathcal{A}$.
(b) Sie sind beide diagonalisierbar.
(c) Es gibt eine Basis B von $V = \mathbb{Q}^3$ aus gemeinsamen Eigenvektoren von $\mathcal{A}$ wie von $\mathcal{B}$.
(d) Nicht alle Eigenwerte von $\mathcal{A}$ und $\mathcal{B}$ stimmen überein.

6.4 Bestimmen Sie das charakteristische Polynom und die Eigenwerte der Matrix $\mathcal{A}$ gegeben durch:

$$\mathcal{A} = \begin{pmatrix} 1 & 1 & 0 & 0 & 0 \\ 1 & 1 & 1 & 0 & 0 \\ 0 & 1 & 1 & 1 & 0 \\ 0 & 0 & 1 & 1 & 1 \\ 0 & 0 & 0 & 1 & 1 \end{pmatrix}.$$

6.5 Zeigen Sie, daß die reelle Matrix

$$\mathcal{A} = \begin{pmatrix} 3 & 2 & -1 \\ 2 & 6 & -2 \\ 0 & 0 & 2 \end{pmatrix}$$

zu einer Diagonalmatrix ähnlich ist. Bestimmen Sie diese, die Transformationsmatrix $\mathcal{P}$ und ihre Inverse $\mathcal{P}^{-1}$.

6.6 Es sei c ein Eigenwert der n-reihigen quadratischen Matrix $\mathcal{A}$ mit der Vielfachheit k. Zeigen Sie: In jedem Fall gilt $\operatorname{rg}(\mathcal{E}_n c - \mathcal{A}) \geqq n - k$.

6.7 Zeigen Sie: Eine quadratische Matrix $\mathcal{A}$ ist genau dann invertierbar, wenn 0 kein Eigenwert von $\mathcal{A}$ ist.

6.8 Es sei α ein Endomorphismus eines n-dimensionalen komplexen Vektorraums V. Zeigen Sie:

(a) Sind $c_1, c_2, \dots, c_n \in \mathbb{C}$ die n Eigenwerte von α, so hat α^k die Spur $\operatorname{tr}(\alpha^k) = \sum_{i=1}^n c_i^k$ für alle $k = 1, 2, \dots$.
(b) Eine komplexe Zahl a ist genau dann Eigenwert der r-ten Potenz von α, wenn es einen Eigenwert c von α mit $a = c^r$ gibt.
(c) Geben Sie ein Beispiel an, für das die Vielfachheit von c^r als Eigenwert von α^r größer ist als die Vielfachheit von c als Eigenwert von α.

6.9 Es sei $\mathcal{A}$ eine komplexe 3×3-Matrix und $a_i = \operatorname{tr} \mathcal{A}^i$, $i = 1, 2, 3$. Zeigen Sie: $\operatorname{charPol}_{\mathcal{A}}(X) = X^3 - a_1 X^2 + \frac{1}{2}(a_1^2 - a_2)X - \frac{1}{6}(a_1^3 + 2a_3 - 3a_2 a_1)$.

6.10 Berechnen Sie $\mathcal{A}^{1000}$ für die rationale 3×3-Matrix

$$\mathcal{A} = \begin{pmatrix} 0 & 0 & 2 \\ 1 & 0 & 1 \\ 0 & 1 & -2 \end{pmatrix}.$$

6.11 Seien $\mathcal{A}$, $\mathcal{B}$ zwei diagonalisierbare $n \times n$-Matrizen über dem Körper F, für die $\mathcal{A}\mathcal{B} = \mathcal{B}\mathcal{A}$ gilt. Zeigen Sie, daß $\mathcal{A}$ und $\mathcal{B}$ in $V = F^n$ ein gemeinsames n-Tupel von Eigenvektoren $\boldsymbol{v}_1, \boldsymbol{v}_2, \ldots, \boldsymbol{v}_n$ haben.

6.12 Berechnen Sie das charakteristische Polynom, die Elementarteiler, die Jordansche Normalform und die zugehörige Transformationsmatrix für die Matrix

$$\mathcal{A} = \begin{pmatrix} 1 & 0 & 0 & 0 \\ 0 & 1 & 0 & 0 \\ 8 & 6 & -2 & -2 \\ -12 & -9 & 4,5 & 4 \end{pmatrix}.$$

6.13 Bestimmen Sie die Jordansche Normalform und die Transformationsmatrix über dem Zerfällungskörper $\mathbb{C}$ von der folgenden Matrix

$$\mathcal{A} = \begin{pmatrix} 1 & 0 & 0 & 1 & 0 & 0 \\ 1 & 1 & 1 & 1 & 0 & 0 \\ -1 & -1 & 1 & -1 & 0 & 0 \\ -1 & 0 & 0 & 1 & 0 & 0 \\ 0 & 0 & 0 & -2 & 0 & 1 \\ 0 & 0 & 0 & 2 & -4 & -4 \end{pmatrix}.$$

6.14 Zeigen Sie:

(a) Die $n \times n$-Matrix $\mathcal{A} = (a_{ij})$ mit $a_{ij} \in F$ ist genau dann zu einer oberen Dreiecksmatrix $\mathcal{B} = (b_{ij})$ mit $b_{ij} \in F$ ähnlich, wenn ihr charakteristisches Polynom in $F[X]$ in lauter Linearfaktoren zerfällt, d. h.

$$\operatorname{char\,Pol}_{\mathcal{A}}(X) = \prod_{r=1}^{k} (X - f_r)^{c_r} \quad \text{mit } c_1 + c_2 + \cdots + c_k = n.$$

(b) Gelten die äquivalenten Bedingungen der Aussage (a), dann sind die Diagonalelemente b_{ii} der Dreiecksmatrix $\mathcal{B}$ die Eigenwerte f_r von $\mathcal{A}$, und zwar mit der jeweiligen Vielfachheit c_r.

6.15 Berechnen Sie eine Lösung des homogenen Differentialgleichungssystems $x' = \mathcal{A}x$ erster Ordnung mit Anfangsvektor $x(0) = (2, 1, 4)$ und Koeffizientenmatrix

$$\mathcal{A} = \begin{pmatrix} 4 & -3 & -1 \\ 1 & 0 & -1 \\ -1 & 2 & 3 \end{pmatrix}.$$

6.16 Man bestimme mit dem Verfahren der Bemerkung 6.1.11 das charakteristische Polynom der Matrix

$$\mathcal{A} = \begin{pmatrix} 1 & 3 & 4 & -7 & -1 & 3 \\ -2 & 8 & 8 & -17 & 1 & 12 \\ 2 & -4 & -4 & 11 & 1 & -6 \\ 1 & -2 & -3 & 7 & 1 & -2 \\ 0 & 1 & 1 & -3 & 3 & 3 \\ 1 & -3 & -4 & 8 & 0 & -3 \end{pmatrix}.$$

6.17 Man bestimme mit der Lösung von Aufgabe 6.16 und dem Verfahren 6.3.13 die Jordansche Normalform $\mathcal{J}$ und eine Transformationsmatrix $\mathcal{Q}$ mit $\mathcal{Q}^{-1}\mathcal{A}\mathcal{Q} = \mathcal{J}$ der Matrix $\mathcal{A}$ von Aufgabe 6.16.

6.18 Man berechne eine Lösung des homogenen Systems linearer Differentialgleichungen 1. Ordnung $x' = \mathcal{A}x$ mit der Koeffizientenmatrix

$$\mathcal{A} = \begin{pmatrix} 2 & -1 & 2 \\ -1 & 2 & 2 \\ -1 & -1 & 5 \end{pmatrix}$$

und Anfangsvektor $x(0) = (4, 0, 1)$.

6.19 Man bestimme mittels Satz 6.3.10 alle möglichen Jordanschen Normalformen J der komplexen (5×5)-Matrizen $\mathcal{A}$ mit nur einem einzigen Eigenwert $c \in \mathbb{C}$.

7 Euklidische und unitäre Vektorräume

In diesem Kapitel wird in reellen und komplexen Vektorräumen eine zusätzliche Struktur definiert, die die Einführung einer Maßbestimmung gestattet. Sie ermöglicht es, die Länge eines Vektors und den Winkel zwischen zwei Vektoren zu definieren. Diese zusätzliche Struktur wird durch das skalare Produkt bestimmt, das im ersten Abschnitt behandelt wird und zu dem Begriff des euklidischen bzw. unitären Vektorraums führt.

Dabei handelt es sich tatsächlich um eine den Vektorräumen aufgeprägte neue Struktur, die nicht etwa durch den Vektorraum schon vorbestimmt ist. Skalare Produkte können in reellen und komplexen Vektorräumen auf mannigfache Art definiert werden und führen zu verschiedenen Maßbestimmungen. Die Begriffe „Länge" und „Winkel" erweisen sich also als Relativbegriffe, die von der Wahl des skalaren Produkts abhängen. Sie werden im zweiten Abschnitt behandelt. Wesentlich ist besonders der Begriff der Orthogonalität, auf den in diesem Abschnitt ebenfalls eingegangen wird.

Mit diesen Hilfsmitteln wird im dritten Abschnitt das Orthogonalisierungsverfahren von Gram und Schmidt für euklidische und unitäre Vektorräume dargestellt. Danach werden die adjungierten Abbildungen und normalen Endomorphismen behandelt. Der fünfte Abschnitt enthält die Klassifikation der orthogonalen und unitären Endomorphismen eines solchen Vektorraumes.

Nach diesen Vorbereitungen werden im sechsten Abschnitt das Hauptachsentheorem und der Trägheitssatz von Sylvester für Hermitesche und symmetrische Matrizen bewiesen.

7.1 Skalarprodukte und Hermitesche Formen

Zunächst sei in diesem Paragraphen V ein beliebiger reeller Vektorraum; der Skalarenkörper F ist also der Körper $\mathbb{R}$ der reellen Zahlen.

Weiter sei nun β eine Bilinearform von V: Jedem geordneten Paar $(\boldsymbol{x}, \boldsymbol{y})$ von Vektoren aus V wird also durch β eindeutig eine reelle Zahl $\beta(\boldsymbol{x}, \boldsymbol{y})$ als Wert zugeordnet, und es gelten die Linearitätseigenschaften

$$\begin{aligned}\beta(\boldsymbol{x}_1+\boldsymbol{x}_2,\boldsymbol{y}) &= \beta(\boldsymbol{x}_1,\boldsymbol{y}) + \beta(\boldsymbol{x}_2,\boldsymbol{y}),\\ \beta(\boldsymbol{x},\boldsymbol{y}_1+\boldsymbol{y}_2) &= \beta(\boldsymbol{x},\boldsymbol{y}_1) + \beta(\boldsymbol{x},\boldsymbol{y}_2),\\ \beta(\boldsymbol{x}c,\boldsymbol{y}) &= \beta(\boldsymbol{x},\boldsymbol{y})c = \beta(\boldsymbol{x},\boldsymbol{y}c)\end{aligned}$$

für alle $\boldsymbol{x},\boldsymbol{x}_1,\boldsymbol{x}_2,\boldsymbol{y},\boldsymbol{y}_1,\boldsymbol{y}_2 \in V$ und $c \in \mathbb{R}$.

7.1.1 Definition. Eine Bilinearform β von V heißt ein *skalares Produkt* von V, wenn sie folgende Eigenschaften besitzt:

(a) β ist *symmetrisch*: Für beliebige Vektoren gilt

$$\beta(\boldsymbol{x},\boldsymbol{y}) = \beta(\boldsymbol{y},\boldsymbol{x}).$$

(b) β ist *positiv definit*: Für jeden von $\boldsymbol{o}$ verschiedenen Vektor $\boldsymbol{x}$ gilt

$$\beta(\boldsymbol{x},\boldsymbol{x}) > 0.$$

7.1.2 Bemerkung. Ein skalares Produkt ist somit eine positiv definite, symmetrische Bilinearform β von V. Wegen $\beta(\boldsymbol{o},\boldsymbol{x}) = \beta(\boldsymbol{o}0,\boldsymbol{x}) = \beta(\boldsymbol{o},\boldsymbol{x})\cdot 0 = 0$ gilt $\beta(\boldsymbol{o},\boldsymbol{o}) = 0$. Wegen (b) folgt aber aus $\beta(\boldsymbol{x},\boldsymbol{x}) = 0$ umgekehrt auch $\boldsymbol{x} = \boldsymbol{o}$. Es ist also $\beta(\boldsymbol{x},\boldsymbol{x}) = 0$ gleichwertig mit $\boldsymbol{x} = \boldsymbol{o}$. Für jeden Vektor $\boldsymbol{x}$ gilt daher $\beta(\boldsymbol{x},\boldsymbol{x}) \geq 0$.

7.1.3 Beispiele.

(a) Es sei $\{\boldsymbol{v}_1,\dots,\boldsymbol{v}_n\}$ eine Basis von $V = \mathbb{R}^n$. Hinsichtlich dieser Basis entsprechen nach Satz 2.2.18 die Vektoren $\boldsymbol{x},\boldsymbol{y} \in V$ umkehrbar eindeutig den Koordinaten-n-Tupeln $(x_1,\dots,x_n)$ bzw. $(y_1,\dots,y_n)$. In Definition 3.1.11 wurde durch

$$\beta(\boldsymbol{x},\boldsymbol{y}) = x_1y_1 + \cdots + x_ny_n$$

ein skalares Produkt definiert, das dort Skalarprodukt genannt wurde. Da es die in Definition 7.1.1 geforderten Eigenschaften besitzt, ist die in Kapitel 2 verwendete Bezeichnung gerechtfertigt.

(b) Sei $n = 2$ und $\beta : \mathbb{R}^2 \times \mathbb{R}^2 \to \mathbb{R}$ definiert durch:

$$\beta(\boldsymbol{x},\boldsymbol{y}) = 4x_1y_1 - 2x_1y_2 - 2x_2y_1 + 3x_2y_2.$$

Die Linearitätseigenschaften und die Symmetrie von β ergeben sich unmittelbar. Wegen

$$\beta(\boldsymbol{x},\boldsymbol{x}) = (2x_1 - x_2)^2 + 2x_2^2$$

ist β auch positiv definit, weil aus $\beta(\boldsymbol{x},\boldsymbol{x}) = 0$ zunächst $2x_1 - x_2 = 0$ und $x_2 = 0$, also auch $x_1 = 0$ folgt.

(c) Es sei V ein unendlich-dimensionaler Vektorraum über $\mathbb{R}$, und B sei eine Basis von V. Je zwei Vektoren $\boldsymbol{x}$, $\boldsymbol{y}$ besitzen dann nach Satz 2.3.15 eindeutige Basisdarstellungen

$$\boldsymbol{x} = \sum_{\boldsymbol{v}\in B} \boldsymbol{v} x_v \quad \text{und} \quad \boldsymbol{y} = \sum_{\boldsymbol{v}\in B} \boldsymbol{v} y_v,$$

wobei jedoch nur höchstens endlich viele der Koordinaten x_v bzw. y_v von Null verschieden sind. In

$$\beta(\boldsymbol{x}, \boldsymbol{y}) = \sum_{v\in B} x_v y_v$$

sind daher ebenfalls nur endlich viele Summanden von Null verschieden, und wie in (a) wird hierdurch ein skalares Produkt β von V definiert.

(d) Es seien a und b zwei reelle Zahlen mit $a < b$, und V sei der Vektorraum aller auf dem Intervall $[a, b]$ definierten und stetigen reellen Funktionen. Schließlich sei h eine stetige reelle Funktion mit $h(t) > 0$ für $a \leqq t \leqq b$. Setzt man für je zwei Funktionen $f, g \in V$

$$\beta(f, g) = \int_a^b h(t) f(t) g(t)\, dt,$$

so ist β ein skalares Produkt von V. Dies gilt nicht mehr, wenn V sogar aus allen in $[a, b]$ integrierbaren Funktionen besteht; dann ist nämlich β nicht mehr positiv definit, wie folgendes Beispiel zeigt.

Es sei $a = 0$, $b = 1$, $h(t) = 1$ für $0 \le t \le 1$ und

$$f(t) = \begin{cases} 1 & \text{für } t = 0, \\ 0 & \text{für } t > 0. \end{cases}$$

Dann ist $\beta(f, f) = \int_0^1 f(t) f(t)\, dt = 0$, obwohl $f \neq 0$ in V ist.

7.1.4 Definition. Ein reeller Vektorraum V, in dem zusätzlich ein skalares Produkt β ausgezeichnet ist, wird ein *euklidischer Vektorraum* genannt.

7.1.5 Bezeichnung. Da in einem euklidischen Vektorraum das skalare Produkt fest gegeben ist, kann man auf das unterscheidende Funktionszeichen β verzichten. Man schreibt daher statt $\beta(\boldsymbol{x}, \boldsymbol{y})$ kürzer nur $\boldsymbol{x} \cdot \boldsymbol{y}$ oder bisweilen auch $(\boldsymbol{x}, \boldsymbol{y})$.

Die zweite Bezeichnungsweise ist besonders in den Fällen üblich, in denen die Schreibweise $\boldsymbol{x} \cdot \boldsymbol{y}$ zu Verwechslungen führen kann. Dies gilt z. B. für Funktionenräume, in denen ja neben dem skalaren Produkt auch noch die gewöhnliche Produktbildung für Funktionen definiert ist.

7.1.6 Bemerkung. In einem euklidischen Vektorraum ist das skalare Produkt durch folgende Eigenschaften gekennzeichnet:

$$\begin{aligned}(\boldsymbol{x}_1 + \boldsymbol{x}_2) \cdot \boldsymbol{y} &= \boldsymbol{x}_1 \cdot \boldsymbol{y} + \boldsymbol{x}_2 \cdot \boldsymbol{y},\\ (\boldsymbol{x}c) \cdot \boldsymbol{y} &= (\boldsymbol{x} \cdot \boldsymbol{y})c,\\ \boldsymbol{x} \cdot \boldsymbol{y} &= \boldsymbol{y} \cdot \boldsymbol{x},\\ \boldsymbol{x} \cdot \boldsymbol{x} &> 0 \quad \text{für } \boldsymbol{x} \neq \boldsymbol{o}.\end{aligned}$$

Die jeweils zweiten Linearitätseigenschaften

$$\boldsymbol{x} \cdot (\boldsymbol{y}_1 + \boldsymbol{y}_2) = \boldsymbol{x} \cdot \boldsymbol{y}_1 + \boldsymbol{x} \cdot \boldsymbol{y}_2 \quad \text{und} \quad \boldsymbol{x} \cdot (\boldsymbol{y}c) = (\boldsymbol{x} \cdot \boldsymbol{y})c$$

folgen aus den ersten Linearitätseigenschaften und aus der Symmetrie; sie brauchen daher nicht gesondert aufgeführt zu werden.

Der Begriff des skalaren Produkts kann auch auf Vektorräume über dem Körper $\mathbb{C}$ der komplexen Zahlen übertragen werden. Um hier ebenfalls den Begriff des skalaren Produkts erklären zu können, muß zuvor der Begriff der Bilinearform modifiziert werden. Es sei also jetzt V ein komplexer Vektorraum.

7.1.7 Definition. Unter einer *Hermiteschen Form* β von V versteht man eine Zuordnung, die jedem geordneten Paar $(\boldsymbol{x}, \boldsymbol{y})$ von Vektoren aus V eindeutig eine komplexe Zahl $\beta(\boldsymbol{x}, \boldsymbol{y})$ so zuordnet, daß folgende Eigenschaften erfüllt sind:

(1) $$\beta(\boldsymbol{x}_1 + \boldsymbol{x}_2, \boldsymbol{y}) = \beta(\boldsymbol{x}_1, \boldsymbol{y}) + \beta(\boldsymbol{x}_2, \boldsymbol{y}).$$

(2) $$\beta(\boldsymbol{x}c, \boldsymbol{y}) = \beta(\boldsymbol{x}, \boldsymbol{y})c.$$

(3) $$\beta(\boldsymbol{y}, \boldsymbol{x}) = \overline{\beta(\boldsymbol{x}, \boldsymbol{y})}.$$

Die ersten zwei Forderungen sind die Linearitätseigenschaften hinsichtlich des ersten Arguments. Forderung (3) tritt an die Stelle der Symmetrie bei reellen Bilinearformen. Sie besagt, daß bei Vertauschung der Argumente der Wert von β in die konjugiert komplexe Zahl übergeht.

7.1.8 Hilfssatz. *Für eine Hermitesche Form β gilt:*

$$\begin{aligned}\beta(\boldsymbol{x}, \boldsymbol{y}_1 + \boldsymbol{y}_2) &= \beta(\boldsymbol{x}, \boldsymbol{y}_1) + \beta(\boldsymbol{x}, \boldsymbol{y}_2).\\ \beta(\boldsymbol{x}, \boldsymbol{y}c) &= \beta(\boldsymbol{x}, \boldsymbol{y})\bar{c}.\\ \beta(\boldsymbol{x}, \boldsymbol{x}) &\ \textit{ist eine reelle Zahl.}\end{aligned}$$

Beweis: Aus (1) und (3) von Definition 7.1.7 folgt

$$\beta(\boldsymbol{x}, \boldsymbol{y}_1 + \boldsymbol{y}_2) = \overline{\beta(\boldsymbol{y}_1 + \boldsymbol{y}_2, \boldsymbol{x})} = \overline{\beta(\boldsymbol{y}_1, \boldsymbol{x})} + \overline{\beta(\boldsymbol{y}_2, \boldsymbol{x})} = \beta(\boldsymbol{x}, \boldsymbol{y}_1) + \beta(\boldsymbol{x}, \boldsymbol{y}_2).$$

Ebenso ergibt sich aus (2) und (3)

$$\beta(\boldsymbol{x}, \boldsymbol{y}c) = \overline{\beta(\boldsymbol{y}c, \boldsymbol{x})} = \overline{\beta(\boldsymbol{y}, \boldsymbol{x})}\bar{c} = \beta(\boldsymbol{x}, \boldsymbol{y})\bar{c}.$$

Wegen (3) gilt schließlich $\beta(\boldsymbol{x}, \boldsymbol{x}) = \overline{\beta(\boldsymbol{x}, \boldsymbol{x})}$, weswegen $\beta(\boldsymbol{x}, \boldsymbol{x})$ eine reelle Zahl ist. ♦

7.1.9 Bemerkung. Hinsichtlich der zweiten Linearitätseigenschaft und des zweiten Arguments zeigen also die Hermiteschen Formen ein abweichendes Verhalten: Ein skalarer Faktor beim zweiten Argument tritt hinter die Form als konjugiert-komplexe Zahl.

Da bei einer Hermiteschen Form β nach dem letzten Satz $\beta(\boldsymbol{x}, \boldsymbol{x})$ stets eine reelle Zahl ist, kann die Definition von „positiv definit" übernommen werden.

7.1.10 Definition. Eine Hermitesche Form β heißt *positiv definit*, wenn aus $\boldsymbol{x} \neq \boldsymbol{o}$ stets $\beta(\boldsymbol{x}, \boldsymbol{x}) > 0$ folgt.

7.1.11 Definition. Unter einem *skalaren Produkt* eines komplexen Vektorraums V versteht man eine positiv definite Hermitesche Form von V. Ein komplexer Vektorraum, in dem ein skalares Produkt ausgezeichnet ist, wird ein *unitärer Raum* genannt.

Ebenso wie vorher verzichtet man bei dem skalaren Produkt eines unitären Raumes auf das unterscheidende Funktionszeichen β und bezeichnet es wieder mit $\boldsymbol{x} \cdot \boldsymbol{y}$ bzw. $(\boldsymbol{x}, \boldsymbol{y})$.

7.1.12 Beispiele.

(a) Es sei $\{\boldsymbol{v}_1, \dots, \boldsymbol{v}_n\}$ eine Basis des komplexen Vektorraumes $V = \mathbb{C}^n$. Je zwei Vektoren $\boldsymbol{x}, \boldsymbol{y} \in V$ entsprechen dann komplexe Koordinaten $x_1, \dots, x_n$ bzw. $y_1, \dots, y_n$, und durch

$$\boldsymbol{x} \cdot \boldsymbol{y} = x_1\bar{y}_1 + \cdots + x_n\bar{y}_n$$

wird ein skalares Produkt definiert. Damit ist V ein unitärer Raum.

(b) Sei $n = 2$ und $V = \mathbb{C}^2$. Dann wird durch

$$\boldsymbol{x} \cdot \boldsymbol{y} = 4x_1\bar{y}_1 - 2x_1\bar{y}_2 - 2x_2\bar{y}_1 + 3x_2\bar{y}_2$$

auf V ein skalares Produkt definiert.

Abschließend soll nun noch untersucht werden, in welchem Zusammenhang die euklidischen und die unitären Vektorräume stehen. Trotz der verschiedenartigen Definition der skalaren Produkte wird sich nämlich zeigen, daß die unitären Räume als Verallgemeinerung der euklidischen Räume aufgefaßt werden können.

Es sei V wieder ein reeller Vektorraum. Dieser soll nun zunächst in einen komplexen Raum eingebettet werden: Die Menge Z bestehe aus allen geordneten Paaren von Vektoren aus V; jedes Element $z \in Z$ besitzt also die Form $z = (\boldsymbol{x}, \boldsymbol{y})$ mit Vektoren $\boldsymbol{x}, \boldsymbol{y} \in V$. Ist $z' = (\boldsymbol{x}', \boldsymbol{y}')$ ein zweites Element von Z, so gelte

$$z + z' = (\boldsymbol{x} + \boldsymbol{x}', \boldsymbol{y} + \boldsymbol{y}').$$

Ist ferner $a = a_1 + a_2 i$ eine komplexe Zahl, so werde

$$(*) \qquad za = (\boldsymbol{x}a_1 - \boldsymbol{y}a_2, \boldsymbol{y}a_1 + \boldsymbol{x}a_2)$$

gesetzt. Man überzeugt sich nun unmittelbar davon, daß Z hinsichtlich der so definierten Operationen ein komplexer Vektorraum mit dem Paar $(\boldsymbol{o}, \boldsymbol{o})$ als Nullvektor ist. In ihn kann der Vektorraum V in folgendem Sinn eingebettet werden: Jedem Vektor $\boldsymbol{x} \in V$ werde als Bild das Paar $\varphi\boldsymbol{x} = (\boldsymbol{x}, \boldsymbol{o})$ aus Z zugeordnet. Dann gilt

$$\varphi(\boldsymbol{x}_1 + \boldsymbol{x}_2) = (\boldsymbol{x}_1 + \boldsymbol{x}_2, \boldsymbol{o}) = (\boldsymbol{x}_1, \boldsymbol{o}) + (\boldsymbol{x}_2, \boldsymbol{o}) = \varphi\boldsymbol{x}_1 + \varphi\boldsymbol{x}_2.$$

Ist außerdem c eine reelle Zahl, so kann man sie auch als komplexe Zahl $c = c + 0i$ auffassen und erhält wegen $(*)$

$$\varphi(\boldsymbol{x}c) = (\boldsymbol{x}c, \boldsymbol{o}) = (\boldsymbol{x}, \boldsymbol{o})c = (\varphi\boldsymbol{x})c.$$

Da φ außerdem injektiv ist, wird der Vektorraum V durch φ isomorph in Z eingebettet, und man kann einfacher die Paare $(\boldsymbol{x}, \boldsymbol{o})$ direkt mit den entsprechenden Vektoren $\boldsymbol{x} \in V$ identifizieren. Wegen $(\boldsymbol{y}, \boldsymbol{o})i = (\boldsymbol{o}, \boldsymbol{y})$ gilt im Sinn dieser Identifikation $(\boldsymbol{x}, \boldsymbol{y}) = \boldsymbol{x} + \boldsymbol{y}i$.

7.1.13 Definition. Der komplexe Vektorraum $Z = \{(\boldsymbol{x}, \boldsymbol{y}) \mid \boldsymbol{x}, \boldsymbol{y} \in V\}$ heißt die *komplexe Erweiterung* des reellen Vektorraums V.

7.1.14 Satz. *Es sei $\alpha : V \to V'$ eine lineare Abbildung zwischen den reellen Vektorräumen V und V'. Ferner seien Z und Z' die komplexen Erweiterungen von V und V'. Dann kann α auf genau eine Weise zu einer linearen Abbildung $\hat{\alpha} : Z \to Z'$ fortgesetzt werden, d. h. es gilt $\hat{\alpha}\boldsymbol{x} = \alpha\boldsymbol{x}$ für alle $\boldsymbol{x} \in V$.*

Beweis: Wenn $\hat{\alpha}$ eine solche Fortsetzung ist, muß für jeden Vektor $z = \boldsymbol{x} + \boldsymbol{y}i$ aus Z gelten

$$\hat{\alpha}(z) = \hat{\alpha}(\boldsymbol{x} + \boldsymbol{y}i) = \hat{\alpha}(\boldsymbol{x}) + \hat{\alpha}(\boldsymbol{y}i) = \alpha(\boldsymbol{x}) + \alpha(\boldsymbol{y})i.$$

$\hat{\alpha}$ ist somit durch α eindeutig bestimmt. Umgekehrt wird durch die äußeren Seiten dieser Gleichung auch eine Fortsetzung $\hat{\alpha}$ der behaupteten Art definiert. ♦

7.1.15 Definition. Ist $\alpha : V \to V'$ eine lineare Abbildung zwischen den reellen Vektorräumen V und V' mit den komplexen Erweiterungen Z und Z', dann heißt die nach Satz 7.1.14 eindeutig bestimmte lineare Abbildung $\hat{\alpha} : Z \to Z'$ die *komplexe Fortsetzung* von α.

7.1.16 Definition. In V sei nun ein skalares Produkt gegeben, das wie oben mit $\boldsymbol{x} \cdot \boldsymbol{y}$ bezeichnet werden soll. Außerdem sei β ein skalares Produkt der komplexen Erweiterung Z von V. Man nennt dann β eine *Fortsetzung des skalaren Produkts* von V auf Z, wenn $\beta(\boldsymbol{x}_1, \boldsymbol{x}_2) = \boldsymbol{x}_1 \cdot \boldsymbol{x}_2$ für alle Vektoren $\boldsymbol{x}_1, \boldsymbol{x}_2 \in V$ ist.

7.1.17 Satz. *Jedes in V gegebene skalare Produkt kann auf genau eine Weise auf die komplexe Erweiterung Z von V fortgesetzt werden.*

Beweis: Es sei β eine solche Fortsetzung. Da sich Vektoren $z, z' \in Z$ eindeutig in der Form

$$z = \boldsymbol{x} + \boldsymbol{y}i \quad \text{bzw.} \quad z' = \boldsymbol{x}' + \boldsymbol{y}'i \quad \text{mit } \boldsymbol{x}, \boldsymbol{y}, \boldsymbol{x}', \boldsymbol{y}' \in V$$

darstellen lassen, erhält man

$$\beta(z, z') = \beta(\boldsymbol{x} + \boldsymbol{y}i, \boldsymbol{x}' + \boldsymbol{y}'i) = \beta(\boldsymbol{x}, \boldsymbol{x}') + \beta(\boldsymbol{y}, \boldsymbol{x}')i - \beta(\boldsymbol{x}, \boldsymbol{y}')i + \beta(\boldsymbol{y}, \boldsymbol{y}')$$

und wegen $\beta(\boldsymbol{x}, \boldsymbol{x}') = \boldsymbol{x} \cdot \boldsymbol{x}'$ usw.

$$\beta(z, z') = (\boldsymbol{x} \cdot \boldsymbol{x}' + \boldsymbol{y} \cdot \boldsymbol{y}') + (\boldsymbol{y} \cdot \boldsymbol{x}' - \boldsymbol{x} \cdot \boldsymbol{y}')i.$$

Daher ist β durch das in V gegebene skalare Produkt eindeutig bestimmt. Andererseits rechnet man unmittelbar nach, daß durch die letzte Gleichung umgekehrt ein skalares Produkt β von Z definiert wird, das tatsächlich eine Fortsetzung des skalaren Produkts von V ist. ♦

7.1.18 Bemerkung. Dieser Satz besagt, daß sich jeder euklidische Raum in einen unitären Raum einbetten läßt. Sätze über skalare Produkte brauchen daher im allgemeinen nur für unitäre Räume bewiesen zu werden und können auf den reellen Fall übertragen werden.

7.2 Betrag und Orthogonalität

In diesem Paragraphen ist V stets ein euklidischer oder unitärer Vektorraum. Das skalare Produkt zweier Vektoren $\boldsymbol{x}, \boldsymbol{y} \in V$ wird wieder mit $\boldsymbol{x} \cdot \boldsymbol{y}$ bezeichnet.

7.2.1 Satz (Schwarzsche Ungleichung). *Für je zwei Vektoren $\boldsymbol{x}, \boldsymbol{y} \in V$ gilt*

$$|\boldsymbol{x} \cdot \boldsymbol{y}|^2 \leqq (\boldsymbol{x} \cdot \boldsymbol{x})(\boldsymbol{y} \cdot \boldsymbol{y}).$$

Das Gleichheitszeichen gilt genau dann, wenn die Vektoren $\boldsymbol{x}$ *und* $\boldsymbol{y}$ *linear abhängig sind.*

Beweis: Im Fall $\boldsymbol{y} = \boldsymbol{o}$ gilt $\boldsymbol{x} \cdot \boldsymbol{y} = \boldsymbol{y} \cdot \boldsymbol{y} = 0$, und die behauptete Beziehung ist mit dem Gleichheitszeichen erfüllt. Es kann daher weiter $\boldsymbol{y} \neq \boldsymbol{o}$ und damit auch $\boldsymbol{y} \cdot \boldsymbol{y} > 0$ vorausgesetzt werden. Für einen beliebigen Skalar c gilt dann

$$\begin{aligned} 0 \leqq (\boldsymbol{x} - \boldsymbol{y}c) \cdot (\boldsymbol{x} - \boldsymbol{y}c) &= \boldsymbol{x} \cdot \boldsymbol{x} - (\boldsymbol{y} \cdot \boldsymbol{x})c - (\boldsymbol{x} \cdot \boldsymbol{y})\bar{c} + (\boldsymbol{y} \cdot \boldsymbol{y})c\bar{c} \\ &= \boldsymbol{x} \cdot \boldsymbol{x} - (\overline{\boldsymbol{x} \cdot \boldsymbol{y}})c - (\boldsymbol{x} \cdot \boldsymbol{y})\bar{c} + (\boldsymbol{y} \cdot \boldsymbol{y})c\bar{c}. \end{aligned}$$

Setzt man hier

$$c = \frac{\boldsymbol{x} \cdot \boldsymbol{y}}{\boldsymbol{y} \cdot \boldsymbol{y}}, \quad \text{also} \quad \bar{c} = \frac{\overline{\boldsymbol{x} \cdot \boldsymbol{y}}}{\boldsymbol{y} \cdot \boldsymbol{y}},$$

ein, so erhält man nach Multiplikation mit $\boldsymbol{y} \cdot \boldsymbol{y}$ wegen $\boldsymbol{y} \cdot \boldsymbol{y} > 0$

$$0 \leqq (\boldsymbol{x} \cdot \boldsymbol{x})(\boldsymbol{y} \cdot \boldsymbol{y}) - (\boldsymbol{x} \cdot \boldsymbol{y})(\overline{\boldsymbol{x} \cdot \boldsymbol{y}}) = (\boldsymbol{x} \cdot \boldsymbol{x})(\boldsymbol{y} \cdot \boldsymbol{y}) - |\boldsymbol{x} \cdot \boldsymbol{y}|^2$$

und hieraus weiter die behauptete Ungleichung. Das Gleichheitszeichen gilt jetzt genau dann, wenn $\boldsymbol{x} - \boldsymbol{y}c = \boldsymbol{o}$ erfüllt ist. Zusammen mit dem Fall $\boldsymbol{y} = \boldsymbol{o}$ ergibt dies die zweite Behauptung. ♦

7.2.2 Definition. Für jeden Vektor $\boldsymbol{x} \in V$ gilt $\boldsymbol{x} \cdot \boldsymbol{x} \geqq 0$. Daher ist

$$|\boldsymbol{x}| = \sqrt{\boldsymbol{x} \cdot \boldsymbol{x}}$$

eine nicht-negative reelle Zahl, die man die *Länge* oder den *Betrag* des Vektors $\boldsymbol{x} \in V$ nennt.

7.2.3 Bemerkung. Man beachte jedoch, daß die Länge eines Vektors noch von dem skalaren Produkt abhängt. Im allgemeinen kann man in einem Vektorraum verschiedene skalare Produkte definieren, hinsichtlich derer dann ein Vektor auch verschiedene Längen besitzen kann.

7.2.4 Satz. *Die Länge besitzt folgende Eigenschaften:*

(a) $|\boldsymbol{x}| \geqq 0$.

(b) $|\boldsymbol{x}| = 0$ *ist gleichwertig mit* $\boldsymbol{x} = \boldsymbol{o}$.

(c) $|\boldsymbol{x}c| = |\boldsymbol{x}| \cdot |c|$.

(d) $|\boldsymbol{x} + \boldsymbol{y}| \leqq |\boldsymbol{x}| + |\boldsymbol{y}|$. *(Dreiecksungleichung)*

Beweis: Unmittelbar aus der Definition folgt (a). Weiter gilt (b), weil $|\boldsymbol{x}| = 0$ gleichwertig mit $\boldsymbol{x} \cdot \boldsymbol{x} = 0$, dies aber wieder gleichwertig mit $\boldsymbol{x} = \boldsymbol{o}$ ist. Eigenschaft (c) ergibt sich wegen

$$|\boldsymbol{x}c| = \sqrt{(\boldsymbol{x}c) \cdot (\boldsymbol{x}c)} = \sqrt{\boldsymbol{x} \cdot \boldsymbol{x}}\sqrt{c\bar{c}} = |\boldsymbol{x}||c|.$$

Schließlich erhält man zunächst

$$\begin{aligned} |\boldsymbol{x} + \boldsymbol{y}|^2 = (\boldsymbol{x} + \boldsymbol{y}) \cdot (\boldsymbol{x} + \boldsymbol{y}) &= \boldsymbol{x} \cdot \boldsymbol{x} + \boldsymbol{x} \cdot \boldsymbol{y} + \boldsymbol{y} \cdot \boldsymbol{x} + \boldsymbol{y} \cdot \boldsymbol{y} \\ &= \boldsymbol{x} \cdot \boldsymbol{x} + \boldsymbol{x} \cdot \boldsymbol{y} + \overline{\boldsymbol{x} \cdot \boldsymbol{y}} + \boldsymbol{y} \cdot \boldsymbol{y} \\ &= |\boldsymbol{x}|^2 + 2\,\mathrm{Re}(\boldsymbol{x} \cdot \boldsymbol{y}) + |\boldsymbol{y}|^2. \end{aligned}$$

Nun gilt aber $\mathrm{Re}(\boldsymbol{x} \cdot \boldsymbol{y}) \leqq |\boldsymbol{x} \cdot \boldsymbol{y}|$, und aus Satz 7.2.1 folgt durch Wurzelziehen $|\boldsymbol{x} \cdot \boldsymbol{y}| \leqq |\boldsymbol{x}||\boldsymbol{y}|$. Somit ergibt sich weiter

$$|\boldsymbol{x} + \boldsymbol{y}|^2 \leqq |\boldsymbol{x}|^2 + 2|\boldsymbol{x}||\boldsymbol{y}| + |\boldsymbol{y}|^2 = (|\boldsymbol{x}| + |\boldsymbol{y}|)^2$$

und damit (d). ♦

7.2.5 Bemerkung. Ersetzt man in der Dreiecksungleichung (d) aus Satz 7.2.4 einerseits $\boldsymbol{x}$ durch $\boldsymbol{x} - \boldsymbol{y}$ und andererseits $\boldsymbol{y}$ durch $\boldsymbol{y} - \boldsymbol{x}$ und beachtet man $|\boldsymbol{x} - \boldsymbol{y}| = |\boldsymbol{y} - \boldsymbol{x}|$, so erhält man zusammen die Ungleichung

$$\big||\boldsymbol{x}| - |\boldsymbol{y}|\big| \leqq |\boldsymbol{x} - \boldsymbol{y}|.$$

7.2.6 Satz. $|\boldsymbol{x} + \boldsymbol{y}| = |\boldsymbol{x}| + |\boldsymbol{y}|$ *ist gleichwertig damit, daß* $\boldsymbol{y} = \boldsymbol{o}$ *oder* $\boldsymbol{x} = \boldsymbol{y}c$ *mit einem reellem* $c \geqq 0$ *gilt.*

Beweis: Aus dem Beweis der Dreiecksungleichung folgt unmittelbar, daß in ihr das Gleichheitszeichen genau dann gilt, wenn $\mathrm{Re}(\boldsymbol{x} \cdot \boldsymbol{y}) = |\boldsymbol{x}||\boldsymbol{y}|$ erfüllt ist. Wegen $\mathrm{Re}(\boldsymbol{x} \cdot \boldsymbol{y}) \leqq |\boldsymbol{x} \cdot \boldsymbol{y}| \leqq |\boldsymbol{x}||\boldsymbol{y}|$ folgt aus dieser Gleichung auch $|\boldsymbol{x} \cdot \boldsymbol{y}| = |\boldsymbol{x}||\boldsymbol{y}|$ und daher nach Satz 7.2.1 die lineare Abhängigkeit der Vektoren $\boldsymbol{x}$ und $\boldsymbol{y}$. Setzt man $\boldsymbol{y} \neq \boldsymbol{o}$ voraus, so muß $\boldsymbol{x} = \boldsymbol{y}c$ und weiter

$$|\boldsymbol{y}|^2(\mathrm{Re}\,c) = \mathrm{Re}(\boldsymbol{y}c \cdot \boldsymbol{y}) = \mathrm{Re}(\boldsymbol{x} \cdot \boldsymbol{y}) = |\boldsymbol{x}||\boldsymbol{y}| = |\boldsymbol{y}|^2|c|,$$

also $\mathrm{Re}\,c = |c|$ gelten. Dies ist aber nur für reelles $c \geqq 0$ möglich. Gilt umgekehrt $\boldsymbol{x} = \boldsymbol{y}c$ mit einer reellen Zahl $c \geqq 0$ oder $\boldsymbol{y} = \boldsymbol{o}$, so erhält man durch Einsetzen sofort $\mathrm{Re}(\boldsymbol{x} \cdot \boldsymbol{y}) = |\boldsymbol{x}||\boldsymbol{y}|$. ♦

7.2.7 Definition. Ein Vektor $\boldsymbol{x}$ heißt *normiert*, wenn $|\boldsymbol{x}| = 1$ gilt.

7.2.8 Bemerkung. Ist $\boldsymbol{x}$ vom Nullvektor verschieden, so ist $\boldsymbol{x}\frac{1}{|\boldsymbol{x}|}$ ein normierter Vektor.

7.2.9 Definition. Für zwei vom Nullvektor verschiedene Vektoren $\boldsymbol{x}$, $\boldsymbol{y}$ definiert man den *Kosinus* des *Winkels* zwischen diesen Vektoren durch

$$(*) \qquad \cos(\boldsymbol{x}, \boldsymbol{y}) = \frac{\boldsymbol{x} \cdot \boldsymbol{y}}{|\boldsymbol{x}||\boldsymbol{y}|}.$$

7.2.10 Bemerkung. Wegen Satz 7.2.1 gilt $|\boldsymbol{x} \cdot \boldsymbol{y}| \leqq |\boldsymbol{x}||\boldsymbol{y}|$. Für jedes Paar $\boldsymbol{x}$, $\boldsymbol{y}$ von Vektoren eines euklidischen (reellen) Vektorraums folgt daher $-1 \leqq \cos(\boldsymbol{x}, \boldsymbol{y}) \leqq +1$. Durch $(*)$ wird daher tatsächlich der Kosinus eines reellen Winkels definiert. Multiplikation von $(*)$ mit dem Nenner liefert

$$\boldsymbol{x} \cdot \boldsymbol{y} = |\boldsymbol{x}||\boldsymbol{y}| \cos(\boldsymbol{x}, \boldsymbol{y}).$$

Ausrechnung des skalaren Produkts $(\boldsymbol{x} - \boldsymbol{y}) \cdot (\boldsymbol{x} - \boldsymbol{y})$ und Ersetzung von $\boldsymbol{x} \cdot \boldsymbol{y}$ durch den vorangehenden Ausdruck ergibt im reellen Fall die Gleichung

$$|\boldsymbol{x} - \boldsymbol{y}|^2 = |\boldsymbol{x}|^2 + |\boldsymbol{y}|^2 - 2|\boldsymbol{x}||\boldsymbol{y}| \cos(\boldsymbol{x}, \boldsymbol{y}).$$

Dies ist der bekannte Kosinussatz für Dreiecke: Zwei Seiten des Dreiecks werden durch die Vektoren $\boldsymbol{x}$ und $\boldsymbol{y}$ repräsentiert. Die Länge der dem Winkel zwischen $\boldsymbol{x}$ und $\boldsymbol{y}$ gegenüberliegenden Seite ist dann gerade $|\boldsymbol{x} - \boldsymbol{y}|$. Im Fall eines rechtwinkligen Dreiecks gilt $\cos(\boldsymbol{x}, \boldsymbol{y}) = 0$, und der Kosinussatz geht in den Pythagoräischen Lehrsatz über.

Der wichtige Spezialfall, daß $\boldsymbol{x}$ und $\boldsymbol{y}$ einen rechten Winkel einschließen, ist offenbar gleichwertig mit $\boldsymbol{x} \cdot \boldsymbol{y} = 0$.

7.2.11 Definition. Zwei Vektoren $\boldsymbol{x}$, $\boldsymbol{y}$ eines euklidischen bzw. unitären Vektorraums V heißen *orthogonal*, wenn $\boldsymbol{x} \cdot \boldsymbol{y} = 0$ gilt.

Eine nicht-leere Teilmenge M von V heißt ein *Orthogonalsystem*, wenn $\boldsymbol{o} \notin M$ gilt und wenn je zwei verschiedene Vektoren aus M orthogonal sind.

Ein Orthogonalsystem, das aus lauter normierten Vektoren besteht, wird ein *Orthonormalsystem* genannt.

Unter einer *Orthonormalbasis* von V versteht man ein Orthonormalsystem, das gleichzeitig eine Basis von V ist.

7.2.12 Satz. *Jedes Orthogonalsystem ist linear unabhängig.*

Beweis: Es sei M ein Orthogonalsystem, und für die paarweise verschiedenen Vektoren $\boldsymbol{v}_1, \ldots, \boldsymbol{v}_n \in M$ gelte $\boldsymbol{v}_1 c_1 + \cdots + \boldsymbol{v}_n c_n = \boldsymbol{o}$. Für jeden festen Index k mit $1 \leqq k \leqq n$ folgt hieraus

$$(\boldsymbol{v}_1 \cdot \boldsymbol{v}_k) c_1 + \cdots + (\boldsymbol{v}_k \cdot \boldsymbol{v}_k) c_k + \cdots + (\boldsymbol{v}_n \cdot \boldsymbol{v}_k) c_n = \boldsymbol{o} \cdot \boldsymbol{v}_k = 0.$$

Wegen $\boldsymbol{v}_i \cdot \boldsymbol{v}_k = 0$ für $i \neq k$ erhält man weiter $(\boldsymbol{v}_k \cdot \boldsymbol{v}_k) c_k = 0$ und wegen $\boldsymbol{v}_k \neq \boldsymbol{o}$, also $\boldsymbol{v}_k \cdot \boldsymbol{v}_k > 0$, schließlich $c_k = 0$. ♦

7.2.13 Satz. *Es sei* $\{\boldsymbol{e}_1, \dots, \boldsymbol{e}_n\}$ *eine Orthonormalbasis von* V. *Sind dann* $x_1, \dots, x_n$ *bzw.* $y_1, \dots, y_n$ *die Koordinaten der Vektoren* $\boldsymbol{x}$ *und* $\boldsymbol{y}$ *bezüglich dieser Basis, so gilt*

$$\boldsymbol{x} \cdot \boldsymbol{y} = x_1\bar{y}_1 + \cdots + x_n\bar{y}_n$$

und für die Koordinaten selbst $x_i = \boldsymbol{x} \cdot \boldsymbol{e}_i$ *für* $i = 1, \dots, n$.

Beweis: Sicherlich gilt $\boldsymbol{e}_i \cdot \boldsymbol{e}_j = \delta_{i,j}$ wobei

$$\delta_{i,j} = \begin{cases} 1 & \text{falls } i = j, \\ 0 & \text{falls } i \neq j \end{cases}$$

das *Kronecker-Symbol* ist. Hierdurch erhält man

$$\boldsymbol{x} \cdot \boldsymbol{y} = \left(\sum_{i=1}^{n} \boldsymbol{e}_i x_i\right) \cdot \left(\sum_{j=1}^{n} \boldsymbol{e}_j y_j\right) = \sum_{i,j=1}^{n} (\boldsymbol{e}_i \cdot \boldsymbol{e}_j) x_i \bar{y}_j = \sum_{i=1}^{n} x_i \bar{y}_i$$

und

$$\boldsymbol{x} \cdot \boldsymbol{e}_i = \left(\sum_{j=1}^{n} \boldsymbol{e}_j x_j\right) \cdot \boldsymbol{e}_i = \sum_{j=1}^{n} x_j \delta_{j,i} = x_i.$$

♦

7.2.14 Bemerkungen.

(a) Dieser Satz gilt sinngemäß auch bei unendlicher Dimension und kann dann ebenso bewiesen werden.

(b) Ist V ein reeller Vektorraum, so entfällt in Satz 7.2.13 die komplexe Konjugation, d. h. $\boldsymbol{x} \cdot \boldsymbol{y} = x_1 y_1 + x_2 y_2 + \cdots + x_n y_n$.

(c) Jede Basis $B = \{\boldsymbol{v}_1, \boldsymbol{v}_2, \dots, \boldsymbol{v}_n\}$ eines euklidischen oder unitären Vektorraums kann als Orthonormalbasis von V bzgl. eines neuen skalaren Produkts $\boldsymbol{x} \cdot \boldsymbol{y} = x_1\bar{y}_1 + x_2\bar{y}_2 + \cdots + x_n\bar{y}_n$ für $\boldsymbol{x} = \sum_{i=1}^{n} \boldsymbol{v}_i x_i$ und $\boldsymbol{y} = \sum_{i=1}^{n} \boldsymbol{v}_i y_i \in V$ angesehen werden.

(d) Im folgenden wird bei den arithmetischen Vektorräumen $\mathbb{R}^n$ und $\mathbb{C}^n$ die jeweilige kanonische Basis $B = \{\boldsymbol{e}_1, \boldsymbol{e}_2, \dots, \boldsymbol{e}_n\}$ als Orthonormalbasis gewählt.

7.2.15 Beispiele.

(a) Für je zwei Vektoren $\boldsymbol{x} = (x_1, x_2)$ und $\boldsymbol{y} = (y_1, y_2)$ des reellen arithmetischen Vektorraums $\mathbb{R}^2$ sei ein vom gewöhnlichen skalaren Produkt abweichendes skalares Produkt durch

$$\boldsymbol{x} \cdot \boldsymbol{y} = 4x_1 y_1 - 2x_1 y_2 - 2x_2 y_1 + 3x_2 y_2$$

definiert. Dann bilden die Vektoren

$$\boldsymbol{e}_1^* = \left(\frac{1}{2}, 0\right) \quad \text{und} \quad \boldsymbol{e}_2^* = \left(\frac{1}{2\sqrt{2}}, \frac{1}{\sqrt{2}}\right)$$

eine Orthonormalbasis. Es gilt nämlich

$$\boldsymbol{e}_1^* \cdot \boldsymbol{e}_1^* = 4 \cdot \frac{1}{2} \cdot \frac{1}{2} = 1,$$
$$\boldsymbol{e}_1^* \cdot \boldsymbol{e}_2^* = 4 \cdot \frac{1}{2} \cdot \frac{1}{2\sqrt{2}} - 2 \cdot \frac{1}{2} \cdot \frac{1}{\sqrt{2}} = 0,$$
$$\boldsymbol{e}_2^* \cdot \boldsymbol{e}_2^* = 4 \cdot \frac{1}{2\sqrt{2}} \cdot \frac{1}{2\sqrt{2}} - 2 \cdot \frac{1}{2\sqrt{2}} \cdot \frac{1}{\sqrt{2}} - 2 \cdot \frac{1}{\sqrt{2}} \cdot \frac{1}{2\sqrt{2}} + 3 \cdot \frac{1}{\sqrt{2}} \cdot \frac{1}{\sqrt{2}} = 1.$$

Zwischen den Koordinaten x_1, x_2 hinsichtlich der kanonischen Basis $\boldsymbol{e}_1 = (1, 0)$, $\boldsymbol{e}_2 = (0, 1)$ und den Koordinaten x_1^*, x_2^* hinsichtlich $\{\boldsymbol{e}_1^*, \boldsymbol{e}_2^*\}$ besteht wegen

$$\begin{aligned} \boldsymbol{e}_1^* &= \frac{1}{2}\boldsymbol{e}_1, \\ \boldsymbol{e}_2^* &= \frac{1}{2\sqrt{2}}\boldsymbol{e}_1 + \frac{1}{\sqrt{2}}\boldsymbol{e}_2 \end{aligned}$$

die Beziehung

$$x_1 = \frac{1}{2}x_1^* + \frac{1}{2\sqrt{2}}x_2^*, \quad x_2 = \frac{1}{\sqrt{2}}x_2^*.$$

Einsetzen dieser Werte liefert in der Tat

$$\begin{aligned} \boldsymbol{x} \cdot \boldsymbol{y} = 4 &\left(\frac{1}{2}x_1^* + \frac{1}{2\sqrt{2}}x_2^*\right)\left(\frac{1}{2}y_1^* + \frac{1}{2\sqrt{2}}y_2^*\right) - 2\left(\frac{1}{2}x_1^* + \frac{1}{2\sqrt{2}}x_2^*\right)\left(\frac{1}{\sqrt{2}}y_2^*\right) \\ &- 2\left(\frac{1}{\sqrt{2}}x_2^*\right)\left(\frac{1}{2}y_1^* + \frac{1}{2\sqrt{2}}y_2^*\right) + 3\left(\frac{1}{\sqrt{2}}x_2^*\right)\left(\frac{1}{\sqrt{2}}y_2^*\right) \\ = {} & x_1^* y_1^* + x_2^* y_2^*. \end{aligned}$$

(b) In dem Vektorraum aller in dem Intervall $[-\pi, +\pi]$ stetigen reellen Funktionen wird durch

$$(f, g) = \frac{1}{\pi} \int_{-\pi}^{+\pi} f(t) g(t)\, dt$$

ein skalares Produkt definiert. Hinsichtlich dieses skalaren Produkts bilden die Funktionen

$$\frac{1}{\sqrt{2}}, \quad \cos(nt), \quad \sin(nt) \quad (n = 1, 2, 3, \dots)$$

ein unendliches Orthonormalsystem (vgl. Aufgabe 7.4).

7.3 Orthonormalisierungsverfahren

In diesem Paragraphen sei V stets ein euklidischer oder unitärer Vektorraum endlicher oder höchstens abzählbar-unendlicher Dimension. Dabei ist V von abzählbar unendlicher Dimension, wenn $\dim V = \infty$ ist und V eine Basis B besitzt, die bijektiv auf die Menge $\mathbb{N}$ aller natürlichen Zahlen abgebildet werden kann. Hierfür ist $V = F[X]$, der Raum aller Polynome mit Koeffizienten aus einem Körper F, ein Beispiel. Daß sich die Ergebnisse im allgemeinen nicht auf Räume mit Basen höherer Mächtigkeit übertragen lassen, wird ebenfalls durch geeignete Gegenbeispiele gezeigt.

7.3.1 Satz (Gram-Schmidt'sches Orthonormalisierungsverfahren). *Zu jedem endlichen oder höchstens abzählbar-unendlichen System $\{\boldsymbol{a}_1, \boldsymbol{a}_2, \dots\}$ linear unabhängiger Vektoren des euklidischen oder unitären Vektorraums V gibt es genau ein entsprechendes Orthonormalsystem $\{\boldsymbol{b}_1, \boldsymbol{b}_2, \dots\}$ mit folgenden Eigenschaften:*

(a) *Für $k = 1, 2, \dots$ erzeugen die Vektoren $\boldsymbol{a}_1, \dots, \boldsymbol{a}_k$ und $\boldsymbol{b}_1, \dots, \boldsymbol{b}_k$ denselben Unterraum U_k von V.*

(b) *Die zu der Basistransformation $\{\boldsymbol{a}_1, \dots, \boldsymbol{a}_k\} \to \{\boldsymbol{b}_1, \dots, \boldsymbol{b}_k\}$ von U_k gehörende Transformationsmatrix $\mathcal{P}_k$ besitzt eine positive Determinante $D_k = \det(\mathcal{P}_k) > 0$ für $k = 1, 2, \dots$.*

Beweis: Die Vektoren $\boldsymbol{b}_1, \boldsymbol{b}_2, \dots$ werden induktiv definiert. Bei einem endlichen System $\{\boldsymbol{a}_1, \dots, \boldsymbol{a}_m\}$ bricht das Verfahren nach m Schritten ab.

Wegen der vorausgesetzten linearen Unabhängigkeit gilt $\boldsymbol{a}_1 \neq \boldsymbol{o}$, und $\boldsymbol{b}_1 = \boldsymbol{a}_1 \frac{1}{|\boldsymbol{a}_1|}$ ist ein normierter Vektor. Die Vektoren $\boldsymbol{a}_1$ und $\boldsymbol{b}_1$ erzeugen denselben Unterraum U_1, und es gilt $D_1 = \frac{1}{|\boldsymbol{a}_1|} > 0$. Ist umgekehrt $\boldsymbol{b}_1'$ ein Vektor mit $|\boldsymbol{b}_1'| = 1$, der ebenfalls U_1 erzeugt, so gilt $\boldsymbol{b}_1' = \boldsymbol{a}_1 c$. Und da jetzt c die Determinante der Transformationsmatrix ist, muß bei Gültigkeit von (b) außerdem $c > 0$ gelten. Man erhält

$$1 = \boldsymbol{b}_1' \cdot \boldsymbol{b}_1' = (\boldsymbol{a}_1 \cdot \boldsymbol{a}_1)(c\bar{c}) = |\boldsymbol{a}_1|^2 |c|^2.$$

Wegen $c > 0$ folgt hieraus $c = 1/|\boldsymbol{a}_1|$, also $\boldsymbol{b}_1' = \boldsymbol{b}_1$. Somit ist $\boldsymbol{b}_1$ auch eindeutig bestimmt.

Es seien jetzt bereits die Vektoren $\boldsymbol{b}_1, \dots, \boldsymbol{b}_n$ so konstruiert, daß (a) und (b) für $k = 1, \dots, n$ erfüllt sind. Dann werde zunächst

$$\boldsymbol{c}_{n+1} = \boldsymbol{a}_{n+1} - \sum_{i=1}^{n} \boldsymbol{b}_i (\boldsymbol{a}_{n+1} \cdot \boldsymbol{b}_i)$$

gesetzt. Bei Berücksichtigung der Induktionsvoraussetzung ergibt sich

$$U_{n+1} = \langle \boldsymbol{a}_1, \dots, \boldsymbol{a}_n, \boldsymbol{a}_{n+1} \rangle = \langle \boldsymbol{b}_1, \dots, \boldsymbol{b}_n, \boldsymbol{a}_{n+1} \rangle = \langle \boldsymbol{b}_1, \dots, \boldsymbol{b}_n, \boldsymbol{c}_{n+1} \rangle$$

und $\dim U_{n+1} = n+1$. Daher sind die Vektoren $\boldsymbol{b}_1, \dots, \boldsymbol{b}_n, \boldsymbol{c}_{n+1}$ linear unabhängig und erzeugen denselben Unterraum wie die Vektoren $\boldsymbol{b}_1, \dots, \boldsymbol{b}_n$, $\boldsymbol{a}_{n+1}$, nämlich U_{n+1}. Insbesondere gilt $\boldsymbol{c}_{n+1} \neq \boldsymbol{o}$. Wegen $\boldsymbol{b}_i \cdot \boldsymbol{b}_j = \delta_{i,j}$, wobei $\delta_{i,j}$ das Kronecker-Symbol ist, ergibt sich außerdem für $j = 1, \dots, n$

$$\boldsymbol{c}_{n+1} \cdot \boldsymbol{b}_j = \boldsymbol{a}_{n+1} \cdot \boldsymbol{b}_j - \sum_{i=1}^{n} \delta_{i,j}(\boldsymbol{a}_{n+1} \cdot \boldsymbol{b}_i) = \boldsymbol{a}_{n+1} \cdot \boldsymbol{b}_j - \boldsymbol{a}_{n+1} \cdot \boldsymbol{b}_j = 0.$$

Setzt man daher

$$\boldsymbol{b}_{n+1} = \frac{1}{|\boldsymbol{c}_{n+1}|}\boldsymbol{c}_{n+1},$$

so bilden die Vektoren $\boldsymbol{b}_1, \dots, \boldsymbol{b}_{n+1}$ ein Orthonormalsystem mit der Eigenschaft (a) für $k = 1, \dots, n+1$. Die Transformation $\mathcal{P}_{n+1}$ der $\boldsymbol{a}_i$ in die $\boldsymbol{b}_i$ ist die Dreiecksmatrix $\mathcal{P}_{n+1} = (a_{ij})$, deren Koeffizienten wie folgt bestimmt sind

$$\begin{aligned}
\boldsymbol{b}_1 &= \boldsymbol{a}_1 a_{1,1} \\
\boldsymbol{b}_2 &= \boldsymbol{a}_1 a_{2,1} + \boldsymbol{a}_2 a_{2,2} \\
&\vdots \\
\boldsymbol{b}_n &= \boldsymbol{a}_1 a_{n,1} + \cdots + \boldsymbol{a}_n a_{n,n} \\
\boldsymbol{b}_{n+1} &= \boldsymbol{a}_1 a_{n+1,1} + \cdots + \boldsymbol{a}_{n+1} \frac{1}{|\boldsymbol{c}_{n+1}|}.
\end{aligned}$$

Aus Satz 5.4.5 folgen $D_n = \det \mathcal{P}_n = a_{1,1} \dots a_{n,n}$ und $D_{n+1} = \det(\mathcal{P}_{n+1}) = D_n \frac{1}{|\boldsymbol{c}_{n+1}|}$. Nach Induktionsannahme ist $D_n > 0$. Daher gilt die Behauptung (2).

Ist umgekehrt $\boldsymbol{b}'_{n+1}$ ein Vektor, für den $\{\boldsymbol{b}_1, \dots, \boldsymbol{b}_n, \boldsymbol{b}'_{n+1}\}$ ebenfalls ein Orthonormalsystem mit den Eigenschaften (a) und (b) ist, so muß wegen (a) und (b)

$$\boldsymbol{b}'_{n+1} = \sum_{i=1}^{n} \boldsymbol{b}_i a_i + \boldsymbol{b}_{n+1} c$$

mit $c > 0$ gelten. Wegen $\boldsymbol{b}'_{n+1} \cdot \boldsymbol{b}_s = 0$ für $s = 1, \dots, n$ folgt nun $\boldsymbol{b}'_{n+1} = \boldsymbol{b}_{n+1} c$. Daher ist $c = |\boldsymbol{b}'_{n+1}| c = |\boldsymbol{b}_{n+1}| = 1$. Somit gilt $\boldsymbol{b}'_{n+1} = \boldsymbol{b}_{n+1}$. ♦

7.3.2 Satz. *Der euklidische oder unitäre Vektorraum V besitze endliche oder höchstens abzählbar-unendliche Dimension. Dann kann jede Orthonormalbasis eines endlich-dimensionalen Unterraums U von V zu einer Orthonormalbasis von V ergänzt werden. Insbesondere besitzt V selbst eine Orthonormalbasis.*

Beweis: Es sei U ein n-dimensionaler Unterraum von V, und $\{\boldsymbol{b}_1, \dots, \boldsymbol{b}_n\}$ sei eine Orthonormalbasis von U. (Im Fall $n = 0$ ist die Orthonormalbasis durch die leere Menge zu ersetzen.) Diese Basis kann nach Satz 2.2.15 zu einer Basis $\{\boldsymbol{b}_1, \ldots, \boldsymbol{b}_n, \boldsymbol{a}_{n+1}, \boldsymbol{a}_{n+2}, \ldots\}$ von V ergänzt werden. Wendet man auf sie das Gram-Schmidt'sche Orthonormalisierungsverfahren an, so bleiben die Vektoren $\boldsymbol{b}_1, \ldots, \boldsymbol{b}_n$ erhalten, und man gewinnt eine Orthonormalbasis $\{\boldsymbol{b}_1, \ldots, \boldsymbol{b}_n, \boldsymbol{b}_{n+1}, \ldots\}$ von V. Der Fall $U = \{\boldsymbol{o}\}$ liefert die Existenz einer Orthonormalbasis von V. ♦

7.3.3 Beispiele.

(a) In dem reellen arithmetischen Vektorraum $\mathbb{R}^4$ sei das skalare Produkt je zweier Vektoren $\boldsymbol{x} = (x_1, \ldots, x_4)$ und $\boldsymbol{y} = (y_1, \ldots, y_4)$ durch $\boldsymbol{x} \cdot \boldsymbol{y} = x_1y_1 + \cdots + x_4y_4$ definiert. Das Orthonormalisierungsverfahren werde auf die Vektoren

$$\boldsymbol{a}_1 = (4, 2, -2, -1), \quad \boldsymbol{a}_2 = (2, 2, -4, -5), \quad \boldsymbol{a}_3 = (0, 8, -2, -5)$$

angewandt. Man erhält:

$$\begin{aligned}
\boldsymbol{b}_1 &= \frac{1}{|\boldsymbol{a}_1|}\boldsymbol{a}_1 = \frac{1}{5}(4, 2, -2, -1).\\
\boldsymbol{c}_2 &= \boldsymbol{a}_2 - \boldsymbol{b}_1(\boldsymbol{a}_2 \cdot \boldsymbol{b}_1) = (2, 2, -4, -5) - (4, 2, -2, -1)\frac{25}{5} \cdot \frac{1}{5}\\
&= (-2, 0, -2, -4),\\
\boldsymbol{b}_2 &= (-2, 0, -2, -4)\frac{1}{\sqrt{24}}.\\
\boldsymbol{c}_3 &= \boldsymbol{a}_3 - \boldsymbol{b}_1(\boldsymbol{a}_3 \cdot \boldsymbol{b}_1) - \boldsymbol{b}_2(\boldsymbol{a}_3 \cdot \boldsymbol{b}_2)\\
&= (0, 8, -2, -5) - (4, 2, -2, -1)\frac{25}{5} \cdot \frac{1}{5} - (-2, 0, -2, -4)\frac{24}{\sqrt{24}} \cdot \frac{1}{\sqrt{24}}\\
&= (-2, 6, 2, 0),\\
\boldsymbol{b}_3 &= (-2, 6, 2, 0)\frac{1}{\sqrt{44}}.
\end{aligned}$$

(b) In dem reellen Vektorraum aller in $[0, 1]$ stetigen reellen Funktionen sei das skalare Produkt durch

$$(f, g) = \int_0^1 f(t)g(t)\,dt$$

definiert. Das Orthonormalisierungsverfahren soll auf die Polynome $1 = t^0$, $t, t^2, \ldots$ angewandt werden. Die Funktionen des entstehenden Orthonormalsystems sollen hier mit $e_0, e_1, e_2, \ldots$ bezeichnet werden. Die ersten Schritte lauten:

$$(1,1)=\int_0^1 dt = 1,\quad \text{also } e_0(t)=1.$$

$$(t,e_0)=\int_0^1 t\,dt=\frac{1}{2},$$

$$e_1'(t)=t-(t,e_0)e_0(t)=t-\frac{1}{2};$$

$$(e_1',e_1')=\int_0^1\left(t-\frac{1}{2}\right)^2 dt=\frac{1}{12},\quad \text{also } e_1(t)=\sqrt{12}\left(t-\frac{1}{2}\right).$$

$$(t^2,e_0)=\int_0^1 t^2\,dt=\frac{1}{3},$$

$$(t^2,e_1)=\sqrt{12}\int_0^1 t^2\left(t-\frac{1}{2}\right)dt=\frac{1}{\sqrt{12}},$$

$$\begin{aligned} e_2'(t)&=t^2-(t^2,e_0)e_0(t)-(t^2,e_1)e_1(t)\\ &=t^2-\frac{1}{3}-\left(t-\frac{1}{2}\right)=t^2-t+\frac{1}{6};\end{aligned}$$

$$(e_2',e_2')=\int_0^1\left(t^2-t+\frac{1}{6}\right)^2 dt=\frac{1}{180},\quad \text{also } e_2(t)=6\sqrt{5}\left(t^2-t+\frac{1}{6}\right).$$

7.3.4 Definition. Zwei Teilmengen M und N des euklidischen oder unitären Vektorraumes V heißen *orthogonal*, wenn $\boldsymbol{x}\cdot\boldsymbol{y}=0$ für alle Vektoren $\boldsymbol{x}\in M$ und $\boldsymbol{y}\in N$ erfüllt ist, wenn also alle Vektoren aus M auf allen Vektoren aus N senkrecht stehen. Bezeichnung: $M\perp N$.

Wenn hierbei z. B. die Menge M aus nur einem Vektor $\boldsymbol{x}$ besteht, wird statt $\{\boldsymbol{x}\}\perp N$ einfacher $\boldsymbol{x}\perp N$ geschrieben. Die leere Menge und der Nullraum sind zu jeder Teilmenge von V orthogonal.

7.3.5 Definition. Sei M eine Teilmenge des euklidischen oder unitären Vektorraumes V. Dann heißt $M^\perp=\{\boldsymbol{v}\in V\mid \boldsymbol{v}\perp M\}=\{\boldsymbol{v}\in V\mid \boldsymbol{m}\cdot\boldsymbol{v}=\boldsymbol{o} \text{ für alle } \boldsymbol{m}\in M\}$ das *orthogonale Komplement* von M in V.

7.3.6 Bemerkung. Das orthogonale Komplement $M^\perp$ einer Teilmenge M des Vektorraums V ist ein Unterraum von V; denn $M^\perp$ ist abgeschlossen gegenüber den linearen Operationen.

7.3.7 Satz. *Sei U ein r-dimensionaler Unterraum des n-dimensionalen euklidischen oder unitären Vektorraumes V. Dann gelten:*

(a) *Das orthogonale Komplement $U^\perp$ von U ist ein $(n-r)$-dimensionaler Unterraum von V.*

(b) $U^{\perp\perp} = \{\boldsymbol{v} \in V \mid \boldsymbol{a} \cdot \boldsymbol{v} = 0$ *für alle* $\boldsymbol{a} \in U^\perp\} = U$.

(c) $V = U \oplus U^\perp$.

Beweis: (a) Nach Satz 7.3.2 besitzt U eine Orthonormalbasis $B = \{\boldsymbol{v}_1, \boldsymbol{v}_2, \ldots, \boldsymbol{v}_r\}$, die sich zu einer Orthonormalbasis $C = \{\boldsymbol{v}_1, \boldsymbol{v}_2, \ldots, \boldsymbol{v}_r, \boldsymbol{v}_{r+1}, \ldots, \boldsymbol{v}_n\}$ von V ergänzen läßt. Also gehören die $n-r$ linear unabhängigen Vektoren $\boldsymbol{v}_{r+1}, \boldsymbol{v}_{r+2}, \ldots, \boldsymbol{v}_n$ zu $U^\perp$. Daher ist $\dim U^\perp \geq n-r$. Sei $\boldsymbol{u}$ ein Element von $U^\perp \cap U$. Dann ist $\boldsymbol{u} \cdot \boldsymbol{u} = 0$. Nach Bemerkung 7.1.2 folgt $\boldsymbol{u} = \boldsymbol{o}$. Daher ist $U \cap U^\perp = \{\boldsymbol{o}\}$. Aus dem Dimensionssatz 2.2.16 folgt $\dim U^\perp \leq n - \dim U = n - r$. Deshalb ist $V = U \oplus U^\perp$, womit (a) und (c) bewiesen sind.

(b) Nach Definition von $U^\perp$ gilt $\boldsymbol{u} \cdot \boldsymbol{v} = 0$ für alle $\boldsymbol{v} \in U^\perp$ und alle $\boldsymbol{u} \in U$. Also ist $U \subseteq U^{\perp\perp}$. Wegen (a) gilt dann $\dim(U^{\perp\perp}) = n - \dim U^\perp = n - (n-r) = r$. Daher ist $U = U^{\perp\perp}$ nach Folgerung 2.2.14. ♦

7.3.8 Bemerkung. Satz 7.3.7 läßt sich nicht auf unendlich-dimensionale euklidische oder unitäre Vektorräume verallgemeinern, wie folgendes Beispiel zeigt:

Es sei V der reelle Vektorraum aller in $[0, 1]$ stetigen reellen Funktionen mit dem skalaren Produkt

$$(f, g) = \int_0^1 f(t)g(t)\,dt.$$

Der Unterraum U aller Polynome besitzt abzählbar-unendliche Dimension. Daher existiert nach Satz 7.3.2 eine Orthonormalbasis von U. Es sei nun f eine von der Nullfunktion verschiedene Funktion aus V. Dann gilt $(f, f) = a > 0$ und $|f(t)| < b$ für alle $t \in [0, 1]$. Nach dem Approximationssatz von Weierstrass kann f in $[0, 1]$ gleichmäßig durch Polynome approximiert werden, vgl. A. Ostrowski, [19], S. 170. Es gibt also ein Polynom $g \in U$ mit $|f(t) - g(t)| < \frac{a}{2b}$ für alle $t \in [0, 1]$, und man erhält

$$\begin{aligned}(f, g) &= \int_0^1 f(t)[f(t) - (f(t) - g(t))]\,dt \\ &\geqq \int_0^1 f^2(t)dt - \int_0^1 |f(t)||f(t) - g(t)|\,dt \\ &\geqq (f, f) - b\frac{a}{2b} = \frac{a}{2} > 0.\end{aligned}$$

Daher ist außer der Nullfunktion keine Funktion aus V zu U orthogonal; d. h. $U^\perp$ ist der Nullraum und $(U^\perp)^\perp$ der ganze Raum V. Satz 7.3.7 gilt somit nicht mehr für unendlich-dimensionale Unterräume.

Ebenso gilt auch Satz 7.3.2 nicht für euklidische oder unitäre Vektorräume mit überabzählbarer Dimension, weil eine Orthonormalbasis von U nicht zu einer Orthonormalbasis von V erweitert werden kann.

7.4 Adjungierte Abbildungen und normale Endomorphismen

7.4.1 Definition. Es seien V und W zwei euklidische oder unitäre Räume. Sei α eine lineare Abbildung von V in W. Eine lineare Abbildung $\alpha^* : W \to V$ heißt eine zu α *adjungierte Abbildung*, wenn für alle Vektoren $\boldsymbol{x} \in V$ und $\boldsymbol{y} \in W$

$$\alpha\boldsymbol{x} \cdot \boldsymbol{y} = \boldsymbol{x} \cdot \alpha^*\boldsymbol{y}$$

(und damit auch $\boldsymbol{y} \cdot \alpha\boldsymbol{x} = \alpha^*\boldsymbol{y} \cdot \boldsymbol{x}$) gilt.

Ein Endomorphismus α des euklidischen oder unitären Vektorraums V heißt *selbstadjungiert*, wenn ein adjungierter Endomorphismus α^* existiert und $\alpha = \alpha^*$ gilt.

Ein Endomorphismus α von V heißt *anti-selbstadjungiert*, wenn ein adjungierter Endomorphismus α^* existiert und $\alpha = -\alpha^*$ gilt.

7.4.2 Bemerkungen.

(a) Im allgemeinen braucht es zu einer linearen Abbildung $\alpha : V \to W$ keine adjungierte Abbildung zu geben, wie folgendes Beispiel zeigt.

Wie in Bemerkung 7.3.8 sei V der reelle Vektorraum aller stetigen reellen Funktionen $f : [0, 1] \to \mathbb{R}$ mit dem Skalarprodukt

$$(f, g) = \int_0^1 f(t)g(t)\,dt, \qquad f, g \in V.$$

Der Unterraum U aller polynomialen Funktionen

$$p(t) = p_0 + p_1 t + p_2 t^2 + \cdots + p_n t^n, \qquad p_i \in \mathbb{R},\ n < \infty,$$

besitzt abzählbare Dimension. Daher besitzt U nach Satz 7.3.2 eine Orthonormalbasis $B = \{p_1(t), p_2(t), \dots\}$. Sei $\epsilon = \mathrm{id}_U$ die Identität von U, d. h. $\epsilon(\boldsymbol{u}) = \boldsymbol{u}$ für alle $\boldsymbol{u} \in U$. Dann ist $\epsilon \in \mathrm{Hom}_{\mathbb{R}}(U, V)$. Angenommen, die adjungierte Abbildung ϵ^* von ϵ existierte. Dann wäre $\epsilon^* \in \mathrm{Hom}_{\mathbb{R}}(V, U)$. Da die Exponentialfunktion $e^t \in V$ ist, gilt $\epsilon^*(e^t) = p_1(t)r_1 + p_2(t)r_2 + \cdots + p_m(t)r_m$ mit endlich vielen eindeutig bestimmten reellen Zahlen r_i; denn B ist eine Basis von U.

Sei $f(t) = e^t - \sum_{i=1}^m p_i(t)(e^t, p_i(t))$. Wegen

$$(e^t, p_j(t)) = (e^t, \epsilon p_j(t)) = (\epsilon^*(e^t), p_j(t)) = \left(\left(\sum_{k=1}^m p_k(t)r_k\right), p_j(t)\right) = 0$$

für alle $j = m+1, m+2, \dots$ folgte dann, daß $f(t) \in U^{\perp}$ wäre. Nach Bemerkung 7.3.8 ist $U^{\perp} = \{\boldsymbol{o}\}$, d. h. $f(t) = 0$ und $e^t \in U$. Dies ist ein Widerspruch, denn e^t ist keine polynomiale Funktion. Daher hat ϵ *keine* adjungierte Abbildung.

(b) Wenn jedoch zu α eine adjungierte Abbildung α^* existiert, so ist sie auch eindeutig bestimmt: Ist nämlich α' ebenfalls eine zu α adjungierte Abbildung, so gilt

$$\boldsymbol{x} \cdot (\alpha^* \boldsymbol{y} - \alpha' \boldsymbol{y}) = \boldsymbol{x} \cdot \alpha^* \boldsymbol{y} - \boldsymbol{x} \cdot \alpha' \boldsymbol{y} = \alpha \boldsymbol{x} \cdot \boldsymbol{y} - \alpha \boldsymbol{x} \cdot \boldsymbol{y} = 0$$

für jeden Vektor $\boldsymbol{x} \in V$. Wäre $\boldsymbol{x} = \alpha^* \boldsymbol{y} - \alpha' \boldsymbol{y} \neq 0$ für ein $\boldsymbol{y} \in W$, dann wäre $\boldsymbol{x} \cdot \boldsymbol{x} \neq 0$ im Widerspruch zu Definitionen 7.1.4 und 7.1.11. Also ist $\alpha^* \boldsymbol{y} = \alpha' \boldsymbol{y}$ für jeden Vektor $\boldsymbol{y} \in W$ und damit $\alpha' = \alpha^*$.

7.4.3 Hilfssatz. *Wenn V endliche Dimension besitzt, existiert zu jeder linearen Abbildung $\alpha : V \to W$ die adjungierte Abbildung α^*. Ist $\{\boldsymbol{e}_1, \dots, \boldsymbol{e}_n\}$ eine Orthonormalbasis von V, so gilt*

$$\alpha^* \boldsymbol{y} = \sum_{i=1}^{n} \boldsymbol{e}_i (\boldsymbol{y} \cdot \alpha \boldsymbol{e}_i) \quad \textit{für alle } \boldsymbol{y} \in W.$$

Beweis: Wegen Satz 7.3.2 besitzt V eine Orthonormalbasis $\{\boldsymbol{e}_1, \dots, \boldsymbol{e}_n\}$. Für jeden Vektor $\boldsymbol{x} \in V$ gilt dann $\boldsymbol{x} = \sum_{i=1}^{n} \boldsymbol{e}_i (\boldsymbol{x} \cdot \boldsymbol{e}_i)$. Denn aus $\boldsymbol{x} = \boldsymbol{e}_1 x_1 + \boldsymbol{e}_2 x_2 + \dots + \boldsymbol{e}_n x_n$ folgt $\boldsymbol{x} \cdot \boldsymbol{e}_i = x_i$ nach Satz 7.2.13. Definiert man nun die Abbildung β durch $\beta \boldsymbol{y} = \sum_{i=1}^{n} \boldsymbol{e}_i (\boldsymbol{y} \cdot \alpha \boldsymbol{e}_i)$ für alle $\boldsymbol{y} \in W$, so ist β wegen der Linearitätseigenschaften des skalaren Produkts jedenfalls eine lineare Abbildung. Wegen

$$\begin{aligned}
\alpha \boldsymbol{x} \cdot \boldsymbol{y} &= \sum_{i=1}^{n} (\alpha \boldsymbol{e}_i \cdot \boldsymbol{y}) x_i = \sum_{i=1}^{n} (\overline{\boldsymbol{y} \cdot \alpha \boldsymbol{e}_i}) x_i = \sum_{i=1}^{n} x_i (\overline{\boldsymbol{y} \cdot \alpha \boldsymbol{e}_i}) \\
&= \sum_{i=1}^{n} (\boldsymbol{x} \cdot \boldsymbol{e}_i)(\overline{\boldsymbol{y} \cdot \alpha \boldsymbol{e}_i}) = \sum_{i=1}^{n} \boldsymbol{x} \cdot [\boldsymbol{e}_i (\boldsymbol{y} \cdot \alpha \boldsymbol{e}_i)] = \boldsymbol{x} \cdot \beta \boldsymbol{y}
\end{aligned}$$

ist β die zu α adjungierte Abbildung α^* nach Definition 7.4.1 und Bemerkung 7.4.2 (b). ♦

7.4.4 Definition. Sei $\mathcal{A} = (a_{ij})$ eine komplexe $m \times n$-Matrix. Dann heißt $\bar{\mathcal{A}} = (\bar{a}_{ij})$ die zu $\mathcal{A}$ *konjugiert komplexe* Matrix und $\mathcal{A}^* = (\bar{\mathcal{A}})^T$ die zu $\mathcal{A}$ *adjungierte* Matrix.

7.4.5 Bemerkung. Die adjungierte $\mathcal{A}^*$ einer reellen $m \times n$-Matrix $\mathcal{A}$ ist die transponierte Matrix $\mathcal{A}^T$ von $\mathcal{A}$, weil $\bar{a}_{ij} = a_{ij}$ für alle Koeffizienten a_{ij} von $\mathcal{A}$ gilt.

7.4.6 Satz. *Es seien V und W endlich-dimensional. Ferner sei $B = \{\boldsymbol{e}_1, \dots, \boldsymbol{e}_n\}$ eine Orthonormalbasis von V und $B' = \{\boldsymbol{f}_1, \dots, \boldsymbol{f}_r\}$ eine Orthonormalbasis von W. Für die Matrizen der linearen Abbildung $\alpha : V \to W$ und ihrer adjungierten Abbildung α^* bezüglich dieser Basen gilt:*

$$\mathcal{A}_{\alpha^*}(B', B) = (\mathcal{A}_\alpha(B, B'))^*.$$

Beweis: Die Koeffizienten der Matrix $\mathcal{A}_\alpha(B, B') = \mathcal{A} = (a_{ij})$ sind nach Definition 3.3.1 durch die Gleichungen

$$\alpha \boldsymbol{e}_j = \sum_{i=1}^{r} \boldsymbol{f}_i a_{ij} \quad (j = 1, \dots, n)$$

bestimmt. Aus ihnen folgt $a_{ij} = \alpha\boldsymbol{e}_j \cdot \boldsymbol{f}_i$ für $j = 1, \dots, n$ und $i = 1, \dots, r$, weil $B' = \{\boldsymbol{f}_1, \dots, \boldsymbol{f}_r\}$ eine Orthonormalbasis ist. Bezeichnet man die α^* zugeordnete Matrix mit $\mathcal{B} = (b_{ji})$, so gilt entsprechend

$$\alpha^* \boldsymbol{f}_i = \sum_{j=1}^{n} \boldsymbol{e}_j \cdot b_{ji} \quad (i = 1, \dots, r)$$

und $b_{ji} = \alpha^* \boldsymbol{f}_i \cdot \boldsymbol{e}_j$ für $i = 1, \dots, r$ und $j = 1, \dots, n$. Hieraus folgt

$$b_{ji} = \alpha^* \boldsymbol{f}_i \cdot \boldsymbol{e}_j = \overline{\boldsymbol{e}_j \cdot \alpha^* \boldsymbol{f}_i} = \overline{\alpha \boldsymbol{e}_j \cdot \boldsymbol{f}_i} = \bar{a}_{ij}$$

und somit $\mathcal{B} = \bar{\mathcal{A}}^T = \mathcal{A}^*$. ♦

7.4.7 Hilfssatz. *Für lineare Abbildungen α, β, deren adjungierte Abbildungen α^*, β^* existieren, gelten die folgenden Gleichungen:*

(a) $(\alpha^*)^* = \alpha$.

(b) $(\alpha + \beta)^* = \alpha^* + \beta^*$.

(c) $(\alpha \cdot c)^* = \alpha^* \bar{c}$.

(d) $(\beta\alpha)^* = \alpha^* \beta^*$.

(e) *Ist α ein Endomorphismus eines endlich-dimensionalen Vektorraums V, dann gilt*

$$\det(\alpha^*) = \overline{\det(\alpha)}.$$

Für komplexe bzw. reelle $n \times n$-Matrizen gelten die zu (a) *bis* (e) *analogen Aussagen entsprechend.*

Beweis: (a) Es gilt $\alpha\boldsymbol{x}\cdot\boldsymbol{y} = \boldsymbol{x}\cdot\alpha^*\boldsymbol{y} = (\alpha^*)^*\boldsymbol{x}\cdot\boldsymbol{y}$, für alle $\boldsymbol{x}, \boldsymbol{y} \in V$. Also ist $(\alpha\boldsymbol{x} - (\alpha^*)^*\boldsymbol{x})\cdot\boldsymbol{y} = 0$ für alle $\boldsymbol{y} \in V$. Daher ist $\alpha^*\boldsymbol{x} = (\alpha^*)^*\boldsymbol{x}$ für alle $\boldsymbol{x} \in V$, woraus $(\alpha^*)^* = \alpha$ folgt.

(b) $\boldsymbol{x}\cdot(\alpha+\beta)^*\boldsymbol{y} = (\alpha+\beta)\boldsymbol{x}\cdot\boldsymbol{y} = \alpha\boldsymbol{x}\cdot\boldsymbol{y}+\beta\boldsymbol{x}\cdot\boldsymbol{y} = \boldsymbol{x}\cdot\alpha^*\boldsymbol{y}+\boldsymbol{x}\cdot\beta^*\boldsymbol{y} = \boldsymbol{x}\cdot(\alpha^*+\beta^*)\boldsymbol{y}$ für alle $\boldsymbol{x}, \boldsymbol{y} \in V$. Hieraus folgt $(\alpha+\beta)^* = \alpha^* + \beta^*$.

(c) $\boldsymbol{x}\cdot(\alpha\cdot c)^*\boldsymbol{y} = (\alpha\cdot c)\boldsymbol{x}\cdot\boldsymbol{y} = (\alpha\boldsymbol{x}\cdot\boldsymbol{y})c = (\boldsymbol{x}\cdot\alpha^*\boldsymbol{y})c = \boldsymbol{x}\cdot(\alpha^*\bar{c})\boldsymbol{y}$ für alle $\boldsymbol{x}, \boldsymbol{y} \in V$. Also gilt $(\alpha c)^* = \alpha^*\bar{c}$.

(d) $\boldsymbol{x}\cdot(\beta\alpha)^*\boldsymbol{y} = (\beta\alpha)\boldsymbol{x}\cdot\boldsymbol{y} = \alpha\boldsymbol{x}\cdot\beta^*\boldsymbol{y} = \boldsymbol{x}\cdot\alpha^*\beta^*\boldsymbol{y}$ für alle $\boldsymbol{x}, \boldsymbol{y} \in V$.

(e) Sei B eine Basis des endlich-dimensionalen Vektorraums V und $\mathcal{A} = \mathcal{A}_\alpha(B, B)$ die Matrix des Endomorphismus α von V bezüglich B. Nach Definition 5.3.4 ist $\det(\mathcal{A}) = \sum_{\pi\in S_n}(\operatorname{sign}\pi)a_{1,\pi(1)}a_{2,\pi(2)}\dots a_{n,\pi(n)}$. Da die komplexe Konjugation ein Automorphismus von $\mathbb{C}$ ist, folgt

$$\overline{\det(\mathcal{A})} = \sum_{\pi\in S_n}(\operatorname{sign}\pi)\bar{a}_{1,\pi(1)}\bar{a}_{2,\pi(2)}\dots\bar{a}_{n,\pi(n)} = \det(\bar{\mathcal{A}}).$$

Nach Satz 5.4.1(a) ist $\det(\bar{\mathcal{A}}) = \det(\bar{\mathcal{A}}^T) = \det(\mathcal{A}^*)$. Insbesondere gilt $\det(\alpha^*) = \overline{\det(\alpha)}$. Die Behauptung folgt nun unmittelbar aus Satz 7.4.6. ♦

7.4.8 Definition. Ein Endomorphismus α eines unitären oder euklidischen Raumes V heißt *normal*, wenn der zu ihm adjungierte Endomorphismus α^* existiert und mit α vertauschbar ist, d. h. $\alpha\alpha^* = \alpha^*\alpha$.

7.4.9 Satz. *Ein Endomorphismus α eines unitären oder euklidischen Raumes V ist genau dann normal, wenn sein adjungierter Endomorphismus α^* existiert und wenn für alle Vektoren $\boldsymbol{x}, \boldsymbol{y} \in V$ gilt*

$$\alpha\boldsymbol{x}\cdot\alpha\boldsymbol{y} = \alpha^*\boldsymbol{x}\cdot\alpha^*\boldsymbol{y}.$$

Beweis: Aus $\alpha\alpha^* = \alpha^*\alpha$ folgt nach Definition 7.4.1, daß

$$\alpha\boldsymbol{x}\cdot\alpha\boldsymbol{y} = \boldsymbol{x}\cdot\alpha^*(\alpha\boldsymbol{y}) = \boldsymbol{x}\cdot\alpha(\alpha^*\boldsymbol{y}) = \alpha^*\boldsymbol{x}\cdot\alpha^*\boldsymbol{y}.$$

Umgekehrt gelte $\alpha\boldsymbol{x}\cdot\alpha\boldsymbol{y} = \alpha^*\boldsymbol{x}\cdot\alpha^*\boldsymbol{y}$ für alle Vektoren $\boldsymbol{x}, \boldsymbol{y} \in V$. Man erhält

$$(\alpha(\alpha^*\boldsymbol{x}))\cdot\boldsymbol{y} = \alpha^*\boldsymbol{x}\cdot\alpha^*\boldsymbol{y} = \alpha\boldsymbol{x}\cdot\alpha\boldsymbol{y} = (\alpha^*(\alpha\boldsymbol{x}))\cdot\boldsymbol{y},$$

also $((\alpha\alpha^*)\boldsymbol{x} - (\alpha^*\alpha)\boldsymbol{x})\cdot\boldsymbol{y} = 0$. Da diese Gleichung bei festem $\boldsymbol{x}$ für alle Vektoren $\boldsymbol{y} \in V$ gilt, folgt $(\alpha\alpha^*)\boldsymbol{x} = (\alpha^*\alpha)\boldsymbol{x}$ nach Satz 7.3.7. Und da dies für beliebige Vektoren $\boldsymbol{x} \in V$ gilt, ergibt sich schließlich $\alpha\alpha^* = \alpha^*\alpha$. ♦

7.4.10 Hilfssatz. *Für einen normalen Endomorphismus α gilt* $\operatorname{Ker}\alpha = \operatorname{Ker}\alpha^*$.

Beweis: Wegen Satz 7.4.9 gilt für jeden Vektor $\boldsymbol{x}$ von V, daß

$$|\alpha \boldsymbol{x}|^2 = \alpha \boldsymbol{x} \cdot \alpha \boldsymbol{x} = \alpha^* \boldsymbol{x} \cdot \alpha^* \boldsymbol{x} = |\alpha^* \boldsymbol{x}|^2.$$

Daher ist $\alpha \boldsymbol{x} = \boldsymbol{o}$ gleichwertig mit $\alpha^* \boldsymbol{x} = \boldsymbol{o}$. ♦

7.4.11 Satz. *Es sei α ein normaler Endomorphismus. Dann gelten:*

(a) *α und α^* besitzen dieselben Eigenvektoren.*

(b) *Ist $\boldsymbol{a}$ Eigenvektor von α mit dem Eigenwert c, dann hat $\boldsymbol{a}$ als Eigenvektor von α^* den Eigenwert $\bar{c}$.*

(c) *Zwei Eigenvektoren von α, die verschiedene Eigenwerte haben, sind orthogonal.*

Beweis: Wegen Satz 7.4.9 gilt

$$\begin{aligned}(\alpha \boldsymbol{a} - \boldsymbol{a}c) \cdot (\alpha \boldsymbol{a} - \boldsymbol{a}c) &= \alpha \boldsymbol{a} \cdot \alpha \boldsymbol{a} - (\boldsymbol{a} \cdot \alpha \boldsymbol{a})c - (\alpha \boldsymbol{a} \cdot \boldsymbol{a})\bar{c} + (\boldsymbol{a} \cdot \boldsymbol{a})c\bar{c} \\ &= \alpha^* \boldsymbol{a} \cdot \alpha^* \boldsymbol{a} - (\alpha^* \boldsymbol{a} \cdot \boldsymbol{a})c - (\boldsymbol{a} \cdot \alpha^* \boldsymbol{a})\bar{c} + (\boldsymbol{a} \cdot \boldsymbol{a})c\bar{c} \\ &= (\alpha^* \boldsymbol{a} - \boldsymbol{a}\bar{c}) \cdot (\alpha^* \boldsymbol{a} - \boldsymbol{a}\bar{c}).\end{aligned}$$

Daher ist $\alpha \boldsymbol{a} = \boldsymbol{a}c$ gleichwertig mit $\alpha^* \boldsymbol{a} = \boldsymbol{a}\bar{c}$, woraus (a) und (b) folgen.

(c) Seien $\boldsymbol{a}$ und $\boldsymbol{b}$ zwei Eigenvektoren von α mit den verschiedenen Eigenwerten f und g. Wegen (b) gilt $\alpha^* \boldsymbol{b} = \boldsymbol{b}\bar{g}$. Hieraus folgt

$$(\boldsymbol{a} \cdot \boldsymbol{b})f = (\boldsymbol{a}f) \cdot \boldsymbol{b} = (\alpha \boldsymbol{a}) \cdot \boldsymbol{b} = \boldsymbol{a} \cdot (\alpha^* \boldsymbol{b}) = \boldsymbol{a} \cdot (\boldsymbol{b}\bar{g}) = (\boldsymbol{a} \cdot \boldsymbol{b})g,$$

also $(\boldsymbol{a} \cdot \boldsymbol{b})(f - g) = 0$. Wegen $f \neq g$ ist daher $\boldsymbol{a} \cdot \boldsymbol{b} = 0$. ♦

7.4.12 Hilfssatz. *Sei V ein n-dimensionaler euklidischer oder unitärer Vektorraum. Ferner seien α ein normaler Endomorphismus von V, $\boldsymbol{e}$ ein Eigenvektor von α und $U = \boldsymbol{e}^\perp = \{\boldsymbol{v} \in V \mid \boldsymbol{e} \cdot \boldsymbol{v} = \boldsymbol{o}\}$. Dann gelten:*

(a) *U ist ein α-invarianter Unterraum mit* $\dim_F U = n - 1$.

(b) *Die Einschränkung $\alpha_{|U}$ von α auf U ist ein normaler Endomorphismus von U.*

Beweis: (a) Nach Satz 7.3.7 hat $U = \boldsymbol{e}^\perp$ die Dimension $n - 1$. Seien $\boldsymbol{u} \in U$ und $c \in F$ ein Eigenwert von α mit Eigenvektor $\boldsymbol{e}$. Wegen Satz 7.4.11 gilt dann

$$\alpha \boldsymbol{u} \cdot \boldsymbol{e} = \boldsymbol{u} \cdot \alpha^* \boldsymbol{e} = \boldsymbol{u} \cdot (\boldsymbol{e}\bar{c}) = (\boldsymbol{u} \cdot \boldsymbol{e})c = 0.$$

Daher ist $\alpha \boldsymbol{u} \in U$ für alle $\boldsymbol{u} \in U$, d. h. U ist ein α-invarianter Unterraum von V.

(b) Wegen (a) ist $\alpha_1 = \alpha_{|U} \in \operatorname{End}_F(U)$. Nach Hilfssatz 7.4.3 existiert $\alpha_1^* \in \operatorname{End}_F(U)$, und $\alpha_1^* = \alpha^*_{|U}$. Daher ist α_1 ein normaler Endomorphismus von U nach Satz 7.4.9. ♦

7.4.13 Satz. *Es sei $V \neq 0$ ein endlich-dimensionaler euklidischer oder unitärer F-Vektorraum. Sei α ein Endomorphismus von V, dessen sämtliche Eigenwerte im euklidischen Fall reell sind. Dann ist α genau dann normal, wenn es zu ihm eine Orthonormalbasis von V gibt, die aus lauter Eigenvektoren von α besteht.*

Beweis: Zunächst sei α normal, und sei c_1 ein Eigenwert von α. Zu c_1 gibt es einen Eigenvektor $\boldsymbol{e}_1$, und zwar auch im euklidischen Fall, weil c_1 dann als reell vorausgesetzt wurde. Ohne Beschränkung der Allgemeinheit kann $\boldsymbol{e}_1$ als Einheitsvektor angenommen werden. Im Fall $n = 1$ ist $\{\boldsymbol{e}_1\}$ bereits eine Orthonormalbasis von V.

Es gelte nun $n > 1$, und die Behauptung sei für die Dimension $n-1$ vorausgesetzt. Weiter sei U der zu $\boldsymbol{e}_1$ orthogonale Unterraum von V. Wegen 7.4.12 ist U dann ein α-invarianter Unterraum von V mit $\dim_F U = n - 1$ und die Einschränkung $\alpha_1 = \alpha_{|U}$ von α auf U ist ein normaler Endomorphismus von U. Nach Induktionsvoraussetzung gibt es daher eine Orthonormalbasis $\{\boldsymbol{e}_2, \dots, \boldsymbol{e}_n\}$ von U, die aus lauter Eigenvektoren von α besteht. Es ist dann $\{\boldsymbol{e}_1, \dots, \boldsymbol{e}_n\}$ eine Orthonormalbasis von V der behaupteten Art.

Umgekehrt sei $\{\boldsymbol{e}_1, \dots, \boldsymbol{e}_n\}$ eine Orthonormalbasis von V, die aus lauter Eigenvektoren des Endomorphismus α besteht; es gelte also $\alpha\boldsymbol{e}_i = \boldsymbol{e}_i c_i$. Durch $\psi\boldsymbol{e}_i = \boldsymbol{e}_i\bar{c}_i$ wird dann ein Endomorphismus ψ von V definiert. Für $i, j = 1, \dots, n$ gilt

$$\alpha\boldsymbol{e}_i \cdot \boldsymbol{e}_j = (\boldsymbol{e}_i c_i) \cdot \boldsymbol{e}_j = c_i\delta_{i,j} = c_j\delta_{j,i} = \boldsymbol{e}_i \cdot (\boldsymbol{e}_j\bar{c}_j) = \boldsymbol{e}_i \cdot \psi\boldsymbol{e}_j$$

und daher allgemein $\alpha\boldsymbol{x} \cdot \boldsymbol{y} = \boldsymbol{x} \cdot \psi\boldsymbol{y}$. Somit ist ψ der zu α adjungierte Endomorphismus α^*. Wegen

$$\alpha^*(\alpha\boldsymbol{e}_i) = \psi(\boldsymbol{e}_i c_i) = \boldsymbol{e}_i c_i\bar{c}_i = \alpha(\boldsymbol{e}_i\bar{c}_i) = \alpha(\psi\boldsymbol{e}_i) = \alpha(\alpha^*\boldsymbol{e}_i) \quad \text{für } i = 1, \dots, n$$

folgt schließlich $\alpha^*\alpha = \alpha\alpha^*$; d. h. α ist normal. ♦

7.4.14 Folgerung. *In einem endlich-dimensionalen unitären Vektorraum V existiert zu einem Endomorphismus α genau dann eine Orthonormalbasis aus Eigenvektoren von α, wenn α ein normaler Endomorphismus ist.*

7.4.15 Hilfssatz. *Sei $\hat{\alpha}$ die komplexe Fortsetzung des normalen Endomorphismus $\alpha \in \operatorname{End}_{\mathbb{R}}(V)$ des endlich-dimensionalen euklidischen Vektorraums V auf dessen unitäre Erweiterung zum $\mathbb{C}$-Vektorraum Z. Dann ist $\hat{\alpha}$ ebenfalls ein normaler Endomorphismus von Z.*

Beweis: Nach den Sätzen 7.1.14 und 7.1.17 existieren die komplexen Fortsetzungen eines Endomorphismus α und des Skalarprodukts des euklidischen $\mathbb{R}$-Vektorraums V auf den komplexen Vektorraum Z mit Dimension $\dim_{\mathbb{C}} Z = \dim_{\mathbb{R}} V$. Für alle

$\boldsymbol{a}, \boldsymbol{b}, \boldsymbol{c}, \boldsymbol{d} \in V$ gilt außerdem

$$\begin{aligned}\hat{\alpha}(\boldsymbol{a}+\boldsymbol{b}i)\cdot(\boldsymbol{c}+\boldsymbol{d}i) &= \alpha\boldsymbol{a}\cdot\boldsymbol{c}+\alpha\boldsymbol{b}\cdot\boldsymbol{d}+(\alpha\boldsymbol{b}\cdot\boldsymbol{c}-\alpha\boldsymbol{a}\cdot\boldsymbol{d})i\\ &= \boldsymbol{a}\cdot\alpha^*\boldsymbol{c}+\boldsymbol{b}\cdot\alpha^*\boldsymbol{d}+(\boldsymbol{b}\cdot\alpha^*\boldsymbol{c}-\boldsymbol{a}\cdot\alpha^*\boldsymbol{d})i\\ &= (\boldsymbol{a}+\boldsymbol{b}i)\cdot(\alpha^*\boldsymbol{c}+\alpha^*\boldsymbol{d}i).\end{aligned}$$

Daher folgt für den zu $\hat{\alpha}$ adjungierten Endomorphismus $\hat{\alpha}^*(\boldsymbol{c}+\boldsymbol{d}i) = \alpha^*\boldsymbol{c}+\alpha^*\boldsymbol{d}i$. Hieraus ergibt sich aber unmittelbar $\hat{\alpha}^*\hat{\alpha} = \hat{\alpha}\hat{\alpha}^*$. ♦

7.4.16 Hilfssatz. *Es sei α ein normaler Endomorphismus des euklidischen Vektorraums V. Ferner sei $\boldsymbol{e} = \boldsymbol{a}+\boldsymbol{b}i$ ein normierter Eigenvektor von $\hat{\alpha}$ mit dem nichtreellen Eigenwert c. Dann ist $\boldsymbol{e}' = \boldsymbol{a}-\boldsymbol{b}i$ ebenfalls ein normierter Eigenvektor von $\hat{\alpha}$ mit dem Eigenwert $\bar{c}$. Ferner sind $\boldsymbol{e}$ und $\boldsymbol{e}'$ orthogonal.*

Beweis: Da $\boldsymbol{a}$ und $\boldsymbol{b}$ aus dem euklidischen Raum V stammen, gilt $\boldsymbol{a}\cdot\boldsymbol{b} = \boldsymbol{b}\cdot\boldsymbol{a}$. Man erhält $\boldsymbol{e}'\cdot\boldsymbol{e}' = \boldsymbol{a}\cdot\boldsymbol{a}+\boldsymbol{b}\cdot\boldsymbol{b}+(\boldsymbol{a}\cdot\boldsymbol{b}-\boldsymbol{b}\cdot\boldsymbol{a})i = \boldsymbol{e}\cdot\boldsymbol{e}$. Mit $\boldsymbol{e}$ ist daher auch $\boldsymbol{e}'$ normiert. Da $\boldsymbol{e}$ ein Eigenvektor von $\hat{\alpha}$ mit dem Eigenwert $c = c_1 + c_2 i$ (c_1, c_2 reell) ist, gilt

$$\alpha\boldsymbol{a}+\alpha\boldsymbol{b}i = \hat{\alpha}\boldsymbol{e} = \boldsymbol{e}c = \boldsymbol{a}c_1-\boldsymbol{b}c_2+(\boldsymbol{b}c_1+\boldsymbol{a}c_2)i.$$

Daher ist $\alpha\boldsymbol{a} = \boldsymbol{a}c_1-\boldsymbol{b}c_2$, $\alpha\boldsymbol{b} = \boldsymbol{b}c_1+\boldsymbol{a}c_2$ und somit

$$\hat{\alpha}\boldsymbol{e}' = \alpha\boldsymbol{a}-\alpha\boldsymbol{b}i = \boldsymbol{a}c_1-\boldsymbol{b}c_2-(\boldsymbol{b}c_1+\boldsymbol{a}c_2)i = (\boldsymbol{a}-\boldsymbol{b}i)(c_1-c_2i) = \boldsymbol{e}'\bar{c}.$$

Also ist $\boldsymbol{e}'$ ein Eigenvektor von $\hat{\alpha}$ zu dem Eigenwert $\bar{c}$. Schließlich ist wegen Satz 7.4.11 und 7.4.15 außerdem $\boldsymbol{e}'$ Eigenvektor von $\hat{\alpha}^*$ zum Eigenwert $\bar{\bar{c}} = c$. Da c nicht reell ist, gilt $c \neq \bar{c}$. Deshalb ist $\boldsymbol{e}\cdot\boldsymbol{e}' = 0$ nach Satz 7.4.11 (c). ♦

Nach diesen Vorbereitungen kann jetzt der allgemeine Fall normaler Endomorphismen in euklidischen Räumen behandelt werden.

7.4.17 Satz. *Es sei V ein euklidischer Raum mit* $\dim V = n < \infty$. *Ein Endomorphismus α von V ist genau dann normal, wenn es eine Orthonormalbasis B von V gibt derart, daß die Matrix $\mathcal{A}_\alpha(B, B)$ von α die folgende Gestalt hat:*

$$\mathcal{A}_\alpha(B,B) = \mathcal{A} = \begin{pmatrix} c_1 & & & & & \\ & \ddots & & & & \\ & & c_k & & & \\ & & & \square & & \\ & & & & \ddots & \\ & & & & & \square \end{pmatrix},$$

wobei $c_1, \ldots, c_k$ die reellen Eigenwerte von α sind und jedes Kästchen eine 2×2-Matrix der folgenden Form ist:

$$\boxed{\begin{matrix} a & -b \\ b & a \end{matrix}}\,.$$

Jedem solchen Zweierkästchen entspricht dabei ein Paar $c, \bar{c}$ konjugiert-komplexer Eigenwerte von $\hat{\alpha}$, und es gilt

$$a = \operatorname{Re} c, \quad b = \operatorname{Im} c.$$

Beweis: Im Fall $n = 1$ ist die Behauptung trivial. Es gelte jetzt $n > 1$, und für kleinere Dimensionen sei die Richtigkeit der Behauptung vorausgesetzt. Besitzt α einen reellen Eigenwert c_1 und somit einen Eigenvektor $\boldsymbol{e}_1 \in V$, so ist nach Hilfssatz 7.4.12 $U = \{\boldsymbol{v} \in V \mid \boldsymbol{e}_1 \cdot \boldsymbol{v} = \boldsymbol{o}\}$ ein $(n-1)$-dimensionaler, α-invarianter Unterraum von V derart, daß die Einschränkung $\alpha_{|U}$ von α auf U ein normaler Endomorphismus von U ist. Also folgt in diesem Fall die Behauptung durch vollständige Induktion.

Besitzt aber α keinen reellen Eigenwert, so werde V in seine komplexe Erweiterung Z eingebettet und α zu dem Endomorphismus $\hat{\alpha}$ von Z fortgesetzt. Weiter sei c ein (nicht-reeller) Eigenwert von $\hat{\alpha}$. Zu ihm gibt es dann einen normierten Eigenvektor $\boldsymbol{e}_1$ in Z. Es gelte $\boldsymbol{e}_1 = \boldsymbol{a}_1 + \boldsymbol{b}_1 i$ mit $\boldsymbol{a}_1, \boldsymbol{b}_1 \in V$. Nach Hilfssatz 7.4.16 ist dann auch $\boldsymbol{e}_2 = \boldsymbol{a}_1 - \boldsymbol{b}_1 i$ ein normierter und zu $\boldsymbol{e}_1$ orthogonaler Eigenvektor von $\hat{\alpha}$ mit dem Eigenwert $\bar{c}$. Setzt man nun

$$\boldsymbol{f}_1 = (\boldsymbol{e}_1 + \boldsymbol{e}_2)\frac{1}{\sqrt{2}} = \boldsymbol{a}_1\sqrt{2} \quad \text{und} \quad \boldsymbol{f}_2 = (\boldsymbol{e}_1 - \boldsymbol{e}_2)\frac{1}{\sqrt{2}i} = \boldsymbol{b}_1\sqrt{2},$$

so gilt $\boldsymbol{f}_1, \boldsymbol{f}_2 \in V$. Wegen $\boldsymbol{f}_1 \cdot \boldsymbol{f}_1 = \boldsymbol{f}_2 \cdot \boldsymbol{f}_2 = \frac{1}{2}(\boldsymbol{e}_1 \cdot \boldsymbol{e}_1 + \boldsymbol{e}_2 \cdot \boldsymbol{e}_2) = 1$ sind die Vektoren $\boldsymbol{f}_1, \boldsymbol{f}_2$ normiert und wegen

$$\boldsymbol{f}_1 \cdot \boldsymbol{f}_2 = (\boldsymbol{e}_1 \cdot \boldsymbol{e}_1 - \boldsymbol{e}_1 \cdot \boldsymbol{e}_2 + \boldsymbol{e}_2 \cdot \boldsymbol{e}_1 - \boldsymbol{e}_2 \cdot \boldsymbol{e}_2)\frac{-1}{2i} = 0$$

auch orthogonal. Weiter gilt

$$\begin{aligned}
\alpha\boldsymbol{f}_1 &= (\hat{\alpha}\boldsymbol{e}_1 + \hat{\alpha}\boldsymbol{e}_2)\frac{1}{\sqrt{2}} = (\boldsymbol{e}_1 c + \boldsymbol{e}_2\bar{c})\frac{1}{\sqrt{2}} = \sqrt{2}[\boldsymbol{a}_1(\operatorname{Re} c) - \boldsymbol{b}_1(\operatorname{Im} c)] \\
&= \boldsymbol{f}_1(\operatorname{Re} c) - \boldsymbol{f}_2(\operatorname{Im} c) = \boldsymbol{f}_1 a - \boldsymbol{f}_2 b, \\
\alpha\boldsymbol{f}_2 &= (\hat{\alpha}\boldsymbol{e}_1 - \hat{\alpha}\boldsymbol{e}_2)\frac{1}{i\sqrt{2}} = (\boldsymbol{e}_1 c - \boldsymbol{e}_2\bar{c})\frac{1}{i\sqrt{2}} = \sqrt{2}[\boldsymbol{a}_1(\operatorname{Im} c) + \boldsymbol{b}_1(\operatorname{Re} c)] \\
&= \boldsymbol{f}_1(\operatorname{Im} c) + \boldsymbol{f}_2(\operatorname{Re} c) = \boldsymbol{f}_1 b + \boldsymbol{f}_2 a.
\end{aligned}$$

Hinsichtlich $\boldsymbol{f}_1, \boldsymbol{f}_2$ entspricht also α ein Zweierkästchen der behaupteten Art.

Wegen Satz 7.4.6 folgt nun

$$\alpha^* \boldsymbol{f}_1 = \boldsymbol{f}_1 a + \boldsymbol{f}_2 b \quad \text{und} \quad \alpha^* \boldsymbol{f}_2 = -\boldsymbol{f}_1 b + \boldsymbol{f}_2 a$$

Sei $U = \{\boldsymbol{f}_1, \boldsymbol{f}_2\}^\perp$. Für jedes $\boldsymbol{u} \in U$ erhält man dann

$$\begin{aligned} \alpha\boldsymbol{u} \cdot \boldsymbol{f}_1 &= \boldsymbol{u} \cdot \alpha^* \boldsymbol{f}_1 = (\boldsymbol{u} \cdot \boldsymbol{f}_1)a + (\boldsymbol{u} \cdot \boldsymbol{f}_2)b = 0, \\ \alpha\boldsymbol{u} \cdot \boldsymbol{f}_2 &= \boldsymbol{u} \cdot \alpha^* \boldsymbol{f}_2 = (\boldsymbol{u} \cdot \boldsymbol{f}_1)(-b) + (\boldsymbol{u} \cdot \boldsymbol{f}_2)a = 0. \end{aligned}$$

Hieraus folgt $\alpha\boldsymbol{u} \in U$ für alle $\boldsymbol{u} \in U$. Also ist U ein α-invarianter Unterraum von V. Nach Satz 7.3.7 ist $\dim_{\mathbb{R}} U = n - 2$. Mittels Hilfssatz 7.4.3 und Satz 7.4.9 ergibt sich daher, daß die Einschränkung $\alpha_{|U}$ von α auf U ein normaler Endomorphismus von U ist, auf den die Induktionsvoraussetzung angewandt werden kann.

Sei umgekehrt α ein Endomorphismus von V mit k reellen Eigenwerten c_i, $1 \le i \le k$, und $\frac{1}{2}(n-k)$ Paaren $\{c_m, \bar{c}_m\}$ konjugiert komplexer Eigenwerte $c_m = a_m + b_m i$ mit $0 \neq a_m \in \mathbb{R}$ und $0 \neq b_m \in \mathbb{R}$. Weiter sei $B = \{\boldsymbol{e}_1, \boldsymbol{e}_2, \dots, \boldsymbol{e}_k\} \cup \{\boldsymbol{f}_1^{(m)}, \boldsymbol{f}_2^{(m)} \mid 1 \le m \le \frac{1}{2}(n-k)\}$ eine Orthonormalbasis von V derart, daß

$$\mathcal{A}_\alpha(B, B) = \mathcal{A} = \begin{pmatrix} c_1 & & & & & \\ & \ddots & & & & \\ & & c_k & & & \\ & & & \square & & \\ & & & & \ddots & \\ & & & & & \square \end{pmatrix},$$

und jedes Kästchen eine (2×2)-Matrix der Form ist:

$$\boxed{\begin{matrix} a_m & -b_m \\ b_m & a_m \end{matrix}} \qquad \text{für } 1 \le m \le \frac{1}{2}(n-k).$$

Nach Hilfssatz 7.4.3 existiert die zu α adjungierte lineare Abbildung α^* von V. Wegen Satz 7.4.6 gilt

$$\mathcal{A}_{\alpha^*}(B, B) = [\mathcal{A}_\alpha(B, B)]^* = [\mathcal{A}_\alpha(B, B)]^T = \mathcal{A}^T$$

Man bestätigt nun unmittelbar, daß $\mathcal{A}\mathcal{A}^T = \mathcal{A}^T\mathcal{A}$. Nach Satz 3.3.7 folgt $\alpha\alpha^* = \alpha^*\alpha$. Also ist α ein normaler Endomorphismus von V. ♦

7.4.18 Folgerung. *Sei α ein anti-selbstadjungierter Endomorphismus des endlich-dimensionalen euklidischen oder unitären Vektorraums V. Dann gelten:*

(a) *Die Realteile aller Eigenwerte von α sind Null.*

(b) *V besitzt eine Orthonormalbasis B, die aus Eigenvektoren von α besteht.*

(c) *Ist V ein euklidischer Vektorraum, dann sind alle Diagonalelemente der quadratischen Matrix $\mathcal{A}_\alpha(B, B)$ gleich Null.*

Beweis: (a) Sei $\boldsymbol{o} \neq \boldsymbol{v} \in V$ ein Eigenvektor zum Eigenwert c von α. Wegen $\alpha^* = -\alpha$ folgt nach Satz 7.4.11, daß

$$\alpha^*(\boldsymbol{v}) = \boldsymbol{v}\bar{c} = -\alpha(\boldsymbol{v}) = -\boldsymbol{v}c = \boldsymbol{v}(-c).$$

Daher ist $\bar{c} = -c$, woraus $\operatorname{Re}(c) = 0$ folgt.

(b) Wegen $\alpha^*\alpha = -\alpha^2 = \alpha\alpha^*$ ist α normal. Nach Satz 7.4.13 besitzt V eine Orthonormalbasis B, die aus Eigenvektoren von α besteht.

(c) Folgt sofort aus (a) und Satz 7.4.17. ♦

7.4.19 Bemerkung. Nach Folgerung 7.4.14 ist ein normaler Endomorphismus eines unitären Vektorraumes diagonalisierbar. Die Umkehrung gilt nicht.

Denn die Matrix $\mathcal{A} = \begin{pmatrix} 0 & -2 \\ -1 & 1 \end{pmatrix}$ hat die Eigenwerte 2 und -1. Nach den Sätzen 6.2.1 und 6.2.6 ist sie diagonalisierbar. Aber

$$\mathcal{A}\mathcal{A}^T = \begin{pmatrix} 4 & -2 \\ -2 & 2 \end{pmatrix} \neq \begin{pmatrix} 1 & -1 \\ -1 & 5 \end{pmatrix} = \mathcal{A}^T\mathcal{A}.$$

7.5 Orthogonale und unitäre Abbildungen

Mit die wichtigsten linearen Abbildungen zwischen euklidischen bzw. unitären Räumen sind diejenigen, die das skalare Produkt invariant lassen.

7.5.1 Definition. Es seien V und W zwei euklidische bzw. unitäre Räume: Eine lineare Abbildung $\alpha : V \to W$ wird eine *orthogonale* bzw. *unitäre Abbildung* genannt, wenn für je zwei Vektoren $\boldsymbol{x}, \boldsymbol{x}' \in V$ gilt:

$$\alpha\boldsymbol{x} \cdot \alpha\boldsymbol{x}' = \boldsymbol{x} \cdot \boldsymbol{x}'.$$

Derartige Abbildungen können noch auf verschiedene andere Weisen gekennzeichnet werden.

7.5.2 Satz. *Folgende Aussagen über eine lineare Abbildung $\alpha : V \to W$ zwischen zwei euklidischen bzw. unitären Vektorräumen sind gleichwertig:*

(a) *α ist eine orthogonale bzw. unitäre Abbildung.*

(b) *Aus $|\boldsymbol{x}| = 1$ folgt stets $|\alpha\boldsymbol{x}| = 1$.*

(c) *Für alle* $\boldsymbol{x} \in V$ *gilt* $|\boldsymbol{x}| = |\alpha\boldsymbol{x}|$.

(d) *Ist* $\{\boldsymbol{e}_1, \dots, \boldsymbol{e}_n\}$ *ein Orthonormalsystem von* V, *so ist* $\{\alpha\boldsymbol{e}_1, \dots, \alpha\boldsymbol{e}_n\}$ *ein Orthonormalsystem von* W.

Beweis: (a) $\Rightarrow$ (b): Aus $|\boldsymbol{x}| = 1$ folgt $\alpha\boldsymbol{x} \cdot \alpha\boldsymbol{x} = \boldsymbol{x} \cdot \boldsymbol{x} = 1$, also auch $|\alpha\boldsymbol{x}| = 1$.

(b) $\Rightarrow$ (c): Ohne Beschränkung der Allgemeinheit kann $\boldsymbol{x} \neq \boldsymbol{o}$ angenommen werden. Mit $\boldsymbol{e} = \boldsymbol{x}\frac{1}{|\boldsymbol{x}|}$ gilt $\boldsymbol{x} = \boldsymbol{e}|\boldsymbol{x}|$ und $|\boldsymbol{e}| = 1$, also $|\alpha\boldsymbol{x}| = |\alpha\boldsymbol{e}||\boldsymbol{x}| = |\boldsymbol{x}|$.

(c) $\Rightarrow$ (d): Für $h \neq j$ $(h, j = 1, \dots, n)$ gilt

$$\begin{aligned}
2\operatorname{Re}(\alpha\boldsymbol{e}_h \cdot \alpha\boldsymbol{e}_j) &= |\alpha(\boldsymbol{e}_h + \boldsymbol{e}_j)|^2 - |\alpha\boldsymbol{e}_h|^2 - |\alpha\boldsymbol{e}_j|^2 \\
&= |\boldsymbol{e}_h + \boldsymbol{e}_j|^2 - |\boldsymbol{e}_h|^2 - |\boldsymbol{e}_j|^2 = 0, \\
2\operatorname{Im}(\alpha\boldsymbol{e}_h \cdot \alpha\boldsymbol{e}_j) &= |\alpha(\boldsymbol{e}_h + \boldsymbol{e}_j i)|^2 - |\alpha\boldsymbol{e}_h|^2 - |\alpha\boldsymbol{e}_j|^2 \\
&= |\boldsymbol{e}_h + \boldsymbol{e}_j i|^2 - |\boldsymbol{e}_i|^2 - |\boldsymbol{e}_j|^2 = 0.
\end{aligned}$$

Es folgt $\alpha\boldsymbol{e}_h \cdot \alpha\boldsymbol{e}_j = 0$ für $h \neq j$ und nach Voraussetzung auch $|\alpha\boldsymbol{e}_h| = |\boldsymbol{e}_h| = 1$. Daher ist $\{\alpha\boldsymbol{e}_1, \dots, \alpha\boldsymbol{e}_n\}$ ein Orthonormalsystem.

(d) $\Rightarrow$ (a): Für beliebige Vektoren $\boldsymbol{x}, \boldsymbol{x}' \in V$ ist $\alpha\boldsymbol{x} \cdot \alpha\boldsymbol{x}' = \boldsymbol{x} \cdot \boldsymbol{x}'$ nachzuweisen.

Es kann $\boldsymbol{x} \neq \boldsymbol{o}$ angenommen werden. Gilt nun erstens $\boldsymbol{x}' = \boldsymbol{e}c$ mit $\boldsymbol{e} = \boldsymbol{x}\frac{1}{|\boldsymbol{x}|}$, so folgt $\boldsymbol{x} \cdot \boldsymbol{x}' = (\boldsymbol{e} \cdot \boldsymbol{e})|\boldsymbol{x}|\bar{c} = |\boldsymbol{x}|\bar{c}$ und $\alpha\boldsymbol{x} \cdot \alpha\boldsymbol{x}' = (\alpha\boldsymbol{e} \cdot \alpha\boldsymbol{e})|\boldsymbol{x}|\bar{c}$. Nach Voraussetzung ist aber mit $\{\boldsymbol{e}\}$ auch $\{\alpha\boldsymbol{e}\}$ ein Orthonormalsystem. Es gilt also $\alpha\boldsymbol{e} \cdot \alpha\boldsymbol{e} = 1$ und daher $\alpha\boldsymbol{x} \cdot \alpha\boldsymbol{x}' = \boldsymbol{x} \cdot \boldsymbol{x}'$. Zweitens seien die Vektoren $\boldsymbol{x}, \boldsymbol{x}'$ linear unabhängig. Wegen Satz 7.3.1 gibt es dann eine Orthonormalbasis $\{\boldsymbol{e}_1, \boldsymbol{e}_2\}$ des von $\boldsymbol{x}$ und $\boldsymbol{x}'$ aufgespannten Unterraums. Es gelte $\boldsymbol{x} = \boldsymbol{e}_1 x_1 + \boldsymbol{e}_2 x_2$ und $\boldsymbol{x}' = \boldsymbol{e}_1 x_1' + \boldsymbol{e}_2 x_2'$. Da auch $\{\alpha\boldsymbol{e}_1, \alpha\boldsymbol{e}_2\}$ ein Orthonormalsystem ist, folgt $\alpha\boldsymbol{x} \cdot \alpha\boldsymbol{x}' = x_1 x_1' + x_2 x_2' = \boldsymbol{x} \cdot \boldsymbol{x}'$. ♦

7.5.3 Folgerung. *Die komplexe Fortsetzung einer orthogonalen Abbildung ist eine unitäre Abbildung.*

Beweis: Ergibt sich sofort aus Definition 7.1.13 und Satz 7.5.2. ♦

7.5.4 Folgerung. *Jede orthogonale oder unitäre Abbildung* α *ist injektiv.*

Beweis: Aus $\alpha\boldsymbol{x} = \boldsymbol{o}$ folgt wegen Satz 7.5.2 (c) auch $|\boldsymbol{x}| = |\alpha\boldsymbol{x}| = 0$. Also ist $\boldsymbol{x} = \boldsymbol{o}$ nach Satz 7.2.4. Daher ist α injektiv. ♦

7.5.5 Definition. Die reelle $n \times n$-Matrix $\mathcal{A}$ heißt *orthogonal*, wenn $\mathcal{A}^{-1} = \mathcal{A}^T$ gilt. Die komplexe invertierbare $n \times n$-Matrix $\mathcal{A}$ heißt *unitär*, wenn $\mathcal{A}^{-1} = \mathcal{A}^* = (\bar{\mathcal{A}})^T$ gilt.

7.5.6 Satz. *Für* n*-reihige quadratische Matrizen* $\mathcal{A} = (a_{i,j})$ *sind folgende Aussagen paarweise gleichwertig:*

(a) *$\mathcal{A}$ ist eine orthogonale bzw. unitäre Matrix.*

(b) *Die Zeilen von $\mathcal{A}$ bilden ein Orthonormalsystem; d. h. es gilt*

$$\sum_{j=1}^{n} a_{i,j}\bar{a}_{k,j} = \delta_{i,k} \quad (i,k = 1,\dots,n).$$

(c) *Die Spalten von $\mathcal{A}$ bilden ein Orthonormalsystem; d. h. es gilt*

$$\sum_{j=1}^{n} a_{j,i}\bar{a}_{j,k} = \delta_{i,k} \quad (i,k = 1,\dots,n).$$

Beweis: Die Gleichungen aus (b) sind gleichwertig mit $\mathcal{A}\mathcal{A}^* = \mathcal{E}$, die Gleichungen aus (c) mit $\mathcal{A}^*\mathcal{A} = \mathcal{E}$. Jede dieser beiden Gleichungen ist aber wegen Folgerung 3.4.10 gleichbedeutend mit $\mathcal{A}^{-1} = \mathcal{A}^*$. ♦

7.5.7 Beispiele.
(a)

$$\mathcal{A} = \begin{pmatrix} 0 & 1 & 0 \\ 1 & 0 & 0 \\ 0 & 0 & 1 \end{pmatrix}, \quad \mathcal{B} = \begin{pmatrix} \sin\varphi & \cos\varphi \\ -\cos\varphi & \sin\varphi \end{pmatrix} \quad \text{und} \quad \mathcal{C} = \frac{1}{3}\begin{pmatrix} 2 & 1 & 2 \\ -2 & 2 & 1 \\ 1 & 2 & -2 \end{pmatrix}$$

sind orthogonale Matrizen.

(b) $\mathcal{A} = \frac{1}{\sqrt{2}}\begin{pmatrix} 1 & i \\ -i & -1 \end{pmatrix}$ ist eine unitäre Matrix.

7.5.8 Satz. *Der Endomorphismus α eines endlich-dimensionalen euklidischen bzw. unitären Vektorraums V ist genau dann orthogonal bzw. unitär, wenn α invertierbar ist und $\alpha^{-1} = \alpha^*$ gilt. Insbesondere sind orthogonale bzw. unitäre Endomorphismen normal.*

Beweis: Ist α ein unitärer Endomorphismus von V, dann besitzt α nach Folgerung 7.5.4 ein Inverses α^{-1}. Sein adjungierter Endomorphismus α^* existiert nach Hilfssatz 7.4.3. Wegen der Definitionen 7.5.1 und 7.4.1 folgt daher für alle $\boldsymbol{x}, \boldsymbol{y} \in V$, daß $\boldsymbol{x}\cdot(\alpha^*\boldsymbol{y} - \alpha^{-1}\boldsymbol{y}) = \boldsymbol{x}\cdot\alpha^*\boldsymbol{y} - \boldsymbol{x}\cdot\alpha^{-1}\boldsymbol{y} = \alpha\boldsymbol{x}\cdot\boldsymbol{y} - \boldsymbol{x}\cdot\alpha^{-1}\boldsymbol{y} = \boldsymbol{x}\cdot\alpha^{-1}\boldsymbol{y} - \boldsymbol{x}\cdot\alpha^{-1}\boldsymbol{y} = 0$. Also ist $\alpha^*\boldsymbol{y} = \alpha^{-1}\boldsymbol{y}$ für alle $\boldsymbol{y} \in V$, d. h. $\alpha^* = \alpha^{-1}$. Sei umgekehrt $\alpha^{-1} = \alpha^*$. Dann gilt nach Definition 7.4.1 für alle $\boldsymbol{x}, \boldsymbol{y} \in V$, daß $\boldsymbol{x}\cdot\alpha^{-1}\boldsymbol{y} = \boldsymbol{x}\cdot\alpha^*\boldsymbol{y} = \alpha\boldsymbol{x}\cdot\boldsymbol{y}$. Da mit $\boldsymbol{y}$ auch $\alpha^{-1}\boldsymbol{y}$ alle Vektoren von V durchläuft, ist α ein unitärer Endomorphismus von V nach Definition 7.5.1. Wegen $\alpha\alpha^* = \alpha\alpha^{-1} = \mathrm{id} = \alpha^{-1}\alpha = \alpha^*\alpha$ ist er normal. ♦

7.5.9 Satz. *Sei $B = \{e_1, e_2, \dots, e_n\}$ eine Orthonormalbasis des endlichdimensionalen euklidischen oder unitären Vektorraumes V. Sei α ein Endomorphismus von V. Dann gelten:*

(a) *Die lineare Abbildung $\alpha : V \to V$ ist genau dann orthogonal, wenn die zu α gehörige $n \times n$-Matrix $\mathcal{A}_\alpha(B, B)$ bezüglich der Basis B von V eine orthogonale Matrix ist.*

(b) *Die lineare Abbildung $\alpha : V \to V$ ist genau dann unitär, wenn die zu α gehörige $n \times n$-Matrix $\mathcal{A}_\alpha(B, B)$ bezüglich der Basis B von V eine unitäre Matrix ist.*

Beweis: (b) Ist $\alpha \in \operatorname{End}_{\mathbb{C}}(V)$ ein unitärer Endomorphismus, so ist er nach Folgerung 7.5.4 eine injektive Abbildung. Daher ist α wegen Folgerung 3.2.14 ein Automorphismus von V. Also ist $B' = \{\alpha(e_1), \alpha(e_2), \dots, \alpha(e_n)\}$ nach Satz 7.5.2 eine Orthonormalbasis von V. Wegen Definition 3.3.1 sind diese Vektoren $s_j = \alpha(e_j)$, $j = 1, 2, \dots, n$, gerade die Spaltenvektoren der Matrix $\mathcal{A}_\alpha(B, B)$ von α bezüglich der Basis B. Deshalb ist $\mathcal{A}_\alpha(B, B)$ eine unitäre $n \times n$-Matrix nach Satz 7.5.6. Ist umgekehrt $\mathcal{A} = (a_{ij})$ eine unitäre Matrix, dann ist $\mathcal{A}^{-1} = \mathcal{A}^*$. Hieraus folgt nach Satz 7.4.6, daß der durch $\alpha(e_j) = \sum_{i=1}^n e_i a_{ij}$ definierte Endomorphismus α von V und sein adjungierter Endomorphismus α^* von V die folgende Matrizengleichung erfüllen

$$\mathcal{A}_{\alpha^*}(B, B) = (\mathcal{A}_\alpha(B, B))^* = \mathcal{A}^* = \mathcal{A}^{-1} = \mathcal{A}_{\alpha^{-1}}(B, B).$$

Wegen Satz 3.2.4 ist daher $\alpha^* = \alpha^{-1}$. Daher ist α unitär nach Satz 7.5.8.
(a) beweist man analog. ♦

7.5.10 Satz. *Es gelten die folgenden Aussagen:*

(a) *Die Menge $O(n, \mathbb{R})$ aller orthogonalen $n \times n$-Matrizen $\mathcal{A}$ ist eine Untergruppe der generellen linearen Gruppe* $\mathrm{GL}(n, \mathbb{R})$.

(b) *Die Menge $U(n, \mathbb{C})$ aller unitären $n \times n$-Matrizen $\mathcal{A}$ ist eine Untergruppe der generellen linearen Gruppe* $\mathrm{GL}(n, \mathbb{C})$.

(c) *Die Determinante einer orthogonalen $n \times n$-Matrix $\mathcal{A}$ ist* $\det(\mathcal{A}) = \pm 1$.

(d) *Die Determinante einer unitären $n \times n$-Matrix $\mathcal{A}$ hat den Betrag* $|\det(\mathcal{A})| = 1$.

Beweis: (b) Da die Einsmatrix $\mathcal{E}$ eine unitäre Matrix ist, ist die Menge $U(n, \mathbb{C})$ nicht leer. Seien $\mathcal{A}$, $\mathcal{B}$ zwei unitäre $n \times n$-Matrizen. Wegen Satz 7.5.8 gilt dann $\mathcal{A}^{-1} = \mathcal{A}^*$ und $\mathcal{B}^{-1} = \mathcal{B}^*$. Insbesondere ist dann $(\mathcal{B}^{-1})^* = \mathcal{B}^{**} = \mathcal{B} = (\mathcal{B}^{-1})^{-1}$. Hieraus folgt nach Hilfssatz 7.4.7 $(\mathcal{A}\mathcal{B}^{-1})^{-1} = \mathcal{B}\mathcal{A}^{-1} = (\mathcal{B}^{-1})^*\mathcal{A}^* = (\mathcal{A}\mathcal{B}^{-1})^*$, d. h. $\mathcal{A}\mathcal{B}^{-1} \in U(n, \mathbb{C})$. Also ist $U(n, \mathbb{C})$ nach Hilfssatz 1.3.10 eine Untergruppe von $\mathrm{GL}(n, \mathbb{C})$.

(a) beweist man analog.

(d) Nach Satz 5.4.1 gilt für jede unitäre $n \times n$-Matrix $\mathcal{A}$, daß

$$\det(\mathcal{A}) \cdot \det(\bar{\mathcal{A}}) = \det(\mathcal{A}) \det[(\bar{\mathcal{A}})^T] = \det(\mathcal{A}) \det(\mathcal{A}^{-1}) = \det(\mathcal{E}) = 1.$$

Nach Beispiel 1.4.2(b) und Definition 5.3.4 gilt

$$\begin{aligned} \det(\bar{\mathcal{A}}) &= \sum_{\pi \in S_n} (\operatorname{sign} \pi) \bar{a}_{1,\pi(1)} \bar{a}_{2,\pi(2)} \dots \bar{a}_{n,\pi(n)} \\ &= \overline{\sum_{\pi \in S_n} (\operatorname{sign} \pi) a_{1,\pi(1)} a_{2,\pi(2)} \dots a_{n,\pi(n)})} \\ &= (\overline{\det(\mathcal{A})}). \end{aligned}$$

Daher ist $\det(\mathcal{A}) \cdot \overline{\det(\mathcal{A})} = \det(\mathcal{A}) \det(\bar{\mathcal{A}}) = 1$, woraus $|\det(\mathcal{A})| = 1$ folgt.

(c) Wegen $\mathcal{A}^{-1} = \mathcal{A}^T$ gilt $1 = \det(\mathcal{A} \cdot \mathcal{A}^T) = \det(\mathcal{A})^2$, d. h. $\det(\mathcal{A}) = \pm 1$. ♦

7.5.11 Definition. Die Gruppe $O(n, \mathbb{R})$ aller orthogonalen $n \times n$-Matrizen heißt *orthogonale Gruppe*. Die Gruppe $U(n, \mathbb{C})$ aller unitären $n \times n$-Matrizen heißt *unitäre Gruppe*.

7.6 Hauptachsentheorem

Der Hauptsatz dieses Abschnitts ist das Hauptachsentheorem. Es besagt, daß die Hermiteschen und die symmetrischen Matrizen sich diagonalisieren lassen. Als eine wichtige Anwendung ergibt sich die Polarzerlegung der Endomorphismen euklidischer bzw. unitärer Vektorräume V als Produkte von selbstadjungierten Automorphismen und orthogonalen bzw. unitären Automorphismen von V.

7.6.1 Definition. Eine reelle $n \times n$-Matrix $\mathcal{A}$ wird *symmetrisch* genannt, wenn $\mathcal{A} = \mathcal{A}^T$. Weiter heißt $\mathcal{A}$ *schiefsymmetrisch*, wenn $\mathcal{A}^T = -\mathcal{A}$.

Eine komplexe $n \times n$-Matrix $\mathcal{A} = (a_{ij})$ heißt *Hermitesche Matrix*, wenn $\mathcal{A}^* = (\bar{\mathcal{A}})^T = \mathcal{A}$ gilt. $\mathcal{A}$ ist eine *schief-Hermitesche Matrix*, wenn $\mathcal{A}^* = -\mathcal{A}$.

7.6.2 Hilfssatz. *Sei $B = \{\mathbf{e}_1, \mathbf{e}_2, \dots, \mathbf{e}_n\}$ eine Orthonormalbasis des endlichdimensionalen euklidischen bzw. unitären Vektorraums V. Dann gelten:*

(a) *Der Endomorphismus α des euklidischen Vektorraums V ist genau dann selbstadjungiert, wenn die zu α gehörige $n \times n$-Matrix $\mathcal{A}_\alpha(B, B)$ bezüglich der Basis B eine reelle symmetrische Matrix ist.*

(b) *Der Endomorphismus α des unitären Vektorraums V ist genau dann selbstadjungiert, wenn die zu α gehörige $n \times n$-Matrix $\mathcal{A}_\alpha(B, B)$ bezüglich der Basis B eine Hermitesche Matrix ist.*

(c) *Der Endomorphismus α des euklidischen Vektorraums V ist genau dann antiselbstadjungiert, wenn die $n \times n$-Matrix $\mathcal{A}_\alpha(B, B)$ schiefsymmetrisch ist.*

(d) *Der Endomorphismus α des unitären Vektorraums V ist genau dann antiselbstadjungiert, wenn die $n \times n$-Matrix $\mathcal{A}_\alpha(B, B)$ eine schief-Hermitesche Matrix ist.*

Beweis: Nach Satz 7.4.6 ist $\mathcal{A}_{\alpha^*}(B, B) = (\mathcal{A}_\alpha(B, B))^*$, woraus sich alle Behauptungen ergeben. ♦

7.6.3 Satz (Hauptachsentheorem). *Sei α ein Endomorphismus des n-dimensionalen euklidischen bzw. unitären Vektorraums V. Dann sind äquivalent:*

(a) *α ist selbstadjungiert.*

(b) *V besitzt eine Orthonormalbasis $B = \{\boldsymbol{e}_1, \boldsymbol{e}_2, \dots, \boldsymbol{e}_n\}$ derart, daß $\mathcal{A}_\alpha(B, B)$ eine reelle symmetrische bzw. eine komplexe Hermitesche Matrix ist.*

(c) *Alle Eigenwerte von α sind reell, und zu jeder Orthonormalbasis $B = \{\boldsymbol{e}_1, \boldsymbol{e}_2, \dots \boldsymbol{e}_n\}$ von V existiert eine Orthonormalbasis $B' = \{\boldsymbol{b}_1, \boldsymbol{b}_2, \dots, \boldsymbol{b}_n\}$ von V, die aus lauter Eigenvektoren von α besteht.*

(d) *Zu jeder Orthonormalbasis $B = \{\boldsymbol{e}_1, \boldsymbol{e}_2, \dots \boldsymbol{e}_n\}$ von V existiert eine orthogonale bzw. unitäre $(n \times n)$-Matrix $\mathcal{P}$ derart, daß $\mathcal{P}^{-1}\mathcal{A}_\alpha(B, B)\mathcal{P} = \mathcal{D}$ eine reelle Diagonalmatrix ist.*

Beweis: Nach Satz 7.3.1 besitzt V eine Orthonormalbasis $B = \{\boldsymbol{e}_1, \boldsymbol{e}_2, \dots, \boldsymbol{e}_n\}$. Wegen Hilfssatz 7.6.2 gilt $\alpha = \alpha^*$ genau dann, wenn $\mathcal{A}_\alpha(B, B) = [\mathcal{A}_{\alpha^*}(B, B)]^*$. Daher sind (a) und (b) äquivalent.

Sei α ein selbstadjungierter Endomorphismus c von V. Nach Satz 7.4.11 existiert zu jedem Eigenwert c von α ein Vektor $\boldsymbol{a} \in V$ mit $\boldsymbol{a} \neq \boldsymbol{o}$ derart, daß

$$\boldsymbol{a}\bar{c} = \alpha^*\boldsymbol{a} = \alpha\boldsymbol{a} = \boldsymbol{a}c$$

gilt, woraus $c = \bar{c}$ folgt. Wegen $\alpha = \alpha^*$ ist daher α ein normaler Endomorphismus von V, dessen sämtliche Eigenwerte reell sind. Also besitzt V nach Satz 7.4.13 eine Orthonormalbasis B', die aus lauter Eigenvektoren von α besteht. Deshalb folgt (c) aus (a).

Gilt (c), dann ist die Matrix $\mathcal{P}$ des Basiswechsels von B nach B nach Satz 7.5.6 eine orthogonale bzw. eine unitäre Matrix. Wegen Satz 3.3.9 ist

$$\mathcal{D} = \mathcal{A}_\alpha(B', B') = \mathcal{P}^{-1}\mathcal{A}_\alpha(B, B)\mathcal{P}$$

eine reelle Diagonalmatrix. Daher folgt (d) aus (c).

Gilt (c) so ist nach den Sätzen 7.5.9 und 7.4.6

$$\mathcal{A}_\alpha(B, B) = \mathcal{P}\mathcal{D}\mathcal{P}^{-1} = \mathcal{P}\mathcal{D}\mathcal{P}^* = (\mathcal{P}\mathcal{D}\mathcal{P}^*)^* = \mathcal{A}_\alpha(B, B)^* = \mathcal{A}_\alpha(B, B).$$

Also ist $\alpha = \alpha^*$. ♦

7.6.4 Berechnungsverfahren für die unitäre bzw. orthogonale Transformationsmatrix $\mathcal{P}$ des Hauptachsentheorems. Sei $\mathcal{A} = (a_{ij})$ eine reelle symmetrische bzw. komplexe Hermitesche $n \times n$-Matrix. Entsprechend sei $V = \mathbb{R}^n$ oder $V = \mathbb{C}^n$ mit dem gewöhnlichen Skalarprodukt. Nach dem Hauptachsentheorem 7.6.3 ist $\mathcal{A}$ diagonalisierbar und hat nur reelle Eigenwerte. Daher kann man folgende Schritte durchführen.

(a) Man berechne die Koeffizienten des charakteristischen Polynoms $\operatorname{char Pol}_{\mathcal{A}}(X)$.

(b) Man bestimme die Nullstellen f_i von $\operatorname{char Pol}_{\mathcal{A}}(X) = \prod_{j=1}^{k}(X - f_i)^{d_i}$. Sie sind alle reell, und es gilt $n = \sum_{j=1}^{k} d_j$.

(c) Zu jedem Eigenwert f_j von $\mathcal{A}$ berechne man eine Basis $B_j = \{\boldsymbol{s}_{t+1}, \boldsymbol{s}_{t+2}, \ldots, \boldsymbol{s}_{t+d_j} \mid t = \sum_{i=1}^{j-1} d_i\}$ des Eigenraums $W_j = \operatorname{Ker}(\mathcal{E} f_j - \mathcal{A})$.

(d) Mittels des Gram-Schmidt'schen Orthonormalisierungsverfahrens wird diese Basis in eine Orthonormalbasis $C_j = \{\boldsymbol{c}_{t+1}, \boldsymbol{c}_{t+2}, \ldots, \boldsymbol{c}_{t+d_j} \mid t = \sum_{i=1}^{j-1} d_i\}$ von W_j transformiert.

(e) Die Vereinigungsmenge $C = \bigcup_{j=1}^{k} C_j = \{\boldsymbol{c}_1, \boldsymbol{c}_2, \ldots, \boldsymbol{c}_n\}$ ist die gesuchte Orthonormalbasis von V.

(f) Sei $\mathcal{P}$ die $n \times n$-Matrix, deren Spaltenvektoren $\boldsymbol{s}_r$ die Vektoren $\boldsymbol{c}_r$ der Orthonormalbasis C von V sind. Dann ist $\mathcal{P}$ eine orthogonale bzw. unitäre Matrix derart, daß $\mathcal{D} = \mathcal{P}^{-1}\mathcal{A}\mathcal{P}$ eine reelle Diagonalmatrix ist.

Beweis: Es ist nur zu zeigen, daß $\boldsymbol{c}_i \cdot \boldsymbol{c}_j = 0$ für $i \neq j$ gilt. Dies ist klar, falls $\boldsymbol{c}_i$ und $\boldsymbol{c}_j$ zum selben Eigenraum gehören. Andernfalls folgt $\boldsymbol{c}_i \cdot \boldsymbol{c}_j = 0$ aus Satz 7.4.11 (c).♦

7.6.5 Beispiel. Gegeben sei die reelle Matrix

$$\mathcal{A} = \begin{pmatrix} 2 & -1 & 2 \\ -1 & 2 & 2 \\ 2 & 2 & -1 \end{pmatrix}.$$

Durch Entwicklung nach der 1. Zeile erhält man das charakteristische Polynom dieser Matrix.

$$\begin{aligned} \operatorname{char Pol}_{\mathcal{A}}(X) &= \det \begin{pmatrix} X-2 & 1 & -2 \\ 1 & X-2 & -2 \\ -2 & -2 & X+1 \end{pmatrix} \\ &= (X-2)[(X-2)(X+1)-4] - [(X+1)-4] \\ &\quad - 2[-2 + (X-2)2] \\ &= (X-3)\,\{[(X-2)(X+2)] - 5\} \\ &= (X-3)(X^2-9) = (X-3)^2(X+3). \end{aligned}$$

Die Eigenwerte von $\mathcal{A}$ sind $f_1 = -3$ und $f_2 = 3$. Der Eigenraum W_1 zum Eigenwert $f_1 = -3$ ist eindimensional und wird von dem Vektor $\boldsymbol{s}_1 = \left(-\frac{1}{2}, -\frac{1}{2}, 1\right)$ erzeugt.

Der Eigenraum W_2 zum Eigenwert $f_2 = 3$ ist zweidimensional. $B_2 = \{\boldsymbol{s}_2 = (2, 0, 1), \boldsymbol{s}_3 = (-1, 1, 0)\}$ ist eine Basis von W_2. Nach dem Gram-Schmidt'schen Orthogonalisierungsverfahren ist

$$\begin{aligned} \boldsymbol{c}_1 &= \frac{1}{|\boldsymbol{s}_1|}\boldsymbol{s}_1 = (-1, -1, 2)\frac{1}{\sqrt{6}}, \\ \boldsymbol{c}_2 &= \frac{1}{|\boldsymbol{s}_2|}\boldsymbol{s}_2 = (2, 0, 1)\frac{1}{\sqrt{5}}, \\ \boldsymbol{c}_3 &= \frac{1}{|\boldsymbol{b}_3|}\boldsymbol{b}_3 = (-1, 5, 2)\frac{1}{\sqrt{30}}, \end{aligned}$$

wobei $\boldsymbol{b}_3 = \boldsymbol{s}_3 - \boldsymbol{c}_2(\boldsymbol{s}_3 \cdot \boldsymbol{c}_2) = (-1, 1, 0) - (2, 0, 1)\frac{1}{\sqrt{5}}(\boldsymbol{s}_3 \cdot \boldsymbol{c}_2) = \left(\frac{-1}{5}, 1, \frac{2}{5}\right)$, weil $\boldsymbol{s}_3 \cdot \boldsymbol{c}_2 = -\frac{2}{\sqrt{5}}$. Dann ist $C = \{\boldsymbol{c}_1, \boldsymbol{c}_2, \boldsymbol{c}_3\}$ eine Orthonormalbasis von $\mathbb{R}^3$. Die orthogonale Transformationsmatrix ist daher

$$\mathcal{P} = \begin{pmatrix} -\frac{1}{\sqrt{6}} & \frac{2}{\sqrt{5}} & -\frac{1}{\sqrt{30}} \\ -\frac{1}{\sqrt{6}} & 0 & \frac{5}{\sqrt{30}} \\ \frac{2}{\sqrt{6}} & \frac{1}{\sqrt{5}} & \frac{2}{\sqrt{30}} \end{pmatrix}.$$

Wegen $\mathcal{P}^{-1} = \mathcal{P}^T$ ergibt sich

$$\mathcal{P}^T \mathcal{A} \mathcal{P} = \begin{pmatrix} -3 & 0 & 0 \\ 0 & 3 & 0 \\ 0 & 0 & 3 \end{pmatrix} = \mathcal{D}$$

als gesuchte, reelle Diagonalmatrix.

Mittels des Hauptachsentheorems 7.6.3 kann jetzt auch die Frage untersucht werden, wie sich allgemein in endlich-dimensionalen reellen oder komplexen Vektorräumen ein skalares Produkt definieren läßt.

7.6.6 Satz. *Es sei V ein endlich-dimensionaler, reeller oder komplexer Vektorraum, und $\{\boldsymbol{v}_1, \dots, \boldsymbol{v}_n\}$ sei eine beliebige Basis von V. Für die Vektoren $\boldsymbol{x}, \boldsymbol{y} \in V$ gelte $\boldsymbol{x} = \boldsymbol{v}_1 x_1 + \cdots + \boldsymbol{v}_n x_n$ und $\boldsymbol{y} = \boldsymbol{v}_1 y_1 + \cdots + \boldsymbol{v}_n y_n$. Dann wird durch*

$$(*) \qquad \boldsymbol{x} \cdot \boldsymbol{y} = \sum_{i,j=1}^{n} x_i a_{i,j} \bar{y}_j = (x_1, \dots, x_n)\mathcal{A} \begin{pmatrix} \bar{y}_1 \\ \vdots \\ \bar{y}_n \end{pmatrix}$$

in V genau dann ein skalares Produkt definiert, wenn $\mathcal{A} = (a_{i,j})$ eine symmetrische bzw. Hermitesche Matrix mit lauter positiven Eigenwerten ist.

Beweis: Die Behauptung wird für einen komplexen Vektorraum bewiesen. Zunächst sei durch $(*)$ ein skalares Produkt definiert. Dann gilt $a_{i,j} = \mathbf{v}_i \cdot \mathbf{v}_j = \overline{\mathbf{v}_j \cdot \mathbf{v}_i} = \bar{a}_{j,i}$, also $\mathcal{A} = \mathcal{A}^*$; d. h. $\mathcal{A}$ ist eine Hermitesche Matrix. Weiter sei c ein Eigenwert von $\mathcal{A}$ und $\mathbf{x} = \mathbf{v}_1 x_1 + \cdots + \mathbf{v}_n x_n$ ein zugehöriger Eigenvektor. Dann ist c nach Satz 7.6.3 reell. Daher gilt $\mathcal{A}^* \bar{\mathbf{x}} = \bar{\mathbf{x}} c = \mathcal{A} \bar{\mathbf{x}}$ nach Satz 7.4.11, d. h.

$$\sum_{j=1}^{n} a_{i,j} \bar{x}_j = \bar{x}_i c \qquad \text{für } i = 1, \ldots, n.$$

Daher ist

$$\mathbf{x} \cdot \mathbf{x} = \sum_{i,j=1}^{n} x_i a_{i,j} \bar{x}_j = (x_1 \bar{x}_1 + \cdots + x_n \bar{x}_n) c = (|x_1|^2 + \cdots + |x_n|^2) c.$$

Wegen $\mathbf{x} \cdot \mathbf{x} > 0$ und $|x_1|^2 + \cdots + |x_n|^2 > 0$ folgt hieraus $c > 0$.

Umgekehrt sei jetzt $\mathcal{A}$ eine Hermitesche bzw. symmetrische Matrix mit lauter positiven Eigenwerten. Aus $(*)$ folgt unmittelbar $(\mathbf{x}_1 + \mathbf{x}_2) \cdot \mathbf{y} = \mathbf{x}_1 \cdot \mathbf{y} + \mathbf{x}_2 \cdot \mathbf{y}$ und $(\mathbf{x} c) \cdot \mathbf{y} = (\mathbf{x} \cdot \mathbf{y}) c$. Weiter erhält man wegen $a_{i,j} = \bar{a}_{j,i}$

$$\mathbf{x} \cdot \mathbf{y} = \sum_{i,j=1}^{n} x_i a_{i,j} \bar{y}_j = \overline{\sum_{i,j=1}^{n} y_j a_{j,i} \bar{x}_i} = \overline{\mathbf{y} \cdot \mathbf{x}}.$$

Es muß also nur noch $\mathbf{x} \cdot \mathbf{x} > 0$ für jeden Vektor $\mathbf{x} \neq \mathbf{o}$ nachgewiesen werden. Zu $\mathcal{A}$ gibt es nun aber nach dem Hauptachsentheorem 7.6.3 eine unitäre Matrix $\mathcal{P}$, für die $\mathcal{D} = \mathcal{P}^* \mathcal{A} \mathcal{P}$ eine Diagonalmatrix ist. Dabei sind die Hauptdiagonalelemente von $\mathcal{D}$ die positiven Eigenwerte $c_1, \ldots, c_n$ von $\mathcal{A}$. Setzt man noch $(x_1', \ldots, x_n') = (x_1, \ldots, x_n) \mathcal{P}$, so folgt wegen $\mathcal{P} \mathcal{P}^* = \mathcal{P}^* \mathcal{P} = \mathcal{E}_n$, daß

$$\begin{aligned}
\mathbf{x} \cdot \mathbf{x} &= (x_1, \ldots, x_n) \mathcal{A} \begin{pmatrix} \bar{x}_1 \\ \vdots \\ \bar{x}_n \end{pmatrix} = (x_1, \ldots, x_n) \mathcal{P} \mathcal{P}^* \mathcal{A} \mathcal{P} \mathcal{P}^* \begin{pmatrix} \bar{x}_1 \\ \vdots \\ \bar{x}_n \end{pmatrix} \\
&= (x_1', \ldots, x_n') \mathcal{D} \begin{pmatrix} \bar{x}_1' \\ \vdots \\ \bar{x}_n' \end{pmatrix} = c_1 x_1' \bar{x}_1' + \cdots + c_n x_n' \bar{x}_n' \\
&= c_1 |x_1'|^2 + \cdots + c_n |x_n'|^2.
\end{aligned}$$

Gilt nun $\mathbf{x} \neq \mathbf{o}$, so folgt wegen der Invertierbarkeit von $\mathcal{P}$ auch $x_i' \neq 0$ für mindestens einen Index i und wegen der Positivität der c_i schließlich $\mathbf{x} \cdot \mathbf{x} > 0$. Damit sind die kennzeichnenden Eigenschaften eines skalaren Produkts nachgewiesen. ♦

Eine weitere Folgerung des Hauptachsentheorems ist der Trägheitssatz von Sylvester. Zu seiner Formulierung werden die folgenden Begriffe benötigt.

7.6.7 Definition. Die Anzahl $t(\mathcal{A})$ der positiven Eigenwerte einer reellen symmetrischen bzw. komplexen Hermiteschen $n \times n$-Matrix $\mathcal{A}$ wird der *Trägheitsindex* von $\mathcal{A}$ genannt.

7.6.8 Definition. Zwei symmetrische bzw. Hermitesche $n \times n$-Matrizen $\mathcal{A}$ und $\mathcal{B}$ heißen *kongruent*, wenn es eine invertierbare reelle bzw. komplexe $n \times n$-Matrix $\mathcal{Q}$ mit $\mathcal{B} = \mathcal{Q}^T \mathcal{A} \mathcal{Q}$ bzw. $\mathcal{B} = \mathcal{Q}^* \mathcal{A} \mathcal{Q}$ gibt.

7.6.9 Satz (Trägheitssatz von Sylvester). *Sei $\mathcal{A}$ eine symmetrische bzw. Hermitesche $n \times n$-Matrix mit Rang* $\operatorname{rg}(\mathcal{A}) = r$ *und Trägheitsindex $t = t(\mathcal{A})$. Dann gelten folgende Aussagen:*

(a) *Es gibt eine reelle bzw. komplexe invertierbare Matrix $\mathcal{S}$ derart, daß*

$$\mathcal{D} = \mathcal{S}^T \mathcal{A} \mathcal{S} \quad bzw. \quad \mathcal{D} = \mathcal{S}^* \mathcal{A} \mathcal{S}$$

eine Diagonalmatrix $\operatorname{diag}(1, \ldots, 1, -1, \ldots, -1, 0, \ldots 0)$ *ist, in deren Hauptdiagonalen zunächst t-mal $+1$, dann $(r-t)$-mal -1 und danach lauter Nullen stehen.*

(b) *Für jede invertierbare reelle bzw. komplexe $n \times n$-Matrix $\mathcal{Q}$ ist*

$$\mathcal{B} = \mathcal{Q}^T \mathcal{A} \mathcal{Q} \quad bzw. \quad \mathcal{B} = \mathcal{Q}^* \mathcal{A} \mathcal{Q}$$

eine reelle symmetrische bzw. Hermitesche Matrix mit Trägheitsindex $t(\mathcal{B}) = t(\mathcal{A}) = t$ und Rang $\operatorname{rg}(\mathcal{B}) = \operatorname{rg}(\mathcal{A}) = r$.

(c) *Zwei symmetrische bzw. Hermitesche $n \times n$-Matrizen $\mathcal{A}$ und $\mathcal{B}$ sind genau dann kongruent, wenn sie denselben Trägheitsindex und denselben Rang haben.*

Beweis: Es wird nur der komplexe Fall bewiesen.

(a) Sei $\mathcal{A}$ eine Hermitesche Matrix $\mathcal{A}$. Wegen Satz 7.6.3 gibt es dann eine unitäre Matrix $\mathcal{P}$, für die $\mathcal{B} = \mathcal{P}^{-1} \mathcal{A} \mathcal{P}$ eine reelle Diagonalmatrix

$$\mathcal{B} = \operatorname{diag}(b_0, \ldots, b_t, b_{t+1}, \ldots, b_r, 0, \ldots 0)$$

ist, wobei $b_0, \ldots, b_t$ positive und $b_{t+1}, \ldots, b_r$ negative reelle Zahlen sind.

Da $\mathcal{P}$ eine unitäre Matrix ist, gilt $\mathcal{P}^{-1} = \mathcal{P}^*$ und somit $\mathcal{B} = \mathcal{P}^* \mathcal{A} \mathcal{P}$. Setzt man nun noch

$$\mathcal{T} = \operatorname{diag}\left(\frac{1}{\sqrt{|b_0|}}, \ldots, \frac{1}{\sqrt{|b_r|}}, 1, \ldots, 1\right) \quad \text{und} \quad \mathcal{S} = \mathcal{P}\mathcal{T}$$

so ist $\mathcal{D} = \mathcal{T}^*\mathcal{B}\mathcal{T} = \mathcal{S}^*\mathcal{A}\mathcal{S}$ eine Diagonalmatrix, in deren Hauptdiagonale zunächst t-mal der Wert $+1$, dann $(r-t)$-mal der Wert -1 und danach lauter Nullen stehen.

(b) Wegen $\mathcal{B} = \mathcal{Q}^*\mathcal{A}\mathcal{Q}$ haben $\mathcal{A}$ und $\mathcal{B}$ nach Folgerung 3.5.3 denselben Rang r. Zu den Hermiteschen Matrizen $\mathcal{A}$ und $\mathcal{B}$ gibt es nach Satz 7.6.3 jeweils eine unitäre Matrix $\mathcal{P}_1$ bzw. $\mathcal{P}_2$, mit denen $\mathcal{P}_1^*\mathcal{A}\mathcal{P}_1 = \mathcal{D}$ und $\mathcal{P}_2^*\mathcal{B}\mathcal{P}_2 = \mathcal{G}$ die Diagonalmatrizen der Eigenwerte $d_1, d_2, \ldots, d_n$ von $\mathcal{A}$ bzw. $g_1, g_2, \ldots, g_n$ von $\mathcal{B}$ sind. Seien $t(\mathcal{A}) = t$ und $t(\mathcal{B}) = s$ die Trägheitsindizes von $\mathcal{A}$ und $\mathcal{B}$. Dann können die beiden Orthonormalbasen von $\mathbb{C}^n$, die aus Eigenvektoren von $\mathcal{A}$ bzw. $\mathcal{B}$ bestehen, so umnumeriert werden, daß

$$\begin{aligned} &d_i > 0 \text{ für } 1 \le i \le t, \quad d_i < 0 \text{ für } t < i \le r \quad \text{und} \quad d_i = 0 \text{ für } r < i \le n, \\ &g_i > 0 \text{ für } 1 \le j \le s, \quad g_i < 0 \text{ für } s < j \le r \quad \text{und} \quad g_i = 0 \text{ für } r < j \le n \end{aligned}$$

gelten. Da alle d_i und g_j reell sind, existieren a_i und b_j in $\mathbb{R}$ mit

$$d_i = \begin{cases} a_i^2 & \text{für } 1 \le i \le t, \\ -a_i^2 & \text{für } t < i \le r, \\ 0 & \text{sonst} \end{cases} \quad \text{und} \quad g_j = \begin{cases} b_j^2 & \text{für } 1 \le j \le s, \\ -b_j^2 & \text{für } s < j \le r, \\ 0 & \text{sonst.} \end{cases}$$

Für alle Vektoren $\boldsymbol{x} = (x_1, x_2, \ldots, x_n) \in \mathbb{C}^n$ folgt nun

$$\boldsymbol{x}^*\mathcal{D}\boldsymbol{x} = \sum_{j=1}^{t} a_j^2 \bar{x}_j x_j - \sum_{j=t+1}^{r} a_j^2 \bar{x}_j x_j = \sum_{j=1}^{t} a_j^2 |x_j|^2 - \sum_{j=t+1}^{r} a_j^2 |x_j|^2.$$

Setzt man $\mathcal{C} = \mathcal{P}_2\mathcal{Q}^{-1}\mathcal{P}_1 = (c_{ij})$ und $\boldsymbol{y} = \mathcal{C}\boldsymbol{x} = (y_1, y_2, \ldots, y_n)$, so folgt

$$\boldsymbol{x}^*\mathcal{D}\boldsymbol{x} = (\boldsymbol{x}^*\mathcal{C}^*)\mathcal{G}(\mathcal{C}\boldsymbol{x}) = \boldsymbol{y}^*\mathcal{G}\boldsymbol{y} = \sum_{j=1}^{s} b_j^2 |y_j|^2 - \sum_{j=s+1}^{t} b_j^2 |y_j|^2,$$

weil $\mathcal{D} = \mathcal{P}_1^*\mathcal{A}\mathcal{P}_1 = \mathcal{P}_1^*(\mathcal{Q}^*)^{-1}\mathcal{B}\mathcal{Q}^{-1}\mathcal{P}_1 = \mathcal{P}_1^*(\mathcal{Q}^{-1})^*\mathcal{P}_2\mathcal{G}\mathcal{P}_2^*\mathcal{Q}^{-1}\mathcal{P}_1$.

Wäre $t < s$. Dann hätte das homogene lineare Gleichungssystem (H) mit den $n - (s - t) < n$ Gleichungen $x_1 = x_2 = \cdots = x_t = 0$ und $y_i = \sum_{j=1}^n c_{ij}x_j = 0$ für $s + 1 \le i \le n$ eine nicht triviale Lösung $z = (z_1, z_2, \ldots, z_n) \in \mathbb{C}^n$. Für diesen Vektor gelten gleichzeitig:

$$z^*\mathcal{D}z = -\left(\sum_{j=t+1}^{r} a_j^2 |z_j|^2 \right) < 0,$$

$$z^*\mathcal{D}z = \sum_{j=1}^{s} b_j^2 |y_j|^2 > 0.$$

Aus diesem Widerspruch folgt $s \ge t$ und so aus Symmetrie $t = s$.

Die Behauptung (c) folgt unmittelbar aus (a) und (b). ♦

7.6.10 Bemerkung. Der Trägheitsindex $t(\mathcal{A})$ einer reellen symmetrischen bzw. einer komplexen Hermiteschen Matrix $\mathcal{A}$ kann ohne explizite Berechnung der Eigenwerte von $\mathcal{A}$ mittels der *Zeichenregel von Descartes* (vgl. Korollar 3.2.14 von [29], S. 59) bestimmt werden. Ihre Voraussetzung ist nach Satz 7.6.3 erfüllt. Sie lautet: Bei einem Polynom

$$X^n + a_{n-1}X^{n-1} + \cdots + a_1 X + a_0, \qquad a_0 \neq 0$$

mit reellen Koeffizienten, das lauter reelle Nullstellen besitzt, ist die Anzahl der positiven Nullstellen gleich der Anzahl der Vorzeichenwechsel in der Folge der Koeffizienten, die Anzahl der negativen Nullstellen gleich der Anzahl der Vorzeichenerhaltungen. Dabei müssen jedoch alle Koeffizienten berücksichtigt werden; also auch die Nullkoeffizienten, denen dann ein beliebiges Vorzeichen zugeordnet wird.

Mit dem folgenden Satz, der ebenfalls aus dem Hauptachsentheorem folgt, wird nun die große Bedeutung der orthogonalen bzw. unitären und der selbstadjungierten Automorphismen eines endlich-dimensionalen euklidischen bzw. unitären Vektorraums V für die Beschreibung *aller* Automorphismen von V herausgestellt.

7.6.11 Satz (Polarzerlegung). *Sei V ein endlich-dimensionaler euklidischer bzw. unitärer Vektorraum. Dann kann jeder Automorphismus α von V auf genau eine Weise als Produkt $\alpha = \chi\psi$ eines orthogonalen bzw. unitären Automorphismus χ und eines selbstadjungierten Automorphismus ψ von V mit lauter positiven reellen Eigenwerten dargestellt werden.*

Beweis: Mit α ist nach Hilfssatz 7.4.10 auch α^* ein Automorphismus von V. Wegen Hilfssatz 7.4.7 ist dann $\beta = \alpha^*\alpha$ ein selbstadjungierter Automorphismus von V. Nach Satz 7.6.3 sind alle Eigenwerte von β reell und von Null verschieden. Ist $\boldsymbol{v} \neq \boldsymbol{o}$ ein Eigenvektor von β zum Eigenwert c, so gilt

$$(\boldsymbol{v} \cdot \boldsymbol{v})c = \boldsymbol{v}c \cdot \boldsymbol{v} = \beta(\boldsymbol{v}) \cdot \boldsymbol{v} = (\alpha^*\alpha)(\boldsymbol{v}) \cdot \boldsymbol{v} = (\alpha\boldsymbol{v}) \cdot (\alpha\boldsymbol{v}) \geq 0.$$

Wegen $\boldsymbol{v} \cdot \boldsymbol{v} > 0$ und $c \neq 0$ folgt $c > 0$. Also sind alle Eigenwerte von β positive reelle Zahlen.

Daher besitzt der unitäre bzw. euklidische Vektorraum V nach Folgerung 7.4.14 bzw. Satz 7.4.13 eine Orthonormalbasis $B = \{\boldsymbol{v}_1, \boldsymbol{v}_2, \ldots, \boldsymbol{v}_n\}$, die aus Eigenvektoren des normalen Automorphismus β besteht, d. h. es existieren n positive reelle Zahlen c_i mit $\beta\boldsymbol{v}_i = \boldsymbol{v}_i c_i$. Sei $\psi \in \operatorname{Aut}(V)$ definiert durch $\psi\boldsymbol{v}_i = \boldsymbol{v}_i r_i$, $i = 1, 2, \ldots, n$, wobei $r_i = +\sqrt{c_i}$. Dann ist ψ ein selbstadjungierter Automorphismus von V mit lauter positiven reellen Eigenwerten $r_i > 0$.

Sicherlich ist $\chi = \alpha\psi^{-1}$ ein Automorphismus von V. Wegen $\psi^2 = \beta = \alpha^*\alpha$ ist $\chi^{-1} = (\alpha\psi^{-1})^{-1} = \psi\alpha^{-1} = \psi^{-1}\psi^2\alpha^{-1} = \psi^{-1}\alpha^*\alpha\alpha^{-1} = \psi^{-1}\alpha^* = (\alpha\psi^{-1})^* = \chi^*$. Also ist χ nach Satz 7.5.8 ein orthogonaler bzw. unitärer Automorphismus von V. Daher ist $\alpha = \chi\psi$ eine gesuchte Produktdarstellung von α.

Ist $\alpha = \chi'\psi'$ eine weitere Faktorisierung von α mit $(\chi')^* = (\chi')^{-1}$ und $(\psi')^* = \psi'$ derart, daß alle Eigenwerte von ψ' reell und positiv sind, dann gilt

$$\psi^2 = \beta = \alpha^*\alpha = (\psi')^*(\chi')^*\chi'\psi' = \psi'(\chi')^{-1}\chi'\psi' = (\psi')^2.$$

Nun besitzen ψ' und $(\psi')^2$ dieselben Eigenvektoren. Außerdem sind die Eigenwerte von $(\psi')^2$ die Quadrate der Eigenwerte von ψ'. Daher haben die Automorphismen ψ und ψ' dieselben Eigenvektoren und dieselben Eigenwerte. Insbesondere folgt $\psi\boldsymbol{v}_i = \boldsymbol{v}_i r_i = \psi'\boldsymbol{v}_i$ für $i = 1, 2, \ldots, n$. Also ist $\psi' = \psi$. Hieraus folgt $\chi' = \alpha(\psi')^{-1} = \alpha\psi^{-1} = \chi$. ♦

7.7 Aufgaben

7.1 In einem zweidimensionalen unitären Raum mit der Basis $\{\boldsymbol{a}_1, \boldsymbol{a}_2\}$ gelte $\boldsymbol{a}_1 \cdot \boldsymbol{a}_1 = 4$ und $\boldsymbol{a}_2 \cdot \boldsymbol{a}_2 = 1$. Welche Werte kann dann das skalare Produkt $\boldsymbol{a}_1 \cdot \boldsymbol{a}_2$ besitzen?

7.2 Es seien β_1 und β_2 zwei skalare Produkte eines komplexen Vektorraums V.

(a) Zeigen Sie, daß aus $\beta_1(\boldsymbol{x}, \boldsymbol{x}) = \beta_2(\boldsymbol{x}, \boldsymbol{x})$ für alle Vektoren $\boldsymbol{x}$ sogar $\beta_1 = \beta_2$ folgt.

(b) Welche Bedingung müssen die komplexen Zahlen a und b erfüllen, damit durch

$$\beta(\boldsymbol{x}, \boldsymbol{y}) = \beta_1(\boldsymbol{x}, \boldsymbol{y})a + \beta_2(\boldsymbol{x}, \boldsymbol{y})b$$

wieder ein skalares Produkt definiert wird?

7.3 Zeigen Sie, daß die durch ein skalares Produkt definierte Länge $|x|$ der Vektoren $\boldsymbol{x}$ eines euklidischen oder unitären Vektorraums V die folgende Parallelogrammgleichung erfüllt:

$$(*) \qquad |\boldsymbol{x} + \boldsymbol{y}|^2 + |\boldsymbol{x} - \boldsymbol{y}|^2 = 2(|\boldsymbol{x}|^2 + |\boldsymbol{y}|^2).$$

Ist umgekehrt V ein reeller Vektorraum, auf dem eine Länge $|\boldsymbol{v}|$ der Vektoren $\boldsymbol{v} \in V$ mit den üblichen Betragseigenschaften definiert ist, die $(*)$ erfüllt, dann gibt es auf V ein Skalarprodukt $(\cdot, \cdot)$ mit $|\boldsymbol{x}|^2 = (\boldsymbol{x}, \boldsymbol{x})$.

7.4 Zeigen Sie mit dem in Beispiel 7.2.15 b) definierten skalaren Produkt, daß die Funktionen $\frac{1}{\sqrt{2}}$, $\cos(nt)$, $\sin(nt)$, $n = 1, 2, 3, \ldots$ ein unendliches Orthonormalsystem bilden.

7.5 In dem komplexen arithmetischen Vektorraum $V = \mathbb{C}^4$ sei das skalare Produkt zweier Vektoren $\boldsymbol{x} = (x_1, x_2, x_3, x_4)$, $\boldsymbol{y} = (y_1, y_2, y_3, y_4)$ durch $\boldsymbol{x} \cdot \boldsymbol{y} = x_1\bar{y}_1 + x_2\bar{y}_2 + x_3\bar{y}_3 + x_4\bar{y}_4$ definiert. Man bestimme eine Orthonormalbasis des orthogonalen Komplements $U^\perp$ des Unterraums $U = \boldsymbol{a}_1\mathbb{C} + \boldsymbol{a}_2\mathbb{C}$ von V, wobei $\boldsymbol{a}_1 = (-1, i, 0, 1)$, $\boldsymbol{a}_2 = (i, 0, 2, 0)$ ist.

7.6 Für einen orthogonalen Endomorphismus α eines n-dimensionalen euklidischen Raumes gilt $|\operatorname{tr}\alpha| \leqq n$. Wann steht hier das Gleichheitszeichen?

7.7 Es seien $\boldsymbol{v}_1, \ldots, \boldsymbol{v}_k$ linear unabhängige Vektoren eines euklidischen Vektorraums V. Die Menge aller Vektoren

$$\boldsymbol{x} = \boldsymbol{v}_1 x_1 + \cdots + \boldsymbol{v}_k x_k \quad \text{mit } 0 \leqq x_i \leqq 1 \text{ für } i = 1, \ldots, k$$

wird dann das von den Vektoren $\boldsymbol{v}_1, \ldots, \boldsymbol{v}_k$ aufgespannte *Parallelotop* genannt. Es sei nun $\{\boldsymbol{e}_1, \ldots, \boldsymbol{e}_k\}$ eine Orthonormalbasis des von den Vektoren $\boldsymbol{v}_1, \ldots, \boldsymbol{v}_k$ aufgespannten Unterraums U von V. Man nennt den Betrag der Determinante

$$\begin{vmatrix} (\boldsymbol{v}_1 \cdot \boldsymbol{e}_1) & \cdots & (\boldsymbol{v}_1 \cdot \boldsymbol{e}_k) \\ \vdots & & \vdots \\ (\boldsymbol{v}_k \cdot \boldsymbol{e}_1) & \cdots & (\boldsymbol{v}_k \cdot \boldsymbol{e}_k) \end{vmatrix}$$

das *Volumen* dieses Parallelotops. Beweisen Sie:

(a) $$\begin{vmatrix} (\boldsymbol{v}_1 \cdot \boldsymbol{e}_1) & \cdots & (\boldsymbol{v}_1 \cdot \boldsymbol{e}_k) \\ \vdots & & \vdots \\ (\boldsymbol{v}_k \cdot \boldsymbol{e}_1) & \cdots & (\boldsymbol{v}_k \cdot \boldsymbol{e}_k) \end{vmatrix}^2 = \begin{vmatrix} (\boldsymbol{v}_1 \cdot \boldsymbol{v}_1) & \cdots & (\boldsymbol{v}_1 \cdot \boldsymbol{v}_k) \\ \vdots & & \vdots \\ (\boldsymbol{v}_k \cdot \boldsymbol{v}_1) & \cdots & (\boldsymbol{v}_k \cdot \boldsymbol{v}_k) \end{vmatrix}.$$

(b) Die Definition des Volumens ist unabhängig von der Wahl der Orthonormalbasis von V. Die in (a) rechts stehende Determinante ist das Quadrat des Volumens.

7.8 In dem reellen arithmetischen Vektorraum $\mathbb{R}^4$ sei das skalare Produkt so definiert, daß die kanonische Basis eine Orthonormalbasis ist. Berechnen Sie mittels der Ergebnisse von Aufgabe 7.7 das Volumen des von den Vektoren

$$(2, 1, 0, -1), \quad (1, 0, 1, 0), \quad (-2, 1, 1, 0)$$

aufgespannten Parallelotops.

7.9 Wenn die adjungierten Abbildungen von $\varphi : V \to W$ und $\psi : W \to Z$ existieren, dann existiert auch die adjungierte Abbildung zu $\psi\varphi$ und es gilt $(\psi\varphi)^* = \varphi^*\psi^*$.

7.10 In welcher Beziehung stehen die Koeffizienten des charakteristischen Polynoms eines Endomorphismus und des adjungierten Endomorphismus?

7.11 Es sei φ ein normaler Endomorphismus eines unitären oder euklidischen Raumes V endlicher Dimension. Zeigen Sie:

(a) Jeder Vektor $\boldsymbol{x} \in V$ kann auf genau eine Weise in der Form $\boldsymbol{x} = \boldsymbol{x}' + \boldsymbol{x}''$ mit $\boldsymbol{x}' \in \varphi V$ und $\boldsymbol{x}'' \in \operatorname{Ker} \varphi$ dargestellt werden, wobei die Vektoren $\boldsymbol{x}'$ und $\boldsymbol{x}''$ orthogonal sind.

(b) Es gilt $\operatorname{rg}(\varphi) = \operatorname{rg}(\varphi^2)$.

7.12 Ein unitärer Automorphismus φ ist genau dann selbstadjungiert, wenn $\varphi \circ \varphi$ die Identität ist.

7.13 Es sei φ ein selbstadjungierter Endomorphismus eines endlich-dimensionalen euklidischen oder unitären Raumes mit lauter positiven Eigenwerten. Zeigen Sie, daß dann φ und φ^2 dieselben Eigenvektoren besitzen und daß die Eigenwerte von φ^2 die Quadrate der Eigenwerte von φ sind.

7.14 Es sei $\epsilon \in \{+1, -1\}$. Das charakteristische Polynom der Matrix

$$\mathcal{B} = \begin{pmatrix} 1 & 0 & \epsilon & 0 & 1 \\ 0 & 1 & 0 & 1 & 0 \\ \epsilon & 0 & 1 & 0 & \epsilon \\ 0 & 1 & 0 & 1 & 0 \\ 1 & 0 & \epsilon & 0 & 1 \end{pmatrix}$$

ist gegeben durch $X^3 \cdot (X-3) \cdot (X-2)$. Bestimmen Sie eine orthogonale Matrix $\mathcal{P}$, so daß $\mathcal{P}^{-1} \cdot \mathcal{B} \cdot \mathcal{P}$ eine Diagonalmatrix ist.

7.15 Gegeben sei die folgende symmetrische reelle 5×5-Matrix

$$\mathcal{A} = \begin{pmatrix} 1 & 0 & 1 & 1 & -\sqrt{2} \\ 0 & 1 & 1 & 1 & \sqrt{2} \\ 1 & 1 & 0 & 1 & 0 \\ 1 & 1 & 1 & 0 & 0 \\ -\sqrt{2} & \sqrt{2} & 0 & 0 & 1 \end{pmatrix}.$$

(a) Zeigen Sie, daß $\operatorname{char\,Pol}_{\mathcal{A}}(X) = (X+1)^3 \cdot (X-3)^2$ gilt.

(b) Bestimmen Sie eine orthogonale 5×5-Matrix $\mathcal{P}$, so daß $\mathcal{P}^{-1}\mathcal{A}\mathcal{P}$ eine Diagonalmatrix wird.

7.16 Sei $\mathcal{A} = (a_{ij})$ eine Hermitesche $n \times n$-Matrix. Zeigen Sie:

(a) Alle Hauptdiagonalelemente a_{ii} von $\mathcal{A}$ sind reell.

(b) Das charakteristische Polynom $\operatorname{char\,Pol}_{\mathcal{A}}(X)$ von $\mathcal{A}$ hat reelle Koeffizienten.

(c) Die Determinante und die Spur von $\mathcal{A}$ sind reell.

7.17 Sei α ein selbstadjungierter Endomorphismus des n-dimensionalen unitären Raumes V, und seien $c_1 \geq c_2 \geq \cdots \geq c_n$ die nach Satz 7.4.11 reellen Eigenwerte von α. Zeigen Sie:

$$c_1 = \max\{(\alpha \boldsymbol{v} \cdot \boldsymbol{v}) \mid |\boldsymbol{v}| = 1\} \quad \text{und} \quad c_n = \min\{(\alpha \boldsymbol{v} \cdot \boldsymbol{v}) \mid |\boldsymbol{v}| = 1\}.$$

7.18 Zeigen Sie: Jeder Endomorphismus α eines endlich-dimensionalen euklidischen bzw. unitären Vektorraums V kann auf genau eine Weise in der Form $\alpha = \alpha_1 + \alpha_2$ mit einem selbstadjungierten Endomorphismus α_1 und einem anti-selbstadjungierten Endomorphismus α_2 dargestellt werden.

7.19 Beweisen Sie die folgenden Behauptungen:

(a) Jede invertierbare reelle $n \times n$-Matrix $\mathcal{A}$ kann auf genau eine Weise als Produkt $\mathcal{A} = \mathcal{O}\mathcal{S}$ einer orthogonalen $n \times n$-Matrix $\mathcal{O}$ und einer symmetrischen $n \times n$-Matrix $\mathcal{S}$ mit lauter positiven reellen Eigenwerten dargestellt werden.

(b) Jede invertierbare komplexe $n \times n$-Matrix $\mathcal{A}$ kann auf genau eine Weise als Produkt $\mathcal{A} = \mathcal{U}\mathcal{H}$ einer unitären $n \times n$-Matrix $\mathcal{U}$ und einer Hermiteschen $n \times n$-Matrix $\mathcal{H}$ mit lauter positiven reellen Eigenwerten dargestellt werden.

7.20 Man bestimme die Polarzerlegung $\mathcal{A} = \mathcal{O}\mathcal{S}$ von Aufgabe 7.19 (a) der reellen Matrix

$$\mathcal{A} = \begin{pmatrix} 2 & 1 & 1 \\ -1 & 2 & 0 \\ 0 & 1 & -1 \end{pmatrix}.$$

8 Anwendungen in der Geometrie

Die Aufgabe der Analytischen Geometrie ist es, geometrische Objekte und die Beziehung zwischen ihnen rechnerisch zu erfassen. Dies wird durch die Festlegung eines Koordinatensystems ermöglicht. Die geometrischen Beziehungen gehen dann in rechnerische Beziehungen zwischen Zahlen über, nämlich den Koordinaten der Punkte. Die Wahl des Koordinatensystems ist dabei jedoch noch willkürlich und nicht durch die geometrische Struktur bedingt. Rechnerische Beziehungen zwischen den Koordinaten werden daher auch nur eine geometrische Bedeutung besitzen, wenn sie von der Willkür der Koordinatenbestimmung unabhängig sind.

Der im ersten Abschnitt dieses Kapitels behandelte Begriff des affinen Raumes gestattet eine Beschreibung geometrischer Sachverhalte, die weitgehend frei von Willkür ist. Typisch für die affine Geometrie sind u. a. die Begriffe des Teilverhältnisses und der Parallelität von Unterräumen. Aber gerade der letzte Begriff bedingt häufig bei Sätzen der affinen Geometrie Komplikationen durch Fallunterscheidungen, die z. B. dadurch bedingt sind, daß parallele Geraden keinen Schnittpunkt besitzen. Dieser Umstand legt nahe, affine Räume durch Hinzunahme solcher fehlenden Schnittpunkte als ideelle Elemente zu sogenannten projektiven Räumen zu erweitern, auf die hier anschließend kurz eingegangen wird. Die Geometrie dieser Räume führt zu vielfach übersichtlicheren Sätzen, die ihrerseits affiner Spezialisierungen fähig sind. Als Beispiel hierfür wird am Ende des Kapitels auf die Klassifizierung von Quadriken eingegangen. Weitere Anwendungen beziehen sich auf die Klassifizierung der Drehungen im affinen euklidischen oder unitären Raum und die Beschreibung der Äquivalenzklassen der affinen Quadriken bezüglich der Gruppe der Kongruenzen.

8.1 Affine Räume

In diesem Kapitel bedeutet F immer einen kommutativen Körper. Alle betrachteten F-Vektorräume sind endlich-dimensional.

8.1.1 Definition. Ein *affiner Raum* $\mathfrak{A}$ über F besteht aus einer ebenfalls mit $\mathfrak{A}$ bezeichneten Menge, deren Elemente *Punkte* genannt werden, und im Fall $\mathfrak{A} \neq \emptyset$ aus einem F-Vektorraum $V_{\mathfrak{A}}$ sowie einer Zuordnung, die jedem geordneten Paar (p, q) von Punkten aus $\mathfrak{A}$ eindeutig einen mit $\overrightarrow{pq}$ bezeichneten Vektor aus $V_{\mathfrak{A}}$ so zuordnet, daß folgende Axiome erfüllt sind:

(a) Zu jedem Punkt $p \in \mathfrak{A}$ und jedem Vektor $\boldsymbol{a} \in V_{\mathfrak{A}}$ gibt es genau einen Punkt $q \in \mathfrak{A}$ mit $\boldsymbol{a} = \overrightarrow{pq}$.

(b) $\overrightarrow{pq} + \overrightarrow{qr} = \overrightarrow{pr}$.

Im Fall $F = \mathbb{R}$ oder $F = \mathbb{C}$ heißt $\mathfrak{A}$ *reeller* bzw. *komplexer affiner Raum*.

Die *Dimension* $\dim \mathfrak{A}$ des affinen Raums $\mathfrak{A}$ ist die Dimension des zugeordneten Vektorraums $V_{\mathfrak{A}}$. Falls $\mathfrak{A} = \emptyset$ wird $\dim \mathfrak{A} = -1$ gesetzt.

8.1.2 Bemerkung. Das Axiom (a) von Definition 8.1.1 besagt gerade, daß bei fester Wahl des Punktes $p \in \mathfrak{A}$ durch $q \mapsto \overrightarrow{pq}$ eine Bijektion $\mathfrak{A} \to V_{\mathfrak{A}}$ zugeordnet wird. Man kann daher $V_{\mathfrak{A}}$ als den Raum der Ortsvektoren von $\mathfrak{A}$ bezüglich des Anfangspunktes p auffassen. Als Anfangspunkt kann jedoch jeder beliebige Punkt p gewählt werden.

8.1.3 Hilfssatz. *Für Punkte p, q eines affinen Raumes $\mathfrak{A}$ gilt:*

$$\overrightarrow{pp} = \boldsymbol{o} \quad \textit{und} \quad \overrightarrow{qp} = -\overrightarrow{pq}.$$

Beweis: Wegen Axiom (b) von Definition 8.1.1 gilt $\overrightarrow{pp} + \overrightarrow{pp} = \overrightarrow{pp}$ und somit $\overrightarrow{pp} = \boldsymbol{o}$. Weiter folgt $\overrightarrow{pq} + \overrightarrow{qp} = \overrightarrow{pp} = \boldsymbol{o}$. Daher ist $\overrightarrow{qp} = -\overrightarrow{pq}$. ♦

8.1.4 Definition. Eine Teilmenge $\mathfrak{U}$ eines affinen Raumes $\mathfrak{A}$ heißt *affiner Unterraum* von $\mathfrak{A}$, wenn entweder $\mathfrak{U} = \emptyset$ oder die Menge $V_{\mathfrak{U}} = \{\overrightarrow{pq} \in V_{\mathfrak{A}} \mid p, q \in \mathfrak{U}\}$ ein Unterraum des F-Vektorraums $V_{\mathfrak{A}}$ ist.
Bezeichnung: $\mathfrak{U} \leq \mathfrak{A}$.

8.1.5 Bemerkung. Ist die nicht-leere Teilmenge $\mathfrak{U}$ von $\mathfrak{A}$ ein affiner Unterraum, dann kann für die Bestimmung des Untervektorraums $V_{\mathfrak{U}}$ ein Punkt $p \in \mathfrak{U}$ fest gewählt und nur $q \in \mathfrak{U}$ variiert werden. Denn für jeden anderen Punkt $p' \in \mathfrak{U}$ erhält man wegen $\overrightarrow{p'q} = \overrightarrow{p'p} + \overrightarrow{pq} = -\overrightarrow{pp'} + \overrightarrow{pq} \in V_{\mathfrak{U}}$ denselben Unterraum $V_{\mathfrak{U}}$ von $V_{\mathfrak{A}}$.

8.1.6 Hilfssatz. *Der Durchschnitt $\mathfrak{D} = \cap\{\mathfrak{U} \mid \mathfrak{U} \in \boldsymbol{S}\}$ eines nicht-leeren Systems $\boldsymbol{S}$ von affinen Unterräumen $\mathfrak{U}$ eines affinen Raumes $\mathfrak{A}$ ist selbst ein affiner Unterraum von $\mathfrak{A}$. Im Fall $\mathfrak{D} \neq \emptyset$ gilt $V_{\mathfrak{D}} = \cap\{V_{\mathfrak{U}} \mid \mathfrak{U} \in \boldsymbol{S}\}$.*

Beweis: Im Fall $\mathfrak{D} = \emptyset$ ist die Behauptung trivial. Andernfalls gibt es ein $p \in \mathfrak{D}$ derart, daß

$$V_{\mathfrak{D}} = \{\overrightarrow{pq} \mid q \in \mathfrak{D}\} = \bigcap_{\mathfrak{U} \in S} \{\overrightarrow{pq} \mid q \in \mathfrak{U}\} = \bigcap \{V_{\mathfrak{U}} \mid \mathfrak{U} \in \boldsymbol{S}\}$$

gilt. Wegen Satz 2.1.8 ist $V_{\mathfrak{D}}$ ein Unterraum von $V_{\mathfrak{A}}$. ♦

8.1.7 Definition. Für jede Teilmenge $\mathfrak{M}$ des affinen Raums $\mathfrak{A}$ ist nach Hilfssatz 8.1.6

$$\langle\mathfrak{M}\rangle = \bigcap\{\mathfrak{U} \mid \mathfrak{M} \subset \mathfrak{U},\ \mathfrak{U} \text{ ein Unterraum von } \mathfrak{A}\}$$

der kleinste affine Unterraum von $\mathfrak{A}$, der $\mathfrak{M}$ enthält. Er heißt der von $\mathfrak{M}$ *aufgespannte* oder *erzeugte* Unterraum.

8.1.8 Definition. Sei $\boldsymbol{S}$ ein System von affinen Unterräumen $\mathfrak{U}$ des affinen Raumes $\mathfrak{A}$. Dann ist

$$\vee\{\mathfrak{U} \mid \mathfrak{U} \in \boldsymbol{S}\} = \langle\cup\mathfrak{U} \mid \mathfrak{U} \in \boldsymbol{S}\rangle$$

der *Verbindungsraum* von $\boldsymbol{S}$. Man schreibt auch

$$\mathfrak{U}_1 \vee \cdots \vee \mathfrak{U}_k = \vee\{\mathfrak{U}_i \mid 1 \leq i \leq k\},$$

falls $\boldsymbol{S}$ aus k Unterräumen $\mathfrak{U}_i$ von $\mathfrak{A}$ besteht.

Statt $\{p\} \vee \{q\}$ wird vereinfachend $p \vee q$ geschrieben. $p \vee q$ heißt die *Verbindungsgerade* der Punkte $p, q \in \mathfrak{A}$, falls $p \neq q$.

8.1.9 Beispiele.
Jede einpunktige Teilmenge $\{p\}$ eines affinen Raumes $\mathfrak{A}$ ist ein Unterraum mit dem Nullraum $\{\boldsymbol{o}\} = \{\overrightarrow{pp}\}$ als zugeordnetem Vektorraum. Es gilt daher $\dim\{p\} = 0$. Umgekehrt besteht jeder Unterraum $\mathfrak{U}$ mit $\dim\mathfrak{U} = 0$ aus genau einem Punkt.

Der Verbindungsraum $p \vee q$ zweier verschiedener Punkte besitzt die Dimension 1. Umgekehrt ist auch jeder Unterraum der Dimension 1 Verbindungsraum von zwei verschiedenen Punkten.

Jeder Vektorraum V kann als affiner Raum $\mathfrak{V}$ mit sich selbst als zugeordnetem Vektorraum aufgefaßt werden, wenn man für je zwei Vektoren $\boldsymbol{a}, \boldsymbol{b} \in V$ den Vektor $\overrightarrow{\boldsymbol{ab}} \in V_{\mathfrak{V}}$ durch $\overrightarrow{\boldsymbol{ab}} = \boldsymbol{b} - \boldsymbol{a} \in V$ definiert.

8.1.10 Definition. Unterräume der Dimension 1 des affinen Raumes $\mathfrak{A}$ werden *Geraden*, Unterräume der Dimension 2 *Ebenen* genannt.

Gilt für einen Unterraum $\mathfrak{H} \neq \mathfrak{A}$ und einen Punkt $p \in \mathfrak{A}$ bereits $\mathfrak{H} \vee p = \mathfrak{A}$, so heißt $\mathfrak{H}$ eine *Hyperebene* von $\mathfrak{A}$.

8.1.11 Bemerkung. Im Fall $\dim\mathfrak{A} = n$, sind die Hyperebenen genau die Unterräume der Dimension $n - 1$. Ist $n = 2$, so ist jede Hyperebene eine Gerade von $\mathfrak{A}$.

8.1.12 Satz (Dimensionssatz). *Es seien $\mathfrak{U}$ und $\mathfrak{W}$ zwei endlich-dimensionale Unterräume des affinen Raumes $\mathfrak{A}$. Dann ist*

$$\dim\mathfrak{U} + \dim\mathfrak{W} = \begin{cases} \dim(\mathfrak{U}\vee\mathfrak{W}) + \dim(\mathfrak{U}\cap\mathfrak{W}) \\ \textit{falls } \mathfrak{U} = \emptyset \textit{ oder } \mathfrak{W} = \emptyset \textit{ oder } \mathfrak{U}\cap\mathfrak{W} \neq \emptyset, \\ \\ \dim(\mathfrak{U}\vee\mathfrak{W}) + \dim(\mathfrak{U}\cap\mathfrak{W}) + \dim(V_{\mathfrak{U}}\cap V_{\mathfrak{W}}) \\ \textit{falls } \mathfrak{U} \neq \emptyset,\ \mathfrak{W} \neq \emptyset \textit{ und } \mathfrak{U}\cap\mathfrak{W} = \emptyset. \end{cases}$$

Beweis: Da die Fälle $\mathfrak{U} = \emptyset$ bzw. $\mathfrak{W} = \emptyset$ trivial sind, kann weiterhin $\mathfrak{U} \neq \emptyset$ und $\mathfrak{W} \neq \emptyset$ angenommen werden. Sei zunächst auch $\mathfrak{U}\cap\mathfrak{W} \neq \emptyset$. Dann existiert ein $p \in \mathfrak{U}\cap\mathfrak{W}$. Nach Hilfssatz 8.1.6 gilt $V_{\mathfrak{U}\cap\mathfrak{W}} = V_{\mathfrak{U}} \cap V_{\mathfrak{W}}$. Unmittelbar ergibt sich $V_{\mathfrak{U}} \leq V_{\mathfrak{U}\vee\mathfrak{W}}$, $V_{\mathfrak{W}} \leq V_{\mathfrak{U}\vee\mathfrak{W}}$ und daher $V_{\mathfrak{U}} + V_{\mathfrak{W}} \leq V_{\mathfrak{U}\vee\mathfrak{W}}$. Da aber $\mathfrak{Z} = \{q \mid \overrightarrow{pq} \in V_{\mathfrak{U}} + V_{\mathfrak{W}}\}$ ein Unterraum von $\mathfrak{A}$ mit $\mathfrak{U} \leq \mathfrak{Z}$ und $\mathfrak{W} \leq \mathfrak{Z}$ ist, folgt $\mathfrak{Z} = \mathfrak{U}\vee\mathfrak{W}$. Also ist $V_{\mathfrak{U}\vee\mathfrak{W}} = V_{\mathfrak{U}} + V_{\mathfrak{W}}$. Wegen Satz 2.2.16 erhält man jetzt

$$\begin{aligned} \dim(\mathfrak{U}\vee\mathfrak{W}) + \dim(\mathfrak{U}\cap\mathfrak{W}) &= \dim(V_{\mathfrak{U}} + V_{\mathfrak{W}}) + \dim(V_{\mathfrak{U}} \cap V_{\mathfrak{W}}) \\ &= \dim V_{\mathfrak{U}} + \dim V_{\mathfrak{W}} = \dim\mathfrak{U} + \dim\mathfrak{W}. \end{aligned}$$

Nun sei $\mathfrak{U}\cap\mathfrak{W} = \emptyset$. Weiter seien $p \in \mathfrak{U}$ und $p' \in \mathfrak{W}$ fest gewählt. Man erhält $V_{\mathfrak{U}} + V_{\mathfrak{W}} + [\overrightarrow{pp'}]F \leq V_{\mathfrak{U}\vee\mathfrak{W}}$. Für den Unterraum $\mathfrak{Z} = \{q \mid \overrightarrow{pq} \in V_{\mathfrak{U}} + V_{\mathfrak{W}} + [\overrightarrow{pq}]F\}$ von $\mathfrak{A}$ gilt offenbar $\mathfrak{U} \leq \mathfrak{Z}$ und $\mathfrak{W} \leq \mathfrak{Z}$. Daher ist $\mathfrak{Z} = \mathfrak{U}\vee\mathfrak{W}$ und $V_{\mathfrak{U}\vee V} = V_{\mathfrak{U}} + V_{\mathfrak{W}} + [\overrightarrow{pp'}]F$. Wäre $\overrightarrow{pp'} \in V_{\mathfrak{U}} + V_{\mathfrak{W}}$, so gäbe es Punkte $q \in \mathfrak{U}$ und $q' \in \mathfrak{W}$ mit $\overrightarrow{pp'} = \overrightarrow{pq} + \overrightarrow{q'p'}$, also mit $\overrightarrow{qq'} = \overrightarrow{qp} + \overrightarrow{pp'} + \overrightarrow{p'q'} = \boldsymbol{o}$. Es würde $q = q'$ und damit $q \in \mathfrak{U}\cap\mathfrak{W}$ im Widerspruch zu $\mathfrak{U}\cap\mathfrak{W} = \emptyset$ folgen. Daher gilt

$$\begin{aligned} \dim(\mathfrak{U}\vee\mathfrak{W}) &= \dim(V_{\mathfrak{U}} + V_{\mathfrak{W}} + [\overrightarrow{pp'}]F) \\ &= \dim(V_{\mathfrak{U}} + V_{\mathfrak{W}}) + 1 \\ &= \dim V_{\mathfrak{U}} + \dim V_{\mathfrak{W}} - \dim(V_{\mathfrak{U}} \cap V_{\mathfrak{W}}) - \dim(\mathfrak{U}\cap\mathfrak{W}) \end{aligned}$$

nach Satz 2.2.16, weil $\dim(\mathfrak{U}\cap\mathfrak{W}) = -1$ nach Definition 8.1.1 ist. ♦

8.1.13 Definition. Zwei nicht-leere affine Unterräume $\mathfrak{U}$ und $\mathfrak{W}$ eines affinen Raumes $\mathfrak{A}$ heißen *parallel*, wenn $V_{\mathfrak{U}} \subseteq V_{\mathfrak{W}}$ oder $V_{\mathfrak{W}} \subseteq V_{\mathfrak{U}}$ gilt. Außerdem soll der leere Unterraum $\emptyset$ parallel zu allen affinen Unterräumen $\mathfrak{U}$ sein.
Bezeichnung: $\mathfrak{U} \parallel \mathfrak{W}$.

8.1.14 Satz. *Zwei nicht-leere parallele Unterräume $\mathfrak{U}$ und $\mathfrak{W}$ eines affinen Raumes $\mathfrak{A}$ sind entweder punktfremd, oder einer von ihnen ist ein Unterraum des anderen.*

Beweis: Aus $p \in \mathfrak{U}\cap\mathfrak{W}$ und z. B. $V_{\mathfrak{U}} \subseteq V_{\mathfrak{W}}$ folgt für jedes $q \in \mathfrak{U}$ zunächst $\overrightarrow{pq} \in V_{\mathfrak{U}}$, also $\overrightarrow{pq} \in V_{\mathfrak{W}}$. Wegen $p \in \mathfrak{W}$ ist daher auch $q \in \mathfrak{W}$ und somit $\mathfrak{U} \subseteq \mathfrak{W}$. ♦

8.1.15 Satz. *Seien* $\mathfrak{U}$ *ein nicht-leerer Unterraum und* $\mathfrak{H}$ *eine Hyperebene des affinen Raumes* $\mathfrak{A}$ *der Dimension* $\dim \mathfrak{A} = n \geq 1$. *Dann sind* $\mathfrak{U}$ *und* $\mathfrak{H}$ *parallel, oder es gilt* $\dim(\mathfrak{U} \cap \mathfrak{H}) = \dim \mathfrak{U} - 1$.

Beweis: Aus $\mathfrak{U} \leq \mathfrak{H}$ folgt $V_{\mathfrak{U}} \leq V_{\mathfrak{H}}$ und daher $\mathfrak{U} \parallel \mathfrak{H}$. Weiter sei jetzt $\mathfrak{U}$ nicht in $\mathfrak{H}$ enthalten. Dann gilt $\mathfrak{U} \vee \mathfrak{H} = \mathfrak{A}$ und im Fall $\mathfrak{U} \cap \mathfrak{H} \neq \emptyset$ wegen Satz 8.1.12

$$\dim(\mathfrak{U} \cap \mathfrak{H}) = \dim \mathfrak{U} + \dim \mathfrak{H} - \dim(\mathfrak{U} \vee \mathfrak{H}) = \dim \mathfrak{U} + (n-1) - n = \dim \mathfrak{U} - 1.$$

Im Fall $\mathfrak{U} \cap \mathfrak{H} = \emptyset$ liefert Satz 8.1.12 jedoch

$$\begin{aligned} \dim(V_{\mathfrak{U}} \cap V_{\mathfrak{H}}) &= \dim \mathfrak{U} + \dim \mathfrak{H} - \dim(\mathfrak{U} \vee \mathfrak{H}) - \dim(\mathfrak{U} \cap \mathfrak{H}) \\ &= \dim \mathfrak{U} + (n-1) - n - (-1) \\ &= \dim \mathfrak{U} = \dim V_{\mathfrak{U}}. \end{aligned}$$

Es folgt $V_{\mathfrak{U}} \cap V_{\mathfrak{H}} = V_{\mathfrak{U}}$, also $V_{\mathfrak{U}} \leq V_{\mathfrak{H}}$ und daher wieder $\mathfrak{U} \parallel \mathfrak{H}$. ♦

8.1.16 Folgerung. *Zwei Geraden einer affinen Ebene sind entweder parallel oder besitzen genau einen Schnittpunkt.*

Beweis: Ergibt sich sofort aus Satz 8.1.15. Daß sich die beiden Fälle gegenseitig ausschließen, folgt aus dem Satz 8.1.14. ♦

8.1.17 Definition. Ein $(n+1)$-Tupel $(p_0, \dots, p_n)$ von Punkten $p_i \in \mathfrak{A}$ heißt *unabhängig*, wenn die Vektoren $\overrightarrow{p_0p_1}, \dots, \overrightarrow{p_0p_n}$ aus $V_{\mathfrak{A}}$ linear unabhängig sind. Ein geordnetes $(n+1)$-Tupel $\mathfrak{K} = (p_0, \dots, p_n)$ von Punkten aus dem affinen Raum $\mathfrak{A}$ heißt ein *Koordinatensystem* von $\mathfrak{A}$, wenn die $n+1$ Punkte $p_i, 0 \leq i \leq n$, unabhängig sind und $\mathfrak{A} = p_0 \vee \cdots \vee p_n$ gilt. Der Punkt p_0 heißt der *Anfangspunkt*, und $p_1, \dots, p_n$ werden die *Einheitspunkte* von $\mathfrak{K}$ genannt.

8.1.18 Bemerkung. Ist $\mathfrak{K} = (p_0, \dots, p_n)$ ein Koordinatensystem von $\mathfrak{A}$, so ist $\dim \mathfrak{A} = n$. Die Punkte $p_0, \dots, p_n$ bilden genau dann ein Koordinatensystem des affinen Raums $\mathfrak{A}$, wenn $\{\overrightarrow{p_0p_1}, \dots, \overrightarrow{p_0p_n}\}$ eine Basis von $V_{\mathfrak{A}}$ ist.

8.1.19 Definition. Sei $\mathfrak{K} = (p_0, \dots, p_n)$ ein fest gewähltes Koordinatensystem des n-dimensionalen affinen Raumes $\mathfrak{A}$ über dem Körper F. Da $A = \{\overrightarrow{p_0p_1}, \dots, \overrightarrow{p_0p_n}\}$ eine Basis des F-Vektorraumes $V_{\mathfrak{A}}$ ist, existieren zu jedem Punkt $x \in \mathfrak{A}$ eindeutig bestimmte Skalare $x_1, x_2, \dots, x_n \in F$ derart, daß der Vektor $\overrightarrow{p_0x} \in V_{\mathfrak{A}}$ die Basisdarstellung

$$\overrightarrow{p_0x} = \overrightarrow{p_0p_1}x_1 + \overrightarrow{p_0p_2}x_2 + \cdots + \overrightarrow{p_0p_n}x_n$$

hat. Die Skalare $x_1, x_2, \dots, x_n$ heißen die *Koordinaten* des Punktes x bezüglich des Koordinatensystems $\mathfrak{K}$. Das n-Tupel $\boldsymbol{x} = (x_1, x_2, \dots, x_n) \in F^n$ heißt der *Koordinatenvektor* des Punktes x von $\mathfrak{A}$ bezüglich des Koordinatensystems $\mathfrak{K}$.

8.1.20 Satz. *Sei* $\mathfrak{K} = (p_0, \dots, p_n)$ *ein fest gewähltes Koordinatensystem des n-dimensionalen affinen Raumes* $\mathfrak{A}$. *Dann gilt:*

(a) *Jeder Punkt x des affinen Raumes* $\mathfrak{A}$ *ist eindeutig durch seinen Koordinatenvektor* $\boldsymbol{x} = (x_1, \dots, x_n) \in F^n$ *bezüglich* $\mathfrak{K}$ *bestimmt.*

(b) *Der Vektor* $\overrightarrow{xy} \in V_{\mathfrak{A}}$ *zwischen den Punkten* $x, y \in \mathfrak{A}$ *besitzt bezüglich der Basis* $\{\overrightarrow{p_0p_1}, \dots, \overrightarrow{p_0p_n}\}$ *von* $V_{\mathfrak{A}}$ *die eindeutig bestimmten Koordinaten* $y_1 - x_1, \dots, y_n - x_n$.

Beweis: (b) Sind $y_1, \dots, y_n$ die Koordinaten eines weiteren Punktes y von $\mathfrak{A}$ bezüglich des Koordinatensystems $\mathfrak{K}$, so gilt

$$\overrightarrow{xy} = \overrightarrow{p_0y} - \overrightarrow{p_0x} = \overrightarrow{p_0p_1}(y_1 - x_1) + \cdots + \overrightarrow{p_0p_n}(y_n - x_n).$$

(a) Nach Hilfssatz 8.1.3 gilt daher $x = y$ genau dann, wenn $\boldsymbol{x} = (x_1, \dots, x_n) = (y_1, \dots, y_n) = \boldsymbol{y}$ ist. ♦

8.1.21 Satz. *Sei* $\mathfrak{K} = (p_0, \dots, p_n)$ *ein Koordinatensystem des affinen Raumes* $\mathfrak{A}$. *Die Menge* $\mathfrak{U}$ *aller Punkte* $x \in \mathfrak{A}$, *deren Koordinaten* $x_1, \dots, x_n$ *Lösungen eines gegebenen linearen Gleichungssystems*

$$\text{(G)} \qquad \sum_{j=1}^{n} a_{i,j}x_j = b_i \quad \text{für } i = 1, \dots, r$$

sind, ist ein affiner Unterraum von $\mathfrak{A}$.

Im Fall $\mathfrak{U} \neq \emptyset$ *gilt* $\dim \mathfrak{U} = n - r$, *wobei r der Rang der Koeffizientenmatrix* $\mathcal{A} = (a_{i,j})$ *von* (G) *ist.*

Umgekehrt ist jeder Unterraum $\mathfrak{U}$ *von* $\mathfrak{A}$ *die Lösungsgesamtheit eines inhomogenen Gleichungssystems* (G) $\mathcal{A}\boldsymbol{x} = \boldsymbol{b}$.

Beweis: Wenn (G) nicht lösbar ist, gilt $\mathfrak{U} = \emptyset$. Andernfalls sei x ein fester Punkt aus $\mathfrak{U}$ mit den Koordinaten $x_1, \dots, x_n$. Dann ist $y \in \mathfrak{U}$ nach Satz 8.1.20 gleichwertig damit, daß die Koordinaten $y_1, \dots, y_n$ von y eine Lösung von (G) sind. Also sind die Koordinaten $y_1 - x_1, \dots, y_n - x_n$ des Vektors $\overrightarrow{xy}$ Lösungen des zugehörigen homogenen Gleichungssystems (H) $\mathcal{A}\boldsymbol{x} = \boldsymbol{o}$. Wegen Satz 3.2.13 ist daher $V_{\mathfrak{U}} = \{\overrightarrow{xy} \mid y \in \mathfrak{U}\}$ ein $(n-r)$-dimensionaler Unterraum des Vektorraums $V_{\mathfrak{A}}$. Deshalb is $\mathfrak{U}$ ein affiner Unterraum von $\mathfrak{A}$ mit $\dim \mathfrak{U} = n - r$. Die Umkehrung folgt sofort aus Übungsaufgabe 3.14 und Definition 8.1.4. ♦

8.1.22 Bemerkung. Speziell ist $a_1x_1 + \cdots + a_nx_n = b$ nach Satz 8.1.21 die Gleichung einer Hyperebene, wenn nicht alle Koeffizienten a_i verschwinden.

8.1.23 Definition. Man nennt drei Punkte x, y, z eines affinen Raumes $\mathfrak{A}$ *kollinear*, wenn sie auf einer gemeinsamen Geraden liegen.

8.1.24 Definition. Sind die Punkte x, y, z des affinen Raumes $\mathfrak{A}$ kollinear und $x \neq y$, so existiert ein Skalar $c \in F$ derart, daß $\overrightarrow{xz} = \overrightarrow{xy}c$ ist. Man nennt dann c das *Teilverhältnis* der kollinearen Punkte x, y, z.
Bezeichnung: $c = \mathrm{TV}(x, y, z)$.

8.1.25 Bemerkung. Es seien x_i, y_i, z_i für $i = 1, \ldots, n$ die Koordinaten der Punkte x, y, z aus Definition 8.1.24 hinsichtlich eines gegebenen Koordinatensystems. Wegen $x \neq y$, gibt es nach Definition 8.1.24 ein $c \in F$ derart, daß $z_i - x_i = (y_i - x_i)c$ für $i = 1, \ldots, n$ und $y_i \neq x_i$ für mindestens einen Index i. Für jeden solchen Index erhält man daher

$$\mathrm{TV}(x, y, z) = \frac{z_i - x_i}{y_i - x_i}.$$

8.1.26 Definition. Sei $\mathfrak{A}$ ein reeller bzw. komplexer affiner Raum. Dann heißt $\mathfrak{A}$ ein *euklidisch-affiner* bzw. *unitär-affiner* Raum, wenn in $V_{\mathfrak{A}}$ ein skalares Produkt definiert ist. In diesem Fall heißt ein Koordinatensystem $\mathfrak{K} = (p_0, \ldots, p_n)$ von $\mathfrak{A}$ *kartesisches Koordinatensystem*, wenn $\{\overrightarrow{p_0 p_1}, \ldots, \overrightarrow{p_0 p_n}\}$ eine Orthonormalbasis von $V_{\mathfrak{A}}$ ist.

Der *Abstand* $\overline{pq}$ zweier Punkte p, q eines euklidisch-affinen bzw. unitär-affinen Raumes $\mathfrak{A}$ und der *Kosinus* des *Winkels* (p, q, r) mit p als Scheitel werden definiert durch

$$\overline{pq} = |\overrightarrow{pq}| \quad \text{und} \quad \cos(p, q, r) = \cos(\overrightarrow{pq}, \overrightarrow{pr}) = \frac{\overrightarrow{pq} \cdot \overrightarrow{pr}}{|\overrightarrow{pq}| \cdot |\overrightarrow{pr}|}.$$

8.2 Affine Abbildungen

In diesem Abschnitt bezeichnen $\mathfrak{A}$ und $\mathfrak{B}$ stets zwei nicht-leere affine Räume über dem Körper F mit den endlich-dimensionalen Vektorräumen $V_{\mathfrak{A}}$ und $V_{\mathfrak{B}}$.

8.2.1 Definition. Eine Abbildung $\alpha : \mathfrak{A} \to \mathfrak{B}$ heißt eine *affine Abbildung*, wenn es zu ihr eine lineare Abbildung $\hat{\alpha} : V_{\mathfrak{A}} \to V_{\mathfrak{B}}$ mit $\hat{\alpha}\overrightarrow{pq} = \overrightarrow{\alpha p \alpha q}$ für alle Punkte $p, q \in \mathfrak{A}$ gibt.

8.2.2 Hilfssatz. *Bei festen Punkten $p \in \mathfrak{A}$ und $p^* \in \mathfrak{B}$ entsprechen die linearen Abbildungen $\hat{\alpha} : V_{\mathfrak{A}} \to V_{\mathfrak{B}}$ umkehrbar eindeutig den affinen Abbildungen $\alpha : \mathfrak{A} \to \mathfrak{B}$ mit $\alpha p = p^*$.*

Beweis: Jede affine Abbildung $\alpha : \mathfrak{A} \to \mathfrak{B}$ bestimmt nach Definition 8.2.1 eindeutig eine lineare Abbildung $\hat{\alpha} : V_{\mathfrak{A}} \to V_{\mathfrak{B}}$. Ist umgekehrt eine lineare Abbildung $\hat{\alpha} : V_{\mathfrak{A}} \to V_{\mathfrak{B}}$ gegeben, so kann man noch einem Punkt $p \in \mathfrak{A}$ seinen Bildpunkt $p^* \in \mathfrak{B}$ beliebig vorschreiben. Dann aber gibt es genau eine affine Abbildung $\alpha : \mathfrak{A} \to \mathfrak{B}$ mit $\alpha p = p^*$ und mit $\hat{\alpha}$ als zugeordneter linearer Abbildung: Für jeden

Punkt $x \in \mathfrak{A}$ muß dann nämlich $\overrightarrow{p^*\alpha x} = \overrightarrow{\alpha p \alpha x} = \hat{\alpha}\overrightarrow{px}$ gelten. Umgekehrt wird hierdurch eine affine Abbildung der behaupteten Art definiert. ♦

8.2.3 Hilfssatz. *Sei $\alpha : \mathfrak{A} \to \mathfrak{B}$ eine affine Abbildung zwischen den affinen Räumen $\mathfrak{A}$ und $\mathfrak{B}$. Dann gelten:*

(a) *$\alpha : \mathfrak{A} \to \mathfrak{B}$ ist genau dann eine injektive (surjektive) Abbildung, wenn die zugeordnete lineare Abbildung $\hat{\alpha}$ injektiv (surjektiv) ist.*

(b) *Ist $\mathfrak{U}$ ein affiner Unterraum von $\mathfrak{A}$, so ist $\alpha\mathfrak{U}$ ein affiner Unterraum von $\mathfrak{B}$. Im Fall $\mathfrak{U} \neq \emptyset$ gilt $V_{\alpha\mathfrak{U}} = \hat{\alpha} V_{\mathfrak{U}}$.*

(c) *Ist $\mathfrak{W}$ ein affiner Unterraum von $\mathfrak{B}$, so ist $\alpha^-(\mathfrak{W}) = \{p \in \mathfrak{A} \mid \alpha p \in \mathfrak{W}\}$ ein Unterraum von $\mathfrak{A}$. Im Fall $\alpha^-(\mathfrak{W}) \neq \emptyset$ gilt $V_{\alpha^-(\mathfrak{W})} = \hat{\alpha}^-(W_{\mathfrak{W}})$.*

(d) *Mit α und β ist auch $\alpha \circ \beta$ eine affine Abbildung, deren zugeordnete lineare Abbildung $\hat{\alpha} \circ \hat{\beta}$ ist.*

(e) *Wenn α eine bijektive affine Abbildung von $\mathfrak{A}$ auf $\mathfrak{B}$ ist, dann ist auch α^{-1} eine affine Abbildung mit $\hat{\alpha}^{-1}$ als zugeordneter linearer Abbildung.*

Die einfachen Beweise dieser fünf Behauptungen sollen dem Leser überlassen bleiben.

8.2.4 Satz. *Es sei $\alpha : \mathfrak{A} \to \mathfrak{B}$ eine affine Abbildung. Dann gelten:*

(a) *Sind $\mathfrak{U}$ und $\mathfrak{W}$ parallele Unterräume von $\mathfrak{A}$, so sind $\alpha\mathfrak{U}$ und $\alpha\mathfrak{W}$ ebenfalls parallel.*

(b) *Sind $\mathfrak{U}'$ und $\mathfrak{W}'$ parallele Unterräume von $\mathfrak{B}$, so sind auch $\alpha^-(\mathfrak{U}')$ und $\alpha^-(\mathfrak{W}')$ parallel.*

(c) *Mit x, y, z sind auch die Bildpunkte $\alpha x, \alpha y, \alpha z$ kollinear. Aus $x \neq y$ und $\alpha x \neq \alpha y$ folgt*

$$\mathrm{TV}(\alpha x, \alpha y, \alpha z) = \mathrm{TV}(x, y, z).$$

Beweis: (a) Zunächst kann von allen auftretenden Unterräumen vorausgesetzt werden, daß sie nicht leer sind, da sonst die Parallelitätsaussage trivial ist. Ohne Einschränkung der Allgemeinheit kann weiter $V_{\mathfrak{U}} \subset V_{\mathfrak{W}}$ angenommen werden. Nach Hilfssatz 8.2.3 sind $\hat{\alpha} V_{\mathfrak{U}}$ und $\hat{\alpha} V_{\mathfrak{W}}$ die zu $\alpha\mathfrak{U}$ und $\alpha\mathfrak{W}$ gehörenden Vektorräume. Wegen $\hat{\alpha} V_{\mathfrak{U}} \leq \hat{\alpha} V_{\mathfrak{W}}$ sind daher $\alpha\mathfrak{U}$ und $\alpha\mathfrak{W}$ parallel. Entsprechend ergibt sich die Behauptung (b).

(c) Seien jetzt x, y, z kollineare Punkte des affinen Raumes $\mathfrak{A}$. Mit $\mathfrak{U} = x \vee y \vee z$ gilt dann $\dim \mathfrak{U} \leqq 1$. Daher ist $\dim(\alpha\mathfrak{U}) = \dim(\hat{\alpha} V_{\mathfrak{U}}) \leqq \dim V_{\mathfrak{U}} \leqq 1$ wegen Folgerung 2.2.14 und Satz 3.2.7. Die Punkte $\alpha x, \alpha y, \alpha z \in \alpha\mathfrak{U}$ sind somit ebenfalls kollinear. Gilt weiter $x \neq y$ und $\overrightarrow{xz} = \overrightarrow{xy}c$, so folgt $\overrightarrow{\alpha x \alpha z} = \hat{\alpha}\overrightarrow{xz} = (\hat{\alpha}\overrightarrow{xy})c = \overrightarrow{\alpha x \alpha y}c$ und im Fall $\alpha x \neq \alpha y$ hieraus die Behauptung. ♦

8.2.5 Hilfssatz. *Es sei $\mathfrak{K} = (p_0, \dots, p_n)$ ein Koordinatensystem des affinen Raumes $\mathfrak{A}$, und $p_0^*, \dots, p_n^*$ seien beliebige Punkte des affinen Raumes $\mathfrak{B}$. Dann gilt:*

(a) *Es gibt genau eine affine Abbildung α von $\mathfrak{A}$ auf den Unterraum $\mathfrak{W} = p_0^* \vee \dots \vee p_n^*$ von $\mathfrak{B}$ derart, daß $\alpha p_i = p_i^*$ für $i = 0, \dots, n$ gilt.*

(b) *Diese affine Abbildung α ist genau dann eine Bijektion, wenn $(p_0^*, \dots, p_n^*)$ ein Koordinatensystem von $\mathfrak{W}$ ist.*

Beweis: (a) Da die Vektoren $\overrightarrow{p_0p_1}, \dots, \overrightarrow{p_0p_n}$ eine Basis von $V_{\mathfrak{A}}$ bilden, gibt es nach Satz 3.2.4 genau eine lineare Abbildung $\hat{\alpha} : V_{\mathfrak{A}} \to V_{\mathfrak{B}}$ mit $\hat{\alpha}\overrightarrow{p_0p_i} = \overrightarrow{p_0^*p_i^*}$ für $i = 1, \dots, n$. Der linearen Abbildung $\hat{\alpha}$ und den Punkten p_0, p_0^* entspricht aber nach Hilfssatz 8.2.2 umkehrbar eindeutig eine affine Abbildung $\alpha : \mathfrak{A} \to \mathfrak{B}$ derart, daß $\overrightarrow{p_0^*\alpha p_i} = \hat{\alpha}\overrightarrow{p_0p_i} = \overrightarrow{p_0^*p_i^*}$ und daher $\alpha p_i = p_i^*$ für $i = 0, \dots, n$ gilt.

(b) Diese affine Abbildung α ist wegen Folgerung 3.2.14 und Hilfssatz 8.2.3 genau dann bijektiv, wenn auch die Vektoren $\overrightarrow{p_0^*p_1^*}, \dots, \overrightarrow{p_0^*p_n^*}$ linear unabhängig sind und $V_{\mathfrak{W}}$ erzeugen, wenn also $\mathfrak{K}^* = (p_0^*, \dots, p_n^*)$ ein Koordinatensystem von $\mathfrak{W}$ ist. ♦

8.2.6 Bemerkung. Wegen Hilfssatz 8.2.2 benötigt man zur Beschreibung einer affinen Abbildung α nicht nur die zugeordnete lineare Abbildung $\hat{\alpha}$, sondern es muß auch noch der Bildpunkt p^* eines Punktes p angegeben werden. Bei der koordinatenmäßigen Darstellung einer affinen Abbildung wählt man dabei für p den Anfangspunkt eines Koordinatensystems.

8.2.7 Satz. *Es seien $\mathfrak{A}$ und $\mathfrak{B}$ zwei affine Räume über dem Körper F mit den Koordinatensystemen $\mathfrak{K} = (p_0, p_1, \dots, p_n)$ bzw. $\mathfrak{K}^* = (p_0^*, p_1^*, \dots, p_r^*)$. Ferner sei $\alpha : \mathfrak{A} \to \mathfrak{B}$ eine affine Abbildung, deren zugehörige lineare Abbildung $\hat{\alpha} : V_{\mathfrak{A}} \to V_{\mathfrak{B}}$ bezüglich der Vektorraumbasen $B = \{\overrightarrow{p_0p_1}, \dots, \overrightarrow{p_0p_n}\}$ und $B^* = \{\overrightarrow{p_0^*p_1^*}, \dots, \overrightarrow{p_0^*p_r^*}\}$ von $V_{\mathfrak{A}}$ bzw. $V_{\mathfrak{B}}$ die $r \times n$-Matrix $\mathcal{A} = \mathcal{A}_{\hat{\alpha}}(B, B^*) = (a_{ij})$ hat. Schließlich sei $\boldsymbol{t} = (t_1, t_2, \dots, t_r)$ der Koordinatenvektor von αp_0 bezüglich $\mathfrak{K}^*$.*

Für einen beliebigen Punkt $x \in \mathfrak{A}$ mit dem Koordinatenvektor $\boldsymbol{x} = (x_1, \dots, x_n)$ bezüglich $\mathfrak{K}$ und seinen Bildpunkt αx mit dem Koordinatenvektor $\boldsymbol{x}^* = (x_1^*, \dots, x_r^*)$ bezüglich $\mathfrak{K}^*$ gilt dann

$$x_i^* = t_i + \sum_{j=1}^{n} a_{ij} x_j \quad \textit{für } i = 1, 2, \dots, r$$

oder gleichwertig in Matrizen- und Spaltenschreibweise

$$\boldsymbol{x}^* = \boldsymbol{t} + \mathcal{A}\boldsymbol{x}.$$

Beweis: Nach Voraussetzung gelten für die lineare Abbildung $\hat{\alpha} : V_{\mathfrak{A}} \to V_{\mathfrak{B}}$ die Gleichungen:

$$\hat{\alpha}(\overrightarrow{p_0 p_j}) = \sum_{i=1}^{r} (\overrightarrow{p_o^* p_i^*}) a_{ij} \quad \text{für } i = 1, 2, \ldots, n.$$

Sei $x \in \mathfrak{A}$ ein beliebiger Punkt mit Bildpunkt αx. Wegen

$$\overrightarrow{p_0^* \alpha p_0} = \sum_{i=1}^{r} (\overrightarrow{p_0^* p_i^*}) t_i$$

gilt dann

$$\overrightarrow{p_0^* \alpha x} = \sum_{i=1}^{r} \overrightarrow{p_0^* p_i^*} x_i^* \quad \text{und} \quad \overrightarrow{p_o x} = \sum_{j=1}^{n} \overrightarrow{p_0 p_j} x_j.$$

Da $\overrightarrow{p_0^* \alpha x} = \overrightarrow{p_0^* \alpha p_0} + \overrightarrow{\alpha p_0 \alpha x} = \overrightarrow{p_0^* \alpha p_0} + \hat{\alpha}\, \overrightarrow{p_0 x}$ ergibt sich hieraus

$$\begin{aligned} \overrightarrow{p_0^* \alpha x} &= \sum_{i=1}^{r} \overrightarrow{p_0^* p_i^*} t_i + \hat{\alpha}\Big(\sum_{j=1}^{n} \overrightarrow{p_0 p_j} x_j \Big) = \sum_{i=1}^{r} \overrightarrow{p_0^* p_i^*} t_i + \sum_{j=1}^{n} \Big(\sum_{i=1}^{r} \overrightarrow{p_0^* p_i^*} a_{ij} \Big) x_j \\ &= \sum_{i=1}^{r} \overrightarrow{p_0^* p_i^*} \Big[t_i + \sum_{j=1}^{n} a_{ij} x_j \Big]. \end{aligned}$$

Durch Koeffizientenvergleich folgt

$$x_i^* = t_i + \sum_{j=1}^{n} a_{ij} x_j \quad \text{für } 1 \le i \le r, \text{ d. h. } \boldsymbol{x}^* = \boldsymbol{t} + \mathcal{A}\boldsymbol{x}.$$

♦

8.2.8 Definition. Bijektive affine Abbildungen eines affinen Raumes $\mathfrak{A}$ auf sich werden *Affinitäten* genannt.

8.2.9 Bemerkung. Wegen Hilfssatz 8.2.3 (d) und (e) bilden die Affinitäten eines affinen Raumes $\mathfrak{A}$ eine Gruppe. Sie heißt *affine Gruppe* von $\mathfrak{A}$.

8.2.10 Definition. Eine Affinität α von $\mathfrak{A}$ heißt eine *Translation*, wenn $\overrightarrow{p\alpha p} = \overrightarrow{q\alpha q}$ für alle Punkte $p, q \in \mathfrak{A}$ gilt. Der dann von der Wahl des Punktes p unabhängige Vektor $\boldsymbol{t} = \overrightarrow{p\alpha p} \in V_{\mathfrak{A}}$ wird der *Translationsvektor* von α genannt.

8.2.11 Bemerkung. Eine Translation ist durch ihren Translationsvektor eindeutig bestimmt. Jeder Vektor $\boldsymbol{t} \in V_{\mathfrak{A}}$ ist auch Translationsvektor der durch $\overrightarrow{p\alpha p} = \boldsymbol{t}$ definierten Translation. Die Identität ist die Translation mit dem Nullvektor als Translationsvektor. Sind α und β zwei Translationen mit den Translationsvektoren $\boldsymbol{t}$ und

$\boldsymbol{t}'$, so sind auch $\beta\alpha$ und $\alpha\beta$ Translationen mit $\boldsymbol{t}+\boldsymbol{t}'$ als Translationsvektor. Es folgt $\beta\alpha = \alpha\beta$; d. h. je zwei Translationen sind vertauschbar. Schließlich ist $-\boldsymbol{t}$ der Translationsvektor von α^{-1}, wenn $\boldsymbol{t}$ der Translationsvektor von α ist. Die Translationen von $\mathfrak{A}$ bilden daher eine abelsche Gruppe.

8.2.12 Hilfssatz. *Für eine Affinität τ von $\mathfrak{A}$ sind folgende Aussagen paarweise gleichwertig:*

(a) *τ ist eine Translation.*

(b) *Für je zwei Punkte $p, q \in \mathfrak{A}$ gilt $\overrightarrow{\tau p \tau q} = \overrightarrow{pq}$.*

(c) *Die τ zugeordnete lineare Abbildung $\hat{\tau}$ ist die Identität.*

Beweis: Es ist $\overrightarrow{p\tau p} = \overrightarrow{q\tau q}$ gleichwertig mit $\overrightarrow{\tau p p} = -\overrightarrow{q\tau q}$, wegen $\overrightarrow{\tau p\tau q} = \overrightarrow{\tau p p} + \overrightarrow{pq} + \overrightarrow{q\tau q}$ also auch gleichwertig mit $\overrightarrow{\tau p\tau q} = \overrightarrow{pq}$. Die letzte Gleichung ist aber wegen $\hat{\tau}\,\overrightarrow{pq} = \overrightarrow{\tau p\tau q}$ wieder gleichwertig damit, daß $\hat{\tau}$ die Identität von $V_{\mathfrak{A}}$ ist. ♦

8.2.13 Definition. Ein Punkt p des affinen Raumes $\mathfrak{A}$ heißt *Fixpunkt* einer Affinität α von $\mathfrak{A}$, wenn $\alpha p = p$ gilt.

8.2.14 Satz. *Bei gegebenem $p \in \mathfrak{A}$ kann jede Affinität α von $\mathfrak{A}$ auf genau eine Weise in der Form $\alpha = \alpha''\alpha'$ dargestellt werden, wobei α'' eine Translation und α' eine Affinität von $\mathfrak{A}$ mit p als Fixpunkt ist.*

Beweis: Es sei α'' die Translation mit dem Translationsvektor $\overrightarrow{p\alpha p}$. Dann gilt $\alpha'' p = \alpha p$, und für die Affinität $\alpha' = \alpha''^{-1}\alpha$ folgt hieraus $\alpha' p = \alpha''^{-1}(\alpha p) = p$. Ist umgekehrt $\alpha = \alpha''\alpha'$ eine Produktdarstellung der angegebenen Art, so folgt $\alpha'' p = \alpha''(\alpha' p) = \alpha p$. Daher muß $\overrightarrow{p\alpha p}$ der Translationsvektor von α'' sein; d. h. α'' und damit auch α' sind eindeutig bestimmt. ♦

8.3 Kongruenzen und Drehungen

In diesem Abschnitt sei $\mathfrak{A}$ stets ein euklidisch-affiner oder unitär-affiner Raum im Sinne der Definition 8.1.26.

8.3.1 Definition. Eine Affinität α von $\mathfrak{A}$ heißt eine *Kongruenz*, wenn sie den Abstand je zweier Punkte von $\mathfrak{A}$ nicht ändert, wenn also $\overline{\alpha p \alpha q} = \overline{pq}$ für alle Punkte $p, q \in \mathfrak{A}$ gilt.

8.3.2 Bemerkung. Jede Translation τ ist eine Kongruenz; denn wegen Hilfssatz 8.2.12 gilt $\overline{\tau p\tau q} = |\overrightarrow{\tau p\tau q}| = |\overrightarrow{pq}| = \overline{pq}$. Mit φ und ψ sind außerdem offenbar auch $\psi\varphi$ und φ^{-1} Kongruenzen. Die Kongruenzen von $\mathfrak{A}$ bilden daher ihrerseits eine Gruppe, die die Gruppe der Translationen als Untergruppe enthält.

8.3.3 Satz. *Eine Affinität α des euklidisch-affinen oder unitär-affinen Raumes $\mathfrak{A}$ ist genau dann eine Kongruenz, wenn die ihr zugeordnete lineare Abbildung $\hat{\alpha}$ eine orthogonale bzw. unitäre Abbildung von $V_{\mathfrak{A}}$ ist.*

Beweis: Wegen $\overrightarrow{\alpha p \alpha q} = \hat{\alpha}\overrightarrow{pq}$ ist α genau dann eine Kongruenz, wenn $|\hat{\alpha}\overrightarrow{pq}| = |\overrightarrow{pq}|$ für alle $p, q \in \mathfrak{A}$, also $|\hat{\alpha}\boldsymbol{x}| = |\boldsymbol{x}|$ für alle $\boldsymbol{x} \in V_{\mathfrak{A}}$ gilt. Dies ist aber nach Satz 7.5.2 gleichwertig damit, daß $\hat{\alpha}$ orthogonal bzw. unitär ist. ♦

8.3.4 Definition. Eine Affinität α des euklidisch-affinen oder unitär-affinen Raumes $\mathfrak{A}$ heißt eine *Ähnlichkeit*, wenn es eine reelle Zahl $c > 0$ gibt, so daß $\overline{\alpha p \alpha q} = \overline{pq}c$ für alle $p, q \in \mathfrak{A}$ gilt. Es wird dann c der *Ähnlichkeitsfaktor* von α genannt.

8.3.5 Bemerkung. Jede Kongruenz ist eine Ähnlichkeit mit dem Ähnlichkeitsfaktor 1.

Sind α und β Ähnlichkeiten mit den Ähnlichkeitsfaktoren c bzw. c', so ist $\beta\alpha$ eine Ähnlichkeit mit dem Faktor cc' und α^{-1} eine Ähnlichkeit mit dem Faktor $\frac{1}{c}$. Daher bilden auch die Ähnlichkeiten von $\mathfrak{A}$ eine Gruppe, die die Gruppe der Kongruenzen als Untergruppe enthält.

8.3.6 Satz. *Eine Affinität α des euklidisch-affinen oder unitär-affinen Raumes $\mathfrak{A}$ ist genau dann eine Ähnlichkeit, wenn die ihr zugeordnete lineare Abbildung $\hat{\alpha}$ die Form $\hat{\alpha} = \hat{\beta}c$ mit einer reellen Zahl $c > 0$ und einer orthogonalen bzw. unitären Abbildung $\hat{\beta}$ besitzt.*

Insbesondere sind Ähnlichkeiten winkeltreu.

Beweis: Es ist α genau dann eine Ähnlichkeit mit dem Ähnlichkeitsfaktor c, wenn $|\hat{\alpha}\overrightarrow{pq}| = c|\overrightarrow{pq}|$ für alle $p, q \in \mathfrak{A}$, also $|\hat{\alpha}\boldsymbol{x}| = c|\boldsymbol{x}|$ für alle $\boldsymbol{x} \in V_{\mathfrak{A}}$ gilt. Dies ist aber gleichwertig mit $\left|(\hat{\alpha}\frac{1}{c})\boldsymbol{x}\right| = |\boldsymbol{x}|$. Aus Satz 7.5.2 folgt, daß $\hat{\beta} = \hat{\alpha}\frac{1}{c}$ dann eine orthogonale bzw. unitäre Abbildung ist.

Seien p, q, r drei Punkte und α eine Ähnlichkeit von $\mathfrak{A}$ mit Ähnlichkeitsfaktor c. Nach Definition 8.1.26 gilt dann

$$\cos(\alpha p, \alpha q, \alpha r) = \frac{(\hat{\alpha}\overrightarrow{pq}) \cdot (\hat{\alpha}\overrightarrow{pr})}{|\hat{\alpha}\overrightarrow{pq}||\hat{\alpha}\overrightarrow{pr}|} = \frac{(\hat{\beta}\overrightarrow{pq})(\hat{\beta}\overrightarrow{pr})c^2}{|\hat{\beta}\overrightarrow{pq}||\hat{\beta}\overrightarrow{pr}|c^2} = \frac{\overrightarrow{pq} \cdot \overrightarrow{pr}}{|\overrightarrow{pq}||\overrightarrow{pr}|} = \cos(p, q, r).$$

♦

8.3.7 Folgerung. *Sei α eine Affinität des n-dimensionalen euklidisch-affinen bzw. unitär-affinen Raumes $\mathfrak{A}$ mit kartesischem Koordinatensystem $\mathfrak{K}$. Dann gilt:*

(a) *α ist genau dann eine Kongruenz, wenn α hinsichtlich $\mathfrak{K}$ eine orthogonale bzw. unitäre $n \times n$-Matrix $\mathcal{A}$ bezüglich $\mathfrak{K}$ zugeordnet ist.*

(b) *α ist genau dann eine Ähnlichkeit, wenn α hinsichtlich $\mathfrak{K}$ eine $n \times n$-Matrix $\mathcal{A}$ von der Form $\mathcal{A} = \mathcal{B}c$ hat, wobei $\mathcal{B}$ eine orthogonale bzw. unitäre $n \times n$-Matrix und c eine positive reelle Zahl ist.*

Beweis: Folgt unmittelbar aus den Sätzen 8.3.3, 8.3.6 und 7.5.9. ♦

8.3.8 Definition. Teilmengen M, N von $\mathfrak{A}$ heißen *kongruent* (*ähnlich*), wenn es eine Kongruenz (Ähnlichkeit) α von $\mathfrak{A}$ mit $\alpha M = N$ gibt.

8.3.9 Bemerkungen.
Kongruenz und Ähnlichkeit von Teilmengen sind Äquivalenzrelationen. Ein Beispiel in der euklidisch-affinen Ebene $\mathfrak{A}$ liefern die bekannten *Kongruenzsätze* für Dreiecke: Mit den Eckpunkten p_0, p_1, p_2 und q_0, q_1, q_2 zweier nicht entarteter Dreiecke sind $\mathfrak{K}_1 = (p_0, p_1, p_2)$ und $\mathfrak{K}_2 = (q_0, q_1, q_2)$ zwei Koordinatensysteme von $\mathfrak{A}$. Nach Hilfssatz 8.2.5 existiert genau eine Affinität α von $\mathfrak{A}$ mit $\alpha p_i = q_i$ für $i = 0, 1, 2$, die somit das erste Dreieck auf das zweite abbildet. Zum Beweis der Kongruenzsätze ist zu zeigen, daß α unter den jeweiligen Voraussetzungen sogar eine Kongruenz ist. Entsprechendes gilt hinsichtlich der Ähnlichkeit.

Zu einer Kongruenz α gibt es nach Satz 8.2.14 mit $q = p$ eine Translation τ und eine Affinität α' mit $\alpha = \tau\alpha'$ und $\alpha' p = p$. Wegen Bemerkung 8.3.2 ist aber dann mit α und τ auch α' eine Kongruenz. Da man die Translationen vollständig überblickt, kann man sich hiernach bei der Untersuchung von Kongruenzen auf solche mit einem Fixpunkt p beschränken. Hinsichtlich eines kartesischen Koordinatensystems $\mathfrak{K} = (p_0, \ldots, p_n)$ mit $p_0 = p$ entspricht einer derartigen Kongruenz die Koordinatendarstellung $(y_1, \ldots, y_n) = \mathcal{A}(x_1, \ldots, x_n)$ mit einer orthogonalen bzw. unitären Matrix $\mathcal{A}$. Statt der Kongruenzen genügt es daher, die ihnen entsprechenden orthogonalen bzw. unitären Automorphismen von $V_{\mathfrak{A}}$ zu untersuchen.

Wegen der Sätze 7.5.8 und 7.4.13 gibt es zu jedem unitären Automorphismus φ eines endlich-dimensionalen unitären Raumes V eine Orthonormalbasis B aus Eigenvektoren von φ derart, daß $\mathcal{A}_\varphi(B, B)$ eine Diagonalmatrix ist, deren Diagonalelemente als Eigenwerte von φ nach Satz 7.5.2 sämtlich den Betrag 1 haben. Umgekehrt ist auch jede solche Diagonalmatrix unitär.

Da man hiernach die unitären Automorphismen und damit auch die Kongruenzen vollständig übersieht, sollen weiterhin nur noch die orthogonalen Automorphismen φ eines endlich-dimensionalen euklidischen Raumes $V_{\mathfrak{A}}$ untersucht werden.

8.3.10 Satz. *Ein Automorphismus φ von $V_{\mathfrak{A}}$ ist genau dann orthogonal, wenn es eine Orthonormalbasis B von $V_{\mathfrak{A}}$ gibt derart, daß*

$$\mathcal{A}_\varphi(B, B) = \begin{pmatrix} +1 & & & & & & & & \\ & \ddots & & & & & & & \\ & & +1 & & & & & & \\ & & & -1 & & & & & \\ & & & & \ddots & & & & \\ & & & & & -1 & & & \\ & & & & & & \square & & \\ & & & & & & & \ddots & \\ & & & & & & & & \square \end{pmatrix}$$

gilt, wobei jedes Kästchen $\square$ ein Zweierkästchen der Form

$$\boxed{\begin{matrix} \cos\alpha_j & -\sin\alpha_j \\ \sin\alpha_j & \cos\alpha_j \end{matrix}} \quad \textit{mit } -\pi < \alpha_j \le \pi \textit{ für } 1 \le j \le s \textit{ ist.}$$

Beweis: Sei zunächst φ ein orthogonaler Automorphismus von $V_{\mathfrak{A}}$. Wegen Satz 7.5.2 besitzen alle Eigenwerte von φ den Betrag 1. Als reelle Eigenwerte können daher nur $+1$ und -1 auftreten. Die komplexen Eigenwerte besitzen die Form $\cos\alpha_j + i \sin\alpha_j$ mit $-\pi < \alpha_j \le \pi$. Wegen Satz 7.5.8 ist φ außerdem normal. Daher liefert Satz 7.4.17 die Behauptung.

Die Umkehrung ist trivial, weil $\mathcal{A}_\varphi(B, B)$ eine orthogonale Matrix ist. ♦

8.3.11 Bemerkung. In der Matrix $\mathcal{A}_\varphi(B, B)$ von Satz 8.3.10 können noch je zwei Diagonalelemente $+1$ zu einem Zweierkästchen mit dem Winkel $\alpha = 0$ und je zwei Diagonalelemente -1 zu einem Zweierkästchen mit dem Winkel $\alpha = \pi$ zusammengefaßt werden, so daß neben den Zweierkästchen höchstens eine $+1$ und höchstens eine -1 auftritt.

Für einen orthogonalen Automorphismus φ von V gilt nach Satz 7.5.10 stets $\det\varphi = \pm 1$.

8.3.12 Definition. Ein orthogonaler Automorphismus φ des affin-euklidischen Raumes $\mathfrak{A}$ heißt *eigentlich orthogonal*, oder eine *Drehung* wenn $\det\varphi = +1$ gilt. Andernfalls wird φ *uneigentlich orthogonal* genannt.

8.3.13 Folgerung. *Ein orthogonaler Automorphismus ist genau dann uneigentlich orthogonal, wenn -1 als Eigenwert eine ungeradzahlige Vielfachheit besitzt. Insbesondere bilden die Drehungen eine Untergruppe der orthogonalen Gruppe.*

Beweis: Es sei k die Vielfachheit des Eigenwerts -1 des orthogonalen Automorphismus φ von $V_{\mathfrak{A}}$. Da in Satz 8.3.10 jedes Zweierkästchen die Determinante $\cos^2\alpha_i + \sin^2\alpha_i = +1$ besitzt, folgt $1 = \det\varphi = \det \mathcal{A}_\varphi(B, B) = (-1)^k$ genau dann, wenn k gerade ist. Also gilt die Behauptung. ♦

8.3.14 Definition. Es sei H eine Hyperebene von $V_{\mathfrak{A}}$ und $\boldsymbol{n} \neq \boldsymbol{o}$ sei ein Normalenvektor zu H. Dann besitzt jeder Vektor $\boldsymbol{v} \in V_{\mathfrak{A}}$ eine eindeutige Darstellung

$$(*) \qquad \boldsymbol{v} = \boldsymbol{v}_H + \boldsymbol{v}_{\boldsymbol{n}} \quad \text{mit } \boldsymbol{v}_H \in H \text{ und } \boldsymbol{v}_{\boldsymbol{n}} \in \langle \boldsymbol{n} \rangle.$$

Ein Automorphismus φ von $V_{\mathfrak{A}}$ heißt eine *Spiegelung*, wenn es eine Hyperebene H von $V_{\mathfrak{A}}$ gibt, so daß $(\varphi\boldsymbol{v})_H = \boldsymbol{v}_H$ und $(\varphi\boldsymbol{v})_{\boldsymbol{n}} = -\boldsymbol{v}_{\boldsymbol{n}}$ für alle $\boldsymbol{v} \in V$ gilt, wobei $\boldsymbol{n} \in V_{\mathfrak{A}}$ der in $(*)$ gewählte Normalvektor zur Hyperebene H ist.

8.3.15 Satz. (a) *Jede Spiegelung φ ist ein uneigentlich orthogonaler Automorphismus mit $\varphi^{-1} = \varphi$.*

(b) *Ein uneigentlich orthogonaler Automorphismus φ von $V_{\mathfrak{A}}$ ist genau dann eine Spiegelung, wenn $+1$ ein $(n-1)$-facher und -1 ein 1-facher Eigenwert von φ ist.*

(c) *Es sei φ_1 eine gegebene Spiegelung. Für jeden uneigentlich orthogonalen Automorphismus φ von $V_{\mathfrak{A}}$ gilt dann $\varphi = \varphi_2\varphi_1 = \varphi_1\varphi_2'$ mit Drehungen φ_2, φ_2'.*

Beweis: (a) Es sei $\{\boldsymbol{e}_1, \dots, \boldsymbol{e}_{n-1}\}$ eine Orthonormalbasis der zu φ gehörenden Hyperebene H, und $\boldsymbol{e}_n$ sei ein normierter Normalenvektor zu H. Dann ist $\{\boldsymbol{e}_1, \dots, \boldsymbol{e}_n\}$ eine Orthonormalbasis von $V_{\mathfrak{A}}$, hinsichtlich derer φ die Diagonalmatrix $\mathcal{D}$ mit den Diagonalelementen $1, \dots, 1, -1$ entspricht. Sie ist eine orthogonale Matrix mit $\det \mathcal{D} = -1$, und es gilt $\mathcal{D}^2 = \mathcal{E}$, also $\mathcal{D}^{-1} = \mathcal{D}$.

(b) Ist φ eine Spiegelung, so folgt die Behauptung über die Eigenwerte unmittelbar mit Hilfe der Matrix $\mathcal{D}$ aus Beweisteil (a). Umgekehrt ist der Eigenraum zum Eigenwert $+1$ eine Hyperebene H, und der Eigenraum zum Eigenwert -1 ist nach Satz 7.4.11 (c) zu H orthogonal. Es folgt, daß φ eine Spiegelung ist.

(c) Die Behauptung gilt mit $\varphi_2 = \varphi\varphi_1^{-1}$, $\varphi_2' = \varphi_1^{-1}\varphi$, weil $\det\varphi_2 = (-1)(-1) = 1 = \det\varphi_2'$. ♦

Da man nach Satz 8.3.15 die Spiegelungen vollständig übersieht, bedarf es wegen 8.3.15 (c) nur noch einer Diskussion der Drehungen. Wegen Satz 8.3.10 und Bemerkung 8.3.11 setzt sich eine Drehung φ aus Drehungen in paarweise orthogonalen Ebenen zusammen, die noch durch den zu ihnen orthogonalen Eigenraum zum Eigenwert $+1$ ergänzt werden, auf dem jedoch φ die Identität ist. Man muß daher lediglich noch die Drehungen eines 2-dimensionalen euklidischen Vektorraums untersuchen.

8.3.16 Satz. (a) *Die Drehungen eines 2-dimensionalen euklidischen Vektorraums V bilden eine abelsche Gruppe.*

(b) *Für eine Drehung φ und einen uneigentlich orthogonalen Automorphismus ψ von V gilt hingegen $\varphi\psi = \psi\varphi^{-1}$.*

Beweis: (a) Es sei $B = \{\boldsymbol{e}_1, \boldsymbol{e}_2\}$ eine feste Orthonormalbasis von V. Drehungen φ, ψ entsprechen dann bezüglich B Matrizen der Form

$$\mathcal{A}_\varphi = \begin{pmatrix} \cos\alpha & -\sin\alpha \\ \sin\alpha & \cos\alpha \end{pmatrix} \quad \text{und} \quad \mathcal{A}_\psi = \begin{pmatrix} \cos\beta & -\sin\beta \\ \sin\beta & \cos\beta \end{pmatrix},$$

wobei $-\pi < \alpha, \beta \le \pi$. Mit Hilfe der Additionstheoreme für cos und sin rechnet man unmittelbar die Gleichung

$$\mathcal{A}_\varphi \cdot \mathcal{A}_\psi = \begin{pmatrix} \cos(\alpha+\beta) & -\sin(\alpha+\beta) \\ \sin(\alpha+\beta) & \cos(\alpha+\beta) \end{pmatrix}$$

nach. Der Multiplikation der Matrizen entspricht also die Addition der Winkel α, β modulo 2π. Da die Addition kommutativ ist, gilt dasselbe für die Multiplikation der Matrizen und damit auch für die Gruppe der Drehungen.

(b) Wegen 8.3.15 (c) kann ψ in der Form $\psi = \psi_1\psi_2$ mit einer Drehung ψ_1 und einer Spiegelung ψ_2 an der Geraden $\langle \boldsymbol{e}_2 \rangle$ dargestellt werden. Es folgt bei Berücksichtigung von (a)

$$\begin{aligned}
\mathcal{A}_\varphi \cdot \mathcal{A}_\psi &= \mathcal{A}_\varphi \cdot \mathcal{A}_{\psi_1}\mathcal{A}_{\psi_2} = \mathcal{A}_{\psi_1} \cdot \mathcal{A}_\varphi \cdot \mathcal{A}_{\psi_2} \\
&= \mathcal{A}_{\psi_1} \cdot \begin{pmatrix} \cos\alpha & -\sin\alpha \\ \sin\alpha & \cos\alpha \end{pmatrix} \begin{pmatrix} 1 & 0 \\ 0 & -1 \end{pmatrix} \\
&= \mathcal{A}_{\psi_1} \cdot \begin{pmatrix} 1 & 0 \\ 0 & -1 \end{pmatrix} \begin{pmatrix} \cos\alpha & \sin\alpha \\ -\sin\alpha & \cos\alpha \end{pmatrix} \\
&= \mathcal{A}_{\psi_1} \cdot \mathcal{A}_{\psi_2} \cdot \mathcal{A}_\varphi^T = \mathcal{A}_\psi \cdot \mathcal{A}_\varphi^T.
\end{aligned}$$

Wegen $\mathcal{A}_\varphi^T = \mathcal{A}_\varphi^{-1}$ folgt hieraus die Behauptung. ♦

8.3.17 Bemerkung. Sei $\mathcal{A}_\varphi$ die Matrix des Beweises zu 8.3.16 (a). Dann gilt offenbar $\cos\alpha = \varphi\boldsymbol{e}_1 \cdot \boldsymbol{e}_1$ und $\sin\alpha = \varphi\boldsymbol{e}_2 \cdot \boldsymbol{e}_1$. Ersetzt man in der Orthonormalbasis $B = \{\boldsymbol{e}_1, \boldsymbol{e}_2\}$ den Vektor $\boldsymbol{e}_2$ durch $-\boldsymbol{e}_2$, so ändert sich das Vorzeichen von $\sin\alpha$ und damit auch das von α. Der Winkel α hängt also nicht nur von φ sondern auch von der Wahl der Orthonormalbasis ab. Der nächste Satz wird jedoch zeigen, daß diese Abhängigkeit recht einfacher Natur ist. Dazu wird noch die folgende Begriffsbildung benötigt.

8.3.18 Definition. Es seien B und B' zwei Basen des reellen Vektorraums V. Weiter sei $\mathcal{T}$ die Transformationsmatrix des Basiswechsels $B \to B'$. Dann heißen diese beiden Basen *gleich orientiert*, wenn $\det \mathcal{T} > 0$ gilt. Im anderen Fall werden sie *entgegengesetzt orientiert* genannt.

Die Beziehung „gleich orientiert“ ist offenbar eine Äquivalenzrelation. Die Gesamtheit aller Basen eines endlich-dimensionalen reellen Vektorraums zerfällt daher in zwei Klassen: Je zwei Basen derselben Klassen sind gleich orientiert, während je eine Basis der einen und der anderen Klasse entgegengesetzt orientiert sind.

8.3.19 Definition. Man nennt den Vektorraum V *orientiert*, wenn eine der beiden Klassen gleich-orientierter Basen als *positiv orientiert* ausgezeichnet ist. Die Basen von V aus dieser ausgezeichneten Klasse werden dann ebenfalls *positiv orientiert*, die aus der anderen Klasse *negativ orientiert* genannt.

8.3.20 Bemerkung. Wie die Definition 8.3.18 zeigt, ist der Begriff der Orientierung nicht auf komplexe Vektorräume übertragbar.

In reellen Vektorräumen V sind die beiden Klassen gleich-orientierter Basen zunächst gleichberechtigt. Eine Orientierung von V ist daher eine zusätzliche Festsetzung.

8.3.21 Satz. *Es sei φ eine Drehung eines zweidimensionalen, orientierten, euklidischen Raumes V. Dann gibt es genau einen Winkel α mit $-\pi < \alpha \leqq +\pi$ und folgender Eigenschaft: Hinsichtlich jeder positiv orientierten Orthonormalbasis B hat φ dieselbe Matrix*

$$\mathcal{A}_\varphi(B, B) = \begin{pmatrix} \cos\alpha & -\sin\alpha \\ \sin\alpha & \cos\alpha \end{pmatrix} = \mathcal{A}(\alpha).$$

Bezüglich jeder negativ orientierten Orthonormalbasis B' hat φ die Matrix $\mathcal{A}_\varphi(B', B') = (\mathcal{A}(\alpha))^T = \mathcal{A}(-\alpha)$.

Beweis: Es sei $B = \{\boldsymbol{e}_1, \boldsymbol{e}_2\}$ eine positiv orientierte Orthonormalbasis von V. Die φ hinsichtlich $B = \{\boldsymbol{e}_1, \boldsymbol{e}_2\}$ zugeordnete Matrix $\mathcal{A}_\varphi(B, B) = \mathcal{A}(\alpha)$ hat daher nach Satz 8.3.10 die behauptete Gestalt.

Weiter sei jetzt $B' = \{\boldsymbol{e}'_1, \boldsymbol{e}'_2\}$ eine zweite Orthonormalbasis von V. Sei ψ die orthogonale Abbildung des Basiswechsels von B nach B'. Dann gilt $\boldsymbol{e}'_1 = \psi\boldsymbol{e}_1$, $\boldsymbol{e}'_2 = \psi\boldsymbol{e}_2$ und $\psi\boldsymbol{x} \cdot \psi\boldsymbol{y} = \boldsymbol{x} \cdot \boldsymbol{y}$ für alle $\boldsymbol{x}, \boldsymbol{y} \in V$ nach Definition 7.5.1.

Es sei jetzt B' ebenfalls positiv-orientiert, ψ also eine Drehung. Wegen Satz 8.3.16 (a) folgt dann

$$\begin{aligned}
\cos\alpha' &= (\varphi\boldsymbol{e}'_1) \cdot \boldsymbol{e}'_1 = (\varphi\psi\boldsymbol{e}_1) \cdot \psi\boldsymbol{e}_1 = (\psi\varphi\boldsymbol{e}_1) \cdot \psi\boldsymbol{e}_1 = (\varphi\boldsymbol{e}_1) \cdot \boldsymbol{e}_1 = \cos\alpha, \\
\sin\alpha' &= (\varphi\boldsymbol{e}'_2) \cdot \boldsymbol{e}'_1 = (\varphi\psi\boldsymbol{e}_2) \cdot \psi\boldsymbol{e}_1 = (\psi\varphi\boldsymbol{e}_2) \cdot \psi\boldsymbol{e}_1 = (\varphi\boldsymbol{e}_2) \cdot \boldsymbol{e}_1 = \sin\alpha
\end{aligned}$$

und damit $\mathcal{A}_\varphi(B', B') = \mathcal{A}(\alpha)$. Zweitens sei B' negativ-orientiert. Dann ist ψ uneigentlich orthogonal. Wieder wegen Satz 8.3.16 (b) und wegen $\varphi^{-1} = \varphi^*$ erhält man nun

$$\begin{aligned}
\cos\alpha' &= (\varphi \boldsymbol{e}_1') \cdot \boldsymbol{e}_1' = (\varphi\psi \boldsymbol{e}_1) \cdot \psi \boldsymbol{e}_1 = (\psi\varphi^{-1}\boldsymbol{e}_1) \cdot \psi \boldsymbol{e}_1 \\
&= \varphi^* \boldsymbol{e}_1 \cdot \boldsymbol{e}_1 = \boldsymbol{e}_1 \cdot \varphi \boldsymbol{e}_1 = \varphi \boldsymbol{e}_1 \cdot \boldsymbol{e}_1 = \cos\alpha, \\
\sin\alpha' &= (\varphi \boldsymbol{e}_2') \cdot \boldsymbol{e}_1' = (\varphi\psi \boldsymbol{e}_2) \cdot \psi \boldsymbol{e}_1 = (\psi\varphi^{-1}\boldsymbol{e}_2) \cdot \psi \boldsymbol{e}_1 \\
&= \varphi^* \boldsymbol{e}_2 \cdot \boldsymbol{e}_1 = \boldsymbol{e}_2 \cdot \varphi \boldsymbol{e}_1 = -\sin\alpha.
\end{aligned}$$

Also gilt $\mathcal{A}_\psi(B', B') = (\mathcal{A}(\alpha))^T = \mathcal{A}(-\alpha)$. ♦

8.3.22 Definition. Der durch eine Drehung φ der orientierten euklidischen Ebene nach Satz 8.3.21 eindeutig bestimmte Winkel α heißt der *orientierte Drehwinkel* von φ.

8.3.23 Satz. *Ein uneigentlich orthogonaler Automorphismus φ eines zweidimensionalen euklidischen Raumes ist eine Spiegelung an einer eindeutig bestimmten Geraden.*

Beweis: Nach Satz 8.3.15 (b) besitzt φ die Eigenwerte $+1$ und -1. Also ist φ eine Spiegelung an dem eindimensionalen Eigenraum zum Eigenwert $+1$. Dieser ist durch φ eindeutig bestimmt. ♦

8.3.24 Bemerkung. Eine Drehung φ eines dreidimensionalen euklidischen Raumes wird nach Satz 8.3.10 hinsichtlich einer geeigneten Orthonormalbasis $B = \{\boldsymbol{e}_1, \boldsymbol{e}_2, \boldsymbol{e}_3\}$ durch eine Matrix der Form

$$\mathcal{A} = \mathcal{A}_\varphi(B, B) = \begin{pmatrix} 1 & 0 & 0 \\ 0 & \cos\alpha & -\sin\alpha \\ 0 & \sin\alpha & \cos\alpha \end{pmatrix}$$

beschrieben. Man nennt α den Drehwinkel von φ. Wenn φ nicht die Identität ist, $\mathcal{A}$ also nicht die Einheitsmatrix $\mathcal{E}_3$ ist, besitzt der Eigenwert $+1$ von φ die Vielfachheit 1, und der zugehörige Eigenraum $D = \boldsymbol{e}_1\mathbb{R}$ ist nach Satz 6.1.16 eindimensional. Man nennt D die *Drehachse* von φ. Der zu D orthogonale, zweidimensionale Unterraum $D^\perp = \{\boldsymbol{e}_2, \boldsymbol{e}_3\}$ heißt die *Drehebene* von φ.

Geometrisch ist eine Drehung $\varphi \neq \mathrm{id}$ durch ihre Drehachse D und ihren Drehwinkel α gekennzeichnet. Diese Bestimmungsstücke können in der oben angegebenen Matrix $\mathcal{A}_\varphi(B, B)$ von φ unmittelbar abgelesen werden. Ist jedoch φ durch eine andere Matrix beschrieben, dann können die Drehachse D und der Drehwinkel α (bis auf das Vorzeichen) ebenfalls einfach berechnet werden, wie der folgende Satz zeigt.

8.3.25 Satz. *Sei* $\varphi \neq \mathrm{id}$ *eine Drehung des dreidimensionalen euklidischen Raumes* V*. Dann ist die Drehachse von* φ *der Eigenraum zum Eigenwert* $+1$*. Hat* φ *bezüglich der Basis* B *von* V *die Matrix* $\mathcal{A}_\varphi(B, B) = \mathcal{A}$*, so ergibt sich der Drehwinkel* α *von* φ *aus der Gleichung*

$$\cos\alpha = \frac{1}{2}(\mathrm{tr}(\mathcal{A}) - 1)$$

bis auf das Vorzeichen.

Beweis: Wegen $\varphi \neq \mathrm{id}$ ist $+1$ ein einfacher Eigenwert von φ. Für den zugehörigen Eigenraum D gilt $\dim D = 1$ nach Satz 6.1.16. Also ist D nach Bemerkung 8.3.24 die Drehachse von φ. Sei α der Drehwinkel von φ. Da die Spur unabhängig von der Basiswahl ist, kann die Bestimmungsgleichung für $\cos\alpha$ unmittelbar an der Matrix $\mathcal{A}$ aus Bemerkung 8.3.24 abgelesen werden. ♦

8.3.26 Bemerkung. Die Spur-Gleichung für $\cos\alpha$ legt den Drehwinkel nur bis auf das Vorzeichen fest. Daran ändert sich auch nichts, wenn man voraussetzt, daß der dreidimensionale Raum V orientiert ist. Die Drehung φ induziert zwar in der zweidimensionalen Drehebene E eine Drehung, deren Drehwinkel α nach Satz 8.3.21 eindeutig bei vorliegender Orientierung bestimmt ist. Aber die Orientierung des dreidimensionalen Raumes V legt noch keine Orientierung der Drehebene E fest. Erst wenn man auch noch die Drehachse D orientiert, etwa durch Festlegung eines Einheitsvektors $\boldsymbol{e}$ mit $D = \boldsymbol{e}\mathbb{R}$, gibt es auch in der Drehebene E genau eine Orientierung, die z. B. durch eine Basis $\{e_2, e_3\}$ der Drehebene E bestimmt wird, so daß $\{e, e_2, e_3\}$ gerade die gegebene Orientierung des dreidimensionalen Raumes V liefert.

8.3.27 Beispiel. Hinsichtlich der kanonischen Basis des $\mathbb{R}^3$ als positiv orientierter Orthonormalbasis wird durch die Matrix

$$\mathcal{A} = \frac{1}{3}\begin{pmatrix} 2 & 2 & 1 \\ -2 & 1 & 2 \\ 1 & -2 & 2 \end{pmatrix}$$

eine Drehung beschrieben, denn $\mathcal{A}$ ist eine orthogonale Matrix mit $\det\mathcal{A} = +1$. Für den zugehörigen Drehwinkel α gilt nach Satz 8.3.25

$$\cos\alpha = \frac{1}{2}\Big(\mathrm{tr}(\mathcal{A}) - 1\Big) = \frac{1}{2}\left(\frac{2}{3} + \frac{1}{2} + \frac{2}{3} - 1\right) = \frac{1}{3},$$

wobei das Vorzeichen von α zunächst noch nicht festgelegt werden kann. Die Drehachse D ist die Lösungsmenge des homogenen linearen Gleichungssystems $(\mathcal{E}_3 - \mathcal{A})\boldsymbol{v} = \boldsymbol{o}$. Ein normierter Lösungsvektor ist der Spaltenvektor $\boldsymbol{e} = \frac{1}{\sqrt{2}}(1, 0, 1)$, der somit die Drehachse D erzeugt. D soll nun zusätzlich dadurch orientiert werden, daß $\boldsymbol{e}$ als Basisvektor die positive Orientierung von D repräsentiert. Ein Orthonormalsystem der Drehebene E besteht z. B. aus den zu $\boldsymbol{e}$ orthogonalen Spaltenvektoren

$\boldsymbol{e}_2 = \frac{1}{\sqrt{2}}(1, 0, -1)$ und $\boldsymbol{e}_3 = (0, 1, 0)$, so daß $\{\boldsymbol{e}, \boldsymbol{e}_2, \boldsymbol{e}_3\}$ eine Basis des $\mathbb{R}^3$ ist. Sie ist positiv orientiert, weil

$$\begin{vmatrix} \frac{1}{\sqrt{2}} & 0 & \frac{1}{\sqrt{2}} \\ \frac{1}{\sqrt{2}} & 0 & -\frac{1}{\sqrt{2}} \\ 0 & 1 & 0 \end{vmatrix} = 1 > 0$$

gilt. Durch die Basis $\{\boldsymbol{e}_2, \boldsymbol{e}_3\}$ der Drehebene E kann in dieser jetzt auch die positive Orientierung festgelegt werden. Unterwirft man nun z. B. den Vektor $\boldsymbol{e}_2$ der Drehung, so erhält man als Bildvektor

$$\mathcal{A}e_2 = \frac{1}{3\sqrt{2}} \begin{pmatrix} 2 & 2 & 1 \\ -2 & 1 & 2 \\ 1 & -2 & 2 \end{pmatrix} \begin{pmatrix} 1 \\ 0 \\ -1 \end{pmatrix} = \frac{1}{3\sqrt{2}} \begin{pmatrix} 1 \\ -4 \\ -1 \end{pmatrix}$$

wieder einen Einheitsvektor in der Drehebene E. Mit ihm ergibt sich jetzt

$$\cos\alpha = (\mathcal{A}e_2) \cdot e_2 = \frac{1}{3},$$

$$\sin\alpha = (\mathcal{A}e_2) \cdot e_3 = -\frac{2\sqrt{2}}{3}.$$

Durch die Orientierungsfestsetzungen ist nun das Vorzeichen von $\sin\alpha$ und damit von α bestimmt.

Bei manchen Anwendungen ist es notwendig, eine gegebene Drehung aus mehreren Drehungen mit vorgegebenen Drehachsen zusammenzusetzen. Für dreidimensionale euklidische Vektorräume liefert der folgende Satz dazu ein Konstruktionsverfahren.

8.3.28 Satz. *Es sei $B = \{\boldsymbol{e}_1, \boldsymbol{e}_2, \boldsymbol{e}_3\}$ eine positiv orientierte Orthonormalbasis des dreidimensionalen euklidischen Vektorraums V. Dann existieren zu jeder Drehung φ von V drei Drehungen φ_1, φ_2 und φ_3 mit den orientierten Drehachsen $\boldsymbol{e}_3$, $\boldsymbol{e}_1'$ und $\varphi\boldsymbol{e}_3 = \boldsymbol{e}_1c_1 + \boldsymbol{e}_2c_2 + \boldsymbol{e}_3c_3$, $c_i \in \mathbb{R}$, derart, daß $\varphi = \varphi_3\varphi_2\varphi_1$ gilt, wobei*

$$\boldsymbol{e}_1' = \begin{cases} \boldsymbol{e}_1 & \textit{falls } \langle\varphi\boldsymbol{e}_1, \varphi\boldsymbol{e}_2\rangle = \langle\boldsymbol{e}_1, \boldsymbol{e}_2\rangle, \\ -\boldsymbol{e}_2 & \textit{falls } \langle\varphi\boldsymbol{e}_1, \varphi\boldsymbol{e}_2\rangle \cap \langle\boldsymbol{e}_1, \boldsymbol{e}_2\rangle = \boldsymbol{e}_2\mathbb{R}, \\ -\boldsymbol{e}_1\frac{c_2}{\sqrt{c_1^2+c_2^2}} + \boldsymbol{e}_2\frac{c_1}{\sqrt{c_1^2+c_2^2}} & \textit{sonst.} \end{cases}$$

Ist $\mathcal{A} = \mathcal{A}_\varphi(B, B)$ die Matrix von φ bezüglich der Basis B, und ist α_i der durch φ

und B eindeutig bestimmte Drehwinkel der Drehung φ_i, $i = 1, 2, 3$, *so gilt*

$$\mathcal{A} = \begin{pmatrix} \cos\alpha_3 & -\sin\alpha_3 & 0 \\ \sin\alpha_3 & \cos\alpha_3 & 0 \\ 0 & 0 & 1 \end{pmatrix} \cdot \begin{pmatrix} 1 & 0 & 0 \\ 0 & \cos\alpha_2 & -\sin\alpha_2 \\ 0 & \sin\alpha_2 & \cos\alpha_2 \end{pmatrix} \cdot \begin{pmatrix} \cos\alpha_1 & -\sin\alpha_1 & 0 \\ \sin\alpha_1 & \cos\alpha_1 & 0 \\ 0 & 0 & 1 \end{pmatrix}.$$

Die drei Drehwinkel α_1, α_2, α_3 *heißen die* Eulerschen Winkel *von* φ *bezüglich der Basis* B.

Beweis: Zunächst wird eine Drehung φ_1 mit Drehachse $\boldsymbol{e}_3$ konstruiert. Wenn die Ebenen $\langle \boldsymbol{e}_1, \boldsymbol{e}_2\rangle$ und $\langle \varphi\boldsymbol{e}_1, \varphi\boldsymbol{e}_2\rangle$ zusammenfallen (d. h. wenn $\varphi\boldsymbol{e}_3 = \pm\boldsymbol{e}_3$ gilt), setze man $\boldsymbol{e}'_1 = \boldsymbol{e}_1$. Im anderen Fall schneiden sich diese beiden Ebenen in einer Geraden G. Gilt $G = \langle \boldsymbol{e}_2\rangle$, so setze man $\boldsymbol{e}'_1 = -\boldsymbol{e}_2$. Sonst aber gibt es genau einen Einheitsvektor $\boldsymbol{e}'_1$ mit $G = \langle \boldsymbol{e}'_1\rangle$ derart, daß $\{\boldsymbol{e}'_1, \boldsymbol{e}_2, \boldsymbol{e}_3\}$ eine positiv orientierte Basis ist. Hat $\varphi\boldsymbol{e}_3$ die eindeutige Darstellung $\varphi\boldsymbol{e}_3 = \boldsymbol{e}_1c_1 + \boldsymbol{e}_2c_2 + \boldsymbol{e}_3c_3$, so ist der normierte Vektor $\boldsymbol{e}'_1 = -\boldsymbol{e}_1\frac{c_2}{\sqrt{c_1^2+c_2^2}} + \boldsymbol{e}_2\frac{c_1}{\sqrt{c_1^2+c_2^2}}$. Nun ist aber eine dreidimensionale Drehung eindeutig bestimmt, wenn man zwei orthonormierten Vektoren wieder zwei orthonormierte Vektoren als Bilder vorschreibt, weil dann das Bild des dritten orthonormierten Vektors bereits mit festgelegt wird. Durch

$$\begin{aligned} \varphi_1\boldsymbol{e}_1 &= \boldsymbol{e}'_1, & \varphi_2\boldsymbol{e}'_1 &= \boldsymbol{e}'_1, & \varphi_3\boldsymbol{e}'_1 &= \varphi\boldsymbol{e}_1, \\ \varphi_1\boldsymbol{e}_3 &= \boldsymbol{e}_3, & \varphi_2\boldsymbol{e}_3 &= \varphi\boldsymbol{e}_3, & \varphi_3(\varphi\boldsymbol{e}_3) &= \varphi\boldsymbol{e}_3 \end{aligned}$$

werden daher eindeutig drei Drehungen $\varphi_1, \varphi_2, \varphi_3$ definiert. Und da $\varphi_3\varphi_2\varphi_1$ die Vektoren $\boldsymbol{e}_1$ und $\boldsymbol{e}_3$ auf die Vektoren $\varphi\boldsymbol{e}_1$ und $\varphi\boldsymbol{e}_3$ abbildet, muß $\varphi = \varphi_3\varphi_2\varphi_1$ gelten. Sei $\boldsymbol{e}'_i = \varphi_1\boldsymbol{e}_i$ und $\boldsymbol{e}''_i = \varphi_2\boldsymbol{e}'_i$ für $i = 1, 2, 3$. Mit $B' = \{\boldsymbol{e}'_1, \boldsymbol{e}'_2, \boldsymbol{e}'_3\}$ und $B'' = \{\boldsymbol{e}''_1, \boldsymbol{e}''_2, \boldsymbol{e}''_3\}$ folgt nach Satz 3.3.7, daß $\mathcal{A}_\varphi(B, B) = \mathcal{A}_{\varphi_3}(B'', B)\mathcal{A}_{\varphi_2}(B', B'')\mathcal{A}_{\varphi_1}(B, B')$. Zu den Drehungen $\varphi_1, \varphi_2, \varphi_3$ gehören entsprechende Drehwinkel $\alpha_1, \alpha_2, \alpha_3$. Man erhält

$$\begin{aligned} \varphi_1\boldsymbol{e}_1 &= \boldsymbol{e}'_1 = \boldsymbol{e}_1\cos\alpha_1 + \boldsymbol{e}_2(-\sin\alpha_1), \\ \varphi_1\boldsymbol{e}_2 &= \boldsymbol{e}'_2 = \boldsymbol{e}_1\sin\alpha_1 + \boldsymbol{e}_2\cos\alpha_1, \\ \varphi_1\boldsymbol{e}_3 &= \boldsymbol{e}'_3 = \boldsymbol{e}_3, \\ \varphi_2\boldsymbol{e}'_1 &= \boldsymbol{e}''_1 = \boldsymbol{e}'_1, \\ \varphi_2\boldsymbol{e}'_2 &= \boldsymbol{e}''_2 = \boldsymbol{e}'_2\cos\alpha_2 + \boldsymbol{e}'_3(-\sin\alpha_2), \\ \varphi_2\boldsymbol{e}'_3 &= \boldsymbol{e}''_3 = \boldsymbol{e}'_2\sin\alpha_2 + \boldsymbol{e}'_3\cos\alpha_2, \\ \varphi_3\boldsymbol{e}''_1 &= \varphi\boldsymbol{e}_1 = \boldsymbol{e}''_1\cos\alpha_3 + \boldsymbol{e}''_2(-\sin\alpha_3), \\ \varphi_3\boldsymbol{e}''_2 &= \varphi\boldsymbol{e}_2 = \boldsymbol{e}''_1\sin\alpha_3 + \boldsymbol{e}''_2\cos\alpha_3, \\ \varphi_3\boldsymbol{e}''_3 &= \varphi\boldsymbol{e}_3 = \boldsymbol{e}''_3 \end{aligned}$$

und hieraus die behauptete Faktorisierung von $\mathcal{A}_\varphi(B, B)$. Weiter folgt

$$\begin{aligned}
\cos\alpha_1 &= \boldsymbol{e}_1' \cdot \boldsymbol{e}_1,\\
\cos\alpha_2 &= \varphi\boldsymbol{e}_3 \cdot \boldsymbol{e}_3,\\
\cos\alpha_3 &= \varphi\boldsymbol{e}_1 \cdot \boldsymbol{e}_1',\\
\sin\alpha_1 &= \boldsymbol{e}_1' \cdot \boldsymbol{e}_2,\\
\sin\alpha_2 &= -\varphi\boldsymbol{e}_3 \cdot \boldsymbol{e}_2' = \varphi\boldsymbol{e}_3 \cdot ((\boldsymbol{e}_1' \cdot \boldsymbol{e}_2)\boldsymbol{e}_1 - (\boldsymbol{e}_1' \cdot \boldsymbol{e}_1)\boldsymbol{e}_2),\\
\sin\alpha_3 &= -\varphi\boldsymbol{e}_2 \cdot \boldsymbol{e}_1'.
\end{aligned}$$

Also sind die drei Drehwinkel $\alpha_1, \alpha_2, \alpha_3$ durch φ und B eindeutig bestimmt. ♦

8.4 Projektive Räume

Die Sätze der affinen Geometrie enthalten vielfach störende Fallunterscheidungen. So gilt z. B. in einer affinen Ebene nicht allgemein, daß sich zwei Geraden in einem Punkt schneiden; eine Ausnahme bilden die parallelen Geraden. Man kann nun die affinen Räume zu Räumen erweitern, die man projektive Räume nennt und in denen derartige Ausnahmefälle nicht mehr auftreten.

Es sei V ein endlich-dimensionaler Vektorraum über dem kommutativen Körper F. Das Hauptinteresse gilt jetzt jedoch nicht mehr den Vektoren, sondern den 1-dimensionalen Unterräumen von V, die als Punkte eines neuen Raumes aufgefaßt werden sollen.

8.4.1 Definition. Ein *projektiver Raum* $\mathfrak{P}$ über F ist die Menge aller eindimensionalen Unterräume eines F-Vektorraumes $V = V_{\mathfrak{P}}$. Eine Teilmenge $\mathfrak{U}$ von $\mathfrak{P}$ heißt ein (*projektiver*) *Unterraum* von $\mathfrak{P}$, wenn sie genau aus den 1-dimensionalen Unterräumen eines Unterraumes $V_{\mathfrak{U}}$ von $V_{\mathfrak{P}}$ besteht, wenn sie also selbst ein projektiver Raum ist.

Die *projektive Dimension* des projektiven Raumes $\mathfrak{P}$ ist definiert durch:

$$p\text{-}\dim\mathfrak{P} = \dim V_{\mathfrak{P}} - 1.$$

8.4.2 Definition. Für einen Punkt $p \in \mathfrak{P}$ gilt speziell $p = \langle \boldsymbol{a} \rangle$ mit einem Vektor $\boldsymbol{a} \neq \boldsymbol{o}$ aus $V_{\mathfrak{P}}$. Auch die leere Menge ist ein Unterraum von $\mathfrak{P}$, wobei $V_\emptyset = \{\boldsymbol{o}\}$ der Nullraum ist, der ja keine 1-dimensionalen Unterräume enthält. Für ihn folgt $p\text{-}\dim\emptyset = 0 - 1 = -1$.

Unterräume der projektiven Dimensionen 0, 1, 2 werden als *Punkte, Geraden* bzw. *Ebenen* bezeichnet.

Ist $p\text{-}\dim\mathfrak{P} = n$, so wird ein Unterraum $\mathfrak{H}$ mit $p\text{-}\dim\mathfrak{H} = n - 1$ *Hyperebene* von $\mathfrak{P}$ genannt.

Man beachte, daß die Hyperebenen in einer projektiven Ebene $\mathfrak{P}$ genau die Geraden von $\mathfrak{P}$ sind.

8.4.3 Satz. (a) *Es sei $\boldsymbol{S}$ ein System aus Unterräumen von $\mathfrak{P}$. Dann ist auch $\mathfrak{D} = \cap\{\mathfrak{U} \mid \mathfrak{U} \in \boldsymbol{S}\}$ ein Unterraum von $\mathfrak{P}$ und $V_{\mathfrak{D}} = \cap\{V_{\mathfrak{U}} \mid \mathfrak{U} \in \boldsymbol{S}\}$.*

(b) *Es sei $\boldsymbol{S}$ ein System aus Unterräumen von $\mathfrak{P}$. Dann ist der Verbindungsraum $\mathfrak{V} = \vee\{\mathfrak{U} \mid \mathfrak{U} \in \boldsymbol{S}\}$, nämlich der kleinste Unterraum $\mathfrak{V}$ mit $\mathfrak{U} \leq \mathfrak{V}$ für alle $\mathfrak{U} \in \boldsymbol{S}$, wieder ein Unterraum von $\mathfrak{P}$ mit $V_{\mathfrak{V}} = \sum_{\mathfrak{U}\in \boldsymbol{S}} V_{\mathfrak{U}}$.*

(c) *Für Unterräume $\mathfrak{M}$, $\mathfrak{N}$ von $\mathfrak{P}$ gilt*

$$p\text{-}\dim \mathfrak{M} + p\text{-}\dim \mathfrak{N} = p\text{-}\dim(\mathfrak{M} \vee \mathfrak{N}) + p\text{-}\dim(\mathfrak{M} \cap \mathfrak{N}).$$

(d) *Für eine Hyperebene $\mathfrak{H}$ von $\mathfrak{P}$ und einen nicht in $\mathfrak{H}$ enthaltenen Unterraum $\mathfrak{U}$ von $\mathfrak{P}$ gilt: p-$\dim(\mathfrak{U} \cap \mathfrak{H}) = p$-$\dim \mathfrak{U} - 1$.*

(e) *In einer projektiven Ebene besitzen je zwei verschiedene Geraden genau einen Schnittpunkt.*

Beweis: (a), (b), und (c) folgen aus den entsprechenden Sätzen 2.1.8, 2.1.10 und 2.2.16 für Vektorräume, wobei in (c) beim Übergang zur projektiven Dimension auf beiden Seiten zweimal eine Eins abzuziehen ist. (d) und (e) folgen aus (c), wobei in (d) noch $\mathfrak{U} \vee \mathfrak{H} = \mathfrak{P}$ zu beachten ist. ♦

8.4.4 Definition. Seien $p_0, \dots, p_k$ Punkte des projektiven Raumes $\mathfrak{P}$, dann wird ihr *Verbindungsraum* mit $p_0 \vee p_1 \vee \cdots \vee p_k$ bezeichnet.

8.4.5 Hilfssatz. *Sei $\mathfrak{P} \neq \emptyset$ ein n-dimensionaler projektiver Raum und $\mathfrak{H}$ eine Hyperebene von $\mathfrak{P}$ mit dem zugehörigen Vektorraum $V_{\mathfrak{H}}$. Dann ist $\mathfrak{A} = \mathfrak{P} \setminus \mathfrak{H}$ ein affiner Raum mit dem Vektorraum $V_{\mathfrak{A}} = V_{\mathfrak{H}}$ und Dimension $\dim \mathfrak{A} = \dim V_{\mathfrak{H}} = n = p$-$\dim \mathfrak{P}$.*

Beweis: Sei $V_{\mathfrak{P}}$ der F-Vektorraum von $\mathfrak{P}$. Dann ist $\dim_F V_{\mathfrak{P}} = n + 1$. Da $\mathfrak{H}$ eine Hyperebene von $\mathfrak{P}$ ist, ist $V_{\mathfrak{H}}$ ein n-dimensionaler Unterraum von $V_{\mathfrak{P}}$. Nach Satz 2.3.18 gibt es daher einen 1-dimensionalen F-Unterraum $a = \langle \boldsymbol{a} \rangle = \boldsymbol{a}F$ von $V_{\mathfrak{P}}$ mit $V_{\mathfrak{P}} = V_{\mathfrak{H}} \oplus \boldsymbol{a}F$. Daher hat jeder Vektor $\boldsymbol{p} = V_{\mathfrak{P}} \setminus V_{\mathfrak{H}}$ die eindeutige Darstellung

$$\boldsymbol{p} = \boldsymbol{x}_p + \boldsymbol{a} f_p \quad \text{mit } \boldsymbol{x}_p \in V_{\mathfrak{H}},\ f_p \in F,\ f_p \neq 0.$$

Jedem Punkt $p = \langle \boldsymbol{p} \rangle \in \mathfrak{P} \setminus \mathfrak{H}$ wird durch $p \to \boldsymbol{x}_p \in V_{\mathfrak{H}}$ bijektiv ein Vektor $\boldsymbol{x}_p \in V_{\mathfrak{H}}$ zugeordnet. Für jedes Punktepaar $p, q \in \mathfrak{P} \setminus \mathfrak{H}$ sei $\overrightarrow{pq} = \boldsymbol{x}_q - \boldsymbol{x}_p \in V_{\mathfrak{H}}$.

Da $V_{\mathfrak{H}}$ ein Vektorraum ist, ist es nun einfach, die Bedingungen (a) und (b) von Definition 8.1.1 zu verifizieren. Also ist $\mathfrak{A} = \mathfrak{P} \setminus \mathfrak{H}$ ein affiner Raum mit $\dim \mathfrak{A} = n$. ♦

8.4.6 Definition. Sei $\mathfrak{P} \neq \emptyset$ ein n-dimensionaler projektiver Raum und $\mathfrak{H}$ eine Hyperebene von $\mathfrak{P}$. Dann heißt der in Hilfssatz 8.4.5 konstruierte Raum $\mathfrak{A} = \mathfrak{P} \setminus \mathfrak{H}$ der *zu* $\mathfrak{H}$ *gehörende affine Raum von* $\mathfrak{P}$. Die Punkte von $\mathfrak{A}$ werden dann *eigentliche Punkte*, die von $\mathfrak{H}$ *uneigentliche Punkte* und $\mathfrak{H}$ *uneigentliche Hyperebene* von $\mathfrak{P}$ genannt.

8.4.7 Satz. *Sei $\mathfrak{A}$ der zur Hyperebene $\mathfrak{H}$ gehörende affine Raum des projektiven Raumes $\mathfrak{P} \neq \emptyset$. Dann gelten folgende Aussagen:*

(a) *Für jeden projektiven Unterraum $\mathfrak{U}$ ist $\mathfrak{U}_0 = \mathfrak{U} \cap \mathfrak{A}$ ein affiner Unterraum von $\mathfrak{A}$.*

(b) *Zu jedem affinen Unterraum $\mathfrak{U}_0 \neq \emptyset$ von $\mathfrak{A}$ gibt es genau einen projektiven Unterraum $\mathfrak{U}$ von $\mathfrak{P}$ mit $\mathfrak{U}_0 = \mathfrak{U} \cap \mathfrak{A}$ und $V_{\mathfrak{U}_0} = V_{\mathfrak{U}} \cap V_{\mathfrak{H}} = V_{\mathfrak{U} \cap \mathfrak{H}}$.*

(c) *Ist $\mathfrak{U}_0 \neq \emptyset$, so gilt* $\dim \mathfrak{U}_0 = p\text{-}\dim \mathfrak{U}$.

(d) *Ist $\mathfrak{U}_0 \neq \emptyset$ eine Hyperebene, $\mathfrak{V}_0 \neq \emptyset$ ein nicht in $\mathfrak{U}_0$ enthaltener echter affiner Unterraum von $\mathfrak{A}$, und sind $\mathfrak{U}$ und $\mathfrak{V}$ die nach* (b) *eindeutig bestimmten projektiven Unterräume von $\mathfrak{P}$ mit $\mathfrak{U}_0 = \mathfrak{U} \cap \mathfrak{A}$ und $\mathfrak{V}_0 = \mathfrak{V} \cap \mathfrak{A}$, dann ist $\mathfrak{U}_0$ genau dann zu $\mathfrak{V}_0$ parallel, wenn $\mathfrak{U} \cap \mathfrak{V} \subseteq \mathfrak{H}$.*

Beweis: (a) Ist $\mathfrak{U} \subseteq \mathfrak{H}$, dann ist $\mathfrak{U}_0 = \mathfrak{U} \cap \mathfrak{A} = \emptyset$ und somit ein affiner Unterraum von $\mathfrak{A}$. Ist $\mathfrak{U}$ nicht in $\mathfrak{H}$ enthalten, dann gibt es ein $p \in \mathfrak{U}$ mit $p \notin \mathfrak{H}$. Also ist $p \in \mathfrak{U} \cap \mathfrak{A} = \mathfrak{U}_0$, und

$$\{\overrightarrow{pq} \mid q \in \mathfrak{U}_0\} = V_{\mathfrak{U}} \cap V_{\mathfrak{A}} = V_{\mathfrak{U} \cap \mathfrak{A}} = V_{\mathfrak{U}_0}$$

ist der zu $\mathfrak{U}_0 \neq \emptyset$ gehörige Vektorraum.

(b) Sei $\mathfrak{U}_0 \neq \emptyset$ ein affiner Unterraum von $\mathfrak{A}$ mit Vektorunterraum $V_{\mathfrak{U}_0}$ von $V_{\mathfrak{A}} = V_{\mathfrak{H}}$. Sei p ein fest gewählter Punkt aus $\mathfrak{U}_0$. Sei $p = \langle \boldsymbol{p} \rangle$ der von $\boldsymbol{p}$ erzeugte 1-dimensionale Unterraum von $V_{\mathfrak{P}}$. Dann ist $\boldsymbol{p} \notin V_{\mathfrak{A}} = V_{\mathfrak{H}}$, woraus

$$(*) \qquad V_{\mathfrak{U}_0} < V_{\mathfrak{U}_0} + \langle \boldsymbol{p} \rangle = U \leq V_{\mathfrak{P}}$$

für einen F-Unterraum U von $V_{\mathfrak{P}}$ folgt. Sei $\mathfrak{U}$ die Menge aller 1-dimensionalen F-Unterräume von U. Dann ist $\mathfrak{U}$ ein projektiver Unterraum von $\mathfrak{P}$ mit $\mathfrak{U}_0 = \mathfrak{U} \cap \mathfrak{A}$. Weiter gilt $V_{\mathfrak{U}_0} = V_{\mathfrak{U}} \cap V_{\mathfrak{H}} = V_{\mathfrak{U} \cap \mathfrak{H}}$. Umgekehrt folgt aus $\mathfrak{U}_0 = \mathfrak{U}' \cap \mathfrak{A}$ sofort

$$V_{\mathfrak{U}'} = (V_{\mathfrak{U}'} \cap V_{\mathfrak{H}}) + \langle \boldsymbol{p} \rangle = V_{\mathfrak{U}_0} + \langle \boldsymbol{p} \rangle.$$

Also ist $\mathfrak{U} = \mathfrak{U}'$.

(c) Ist $\mathfrak{U}_0 \neq \emptyset$, so folgt aus $(*)$, daß $\dim V_{\mathfrak{U}_0} = \dim U - 1 = p\text{-}\dim \mathfrak{U}$.

(d) Aus $\mathfrak{U}_0 \parallel \mathfrak{V}_0$ und $\mathfrak{V}_0 \not\subseteq \mathfrak{U}_0$ folgt $\mathfrak{U}_0 \cap \mathfrak{V}_0 = \emptyset$. Nach Satz 8.4.7 gibt es eindeutig bestimmte projektive Unterräume $\mathfrak{U}$ und $\mathfrak{V}$ von $\mathfrak{P}$ mit $\mathfrak{U}_0 = \mathfrak{U} \cap \mathfrak{A}$ und $\mathfrak{V}_0 = \mathfrak{V} \cap \mathfrak{A}$. Wegen $\mathfrak{A} = \mathfrak{P} \setminus \mathfrak{H}$ folgt $\mathfrak{U} \cap \mathfrak{V} \subseteq \mathfrak{H}$.

Sei umgekehrt $\mathfrak{U} \cap \mathfrak{V} \subseteq \mathfrak{H}$. Dann ist $\mathfrak{U}_0 \cap \mathfrak{V}_0 = \emptyset$. Da $\mathfrak{V}_0 \neq \emptyset$ und $\mathfrak{U}_0$ eine Hyperebene des endlich-dimensionalen affinen Raumes $\mathfrak{A}$ ist, sind $\mathfrak{V}_0$ und $\mathfrak{U}_0$ nach Satz 8.1.15 parallel oder es gilt

$$-1 = \dim(\mathfrak{U}_0 \cap \mathfrak{V}_0) = \dim \mathfrak{V}_0 - 1.$$

Hieraus folgt $\dim \mathfrak{V}_0 = 0$ und so $V_{\mathfrak{V}_0} = \{\boldsymbol{o}\} \leq V_{\mathfrak{U}_0}$. Also sind $\mathfrak{U}_0$ und $\mathfrak{V}_0$ parallel. ♦

8.4.8 Bemerkung. Da aus projektiven Unterräumen durch Fortlassen der uneigentlichen Punkte affine Unterräume entstehen, lassen sich aus projektiven Sätzen affine Sätze herleiten. Dabei können allerdings Fallunterscheidungen auftreten. Nach Satz 8.4.3 (e) besitzen in der projektiven Ebene je zwei verschiedene Geraden $\mathfrak{G}$, $\mathfrak{G}'$ genau einen Schnittpunkt p. Für die durch Fortlassen des jeweiligen uneigentlichen Punkts entstehenden affinen Geraden $\mathfrak{G}_o$, $\mathfrak{G}'_o$ ist jetzt jedoch zu unterscheiden, ob p ein eigentlicher oder ein uneigentlicher Punkt ist. Im ersten Fall besitzen auch $\mathfrak{G}_o$ und $\mathfrak{G}'_o$ genau den einen Schnittpunkt p. Im zweiten Fall haben $\mathfrak{G}_o$ und $\mathfrak{G}'_o$ jedoch keinen Schnittpunkt, sondern sind parallel.

8.4.9 Definition. Die $k+1$ Punkte $p_o, \ldots, p_k$ des projektiven Raumes $\mathfrak{P}$ heißen *unabhängig*, wenn $p\text{-}\dim(p_o \vee \cdots \vee p_k) = k$ gilt.

8.4.10 Satz. *Für die Punkte $p_o, \ldots, p_k \in \mathfrak{P}$ als 1-dimensionale Unterräume von $V_{\mathfrak{P}}$ gelte $p_j = \langle \boldsymbol{p}_j \rangle$ für $j = 0, \ldots, k$. Dann sind $p_o, \ldots, p_k$ genau dann unabhängige Punkte von $\mathfrak{P}$, wenn $\boldsymbol{p}_o, \ldots, \boldsymbol{p}_k$ linear unabhängige Vektoren sind.*

Beweis: Wegen

$$p_o \vee \cdots \vee p_k = \langle \boldsymbol{p}_o \rangle + \cdots + \langle \boldsymbol{p}_k \rangle$$

ist $p\text{-}\dim(p_o \vee \cdots \vee p_k) = k$ gleichwertig mit $\dim(\langle \boldsymbol{p}_o \rangle + \cdots + \langle \boldsymbol{p}_k \rangle) = k+1$, also mit der linearen Unabhängigkeit von $\boldsymbol{p}_o, \ldots, \boldsymbol{p}_k$. ♦

8.4.11 Hilfssatz. *Seien $q_0, \ldots, q_n$ unabhängige Punkte des n-dimensionalen projektiven Raumes $\mathfrak{P}$. Sei e ein weiterer Punkt von $\mathfrak{P}$, der von je n der Punkte q_i, $0 \leq i \leq n$, unabhängig ist. Dann gilt:*

(a) *Die 1-dimensionalen Unterräume q_i und e von $V_{\mathfrak{P}}$ enthalten Vektoren $\boldsymbol{q}_i \in q_i$ und $\boldsymbol{e} \in e$ derart, daß $\boldsymbol{e} = \boldsymbol{q}_0 + \cdots + \boldsymbol{q}_n$.*

(b) *Sind $\boldsymbol{q}'_i \in q_i$ und $\boldsymbol{e}' \in e$ weitere $n+1$ Vektoren von $V_{\mathfrak{P}}$, für die*

$$\boldsymbol{e}' \cdot f = \boldsymbol{q}'_0 + \cdots + \boldsymbol{q}'_n \quad \text{für ein } 0 \neq f \in F$$

gilt, dann existiert ein eindeutig bestimmter Skalar $h \neq 0$ derart, daß $\boldsymbol{q}'_i = \boldsymbol{q}_i h$ für alle $i = 0, 1, \ldots n$ gilt.

Beweis: Sei $q_i = \langle \boldsymbol{p}_i \rangle$ mit $\boldsymbol{o} \neq \boldsymbol{p}_i \in V_{\mathfrak{P}}$ für $0 \leq i \leq n$. Sei $e = \langle \boldsymbol{e} \rangle$, $\boldsymbol{e} \neq \boldsymbol{o}$. Nach Satz 8.4.10 ist $A = \{\boldsymbol{p}_i \mid 0 \leq i \leq n\}$ eine Basis des Vektorraums $V_{\mathfrak{P}}$. Also ist $\boldsymbol{e} = \boldsymbol{p}_0 c_0 + \cdots + \boldsymbol{p}_n c_n$ für geeignete $c_i \in F$. Da e von je n der Punkte p_i unabhängig ist, sind alle $c_i \neq 0$. Setze $\boldsymbol{q}_i = \boldsymbol{p}_i c_i$ für $i = 1, \ldots, n$, dann gilt (a).

(b) Nach Voraussetzung gibt es $\boldsymbol{q}_i, \boldsymbol{q}'_i \in q_i, \boldsymbol{e}, \boldsymbol{e}' \in e$ derart, daß $\boldsymbol{e} = \boldsymbol{q}_0 + \cdots + \boldsymbol{q}_n$ und $\boldsymbol{e}' f = \boldsymbol{q}'_0 + \cdots + \boldsymbol{q}'_n$ für ein $0 \neq f \in F$ ist. Da q_i und e 1-dimensionale F-Unterräume von $V_{\mathfrak{P}}$ sind, existiert zu jedem $0 \leq i \leq n$ ein $0 \neq c_i \in F$ mit $\boldsymbol{q}'_i = \boldsymbol{q}_i c_i$ und ein $0 \neq g \in F$ mit $\boldsymbol{e}' = \boldsymbol{e} g$. Hieraus folgt

$$\begin{aligned} \boldsymbol{e}' &= \boldsymbol{q}'_0 f^{-1} + \cdots + \boldsymbol{q}'_n f^{-1} = \boldsymbol{q}_0 (c_0 f^{-1}) + \cdots + \boldsymbol{q}_n (c_n f^{-1}) \\ &= \boldsymbol{e} \cdot g = \boldsymbol{q}_0 \cdot g + \cdots + \boldsymbol{q}_n \cdot g. \end{aligned}$$

Da $B = \{\boldsymbol{q}_i \mid 0 \leq i \leq n\}$ eine Basis von $V_{\mathfrak{P}}$ ist, folgt $c_i f^{-1} = g$ für alle $i = 0, \ldots, n$. Also gilt (b) mit $h = fg$. ♦

8.4.12 Definition. Ein geordnetes $(n+2)$-Tupel $\mathfrak{K} = (q_o, \ldots, q_n, e)$ von Punkten des n-dimensionalen projektiven Raumes $\mathfrak{P}$ heißt *projektives Koordinatensystem* von $\mathfrak{P}$, wenn je $n+1$ unter den Punkten aus $\mathfrak{K}$ unabhängig sind. Es werden dann $q_0, \ldots, q_n$ die *Grundpunkte* und e der *Einheitspunkt* von $\mathfrak{K}$ genannt.

Nach Hilfssatz 8.4.11 enthalten die 1-dimensionalen Unterräume q_i, $0 \leq i \leq n$ und e des Vektorraums $V_{\mathfrak{P}}$ von Null verschiedene Vektoren $\boldsymbol{q}_i \in q_i$ und $\boldsymbol{e} \in e$ mit $\boldsymbol{e} = \boldsymbol{q}_0 + \cdots + \boldsymbol{q}_n$ derart, daß für jeden Punkt $x = \langle \boldsymbol{x} \rangle \in \mathfrak{P}$ der Vektor $\boldsymbol{x} \neq \boldsymbol{o}$ die eindeutige Darstellung

$$\boldsymbol{x} = \boldsymbol{q}_0 x_0 + \cdots + \boldsymbol{q}_n x_n \quad \text{mit } x_i \in F$$

hat, wobei die Koordinaten $x_0, \ldots, x_n$ von $\boldsymbol{x}$ bis auf einen gemeinsamen Faktor $d \neq 0$ aus F durch $\boldsymbol{x}$ eindeutig bestimmt sind. Die Körperelemente $x_0, \ldots, x_n$ heißen die *homogenen Koordinaten* des Punktes $x \in \mathfrak{P}$ bezüglich des projektiven Koordinatensystems $\mathfrak{K}$.

Der *homogene Koordinatenvektor* $(x_0, \ldots, x_n) \in F^{n+1}$ des Punktes $x \in \mathfrak{P}$ ist durch x bis auf einen skalaren Faktor $d \neq 0$ bestimmt.

Zum Beispiel sind in der reellen projektiven Ebene $(1, 3, -2)$ und $(-2, -6, 4)$ Koordinaten desselben Punkts. Allgemein sind die $(n+1)$-Tupel $(1, 0, \ldots, 0), \ldots, (0, \ldots, 0, 1)$ die homogenen Koordinaten der Grundpunkte q_i und $(1, 1, \ldots, 1)$ die Koordinaten des Einheitspunktes des n-dimensionalen projektiven Raums $\mathfrak{P}$ bezüglich des projektiven Koordinatensystems $\mathfrak{K} = (q_0, \ldots, q_n, e)$. Als einzige Ausnahme tritt das $(n+1)$-Tupel $(0, 0, \ldots, 0)$ nicht als homogener Koordinatenvektor auf.

8.4.13 Satz. *Sei $\mathfrak{H}$ eine Hyperebene des n-dimensionalen projektiven Raumes $\mathfrak{P}$. Sei $\mathfrak{K} = (p_0, \dots p_n)$ ein affines Koordinatensystem des affinen Raumes $\mathfrak{A} = \mathfrak{P} \setminus \mathfrak{H}$. Durch*

$$\overrightarrow{p_0 e} = \overrightarrow{p_0 p_1} + \cdots + \overrightarrow{p_0 p_n}$$

ist der Punkt $e \in \mathfrak{A}$ eindeutig bestimmt. Sei $q_0 = p_0$ und $q_j = (p_0 \vee p_j) \cap \mathfrak{H}$ für $1 \le j \le n$. Dann sind die $n+2$ Punkte von $\mathfrak{K}' = (q_0, \dots, q_n, e)$ ein projektives Koordinatensystem von $\mathfrak{P}$ mit Einheitspunkt e derart, daß die beiden folgenden Aussagen für jeden Punkt $x \in \mathfrak{A}$ gelten:

(a) *Sind $(x_1, \dots, x_n)$ die affinen Koordinaten von x bezüglich $\mathfrak{K}$, so sind $(1, x_1, \dots, x_n)$ die homogenen Koordinaten von x bezüglich $\mathfrak{K}'$.*

(b) *Sind $(x_0', x_1', \dots, x_n')$ die homogenen Koordinaten von x bezüglich $\mathfrak{K}'$, so ist $x_0' \neq 0$, und $\left(\frac{x_1'}{x_0'}, \dots, \frac{x_n'}{x_0'}\right)$ sind die affinen Koordinaten von x bezüglich $\mathfrak{K}$.*

Beweis: Nach Satz 8.4.3 (d) ist p-$\dim[(p_0 \vee p_j) \cap \mathfrak{H}] = 0$ für alle $1 \le j \le n$, weil $p_0 \vee p_j$ nicht in der Hyperebene $\mathfrak{H}$ enthalten ist. Also ist jedes $q_j = (p_0 \vee p_j) \cap \mathfrak{H} = \langle \overrightarrow{p_0 p_j} \rangle$ ein Punkt von $\mathfrak{H}$. Da $p_0 \in \mathfrak{P} \setminus \mathfrak{H}$, gibt es einen Vektor $\boldsymbol{a}_0 \in V_{\mathfrak{P}}$ mit $q_0 = p_0 = \langle \boldsymbol{a}_0 \rangle$ und $\boldsymbol{a}_0 \neq \boldsymbol{o}$. Wegen $\mathfrak{P} = \mathfrak{H} \vee q_0$ und der linearen Unabhängigkeit der n Vektoren $\boldsymbol{a}_j = \overrightarrow{p_o p_j} \in V_{\mathfrak{A}} = V_{\mathfrak{H}} \le V_{\mathfrak{P}}$ sind nach Satz 8.4.10 die $n+1$ Punkte $q_0, q_1, \dots, q_n$ von $\mathfrak{P}$ unabhängig. Da $e = \langle \overrightarrow{p_0 e} \rangle = \langle \boldsymbol{a}_1 + \cdots + \boldsymbol{a}_n \rangle$ nach Konstruktion des Punktes e ist, ist $\mathfrak{K}' = (q_0, \dots, q_n, e)$ nach Definition 8.4.12 ein projektives Koordinatensystem von $\mathfrak{P}$ mit Einheitspunkt e.

(a) Sind $(x_1, \dots, x_n)$ die affinen Koordinaten von $x \in \mathfrak{A}$ bezüglich $\mathfrak{K}$, so ist

$$\boldsymbol{x} = \boldsymbol{a}_0 \cdot 1 + \overrightarrow{p_0 x} = \boldsymbol{a}_0 + \boldsymbol{a}_1 \cdot x_1 + \cdots + \boldsymbol{a}_n \cdot x_n$$

ein Vektor mit $x = \langle \boldsymbol{x} \rangle$ als Punkte von $\mathfrak{P}$. Daher sind $(1, x_1, \dots, x_n)$ die homogenen Koordinaten von x bezüglich $\mathfrak{K}'$.

(b) Seien umgekehrt $(x_0', x_1', \dots, x_n')$ die homogenen Koordinaten von x bezüglich $\mathfrak{K}'$. Wegen $x \in \mathfrak{A} = \mathfrak{P} \setminus \mathfrak{H}$ ist x ein eigentlicher Punkt. Deshalb ist $x_0' \neq 0$, und $(1, \frac{x_1'}{x_0'}, \dots, \frac{x_n'}{x_0'})$ sind auch homogene Koordinaten von x. Wegen

$$\overrightarrow{p_0 x} = \boldsymbol{a}_0 \cdot 1 + \boldsymbol{a}_1 \cdot \frac{x_1'}{x_0'} + \cdots + \boldsymbol{a}_n \cdot \frac{x_n'}{x_0} - \boldsymbol{a}_0 = \overrightarrow{p_0 p_1} \frac{x_1'}{x_0'} + \cdots + \overrightarrow{p_0 p_n} \cdot \frac{x_n'}{x_0'}$$

sind dann $\left(\frac{x_1'}{x_0'}, \dots, \frac{x_n'}{x_0'}\right)$ die affinen Koordinaten von $x \in \mathfrak{A}$ bezüglich $\mathfrak{K}$. ♦

8.4.14 Definition. Im projektiven Raum $\mathfrak{P}$ seien x, y, z, u kollineare Punkte, und x, y, z seien paarweise verschieden. Dann ist $\mathfrak{G} = x \vee y \vee z \vee u$ eine projektive Gerade, und $\mathfrak{K}' = (x, y, z)$ ist ein projektives Koordinatensystem von $\mathfrak{G}$ mit x, y

als Grundpunkten und z als Einheitspunkt. Bezüglich $\mathfrak{K}'$ besitzt u homogene Koordinaten (u_0, u_1), deren Quotient $\frac{u_1}{u_0}$ eindeutig nach Satz 8.4.13 bestimmt ist, sofern $u_0 \neq 0$ oder gleichwertig $u \neq y$ ist.

Der durch vier kollineare Punkte $x, y, z, u \in \mathfrak{P}$ im Fall $u \neq y$ eindeutig bestimmte Quotient

$$\mathrm{DV}(x, y, z, u) = \frac{u_1}{u_0} \in F$$

heißt das *Doppelverhältnis* dieser Punkte. Im Fall $u = y$ setzt man formal $\mathrm{DV}(x, y, z, u) = \infty$.

8.4.15 Bemerkungen.
Auf der affinen Geraden seien x, y, z, u paarweise verschiedene Punkte. Hinsichtlich eines Koordinatensystems besitzen sie je eine Koordinate, die wieder mit x, y, z bzw. u bezeichnet werden soll. Berechnet man gemäß Satz 8.4.13 die homogenen Koordinaten von u bezüglich des projektiven Koordinatensystems mit den Grundpunkten x, y und dem Einheitspunkt z, so erhält man als Wert das Doppelverhältnis

$$\mathrm{DV}(x, y, z, u) = \frac{x-u}{y-u} \cdot \frac{y-z}{x-z} = \frac{x-u}{y-u} : \frac{x-z}{y-z} = \frac{\mathrm{TV}(x, y, u)}{\mathrm{TV}(x, y, z)}.$$

Das Doppelverhältnis erweist sich also als Quotient von zwei Teilverhältnissen, wodurch die Namengebung motiviert ist.

Auf der reellen affinen Geraden ist $\mathrm{TV}(x, y, z) < 0$ gleichwertig damit, daß z zwischen x und y liegt. Auf der reellen projektiven Geraden $\mathfrak{G}$ verliert der Begriff „zwischen" seinen Sinn. Denn $\mathfrak{G}$ kann bijektiv (und stetig) auf eine Kreislinie abgebildet werden: Hinsichtlich eines Koordinatensystems $\mathfrak{K}$ von $\mathfrak{G}$ seien (x_0, x_1) die homogenen Koordinaten des Punktes $x \in \mathfrak{G}$. Durch $\alpha(x) = 2 \operatorname{arctg}\left(\frac{x_1}{x_0}\right) \in \mathbb{R}$ wird dann x umkehrbar eindeutig ein Winkel $\alpha(x)$ mit $-\pi < \alpha(x) \leq \pi$ zugeordnet. Jedem solchen Winkel $\alpha(x)$ entspricht genau ein Punkt x^* auf einer Kreislinie $\mathfrak{L}$.

8.4.16 Definition. Zwei Punktepaare (p_1, p_2) und (p_3, p_4) der reellen projektiven Geraden $\mathfrak{G}$ *trennen* sich, wenn die beiden Bögen der Kreislinie $\mathfrak{L}$, die die Punkte p_1^* und p_2^* verbinden, je einen der beiden Punkte p_3^* und p_4^* enthalten.

8.4.17 Satz. *Zwei Punktepaare (p_1, p_2) und (p_3, p_4) der reellen projektiven Geraden $\mathfrak{G}$ trennen sich genau dann, wenn $\mathrm{DV}(p_1, p_2, p_3, p_4) < 0$ gilt.*

Beweis: Mit $\mathfrak{K} = (p_1, p_2, p_3)$ als Koordinatensystem von $\mathfrak{G}$ entsprechen diesen Punkten die Winkel $\alpha_1 = 0, \alpha_2 = \pi, \alpha_3 = \frac{\pi}{2}$. Genau dann trennen sich (p_1, p_2) und (p_3, p_4), wenn der p_4 zugeordnete Winkel α_4 die Bedingung $-\pi < \alpha_4 < 0$ erfüllt, wenn also p_4 die Koordinaten $(1, c)$ mit $c < 0$ besitzt. Wegen $\mathrm{DV}(p_1, p_2, p_3, p_4) = c < 0$ gilt dann die Behauptung. ♦

8.4.18 Definition. Zwei Punktepaare (p_1, p_2) und (p_3, p_4) der reellen projektiven Geraden $\mathfrak{G}$ *trennen sich harmonisch*, wenn $\mathrm{DV}(p_1, p_2, p_3, p_4) = -1$.

8.5 Projektivitäten

In diesem Abschnitt ist $\mathfrak{P}$ stets ein projektiver Raum über dem Körper F mit endlichdimensionalem Vektorraum $V_{\mathfrak{P}} \neq \{\boldsymbol{o}\}$.

8.5.1 Definition. Eine Abbildung φ von $\mathfrak{P}$ auf sich heißt *Projektivität*, wenn sie von einem Automorphismus $\hat{\varphi}$ von $V_{\mathfrak{P}}$ induziert wird, wenn also für jeden Punkt $p = \langle \boldsymbol{p} \rangle$ von $\mathfrak{P}$ stets $\varphi(p) = \langle \hat{\varphi}(\boldsymbol{p}) \rangle$ gilt.

8.5.2 Hilfssatz. *Zwei Automorphismen $\hat{\varphi}$ und $\hat{\psi}$ des Vektorraums $V_{\mathfrak{P}}$ induzieren genau dann dieselbe Projektivität von $\mathfrak{P}$, wenn $\hat{\varphi} = \hat{\psi} c$ für ein $0 \neq c \in F$ gilt.*

Beweis: Nach Definition 8.5.1 ergibt sich $\psi = \varphi$ sofort aus $\hat{\psi} = \hat{\varphi} c$, wobei $0 \neq c \in F$.

Umgekehrt gelte $\psi = \varphi$. Für jeden Punkt $p = \langle \boldsymbol{p} \rangle \in \mathfrak{P}$ gilt dann $\psi(p) = \langle \hat{\psi}(\boldsymbol{p}) \rangle = \langle \hat{\varphi}(\boldsymbol{p}) \rangle = \varphi(p)$. Also existiert ein $0 \neq c_p \in F$ mit $\hat{\varphi}(\boldsymbol{p}) = \hat{\psi}(\boldsymbol{p}) c_p$. Sind $x = \langle \boldsymbol{x} \rangle$, $y = \langle \boldsymbol{y} \rangle$ zwei verschiedene Punkte von $\mathfrak{P}$, so sind $\boldsymbol{x}$ und $\boldsymbol{y}$ linear unabhängige Vektoren von $V_{\mathfrak{P}}$. Sei $\boldsymbol{z} = \boldsymbol{x} + \boldsymbol{y}$. Da $\hat{\psi}$ und $\hat{\varphi}$ Automorphismen von $V_{\mathfrak{P}}$ sind, folgt

$$\begin{aligned}\hat{\varphi}(\boldsymbol{z}) &= \hat{\varphi}(\boldsymbol{x}) + \hat{\varphi}(\boldsymbol{y}) = \hat{\psi}(\boldsymbol{x}) c_x + \hat{\psi}(\boldsymbol{y}) c_y = \hat{\psi}(\boldsymbol{z}) c_z \\ &= \hat{\psi}(\boldsymbol{x} + \boldsymbol{y}) c_z = \hat{\psi}(\boldsymbol{x}) c_z + \hat{\psi}(\boldsymbol{y}) c_z.\end{aligned}$$

Da auch $\hat{\psi}(\boldsymbol{x})$ und $\hat{\psi}(\boldsymbol{y})$ linear unabhängige Vektoren von $V_{\mathfrak{P}}$ sind, ergibt sich durch Koeffizientenvergleich, daß $c_x = c_y = c_z = c \in F$ ist. Also gilt $\hat{\varphi} = \hat{\psi} \cdot c$. ♦

8.5.3 Satz. *Sei $\mathfrak{P}$ ein projektiver Raum. Dann gelten folgende Aussagen:*

(a) *Die Menge aller Projektivitäten von $\mathfrak{P}$ bildet bezüglich der Hintereinanderausführung eine multiplikative Gruppe.*

(b) *Für jede Projektivität φ und jeden projektiven Unterraum $\mathfrak{U}$ von $\mathfrak{P}$ ist $\varphi(\mathfrak{U})$ ein projektiver Unterraum von $\mathfrak{P}$ mit $p\text{-}\dim \varphi(\mathfrak{U}) = p\text{-}\dim \mathfrak{U}$.*

(c) *Für jedes Quadrupel paarweise verschiedener kollinearer Punkte $x, y, z, u \in \mathfrak{P}$ und jede Projektivität φ von $\mathfrak{P}$ gilt*

$$\mathrm{DV}(\varphi x, \varphi y, \varphi z, \varphi u) = \mathrm{DV}(x, y, z, u).$$

Beweis: (a) und (b) ergeben sich unmittelbar aus Hilfssatz 8.5.2.

(c) Mit $x, y, z, u \in \mathfrak{P}$ sind nach (b) auch $\varphi x, \varphi y, \varphi z, \varphi u$ paarweise verschieden und kollinear. Aus $x = \langle \boldsymbol{x} \rangle$, $y = \langle \boldsymbol{y} \rangle$, $z = \langle \boldsymbol{z} \rangle$, $u = \langle \boldsymbol{u} \rangle$, $\boldsymbol{z} = \boldsymbol{x} + \boldsymbol{y}$ und $\boldsymbol{u} = \boldsymbol{x} \cdot u_0 + \boldsymbol{y} \cdot u_1$ mit eindeutig bestimmten $u_0, u_1 \in F$ folgt $\varphi x = \langle \hat{\varphi} \boldsymbol{x} \rangle$, $\varphi y = \langle \hat{\varphi} \boldsymbol{y} \rangle$, $\varphi z = \langle \hat{\varphi} \boldsymbol{z} \rangle$, $\varphi u = \langle \hat{\varphi} \boldsymbol{u} \rangle$, $\varphi \boldsymbol{z} = \hat{\varphi} \boldsymbol{x} + \hat{\varphi} \boldsymbol{y}$ und $\hat{\varphi} \boldsymbol{u} = \hat{\varphi} \boldsymbol{x} \cdot u_0 + \hat{\varphi} \boldsymbol{y} \cdot u_1$. Daher ist $\mathrm{DV}(\varphi x, \varphi y, \varphi z, \varphi u) = \frac{u_1}{u_0} = \mathrm{DV}(x, y, z, u)$ nach Definition 8.4.14. ♦

8.5.4 Satz. *Sei $\mathfrak{P}$ ein endlich-dimensionaler projektiver Raum mit $p\text{-}\dim \mathfrak{P} = n > 0$. Seien $\mathfrak{K} = (q_0, \dots, q_n, e)$ und $\mathfrak{K}^* = (q_0^*, \dots, q_n^*, e^*)$ zwei projektive Koordinatensysteme von $\mathfrak{P}$. Dann gibt es genau eine Projektivität φ von $\mathfrak{P}$ mit $\varphi q_0 = q_0^*, \dots, \varphi q_n = q_n^*$ und $\varphi e = e^*$.*

Beweis: Es sei $q_0 = \langle \boldsymbol{a}_0 \rangle, \dots, q_n = \langle \boldsymbol{a}_n \rangle$ und $e = \langle \boldsymbol{a}_0 + \dots + \boldsymbol{a}_n \rangle$. Nach Definition 8.4.12 ist dann $\{\boldsymbol{a}_0, \dots, \boldsymbol{a}_n\}$ eine Basis von $V_{\mathfrak{P}}$. Entsprechend sei $\{\boldsymbol{a}_0^*, \dots, \boldsymbol{a}_n^*\}$ als Basis zu $\mathfrak{K}^*$ bestimmt. Dann gibt es nach Satz 3.2.4 genau eine lineare Abbildung $\hat{\varphi}$ mit $\hat{\varphi} \boldsymbol{a}_0 = \boldsymbol{a}_0^*, \dots, \hat{\varphi} \boldsymbol{a}_n = \boldsymbol{a}_n^*$, die wegen Satz 3.2.14 sogar ein Automorphismus ist. Es folgt $\hat{\varphi}(\boldsymbol{a}_0 + \dots + \boldsymbol{a}_n) = \boldsymbol{a}_0^* + \dots + \boldsymbol{a}_n^*$. Für die zu $\hat{\varphi}$ gehörende Projektivität φ gilt daher $\varphi q_0 = q_0^*, \dots, \varphi q_n = q_n^*$ und $\varphi e = e^*$. Für eine zweite Projektivität ψ mit denselben Eigenschaften muß $\hat{\psi} \boldsymbol{a}_0 = \hat{\varphi} \boldsymbol{a}_0 \cdot c_0, \dots, \hat{\psi} \boldsymbol{a}_n \cdot c_n$ und $\hat{\psi} \boldsymbol{e} = \hat{\varphi} \boldsymbol{e} \cdot c$ mit Skalaren $c_0, \dots, c_n, c \neq 0$ erfüllt sein. Also gilt

$$\hat{\varphi} \boldsymbol{a}_0 \cdot c_0 + \dots + \hat{\varphi} \boldsymbol{a}_n \cdot c_n = \hat{\psi} \boldsymbol{a}_0 + \dots + \hat{\psi} \boldsymbol{a}_n = \hat{\psi} e = \hat{\varphi} e \cdot c = (\hat{\varphi} \boldsymbol{a}_0 + \dots + \hat{\varphi} \boldsymbol{a}_n) \cdot c,$$

woraus wegen der linearen Unabhängigkeit von $\hat{\varphi} \boldsymbol{a}_0, \dots, \hat{\varphi} \boldsymbol{a}_n$ zunächst $c_i = c$ für $i = 0, 1, \dots, n$ und damit $\hat{\psi} = \hat{\varphi} \cdot c$ folgt. Nach Hilfssatz 8.5.2 ist daher $\psi = \varphi$. ♦

8.5.5 Satz. *Sei $\mathfrak{K} = (q_0, \dots, q_n, e)$ ein Koordinatensystem des n-dimensionalen projektiven Raumes $\mathfrak{P}$ und sei φ eine Projektivität von $\mathfrak{P}$. Seien $\boldsymbol{x} = (x_0, \dots, x_n)$ und $\boldsymbol{x}^* = (x_0^*, \dots, x_n^*)$ die homogenen Koordinatenvektoren eines beliebigen Punktes $x \in \mathfrak{P}$ und seines Bildpunkts φx bezüglich $\mathfrak{K}$.*

Dann existiert eine bis auf einen Faktor $c \neq 0$ eindeutig bestimmte, invertierbare $(n + 1) \times (n + 1)$-Matrix $\mathcal{A} = (a_{ij})$ mit $a_{ij} \in F$ derart, daß

$$(*) \qquad \boldsymbol{x}^* = \mathcal{A} \boldsymbol{x} \quad \textit{für alle } x \in \mathfrak{P} \textit{ gilt.}$$

Umgekehrt bestimmt auch jede invertierbare $(n + 1) \times (n + 1)$-Matrix $\mathcal{A}$ eindeutig eine Projektivität von $\mathfrak{P}$.

Beweis: Wie im Beweis von Satz 8.5.4 sei $q_0 = \langle \boldsymbol{a}_0 \rangle, \dots, q_n = \langle \boldsymbol{a}_n \rangle$ und $e = \langle \boldsymbol{a}_0 + \dots + \boldsymbol{a}_n \rangle$. Bezüglich der Basis $B = \{\boldsymbol{a}_0, \dots, \boldsymbol{a}_n\}$ von $V_{\mathfrak{P}}$ hat $\hat{\varphi}$ nach Definition 3.3.1 die invertierbare $(n + 1) \times (n + 1)$-Matrix $\mathcal{A}_{\hat{\varphi}}(B, B) = \mathcal{A} = (a_{ij})$. Da allerdings die Basisvektoren nur bis auf einen gemeinsamen Faktor $c \neq 0$ eindeutig bestimmt sind, gilt dasselbe auch für die Matrix $\mathcal{A}$. Für $x = \langle \boldsymbol{x} \rangle$ ist $\boldsymbol{x} = \sum_{j=0}^{n} \boldsymbol{a}_j \cdot x_j$. Wegen $\varphi x = \langle \hat{\varphi} \boldsymbol{x} \rangle$ ergibt sich

$$\sum_{i=0}^{n} \boldsymbol{a}_i \cdot x_i^* = \hat{\varphi}\boldsymbol{x} = \sum_{j=0}^{n} (\hat{\varphi}\boldsymbol{a}_j) \cdot x_j = \sum_{i=0}^{n} \sum_{j=0}^{n} \boldsymbol{a}_i a_{ij} x_j,$$

woraus durch Koeffizientenvergleich

$$x_i^* = \sum_{j=0}^{n} a_{ij} x_j \quad \text{für } i = 0, \dots, n.$$

folgt.

Umgekehrt bestimmt eine invertierbare Matrix $\mathcal{A}$ hinsichtlich der Basis $B = \{\boldsymbol{a}_0 \dots, \boldsymbol{a}_n\}$ eindeutig einen Automorphismus $\hat{\varphi}$ von $V_{\mathfrak{P}}$ und damit auch eine Projektivität φ. ♦

8.5.6 Satz. *Sei $\mathfrak{A}$ der zur uneigentlichen Hyperebene $\mathfrak{H}$ gehörende affine Raum des n-dimensionalen projektiven Raumes $\mathfrak{P} \neq \emptyset$. Sei $\mathfrak{K} = (p_0, \dots, p_n)$ ein Koordinatensystem von $\mathfrak{A}$, und sei $\mathfrak{K}' = (q_0, \dots, q_n, e)$ das nach Satz* 8.4.13 *durch $\mathfrak{K}$ bestimmte projektive Koordinatensystem von $\mathfrak{P}$. Dann gelten folgende Aussagen:*

(a) *Jede Affinität φ_0 von $\mathfrak{A}$ kann auf genau eine Weise zu einer Projektivität φ von $\mathfrak{P}$ fortgesetzt werden. Umgekehrt ist eine Projektivität φ von $\mathfrak{P}$ genau dann Fortsetzung einer Affinität φ_0 von $\mathfrak{A}$, wenn $\varphi\mathfrak{H} = \mathfrak{H}$ gilt.*

(b) *Der Affinität φ_0 von $\mathfrak{A}$ entspreche hinsichtlich $\mathfrak{K}$ nach Satz* 8.2.7 *die Koordinatendarstellung*

$$(*) \qquad x_i = t_i + \sum_{j=1}^{n} a_{ij} x_j \quad \textit{für } i = 1, \dots, n$$

mit der $n \times n$-Matrix $\mathcal{A}_0 = (a_{ij})$. Der Fortsetzung φ von φ_0 zu einer Projektivität von $\mathfrak{P}$ entspricht dann hinsichtlich $\mathfrak{K}'$ die Matrix

$$\mathcal{A} = \left(\begin{array}{c|ccc} 1 & 0 & \dots & 0 \\ \hline t_1 & & & \\ \vdots & & \mathcal{A}_0 & \\ t_n & & & \end{array} \right).$$

Beweis: Beim Übergang von affinen Koordinaten $(x_1, \dots, x_n)$ zu homogenen Koordinaten $(x_0^*, \dots, x_n^*)$ gilt nach Satz 8.4.13 zunächst $x_j = \frac{x_j^*}{x_0^*}$ für $j = 1, \dots, n$.

Aus (∗) folgt $x'^*_i = x^*_0 \cdot t_i + \sum_{j=1}^n a_{ij}x^*_j$ für $i = 1, \dots, n$. Außerdem gilt $x'^*_0 = 1$, woraus sich die Behauptung in (b) über die Matrix $\mathcal{A}$ ergibt.

Bis auf einen Faktor $c \neq 0$ ist $\mathcal{A}$ durch $\mathcal{A}_0$, also auch durch φ_0, eindeutig bestimmt und beschreibt somit eine eindeutig bestimmte projektive Fortsetzung φ von φ_0. Dies ist der erste Teil von (a). Umgekehrt sei φ eine Projektivität von $\mathfrak{P}$. Da eine Affinität von $\mathfrak{A}$ die Menge der eigentlichen Punkte von $\mathfrak{P}$ auf sich abbildet, kann φ nur Fortsetzung einer Affinität φ_0 sein, wenn $\varphi\mathfrak{H} = \mathfrak{H}$ gilt. Dann aber muß in der φ bezüglich $\mathfrak{K}'$ zugeordneten Matrix die erste Zeile die Form $(a_{00}, 0, \dots, 0)$ besitzen, wobei wegen der Invertierbarkeit $a_{00} \neq 0$ gelten muß. Und da es auf einen Faktor $c \neq 0$ nicht ankommt, kann $a_{00} = 1$ vorausgesetzt werden. Dann aber hat man es mit einer Matrix der in (b) angegebenen Form zu tun, aus der umgekehrt die Koordinatendarstellung einer Affinität φ_0 mit φ als Fortsetzung folgt. Daher ist jede Projektivität φ mit $\varphi\mathfrak{H} = \mathfrak{H}$ auch Fortsetzung einer Affinität. ♦

8.5.7 Definition. Sei $\mathfrak{A}$ der zur uneigentlichen Hyperebene $\mathfrak{H}$ gehörende affine Raum des endlich-dimensionalen projektiven Raumes $\mathfrak{P} \neq \emptyset$. Dann heißt eine Projektivität φ von $\mathfrak{P}$ *affine Projektivität*, wenn $\varphi\mathfrak{H} = \mathfrak{H}$ gilt.

Nach Satz 8.5.6 induziert φ eine Affinität φ_0 des affinen Raumes $\mathfrak{A}$.

8.6 Projektive Quadriken

In diesem Abschnitt ist $\mathfrak{P}$ stets ein reeller projektiver Raum der projektiven Dimension $n \geq 2$.

8.6.1 Definition. Es sei β eine Bilinearform von $V_{\mathfrak{P}}$. Dann heißt die für $\boldsymbol{x} \in V_{\mathfrak{P}}$ durch $\varphi(\boldsymbol{x}) = \beta(\boldsymbol{x}, \boldsymbol{x})$ definierte Abbildung $\varphi : V_{\mathfrak{P}} \to \mathbb{R}$ eine *quadratische Form* von $V_{\mathfrak{P}}$ mit der *Nullstellenmenge* $N_\varphi = \{\boldsymbol{x} \in V_{\mathfrak{P}} \mid \varphi(\boldsymbol{x}) = 0\}$.

Aus $\boldsymbol{x} \in N_\varphi$ und $\boldsymbol{x}' = \boldsymbol{x}c$ folgt auch

$$\varphi(\boldsymbol{x}') = \beta(\boldsymbol{x}', \boldsymbol{x}') = \beta(\boldsymbol{x}c, \boldsymbol{x}c)\cdot = \beta(\boldsymbol{x}, \boldsymbol{x})c^2 = \varphi(\boldsymbol{x}) \cdot c^2 = 0.$$

Für jeden Vektor $\boldsymbol{x} \in N_\varphi$ mit $\boldsymbol{x} \neq \boldsymbol{o}$ ist der 1-dimensionale Unterraum $\langle \boldsymbol{x} \rangle$ in N_φ enthalten. Da aber $x = \langle \boldsymbol{x} \rangle$ ein Punkt von $\mathfrak{P}$ ist, kann man deshalb N_φ auch als Teilmenge von $\mathfrak{P}$ interpretieren.

8.6.2 Definition. Es sei φ eine quadratische Form von $V_{\mathfrak{P}}$. Dann heißt die Teilmenge

$$Q_\varphi = \{x = \langle \boldsymbol{x} \rangle \in \mathfrak{P} \mid \boldsymbol{x} \in N_\varphi\}$$

von $\mathfrak{P}$ eine *projektive Quadrik* von $\mathfrak{P}$.

8.6.3 Satz. *Sei* $\mathfrak{K} = (q_0, \ldots, q_n, e)$ *ein projektives Koordinatensystem von* $\mathfrak{P}$. *Sei* $\boldsymbol{x} = (x_0, \ldots, x_n)$ *der homogene Koordinatenvektor des Punktes* $x \in \mathfrak{P}$ *bezüglich* $\mathfrak{K}$. *Dann definiert jede reelle* $(n+1) \times (n+1)$*-Matrix* $\mathcal{A} = (a_{ij})$ *durch*

$$(*) \qquad \boldsymbol{x}^T \mathcal{A} \boldsymbol{x} = 0$$

eine projektive Quadrik Q_φ *von* $\mathfrak{P}$.

Umgekehrt gehört zu jeder Quadrik Q_φ *von* $\mathfrak{P}$ *eine symmetrische* $(n+1)\times(n+1)$*-Matrix* $\mathcal{B} = (b_{ij})$ *mit*

$$Q_\varphi = \{p \in \mathfrak{P} \mid \varphi(\boldsymbol{p}) = 0\} = \{x \in \mathfrak{P} \mid \boldsymbol{x}^T \mathcal{B} \boldsymbol{x} = 0\}.$$

Beweis: Durch $\beta(\boldsymbol{x}, \boldsymbol{y}) = \sum_{i,j=0}^{n} a_{ij} x_i y_j$ wird eine Bilinearform definiert, die nach Definition 8.6.1 eine quadratische Form φ bestimmt. Es ist dann $(*)$ die Bestimmungsgleichung von N_φ, also auch von der Quadrik Q_φ.

Umgekehrt sei φ die durch $\varphi(\boldsymbol{x}) = \beta(\boldsymbol{x}, \boldsymbol{x})$ bestimmte quadratische Form. Mit einer zu $\mathfrak{K}$ gehörenden Basis $\{\boldsymbol{a}_0, \ldots, \boldsymbol{a}_n\}$ von $V_\mathfrak{P}$ sei dann $a_{ij} = \beta(\boldsymbol{a}_i, \boldsymbol{a}_j) \in \mathbb{R}$ für $0 \le i, j \le n+1$. Für $x = \langle \boldsymbol{x} \rangle \in \mathfrak{P}$ folgt dann

$$\varphi(\boldsymbol{x}) = \beta(\boldsymbol{x}, \boldsymbol{x}) = \sum_{i,j=0}^{n} \beta(\boldsymbol{a}_i, \boldsymbol{a}_j) x_i x_j = \sum_{i,j=0}^{n} a_{ij} x_i x_j.$$

Also wird die Quadrik Q_φ von φ durch die Gleichung $(*)$ beschrieben. Aus $\sum a_{ij} x_i x_j = 0$ folgt aber auch $\sum a_{ji} x_i x_j = 0$. Sei $b_{ij} = \frac{1}{2}(a_{ij} + a_{ji})$. Dann wird die Quadrik Q_φ auch durch $\sum b_{ij} x_i x_j = 0$ mit der symmetrischen Matrix $\mathcal{B} = (b_{ij})$ dargestellt. ♦

8.6.4 Definition. Sei $\mathfrak{K} = (q_0, \ldots, q_n, e)$ ein Koordinatensystem des projektiven Raums $\mathfrak{P}$. Dann gehört nach Satz 8.6.3 zur projektiven Quadrik Q eine reelle symmetrische $(n+1) \times (n+1)$-Matrix $\mathcal{A}$ derart, daß für die homogenen Koordinatenvektoren $\boldsymbol{x}$ der Punkte $x \in Q$ bezüglich $\mathfrak{K}$ die Bestimmungsgleichung $\boldsymbol{x}^T \mathcal{A} \boldsymbol{x} = 0$ gilt. Die symmetrische Matrix $\mathcal{A}$ ist eine *Koeffizientenmatrix der projektiven Quadrik* Q.

8.6.5 Beispiele.

Es sei hier stets $n = 2$. Durch $x_0^2 + 2x_1^2 - x_2^2 = 0$ wird eine Quadrik der reellen projektiven Ebene beschrieben. Zeichnet man die durch $x_0 = 0$ bestimmte Gerade als uneigentliche Gerade aus, so werden die eigentlichen Punkte durch $x_0 = 1$ charakterisiert. Also wird der eigentliche Teil der Quadrik in affinen Koordinaten (x_1, x_2) durch $2x_1^2 - x_2^2 = -1$ beschrieben. Es handelt sich also um eine Hyperbel.

Diese Kennzeichnung hat aber nur in dieser speziellen affinen Ebene einen Sinn. Dieselbe projektive Quadrik ergibt mit $x_2 = 0$ als uneigentlicher Geraden für die eigentlichen Punkte ($x_2 = 1$) jetzt $x_0^2 + 2x_1^2 = 1$, also als affinen Teil eine Ellipse. Es sind „Ellipse", „Hyperbel" und auch „Parabel" affine Begriffe, die in der projektiven Ebene ihren Sinn verlieren.

Sei x_0 beliebig. Dann ist $x_1^2 - x_2^2 = 0$ gleichwertig damit, daß $x_1 = x_2$ oder $x_1 = -x_2$ erfüllt ist. Die zu dieser Gleichung gehörende Quadrik besteht also aus zwei Geraden mit dem Schnittpunkt $(1, 0, 0)$. Eine solche Quadrik nennt man ein Geradenpaar.

Schließlich wird durch $x_0^2 + x_1^2 + x_2^2 = 0$ in der reellen projektiven Ebene die leere Menge $\emptyset$ als Quadrik gekennzeichnet, weil es keinen Punkt mit den Koordinaten $(0, 0, 0)$ gibt.

8.6.6 Definition. Zwei projektive Quadriken Q, Q' von $\mathfrak{P}$ heißen *projektiv äquivalent*, wenn es eine Projektivität φ von $\mathfrak{P}$ mit $Q = \varphi Q'$ gibt.
Bezeichnung: $Q \sim Q'$

8.6.7 Bemerkung. Offenbar ist $\sim$ eine Äquivalenzrelation, die geometrisch gleiche projektive Quadriken in einer Klasse zusammenfaßt. Ziel dieses Abschnitts ist eine Kennzeichnung dieser Klassen, um einen Überblick über alle projektiven Quadriken von $\mathfrak{P}$ zu gewinnen.

8.6.8 Satz. *Es sei Q eine projektive Quadrik mit Koeffizientenmatrix $\mathcal{A}$. Dann ist $Q \sim Q'$ gleichwertig mit der Existenz einer invertierbaren Matrix $\mathcal{S}$, so daß $\mathcal{A}' = \mathcal{S}^T \mathcal{A} \mathcal{S}$ eine Koeffizientenmatrix von Q' ist.*

Beweis: $Q \sim Q'$ ist gleichwertig mit $Q = \varphi Q'$, wobei die Projektivität φ hinsichtlich des gegebenen Koordinatensystems $\mathfrak{K}$ durch eine invertierbare Matrix $\mathcal{S}$ beschrieben wird. Seien $\boldsymbol{x}$ und $\boldsymbol{y}$ die homogenen Koordinatenvektoren der Punkte $x \in Q$ und $y \in Q'$ mit $x = \varphi y$. Dann ist $\boldsymbol{x} = \mathcal{S}\boldsymbol{y}$. Wegen $\boldsymbol{x}^T \mathcal{A} \boldsymbol{x} = 0$ folgt $\boldsymbol{y}^T (\mathcal{S}^T \mathcal{A} \mathcal{S}) \boldsymbol{y} = 0$. Da $\mathcal{A}$ symmetrisch ist, ist nach Satz 3.1.28 auch $\mathcal{A}' = \mathcal{S}^T \mathcal{A} \mathcal{S}$ symmetrisch. Also ist $\mathcal{A}'$ nach Definition 8.6.4 eine Koeffizientenmatrix von Q'. ♦

8.6.9 Definition. Für jede projektive Quadrik Q von $\mathfrak{P}$ sei

$$u(Q) = \max\{p\text{-}\dim \mathfrak{U} \mid \mathfrak{U} \subseteq Q,\ \mathfrak{U} \text{ projektiver Unterraum von } \mathfrak{P}\}.$$

8.6.10 Satz. *Aus $Q \sim Q'$ folgt $u(Q) = u(Q')$.*

Beweis: Nach Voraussetzung gibt es eine Projektivität φ von $\mathfrak{P}$ mit $Q = \varphi Q'$. Wegen 8.5.3 werden die Unterräume $\mathfrak{U}' \subseteq Q'$ durch φ bijektiv auf die Unterräume $\mathfrak{U} \subseteq Q$ unter Erhaltung der Dimension abgebildet. ♦

8.6.11 Definition. Ein Punkt x der projektiven Quadrik Q heißt *Doppelpunkt* von Q, wenn für jede Gerade $\mathfrak{G}$ von $\mathfrak{P}$ mit $x \in \mathfrak{G}$ entweder $\mathfrak{G} \subseteq Q$ oder $\mathfrak{G} \cap Q = \{x\}$ gilt. Eine Quadrik heißt *ausgeartet*, wenn sie mindestens einen Doppelpunkt besitzt.

8.6.12 Bemerkung. Bei einem Geradenpaar ist der Schnittpunkt der beiden Geraden ein Doppelpunkt. Später wird sich zeigen, daß es Quadriken gibt, die nur aus Doppelpunkten bestehen. Nach dem folgenden Satz sind sie projektive Unterräume von $\mathfrak{P}$. Diese werden im Fall der Dimensionen 0, 1, 2 als *Doppelpunkte*, *Doppelgeraden* bzw. *Doppelebenen* bezeichnet.

8.6.13 Satz. *Sei $\mathcal{A}$ eine Koeffizientenmatrix der projektiven Quadrik Q des n-dimensionalen projektiven Raums $\mathfrak{P}$ bezüglich des Koordinatensystems $\mathfrak{K} = (p_0, \dots, p_n, e)$. Dann gelten folgende Aussagen:*

(a) *Die Menge $\mathfrak{D}(Q)$ aller Doppelpunkte der Quadrik Q ist ein projektiver Unterraum von $\mathfrak{P}$.*

(b) *Ein Punkt $x \in \mathfrak{P}$ liegt genau dann in $\mathfrak{D}(Q)$, wenn sein homogener Koordinatenvektor $\boldsymbol{x}$ bezüglich $\mathfrak{K}$ die Gleichung $\mathcal{A}\boldsymbol{x} = \boldsymbol{o} \in \mathbb{R}^{n+1}$ erfüllt.*

Beweis: (a) Da die Lösungsgesamtheit $\mathfrak{L}$ eines homogenen Gleichungssystems (H) $\mathcal{A}\boldsymbol{y} = \boldsymbol{o}$ nach Folgerung 3.4.8 ein Unterraum von $V_{\mathfrak{P}}$ ist, ist $\mathfrak{D}(Q)$ ein projektiver Unterraum von $\mathfrak{P}$. Also folgt (a) aus (b).

(b) Sei $x \in Q$ und $\boldsymbol{x}$ sein homogener Koordinatenvektor bezüglich $\mathfrak{K}$. Dann erfüllt $\boldsymbol{x}$ die Gleichung

$$(*) \qquad \boldsymbol{x}^T \mathcal{A}\boldsymbol{x} = 0.$$

Sei y ein beliebiger weiterer Punkt von $\mathfrak{P}$ mit homogenem Koordinatenvektor $\boldsymbol{y}$ bezüglich $\mathfrak{K}$. Sei $\mathfrak{G}$ die Gerade durch x und y. Dann hat ein Punkt $z \in \mathfrak{G}$ den homogenen Koordinatenvektor $\boldsymbol{z} = \boldsymbol{x}s + \boldsymbol{y}t$ für Skalare $s, t \in \mathbb{R}$. Da $\mathcal{A}$ eine symmetrische Matrix ist, gilt $\boldsymbol{x}^T \mathcal{A}\boldsymbol{y} = \boldsymbol{y}^T \mathcal{A}\boldsymbol{x}$. Wegen $(*)$ folgt hieraus

$$(**) \qquad \boldsymbol{z}^T \mathcal{A}\boldsymbol{z} = (\boldsymbol{x}^T \mathcal{A}\boldsymbol{y})(2st) + (\boldsymbol{y}^T \mathcal{A}\boldsymbol{y})t^2.$$

Ist nun $\mathcal{A}\boldsymbol{x} = \boldsymbol{o}$, so ist auch $\boldsymbol{x}^T \mathcal{A}\boldsymbol{y} = \boldsymbol{y}^T \mathcal{A}\boldsymbol{x} = 0$. Wegen $(**)$ gilt dann $\boldsymbol{z}^T \mathcal{A}\boldsymbol{z} = 0$ für alle Punkte z der Geraden $\mathfrak{G}$. Also ist $\mathfrak{G}$ ganz in der Quadrik Q enthalten, weshalb x ein Doppelpunkt von Q ist.

Sei umgekehrt $x \in \mathfrak{D}(Q)$. Sei $y \neq x$ ein weiterer Punkt von $\mathfrak{P}$. Für die Verbindungsgerade $\mathfrak{G} = x \vee y$ gilt dann nach Definition 8.6.11 entweder $\mathfrak{G} \leq Q$ oder $\mathfrak{G} \cap Q = \{x\}$. Sei $\boldsymbol{z} = \boldsymbol{x}s + \boldsymbol{y}t$ der homogene Koordinatenvektor eines beliebigen Punktes $z \in \mathfrak{G}$, wobei $s, t \in \mathbb{R}$. Im ersten Fall gilt $\boldsymbol{y}^T \mathcal{A}\boldsymbol{y} = \boldsymbol{z}^T \mathcal{A}\boldsymbol{z} = 0$. Aus $(*)$ und $(**)$ folgt daher $\boldsymbol{x}^T \mathcal{A}\boldsymbol{y} = 0$.

Im zweiten Fall gilt für $t \neq 0$, daß $z \neq x$ und so $z \notin Q$. Weiter ist $y \notin Q$, d. h. $\boldsymbol{y}^T \mathcal{A} \boldsymbol{y} \neq 0$. Wäre $\boldsymbol{x}^T \mathcal{A} \boldsymbol{y} \neq 0$, dann gäbe es für $t \neq 0$ ein $0 \neq s \in \mathbb{R}$ mit

$$\boldsymbol{x}^T \mathcal{A} \boldsymbol{y}(2st) + (\boldsymbol{y}^T \mathcal{A} \boldsymbol{y})t^2 = 0.$$

Wegen $(**)$ folgt dann $\boldsymbol{z}^T \mathcal{A} \boldsymbol{z} = 0$, was $z \notin Q$ widerspricht. Also ist $\boldsymbol{x}^T \mathcal{A} \boldsymbol{y} = 0$ bei beliebiger Wahl von $y \in \mathfrak{P}$. Hieraus folgt $\boldsymbol{x}^T \mathcal{A} = \boldsymbol{o}$ und so $\mathcal{A} \boldsymbol{x} = \boldsymbol{o}$, weil $\mathcal{A}$ symmetrisch ist. ♦

8.6.14 Definition. Für die projektive Quadrik Q von $\mathfrak{P}$ sei

$$d(Q) = p\text{-}\dim \mathfrak{D}(Q).$$

8.6.15 Satz. *Aus $Q \sim Q'$ folgt $d(Q) = d(Q')$.*

Beweis: Die definierenden Eigenschaften eines Doppelpunkts und auch die Dimensionen von Unterräumen bleiben nach Satz 8.4.3 bei Projektivitäten erhalten. ♦

Die für die projektive Äquivalenz notwendigen Bedingungen aus den Sätzen 8.6.10 und 8.6.15 erweisen sich aber in dem folgenden Satz auch als hinreichend.

8.6.16 Satz. (a) *Jede projektive Quadrik Q ist bei gegebenem Koordinatensystem $\mathfrak{K}$ zu genau einer der folgenden Quadriken $Q_{t,r}$ mit $-1 \leq t \leq r \leq n$ und $t + 1 \geq r - t$ projektiv äquivalent, wobei $t + 1$ der Trägheitsindex und $r + 1$ der Rang einer Koeffizientenmatrix $\mathcal{A}$ von Q bezüglich $\mathfrak{K}$ ist. Dabei wird $Q_{t,r}$ durch die Gleichung*

$$x_0^2 + \cdots + x_t^2 - x_{t+1}^2 - \cdots - x_r^2 = 0$$

beschrieben, und es gilt $u(Q_{t,r}) = n - t - 1$, $d(Q_{t,r}) = n - r - 1$.

Der Fall $t = r = -1$ besagt, daß die Gleichung $0 = 0$ lautet. Sie wird von allen Punkten erfüllt, d. h. $Q_{-1,-1} = \mathfrak{P}$.

(b) *Für zwei projektive Quadriken Q, Q' ist $Q \sim Q'$ gleichwertig mit $u(Q) = u(Q')$ und $d(Q) = d(Q')$.*

Beweis: Die Quadrik Q sei durch die symmetrische $(n + 1) \times (n + 1)$-Matrix $\mathcal{A}$ bestimmt. Nach dem Trägheitsssatz 7.6.9 von Sylvester gibt es eine invertierbare $(n + 1) \times (n + 1)$-Matrix Q derart, daß

$$\mathcal{C} = Q^T \mathcal{A} Q = \operatorname{diag}(1, \ldots, 1, -1, \ldots, -1, 0, \ldots, 0)$$

eine $(n+1) \times (n+1)$-Diagonalmatrix ist, in deren Hauptdiagonale zunächst $(t+1)$-mal der Wert $+1$, dann $(n - r)$-mal der Wert -1 und danach lauter Nullen stehen, wobei $(t + 1)$ der Trägheitsindex und $r + 1$ der Rang von $\mathcal{A}$ ist. Wegen Satz 8.6.8

ist die durch $\mathfrak{C}$ bestimmte Quadrik Q' zu Q projektiv äquivalent. Da aber Q' auch durch die Matrix $-\mathfrak{C}$ bestimmt wird, kann man sich auf den Fall beschränken, daß $t+1 \geq (r-t)$, wobei $r+1 = \mathrm{rg}(\mathcal{A})$ der Rang von $\mathcal{A}$ ist. Stets gilt $-1 \leq t \leq r \leq n$. Der Fall $t = r = -1$ tritt genau dann auf, wenn $\mathfrak{C}$ und damit $\mathcal{A}$ die Nullmatrix ist.

Die $(n+1)$-reihige Diagonalmatrix $\mathfrak{C}$ hat den Rang $r+1$. Die allgemeine Lösung des homogenen linearen Gleichungssystems $\mathfrak{C}\boldsymbol{x} = 0$ besitzt daher nach Folgerung 3.4.8 die Dimension $(n+1)-(r+1) = n-r$. Wegen Satz 8.6.13 bestimmt sie gerade den Unterraum $\mathfrak{D}(Q_{t,r})$ der Doppelpunkte von $Q_{t,r}$, dessen projektive Dimension somit $n-r-1$ ist. Mit Hilfe von Satz 8.6.15 erhält man daher $d(Q) = d(Q_{t,r}) = n-r-1$.

Durch die Gleichungen $x_0 = x_{t+1}, \ldots, x_{r-t-1} = x_r, x_{r-t} = 0, \ldots, x_t = 0$ wird ein Unterraum $\mathfrak{U}$ von $\mathfrak{P}$ mit $\dim \mathfrak{U} = n-t-1$ bestimmt. Da aus diesen Gleichungen auch $x_0^2 + \cdots + x_t^2 - x_{t+1}^2 - \cdots - x_r^2 = 0$ folgt, gilt $\mathfrak{U} \subseteq Q_{t,r}$. Weiter beschreiben die Gleichungen $x_{t+1} = 0, \ldots, x_n = 0$ einen Unterraum $\mathfrak{V}$ von $\mathfrak{P}$ mit $\dim \mathfrak{V} = t$, der mit $Q_{t,r}$ keinen Punkt gemeinsam hat: Aus diesen Gleichungen und aus $x_0^2 + \cdots + x_t^2 - x_{t+1}^2 - \cdots - x_r^2 = 0$ würde nämlich außerdem $x_0 = \cdots = x_t = 0$ folgen. Die homogenen Koordinaten eines Punktes sind aber nicht alle gleich Null.

Ist nun $\mathfrak{W}$ ein in $Q_{t,r}$ enthaltener Unterraum, so gilt erst recht $\mathfrak{V} \cap \mathfrak{W} = \emptyset$ und $p\text{-}\dim(\mathfrak{V} \vee \mathfrak{W}) \leq n$. Wegen Satz 8.4.3 folgt daher

$$p\text{-}\dim \mathfrak{W} = p\text{-}\dim(\mathfrak{V} \vee \mathfrak{W}) + p\text{-}\dim(\mathfrak{V} \cap \mathfrak{W}) - p\text{-}\dim \mathfrak{V} \leq n + (-1) - t.$$

Zusammen besagen diese Ergebnisse, daß die maximale Dimension der in $Q_{t,r}$ enthaltenen Unterräume $n-t-1$ ist. Wegen Satz 8.6.15 gilt daher $u(Q) = u(Q_{t,r}) = n-t-1$.

Die Größen $u(Q)$ und $d(Q)$ bestimmen somit eindeutig die Indizes t und r. Daher ist Q auch nur zu genau einer der Quadriken $Q_{t,r}$ projektiv äquivalent. Außerdem ergibt sich hieraus: Gilt für zwei Hyperflächen Q und Q' sowohl $u(Q) = u(Q')$ als auch $d(Q) = d(Q')$, so müssen Q und Q' zu derselben Quadrik $Q_{t,r}$, also auch zueinander projektiv äquivalent sein. ♦

Der Satz 8.6.16 ermöglicht eine vollständige Übersicht über die projektiven Äquivalenzklassen der Quadriken eines n-dimensionalen reellen projektiven Raumes $\mathfrak{P}$. In den nachfolgenden Tabellen sind die Äquivalenzklassen für die Dimensionen $n = 2$ und $n = 3$ zusammengestellt. Alle Behauptungen sind einfache Folgerungen von Satz 8.6.16.

8.6.17 Folgerung. *Es gibt sechs verschiedene projektive Äquivalenzklassen von Quadriken in der reellen projektiven Ebene.*

r	t	d	u	*Gleichung (Normalform)*	*Bezeichnung*
-1	-1	2	2	$0 = 0$	*projektive Ebene*
0	0	1	1	$x_0^2 = 0$	*Doppelgerade*
1	0	0	1	$x_0^2 - x_1^2 = 0$	*Geradenpaar*
1	1	0	0	$x_0^2 + x_1^2 = 0$	*Doppelpunkt*
2	1	-1	0	$x_0^2 + x_1^2 - x_2^2 = 0$	*nicht-ausgeartete Kurve*
2	2	-1	-1	$x_0^2 + x_1^2 + x_2^2 = 0$	*leere Menge*

8.6.18 Folgerung. *Es gibt neun verschiedene projektive Äquivalenzklassen im reellen, dreidimensionalen projektiven Raum.*

r	t	d	u	*Gleichung (Normalform)*	*Bezeichnung*
-1	-1	3	3	$0 = 0$	*3-dim. projektiver Raum*
0	0	2	2	$x_0^2 = 0$	*Doppelebene*
1	0	1	2	$x_0^2 - x_1^2 = 0$	*Ebenenpaar*
1	1	1	1	$x_0^2 + x_1^2 = 0$	*Doppelgerade*
2	1	0	1	$x_0^2 + x_1^2 - x_2^2 = 0$	*Kegel*
2	2	0	0	$x_0^2 + x_1^2 + x_2^2 = 0$	*Doppelpunkt*
3	1	-1	1	$x_0^2 + x_1^2 - x_2^2 - x_3^2 = 0$	*nicht-ausgeartete Fläche, die Geraden enthält (Ringfläche)*
3	2	-1	0	$x_0^2 + x_1^2 + x_2^2 - x_3^2 = 0$	*nicht-ausgeartete Fläche, die keine Geraden enthält (Ovalfläche)*
3	3	-1	-1	$x_0^2 + x_1^2 + x_2^2 + x_3^2 = 0$	*leere Menge*

8.7 Affine Quadriken

In diesem Abschnitt bezeichnet $\mathfrak{A}$ immer einen n-dimensionalen reellen affinen Raum der Dimension $n \geq 2$. $\mathfrak{A}$ wird durch eine Hyperebene $\mathfrak{H}$ zu einem projektiven Raum $\mathfrak{P}$ erweitert. Sei $\mathfrak{K} = (p_0, \ldots, p_n)$ ein affines Koordinatensystem von $\mathfrak{A}$. Nach Satz 8.4.13 bestimmt es eindeutig ein projektives Koordinatensystem $\mathfrak{K}' = (q_0, \ldots, q_n, e)$ von $\mathfrak{P}$. Ein Punkt $x \in \mathfrak{P}$ hat bezüglich $\mathfrak{K}'$ den homogenen Koordinatenvektor $\boldsymbol{x}' = (x_0', \ldots, x_n')$. Die Punkte x von $\mathfrak{H}$ sind durch $x_0' = 0$ gekennzeichnet. Bei eigentlichen Punkten kann $x_0' = 1$ gewählt werden. Es ist dann $\boldsymbol{x} = (x_1', \ldots, x_n')$ der affine Koordinatenvektor von x bezüglich $\mathfrak{K}$.

8.7.1 Definition. Eine Teilmenge Q_0 von $\mathfrak{A}$ heißt *affine Quadrik*, wenn es eine projektive Quadrik Q von $\mathfrak{P}$ mit $Q_0 = Q \cap \mathfrak{A}$ gibt. Die Menge $Q_u = Q \cap \mathfrak{H}$ wird der *uneigentliche Teil* von Q genannt.

8.7.2 Bemerkung. Eine projektive Quadrik Q bestimmt eindeutig die affine Quadrik $Q_0 = Q \cap \mathfrak{A}$. Umgekehrt kann aber Q_0 durchaus Durchschnitt von verschiedenen projektiven Quadriken Q' mit $\mathfrak{A}$ sein, nämlich wenn sich diese nur in ihren uneigentlichen Teilen unterscheiden.

8.7.3 Bemerkung. Wenn die projektive Quadrik Q hinsichtlich $\mathfrak{K}'$ durch die Koordinatengleichung

$$\sum_{i,j=0}^{n} a_{ij} x_i' x_j' = 0$$

mit einer symmetrischen $(n+1) \times (n+1)$-Matrix $\mathcal{A} = (a_{ij})$ beschrieben wird, dann lautet die Koordinatengleichung der affinen Quadrik Q_0 bezüglich $\mathfrak{K}$ wegen $x_0 = 1$ und der Symmetrie von $\mathcal{A}$

$$\sum_{i,j=1}^{n} a_{ij} x_i x_j + 2 \sum_{i=1}^{n} a_{i0} x_i + a_{00} = 0.$$

Die symmetrische $n \times n$-Matrix $\mathcal{A}_0 = (a_{ij})$ mit $i, j = 1, 2, \ldots, n$ heißt *Koeffizientenmatrix der affinen Quadrik* Q_0. Und umgekehrt ist auch jede solche Gleichung mit einer symmetrischen Matrix $\mathcal{A}_0 = (a_{ij})$ die Gleichung einer affinen Quadrik.

8.7.4 Definition. Zwei affine Quadriken Q_0, Q_0' heißen *affin-äquivalent*, wenn es eine Affinität φ_0 von $\mathfrak{A}$ mit $\varphi_0 Q_0' = Q_0$ gibt.
Bezeichnung: $Q_0 \approx Q_0'$

Zwei projektive Quadriken Q, Q' heißen affin-äquivalent, wenn es eine affine Projektivität von $\mathfrak{P}$ mit $\varphi Q' = Q$ gibt.
Bezeichnung: $Q \approx Q'$

8.7.5 Satz. *Es seien Q, Q' projektive Quadriken mit den affinen Quadriken Q_0, Q_0' und den uneigentlichen Teilen Q_u, Q_u'.*

(a) *Aus $Q \approx Q'$ folgt auch $Q_0 \approx Q_0'$.*

(b) *Aus $Q \approx Q'$ folgen die projektiven Äquivalenzen $Q \sim Q'$ und $Q_u \sim Q_u'$.*

Beweis: Ergibt sich unmittelbar aus den Definitionen 8.5.7, 8.7.1 und 8.7.4. ♦

8.7.6 Bemerkung. Teil (b) von Satz 8.7.5 besagt, daß die affine Äquivalenz eine Verfeinerung der projektiven Äquivalenz ist. Die projektiven Äquivalenzklassen der Quadriken werden daher durch die affinen Klassen unterteilt. Einen Einblick in diese Unterteilung vermitteln die uneigentlichen Teile der Quadriken: Ist Q eine Quadrik von $\mathfrak{P}$, so ist ihr uneigentlicher Teil Q_u eine Quadrik von $\mathfrak{H}$.

8.7.7 Definition. Für eine projektive Quadrik Q sei $u^*(Q) = u(Q_u)$ und $d^*(Q) = d(Q_u)$.

8.7.8 Satz. *Aus $Q \approx Q'$ folgt $u(Q) = u(Q')$, $d(Q) = d(Q')$, $u^*(Q) = u^*(Q')$ und $d^*(Q) = d^*(Q')$.*

Beweis: Ergibt sich unmittelbar aus den Sätzen 8.6.10, 8.6.15 und 8.7.5. ♦

8.7.9 Satz. *Sei $\mathfrak{P}$ ein n-dimensionaler reeller projektiver Raum. Die Quadriken $Q^i_{t,r}$ von $\mathfrak{P}$ vom Typ $i \in \{1, 2, 3, 4\}$ seien durch die Gleichungen*

$$Q^i_{t,r} = x_1^2 + \cdots + x_t^2 - x_{t+1}^2 - \cdots - x_r^2 = \triangle^{(i)}$$

definiert, wobei die rechte Seite $\triangle^i$ eines jeden Typs in der nachstehenden Tabelle definiert ist.

Dann ist jede projektive Quadrik Q von $\mathfrak{P}$ zu genau einer der Quadriken $Q^i_{t,r}$ affin-äquivalent.

Die Invarianten $u(Q)$, $d(Q)$ und $u^*(Q)$ besitzen dabei die für $Q^i_{t,r}$ in der Tabelle angegebenen Werte:

Typ	*Gleichung*	*Bedingungen für t und r*	d	u	u^*
(1)	$\triangle^{(1)} = 0$	$0 \le t \le r \le n$	$n-r$	$n-t$	$n-t-1$
(2)	$\triangle^{(2)} = x_0^2$	$0 \le t \le r \le n$	$n-r-1$	$n-t$	$n-t-1$
(3)	$\triangle^{(3)} = x_0^2$	$0 \le t \le r \le n$	$n-(r-t)-1$	$n-r-1$	$n-(r-t)-1$
(4)	$\triangle^{(4)} = x_0 x_{r+1}$	$0 \le t \le r$	$n-r-2$	$n-t-1$	$n-t-1$

Für alle 4 Typen $Q^i_{t,r}$, $1 \le i \le 4$, gilt $d^* = d^*(Q) = n - r - 1$.

Ist $t = 0$, so treten auf der linken Seite der 4 Gleichungstypen keine positiven Glieder auf.

Ist $r = 0$, so ist die linke Seite einer jeden dieser Gleichungen durch 0 zu ersetzen.

Beweis: Es sei $\sum_{i,j=0}^n a_{ij}x_ix_j = 0$ die Gleichung der Quadrik Q von $\mathfrak{P}$. Indem man $x_0 = 0$ setzt, erhält man die Gleichung $\sum_{i,j=1}^n a_{ij}x_ix_j = 0$ von Q_u. Nach Satz 8.6.16 ist Q_u zu einer Quadrik $Q^*_{t,r}$ mit der Gleichung

$$x_1^2 + \cdots + x_t^2 - x_{t+1}^2 - \cdots - x_r^2 = 0 \quad \text{mit } 0 \le t \le r \le n \text{ und } r - t \le t$$

projektiv äquivalent: Man beachte $p\text{-dim}\,\mathfrak{H} = n - 1$, die Indizierung beginnt erst bei 1, daher die Abweichungen gegenüber Satz 8.6.16. Es gibt also eine Projektivität φ^* von $\mathfrak{H}$ mit $\varphi^* Q_u = Q^*_{t,r}$. Ist S^* die Matrix von φ^*, so ist

$$\begin{pmatrix} 1 & \\ & \boxed{S^*} \end{pmatrix}$$

die Matrix einer Fortsetzung von φ^* zu einer affinen Projektivität φ von $\mathfrak{P}$, die Q auf $Q' = \varphi Q \approx Q$ abbildet. Dabei wird dann Q' durch eine Gleichung der Form

$$x_1^2 + \cdots + x_t^2 - x_{t+1}^2 - \cdots - x_r^2 = bx_0^2 + \sum_{i=1}^{n} b_i x_0 x_i \quad \text{mit } 0 \le t \le r \le n,\ r - t \le t$$

beschrieben. Weiter definieren die Gleichungen

$$x_0' = x_0, \qquad x_i' = x_i - \frac{b_i}{2} x_0 \quad \text{für } i = 1, \ldots, t,$$

$$x_j' = x_j + \frac{b_j}{2} x_0 \quad \text{für } j = t+1, \ldots, r, \qquad x_k' = x_k \quad \text{für } k = r+1, \ldots, n$$

eine affine Projektivität, die Q' auf eine Quadrik $Q'' \approx Q' \approx Q$ abbildet. Die Gleichung von Q'' besitzt dann die Form (wieder x_i statt x_i')

$$x_1^2 + \cdots + x_t^2 - x_{t+1}^2 - \cdots - x_r^2 = cx_0^2 + \sum_{i=r+1}^{n} b_i x_0 x_i \quad \text{mit } 0 \le t \le r \le n,\ r - t \le t.$$

Hier wird nun zwischen vier möglichen Fällen unterschieden, die den vier Typen der Tabelle entsprechen.

Fall 1: $c = 0$ *und* $b_i = 0$ *für* $i = r + 1, \ldots, n$.

In diesem Fall ist $Q'' = Q^1_{t,r}$ schon vom Typ $i = 1$. Die in der Tabelle angegebenen Werte für u und d ergeben sich aus Satz 8.6.16. Dabei ist jedoch zu beachten, daß die Gleichung mit x_1 statt mit x_0 beginnt. In den Formeln von Satz 8.6.16 muß deshalb t durch $t - 1$ und r durch $r - 1$ ersetzt werden.

Die Gleichung des uneigentlichen Teils $(Q_u)''$ ist dieselbe wie für Q''. Wegen $p\text{-dim}\,\mathfrak{H} = n - 1$ muß jedoch bei der Berechnung von u^* und d^* jetzt n durch $n - 1$ ersetzt werden. Es gilt somit

$$u^*(Q) = n - t - 1 \quad \text{und} \quad d^*(Q) = n - r - 1.$$

Fall 2: $c > 0$ *und* $b_i = 0$ *für* $i = r + 1, \ldots, n$.

Durch $(x_0)' = \sqrt{c}x_0, (x_i)' = x_i$ für $i = 1, 2, \ldots, n$ wird eine affine Projektivität von $\mathfrak{P}$ definiert, die Q'' auf eine Quadrik $\tilde{Q}$ mit der Gleichung

$$(*) \qquad x_1^2 + \cdots + x_t^2 - x_{t+1}^2 - \cdots - x_r^2 = x_0^2 \quad \text{mit } 0 \leq t \leq r \leq n, r - t \leq t$$

abbildet. Für $r - t < t$ ist $\tilde{Q} = Q_{t,r}^2$ vom Typ $i = 2$. Für $r - t = t$ ist $\tilde{Q} = Q_{t,r}^3$ vom Typ $i = 3$. In beiden Fällen stimmt die Gleichung des uneigentlichen Teils mit der entsprechenden Gleichung im Fall 1 überein. Daher gilt auch hier

$$u^*(Q) = n - t - 1 \quad \text{und} \quad d^*(Q) = n - r - 1.$$

Allerdings kann man im Fall $r - t = t$ ebenso $u^*(Q) = n - (r - t) - 1$ schreiben.

Zur Berechnung von $u(Q)$ und $d(Q)$ muß die Gleichung $(*)$ zunächst auf die Form

$$(**) \qquad x_1^2 + \cdots + x_t^2 - x_{t+1}^2 - \cdots - x_r^2 - x_0^2 = 0$$

gebracht werden. Im Fall $r - t < t$ ist hier immer noch die Bedingung erfüllt, daß die Anzahl der positiven Glieder nicht kleiner als die der negativen Glieder ist. Nach Satz 8.6.16 folgt dann

$$u(Q) = n - t \quad \text{und} \quad d(Q) = n - r - 1,$$

wobei man allerdings t durch $t - 1$ zu ersetzen hat.

Im Fall $r - t = t$ muß man die Gleichung $(**)$ mit (-1) multiplizieren und in den Formeln von Satz 8.6.16 t durch $r - t$ ersetzen, während r nicht geändert zu werden braucht. Man erhält jetzt

$$u(Q) = n - (r - t) - 1 \quad \text{und} \quad d(Q) = n - r - 1.$$

Fall 3: $c < 0$ und $b_i = 0$ für $i = r + 1, \ldots, n$.

Wie im Fall 2 bildet hier die affine Projektivität $x_0' = \sqrt{|c|}x_0$, $x_i' = x_i$ für $i = 1, \ldots, n$ die Quadrik Q'' auf die Quadrik $\tilde{Q} = Q_{r-t,r}^3$ ab. Dabei muß jedoch die Gleichung zunächst mit (-1) multipliziert werden, und es müssen entsprechende Schritte wie im Unterfall $r - t = t$ des Falles 2 durchgeführt werden. Damit ergeben sich die Werte der Invarianten u, d, u^* und d^* der Tabelle.

Fall 4: $b_i \neq 0$ für mindestens ein $i \geq r + 1$.

Da eine Vertauschung der Koordinaten x_i mit $i \neq 0$ eine affine Projektivität ist, kann $b_{r+1} \neq 0$ angenommen werden. Die durch

$$x_i' = x_i \quad \text{für } i \neq r + 1 \quad \text{und} \quad x_{r+1}' = cx_0 + \sum_{i=r+1}^{n} b_i x_i$$

definierte affine Projektivität bildet dann Q'' auf eine Quadrik $\tilde{Q}$ mit der Gleichung

$$x_1^2 + \cdots + x_t^2 - x_{t+1}^2 - \cdots - x_r^2 = x_0 x_{r+1}, \quad 0 \le t \le r \le n-1, r-t \le t,$$

ab. Also ist $\tilde{Q} = Q_{t,r}^4$ vom Typ $i = 4$. Für die Invarianten u^* und d^* ergeben sich dieselben Werte wie im Fall 1.

Zur Berechnung von u und d wird auf $Q_{t,r}^4$ noch die folgende Projektivität δ angewandt, die keine affine Projektivität ist. Sei δ definiert durch

$$x_0' = \frac{1}{2}(x_{r+1} - x_0), \quad x_{r+1}' = \frac{1}{2}(x_{r+1} + x_0) \quad \text{und} \quad x_i' = x_i \quad \text{für } i \neq 0, r+1.$$

Dann ändern sich die Invarianten u und d nach den Sätzen 8.6.10 und 8.6.15 nicht, und $\delta(Q_{t,r}^4)$ hat die Gleichung

$$x_0^2 + \cdots + x_t^2 - x_{t+1}^2 - \cdots - x_{r+1}^2 = 0,$$

woraus $u(Q) = n - t - 1$ und $d(Q) = n - (r+1) - 1 = n - r - 2$ folgt.

Da diese Fallunterscheidung vollständig ist, muß jede projektive Quadrik Q zu mindestens einer Quadrik $Q_{t,r}^i$ der Tabelle affin-äquivalent sein. Q bestimmt die Invarianten u, d, u^*, d^* eindeutig. Innerhalb jedes der Typen (1) bis (4) sind die Indizes t und r bereits durch u und d oder durch u^* und d^* festgelegt. Weiter ist der Typ (1) durch $d^* = d - 1$, der Typ (2) durch $d^* = d$ und $u^* = u - 1$, der Typ (3) durch $d^* = d$ und $u^* = u$ und schließlich der Typ (4) durch $d^* = d + 1$ gekennzeichnet. Daher ist eine Quadrik Q auch nur zu genau einer Quadrik $Q_{t,r}^i$ affin-äquivalent. ♦

8.7.10 Folgerung. *Zwei projektive Quadriken Q, Q' des n-dimensionalen, reellen, projektiven Raumes $\mathfrak{P}$ sind genau dann affin-äquivalent, wenn ihre Invarianten u, d, u^* und d^* übereinstimmen.*

Beweis: Nach Satz 8.7.9 müssen zwei Quadriken Q und Q' mit gleichen Invarianten $u(Q) = u(Q')$, $d(Q) = d(Q')$, $u^*(Q) = u^*(Q')$ und $d^*(Q) = d^*(Q')$ zu genau einer Quadrik $Q_{t,r}^i$ affin-äquivalent sein. Also gilt auch $Q \approx Q'$. Die Umkehrung gilt nach Satz 8.7.8. ♦

Satz 8.7.9 gestattet eine systematische Aufstellung aller affinen Äquivalenzklassen projektiver Quadriken. In den folgenden beiden Tabellen ist sie für die Dimensionen $n = 2$ und $n = 3$ durchgeführt. Der Beweis folgt unmittelbar aus Satz 8.7.9.

8.7.11 Folgerung. *Es gibt* 12 *verschiedene affine Äquivalenzklassen projektiver Quadriken in der reellen projektiven Ebene.*

Nr.	*Typ*	t	r	d	u	d^*	u^*	*Gleichung (Normalform)*	*Bezeichnung (affin)*
1	(1)	0	0	2	2	1	1	$0 = 0$	*Ebene*
2		1	1	1	1	0	0	$x_1^2 = 0$	*eigentl. Gerade*
3		1	2	0	1	−1	0	$x_1^2 - x_2^2 = 0$	*Geradenpaar mit eigentl. Schnittpunkt*
4		2	2	0	0	−1	−1	$x_1^2 + x_2^2 = 0$	*eigentl. Punkt*
5	(2)	1	1	0	1	0	0	$x_1^2 = x_0^2$	*Paar parall. Geraden*
6		2	2	−1	0	−1	−1	$x_1^2 + x_2^2 = x_0^2$	*Ellipse*
7	(3)	0	0	1	1	1	1	$0 = x_0^2$	*uneigentl. Gerade*
8		0	1	0	0	0	0	$-x_1^2 = x_0^2$	*uneigentl. Punkt*
9		0	2	−1	−1	−1	−1	$-x_1^2 - x_2^2 = x_0^2$	∅
10		1	2	−1	0	−1	0	$x_1^2 - x_2^2 = x_0^2$	*Hyperbel*
11	(4)	0	0	0	1	1	1	$0 = x_0 x_1$	*eine eigentl. u. die uneigentl. Gerade*
12		1	1	−1	0	0	0	$x_1^2 = x_0 x_2$	*Parabel*

Beim Übergang zu den affinen Quadriken fallen die Klassen der Nr. 7, 8 *und* 9 *sowie die Klassen* 2 *und* 11 *zusammen, weil der eigentliche Teil jeweils die leere Menge* ∅ *bzw. eine Gerade ist. Alle anderen Klassen sind verschieden. Es gibt also* 9 *Klassen affin-inäquivalenter Quadriken in der affinen Ebene.*

8.7.12 Folgerung. *Es gibt* 20 *verschiedene affine Äquivalenzklassen projektiver Quadriken im dreidimensionalen projektiven Raum.*

Nr.	*Typ*	t	r	d	u	d^*	u^*	*Gleichung (Normalform)*	*Bezeichnung (affin)*
1	(1)	0	0	3	3	2	2	$0 = 0$	3-*dim. Raum*
2		1	1	2	2	1	1	$x_1^2 = 0$	*eigentl. Ebene*
3		1	2	1	2	0	1	$x_1^2 - x_2^2 = 0$	*Ebenenpaar mit eigentl. Schnittgerade*
4		2	2	1	1	0	0	$x_1^2 + x_2^2 = 0$	*eigentl. Gerade*
5		2	3	0	1	−1	0	$x_1^2 + x_2^2 - x_3^2 = 0$	*Kegel*
6		3	3	0	0	−1	−1	$x_1^2 + x_2^2 + x_3^2 = 0$	*eigentl. Punkt*

7	(2)	1	1	1	2	1	1	$x_1^2 = x_0^2$	*Paar parall. Ebenen*
8		2	2	0	1	0	0	$x_1^2 + x_2^2 = x_0^2$	*elliptischer Zylinder*
9		2	3	-1	1	-1	0	$x_1^2 + x_2^2 - x_3^2 = x_0^2$	*einschaliges Hyperboloid*
10		3	3	-1	0	-1	-1	$x_1^2 + x_2^2 + x_3^2 = x_0^2$	*Ellipsoid*
11	(3)	0	0	2	2	2	2	$0 = x_0^2$	*uneigentl. Ebene*
12		0	1	1	1	1	1	$-x_1^2 = x_0^2$	*uneigentl. Gerade*
13		0	2	0	0	0	0	$-x_1^2 - x_2^2 = x_0^2$	*uneigentl. Punkt*
14		0	3	-1	-1	-1	-1	$-x_1^2 - x_2^2 - x_3^2 = x_0^2$	$\emptyset$
15		1	2	0	1	0	1	$x_1^2 - x_2^2 = x_0^2$	*hyperbol. Zylinder*
16		1	3	-1	0	-1	0	$x_1^2 - x_2^2 - x_3^2 = x_0^2$	*zweischaliges Hyperboloid*
17	(4)	0	0	1	2	2	2	$0 = x_0 x_1$	*eigentl. Ebene u.die un-eigentl. Ebene*
18		1	1	0	1	1	1	$x_1^2 = x_0 x_2$	*parabol. Zylinder*
19		1	2	-1	1	0	1	$x_1^2 - x_2^2 = x_0 x_3$	*hyperbol. Paraboloid*
20		2	2	-1	0	0	0	$x_1^2 + x_2^2 = x_0 x_3$	*elliptisches Paraboloid*

Beim Übergang zu den affinen Quadriken fallen die Klassen 11 *bis* 14 *sowie die Klassen* 2 *und* 17 *zusammen, weil der eigentliche Teil jeweils die leere Menge* $\emptyset$ *bzw. eine Ebene ist. Alle anderen Klassen sind verschieden. Es gibt also* 16 *verschiedene Klassen affin-inäquivalenter Quadriken im dreidimensionalen affinen Raum.*

8.7.13 Berechnungsverfahren von Normalformen affiner Quadriken. Die affine Quadrik Q des n-dimensionalen affin-euklidischen Raums $\mathfrak{A}$ sei durch die Gleichung

$$(*) \qquad \sum_{i,j=1}^{n} b_{ij} x_i x_j + \sum_{i=1}^{n} b_i x_i + b = 0$$

bezüglich des affinen Koordinatensystems $\mathfrak{K}$ von $\mathfrak{A}$ gegeben, wobei die symmetrische reelle $n \times n$-Matrix $\mathcal{B} = (b_{ij})$ eine Koeffizientenmatrix von Q ist, und $\boldsymbol{b} = (b_1, \dots, b_n) \in \mathbb{R}^n$, $b \in \mathbb{R}$.

1. Schritt: Man geht zu projektiven Koordinaten über, indem man x_i durch $\frac{x'_i}{x'_0}$ für $1 \leq i \leq n$ ersetzt. Dann multipliziert man $(*)$ mit $(x'_0)^2$. Die so gewonnene quadratische Gleichung bringt man auf die Form

$$(**) \qquad \sum_{i,j=0}^{n} a_{ij} x'_i x'_j = 0.$$

Ihre Koeffizientenmatrix ist die symmetrische reelle $(n+1) \times (n+1)$-Matrix

$$\mathcal{A} = \begin{pmatrix} a_{00} & a_{01} & \cdots & a_{0n} \\ a_{10} & a_{11} & & a_{1n} \\ \vdots & & & \\ a_{n0} & a_{n1} & & a_{nn} \end{pmatrix}.$$

Sie ist die Koeffizientenmatrix einer projektiven Quadrik Q'. Die eingerahmte Teilmatrix $\mathcal{A}_0$ ist die Koeffizientenmatrix des uneigentlichen Teils $(Q_u)'$ der projektiven Quadrik Q' mit $Q' \cap \mathfrak{A} = Q$.

2. Schritt: Man berechne die charakteristischen Polynome $\operatorname{char Pol}_{\mathcal{A}}(X)$ und $\operatorname{char Pol}_{\mathcal{A}_0}(X)$ von $\mathcal{A}$ und $\mathcal{A}_0$.

3. Schritt: Man berechne die Trägheitsindizes $t(\mathcal{A})$ und $t(\mathcal{A}_0)$ von $\mathcal{A}$ und $\mathcal{A}_0$. Da die symmetrischen reellen Matrizen $\mathcal{A}$ und $\mathcal{A}_0$ nach Satz 7.6.3 reelle Nullstellen haben, können die Vorzeichen der Eigenwerte von $\mathcal{A}$ und $\mathcal{A}_0$ aus den Koeffizienten der beiden charakteristischen Polynome $\operatorname{char}_{\mathcal{A}}(X)$ und $\operatorname{char}_{\mathcal{A}_0}(X)$ mittels der Kartesischen Zeichenregel in Bemerkung 7.6.10 bestimmt werden.

4. Schritt: Man berechne die Ränge $\operatorname{rg}(\mathcal{A}) = r$, $\operatorname{rg}(\mathcal{A}_0) = r_0$ mittels Algorithmus 4.1.18.

5. Schritt: Nach Satz 8.6.16 ist dann

$$\begin{aligned} u(Q') &= n - t(\mathcal{A}), & d(Q') &= n - \operatorname{rg}(\mathcal{A}), \\ u^*(Q') &= u(Q'_u) = n - t(\mathcal{A}_0) - 2, & d^*(Q') &= n - \operatorname{rg}(\mathcal{A}_0) - 1. \end{aligned}$$

6. Schritt: In den Fällen $n = 2$ bzw. $n = 3$ ergibt sich die Normalgleichung und der Typ der affinen Quadrik Q aus Folgerung 8.7.11 bzw. 8.7.12. Sonst muß man Satz 8.7.9 anwenden.

7. Schritt: Um die Transformation der Gleichung $(*)$ auf Normalform tatsächlich durchzuführen, muß man die Teilmatrix $\mathcal{A}_0$ mittels Berechnungsverfahren 7.6.4 auf Diagonalform transformieren. Danach ergibt sich mittels quadratischer Ergänzung wie im Beweis von Satz 8.7.9 die Normalform von Q.

8.7.14 Beispiel. Die affine Quadrik Q sei im 3-dimensionalen Raum $\mathfrak{A}$ durch die Gleichung

$$x_1^2 - 5x_2^2 - x_1x_2 + x_1x_3 + x_2x_3 - 4x_1 - 1 = 0$$

gegeben. In homogenen Koordinaten (x_0', x_1', x_2', x_3') lautet sie dann

$$-(x_0')^2 + (x_1')^2 - 5(x_2')^2 - 4x_0'x_2' - x_1'x_2' + x_1'x_3' + x_2'x_3' = 0.$$

Nach Multiplikation dieser Gleichung mit 2 erhält man die symmetrischen Koeffizientenmatrizen

$$\mathcal{A} = \begin{pmatrix} -2 & 0 & -4 & 0 \\ 0 & 2 & -1 & 1 \\ -4 & -1 & -10 & 1 \\ 0 & 1 & 1 & 0 \end{pmatrix}, \quad \mathcal{A}_0 = \begin{pmatrix} 2 & -1 & 1 \\ -1 & -10 & 1 \\ 1 & 1 & 0 \end{pmatrix}$$

der zugehörigen projektiven Quadrik Q' bzw. des uneigentlichen Teils $(Q_u)'$ von Q'. Ihre charakteristischen Polynome sind

$$\begin{aligned} \operatorname{char Pol}_{\mathcal{A}}(X) &= X^4 + 10X^3 - 23X^2 - 20X + 4, \\ \operatorname{char Pol}_{\mathcal{A}_0}(X) &= -X^3 - 8X^2 + 23X + 6. \end{aligned}$$

Also haben $\mathcal{A}$ und $\mathcal{A}_0$ nach der Kartesischen Zeichenregel 7.6.10 die Trägheitsindizes $t(\mathcal{A}) = 2$, $t(\mathcal{A}_0) = 1$ und die Ränge $\operatorname{rg}(\mathcal{A}) = 4$, $\operatorname{rg}(\mathcal{A}_0) = 3$.

Es folgt nach 8.7.13 daß $u(Q') = 3 - 2 = 1$, $d(Q') = 3 - 3 - 1 = -1$, $u^*(Q') = 3 - 1 - 2 = 0$ und $d^*(Q') = 3 - 3 - 1 = -1$ ist.

Die Quadrik Q gehört nach Folgerung 8.7.12 zur Klasse Nr. 9. Sie ist also ein einschaliges Hyperboloid. Die Bestimmung der Normalgleichung ist Aufgabe 8.13.

8.7.15 Bemerkung. Das einschalige Hyperboloid und das hyperbolische Paraboloid weisen folgende Besonderheit auf: Durch jeden ihrer Punkte gehen zwei verschiedene Geraden, die ganz in der Quadrik liegen.

Beweis: Da die in der Behauptung auftretenden geometrischen Eigenschaften bei Affinitäten erhalten bleiben, kann man sich beim Beweis auf die durch die entsprechenden Normalgleichungen beschriebenen Quadriken beschränken.

1. Die Normalgleichung des einschaligen Hyperboloids Q lautet

$$x_1^2 + x_2^2 - x_3^2 = 1.$$

Wegen der (euklidischen) Rotationssymmetrie in der (x_1, x_2)-Ebene kann man sich weiter auf einen Punkt $x^* \in Q$ mit Koordinaten $(x_1^*, 0, x_3^*)$ beschränken, die also $x_1^{*2} - x_3^{*2} = 1$ erfüllen. Durch $x_1 = x_1^* + tx_3^*$, $x_2 = \pm t$, $x_3 = x_3^* + tx_1^*$ mit $t \in \mathbb{R}$ werden je nach Wahl des Vorzeichens zwei verschiedene Geraden durch x^* gegeben.

Einsetzen in die Normalgleichung ergibt $x_1^2 + x_2^2 - x_3^2 = x_1^{*2} - x_3^{*2} + 2t(x_1^* x_3^* - x_3^* x_1^*) + t^2(x_3^{*2} + 1 - x_1^{*2}) = x_1^{*2} - x_3^{*2} = 1$ für beliebige Werte von t. Deshalb sind beide Geraden ganz in Q enthalten.

2. Die Normalgleichung des hyperbolischen Paraboloids Q lautet

$$x_1^2 - x_2^2 = x_3.$$

Es sei $x^* \in Q$ ein beliebiger Punkt mit den Koordinaten (x_1^*, x_2^*, x_3^*), für die also $x_1^{*2} - x_2^{*2} = x_3^*$ gilt. Durch $x_1 = x_1^* + t$, $x_2 = x_2^* \pm t$, $x_3 = x_3^* + 2t(x_1^* \mp x_2^*)$ mit $t \in \mathbb{R}$ werden wieder zwei verschiedene Geraden durch x^* gegeben. Einsetzen ergibt jetzt $x_1^2 - x_2^2 = x_1^{*2} - x_2^{*2} + 2t(x_1^* \mp x_2^*) + t^2(1-1) = x_3^* + 2t(x_1^* \mp x_2^*) = x_3$; die beiden Geraden sind also ebenfalls ganz in Q enthalten. ♦

8.8 Aufgaben

8.1 Im vierdimensionalen reellen affinen Raum $\mathfrak{A}$ seien folgende Punkte durch ihre Koordinaten gegeben: $q_0 = (3, -4, 1, 6)$, $q_1 = (3, -2, -10, 0)$, $q_2 = (2, 0, -3, 2)$, $q_3 = (1, 2, 4, 4)$.

Bestimmen Sie die Dimension des von diesen Punkten aufgespannten Unterraums $\mathfrak{U}$ und den Durchschnitt von $\mathfrak{U}$ mit der Hyperebene $\mathfrak{H}$, die durch die Gleichung

$$4x_1 + x_2 + x_3 - 2x_4 + 6 = 0$$

gegeben ist.

8.2 Im zweidimensionalen reellen affinen Raum seien hinsichtlich eines Koordinatensystems folgende Punkte gegeben:

$$p_1 : (1, 2), \quad p_2 : (2, -1), \quad p_3 : (1, -1), \quad p_1' : (-2, 9), \quad p_2' : (4, -2), \quad p_3' : (1, -6).$$

Berechnen Sie die Matrix und den Translationsvektor derjenigen affinen Abbildung α, für die $\alpha p_i = p_i'$ gilt für $i = 1, 2, 3$.

8.3 Im dreidimensionalen reellen affinen Raum seien hinsichtlich eines Koordinatensystems der Punkt $p : (2, 1, 1)$, die Gerade $\mathfrak{G}' : \boldsymbol{g}' = (11, -1, 2) + (1, 2, 1) \cdot t$ mit $t \in \mathbb{R}$ und die Ebene $\mathfrak{H}$ durch die Gleichung $2x_1 - x_2 + 5x_3 = 1$ gegeben. Berechnen Sie eine Parameterdarstellung derjenigen Geraden $\mathfrak{G}$, für die $p \in \mathfrak{G}$, $\mathfrak{G} \cap \mathfrak{G}' \neq \emptyset$ und $\mathfrak{G} \parallel \mathfrak{H}$ gilt.

8.4 Im dreidimensionalen euklidisch-affinen Raum seien hinsichtlich eines kartesischen Koordinatensystems die Geraden

$$\begin{aligned} \mathfrak{G} &: \boldsymbol{g} = (1, 2, -1) + (3, 1, 1) \cdot s \quad \text{mit } s \in \mathbb{R}, \\ \mathfrak{G}' &: \boldsymbol{g}' = (0, 2, 16) + (1, 2, -3) \cdot t \quad \text{mit } t \in \mathbb{R} \end{aligned}$$

gegeben. Zeigen Sie, daß diese beiden Geraden genau ein gemeinsames Lot besitzen, und berechnen Sie dessen Fußpunkte auf $\mathfrak{G}$ und $\mathfrak{G}'$.

8.5 (a) Im dreidimensionalen reellen affinen Raum seien drei paarweise windschiefe Geraden $\mathfrak{G}_1, \mathfrak{G}_2, \mathfrak{G}_3$ (je zwei liegen nicht in einer Ebene) gegeben. Zeigen Sie: Zu einem Punkt $p \in \mathfrak{G}_1$ gibt es im allgemeinen genau eine Gerade $\mathfrak{G}$ mit $p \in \mathfrak{G}$, $\mathfrak{G} \cap \mathfrak{G}_2 \neq \emptyset$ und $\mathfrak{G} \cap \mathfrak{G}_3 \neq \emptyset$. Welche Ausnahmepunkte gibt es auf G_1, für die dies nicht der Fall ist?

(b) Hinsichtlich eines Koordinatensystems gelte $\mathfrak{G}_1 : \boldsymbol{g}_1 = (1,0,0) \cdot u$, $\mathfrak{G}_2 : \boldsymbol{g}_2 = (0,1,0) + (0,0,1) \cdot v$, $\mathfrak{G}_3 : \boldsymbol{g}_3 = (1,1,0) + (1,1,1) \cdot w$ mit $u, v, w \in \mathbb{R}$. Berechnen Sie für $p : (1,0,0)$ eine Parameterdarstellung der entsprechenden Geraden $\mathfrak{G}$ und außerdem die Ausnahmepunkte von $\mathfrak{G}_1$.

8.6 Hinsichtlich einer Orthonormalbasis des euklidischen 3-dimensionalen Vektorraums $V = \mathbb{R}^3$ sei einem Endomorphismus φ von V die Matrix

$$\mathcal{A} = \begin{pmatrix} \frac{1}{4}\sqrt{3} + \frac{1}{2} & \frac{1}{4}\sqrt{3} - \frac{1}{2} & -\frac{1}{4}\sqrt{2} \\ \frac{1}{4}\sqrt{3} - \frac{1}{2} & \frac{1}{4}\sqrt{3} + \frac{1}{2} & -\frac{1}{4}\sqrt{2} \\ \frac{1}{4}\sqrt{2} & \frac{1}{4}\sqrt{2} & \frac{1}{2}\sqrt{3} \end{pmatrix}$$

zugeordnet. Zeigen Sie, daß φ eine Drehung ist. Bestimmen Sie ihre Drehachse und ihren Drehwinkel und berechnen Sie die Eulerschen Winkel von φ mittels Satz 8.3.28.

8.7 Es sei V ein 3-dimensionaler, orientierter euklidischer Raum, und $\{\boldsymbol{e}_1, \boldsymbol{e}_2, \boldsymbol{e}_3\}$ sei eine positiv orientierte Orthonormalbasis von V. Das *Vektorprodukt* zweier Vektoren $\boldsymbol{x} = \boldsymbol{e}_1 x_1 + \boldsymbol{e}_2 x_2 + \boldsymbol{e}_3 x_3$ und $\boldsymbol{y} = \boldsymbol{e}_1 y_1 + \boldsymbol{e}_2 y_2 + \boldsymbol{e}_3 y_3$ ist definiert durch

$$\boldsymbol{x} \times \boldsymbol{y} = \begin{vmatrix} \boldsymbol{e}_1 & \boldsymbol{e}_2 & \boldsymbol{e}_3 \\ x_1 & x_2 & x_3 \\ y_1 & y_2 & y_3 \end{vmatrix},$$

wobei die Determinante formal nach der ersten Zeile zu entwickeln ist. Zeigen Sie:

(a) $\boldsymbol{x} \times \boldsymbol{y} = 0$ ist gleichwertig damit, daß die Vektoren $\boldsymbol{x}$ und $\boldsymbol{y}$ linear abhängig sind.

(b) Sind x_i, y_i, z_i, $1 \le i \le 3$ die Koordinaten von $\boldsymbol{x}, \boldsymbol{y}, \boldsymbol{z}$ hinsichtlich einer positiv orientierten Orthonormalbasis von V, dann gelten

$$(\boldsymbol{x} \times \boldsymbol{y}) \cdot \boldsymbol{z} = \begin{vmatrix} x_1 & x_2 & x_3 \\ y_1 & y_2 & y_3 \\ z_1 & z_2 & z_3 \end{vmatrix},$$

$$(\boldsymbol{z} \times \boldsymbol{y}) \cdot \boldsymbol{z} = (\boldsymbol{y} \times \boldsymbol{z}) \cdot \boldsymbol{x} = (\boldsymbol{z} \times \boldsymbol{x}) \cdot \boldsymbol{y}.$$

(c) $\boldsymbol{x} \times \boldsymbol{y}$ ist ein zu $\boldsymbol{x}$ und $\boldsymbol{y}$ orthogonaler Vektor mit Betrag

$$|\boldsymbol{x} \times \boldsymbol{y}| = |\boldsymbol{x}|\,|\boldsymbol{y}|\,|\sin(\boldsymbol{x}, \boldsymbol{y})|.$$

8.8 Es sei φ eine Bijektion der affinen Geraden $\mathfrak{G}$ auf sich. Zeigen Sie, daß φ genau dann eine Affinität ist, wenn für je drei Punkte $x, y, z \in \mathfrak{G}$ stets $\mathrm{TV}(\varphi x, \varphi y, \varphi z) = \mathrm{TV}(x, y, z)$.

8.9 Das Doppelverhältnis von vier kollinearen Punkten p_1, p_2, p_3, p_4 hängt von der Reihenfolge dieser Punkte ab. Nachstehend bedeute π eine beliebige Permutation der vier Indizes.

(a) Für welche Permutationen gilt $\mathrm{DV}(p_1, p_2, p_3, p_4) = \mathrm{DV}(p_{\pi 1}, p_{\pi 2}, p_{\pi 3}, p_{\pi 4})$?

(b) Es gelte $\mathrm{DV}(p_1, p_2, p_3, p_4) = c$. Man drücke für alle Permutationen π das Doppelverhältnis $\mathrm{DV}(p_{\pi 1}, p_{\pi 2}, p_{\pi 3}, p_{\pi 4})$ durch c aus. Wie viele verschiedene Doppelverhältnisse treten auf?

8.10 Zeigen Sie, daß eine Bijektion einer projektiven Geraden auf sich genau dann eine Projektivität ist, wenn sie das Doppelverhältnis ungeändert läßt.

8.11 Klassifizieren Sie die durch

$$5(x_1^2 + x_3^2) - 4x_0x_2 + 2x_1x_3 = 0$$

gegebene projektive Quadrik und bestimmen Sie die Matrix einer Transformation, die diese Gleichung in die Normalform überführt.

8.12 Bestimmen Sie die Normalgleichung der Quadrik Q im 3-dimensionalen affineuklidischen Raum $\mathfrak{A}$, die durch

$$x_1^2 + 2x_1x_2 + x_2^2 + 2x_1x_3 + 2x_2x_3 + x_3^2 + 2x_1 + 2x_2 + 2x_3 - 3 = 0$$

beschrieben wird.

8.13 Bestimmen Sie die Normalgleichung der Quadrik Q im dreidimensionalen affineuklidischen Raum $\mathfrak{A}$, die durch

$$x_1^2 - 5x_2^2 - x_1x_2 + x_1x_3 + x_2x_3 - 4x_2 - 1 = 0$$

beschrieben wird. Benutzen Sie Näherungen für die Eigenwerte der Koeffizientenmatrix, und führen Sie die Lösung der Aufgabe mit den Näherungswerten durch.

8.14 Die Quadrik Q im dreidimensionalen reellen affinen Raum $\mathfrak{A}$ sei durch die Gleichung

$$3x_1^2 - 2x_1x_2 + 3x_2^2 - 6x_3^2 - 2x_1 - 4x_2 - 2x_3 = c$$

mit $c \in \mathbb{R}$ gegeben.

(a) Bestimmen Sie alle möglichen Typen von Q in Abhängigkeit von c.

(b) Bestimmen Sie für $c = 6$ die Gleichungen der beiden in Q enthaltenen Geraden, die durch den Punkt q mit den Koordinaten $(-1, -1, -1)$ gehen.

9 Ringe und Moduln

Für die in diesem Buch durchgeführte Lösung des allgemeinen Normalformenproblems einer $n \times n$-Matrix $\mathcal{A} = (a_{ij})$ mit Koeffizienten a_{ij} aus einem kommutativen Körper F ist es notwendig, Teile der Theorie der F-Vektorräume auf R-Rechtsmoduln M über einem kommutativen Ring R zu verallgemeinern. Dabei zeigt sich, daß eine Reihe von Ergebnissen und Definitionen direkt übertragen werden können; das gilt insbesondere, wenn M ein freier R-Rechtsmodul ist. So wird im vierten Abschnitt gezeigt, daß je zwei Basen eines endlich erzeugten freien R-Rechtsmoduls gleich viele Elemente haben. Allerdings bedeutet „frei", daß man voraussetzt, daß M eine Basis besitzt, während man bei F-Vektorräumen V die Existenz einer Basis beweisen konnte.

Im allgemeinen ist ein R-Rechtsmodul M nicht frei. Für die Strukturuntersuchungen der Moduln über Hauptidealringen, die im nächsten Kapitel durchgeführt wird, werden im ersten Abschnitt allgemeine Ergebnisse über Ideale und Restklassenringe beliebiger kommutativer Ringe R dargestellt.

Im zweiten Abschnitt wird der allgemeine Modulbegriff eingeführt, und es werden alle drei Isomorphiesätze der Modultheorie bewiesen, die sich später als wichtige Hilfsmittel erweisen werden.

Im dritten und sechsten Abschnitt werden einige grundlegende Begriffe und Ergebnisse der homologischen Algebra über kommutative Diagramme, exakte Folgen, direkte Produkte, direkte Summen, Faserprodukte und Fasersummen von R-Rechtsmoduln behandelt.

Im vierten Abschnitt werden die grundlegenden Ergebnisse über endlich erzeugte und freie R-Rechtsmoduln bewiesen. Insbesondere wird gezeigt, daß jeder endlich erzeugte R-Rechtsmodul ein epimorphes Bild eines endlich erzeugten freien R-Rechtsmoduls ist. Außerdem wird ein Konstruktionsverfahren für freie Moduln angegeben, die nicht notwendig endlich erzeugt sind.

Der fünfte Abschnitt behandelt die Beschreibung R-linearer Abbildungen zwischen endlich erzeugten freien R-Rechtsmoduln durch $m \times n$-Matrizen über R.

9.1 Ideale und Restklassenringe

In diesem Abschnitt bezeichnet R stets einen kommutativen Ring mit Einselement 1. Der Begriff „Ideal" eines Ringes wird eingeführt. Es folgt, daß jedes Ideal Y von R

eine Äquivalenzrelation $\sim$ auf R definiert. Damit wird gezeigt, daß die zugehörigen Äquivalenzklassen $[r]$ der Ringelemente $r \in R$ wiederum einen Ring R/Y bilden.

9.1.1 Definition. Die nicht leere Teilmenge Y des Ringes R ist ein *Ideal*, wenn Y eine Untergruppe der additiven Gruppe $(R, +)$ von R ist, und $yr \in Y$ für alle $y \in Y$ und $r \in R$ gilt. Das Ideal Y von R heißt *echtes Ideal*, wenn $Y \neq R$.

9.1.2 Beispiele.

(a) Die nur aus dem Nullelement bestehende Teilmenge $\{0\}$ eines Ringes R ist ein Ideal von R; es heißt das *Nullideal* und wird von nun an mit 0 bezeichnet.

(b) Ist $R = \mathbb{Z}$ der Ring der ganzen Zahlen, so ist die Menge Y aller geraden Zahlen $y = 2z$ mit $z \in \mathbb{Z}$ ein Ideal von $\mathbb{Z}$. Denn Summe und Differenz zweier gerader Zahlen sind stets gerade; außerdem ist yz für alle $y \in Y$ und alle $z \in \mathbb{Z}$ eine gerade Zahl.

(c) Ist $R = F$ ein Körper, so sind 0 und R die einzigen Ideale von R.

9.1.3 Definition. Das Ideal Y von R heißt *Hauptideal*, wenn $Y = yR$ für ein $y \in Y$ ist, d. h. es gibt ein $y \in Y$ derart, daß zu jedem $z \in Y$ ein $r \in R$ mit $z = yr$ existiert. Man sagt auch: Das Element y *erzeugt* das Ideal Y oder y ist ein *Erzeuger* von Y.

9.1.4 Definition. Sei Y ein Ideal des Ringes R. Dann heißen zwei Elemente $r, s \in R$ *äquivalent bezüglich* Y, wenn $r - s \in Y$.
Bezeichnung: $r \sim s$ oder $r \sim_Y s$.

Es ist einfach einzusehen, daß $\sim$ eine Äquivalenzrelation auf R ist.

9.1.5 Hilfssatz. *Sei Y ein Ideal des Ringes R mit $Y \neq R$ und R/Y die Menge der Äquivalenzklassen $[r] = \{s \in R \mid s \sim r\}$ der Elemente r von R. Dann wird R/Y bezüglich der Addition $[r_1] + [r_2] = [r_1 + r_2]$ und der Multiplikation $[r_1] \cdot [r_2] = [r_1 \cdot r_2]$ für alle $r_1, r_2 \in R$ ein Ring mit Einselement* $[1]$.

Beweis: Nach Satz 1.2.10 zerlegen die Äquivalenzklassen $[r]$, $r \in R$, die Menge R in disjunkte Teilmengen. Seien $[r_1], [r_2] \in R/Y$. Dann ist zu zeigen, daß ihre Summe $[r_1] + [r_2] = [r_1 + r_2]$ und ihr Produkt $[r_1][r] = [r_1 r_2]$ unabhängig von den Repräsentanten ihrer Äquivalenzklassen sind. Sind $s_1, s_2 \in R$ weitere Repräsentanten von $[r_1]$ bzw. $[r_2]$, so sind $r_i - s_i = y_i \in Y$ für $i = 1, 2$, woraus zunächst $[r_1 + r_2] - [s_1 + s_2] = [r_1 + r_2 - s_1 - s_2] = [(r_1 - s_1) + (r_2 - s_2)] = [y_1 - y_2] = [0] \in R/Y$ folgt. Deshalb ist die Addition + wohldefiniert und $[0]$ ist das Nullelement der abelschen Gruppe R/Y bezüglich der Verknüpfung $+$.

Auch die Multiplikation $\cdot$ auf R/Y ist wohldefiniert; denn

$$\begin{aligned} r_1r_2 - s_1s_2 &= (s_1 + y_1)(s_2 + y_2) - s_1s_2 \\ &= s_1s_2 + y_1s_2 + s_1y_2 + y_1y_2 - s_1s_2 \\ &= y_1s_2 + s_1y_2 + y_1y_2 \in Y, \end{aligned}$$

woraus $[r_1][r_2] = [r_1r_2] = [s_1s_2] = [s_1][s_2]$ folgt. Man überzeugt sich unmittelbar davon, daß R/Y hinsichtlich der so definierten Rechenoperationen (im Sinn der Definition 1.4.1) ein Ring mit $[1]$ als Einselement ist. ♦

9.1.6 Definition. Der Ring R/Y wird der *Restklassenring des Ringes R bezüglich des Ideals Y* genannt.

9.1.7 Definition. Das Ideal M des Ringes R heißt *maximal*, wenn $M \neq R$ gilt und es kein Ideal Y von R gibt mit $M \subset Y \subset R$.

9.1.8 Satz. *Sei R ein kommutativer Ring mit* $1 \in R$. *Dann gelten:*

(a) *Jedes echte Ideal Y von R ist in einem maximalen Ideal enthalten.*

(b) *Ist M ein maximales Ideal von R, so ist der Restklassenring* $F = R/M$ *ein Körper.*

Beweis: (a) Da Y ein echtes Ideal von R ist, ist $1 \notin Y$. Sei $Y \subseteq Y_{\alpha_1} \subseteq Y_{\alpha_2} \subseteq \cdots$ eine aufsteigende Kette von Idealen Y_α von R mit $1 \notin Y_\alpha$, wobei $\alpha \in \mathcal{A}$ und $\mathcal{A}$ eine Indexmenge ist. Sei $W = \bigcup_{\alpha\in\mathcal{A}} Y_\alpha$. Sind $u, v \in W$, so existiert ein $\alpha \in \mathcal{A}$ mit $u, v \in Y_\alpha$, weil die Ideale Y_α eine Kette bilden. Also ist $u - v \in Y_\alpha \subseteq W$. Ebenso folgt $ur \in W$ für alle $u \in W$ and $r \in R$. Daher ist W ein Ideal von R, und $1 \notin W$. Also besitzt die Menge $\mathfrak{M}$ aller Ideale Z von R mit $Y \subseteq Z$ und $1 \notin Z$ nach dem Lemma 1.1.9 von Zorn ein maximales Element M. Da jedes echt größere Ideal $M' > M$ das Einselement 1 enthält und somit $M' = R$ gilt, folgt, daß M ein maximales Ideal von R ist. Es enthält Y.

(b) Sei $[0] \neq [r]$. Dann ist $M + rR$ ein Ideal von R, das M echt enthält. Da M ein maximales Ideal von R ist, gilt

$$R = M + rR.$$

Also liegt die Eins von R in $M+rR$, d. h. $1 = m+rs$ für Elemente $m \in M$ und $s \in R$. Daher ist $[r][s] = [1] \in R/M$ und somit $[s] = [r]^{-1}$. Also ist der Restklassenring R/M ein Körper. ♦

9.1.9 Beispiele.

(a) Im Ring $\mathbb{Z}$ der ganzen Zahlen ist die Menge Y aller geraden Zahlen ein maximales Ideal. Der Restklassenkörper $\mathbb{Z}/Y$ besteht aus den beiden Restklassen $[0]$ und $[1]$. Er hat also 2 Elemente und wird mit $\mathbb{Z}/2\mathbb{Z}$ bezeichnet.

(b) Im Polynomring $R = F[X]$ über dem Körper F in der Unbestimmten X ist $Y = \{Xf(X) | f(X) \in R\}$ ein maximales Ideal mit dem Restklassenkörper $R/Y \cong F$ im Sinne der Definition 3.6.5. Denn ist $f(X) = f_0 + f_1X + \cdots + f_nX^n \in R$, so ist $[f_0] = [f(X)]$ in R/Y. Wegen Hilfssatz 9.1.5 ist die Abbildung $[f_0] \mapsto f_0 \in F$ ein Isomorphismus zwischen den Körpern R/Y und F.

9.1.10 Definition. Ein Element u des kommutativen Ringes R mit Einselement 1 heißt *Einheit*, wenn es ein $v \in R$ mit $uv = 1$ gibt.

9.1.11 Satz. *Die folgenden Eigenschaften eines Elementes $u \in R$ sind äquivalent:*

(a) *u ist eine Einheit von R.*

(b) *R ist das von u erzeugte Hauptideal, d. h. $uR = R$.*

(c) *u ist in keinem maximalen Ideal von R enthalten.*

Beweis: (c) folgt trivialerweise aus (b). Ist u in keinem maximalen Ideal von R enthalten, dann ist das Hauptideal uR nach Satz 9.1.8 nicht echt. Also ist $R = uR$, und $1 = uv$ für ein $v \in R$, womit (a) bewiesen ist. Die Implikation (a) $\Longrightarrow$ (b) ist trivial. ♦

9.1.12 Definition. Eine nicht leere Teilmenge U des Ringes R heißt *Unterring*, wenn für alle $u_1, u_2 \in U$ sowohl $u_1 - u_2 \in U$ als auch $u_1u_2 \in U$ gilt.

9.1.13 Beispiele.

(a) Jedes Ideal Y eines Ringes R ist ein Unterring von R.

(b) $\mathbb{Z}$ ist ein Unterring von $\mathbb{Q}$, aber kein Ideal von $\mathbb{Q}$.

(c) Die Menge Y aller geraden Zahlen von $\mathbb{Z}$ ist ein Unterring von $\mathbb{Q}$. Insbesondere besitzt dieser Unterring Y *kein* Einselement.

Da ein Unterring U im allgemeinen kein Einselement hat, ist es notwendig, den Begriff „Ideal" eines Unterringes einzuführen.

9.1.14 Definition. Sei U ein Unterring des Ringes R. Die nicht leere Teilmenge Y von U ist ein *Ideal des Unterrings* U, wenn $y_1 - y_2 \in Y$ für alle $y_1, y_2 \in Y$, und wenn $yu \in Y$ für alle $y \in Y$ und alle $u \in U$ gilt.

9.1.15 Folgerung. *Seien U ein Unterring und Y ein Ideal des Ringes R. Dann gelten:*

(a) *$Y_1 = U \cap Y$ ist ein Ideal von U.*

(b) *$U + Y = \{r \in R \mid r = u + y$ für ein $u \in U$ und ein $y \in Y\}$ ist ein Unterring von R.*

(c) *$(U + Y)/Y$ ist ein Unterring des Restklassenringes R/Y.*

(d) *Für jeden Unterring T von R/Y ist $T^- = \{r \in R \mid [r] \in T\}$ ein Unterring von R.*

(e) *Für jedes Ideal I von R/Y ist $I^- = \{r \in R \mid [r] \in I\}$ ein Ideal von R mit $Y \subseteq I^-$ und $I^-/Y = I$.*

Beweis: (a) Folgt unmittelbar aus Definition 9.1.12 und Definition 9.1.14.

(b) Sind $r_1 = u_1 + y_1, r_2 = u_2 + y_2 \in U + Y$ mit $u_i \in U$ und $y_i \in Y$, dann ist $r_1 - r_2 = (u_1 - u_2) - (y_1 - y_2) \in U + Y$. Da Y ein Ideal von R ist, ist auch $r_1 \cdot r_2 = (u_1 + y_1)(u_2 + y_2) = u_1u_2 + (y_1u_2 + u_1y_2 + y_1y_2) \in U + Y$.

Die einfachen Beweise der übrigen Aussagen (c), (d) und (e) sind dem Leser überlassen. ♦

9.2 Moduln

In diesem Abschnitt ist R stets ein kommutativer Ring mit Eins. Als Verallgemeinerung der Theorie der F-Vektorräume V werden hier einige grundlegende Begriffe und Ergebnisse über R-Moduln M dargestellt. Insbesondere werden alle drei Isomorphiesätze bewiesen.

9.2.1 Definition. Die abelsche Gruppe M mit Addition $+$ heißt ein *R-Rechtsmodul*, wenn eine Verknüpfung $(m, r) \mapsto mr$ von $M \times R$ in M existiert derart, daß für alle $m, m_1, m_2 \in M$ und $r, r_1, r_2 \in R$ folgende Gleichungen gelten:

(a) $$m(r_1r_2) = (mr_1)r_2.$$

(b) $$(m_1 + m_2)r = m_1r + m_2r.$$

(c) $$m(r_1 + r_2) = mr_1 + mr_2.$$

(d) $$m1 = m.$$

Analog erklärt man R-Linksmoduln mittels einer Verknüpfung $(r, m) \mapsto rm$.

Die Axiome (a) bis (d) stimmen also mit denen der Definition 1.5.1 eines Vektorraums überein. Da Körper spezielle Ringe sind, ist der Modulbegriff eine Verallgemeinerung des Begriffs Vektorraum.

9.2.2 Beispiele.

(a) Jeder Vektorraum V über einem Körper F ist ein F-Rechtsmodul.

(b) Jede abelsche Gruppe $(A, +)$ ist ein $\mathbb{Z}$-Rechtsmodul; denn für jedes $a \in A$ und jede natürliche Zahl n ist $a \cdot n$ in A als die n-fache Summe des Elements a mit sich selbst definiert. Außerdem gilt $a \cdot (-n) = (-a) \cdot n$ für alle $a \in A$ und alle natürlichen Zahlen n. Mit diesen Feststellungen ist es trivial, die Axiome von 9.2.1 für den $\mathbb{Z}$-Modul A nachzuweisen.

(c) Jedes Ideal Y des Ringes R ist ein R-Rechts- und ein R-Linksmodul.

(d) Der Restklassenring R/Y des Ringes R nach dem Ideal Y ist ein R-Rechtsmodul bezüglich der Verknüpfung: $[r] \cdot s = [rs]$ für alle $[r] \in R/Y$ und alle $s \in R$; diese Behauptung folgt einfach aus Hilfssatz 9.1.5.

9.2.3 Bemerkungen.

(a) Die Definition 9.2.1 eines R-Rechtsmoduls gilt wörtlich auch für nicht notwendig kommutative Ringe R. Im nicht kommutativen Fall sind die Begriffe „R-Rechtsmodul" und „R-Linksmodul" strikt verschieden.

(b) Ist R jedoch ein kommutativer Ring und M ein R-Rechtsmodul mit Verknüpfung $(m, r) \mapsto mr$, $m \in M$, $r \in R$, so wird M ein R-Linksmodul vermöge der neuen Verknüpfung $(r, m) \mapsto r * m = mr$. Da R kommutativ ist, gilt insbesondere auch die kritische Gleichung

$$(r_1 r_2) * m = r_1 * (r_2 * m) = r_1 * (m r_2) = (m r_2) r_1 = m r_2 r_1 = m(r_1 r_2)$$

für alle $r_1, r_2 \in R$ und alle $m \in M$.

Es ist deshalb üblich, im kommutativen Fall R-Rechtsmoduln als R-Moduln zu bezeichnen. Diese Vereinbarung wird in allen folgenden Abschnitten und Kapiteln befolgt.

9.2.4 Definition. Sei M ein R-Modul. Die nicht leere Teilmenge U von M ist ein *Untermodul* von M, wenn die beiden folgenden Bedingungen erfüllt sind:

(a) $u_1 - u_2 \in U$ für alle $u_1, u_2 \in U$.

(b) $u \cdot r \in U$ für alle $u \in U$ und $r \in R$.

Bezeichnung: $U \le M$; $U < M$, falls $U \le M$ und $U \ne M$.

Jeder Untermodul ist ein R-Modul. Sicherlich ist $\{0\}$ ein Untermodul von M. Es ist jedoch üblich, ihn nur mit 0 zu bezeichnen, obwohl er im Falle der Vektorräume dem Nullraum $\{\boldsymbol{o}\}$ entspricht.

9.2.5 Hilfssatz. *Seien U, V zwei Untermoduln des R-Moduls M. Dann gelten die folgenden Aussagen:*

(a) $U + V = \{u + v \mid u \in U, v \in V\}$ *ist ein Untermodul von* M.

(b) $U \cap V$ *ist ein Untermodul von* M.

Beweis: (a) Ist $m = u + v$ für geeignete $u \in U$ und $v \in V$, dann ist $mr = ur + vr \in U + V$ für alle $r \in R$, weil $ur \in U$ und $vr \in V$ ist. Ist $m' = u' + v'$ ein weiteres Element von $U + V$, so ist $m - m' = (u - u') + (v - v') \in U + V$. Da $0 + 0 = 0$ aus $U + V$ ist, ist $U + V$ nicht leer. Also gilt die Behauptung.

(b) Ist trivial. ♦

9.2.6 Definition. Seien $U_1, U_2, \ldots, U_k$ Untermoduln des R-Moduls M. Dann heißt der nach Hilfssatz 9.2.5 und vollständiger Induktion existierende Untermodul $U_1 + U_2 + \cdots + U_k$ die *Summe* der Untermoduln U_i von M.

Bezeichnung: $\sum\limits_{i=1}^{k} U_i$ oder $U_1 + U_2 + \cdots + U_k$.

9.2.7 Definition. Die Summe $\sum_{i=1}^{k} U_i$ der Untermoduln $U_1, U_2, \ldots, U_k$ des R-Moduls M heißt *direkt*, wenn für alle $j = 1, 2, \ldots, k$ stets gilt

$$U_j \cap \sum_{\substack{i=1 \\ i \neq j}}^{k} U_i = 0.$$

Bezeichnung: $\bigoplus\limits_{i=1}^{k} U_i$ oder $U_1 \oplus U_2 \oplus \cdots \oplus U_k$.

Wie bei Vektorräumen lassen sich diese beiden Definitionen auf beliebig viele Untermoduln übertragen.

9.2.8 Definition. Es sei $\{U_\alpha \mid \alpha \in \mathcal{A}\}$ ein System von Untermoduln des R-Moduls M derart, daß die Zuordnung $\alpha \mapsto U_\alpha$ injektiv ist.

(a) Die *Summe der Untermoduln* U_α von M ist der Untermodul $\sum_{\alpha \in \mathcal{A}} U_\alpha = \left\{\sum_{\alpha \in \mathcal{A}} u_\alpha \in M \mid u_\alpha \in U_\alpha \text{ und } u_\alpha = 0 \text{ für fast alle } \alpha \in \mathcal{A}\right\}$.

(b) Die *Summe* $\sum_{\alpha \in \mathcal{A}} U_\alpha$ heißt *direkt*, wenn $U_\alpha \neq 0$ für alle $\alpha \in \mathcal{A}$ erfüllt ist und für jeden Index $\beta \in \mathcal{A}$ gilt:

$$U_\beta \cap \sum_{\alpha \in \mathcal{A} \setminus \{\beta\}} U_\alpha = 0.$$

Bezeichnung: $\bigoplus_{\alpha \in \mathcal{A}} U_\alpha$.

9.2.9 Definition. Sind M und N zwei R-Moduln, dann nennt man die Abbildung $\alpha : M \to N$ eine *R-lineare Abbildung* (*Modulhomomorphismus*), wenn

$$\begin{aligned}\alpha(m_1 + m_2) &= \alpha(m_1) + \alpha(m_2),\\ \alpha(mr) &= \alpha(m)r\end{aligned}$$

für alle $m, m_1, m_2 \in M$, $r \in R$ gelten.
Bezeichnung: $\mathrm{Hom}_R(M, N)$ ist die Menge aller R-linearen Abbildungen von M nach N.

9.2.10 Definition. Eine Abbildung $\alpha : M \to N$ zwischen den R-Moduln M und N heißt

(a) *Epimorphismus*, wenn α R-linear und surjektiv ist.

(b) *Monomorphismus*, wenn α R-linear und injektiv ist.

(c) *Isomorphismus*, wenn α R-linear und bijektiv ist.

9.2.11 Definition. Sei $\alpha : M \to N$ eine R-lineare Abbildung zwischen den R-Moduln M und N. Dann heißt $\mathrm{Ker}(\alpha) = \{m \in M \mid \alpha(m) = 0 \in N\}$ der *Kern* von α. Die Menge $\mathrm{Im}(\alpha) = \{w \in N \mid w = \alpha(m)$ für ein $m \in M\}$ heißt das *Bild* von α.

9.2.12 Satz. *Sei $\alpha : M \to N$ eine R-lineare Abbildung zwischen den R-Moduln M und N. Dann gelten:*

(a) *Das Urbild $\alpha^-(Z) = \{m \in M \mid \alpha(m) \in Z\}$ eines Untermoduls Z von N ist ein Untermodul von M.*

(b) $\mathrm{Ker}(\alpha)$ *ist ein Untermodul von M.*

(c) $\mathrm{Ker}(\alpha) = 0$ *genau dann, wenn α injektiv ist.*

(d) *Für jeden Untermodul U von M ist $\alpha(U)$ ein Untermodul von N.*

(e) $\mathrm{Im}(\alpha)$ *ist ein Untermodul von N.*

(f) $\mathrm{Im}(\alpha) = N$ *genau dann, wenn α surjektiv ist.*

Beweis: Hierzu wird auf den Beweis von Satz 3.2.7 verwiesen. ♦

9.2.13 Definition. Sei U ein Untermodul des R-Moduls M. Zwei Elemente $u, v \in M$ heißen *äquivalent* bezüglich U, wenn $u - v \in U$ ist.
Bezeichnung: $u \sim_U v$.

9.2.14 Hilfssatz. *Sei U ein Untermodul des R-Moduls M über dem Ring R. Dann gelten:*

(a) $\sim_U$ *ist eine Äquivalenzrelation.*

(b) *Sei* M/U *die Menge aller Äquivalenzklassen* $[v] = \{m \in M \mid v \sim_U m\}$ *der Elemente* $v \in M$ *bezüglich* $\sim_U$. *Dann ist* M/U *ein* R*-Modul bezüglich der Operationen* $+$ *und* $\cdot$, *die wie folgt definiert sind:*

$$[v_1] + [v_2] = [v_1 + v_2] \quad \text{für alle } v_1, v_2 \in M,$$
$$[v] \cdot r = [vr] \quad \text{für alle } v \in M \text{ und } r \in R.$$

(c) *Die durch* $\psi(v) = [v] \in M/U$ *für alle* $v \in M$ *definierte Abbildung ist ein* R*-Modulepimorphismus von* M *auf* M/U *mit* $\operatorname{Ker}\psi = U$.

(d) *Ist* Y *ein Ideal des Ringes* R, *dann ist* $U = MY$ *ein Untermodul von* M *und* M/U *ist ein* R/Y*-Modul bezüglich der Verknüpfung* $[v][r] = [vr] = [v]r$ *für alle* $[r] \in R/Y$ *und* $[v] \in M/U$.

Beweis: (a) Ist trivial.

(b) Zunächst ist zu zeigen, daß die Operationen $+$ und $\cdot$ *wohldefiniert* sind, d. h. unabhängig von der jeweiligen Auswahl der Vertreter v_i der Äquivalenzklassen $[v_i]$. Seien also v_1 und v_1' bzw. v_2, v_2' jeweils zwei Repräsentanten der Äquivalenzklassen $[v_1]$ und $[v_2]$. Dann ist $v_1 - v_1' = u_1 \in U$ und $v_2 - v_2' = u_2 \in U$ nach Definition von $\sim_U$. Also ist $(v_1 + v_2) - (v_1' + v_2') = u_1 - u_2 \in U$, weil U ein Untermodul des R-Moduls M ist. Hieraus folgt, $[v_1 + v_2] = [v_1' + v_2']$. Also ist die Addition $+$ wohldefiniert.

Sei nun $a \in R$. Sind v und v' zwei Repräsentanten der Restklasse $[v]$, dann ist $v - v' = u \in U$. Also ist $v \cdot a - v' \cdot a = (v - v') \cdot a = u \cdot a \in U$ und somit $[va] = [v'a]$. Daher ist auch die Multiplikation $\cdot$ mit Elementen $a \in R$ auf M/U wohldefiniert.

Da $0 \in U$, ist $[0]$ das Nullelement in M/U. Die übrigen Axiome eines R-Moduls folgen nun für M/U sofort aus der Tatsache, daß sie nach Definition 9.2.1 für alle Elemente von M gelten.

(c) Wegen (b) ist die Abbildung $\psi : v \to [v] \in M/U$ für alle $v \in M$ ein R-Modulepimorphismus. Weiter ist $\psi(v) = 0$ genau dann, wenn $[v] = [0] \in M/U$, d. h. $v \in U$ ist. Also ist $\operatorname{Ker}(\psi) = U$.

(d) Da R ein kommutativer Ring ist, ist My für jedes $y \in Y$ ein Untermodul des R-Moduls M; denn $m_1y - m_2y = (m_1 - m_2)y \in My$ für $m_1y, m_2y \in My$ und $(my)r = m(ry) = (mr)y \in My$ für $m \in M$ und $r \in R$. Nach Definition 9.2.8 ist daher $MY = \sum_{y \in Y} My$ ein Untermodul von M.

Nach (b) gilt $[m]y = [my] = 0 \in M/MY$ für alle $y \in Y$ und $[m] \in M/MY$. Sei $[r] \in R/Y$. Dann wird M/MY ein R/Y-Modul vermöge der nun wohldefinierten Verknüpfung $[m] \cdot [r] = [mr] = [m]r$. ♦

9.2.15 Definitionen. Sei U ein Untermodul des R-Moduls M. Der R-Modul M/U aus Hilfssatz 9.2.14 (b) heißt *Faktormodul* von M nach U.
Bezeichnung: M/U.

Der in Hilfssatz 9.2.14 (c) erklärte R-Modulepimorphismus $\psi : M \to M/U$, $\psi(m) = [m] \in M/U$ für alle $m \in M$, heißt *kanonischer Epimorphismus* von M auf M/U.

9.2.16 Satz (1. Isomorphiesatz). *Ist $\alpha : M \to W$ ein Epimorphismus zwischen den R-Moduln M und W, dann ist $M/\operatorname{Ker}(\alpha) \cong W$.*

Beweis: Nach Satz 9.2.12 ist $\operatorname{Ker}(\alpha)$ ein Untermodul von M. Sei $\psi : M \to M/\operatorname{Ker}(\alpha)$ der in Hilfssatz 9.2.14 beschriebene kanonische Epimorphismus $\psi(v) = [v] \in M/\operatorname{Ker}(\alpha)$ für alle $v \in M$. Dann ist $\operatorname{Ker}(\psi) = \operatorname{Ker}(\alpha)$. Die Abbildung $\varphi : M/\operatorname{Ker}(\alpha) \to W$, die jeder Restklasse $[v] \in M/\operatorname{Ker}(\alpha)$ das Bild $\alpha(v) \in W$ des Elements $v \in M$ zuordnet, ist daher eine wohldefinierte R-lineare Abbildung. Da α surjektiv ist, ist auch φ ein Epimorphismus. Wegen $\operatorname{Ker}(\psi) = \operatorname{Ker}(\alpha)$ ist φ injektiv. Also ist $\varphi : M/\operatorname{Ker}(\alpha) \to W$ ein Isomorphismus. ♦

9.2.17 Satz (2. Isomorphiesatz). *Seien U und W Untermoduln des R-Moduls M. Dann gilt*

$$(U + W)/W \cong U/(U \cap W).$$

Beweis: Nach Hilfssatz 9.2.5 ist $U + W$ ein R-Modul. Sicherlich ist W ein Untermodul von $U + W$. Sei $\alpha : (U + W) \to (U + W)/W$ der zu W gehörige kanonische Epimorphismus. Dann ist $\operatorname{Ker}(\alpha) = W$ nach Hilfssatz 9.2.14. Wegen Hilfssatz 9.2.5 ist $U \cap W$ ein Untermodul von U. Sei $\beta : U \to U/(U \cap W)$ der zugehörige kanonische Epimorphismus mit $\operatorname{Ker}(\beta) = U \cap W$.

Für ein Element $v = u + w \in U + W$ mit $u \in U$ und $w \in W$ gilt $\alpha(v) = [v] = [u+w] = [u]+[w] = [0] \in (U+W)/W$ genau dann, wenn $[u] = [0] \in (U+W)/W$ ist, d. h. wenn $u \in U \cap W$. Also ist die durch

$$\gamma\,(\alpha(u + w)) = \beta(u) \quad \text{für alle } u \in U \text{ und } w \in W$$

definierte Abbildung $\gamma : (U + W)/W \to U/(U \cap W)$ wohldefiniert und injektiv. Da α und β surjektive R-lineare Abbildungen sind, ist γ ein Isomorphismus. ♦

9.2.18 Satz (3. Isomorphiesatz). *Seien U und W Untermoduln des R-Moduls M derart, daß $W \le U$. Dann gilt*

$$M/U \cong (M/W)/(U/W).$$

Beweis: Seien $\alpha : M \to M/U$ und $\beta : M \to M/W$ die zu den Untermoduln U und W gehörigen kanonischen Epimorphismen von M. Wegen $W \le U$ ist dann $\beta(U) =$

U/W ein Untermodul von $\beta(M) = M/W$. Sei γ der kanonische Epimorphismus von $\beta(M)$ auf $\beta(M)/\beta(U)$. Die Abbildung $\delta : \beta(M)/\beta(U) \to \alpha(M) = M/U$ sei definiert durch

$$\delta\,(\gamma\,(\beta(v))) = \alpha(v) \quad \text{für alle } v \in M.$$

Zunächst wird gezeigt, daß δ wohldefiniert ist: Aus $\gamma\beta(v) = 0 \in \beta(M)/\beta(U)$ folgt $\beta(v) \in \beta(U)$, weil $\mathrm{Ker}(\gamma) = \beta(U)$ ist. Daher ist $\beta(v) = \beta(u)$ für ein $u \in U$, weil $\beta : M \to M/W$ und seine Einschränkung auf U wegen $W \leq U$ surjektive Abbildungen sind. Also ist

$$v - u \in \mathrm{Ker}(\beta) = W,$$

woraus $v - u = w$ für ein $w \in W \leq U$ und somit $v = u + w \in U$ folgt. Da $U = \mathrm{Ker}(\alpha)$ ist, ergibt sich hieraus schließlich die Gleichung

$$\delta\,(\gamma\,(\beta(v))) = \alpha(v) = 0.$$

Die Abbildung δ ist auch linear und surjektiv, weil die Abbildungen α, β und γ diese beiden Eigenschaften haben. Ist schließlich

$$\delta\,(\gamma\,(\beta(v))) = \alpha(v) = 0 \in M/U,$$

dann ist $v \in \mathrm{Ker}(\alpha) = U$, woraus $\beta(v) \in \beta(U) = \mathrm{Ker}(\gamma)$ und somit $\gamma\beta(v) = 0 \in \beta(M)/\beta(U)$ folgt. Daher ist $\delta : \beta(M)/\beta(U) = (M/W)/(U/W) \to M/U$ ein Isomorphismus. ♦

9.2.19 Folgerung. *Seien M und Y zwei R-Moduln. Sei U ein Untermodul von M und $\psi : M \to M/U$ der kanonische Epimorphismus mit Kern U.*

Dann gibt es zu jeder R-linearen Abbildung $\alpha : M \to Y$ mit $U \leq \mathrm{Ker}\,\alpha$ genau eine R-lineare Abbildung τ_U mit $\alpha = \tau_U\psi$.

Weiter gilt:

(a) *τ_U ist genau dann injektiv, wenn* $\mathrm{Ker}(\alpha) = \mathrm{Ker}(\psi) = U$.

(b) *τ_U ist genau dann surjektiv, wenn α surjektiv ist.*

Beweis: Für jedes $m \in M$ sei $[m]$ die Restklasse von m in M/U. Die Abbildung $\tau_U : M/U \to Y$ sei definiert durch $\tau_U[m] = \alpha(m)$ für alle $m \in M$. Wegen $U \subseteq \mathrm{Ker}(\alpha)$ ist τ_U wohldefiniert. Offensichtlich ist τ_U auch R-linear.

Sei $\sigma : M/U \to Y$ eine weitere R-lineare Abbildung mit $\alpha = \sigma\psi$. Dann gilt:

$$\sigma[m] = \sigma\psi(m) = \alpha(m) = \tau_U\psi(m) = \tau_U[m]$$

für alle $[m] \in M/U$. Also ist $\sigma = \tau_U$.

Wegen $U \leq \mathrm{Ker}\,\alpha$ ist $\mathrm{Ker}(\alpha)/U$ ein Untermodul von M/U. Aus $\tau_U\psi = \alpha$ ergibt sich nun $\mathrm{Ker}(\tau_U) = \mathrm{Ker}(\alpha)/U$. Also ist τ_U genau dann injektiv, wenn $\mathrm{Ker}\,\alpha = U$. Nach Konstruktion ist τ_U genau dann surjektiv, wenn α surjektiv ist. ♦

9.2.20 Bemerkung. Im Spezialfall eines Vektorraums V über einem Körper F ist der Faktormodul V/U nach einem Unterraum U von V ein F-Vektorraum. Er heißt der *Faktorraum von* V *nach* U.

9.2.21 Satz. *Sei* V *ein endlich-dimensionaler* F*-Vektorraum mit* $\dim V = n$. *Der Faktorraum* V/U *von* V *nach dem Unterraum* U *hat die Dimension*

$$\dim(V/U) = \dim V - \dim U.$$

Beweis: Sei $\psi : V \to V/U$ der kanonische Epimorphismus. Nach dem 1. Isomorphiesatz 9.2.16 und Hilfssatz 9.2.14 gilt dann $\dim(V/U) = \dim \operatorname{Im}(\psi)$ und $\operatorname{Ker}(\psi) = U$. Wegen Satz 3.2.13 folgt daher

$$\dim(V/U) = \dim \operatorname{Im}(\psi) = \dim V - \dim \operatorname{Ker}(\psi) = \dim V - \dim U. \qquad \blacklozenge$$

9.3 Kommutative Diagramme und exakte Folgen

In diesem Abschnitt werden allgemeine Eigenschaften von Produkten R-linearer Abbildungen zwischen R-Moduln über einem kommutativen Ring R mit Einselement betrachtet. Zur Veranschaulichung der Hintereinanderausführung R-linearer Abbildungen bedient man sich häufig der Diagramm- bzw. der Folgenschreibweise.

9.3.1 Definition. Ein Diagramm von vier R-Moduln T, U, V und W und R-linearen Abbildungen α, β, γ und δ der Form

$$\begin{array}{ccc} T & \xrightarrow{\alpha} & U \\ {\scriptstyle\gamma}\downarrow & & \downarrow{\scriptstyle\beta} \\ V & \xrightarrow{\delta} & W \end{array}$$

heißt *kommutativ*, wenn $\beta\alpha = \delta\gamma$, d. h. $\beta\alpha(t) = \delta\gamma(t)$ für alle $t \in T$ gilt. Analog heißt das Diagramm der Form

$$\begin{array}{ccc} & U & \\ {\scriptstyle\alpha}\swarrow & & \searrow{\scriptstyle\gamma} \\ V & \xrightarrow[\beta]{\qquad} & W \end{array}$$

kommutativ, wenn $\gamma(u) = \beta\alpha(u)$ für alle $u \in U$ gilt.

Ein *zusammengesetztes Diagramm* heißt *kommutativ*, wenn jedes Teildreieck oder Teilrechteck kommutativ ist.

9.3.2 Definition. Eine (endliche, einseitig oder beidseitig unendliche) Folge

$$\cdots \xrightarrow{\alpha_{n-2}} V_{n-1} \xrightarrow{\alpha_{n-1}} V_n \xrightarrow{\alpha_n} V_{n+1} \xrightarrow{\alpha_{n+1}} \cdots$$

von R-Moduln V_m und R-linearen Abbildungen α_m heißt *an der Stelle n exakt*, wenn

$$\operatorname{Im}(\alpha_{n-1}) = \operatorname{Ker}(\alpha_n)$$

gilt. Die Folge ist *exakt*, wenn sie an jeder Stelle n exakt ist.

Eine exakte Folge der Form

$$0 \longrightarrow V_1 \xrightarrow{\alpha_1} V_2 \xrightarrow{\alpha_2} V_3 \longrightarrow 0$$

wird eine *kurze exakte Folge* genannt.

9.3.3 Bemerkungen.

(a) Sei $0 \longrightarrow V_1 \xrightarrow{\alpha_1} V_2 \xrightarrow{\alpha_2} V_3 \longrightarrow 0$ eine kurze exakte Folge. Wegen $\operatorname{Im}(\alpha_2) = V_3$ als Kern der Nullabbildung ist dann α_2 ein Epimorphismus. Da $\operatorname{Ker}(\alpha_1) = 0$, ist α_1 injektiv. Deshalb folgt $\operatorname{Ker}\alpha_2 = \operatorname{Im}(\alpha_1) \cong V_1$. Weiter gilt dann nach dem ersten Isomorphiesatz 9.2.16, daß

$$V_3 = \operatorname{Im}(\alpha_2) \cong V_2/\operatorname{Ker}\alpha_2 = V_2/\operatorname{Im}(\alpha_1)$$

ist.

(b) Ist umgekehrt $\alpha : V \to W$ ein Epimorphismus des R-Moduls V auf den R-Modul W mit $\operatorname{Ker}(\alpha) = U$, so ist

$$0 \longrightarrow \operatorname{Ker}(\alpha) \xrightarrow{\iota} V \xrightarrow{\alpha} W \longrightarrow 0$$

eine kurze exakte Folge, wobei $\iota : \operatorname{Ker}(\alpha) \to V$ die natürliche Einbettung des Unterraumes $\operatorname{Ker}(\alpha)$ von V ist, die jedem Element $u \in \operatorname{Ker}(\alpha)$ das Element $\iota(u) = u \in \operatorname{Ker}(\alpha) \leq V$ zuordnet.

9.3.4 Satz. *In dem Diagramm* (*ohne* ω)

$$\begin{array}{ccccccc}
U & \xrightarrow{\alpha} & V & \xrightarrow{\beta} & W & \longrightarrow & 0 \\
\downarrow{\scriptstyle\sigma} & & \downarrow{\scriptstyle\tau} & & \vdots{\scriptstyle\omega} & & \\
U' & \xrightarrow{\alpha'} & V' & \xrightarrow{\beta'} & W' & &
\end{array}$$

seien die Zeilen exakte Folgen, und es gelte

$$\tau\alpha = \alpha'\sigma.$$

Dann gibt es genau eine R-lineare Abbildung ω, die das Diagrammkommutativ ergänzt, d. h.

$$\omega\beta = \beta'\tau.$$

Beweis: Wegen $\tau\alpha U = \alpha'\sigma U \subseteq \alpha' U' = \mathrm{Ker}(\beta')$ ist $\beta'\tau\alpha U = 0$. Deshalb ist $\mathrm{Ker}(\beta) = \alpha U \subseteq \mathrm{Ker}(\beta'\tau)$. Da β ein Epimorphismus ist, existiert zu jedem $w \in W$ ein $v \in V$ mit $w = \beta(v)$.

Die Abbildung $\omega : W \to W'$ sei definiert durch

$$\omega(w) = \beta'\tau(v).$$

Sie ist wohldefiniert; denn ist $w = \beta(v_1) = \beta(v_2)$ für zwei Elemente v_1 und v_2 aus V, dann ist

$$v_1 - v_2 \in \mathrm{Ker}(\beta) \subseteq \mathrm{Ker}(\beta'\tau),$$

woraus $\omega(w) = \beta'\tau(v_1) = \beta'\tau(v_2)$ folgt. Da $\beta'\tau$ eine R-lineare Abbildung von V in W' ist, ist ω ebenfalls eine R-lineare Abbildung von W nach W'. Nach Definition von ω gilt

$$\omega\beta(v) = \beta'\tau(v) \quad \text{für alle } v \in V.$$

Da β surjektiv ist, ist ω die einzige R-lineare Abbildung von W nach W', die das Diagramm kommutativ ergänzt. ♦

9.4 Endlich erzeugte und freie Moduln

In diesem Abschnitt werden einige grundlegende Ergebnisse über endlich erzeugte bzw. freie R-Moduln dargestellt. Dabei ist R wieder stets ein kommutativer Ring mit Einselement 1. Außerdem wird ein Konstruktionsverfahren für freie R-Moduln angegeben, die nicht endlich erzeugt sind.

9.4.1 Definitionen. Sei $T = \{m_1, m_2, \ldots, m_k\}$ eine endliche Teilmenge des R-Moduls M. Ein Element $m \in M$ ist eine *R-Linearkombination* der Elemente von T, wenn gilt:

$$m = \sum_{i=1}^{k} m_i r_i$$

für geeignete $r_i \in R$. Der R-Modul M ist *endlich erzeugt*, wenn eine endliche Teilmenge T von M existiert derart, daß jedes $m \in M$ eine R-Linearkombination der Elemente von T ist. Es wird dann T ein Erzeugendensystem von M genannt. Der R-Modul M heißt *zyklisch*, wenn ein $m \in M$ existiert derart, daß $M = mR$.

9.4.2 Definition. Die endliche Teilmenge $\{m_1, m_2, \ldots, m_n\}$ des R-Moduls M heißt *linear unabhängig* über R, wenn aus $\sum_{i=1}^{n} m_i r_i = 0$ und $r_i \in R$ stets $r_i = 0$ für $i = 1, 2, \ldots, n$ folgt. Andernfalls wird sie *linear abhängig* genannt.

9.4.3 Definition. Der endlich erzeugte R-Modul M ist ein *freier R-Modul*, wenn M ein Erzeugendensystem $B = \{m_i \in M \mid i = 1, 2, \dots, k\}$ besitzt, das linear unabhängig ist. Solch ein Erzeugendensystem B heißt *Basis* des freien R-Moduls M.

9.4.4 Beispiele.

(a) Für jeden Ring R und jede positive natürliche Zahl n ist $R^n = \{(r_1, r_2, \dots, r_n) \mid r_i \in R\}$ bezüglich der komponentenweisen Addition und der Multiplikation $(r_1, r_2, \dots, r_n) \cdot r = (r_1 r, r_2 r, \dots, r_n r)$ für alle r_i, $r \in R$ ein freier R-Modul mit der kanonischen Basis $B = \{e_1, e_2, \dots, e_n\}$.

(b) Sei Y die Menge aller geraden Zahlen. Dann ist Y ein Ideal von $\mathbb{Z}$, und $M = \mathbb{Z}/Y$ ist nach 9.2.2 (d) ein zyklischer $\mathbb{Z}$-Modul mit erzeugendem Element $[1]$. M ist kein freier $\mathbb{Z}$-Modul, weil $[1] \cdot 2 = [2] = [0]$ und $2 \neq 0$ in $\mathbb{Z}$, $[1]$ also nicht linear unabhängig ist.

9.4.5 Hilfssatz. *Es gelten die folgenden Behauptungen:*

(a) *R-lineare Bilder von endlich erzeugten R-Moduln sind endlich erzeugt.*

(b) *Sei N ein Untermodul des R-Moduls E und $M = E/N$. Sind die s Elemente $m_i \in E$ und die t Elemente $n_j \in N$ so gewählt, daß $M = \sum_{i=1}^{s} [m_i]R$ mit $[m_i] = m_i + N \in E/N$ und $N = \sum_{j=1}^{t} n_j R$ gilt, dann wird E von den $s + t$ Elementen $m_1, m_2, \dots, m_s, n_1, n_2, \dots, n_t$ erzeugt.*

(c) *Ist $B = \{m_1, m_2, \dots, m_n\}$ eine Basis des freien R-Moduls M, so ist $M = \bigoplus_{i=1}^{n} m_i R$.*

Beweis: (a) Ist φ ein Epimorphismus von M auf N, und ist $M = \sum_{i=1}^{k} m_i R$ für eine natürliche Zahl k, so ist $N = \varphi(M) = \sum_{i=1}^{k} \varphi(m_i) R$.

(b) Sicherlich ist $U = \sum_{i=1}^{s} m_i R + \sum_{j=1}^{t} n_j R$ nach Hilfssatz 9.2.5 (a) ein endlich erzeugter Untermodul des R-Moduls E. Sei $\varphi : E \to M = E/N$ der kanonische Epimorphismus aus Hilfssatz 9.2.14 von E mit $\operatorname{Ker}(\varphi) = N$.

Sei e ein beliebiges Element von E. Ist $e \in N$, dann existieren $r_j \in R$ mit $e = \sum_{j=1}^{t} n_j r_j \in U$. Daher kann angenommen werden, daß $e \notin N$ ist. Wegen $0 \neq \varphi(e) \in M = E/N = \sum_{i=1}^{s} [m_i]R$ existieren dann Elemente $r_i \in R$, $1 \leq i \leq s$ derart, daß

$$\varphi(e) = \sum_{i=1}^{s} [m_i] r_i = \sum_{i=1}^{s} \varphi(m_i) r_i.$$

Somit ist $0 = \varphi(e) - \sum_{i=1}^{s} \varphi(m_i) r_i = \varphi\big(e - \big(\sum_{i=1}^{s} m_i r_i\big)\big)$, d. h. es ist $u = e - \big(\sum_{i=1}^{s} m_i r_i\big) \in \operatorname{Ker}(\varphi) = N$. Daher existieren Elemente $z_j \in R$ derart, daß $u = \sum_{j=1}^{t} n_j z_j$, woraus $e = \sum_{i=1}^{s} m_i r_i + \sum_{j=1}^{t} n_j z_j \in U$ und so $E = U$ folgt.

(c) Die Behauptung ergibt sich mit dem Beweisargument von Satz 2.3.9 unmittelbar aus den Definitionen 9.4.3 und 9.2.7. ♦

9.4.6 Satz. *Je zwei Basen eines endlich erzeugten freien R-Moduls M haben gleich viele Elemente.*

Beweis: Sei $B = \{b_1, b_2, \ldots, b_n\}$ eine Basis von M. Da das Nullideal 0 von R ein echtes Ideal ist, besitzt der Ring R nach Satz 9.1.8 mindestens ein maximales Ideal P, und $F = R/P$ ist ein Körper. Wegen $1 \in R$ gilt $MP = \left(\sum_{i=1}^n b_i R\right) P \leq \sum_{i=1}^n b_i RP = \sum_{i=1}^n b_i P \leq MP$, woraus $MP = \bigoplus_{i=1}^n b_i P$ folgt. Insbesondere ist MP ein Untermodul von M.

Sei $[b_i]$ die Restklasse von b_i in M/MP für $i = 1, 2, \ldots, n$. Dann ist $M/MP = \sum_{i=1}^n [b_i]R = \sum_{i=1}^n [b_i]F$ nach Hilfssatz 9.2.14. Also ist M/MP ein F-Vektorraum mit $\dim_F(M/MP) = n$, falls $\{[b_i] \mid 1 \leq i \leq n\}$ linear unabhängig über F ist. Sei $\sum_{i=1}^n [b_i][r_i] = [0]$ in M/MP für $[r_i] \in F = R/P$. Nach Hilfssatz 9.2.14 ist dann $\sum_{i=1}^n b_i r_i \in MP = \sum_{i=1}^n b_i P$. Daher existieren $p_i \in P$ mit $\sum_{i=1}^n b_i r_i = \sum_{i=1}^n b_i p_i$, woraus folgt: $\sum_{i=1}^n b_i(r_i - p_i) = 0$.

Da $\{b_i \mid 1 \leq i \leq n\}$ eine Basis von M ist, folgt $r_i = p_i \in P$ für $i = 1, 2, \ldots, n$. Also sind alle $[r_i] = [0]$, und $\dim_F(M/MP) = n$.

Ist nun $C = \{c_1, c_2, \ldots, c_m\}$ eine weitere Basis des freien R-Moduls M, so folgt hieraus, daß $\dim_F(M/MP) = m$. Also ist $m = n$ nach Satz 2.2.11. ♦

9.4.7 Definition. Sei M ein endlich erzeugter freier R-Modul mit Basis B. Die nach Satz 9.4.6 durch M eindeutig bestimmte Anzahl der Elemente von B heißt der *Rang* von M.
Bezeichnung: $\operatorname{rg}(M)$

Der folgende Satz wird bei der Entwicklung der Modultheorie von Hauptidealringen in Kapitel 11 benötigt. Er ist eine teilweise Verallgemeinerung des Komplementierungssatzes 2.3.18.

9.4.8 Satz. *Ist $0 \longrightarrow T \xrightarrow{\beta} P \xrightarrow{\alpha} M \longrightarrow 0$ eine kurze exakte Folge von endlich erzeugten R-Moduln, und ist M frei, so existiert ein Untermodul U von P mit*

$$P = U \oplus \beta(T) \quad \textit{und} \quad U \cong M.$$

Beweis: Sei $\{m_i \in M \mid 1 \leq i \leq k\}$ eine Basis des freien R-Moduls M. Da α surjektiv ist, hat jedes $m_i \in M$ ein Urbild f_i in P für $i = 1, 2, \ldots, k$. Sei $U = \sum_{i=1}^k f_i R$. Dann ist U nach Hilfssatz 9.2.5 ein Untermodul von P. Sei $V = \operatorname{Ker}\alpha = \beta(T)$. Ist $v \in V \cap U$, dann ist $v = f_1 r_1 + f_2 r_2 + \cdots + f_k r_k$ für geeignete $r_i \in R$, und es gilt:

$$0 = \alpha(v) = \alpha(f_1)r_1 + \alpha(f_2)r_2 + \cdots + \alpha(f_k)r_k = m_1 r_1 + m_2 r_2 + \cdots + m_k r_k.$$

Da $\{m_i \in M \mid 1 \leq i \leq k\}$ eine Basis des freien R-Moduls M ist, gilt $r_i = 0$ für $i = 1, 2, \ldots, k$. Also ist $v = 0$, d. h. $U \cap V = 0$.

Aus $M = \alpha(P) \cong P/\operatorname{Ker}(\alpha) = P/V$ und $\alpha(U) = M$ folgt $P = U + V$ nach Satz 9.2.12. Also ist $P = U \oplus V = U \oplus \beta(T)$. Nach dem zweiten Isomorphiesatz 9.2.17 und Hilfssatz 9.2.14 gilt:

$$(U+V)/V \cong U/U \cap V = U/0 = U.$$

Nach dem ersten Isomorphiesatz 9.2.16 folgt daher

$$M = \alpha(P) \cong P/\operatorname{Ker}(\alpha) = (U \oplus V)/V \cong U. \qquad \blacklozenge$$

Für spätere Anwendungen ist es erforderlich, auch freie R-Moduln zu betrachten, die *nicht* endlich erzeugt sind. Deshalb werden nun die Definitionen 9.4.1, 9.4.2 und 9.4.3 verallgemeinert.

9.4.9 Definition. Die Teilmenge T des R-Moduls M ist ein *Erzeugendensystem* von M, wenn jedes Element $m \in M$ eine R-Linearkombination einer endlichen Teilmenge von T ist.

9.4.10 Definition. Eine Teilmenge T des R-Moduls M heißt *linear unabhängig über R*, wenn jede endliche Teilmenge von T linear unabhängig ist. Anderenfalls heißt T *linear abhängig*.

9.4.11 Definition. Der R-Modul M heißt *frei*, wenn M ein Erzeugendensystem B besitzt, das linear unabhängig ist. Ein linear unabhängiges Erzeugendensystem B heißt *Basis* des freien R-Moduls M.

9.4.12 Definition. Sei $\mathfrak{M}$ eine nicht leere Menge und R ein kommutativer Ring. Dann ist die Abbildung $f : \mathfrak{M} \to R$ *fast überall Null*, falls es nur endlich viele Elemente $m_i \in \mathfrak{M}$ gibt mit $f(m_i) \neq 0$.

Diese Bedingung ist gleichwertig damit, daß $f(m) = 0$ für fast alle $m \in \mathfrak{M}$ ist.

9.4.13 Hilfssatz. *Sei $\mathfrak{M}$ eine nicht leere Menge und R ein kommutativer Ring. Die Menge $R^{\mathfrak{M}}$ aller Abbildungen*

$$f : \mathfrak{M} \to R$$

mit $f(m) = 0$ für fast alle $m \in \mathfrak{M}$ ist ein R-Modul bezüglich der Addition $+$ und Multiplikation $\cdot$, die folgendermaßen definiert sind:

$$\begin{aligned}(f_1 + f_2)(m) &= f_1(m) + f_2(m) \quad \textit{für alle} \quad m \in \mathfrak{M} \quad \textit{und alle} \quad f_1, f_2 \in R^{\mathfrak{M}},\\ (fr)(m) &= f(m) \cdot r \quad \textit{für alle} \quad m \in \mathfrak{M},\ r \in R \quad \textit{und alle} \quad f \in R^{\mathfrak{M}}.\end{aligned}$$

Für jedes $m \in \mathfrak{M}$ sei $f_m \in R^{\mathfrak{M}}$ definiert durch

$$f_m(n) = \begin{cases} 1 & \textit{falls } n = m,\\ 0 & \textit{falls } n \neq m \end{cases}$$

für $n \in \mathfrak{M}$. Dann ist $R^{\mathfrak{M}}$ ein freier R-Modul mit Basis $B = \{f_m \mid m \in \mathfrak{M}\}$.

Beweis: Seien $f_1, f_2 \in R^{\mathfrak{M}}$. Dann ist auch $(f_1 + f_2)(m) = f_1(m) + f_2(m) = 0$ für fast alle $m \in R^{\mathfrak{M}}$. Also ist $f_1 + f_2 \in R^{\mathfrak{M}}$. Sei $f \in R^{\mathfrak{M}}$ und $r \in R$. Dann ist $(fr)(m) = f(m)r = 0$ für fast alle $m \in \mathfrak{M}$. Daher ist $fr \in R^{\mathfrak{M}}$. Sei $r \in R$. Dann ist

$$\begin{aligned}[(f_1 + f_2)r](m) &= (f_1 + f_2)(m) \cdot r = [f_1(m) + f_2(m)]r \\ &= f_1(m)r + f_2(m)r = (f_1r + f_2r)(m)\end{aligned}$$

für alle $m \in \mathfrak{M}$. Also ist $(f_1 + f_2)r = f_1r + f_2r$.

Seien $r_1, r_2 \in R$. Dann ist

$$[f(r_1r_2)](m) = f(m)(r_1r_2) = (f(m)r_1)r_2 = [(fr_1)(m)]r_2 = [(fr_1)r_2](m)$$

für alle $m \in \mathfrak{M}$. Also ist $f(r_1r_2) = (fr_1)r_2$. Ebenso zeigt man $f(r_1 + r_2) = fr_1 + fr_2$. Wegen $(f \cdot 1)(m) = f(m) \cdot 1 = f(m)$ für alle $m \in \mathfrak{M}$ gilt auch $f \cdot 1 = f$ für alle $f \in R^{\mathfrak{M}}$. Also ist $R^{\mathfrak{M}}$ ein R-Modul im Sinne der Definition 9.2.1.

Sei $\{f_{m_i} \mid 1 \le i \le k\}$ eine endliche Teilmenge von B so, daß $\sum_{i=1}^k f_{m_i} r_i = 0$ für k Elemente $r_i \in R$ gilt. Wertet man $g = \sum_{i=1}^k f_{m_i} r_i$ an den Stellen m_j aus, so folgt

$$0 = g(m_j) = \sum_{i=1}^{k} (f_{m_i} r_i)(m_j) = \sum_{i=1}^{k} f_{m_i}(m_j) r_i = f_{m_j}(m_j) r_j = r_j$$

für alle $j = 1, 2, \dots, k$. Das beweist die lineare Unabhängigkeit von B.

Zu jedem $f \in R^{\mathfrak{M}}$ existieren nur endlich viele $m_s \in \mathfrak{M}$, $1 \le s \le t$ mit $0 \ne f(m_s) = r_s \in R$, weil f fast überall Null ist. Daher gilt $f = \sum_{s=1}^t f_{m_s} r_s$, wie man durch Auswertung an allen Stellen $m \in \mathfrak{M}$ nachrechnet. Also ist B ein linear unabhängiges Erzeugendensystem des R-Moduls $R^{\mathfrak{M}}$. Daher ist $R^{\mathfrak{M}}$ ein freier R-Modul. ♦

9.4.14 Satz. *Sei $M \ne 0$ ein freier R-Modul mit Basis B. Sei N ein beliebiger R-Modul. Ordnet man jedem $b \in B$ ein b' aus N zu, dann gibt es genau eine R-lineare Abbildung $\alpha : M \to N$ mit $\alpha(b) = b'$ für alle $b \in B$.*

Beweis: Jedes Element $v \in M$ besitzt eine Darstellung $v = \sum_{b \in B} b r_b$, wobei die Ringelemente $r_b \in R$ eindeutig durch v bestimmt sind, und $r_b = 0$ für fast alle $b \in B$ gilt. Die R-lineare Abbildung α sei definiert durch

$$\alpha(v) = \sum_{b \in B} b' r_b.$$

Dann ist α wegen der eindeutigen Basisdarstellung $v = \sum_{b\in B} br_b$ aller $v \in M$ wohldefiniert. Ist auch $w = \sum_{b\in B} bg_b \in M$ mit $g_b \in R$, so ist

$$\begin{aligned}\alpha(v+w) &= \alpha\Big(\sum_{b\in B} b[f_b + g_b]\Big)\\ &= \sum_b b'[f_b + g_b]\\ &= \sum_b b' f_b + \sum_b b' g_b\\ &= \alpha(v) + \alpha(w).\end{aligned}$$

Ebenso folgt $\alpha(v \cdot f) = \alpha\big(\sum_{b\in B} b[f_b f]\big) = \sum_{b\in B} b'[f_b f] = \big(\sum_{b\in B} b' f_b\big) f = \alpha(v) \cdot f$ für alle $v \in V$ und $f \in R$. Also ist α eine R-lineare Abbildung von M in N.

Ist nun β eine weitere R-lineare Abbildung von M in N mit $\beta(b) = b'$ für alle b aus B, so folgt

$$\beta(v) = \beta\Big(\sum_{b\in B} bf_b\Big) = \sum_{b\in B} \beta(b) f_b = \sum_{b\in B} b' f_b = \alpha(v) \quad \text{für alle } v \in M.$$

Also ist $\beta = \alpha$. ♦

Mit den Bezeichnungen von Hilfssatz 9.4.13 gilt nun der folgende Satz.

9.4.15 Satz. *Sei T ein Erzeugendensystem des R-Moduls M. Dann ist R^T ein freier R-Modul mit Basis $B = \{f_t \mid t \in T\}$ derart, daß die durch $\alpha(f_t) = t$ erklärte R-lineare Abbildung $\alpha : R^T \to M$ ein Epimorphismus ist. Ist T eine endliche Menge, so ist R^T ein endlich erzeugter, freier R-Modul.*

Insbesondere ist jeder R-Modul M ein epimorphes Bild eines freien R-Moduls P.

Beweis: Nach Hilfssatz 9.4.13 ist R^T ein freier R-Modul mit Basis $B = \{f_t \mid t \in T\}$. Ist T endlich, so auch B. Wegen Satz 9.4.14 ist die R-lineare Abbildung α eindeutig bestimmt. Da T ein Erzeugendensystem von M ist, ist α ein Epimorphismus.

Ist M ein R-Modul, dann ist die Menge $T = M$ sicherlich auch ein Erzeugendensystem von M. Also ist M ein epimorphes Bild des freien R-Moduls R^M. ♦

9.5 Matrizen und lineare Abbildungen freier Moduln

In diesem Abschnitt werden die Beziehungen zwischen den R-linearen Abbildungen $\alpha : M \to W$ zwischen zwei endlich erzeugten freien R-Moduln M und W und den $m \times n$-Matrizen $\mathcal{A} = (a_{ij})$ mit Koeffizienten a_{ij} aus dem kommutativen Ring R behandelt.

Man überzeugt sich leicht, daß alle Rechenregeln von Abschnitt 3.1 auch für die $m \times n$-Matrizen über R gelten. Daher ist die Menge $\mathrm{Mat}_n(R)$ aller $n \times n$-Matrizen $\mathcal{A} = (a_{ij})$ mit Koeffizienten a_{ij} aus dem kommutativen Ring R ein assoziativer Ring mit Einselement $\mathcal{E}_n$, der $n \times n$-Einheitsmatrix.

9.5.1 Definition. Eine $n \times n$-Matrix $\mathcal{A}$ über R heißt *invertierbar*, wenn es in $\mathrm{Mat}_n(R)$ eine Matrix $\mathcal{B}$ gibt mit $\mathcal{A} \cdot \mathcal{B} = \mathcal{B} \cdot \mathcal{A} = \mathcal{E}_n$. Die Matrix $\mathcal{B} = \mathcal{A}^{-1}$ ist durch $\mathcal{A}$ eindeutig bestimmt und heißt *Inverse* von $\mathcal{A}$. Die Menge $\mathrm{GL}(n, R)$ aller invertierbaren $n \times n$-Matrizen aus $\mathrm{Mat}_n(R)$ ist eine Gruppe. Sie heißt die *generelle lineare Gruppe* vom Rang n über dem kommutativen Ring R.

9.5.2 Bemerkungen.

(a) In der Literatur werden die invertierbaren Matrizen im Sinne der Definition 9.5.1 auch *unimodular* genannt. Bezüglich der Äquivalenz dieser beiden Begriffe wird auf die Übungsaufgabe 10.9 verwiesen.

(b) Die Gruppeneigenschaften von $\mathrm{GL}(n, R)$ weist man mit den analogen Argumenten des Beweises von Satz 3.1.31 nach.

9.5.3 Bemerkung. Die folgenden drei Aussagen beweist man wie die analogen Aussagen von Folgerung 4.1.15. Dabei werden die Bezeichnungen der Elementarmatrizen übernommen.

(a) Die Elementarmatrizen $\mathcal{ZV}_{i,j}$, die zur Vertauschung der i-ten und j-ten Zeile einer $n \times n$-Matrix $\mathcal{A} \in \mathrm{Mat}_n(R)$ gehören, sind invertierbar.

(b) Die Elementarmatrizen $\mathcal{ZM}_{i,a}$, die zur Multiplikation der i-ten Zeile einer $n \times n$-Matrix $\mathcal{A} \in \mathrm{Mat}_n(R)$ mit einer Einheit $a \in R$ gehören, sind invertierbar.

(c) Die Elementarmatrizen $\mathcal{ZA}_{i,j,a}$, die zur Addition des a-fachen der i-ten Zeile zur j-ten Zeile einer $n \times n$-Matrix $\mathcal{A} \in \mathrm{Mat}_n(R)$ gehören, sind invertierbar.

Sind M und W zwei freie R-Moduln endlichen Ranges, so ordnet man jedem $\alpha \in \mathrm{Hom}_R(M, W)$ wie bei den Vektorräumen eine Matrix zu.

9.5.4 Definition. Seien M und W endlich erzeugte freie R-Moduln über dem Ring R mit den Basen $A = \{u_1, \dots, u_r\}$ und $B = \{v_1, \dots, v_s\}$. Sei $\alpha : M \to W$ eine R-lineare Abbildung. Für jedes $u_j \in A$ ist $\alpha(u_j) \in W$, also hat $\alpha(u_j)$ eine nach Hilfssatz 9.4.5 (c) eindeutige Darstellung als Linearkombination

$$\alpha(u_j) = \sum_{i=1}^{s} v_i \cdot a_{ij}, \quad \text{wobei } a_{ij} \in R \text{ für alle } 1 \le i \le s,\ 1 \le j \le r.$$

Die $s \times r$-Matrix $\mathcal{A} = (a_{ij})$ heißt die *Matrix von α bezüglich der Basen A und B*. Man schreibt

$$\mathcal{A} = \mathcal{A}_\alpha = \mathcal{A}_\alpha(A, B).$$

9.5.5 Definition. Seien $A = \{u_1, \dots, u_r\}$ und $A' = \{u'_1, \dots, u'_r\}$ zwei Basen des freien R-Moduls M. Für jedes $j = 1, \dots, r$ schreibt man u'_j als Linearkombination von $u_1, \dots, u_r$ mit geeignetem $p_{ij} \in R$:

$$u'_j = \sum_{i=1}^{r} u_i \cdot p_{ij}.$$

Die $r \times r$-Matrix $\mathcal{P} = (p_{ij})$ heißt die *Matrix des Basiswechsels von A nach A'*.

9.5.6 Hilfssatz. *Die Matrix $\mathcal{P}$ des Basiswechsels von A nach A' ist invertierbar. Ihre Inverse ist die Matrix des Basiswechsels von A' nach A.*

Beweis: Der Beweis verläuft genauso wie der von Hilfssatz 3.3.8. ♦

9.5.7 Satz. *Sei α eine R-lineare Abbildung des freien R-Moduls M in den freien R-Modul W mit den endlichen Basen A, A' von M und B, B' von W. Sei $\mathcal{P}$ die Matrix des Basiswechsels von A nach A' und $\mathcal{Q}$ die Matrix des Basiswechsels von B nach B'. Dann ist*

$$\mathcal{A}_\alpha(A', B') = \mathcal{Q}^{-1} \cdot \mathcal{A}_\alpha(A, B) \cdot \mathcal{P}.$$

Beweis: Der Beweis verläuft genauso wie der von Satz 3.3.9. ♦

9.5.8 Definition. Zwei $m \times n$-Matrizen $\mathcal{A}$ und $\mathcal{B}$ mit Koeffizienten aus dem kommutativen Ring R mit $1 \in R$ heißen *äquivalent*, wenn eine invertierbare Matrix $\mathcal{Q} \in \mathrm{GL}(m, R)$ und eine invertierbare Matrix $\mathcal{P} \in \mathrm{GL}(n, R)$ existieren derart, daß

$$\mathcal{Q}\mathcal{A}\mathcal{P} = \mathcal{B}.$$

9.6 Direkte Produkte und lineare Abbildungen

In diesem Abschnitt ist R stets ein kommutativer Ring mit Einselement. Zu jedem System $\{M_\alpha \mid \alpha \in \mathcal{A}\}$ von R-Moduln M_α mit Indexmenge $\mathcal{A}$ wird ein R-Modul $P = \prod_{\alpha \in \mathcal{A}} M_\alpha$ konstruiert, den man das direkte Produkt der R-Moduln M_α nennt. Ein wichtiger Untermodul des direkten Produkts P ist die externe direkte Summe $S = \bigoplus_{\alpha \in \mathcal{A}} M_\alpha$ der M_α. Mit Hilfe der Projektionen $\pi_\alpha : P \to M_\alpha$ und Injektionen $\beta_\alpha : M_\alpha \to S$ wird gezeigt, daß jede externe direkte Summe eine direkte Summe der Untermoduln $\beta_\alpha M_\alpha$ von P im Sinne der Definition 9.2.8 ist. Schließlich werden wesentliche Zusammenhänge zwischen der Bildung direkter Produkte oder direkter Summen und Eigenschaften R-linearer Abbildungen zwischen R-Moduln beschrieben.

Zur Konstruktion des direkten Produkts eines Systems $\{M_\alpha \mid \alpha \in \mathcal{A}\}$ von R-Moduln M_α wird der folgende Hilfssatz benötigt.

9.6.1 Hilfssatz. *Es sei $\{M_\alpha \mid \alpha \in \mathcal{A}\}$ ein System von R-Moduln $M_\alpha \neq 0$. Sei $P = \prod_{\alpha\in\mathcal{A}} M_\alpha$ die Menge aller Abbildungen $\sigma : \mathcal{A} \to \bigcup_{\alpha\in\mathcal{A}} M_\alpha$ der Indexmenge $\mathcal{A}$ in die Vereinigungsmenge $\bigcup_{\alpha\in\mathcal{A}} M_\alpha$ der R-Moduln M_α derart, daß $\sigma(\alpha) \in M_\alpha$ für jeden Index $\alpha \in \mathcal{A}$ ist. Dann ist P ein R-Modul bezüglich der linearen Operationen $+$ und $\cdot$, die wie folgt definiert sind:*

(a) *Für alle $\sigma, \tau \in P$ sei die Summe $\sigma + \tau$ erklärt durch*

$$(\sigma + \tau)(\alpha) = \sigma(\alpha) + \tau(\alpha) \in M_\alpha \quad \textit{für alle } \alpha \in \mathcal{A}.$$

(b) *Für alle $\sigma \in P$ und $f \in R$ sei $\sigma \cdot f$ die Abbildung erklärt durch*

$$(\sigma \cdot f)(\alpha) = \sigma(\alpha) \cdot f \in M_\alpha \quad \textit{für alle } \alpha \in \mathcal{A}.$$

Beweis: Das Nullelement von P ist die Abbildung 0, die jeden Index $\alpha \in \mathcal{A}$ auf das Nullelement $0 \in M_\alpha$ abbildet, d. h.

$$0(\alpha) = 0 \in M_\alpha \quad \text{für alle } \alpha \in \mathcal{A}.$$

Da jedes M_α ein R-Modul ist und zwei Abbildungen $\sigma, \tau \in P$ genau dann gleich sind, wenn $\sigma(\alpha) = \tau(\alpha)$ für alle $\alpha \in \mathcal{A}$ gilt, ergibt sich aus (a) sofort, daß P bezüglich + eine abelsche Gruppe mit Nullelement 0 ist.

Wegen (b) gilt sicherlich $\sigma \cdot 1 = \sigma$ für alle $\sigma \in P$. Nach Definition 9.2.1 genügt es daher, das Assoziativgesetz und die beiden Distributivgesetze nachzuweisen. Seien $f, g \in R$ und $\sigma \in P$. Dann gilt

$$[\sigma \cdot (fg)](\alpha) = \sigma(\alpha) \cdot (fg) = (\sigma(\alpha) \cdot f) \cdot g = [(\sigma \cdot f)(\alpha)]\, g = [(\sigma \cdot f) \cdot g](\alpha)$$

für alle $\alpha \in \mathcal{A}$, d. h. $\sigma \cdot (fg) = (\sigma \cdot f) \cdot g$.

Da jedes M_α ein R-Modul ist, ergeben sich aus (a) und (b) auch die folgenden Gleichungen:

$$\begin{aligned}[\sigma \cdot (f + g)](\alpha) &= \sigma(\alpha) \cdot (f + g) \\ &= \sigma(\alpha) \cdot f + \sigma(\alpha) \cdot g \\ &= (\sigma \cdot f)(\alpha) + (\sigma \cdot g)(\alpha) \\ &= [\sigma \cdot f + \sigma \cdot g](\alpha)\end{aligned}$$

für alle $\alpha \in \mathcal{A}$. Also ist $\sigma \cdot (f + g) = \sigma \cdot f + \sigma \cdot g$. Analog zeigt man das zweite Distributivgesetz $(\sigma + \tau) \cdot f = \sigma \cdot f + \tau \cdot f$ für alle $\sigma, \tau \in P$ und $f \in R$. ♦

9.6.2 Definition. Sei $\{M_\alpha \mid \alpha \in \mathcal{A}\}$ ein System von R-Moduln $M_\alpha \neq 0$. Der R-Modul $P = \prod_{\alpha\in\mathcal{A}} M_\alpha$ heißt das *direkte Produkt* der M_α, $\alpha \in \mathcal{A}$. Die Teilmenge $S = \{\sigma \in P \mid \sigma(\alpha) = 0$ für fast alle $\alpha \in \mathcal{A}\}$ ist ein Untermodul des direkten Produkts $P = \prod_{\alpha\in\mathcal{A}} M_\alpha$, weil S bezüglich der linearen Operationen $+$ und $\cdot$ von P abgeschlossen ist. Der R-Modul S heißt die *externe direkte Summe* der R-Moduln M_α, $\alpha \in \mathcal{A}$.
Bezeichnung: $S = \bigoplus_{\alpha\in\mathcal{A}} M_\alpha$.

9.6.3 Bemerkung. $S = \bigoplus_{\alpha\in\mathcal{A}} M_\alpha$ ist ein echter Untermodul von $P = \prod_{\alpha\in\mathcal{A}} M_\alpha$, wenn die Indexmenge $\mathcal{A}$ unendlich ist. Bei endlicher Indexmenge $\mathcal{A}$ gilt stets $\sigma(\alpha) \neq 0$ für höchstens endlich viele $\alpha \in \mathcal{A}$. Daher ist $S = P$ genau dann, wenn $\mathcal{A}$ endlich ist.

9.6.4 Definition. Sei $\{M_\alpha \mid \alpha \in \mathcal{A}\}$ ein System von R-Moduln $M_\alpha \neq 0$. Sei $S = \bigoplus_{\alpha\in\mathcal{A}} M_\alpha$ die externe direkte Summe der M_α. Bei festem $\alpha \in \mathcal{A}$ sei für jedes Element $v \in M_\alpha$ die Abbildung $\sigma_v \in S$ für alle $\gamma \in \mathcal{A}$ definiert durch

$$\sigma_v(\gamma) = \begin{cases} v \in M_\alpha & \text{für } \gamma = \alpha, \\ 0 \in M_\gamma & \text{für } \gamma \neq \alpha. \end{cases}$$

Dann wird durch $\beta_\alpha(v) = \sigma_v$ eine Abbildung $\beta_\alpha : M_\alpha \to S$ definiert, die die *natürliche Injektion* von M_α in die externe direkte Summe $S = \bigoplus_{\alpha\in\mathcal{A}} M_\alpha$ heißt. Zu jedem festen Index $\alpha \in \mathcal{A}$ erhält man eine Abbildung $\pi_\alpha : P \to M_\alpha$ vom direkten Produkt $P = \prod_{\alpha\in\mathcal{A}} M_\alpha$ auf den R-Modul M_α, indem man das Bildelement von $\sigma \in P$ durch $\pi_\alpha(\sigma) = \sigma(\alpha) \in M_\alpha$ definiert. Diese Abbildung π_α wird die *natürliche Projektion* von P auf M_α genannt.

9.6.5 Satz. *Es sei $\{M_\alpha \mid \alpha \in \mathcal{A}\}$ ein System von R-Modul $M_\alpha \neq 0$. Dann gelten die folgenden Aussagen für alle $\alpha \in \mathcal{A}$:*

(a) *Die natürliche Injektion $\beta_\alpha : M_\alpha \to S = \bigoplus_{\beta\in\mathcal{A}} M_\beta$ ist eine injektive R-lineare Abbildung.*

(b) *Die natürliche Projektion $\pi_\alpha : P = \prod_{\beta\in\mathcal{A}} M_\beta \to M_\alpha$ ist eine surjektive R-lineare Abbildung.*

(c) *Es ist $\pi_\alpha\beta_\alpha = \mathrm{id}_\alpha \in \mathrm{End}_R(M_\alpha)$ und $\pi_\gamma\beta_\alpha = 0$ für alle $\gamma \neq \alpha$.*

(d) *Es ist $(\beta_\alpha\pi_\alpha)\sigma = \sigma$ für alle $\sigma \in \beta_\alpha M_\alpha$.*

Beweis: Im folgenden sei $\alpha \in \mathcal{A}$ ein fest gewählter Index.

(a) Seien $v_1, v_2 \in M_\alpha$ und σ_v die für alle $v \in M_\alpha$ in Definition 9.6.4 erklärte Abbildung $\sigma_v \in S$. Dann ist $\sigma_{v_1+v_2} = \sigma_{v_1} + \sigma_{v_2}$, weil für alle $\gamma \in \mathcal{A}$ gilt: $\sigma_{v_1+v_2}(\gamma) = \sigma_{v_1}(\gamma) + \sigma_{v_2}(\gamma)$. Hieraus folgt für die natürliche Injektion β_α,

$$\beta_\alpha(v_1 + v_2) = \sigma_{v_1+v_2} = \sigma_{v_1} + \sigma_{v_2} = \beta_\alpha(v_1) + \beta_\alpha(v_2).$$

Da für alle $r \in R$ auch

$$\begin{aligned}\sigma_{v\cdot r}(\gamma) &= [(\sigma_v)\cdot r]\,\gamma \\ &= \big[\sigma_v(\gamma)\big]\cdot r \\ &= \begin{cases} v\cdot r & \text{für } \gamma = \alpha, \\ 0 & \text{für } \gamma \neq \alpha \end{cases}\end{aligned}$$

gilt, ist $\beta_\alpha(v\cdot r) = \sigma_{v\cdot r} = (\sigma_v)\cdot r = [\beta_\alpha(v)]\cdot r$. Also ist $\beta_\alpha : M_\alpha \to S$ eine R-lineare Abbildung.

Es sei $\beta_\alpha(v) = 0$ für ein $v \in M_\alpha$. Dann ist $\beta_\alpha(v) = \sigma_v$ die Nullabbildung $\sigma_v(\gamma) = 0 \in M_\gamma$ für alle $\gamma \in \mathcal{A}$. Deshalb ist $v = \sigma_v(\alpha) = 0 \in M_\alpha$. Also ist β_α injektiv.

(b) Nach der Definition der natürlichen Projektion π_α gelten für alle $\sigma, \tau \in P$ und $r \in R$ die folgenden Gleichungen:

$$\begin{aligned}[\pi_\alpha(\sigma+\tau)]\,(\alpha) &= (\sigma+\tau)(\alpha) = \sigma(\alpha) + \tau(\alpha) \\ &= (\pi_\alpha\sigma)(\alpha) + (\pi_\alpha\tau)(\alpha) \\ &= (\pi_\alpha\sigma + \pi_\alpha\tau)(\alpha), \\ \pi_\alpha(\sigma\cdot r)(\alpha) &= \sigma(\alpha)\cdot r \\ &= [(\pi_\alpha\sigma)(\alpha)]\cdot r \\ &= [(\pi_\alpha\sigma)\cdot r]\,(\alpha).\end{aligned}$$

Daher ist $\pi_\alpha : P \to M_\alpha$ eine R-lineare Abbildung.

Für jedes $v \in M_\alpha$ sei $\sigma_v \in S = \bigoplus_{\alpha\in\mathcal{A}} M_\alpha$ die in Definition 9.6.4 erklärte Abbildung $\sigma_v : \mathcal{A} \to \bigcup_{\gamma\in\mathcal{A}} M_\gamma$. Wegen $S \leq P = \prod_{\gamma\in\mathcal{A}} M_\gamma$ ist $(\pi_\alpha\sigma_v)(\alpha) = \sigma_v(\alpha) = v \in M_\alpha$. Also ist $\pi_\alpha : P \to M_\alpha$ surjektiv.

(c) Sei $v \in M_\alpha$. Dann ist $(\pi_\alpha\beta_\alpha)(v) = \pi_\alpha(\beta_\alpha(v)) = \pi_\alpha(\sigma_v)$. Wertet man diese Abbildung $\pi_\alpha(\sigma_v) : \mathcal{A} \to \bigcup_{\beta\in\mathcal{A}} M_\beta$ an allen $\gamma \in \mathcal{A}$ aus, so erhält man

$$[\pi_\alpha(\sigma_v)]\,(\gamma) = \sigma_v(\gamma) = \begin{cases} v & \text{für } \gamma = \alpha, \\ 0 & \text{für } \gamma \neq \alpha. \end{cases}$$

Daher ist $(\pi_\alpha\beta_\alpha)(v) = v$ für alle $v \in M_\alpha$, d. h. $\pi_\alpha\beta_\alpha = \mathrm{id}_\alpha$.

Da $[\pi_\beta(\sigma_v)](\gamma) = 0$ für alle $\beta \neq \alpha$ gilt, ergibt sich auch die Gleichung $\pi_\beta\beta_\alpha = 0$ für alle $\beta \neq \alpha$.

(d) Sei $\sigma \in \beta_\alpha M_\alpha$. Dann existiert ein $v \in M_\alpha$ mit $\sigma = \beta_\alpha v$. Wegen (c) ist $v = \mathrm{id}_\alpha(v) = \pi_\alpha\beta_\alpha(v)$. Also ist $\sigma = \beta_\alpha v = \beta_\alpha\pi_\alpha\beta_\alpha v = \beta_\alpha\pi_\alpha\sigma$. ♦

Der folgende Satz enhält eine Aussage über die Beziehungen zwischen den Definitionen 9.2.8 und 9.6.2.

9.6.6 Satz. *Es sei* $\{M_\alpha \mid \alpha \in \mathcal{A}\}$ *ein System von* R*-Moduln* $M_\alpha \neq 0$. *Dann ist die externe direkte Summe* $S = \bigoplus_{\alpha\in\mathcal{A}} M_\alpha$ *der* R*-Moduln* M_α *gleich der direkten Summe* $\bigoplus_{\alpha\in\mathcal{A}} \beta_\alpha M_\alpha$ *der Untermoduln* $\beta_\alpha M_\alpha$ *des direkten Produkts* $P = \prod_{\alpha\in\mathcal{A}} M_\alpha$ *im Sinne der Definition* 9.2.8.

Beweis: Nach Satz 9.6.5 ist $\beta_\alpha M_\alpha$ ein Untermodul von $S = \bigoplus_{\gamma\in\mathcal{A}} M_\gamma$ für alle $\alpha \in \mathcal{A}$. Daher ist die Summe $U = \sum_{\alpha\in\mathcal{A}} \beta_\alpha M_\alpha$ nach Definition 9.2.8 ebenfalls ein Untermodul von S. Sei umgekehrt $0 \neq \sigma \in S$. Dann existieren nur endlich viele Indizes $\alpha_1, \alpha_2, \dots, \alpha_r \in \mathcal{A}$ mit $\sigma(\alpha_i) \neq 0 \in M_{\alpha_i}$, d. h. $\sigma(\gamma) = 0$ für alle $\gamma \in \mathcal{A} \setminus \{\alpha_1, \alpha_2, \dots, \alpha_r\}$. Sei $v_i = \sigma(\alpha_i) \in M_{\alpha_i}$. Nach Definition 9.6.4 ist $\beta_{\alpha_i}(\boldsymbol{v}_i) = \sigma_{\boldsymbol{v}_i} \in S$, wobei gilt:

$$\sigma_{v_i}(\gamma) = \begin{cases} v_i \in M_{\alpha_i} & \text{für } \gamma = \alpha_i, \\ 0 & \text{für } \gamma \neq \alpha_i. \end{cases}$$

Hieraus folgt, daß $\sigma = \sum_{i=1}^r \sigma_{v_i} = \sum_{i=1}^r \beta_{\alpha_i}(v_i) \in \sum_{i=1}^r \beta_{\alpha_i} M_{\alpha_i} \leq U$ und somit $U = S$ gilt.

Um zu zeigen, daß $U = \sum_{\alpha\in\mathcal{A}} \beta_\alpha M_\alpha$ die direkte Summe der Untermoduln $\beta_\alpha M_\alpha$ von S ist, betrachtet man den Durchschnitt

$$\beta_\alpha M_\alpha \cap \sum_{\gamma\in\mathcal{A}\setminus\{\alpha\}} \beta_\gamma M_\gamma$$

für ein beliebiges $\alpha \in \mathcal{A}$. Wäre $0 \neq \sigma \in \beta_\alpha M_\alpha$ in diesem Durchschnitt enthalten, dann gäbe es nach Definition 9.2.8 endlich viele Indizes $\gamma_1, \gamma_2, \dots, \gamma_s$ in $\mathcal{A} \setminus \{\alpha\}$ und Elemente $u_{\gamma_i} \in \beta_{\gamma_i} M_{\gamma_i}$ derart, daß

$$0 \neq \sigma = \beta_\alpha v_\alpha = \beta_{\gamma_1} u_{\gamma_1} + \beta_{\gamma_2} u_{\gamma_2} + \cdots + \beta_{\gamma_s} u_{\gamma_s}$$

für ein $0 \neq v_\alpha \in M_\alpha$ wäre. Wegen Satz 9.6.5 wäre dann aber

$$\begin{aligned} 0 \neq v_\alpha &= \mathrm{id}_\alpha(v_\alpha) = \pi_\alpha \beta_\alpha(v_\alpha) \\ &= \pi_\alpha \beta_{\gamma_1}(u_{\gamma_1}) + \pi_\alpha \beta_{\gamma_2}(u_{\gamma_2}) + \cdots + \pi_\alpha \beta_{\gamma_s}(u_{\gamma_s}) = 0. \end{aligned}$$

Aus diesem Widerspruch folgt, daß U sogar die direkte Summe $\bigoplus_{\alpha\in\mathcal{A}} \beta_\alpha M_\alpha$ der Untermoduln $\beta_\alpha M_\alpha$ von S im Sinne der Definition 9.2.8 ist. ♦

9.6.7 Bemerkung. Die Definition 9.6.2 der externen direkten Summe $S = \bigoplus_{\alpha\in\mathcal{A}} M_\alpha$ geht über die Definition 9.2.8 der direkten Summe $\bigoplus_{\alpha\in\mathcal{A}} U_\alpha$ von Untermoduln U_α eines Moduls M hinaus, weil bei dem System $\{M_\alpha \mid \alpha \in \mathcal{A}\}$ von R-Moduln M_α zu verschiedenen Indizes α und β nicht notwendig verschiedene R-Moduln M_α und M_β gehören müssen. Es kann sogar M_α für alle Indizes $\alpha \in \mathcal{A}$ derselbe R-Modul sein. Die Untermoduln $\beta_\alpha M_\alpha$ von S sind dann zwar alle isomorph; sie stellen jedoch nach Satz 9.6.6 lauter verschiedene Untermoduln von $S = \bigoplus_{\alpha\in\mathcal{A}} M_\alpha$ dar.

9.6.8 Satz. *Sei $S = \bigoplus_{\alpha \in \mathcal{A}} M_\alpha$ die externe direkte Summe der R-Moduln M_α mit den natürlichen Injektionen $\beta_\alpha : M_\alpha \to S$. Dann gelten folgende Aussagen:*

(a) *Sei W ein R-Modul. Zu jedem System $\{\varphi_\alpha \in \operatorname{Hom}_R(M_\alpha, W) \mid \alpha \in \mathcal{A}\}$ von R-linearen Abbildungen φ_α gibt es genau ein $\varphi \in \operatorname{Hom}_R(S, W)$ mit*

$$\varphi\beta_\alpha = \varphi_\alpha \quad \textit{für alle } \alpha \in \mathcal{A}.$$

(b) *Ein R-Modul Z ist genau dann zu $S = \bigoplus_{\alpha \in \mathcal{A}} M_\alpha$ isomorph, wenn es R-lineare Abbildungen $\gamma_\alpha \in \operatorname{Hom}_R(M_\alpha, Z)$ so gibt, daß zu jedem R-Modul W und zu jedem System $\{\varphi_\alpha \in \operatorname{Hom}_R(M_\alpha, W) \mid \alpha \in \mathcal{A}\}$ von R-linearen Abbildungen φ_α genau eine R-lineare Abbildung $\tau \in \operatorname{Hom}_R(Z, W)$ existiert mit*

$$\tau\gamma_\alpha = \varphi_\alpha \quad \textit{für alle } \alpha \in \mathcal{A}.$$

(c) *Die Abbildungen γ_α sind automatisch Monomorphismen, und das folgende Diagramm ist kommutativ.*

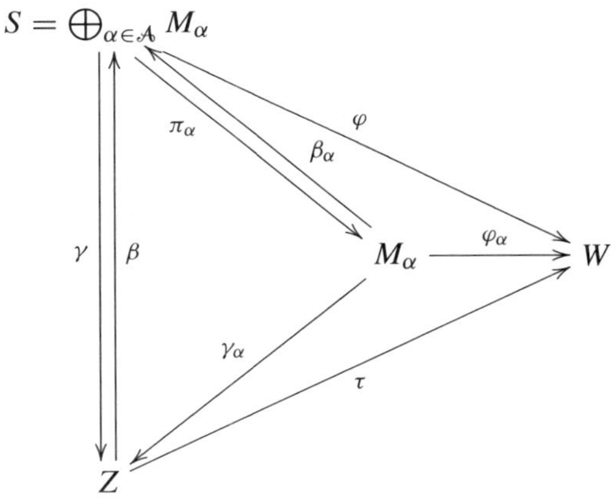

Beweis: (a) Es sei σ ein beliebiges Element aus $S = \bigoplus_{\alpha \in \mathcal{A}} M_\alpha$. Dann gilt $\pi_{\alpha_i}(\sigma) = \sigma(\alpha_i) \neq 0$ wegen der Definitionen 9.2.8 und 9.6.2 für höchstens endlich viele Indizes $\alpha_1, \dots, \alpha_n \in \mathcal{A}$. Durch

$$\varphi(\sigma) = \sum_{i=1}^{n} (\varphi_{\alpha_i}\pi_{\alpha_i})\sigma$$

wird daher eine Abbildung $\varphi : S \to W$ definiert. (Gilt $\pi_i(\sigma) = 0$ für alle Indizes, so ist $\varphi(\sigma) = 0$ zu setzen.) Wegen der R-Linearität der Abbildungen π_i und φ_i ergibt sich unmittelbar, daß φ eine R-lineare Abbildung ist. Weiter sei jetzt α ein fester Index. Nach Satz 9.6.5 gilt dann $\pi_\alpha\beta_\alpha = \mathrm{id}_\alpha$, während $\pi_\chi\beta_\alpha$ für $\chi \neq \alpha$ die Nullabbildung ist. Für ein beliebiges Element $a \in M_\alpha$ folgt daher $\pi_\alpha\beta_\alpha a = a$ und $\pi_\chi(\beta_\alpha a) = 0$ im Fall $\chi \neq \alpha$. Man erhält

$$(\varphi\beta_\alpha)a = \varphi(\beta_\alpha a) = (\varphi_\alpha\pi_\alpha)(\beta_\alpha a) = \varphi_\alpha a$$

und somit $\varphi\beta_\alpha = \varphi_\alpha$.

Weiter gelte für die R-lineare Abbildung $\psi : S \to W$ ebenfalls $\psi\beta_\alpha = \varphi_\alpha$ für alle $\alpha \in \mathcal{A}$. Nach Satz 9.6.5 ist

$$\sigma = \beta_{\alpha_1}(\sigma(\alpha_1)) + \cdots + \beta_{\alpha_n}(\sigma(\alpha_n)) = (\beta_{\alpha_1}\pi_{\alpha_1})\sigma + \cdots + (\beta_{\alpha_n}\pi_{\alpha_n})\sigma$$

und daher

$$\psi(\sigma) = \sum_{i=1}^{n}(\psi\beta_{\alpha_i}\pi_{\alpha_i})\sigma = \sum_{i=1}^{n}(\varphi_{\alpha_i}\pi_{\alpha_i})\sigma = \varphi(\sigma).$$

Es gilt somit $\psi = \varphi$; d. h. φ ist eindeutig bestimmt.

(b) Jeder zu $\oplus M_\alpha$ isomorphe R-Modul Z besitzt die in (b) angegebene Eigenschaft: Ist nämlich $\beta : Z \to S$ ein Isomorphismus, so braucht man nur $\gamma_\alpha = \beta^{-1}\beta_\alpha$ für alle $\alpha \in \mathcal{A}$ zu setzen. Mit $\tau = \varphi\beta$ gilt dann $\tau\gamma_\alpha = (\varphi\beta)(\beta^{-1}\beta_\alpha) = \varphi\beta_\alpha = \varphi_\alpha$. Andererseits folgt aus $\varphi'\gamma_\alpha = \varphi_\alpha$ zunächst $\varphi'\beta^{-1}\beta_\alpha = \varphi_\alpha$ und weiter nach (a) $\varphi'\beta^{-1} = \varphi$, also $\varphi' = \varphi\beta = \tau$. Umgekehrt sei jetzt Z ein R-Modul, zu dem es R-lineare Abbildungen $\gamma_\alpha : M_\alpha \to Z$ so gibt, daß die in (b) formulierte Bedingung erfüllt ist. Setzt man dann $W = S$, so gibt es zu den R-linearen Abbildungen $\beta_\alpha : M_\alpha \to S$ eine R-lineare Abbildung $\beta : Z \to S$ mit $\beta\gamma_\alpha = \beta_\alpha$ für alle $\alpha \in \mathcal{A}$. Setzt man andererseits $W = Z$, so gibt es nach (a) zu den R-linearen Abbildungen $\gamma_\alpha : M_\alpha \to Z$ eine R-lineare Abbildung $\gamma : S \to Z$ mit $\gamma\beta_\alpha = \gamma_\alpha$ für alle $\alpha \in \mathcal{A}$. Für die R-lineare Abbildung $\gamma\beta : Z \to Z$ gilt nun $\gamma\beta\gamma_\alpha = \gamma\beta_\alpha = \gamma_\alpha$. Aber für die Identität id_Z von Z gilt ebenfalls $\mathrm{id}_Z\,\gamma_\alpha = \gamma_\alpha = \gamma\beta_\alpha$. Wegen der geforderten Eindeutigkeit folgt daher $\gamma\beta = \mathrm{id}_Z$. Entsprechend ergibt sich aus $\beta\gamma\beta_\alpha = \beta\gamma_\alpha = \beta_\alpha$ und $\mathrm{id}_S\,\beta_\alpha = \beta_\alpha$ auch $\beta\gamma = \mathrm{id}_S$. Somit gilt $\beta = \gamma^{-1}$ und $\gamma = \beta^{-1}$; d. h. β und γ sind Isomorphismen zwischen S und Z.

(c) Wegen $\gamma_\alpha = \gamma\beta_\alpha$ ist mit β_α und γ auch γ_α eine Injektion. ♦

9.6.9 Satz. *Sei $P = \prod_{\alpha\in\mathcal{A}} M_\alpha$ das direkte Produkt der R-Moduln M_α mit den Projektionen $\pi_\alpha : P \to M_\alpha$ und den Injektionen $\beta_\alpha : M_\alpha \to P$. Dann gelten folgende Aussagen:*

(a) *Sei W ein R-Modul. Zu jedem System $\{\varphi_\alpha \in \mathrm{Hom}_R(W, M_\alpha) \mid \alpha \in \mathcal{A}\}$ von R-linearen Abbildungen φ_α gibt es genau eine R-lineare Abbildung $\varphi \in \mathrm{Hom}_R(W, P)$ mit*

$$\pi_\alpha\varphi = \varphi_\alpha \quad \textit{für alle } \alpha \in \mathcal{A}.$$

(b) *Ein R-Modul Z ist genau dann zu* $P = \prod_{\alpha \in \mathcal{A}} M_\alpha$ *isomorph, wenn es R-lineare Abbildungen* $\gamma_\alpha \in \operatorname{Hom}_R(Z, M_\alpha)$ *so gibt, daß zu jedem R-Modul W und zu jedem System* $\{\varphi_\alpha \in \operatorname{Hom}_R(W, M_\alpha) \mid \alpha \in \mathcal{A}\}$ *von R-linearen Abbildungen* φ_α *genau eine R-lineare Abbildung* $\tau \in \operatorname{Hom}_R(Z, W)$ *existiert derart, daß*

$$\gamma_\alpha \tau = \varphi_\alpha \quad \textit{für alle } \alpha \in \mathcal{A}$$

gilt.

(c) *Die Abbildungen* γ_α *sind dann automatisch Epimorphismen, und das folgende Diagramm ist kommutativ.*

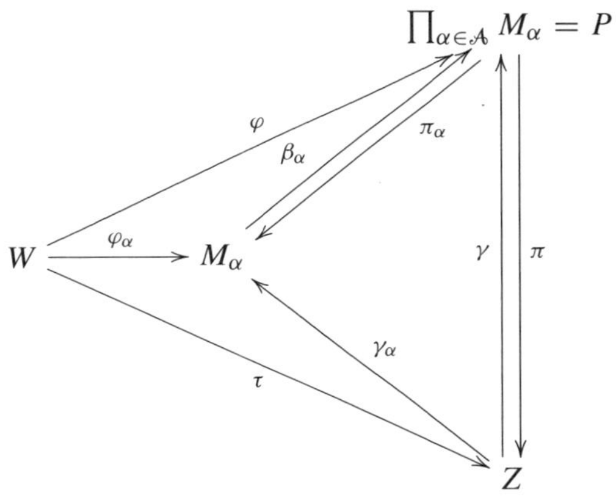

Beweis: (a) Jedem Element $y \in W$ werde diejenige Abbildung σ_y aus $P = \prod_{\alpha \in \mathcal{A}} M_\alpha$ zugeordnet, für die $\sigma_y(\alpha) = \varphi_\alpha y$ für alle $\alpha \in \mathcal{A}$ gilt. Durch $\varphi y = \sigma_y$ wird dann eine Abbildung $\varphi : W \to P$ definiert. Für jeden Index $\alpha \in \mathcal{A}$ gilt

$$\begin{aligned}(\varphi(y + y'))(\alpha) &= \sigma_{y+y'}(\alpha) = \varphi_\alpha(y + y') = \varphi_\alpha y + \varphi_\alpha y' \\ &= \sigma_y(\alpha) + \sigma_y(\alpha) = (\sigma_y + \sigma_{y'})(\alpha) \\ &= (\varphi y + \varphi y')(\alpha)\end{aligned}$$

und daher $\varphi(y + y') = \varphi y + \varphi y'$. Entsprechend zeigt man $\varphi(yc) = (\varphi y)c$ für alle $c \in R$. Daher ist φ eine R-lineare Abbildung. Außerdem gilt für jedes Element $y \in W$

$$(\pi_\alpha \varphi) y = \pi_\alpha(\sigma_y) = \sigma_y(\alpha) = \varphi_\alpha y$$

und somit $\pi_\alpha \varphi = \varphi_\alpha$. Gilt umgekehrt für die R-lineare Abbildung $\psi : W \to P$ entsprechend $\pi_\alpha \psi = \varphi_\alpha$ für alle $\alpha \in \mathcal{A}$, so folgt für die Abbildung $\psi y \in P$

$$(\psi y)(\alpha) = \pi_\alpha(\psi y) = (\pi_\alpha \psi) y = \varphi_\alpha y = \sigma_y(\alpha) = (\varphi y)(\alpha).$$

Also ist $\psi y = \varphi y$ für alle $y \in W$; d. h. $\psi = \varphi$. Daher ist φ auch eindeutig bestimmt.

(b) Wie vorher folgt auch hier, daß jeder zu P isomorphe R-Modul Z die in (b) angegebene Eigenschaft besitzt. Umgekehrt sei jetzt Z ein R-Modul mit R-linearen Abbildungen $\gamma_\alpha : Z \to M_\alpha$, die die in (b) formulierte Eigenschaft für den R-Modul $W = P$ besitzen. Wie im vorangehenden Beweis schließt man: Zu den Projektionen π_α gibt es eine R-lineare Abbildung $\pi : P \to Z$ mit $\gamma_\alpha \pi = \pi_\alpha$. Ebenso gibt es zu den Abbildungen γ_α eine R-lineare Abbildung $\gamma : Z \to P$ mit $\pi_\alpha \gamma = \gamma_\alpha$. Wieder gilt $\pi_\alpha \gamma \pi = \gamma_\alpha \pi = \pi_\alpha$ wegen $\pi_\alpha \operatorname{id}_P = \pi_\alpha$, also $\gamma\pi = \operatorname{id}_P$. Ebenso $\gamma_\alpha \pi \gamma = \pi_\alpha \gamma = \gamma_\alpha$ wegen $\gamma_\alpha \operatorname{id}_Z = \gamma_\alpha$, also $\pi\gamma = \operatorname{id}_Z$. Es folgt $\pi = \gamma^{-1}$ und $\gamma = \pi^{-1}$; d. h. π und γ sind Isomorphismen.

(c) Schließlich ist $\gamma_\alpha = \pi_\alpha \gamma$ als Produkt von Epimorphismen selbst ein Epimorphismus. ♦

9.6.10 Bemerkung. Die beiden Sätze 9.6.8 und 9.6.9 zeigen eine bemerkenswerte Dualität: Sie gehen auseinander hervor, wenn man in ihnen die Richtung sämtlicher Abbildungen umkehrt und in den Abbildungs-Produkten die Reihenfolge der Faktoren vertauscht. Da bei endlichen Indexmengen die direkte Summe und das direkte Produkt zusammenfallen, gelten dann beide Sätze gleichzeitig für die direkte Summe. Bei unendlicher Indexmenge trifft dies aber nicht zu.

9.6.11 Bemerkung. Bei der n-Tupel-Darstellung einer endlichen direkten Summe $V_1 \oplus \cdots \oplus V_n$ haben die Abbildungen φ aus den letzten beiden Sätzen folgende Bedeutung: Die Abbildung φ aus Satz 9.6.8 bildet das n-Tupel $(x_1, \ldots, x_n)$ auf das Element $\varphi_1 x_1 + \cdots + \varphi_n x_n$ aus W ab. Das Bild eines Elements $y \in W$ bei der Abbildung φ aus Satz 9.6.9 ist das n-Tupel $(\varphi_1 y, \ldots, \varphi_n y)$.

9.6.12 Satz. (a) $\operatorname{Hom}_R\left(\bigoplus_{\alpha\in\mathcal{A}} M_\alpha, W\right) \cong \prod_{\alpha\in\mathcal{A}} \operatorname{Hom}_R(M_\alpha, W)$.

(b) $\operatorname{Hom}_R(W, \prod_{\alpha\in\mathcal{A}} M_\alpha) \cong \prod_{\alpha\in\mathcal{A}} \operatorname{Hom}_R(W, M_\alpha)$.

Beweis: (a) Sei $\varphi \in \operatorname{Hom}_R\left(\bigoplus_{\alpha\in\mathcal{A}} M_\alpha, W\right)$ und β_α die Injektion von M_α in $S = \bigoplus_{\alpha\in\mathcal{A}} M_\alpha$. Dann ist $\gamma_\alpha = \varphi\beta_\alpha \in \operatorname{Hom}_R(M_\alpha, W)$ für alle $\alpha \in \mathcal{A}$. Man definiere $\gamma \in \prod_{\alpha\in\mathcal{A}} \operatorname{Hom}_R(M_\alpha, W)$ durch

$$\gamma(\alpha) = \gamma_\alpha = \varphi\beta_\alpha \in \operatorname{Hom}_R(M_\alpha, W) \quad \text{für alle } \alpha \in \mathcal{A}.$$

Dann wird durch $\sigma(\varphi) = \gamma = \gamma_\varphi$ eine injektive R-lineare Abbildung von $\operatorname{Hom}_R\left(\bigoplus_{\alpha\in\mathcal{A}} M_\alpha, W\right)$ in $\prod_{\alpha\in\mathcal{A}} \operatorname{Hom}_R(M_\alpha, W)$ definiert. Sei umgekehrt $\tau \in \prod_{\alpha\in\mathcal{A}} \operatorname{Hom}_R(M_\alpha, W)$. Dann existiert nach Hilfssatz 9.6.1 zu jedem $\alpha \in \mathcal{A}$ ein $\gamma_\alpha \in \operatorname{Hom}_R(M_\alpha, W)$ derart, daß

$$\tau(\alpha) = \gamma_\alpha \quad \text{für alle } \alpha \in \mathcal{A}$$

ist. Nach Satz 9.6.8 existiert dann genau ein $\gamma \in \mathrm{Hom}_R(S, W)$ mit

$$\gamma\beta_\alpha = \gamma_\alpha = \tau(\alpha) \quad \text{für alle } \alpha \in \mathcal{A}.$$

Also ist σ surjektiv und somit der gesuchte Isomorphismus.

(b) Sei $\varphi \in \mathrm{Hom}_R(W, \prod_{\alpha\in\mathcal{A}} M_\alpha)$ und π_α die Projektion von $P = \prod_{\alpha\in\mathcal{A}} M_\alpha$ auf M_α für alle $\alpha \in \mathcal{A}$. Dann ist

$$\gamma_\alpha = \pi_\alpha\varphi \in \mathrm{Hom}_R(W, M_\alpha) \quad \text{für alle } \alpha \in \mathcal{A}.$$

Man definiere $\gamma \in \prod_{\alpha\in\mathcal{A}} \mathrm{Hom}_R(W, M_\alpha)$ durch

$$\gamma(\alpha) = \gamma_\alpha = \pi_\alpha\varphi \in \mathrm{Hom}_R(W, M_\alpha) \quad \text{für alle } \alpha \in \mathcal{A}.$$

Dann wird durch $\sigma(\varphi) = \gamma = \gamma_\varphi$ eine injektive R-lineare Abbildung von $\mathrm{Hom}_R(W, P)$ in $\prod_{\alpha\in\mathcal{A}} \mathrm{Hom}_R(W, M_\alpha)$ definiert.

Sei umgekehrt $\tau \in \prod_{\alpha\in\mathcal{A}} \mathrm{Hom}_R(W, M_\alpha)$. Dann existiert nach Hilfssatz 9.6.1 zu jedem $\alpha \in \mathcal{A}$ ein $\gamma_\alpha \in \mathrm{Hom}_R(W, M_\alpha)$ derart, daß $\tau(\alpha) = \gamma_\alpha$ für alle $\alpha \in \mathcal{A}$ ist. Nach Satz 9.6.9 gibt es dann genau ein $\gamma \in \mathrm{Hom}_R(W, P)$ mit $\pi_\alpha\gamma = \gamma_\alpha$ für alle $\alpha \in \mathcal{A}$. Also ist τ das Bild von γ unter σ, womit (b) bewiesen ist. ♦

9.6.13 Definition. Sei M ein R-Modul. Sei $\{M_\alpha \mid \alpha \in \mathcal{A}\}$ ein System von R-Moduln M_α und $\{\varphi_\alpha \in \mathrm{Hom}_R(M_\alpha, M) \mid \alpha \in \mathcal{A}\}$ ein System von R-linearen Abbildungen. Ein *Faserprodukt* (oder *Pullback*) der Abbildungen $\varphi_\alpha : M_\alpha \to M$ ist ein R-Modul Y und ein System von R-linearen Abbildungen $\psi_\alpha : Y \to M_\alpha$, $\alpha \in \mathcal{A}$, derart, daß

(a) $\varphi_\alpha\psi_\alpha = \varphi_\chi\psi_\chi$ für alle $\alpha, \chi \in \mathcal{A}$ gilt und die folgende universelle Abbildungseigenschaft erfüllt ist:

(b) Ist W ein beliebiger R-Modul, zu dem ein System $\{\psi'_\alpha \in \mathrm{Hom}_R(W, M_\alpha) \mid \alpha \in \mathcal{A}\}$ von R-linearen Abbildungen ψ'_α mit $\varphi_\alpha\psi'_\alpha = \varphi_\chi\psi'_\chi$ für alle $\alpha, \chi \in \mathcal{A}$ existiert, dann existiert genau ein $\eta \in \mathrm{Hom}_R(W, Y)$ derart, daß $\psi'_\alpha = \psi_\alpha\eta$ für alle $\alpha \in \mathcal{A}$ ist.

9.6.14 Satz. *Sei $\mathcal{A}$ eine Indexmenge und M ein R-Modul. Dann gelten die folgenden Aussagen:*

(a) *Zu jedem System $\{\varphi_\alpha \in \mathrm{Hom}_R(M_\alpha, M) \mid \alpha \in \mathcal{A}\}$ von R-linearen Abbildungen φ_α zwischen den R-Moduln M_α und M existiert ein Faserprodukt Y mit R-linearen Abbildungen $\psi_\alpha \in \mathrm{Hom}_R(Y, M_\alpha)$.*

(b) *Der Faserproduktraum Y ist bis auf Isomorphie eindeutig durch die R-Moduln M, M_α und die R-linearen Abbildungen $\varphi_\alpha : M_\alpha \to M$, $\alpha \in \mathcal{A}$, bestimmt.*

Insbesondere ist das folgende Diagramm kommutativ.

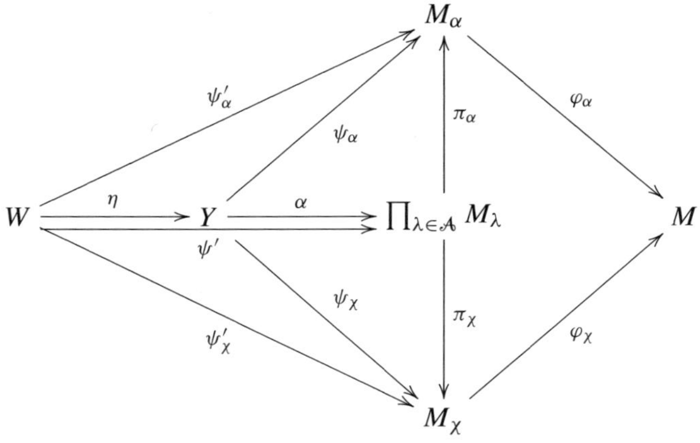

Beweis: Es sei Y die Menge aller derjenigen Elemente $a \in P = \prod_{\lambda\in\mathcal{A}} M_\lambda$, bei denen $(\varphi_\alpha\pi_\alpha)a = (\varphi_\chi\pi_\chi)a$ für alle Indexpaare gilt, wobei π_α die Projektion von P auf M_α ist. Offenbar ist Y ein Untermodul, der für sich als R-Modul betrachtet durch die natürliche Injektion α in den Produktraum P abgebildet wird. Mit $\psi_\alpha = \pi_\alpha$ ist dann die Bedingung von Definition 9.6.13 (a) für alle $\alpha \in \mathcal{A}$ erfüllt. Zu den Abbildungen $\psi'_\alpha : W \to M_\alpha$ gibt es wegen Satz 9.6.9 genau eine Abbildung $\psi' : W \to P = \prod_{\lambda\in\mathcal{A}} M_\lambda$ mit $\psi'_\alpha = \pi_\alpha\psi'$ für alle $\alpha \in \mathcal{A}$. Für beliebiges $y \in W$ und beliebige Indizes α, χ erhält man

$$(\varphi_\alpha\pi_\alpha)(\psi' y) = (\varphi_\alpha\psi'_\alpha)y = (\varphi_\chi\psi'_\chi)y = (\varphi_\chi\pi_\chi)(\psi' y),$$

also $\psi' y \in Y$. Daher kann ψ' sogar als Abbildung in Y aufgefaßt werden. Als solche wird sie mit η bezeichnet. Damit ist die Bedingung (b) von Definition 9.6.13 nachgewiesen.

Besitzt auch Y' mit den Abbildungen ψ'_α die Eigenschaften (a) und (b), so gibt es lineare Abbildungen $\eta' : Y \to Y'$ und $\eta : Y' \to Y$ mit $\psi'_\alpha = \psi_\alpha\eta$ und $\psi_\alpha = \psi'_\alpha\eta'$ für alle $\alpha \in \mathcal{A}$. Es folgt

$$\psi_\alpha \operatorname{id}_Y = \psi_\alpha\eta\eta' \quad \text{und} \quad \psi'_\alpha \operatorname{id}_{Y'} = \psi'_\alpha\eta'\eta \quad \text{für alle } \alpha \in \mathcal{A}$$

wegen der Eindeutigkeit der Faktorisierungen mit ψ_α bzw. ψ'_α, die aus den Spezialisierungen $W = Y$ bzw. $W = Y'$ folgt. Also ist $\eta\eta' = \operatorname{id}_Y$ und $\eta'\eta = \operatorname{id}_{Y'}$. Daher sind η und η' inverse Isomorphismen. Hiermit ist die Eindeutigkeit des Faserprodukts bewiesen. ♦

9.6.15 Bemerkung. Selbst im Falle von nur zwei Abbildungen $M_i \xrightarrow{\varphi_i} M$, $i = 1, 2$ hat der Satz 9.6.14 eine interessante Folgerung. Er besagt nämlich, daß das Faserprodukt Y mit den Abbildungen ψ_1 und ψ_2 und den gegebenen Abbildungen φ_1 und φ_2 das folgende kommutative Diagramm

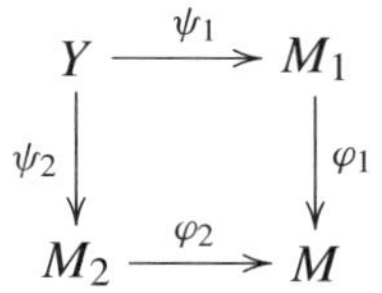

bildet, und zwar so, daß sich jede andere Ergänzung W durch Y faktorisieren läßt:

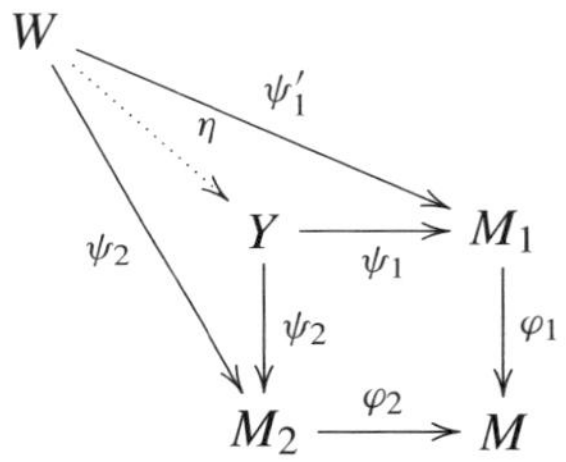

Indem man in der Definition 9.6.13 des Faserprodukts alle Pfeile umdreht, erhält man die folgende „duale" Definition der Fasersumme.

9.6.16 Definition. Sei M ein R-Modul. Sei $\{M_\alpha \mid \alpha \in \mathcal{A}\}$ ein System von R-Moduln und $\{\varphi_\alpha \in \operatorname{Hom}_R(M, M_\alpha) \mid \alpha \in \mathcal{A}\}$ ein System von R-linearen Abbildungen. Eine *Fasersumme* (oder *Pushout*) der Abbildungen $\varphi_\alpha : M \to M_\alpha$ ist ein R-Modul Z und ein System von R-linearen Abbildungen $\psi_\alpha : M_\alpha \to Z$, $\alpha \in \mathcal{A}$, derart, daß

(a) $\psi_\alpha\varphi_\alpha = \psi_\chi\varphi_\chi$ für alle $\alpha, \chi \in \mathcal{A}$ gilt und die folgende universelle Abbildungseigenschaft erfüllt ist:

(b) Ist W ein beliebiger R-Modul, für den ein System $\{\psi'_\alpha \in \operatorname{Hom}_F(M_\alpha, W) \mid \alpha \in \mathcal{A}\}$ R-linearer Abbildungen ψ'_α mit $\psi'_\alpha\varphi_\alpha = \psi'_\chi\varphi_\chi$ für alle $\alpha, \chi \in \mathcal{A}$ existiert, dann existiert genau ein $\eta \in \operatorname{Hom}_R(Z, W)$ mit

$$\psi'_\alpha = \eta\psi_\alpha \quad \text{für alle } \alpha \in \mathcal{A}.$$

In Analogie zu Satz 9.6.14 beweist man den folgenden Satz.

9.6.17 Satz. *Sei M ein R-Modul. Dann gelten die folgenden Aussagen:*

(a) *Zu jedem System $\{\varphi_\alpha \in \operatorname{Hom}_R(M, M_\alpha) \mid \alpha \in \mathcal{A}\}$ von R-linearen Abbildungen φ_α des R-Moduls M in die R-Moduln M_α existiert eine Fasersumme Z mit R-linearen Abbildungen $\psi_\alpha \in \operatorname{Hom}_R(M_\alpha, Z)$.*

(b) *Der Fasersummenraum Z ist bis auf Isomorphie eindeutig durch die R-Moduln M, M_α und die Abbildungen $\varphi_\alpha : M \to M_\alpha$, $\alpha \in \mathcal{A}$, bestimmt.*

Insbesondere ist das folgende, für den Beweis erweiterte Diagramm kommutativ.

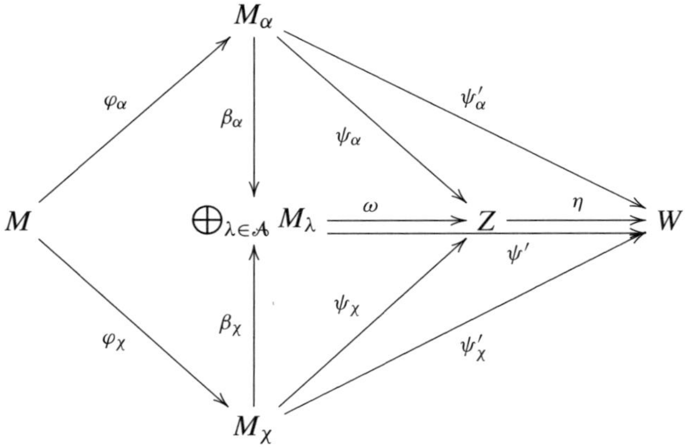

9.7 Aufgaben

9.1 Sei R ein kommutativer Ring, $S = R[X]$, $a \in R$ und $f(X) \in S$. Zeigen Sie: $S(X-a) + Sf(X) = S$ genau dann, wenn $f(a)$ eine Einheit in R ist.

9.2 Man gebe den Isomorphismus der Aussage des zweiten Isomorphiesatzes $(U+V)/V \cong U/(U \cap V)$ explizit für die Untermoduln $U = 4\mathbb{Z}$, $V = 6\mathbb{Z}$ des $\mathbb{Z}$-Moduls $\mathbb{Z}$ an.

9.3 Sei $R = \mathbb{Z}/6 \cdot \mathbb{Z}$ und $M = R^2 = \{(a,b) \mid a, b \in R\}$ der freie Modul vom Rang 2 über R. Zeigen Sie:

(a) Die Teilmengen $B_1 := \{(1,0),(0,1)\}$, $B_2 := \{(2,3),(3,2)\}$ von M bilden jeweils eine Basis von M.

(b) Nach Austausch eines Elements von B_1 gegen $(2,3)$ ist die so entstehende Menge keine Basis von M.

9.4 Sei $\varphi : V \to W$ eine R-lineare Abbildung zwischen den R-Moduln V und W. Seien $\mathfrak{S}$ und $\mathfrak{S}'$ Systeme aus Untermoduln von V bzw. W. Ist T ein Untermodul von W, dann sei $\varphi^-(T) = \{t \in V \mid \varphi(t) \in T\}$. Beweisen Sie die folgenden Behauptungen:

(a) $\sum\{\varphi U \mid U \in \mathfrak{S}\} = \varphi\big(\sum\{U \mid U \in \mathfrak{S}\}\big)$.

(b) $\sum\{\varphi^-(T) \mid T \in \mathfrak{S}'\} \subseteq \varphi^-\big(\sum\{T \mid T \in \mathfrak{S}'\}\big)$.

(c) Gilt $T \subset \operatorname{Im}\varphi$ für alle $T \in \mathfrak{S}'$, so ist (b) mit dem Gleichheitszeichen erfüllt.

(d) $\varphi\big(\bigcap\{U \mid U \in \mathfrak{S}\}\big) \subseteq \bigcap\{\varphi U \mid U \in \mathfrak{S}\}$.

(e) $\varphi^-\big(\bigcap\{T \mid T \in \mathfrak{S}'\}\big) = \bigcap\{\varphi^-(T) \mid T \in \mathfrak{S}'\}$.

(f) Gilt $U \supset \operatorname{Ker}\varphi$ für alle $U \in \mathfrak{S}$, so ist (d) mit dem Gleichheitszeichen erfüllt.

9.5 Beweisen Sie die folgenden Behauptungen:

(a) Eine R-lineare Abbildung $\alpha : V \to W$ ist genau dann injektiv, wenn für jeden R-Modul Z und für je zwei R-lineare Abbildungen $\gamma, \beta : Z \to V$ aus $\alpha\gamma = \alpha\beta$ stets $\gamma = \beta$ folgt.

(b) Eine R-lineare Abbildung $\alpha : V \to W$ ist genau dann surjektiv, wenn für jeden R-Modul Z und für je zwei R-lineare Abbildungen $\gamma, \beta : W \to Z$ aus $\gamma\alpha = \beta\alpha$ stets $\gamma = \beta$ folgt.

(c) Ist $\psi\varphi$ injektiv (surjektiv), so ist φ injektiv (ψ surjektiv).

9.6 Zeigen Sie, daß die lineare Gruppe $\mathrm{GL}(n, R)$ im Fall $n \geqq 2$ nicht abelsch ist.

9.7

(a) Zeigen Sie, daß die Abbildung $\varphi : \bigoplus_{\alpha\in\mathcal{A}} M_\alpha \to W$ aus Satz 9.6.8 genau dann surjektiv ist, wenn $W = \sum_{\alpha\in\mathcal{A}} \varphi_\alpha M_\alpha$ gilt.

(b) Zeigen Sie, daß die Abbildung $\varphi : W \to \prod_{\alpha\in\mathcal{A}} M_\alpha$ aus Satz 9.6.9 genau dann injektiv ist, wenn es zu verschiedenen Elementen $y, y' \in W$ stets einen Index α mit $\varphi_\alpha y \neq \varphi_\alpha y'$ gibt.

9.8

(a) Zeigen Sie: Für den Kern der R-linearen Abbildung $\varphi : W \to \prod_{\alpha\in\mathcal{A}} M_\alpha$ aus Satz 9.6.9 gilt

$$\operatorname{Ker}\varphi = \bigcap_{\alpha\in\mathcal{A}} \operatorname{Ker}\varphi_\alpha .$$

(b) Zeigen Sie: Für die Abbildungen φ und φ_α aus Satz 9.6.8 gilt

$$\bigoplus_{\alpha\in\mathcal{A}} \operatorname{Ker}\varphi_\alpha \leq \operatorname{Ker}\varphi .$$

Zeigen Sie jedoch an einem Beispiel, daß hierbei das Gleichheitszeichen im allgemeinen nicht gilt.

9.9 Man beweise den folgenden, zu Satz 9.3.4 „dualen" Satz, der durch Umkehrung aller Abbildungspfeile entsteht: Wenn in dem Diagramm

$$\begin{array}{ccccccc}
 & & W' & \xrightarrow{\beta'} & V' & \xrightarrow{\alpha'} & U' \\
 & & {\scriptstyle\omega}\,\vdots\,\downarrow & & {\scriptstyle\tau}\downarrow & & {\scriptstyle\sigma}\downarrow \\
0 & \longrightarrow & W & \xrightarrow{\beta} & V & \xrightarrow{\alpha} & U
\end{array}$$

die Zeilen exakte Folgen sind und wenn der rechte Teil kommutativ ist, dann gibt es eine kommutative Ergänzung ω. Unter welchen Bedingungen ist ω injektiv bzw. surjektiv?

9.10 In dem Diagramm

$$\begin{array}{ccccccccc}
V & \xrightarrow{\varphi} & W & \xrightarrow{\chi} & X & \xrightarrow{\psi} & Y & \xrightarrow{\omega} & Z \\
\downarrow{\scriptstyle\alpha} & & \downarrow{\scriptstyle\beta} & & & & \downarrow{\scriptstyle\gamma} & & \downarrow{\scriptstyle\delta} \\
V' & \xrightarrow{\varphi'} & W' & \xrightarrow{\chi'} & X' & \xrightarrow{\psi'} & Y' & \xrightarrow{\omega'} & Z'
\end{array}$$

von F-Vektorräumen seien die Zeilen exakte Folgen. Ferner sei das Diagramm kommutativ. Zeigen Sie, daß es eine lineare Abbildung $\eta : X \to X'$ so gibt, daß das durch η ergänzte Diagramm ebenfalls kommutativ ist.

9.11 Es sei $\{V_\alpha \mid \alpha \in \mathcal{A}\}$ ein System von Vektorräumen V_α über dem Körper F. Zeigen Sie:

$$\Big(\bigoplus_{\alpha\in\mathcal{A}} V_\alpha\Big)^* \cong \prod_{\alpha\in\mathcal{A}} V_\alpha^*.$$

10 Multilineare Algebra

In diesem Kapitel wird im ersten Abschnitt das Tensorprodukt $M \otimes_R N$ von zwei R-Moduln M und N über einem kommutativen Ring konstruiert. Im zweiten Abschnitt werden Tensorprodukte $\alpha \otimes \beta$ von linearen Abbildungen zwischen R-Moduln definiert und ihre Eigenschaften studiert. Der dritte Abschnitt enthält Anwendungen dieser Konstruktionen. Schließlich wird für jede natürliche Zahl $p \geq 2$ und jeden R-Modul die p-te äußere Potenz $\bigwedge_p M$ eingeführt und damit die Determinante $\det(\alpha)$ eines Endomorphismus α eines freien R-Moduls M erklärt. Es zeigt sich, daß diese Determinantentheorie von Matrizen über kommutativen Ringen alle Ergebnisse des Kapitels 5 über Determinanten von Matrizen mit Koeffizienten a_{ij} aus einem Körper F als Spezialfälle enthält.

In diesem Kapitel ist R stets ein kommutativer Ring mit Einselement 1. Alle hier betrachteten R-Moduln sind R-Rechtsmoduln im Sinne der Definition 9.2.1.

10.1 Multilineare Abbildungen und Tensorprodukte

Für die Konstruktion des Tensorprodukts von endlich vielen R-Moduln wird die Definition 5.2.1 einer n-fach linearen Abbildung auf R-Moduln übertragen.

10.1.1 Definition. Seien $M_1, M_2, \dots, M_n$ und M endlich viele R-Moduln über dem kommutativen Ring R. Sei $\prod_{i=1}^n M_i = \{(m_1, m_2, \dots, m_n) \mid m_i \in M_i\}$ das kartesische Produkt der M_i. Eine Abbildung $\varphi : \prod_{i=1}^n M_i \to M$ heißt *n-fach linear*, wenn die beiden folgenden Bedingungen für alle $i = 1, 2, \dots, n$ erfüllt sind:

(a) $\varphi(m_1, \dots, m_i + m_i', \dots, m_n) = \varphi(m_1, \dots, m_i, \dots, m_n) + \varphi(m_1, \dots, m_i', \dots, m_n)$,

(b) $\varphi(m_1, \dots, m_i r, \dots, m_n) = \varphi(m_1, \dots, m_i, \dots, m_n) r$

für alle $m_i, m_i' \in M$ und $r \in R$. Ist $n = 2$, so ist φ eine *bilineare* Abbildung vom kartesischen Produkt $M_1 \times M_2$ in den R-Modul M.

10.1.2 Beispiel. Sei R ein kommutativer Ring und $R^2 = \{(r_1, r_2) \mid r_i \in R\}$ der freie R-Modul vom Range 2. Die durch

$$\varphi\left[\begin{pmatrix} r_{11} \\ r_{21} \end{pmatrix}, \begin{pmatrix} r_{12} \\ r_{22} \end{pmatrix}\right] = r_{11}r_{22} - r_{12}r_{21} \quad \text{für alle } m_i = (r_{1i}, r_{2i}) \in R^2, i = 1, 2,$$

definierte Abbildung $\varphi : R^2 \to R$ ist bilinear.

10.1.3 Hilfssatz. *Seien M, N zwei R-Moduln über dem kommutativen Ring R. Dann ist die Menge* $\mathrm{Hom}_R(M, N)$ *aller R-linearen Abbildungen $\alpha : M \to N$ ein R-Modul.*

Beweis: Der Beweis verläuft genauso wie in Satz 3.6.1. ♦

10.1.4 Definition. Gegeben seien die R-Moduln A und B über dem kommutativen Ring R. Ein *Tensorprodukt (T, t) von A und B über R* besteht aus einem R-Modul T und einer bilinearen Abbildung $t : A \times B \to T$ derart, daß für jede bilineare Abbildung g von $A \times B$ in einen beliebigen R-Modul X genau ein $h \in \mathrm{Hom}_R(T, X)$ existiert, so daß das Diagramm

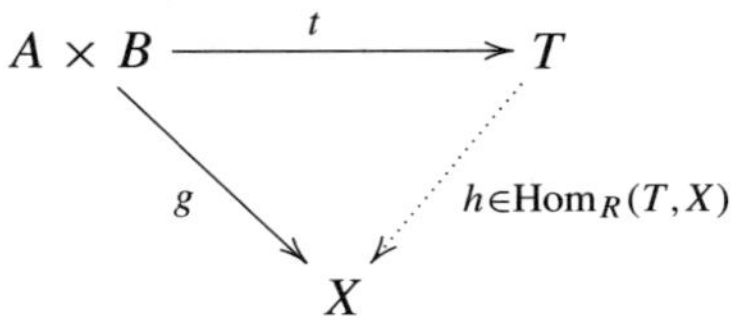

kommutativ ist, d. h. $g(a, b) = ht(a, b)$ für alle $(a, b) \in A \times B$.

Die bilineare Abbildung $t : A \times B \to T$ heißt *Tensorabbildung* des Tensorprodukts T.

Bezeichnung: $T = A \otimes_R B, a \otimes b = t(a, b)$ für alle $(a, b) \in A \times B$.

In den beiden folgenden Sätzen wird nun die Existenz und die Eindeutigkeit des Tensorprodukts $A \otimes_R B$ zweier R-Moduln gezeigt.

10.1.5 Satz (Eindeutigkeit des Tensorprodukts). *Sind (T, t) und (T', t') zwei Tensorprodukte der R-Moduln A und B, dann gibt es genau einen R-Modulisomorphismus $j : T \to T'$ mit $jt = t'$.*

Beweis: Da T und T' R-Moduln sind und t' bilinear ist, gibt es zum Tensorprodukt (T, t) von A und B genau ein $h_1 \in \mathrm{Hom}_R(T, T')$ derart, daß das folgende Diagramm

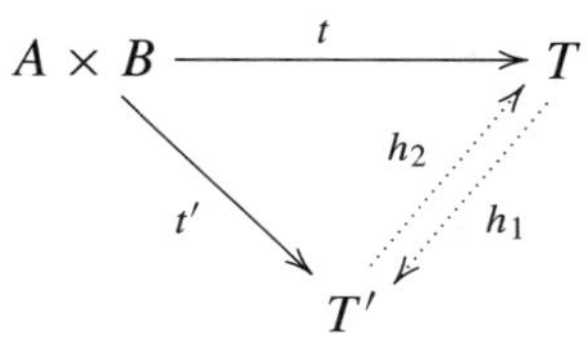

kommutativ ist, d. h. $t'(a, b) = h_1 t(a, b)$ für alle $(a, b) \in A \times B$. Analog gibt es genau ein $h_2 \in \mathrm{Hom}_R(T', T)$ mit $t(a, b) = h_2 t'(a, b)$. Hieraus folgt, daß $t'(a, b) = h_1 h_2 t'(a, b)$ für alle $(a, b) \in A \times B$. Sicherlich ist die Identität

$\mathrm{id} : T' \to T'$ eine R-lineare Abbildung aus $\mathrm{Hom}_R(T', T')$, die nach Definition 10.1.4 das zum Tensorprodukt (T', t') und R-Modul T' gehörige Diagramm

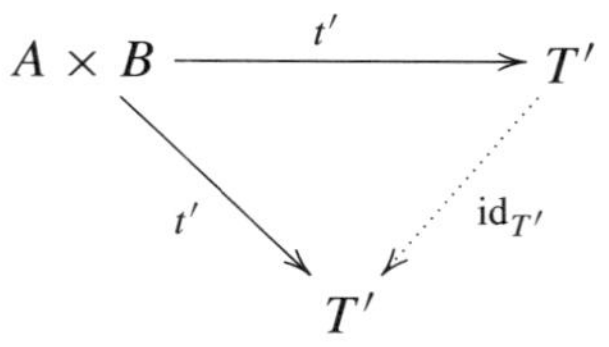

kommutativ macht, d. h. $t'(a, b) = \mathrm{id}\, t'(a, b)$ für alle $(a, b) \in A \times B$. Daher gilt wegen der geforderten Eindeutigkeit $h_1 h_2 = \mathrm{id}$. Analog zeigt man $h_2 h_1 = \mathrm{id}$. Also ist $h_1 : T \to T'$ der eindeutig bestimmte Isomorphismus j. ♦

10.1.6 Satz (Existenz des Tensorprodukts). *Zu jedem Paar A, B von R-Moduln existiert ein Tensorprodukt $(A \otimes_R B, t)$ mit Tensorabbildung*

$$t : A \times B \to T = A \otimes_R B, \quad t(a, b) = a \otimes b \in T \quad \textit{für alle } (a, b) \in A \times B,$$

das bis auf R-Modulisomorphie eindeutig bestimmt ist.

Beweis: Wegen Satz 10.1.5 ist nur die Existenz des Tensorprodukts (T, t) zu beweisen. Dazu betrachtet man die Menge

$$\mathfrak{M} = \{(a, b) \mid a \in A, b \in B\} = A \times B.$$

Nach Hilfssatz 9.4.13 ist $C = \{f_{(a,b)} \in R^{\mathfrak{M}} \mid (a, b) \in \mathfrak{M}\}$ eine Basis des freien R-Moduls $R^{\mathfrak{M}}$. Sei U der R-Untermodul von $R^{\mathfrak{M}}$, der von der Menge aller folgenden Elemente erzeugt wird:

(a) $f_{(a_1+a_2,b)} - f_{(a_1,b)} - f_{(a_2,b)}$,

(b) $f_{(a,b_1+b_2)} - f_{(a,b_1)} - f_{(a,b_2)}$,

(c) $f_{(ar,b)} - f_{(a,br)}$,

(d) $f_{(ar,b)} - f_{(a,b)} \cdot r$,

wobei die Elemente $a, a_1, a_2 \in A$, $b, b_1, b_2 \in B$ und $r \in R$ beliebig sind.

Sei T der nach Hilfssatz 9.2.14 eindeutig bestimmte Faktormodul $T = R^{\mathfrak{M}}/U$ mit dem kanonischen R-Modulepimorphismus $\alpha : R^{\mathfrak{M}} \to T$, der jedem $f \in R^{\mathfrak{M}}$ seine Restklasse $\alpha(f) = [f] = f + U \in R^{\mathfrak{M}}/U$ zuordnet. Nach Hilfssatz 9.2.14 ist $U = \mathrm{Ker}(\alpha)$.

Die Tensorabbildung $t : A \times B \to T$ wird definiert durch

$$t(a, b) = \alpha(f_{(a,b)}) \in T \quad \text{für } (a, b) \in A \times B.$$

Diese Abbildung $t : A \times B \to T$ ist wohldefiniert und bilinear; denn wegen (a) ist $f_{(a_1+a_2,b)} - f_{(a_1,b)} - f_{(a_2,b)} \in U$ für alle $a_1, a_2 \in A$ und $b \in B$. Daraus folgt

$$\begin{aligned} 0 = \alpha(f_{(a_1+a_2,b)} - f_{(a_1,b)} - f_{(a_2,b)}) &= \alpha(f_{(a_1+a_2,b)}) - \alpha(f_{(a_1,b)}) - \alpha(f_{(a_2,b)}) \\ &= t(a_1 + a_2, b) - t(a_1, b) - t(a_2, b), \end{aligned}$$

woraus sich $t(a_1 + a_2, b) = t(a_1, b) + t(a_2, b)$ ergibt.

Analog ergeben sich aus (b), (c) und (d) die Gleichungen

$$\begin{aligned} t(a, b_1 + b_2) &= t(a, b_1) + t(a, b_2), \\ t(ar, b) &= t(a, br), \\ t(ar, b) &= t(a, b)r \end{aligned}$$

für alle $a \in A$, $b, b_1, b_2 \in B$ und $r \in R$. Also ist $t : A \times B \to T$ eine bilineare Abbildung. Sei nun X ein beliebiger R-Modul und $g : A \times B \to X$ eine bilineare Abbildung. Da $C = \{f_{(a,b)} \in R^{\mathfrak{M}} \mid (a, b) \in \mathfrak{M}\}$ eine Basis des freien R-Moduls $R^{\mathfrak{M}}$ ist, wird nach Satz 9.4.14 durch die Zuordnung

$$\varphi(f_{(a,b)}) = g(a, b) \quad \text{für alle } (a, b) \in A \times B = \mathfrak{M}$$

ein R-Modulhomomorphismus $\varphi : R^{\mathfrak{M}} \to X$ definiert. Da $g : A \times B \to X$ eine bilineare Abbildung ist, folgt für alle $a_1, a_2 \in A$ und $b \in B$

$$\begin{aligned} \varphi(f_{(a_1+a_2,b)} - f_{(a_1,b)} - f_{(a_2,b)}) &= \varphi(f_{(a_1+a_2,b)}) - \varphi(f_{(a_1,b)}) - \varphi(f_{(a_2,b)}) \\ &= g(a_1 + a_2, b) - g(a_1, b) - g(a_2, b) = 0. \end{aligned}$$

Analog zeigt man, daß auch alle Erzeuger der Form (b), (c) und (d) von U auf das Nullelement in X abgebildet werden.

Daher ist $U \leq \operatorname{Ker}(\varphi)$. Nach Folgerung 9.2.20 gibt es deshalb genau einen R-Modulhomomorphismus $h \in \operatorname{Hom}_R(T, X)$ mit

$$g(a, b) = \varphi(f_{(a,b)}) = ht(a, b) = h\alpha(f_{(a,b)}) \quad \text{für alle } (a, b) \in A \times B,$$

weil $C = \{f_{(a,b)} \mid (a, b) \in \mathfrak{M})$ eine Basis des freien R-Moduls $R^{\mathfrak{M}}$ ist. Daher ist (T, t) das gesuchte Tensorprodukt $(A \otimes_R B, t)$. ♦

10.1.7 Folgerung. *Sei $T = A \otimes_R B$ das Tensorprodukt der R-Moduln A und B. Dann gelten folgende Rechengesetze:*

(a) $(a_1 + a_2) \otimes b = (a_1 \otimes b) + (a_2 \otimes b)$ *für alle* $a_1, a_2 \in A$ *und* $b \in B$.

(b) $a \otimes (b_1 + b_2) = (a \otimes b_1) + (a \otimes b_2)$ *für alle* $a \in A$ *und* $b_1, b_2 \in B$.

(c) $(a \otimes b)r = (a \otimes br) = (ar \otimes b)$ *für alle* $a \in A$, $b \in B$ *und* $r \in R$.

(d) $0 \otimes a = 0 = b \otimes 0$ *für alle* $a \in A$ *und* $b \in B$.

Beweis: Wegen $a \otimes b = t(a, b)$ folgen alle Aussagen unmittelbar aus der Bilinearität der Tensorabbildung $t : A \times B \to T = A \otimes_R B$. ♦

10.1.8 Folgerung. *Sei* $(T = A \otimes_R B, t)$ *das Tensorprodukt der* R*-Moduln* A *und* B. *Dann existieren zu jedem* $u \in T$ *endlich viele Elemente* $a_i \in A$, $b_i \in B$ *und* $r_i \in R$, $1 \le i \le k$, *derart, daß*

$$u = \sum_{i=1}^{k} (a_i \otimes b_i) r_i.$$

Beweis: Sei $\mathfrak{M} = A \times B$. Nach Hilfssatz 9.4.13 ist $C = \{f_m \mid m \in \mathfrak{M}\}$ eine Basis des freien R-Moduls $R^{\mathfrak{M}}$. Nach dem Beweis von Satz 10.1.6 gibt es einen R-Untermodul U von $R^{\mathfrak{M}}$ derart, daß $T = R^{\mathfrak{M}}/U$ und für die Restklassenabbildung $\alpha : R^{\mathfrak{M}} \to R^{\mathfrak{M}}/U$ gilt: $t(a, b) = \alpha(f_{(a,b)})$ für alle $(a, b) \in \mathfrak{M}$. Sei $w \in R^{\mathfrak{M}}$ ein Urbild von $u \in T$ in $R^{\mathfrak{M}}$. Da C eine Basis des freien R-Moduls $R^{\mathfrak{M}}$ ist, existieren endlich viele Basiselemente $f_{(a_i,b_i)} \in C$ und Ringelemente $r_i \in R$, $1 \le i \le k$, derart, daß

$$w = \sum_{i=1}^{k} f_{(a_i,b_i)} r_i.$$

Hieraus folgt

$$u = \alpha(w) = \sum_{i=1}^{k} \alpha(f_{(a_i,b_i)}) r_i = \sum_{i=1}^{k} (a_i \otimes b_i) r_i.$$

♦

10.1.9 Beispiel. Das Tensorprodukt $(\mathbb{Z}/3\mathbb{Z}) \otimes_{\mathbb{Z}} (\mathbb{Z}/2\mathbb{Z})$ der zyklischen $\mathbb{Z}$-Moduln $A = \mathbb{Z}/3\mathbb{Z}$ und $B = \mathbb{Z}/2\mathbb{Z}$ über dem Ring $\mathbb{Z}$ der ganzen Zahlen ist der Nullmodul 0. Hierzu genügt es, nach Folgerung 10.1.8 zu zeigen, daß

$$(a \otimes b) = 0 \quad \text{für alle } a \in A \text{ und } b \in B.$$

Da $1 = 3 - 2 = 3 \cdot 1 + 2(-1)$, folgt nach Folgerung 10.1.7 wegen $a3 = 0$, $b2 = 0$, daß

$$\begin{aligned} a \otimes b = (a \otimes b)1 &= (a \otimes b)(3 \cdot 1 + 2(-1)) \\ &= (a \otimes b)3 + (a \otimes b)2(-1) \\ &= a3 \otimes b - a \otimes b2 = 0 \otimes b - a \otimes 0 = 0. \end{aligned}$$

10.1.10 Beispiel. Das Tensorprodukt $T = \mathbb{Q} \otimes_{\mathbb{Z}} \mathbb{Q}$ des Körpers $\mathbb{Q}$ der rationalen Zahlen mit sich selbst über dem Ring $\mathbb{Z}$ der ganzen Zahlen ist isomorph zu $\mathbb{Q}$, d. h. $\mathbb{Q} \otimes_{\mathbb{Z}} \mathbb{Q} \cong \mathbb{Q}$, wie folgende Überlegungen zeigen.

Die Abbildung $\gamma : \mathbb{Q} \times \mathbb{Q} \to \mathbb{Q}$, definiert durch $\gamma(q_1, q_2) = q_1q_2$ für $q_i \in \mathbb{Q}$, $i = 1, 2$ ist bilinear. Nach Satz 10.1.6 existiert daher ein $\varphi \in \operatorname{Hom}_{\mathbb{Z}}(\mathbb{Q} \otimes_{\mathbb{Z}} \mathbb{Q}, \mathbb{Q})$ mit

$$\varphi(q_1 \otimes q_2) = q_1q_2 \in \mathbb{Q} \quad \text{für alle } q_i \in \mathbb{Q},\ i = 1, 2.$$

φ ist ein $\mathbb{Z}$-Modulepimorphismus; denn jedes $q = ab^{-1} \in \mathbb{Q}$ mit $b \neq 0$ ist Bild $\varphi(a \otimes b^{-1})$ von $a \otimes b^{-1} \in \mathbb{Q} \otimes_{\mathbb{Z}} \mathbb{Q}$.

Ist $q = \sum_{i=1}^n q_i \otimes p_i \in \operatorname{Ker}\varphi$ und $0 \neq d \in \mathbb{Z}$ der Hauptnenner der Brüche $q_i = a_id^{-1}$ und $p_i = b_id^{-1}$, dann ist $\varphi(q) = \big(\sum_{i=1}^n a_ib_i\big)d^{-2} = 0$, woraus $\sum_{i=1}^n a_ib_i = 0$ folgt. Also ist

$$\begin{aligned} q = \sum_{i=1}^n q_i \otimes p_i &= \sum_{i=1}^n a_id^{-1} \otimes b_id^{-1} \\ &= \sum_{i=1}^n d^{-1} \otimes a_ib_id^{-1} \\ &= d^{-1} \otimes \left(\sum_{i=1}^n a_ib_i\right)d^{-1} = d^{-1} \otimes 0 = 0 \end{aligned}$$

wegen Folgerung 10.1.7. Daher ist φ ein $\mathbb{Z}$-Modulisomorphismus.

10.1.11 Satz. *Seien A, B, C R-Moduln über dem kommutativen Ring R. Dann gelten:*

(a) $A \otimes_R B \cong B \otimes_R A$.

(b) $(A \otimes_R B) \otimes_R C \cong A \otimes_R (B \otimes_R C)$.

Beweis: (a) Sei $(A \otimes_R B, t)$ das Tensorprodukt der R-Moduln A und B. Die Abbildung $f : A \times B \to B \otimes_R A$ mit $f(a, b) = b \otimes a$ für alle $(a, b) \in A \times B$ ist nach Folgerung 10.1.7 bilinear über R. Wegen Definition 10.1.4 existiert daher genau ein $h \in \operatorname{Hom}_R(A \otimes_R B, B \otimes_R A)$ derart, daß

$$b \otimes a = f(a, b) = ht(a, b) = h(a \otimes b) \quad \text{für alle } (a, b) \in A \times B$$

gilt. Nach Folgerung 10.1.8 hat jedes $u \in B \otimes_R A$ die Form

$$\begin{aligned} u = \sum_{i=1}^k (b_i \otimes a_i)r_i &= \sum_{i=1}^k h(a_i \otimes b_i)r_i \\ &= h\left(\sum_{i=1}^k (a_i \otimes b_i)r_i\right) \in h(A \otimes_R B) \end{aligned}$$

für endlich viele $(a_i, b_i) \in A \times B$ und $r_i \in R$. Also ist h ein R-Modulepimorphismus von $A \otimes_R B$ auf $B \otimes_R A$. Analog findet man genau ein $h' \in \operatorname{Hom}_R(B \otimes_R A, A \otimes_R B)$ mit $h'(b \otimes a) = a \otimes b$ für alle $(b, a) \in B \times A$. Wiederum ist $h'(B \otimes_R A) = A \otimes_R B$. Nun ist $hh'(b \otimes a) = h(a \otimes b) = b \otimes a$ und $h'h(a \otimes b) = h'(b \otimes a) = a \otimes b$ für alle $a \in A$ und $b \in B$. Wegen Folgerung 10.1.8 sind daher die R-linearen Abbildungen h und h' zueinander inverse Isomorphismen.

(b) Nach Satz 10.1.6 existieren die Tensorprodukte $([A \otimes_R B] \otimes_R C, t)$ und $(A \otimes_R [B \otimes_R C], s)$. Sei $a \in A$ fest gewählt. Dann ist die durch $\lambda_a(b, c) = (a \otimes b) \otimes c$ für alle $(b, c) \in B \times C$ definierte Abbildung $\lambda_a : B \times C \to (A \otimes_R B) \otimes_R C$ bilinear. Also gibt es nach Definition 10.1.4 ein eindeutig bestimmtes Element $h_a \in \operatorname{Hom}_R(B \otimes_R C, (A \otimes_R B) \otimes_R C)$ derart, daß

$$h_a(b \otimes c) = (a \otimes b) \otimes c \quad \text{für alle } b \otimes c \in B \otimes_R C$$

gilt. Wegen Folgerung 10.1.7 ist daher die durch

$$\mu(a, b \otimes c) = h_a(b \otimes c) \quad \text{für alle } b \in B, c \in C$$

definierte Abbildung $\mu : A \times (B \otimes_R C) \to (A \otimes_R B) \otimes_R C$ bilinear. Nach Definition 10.1.4 existiert genau ein $h \in \operatorname{Hom}_R(A \otimes_R (B \otimes_R C), (A \otimes_R B) \otimes_R C)$ derart, daß das folgende Diagramm

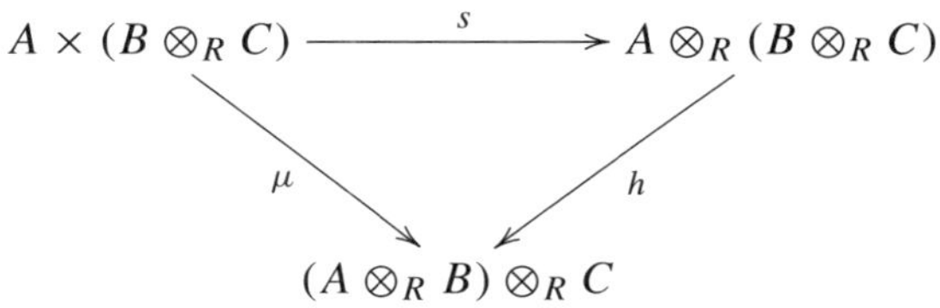

kommutativ ist, d. h.

$$h(a \otimes (b \otimes c)) = \mu(a, b \otimes c) = h_a(b \otimes c) = (a \otimes b) \otimes c$$

für alle $a \in A$, $b \in B$, $c \in C$. Wie in (a) folgt nun mit Hilfe von Folgerung 10.1.8, daß h ein R-Modulisomorphismus ist. ♦

10.1.12 Folgerung. *Sei M ein R-Modul über dem kommutativen Ring R. Sei $p \geq 2$ eine natürliche Zahl. Dann existiert das p-fache Tensorprodukt $T = \otimes_p M$ von M mit sich selbst, d. h. es gibt einen bis auf Isomorphie eindeutig bestimmten R-Modul T und eine p-lineare Abbildung t_p von $M \times M \times \cdots \times M = M^p$ in T derart, daß für jeden R-Modul N und für jede p-lineare Abbildung g von M^p in N das folgende*

Diagramm für genau eine R-lineare Abbildung $h \in \mathrm{Hom}_R(T, N)$ *kommutativ ist:*

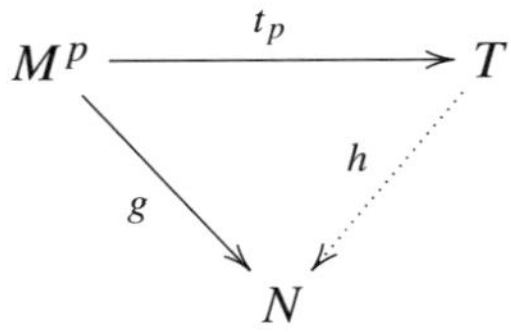

Beweis: Folgt unmittelbar aus den Sätzen 10.1.5, 10.1.6 und 10.1.11. ♦

Das Tensorprodukt $\otimes$ vertauscht mit direkten Summen $\oplus$, wie nun gezeigt wird.

10.1.13 Satz. *Seien A, B und C drei R-Moduln über dem kommutativen Ring R. Dann gilt:*

$$(A \oplus B) \otimes_R C \cong (A \otimes_R C) \oplus (B \otimes_R C).$$

Beweis: Nach Satz 10.1.6 existieren die Tensorprodukte $T = ((A \oplus B) \otimes_R C, t)$, $T_1 = (A \otimes_R C, t_1)$ und $T_2 = (B \otimes_R C, t_2)$. Sei $T' = T_1 \oplus T_2$. Die bilineare Abbildung

$$t' : (A \oplus B) \times C \to T'$$

sei definiert durch $t'(a + b, c) = t_1(a, c) + t_2(b, c) \in T_1 \oplus T_2 = T'$ für alle $a \in A$, $b \in B$ und $c \in C$. Wegen der Direktheit der Summe ist t' wohldefiniert. Da (T, t) ein Tensorprodukt ist, existiert nach Definition 10.1.4 genau ein $h \in \mathrm{Hom}_R(T, T')$ derart, daß das Diagramm

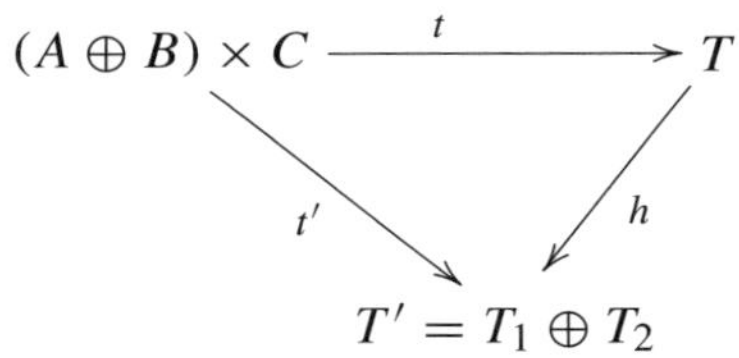

kommutativ ist, d. h. $t'(a + b, c) = ht(a + b, c)$ für alle $a + b \in A \oplus B$ und $c \in C$.

Sicherlich sind die Einschränkungen t_1' und t_2' von t auf $A \times C$ und $B \times C$ bilineare Abbildungen in den R-Modul T. Nach Definition 10.1.4 existieren daher eindeutig bestimmte R-lineare Abbildungen $g_i \in \mathrm{Hom}_R(T_i, T)$ derart, daß die Gleichungen

$$t_1'(a, c) = t(a, c) = g_1 t_1(a, c) = g_1 t'(a, c),$$
$$t_2'(b, c) = t(b, c) = g_2 t_2(b, c) = g_2 t'(b, c)$$

für alle $a \in A$, $b \in B$ und $c \in C$ gelten. Sei $g \in \mathrm{Hom}_R(T', T)$ definiert durch

$$g(t'(a, c) + t'(b, c)) = g_1 t_1(a, c) + g_2 t_2(b, c).$$

Dann ist hg die Identität auf T' und gh die Identität auf T. Also sind T und $T' = T_1 \oplus T_2$ isomorphe R-Moduln. ♦

10.1.14 Folgerung. *Sind V und W zwei endlich erzeugte, freie R-Moduln über dem kommutativen Ring R mit den Basen $\{v_1, v_2, \ldots, v_n\}$ und $\{w_1, w_2, \ldots, w_m\}$, dann ist $V \otimes_R W$ ein freier R-Modul mit der Basis $\{v_i \otimes w_j \mid 1 \le i \le n, 1 \le j \le m\}$.*

Insbesondere gilt für die Ränge dieser freien R-Moduln

$$\operatorname{rg}(V \otimes_R W) = \operatorname{rg}(V) \cdot \operatorname{rg}(W).$$

Beweis: Nach Voraussetzung ist $V = \bigoplus_{i=1}^n v_i R$ und $W = \bigoplus_{j=1}^m w_j R$. Wegen Folgerung 10.1.7 und Satz 10.1.13 folgt

$$\begin{aligned} V \otimes_R W &= \left(\bigoplus_{i=1}^n v_i R\right) \otimes_R \left(\bigoplus_{j=1}^m w_j R\right) \\ &= \bigoplus_{i=1}^n v_i R \otimes_R \left[\bigoplus_{j=1}^m w_j R\right] \\ &= \bigoplus_{i=1}^n \bigoplus_{j=1}^m (v_i \otimes w_j) R. \end{aligned}$$

Insbesondere ist $\operatorname{rg}(V \otimes_R W) = nm = \operatorname{rg}(V) \cdot \operatorname{rg}(W)$. ♦

10.1.15 Folgerung. *Sind V und W zwei endlich-dimensionale Vektorräume über dem Körper F, so gilt:*

$$\dim_F(V \otimes_F W) = (\dim_F V)(\dim_F W).$$

Beweis: Folgt unmittelbar aus Satz 2.2.11 und Folgerung 10.1.14. ♦

10.2 Tensorprodukte von linearen Abbildungen

In diesem Abschnitt werden Beziehungen zwischen Tensorprodukten von R-linearen Abbildungen und R-linearen Abbildungen zwischen Tensorprodukten von R-Moduln beschrieben. Weiter werden Tensorprodukte von Matrizen mit Koeffizienten aus einem kommutativen Ring R mit Einselement eingeführt.

10.2.1 Satz. *Seien A, A', B, B' vier R-Moduln. Dann existiert zu jedem $\alpha \in \operatorname{Hom}_R(A, A')$ und $\beta \in \operatorname{Hom}_R(B, B')$ genau eine R-lineare Abbildung*

$$\alpha \otimes \beta \in \operatorname{Hom}_R(A \otimes_R B, A' \otimes_R B')$$

mit

$$(\alpha \otimes \beta)(a \otimes b) = \alpha a \otimes \beta b \quad \text{für alle } a \in A, b \in B.$$

Beweis: Sei $(A \otimes_R B, t)$ das Tensorprodukt von A und B mit der Tensorabbildung $t : A \times B \to A \otimes_R B$. Seien $\alpha \in \operatorname{Hom}_R(A, A')$ und $\beta \in \operatorname{Hom}_R(B, B')$ fest gewählt. Die durch $\mu(a, b) = \alpha a \otimes \beta b \in A' \otimes_R B'$ definierte Abbildung $\mu : A \times B \to A' \otimes_R B'$ ist wegen Folgerung 10.1.7 und der Linearität von α und β bilinear. Daher gibt es nach Definition 10.1.4 genau eine R-lineare Abbildung $\alpha \otimes \beta \in \operatorname{Hom}_R(A \otimes_R B, A' \otimes_R B')$ derart, daß das folgende Diagramm kommutativ ist.

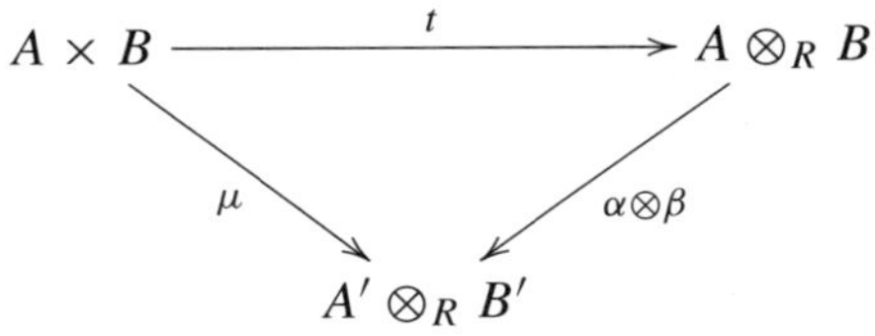

Somit ist $(\alpha \otimes \beta)(a \otimes b) = \mu(a, b) = \alpha a \otimes \beta b$ für alle $a \in A, b \in B$. ♦

Wegen Folgerung 10.1.14 (b), Satz 10.2.1 und Definition 9.5.4 ist es natürlich, das Tensorprodukt zweier Matrizen $\mathcal{A}$ und $\mathcal{B}$ wie folgt zu erklären.

Seien V, W, Y und Z endlich erzeugte, freie R-Moduln über dem kommutativen Ring R mit den Basen $A = \{v_1, v_2, \dots, v_n\}$, $B = \{w_1, w_2, \dots, w_m\}$, $C = \{y_1, y_2, \dots, y_s\}$ und $D = \{z_1, z_2, \dots, z_t\}$. Zu jedem Paar $\alpha \in \operatorname{Hom}_R(V, W)$ und $\beta \in \operatorname{Hom}_R(Y, Z)$ existiert das nach Satz 10.2.1 eindeutig bestimmte Tensorprodukt $\alpha \otimes \beta \in \operatorname{Hom}_R(V \otimes_R Y, W \otimes_R Z)$ der R-linearen Abbildungen α und β.

10.2.2 Definition. Seien $\mathcal{A}_\alpha(A, B) = (a_{ij})$ mit $1 \le i \le m$ und $1 \le j \le n$ und $\mathcal{A}_\beta(C, D) = (b_{pq})$ mit $1 \le p \le t$ und $1 \le q \le s$ die zu α und β gehörigen $m \times n$- bzw. $t \times s$-Matrizen über R. Dann hat das in Satz 10.2.1 konstruierte Tensorprodukt $\alpha \otimes \beta$ von α und β bezüglich der nach Folgerung 10.1.14 existierenden, geordneten Basen

$$P = \{v_1 \otimes y_1, \dots, v_1 \otimes y_s, \dots, v_n \otimes y_1, \dots, v_n \otimes y_s\}$$

und

$$Q = \{w_1 \otimes z_1, \dots, w_1 \otimes z_t, \dots, w_m \otimes z_1, \dots, w_m \otimes z_t\}$$

von $V \otimes_R Y$ bzw. $W \otimes_R Z$ nach Definition 9.5.4 die $mt \times ns$-Matrix $\mathcal{A}_{\alpha \otimes \beta}(P, Q) = (a_{ij} b_{pq})$, die das *Kronecker-Produkt* $\mathcal{A}_\alpha \otimes \mathcal{A}_\beta$ der Matrizen $\mathcal{A}_\alpha(A, B)$ und $\mathcal{A}_\beta(C, D)$ heißt.
Bezeichnung: $\mathcal{A} \otimes \mathcal{B}$

10.2.3 Beispiel. Das Kronecker-Produkt $\mathcal{A} \otimes \mathcal{B}$ der beiden Matrizen $\mathcal{A} = \begin{pmatrix} 1 & 2 \\ 3 & 0 \end{pmatrix}$

und $\mathcal{B} = \begin{pmatrix} 1 & 2 & 3 \\ 0 & 2 & 1 \end{pmatrix}$ ist die 4×6-Matrix

$$\mathcal{A} \otimes \mathcal{B} = \left(\begin{array}{c|c} 1 \cdot (\mathcal{B}) & 2 \cdot (\mathcal{B}) \\ \hline 3 \cdot (\mathcal{B}) & 0 \cdot (\mathcal{B}) \end{array} \right) = \begin{pmatrix} 1 & 2 & 3 & 2 & 4 & 6 \\ 0 & 2 & 1 & 0 & 4 & 2 \\ 3 & 6 & 9 & 0 & 0 & 0 \\ 0 & 6 & 3 & 0 & 0 & 0 \end{pmatrix}.$$

Das Kronecker-Produkt $\mathcal{B} \otimes \mathcal{A}$ dieser beiden Matrizen ist

$$\mathcal{B} \otimes \mathcal{A} = \left(\begin{array}{c|c|c} 1 \cdot (\mathcal{A}) & 2 \cdot (\mathcal{A}) & 3 \cdot (\mathcal{A}) \\ \hline 0 \cdot (\mathcal{A}) & 2 \cdot (\mathcal{A}) & 1 \cdot (\mathcal{A}) \end{array} \right) = \begin{pmatrix} 1 & 2 & 2 & 4 & 3 & 6 \\ 3 & 0 & 6 & 0 & 9 & 0 \\ 0 & 0 & 2 & 4 & 1 & 2 \\ 0 & 0 & 6 & 0 & 3 & 0 \end{pmatrix}.$$

Insbesondere ist $\mathcal{A} \otimes \mathcal{B} \neq \mathcal{B} \otimes \mathcal{A}$.

10.2.4 Satz. *Seien A, A', A'' und B, B', B'' sechs R-Moduln und*

$$\alpha \in \operatorname{Hom}_K(A, A'), \quad \alpha' \in \operatorname{Hom}_K(A', A''),$$
$$\beta \in \operatorname{Hom}_K(B, B'), \quad \beta' \in \operatorname{Hom}_K(B', B'').$$

Dann gilt für die Hintereinanderausführung $\circ$ der jeweiligen R-linearen Abbildungen die Gleichung

$$(\alpha' \otimes \beta') \circ (\alpha \otimes \beta) = (\alpha' \circ \alpha) \otimes (\beta' \circ \beta).$$

Beweis: Das Tensorprodukt $(\alpha' \circ \alpha) \otimes (\beta' \circ \beta) \in \operatorname{Hom}_R(A \otimes_R B, A'' \otimes_R B'')$ der R-linearen Abbildungen $\alpha' \circ \alpha$ und $\beta' \circ \beta$ ist nach Satz 10.2.1 die eindeutig bestimmte R-lineare Abbildung, für die

$$(\alpha' \circ \alpha) \otimes (\beta' \circ \beta)(a \otimes b) = \left[\alpha' \circ \alpha(a)\right] \otimes \left[\beta' \circ \beta(b)\right] \quad \text{für alle } (a, b) \in A \times B$$

gilt. Ebenso gelten $(\alpha \otimes \beta)(a \otimes b) = \alpha(a) \otimes \beta(b)$ für alle $(a, b) \in A \times B$ und $(\alpha' \otimes \beta')(a' \otimes b') = \alpha'(a') \otimes \beta'(b')$ für alle $(a', b') \in A' \times B'$. Hieraus ergibt sich $(\alpha' \otimes \beta') \circ (\alpha \otimes \beta)(a \otimes b) = \left[\alpha' \circ \alpha(a)\right] \otimes \left[\beta' \circ \beta(b)\right]$ für alle $a, b \in A \times B$. Daher gilt die Behauptung. ♦

10.3 Ringerweiterungen und Tensorprodukte

In Kapitel 7 wurde die Einbettung eines endlich-dimensionalen, reellen Vektorraums V in einen Vektorraum über dem Körper $\mathbb{C}$ der komplexen Zahlen mit gleicher Dimension betrachtet. Dies war ein wichtiger Schritt für den Beweis des Hauptachsentheorems 7.6.3. Diese Einbettung ist ein Spezialfall des folgenden Satzes.

10.3.1 Satz. *Sei R ein Unterring des kommutativen Ringes S. Das Einselement $1 \in R$ sei auch das Einselement von S. Dann ist S ein R-Modul, und es gelten folgende Aussagen:*

(a) *Ist M ein R-Modul, dann ist $M \otimes_R S$ ein S-Modul.*

(b) *Für jeden zyklischen R-Modul mR ist $mr \otimes s \mapsto (m \otimes 1)rs$ ein S-Modul-isomorphismus von $mR \otimes_R S$ auf $(m \otimes 1)S$.*

(c) *Ist $B = \{m_i \in M \mid 1 \leq i \leq k\}$ eine Basis des endlich erzeugten, freien R-Moduls M, dann ist $B_S = \{m_i \otimes 1 \mid 1 \leq i \leq k\}$ eine Basis des freien S-Moduls $M \otimes_R S$.*

Beweis: (a) Der R-Modul $M \otimes_R S$ ist ein S-Modul vermöge der Verknüpfung $(m \otimes s)t = m \otimes st$ für alle $m \in M$ und $s, t \in S$.

(b) Sei $(mR \otimes_R S, t)$ das Tensorprodukt der R-Moduln $M = mR$ und S. Die Abbildung $(mr, s) \mapsto (m \otimes 1)rs$ ist eine bilineare Abbildung von $M \times S$ auf $(m \otimes 1)S$. Daher existiert nach Satz 10.1.6 genau ein

$$\psi \in \operatorname{Hom}_R(mR \otimes_R S, (m \otimes 1)S)$$

mit

$$\psi(mr \otimes s) = (m \otimes 1)rs \quad \text{für alle } r \in R, s \in S.$$

Wegen (a) ergibt sich nun für alle $s_1, s_2 \in S$, daß

$$\psi(m \otimes s_1 s_2) = (m \otimes 1)s_1 s_2 = (m \otimes s_1)s_2$$

ist. Also ist ψ eine surjektive S-lineare Abbildung. Sie hat eine inverse Abbildung $\eta : (m \otimes 1)s \mapsto m \otimes s$, $s \in S$. Daher gilt (b).

(c) Da B eine Basis des freien R-Moduls M ist, gilt

$$M = \bigoplus_{i=1}^{k} m_i R.$$

Nach Satz 10.1.13 folgt hieraus, daß

$$M \otimes_R S \cong \left(\bigoplus_{i=1}^{k} m_i R \right) \otimes_R S \cong \bigoplus_{i=1}^{k} (m_i R \otimes_R S).$$

Wegen (b) sind die S-Moduln $m_i R \otimes_R S$ und $(m_i \otimes 1)S$ für $i = 1, \dots, k$ isomorph. Also ist $M \otimes_R S \cong \bigoplus_{i=1}^{k} (m_i \otimes 1)S$. ♦

10.3.2 Bemerkung. Sei V ein endlich-dimensionaler, reeller Vektorraum mit Basis $B = \{\boldsymbol{v}_1, \boldsymbol{v}_2, \dots, \boldsymbol{v}_n\}$. Dann ist $B_{\mathbb{C}} = \{\boldsymbol{v}_i \otimes 1 \mid 1 \leq i \leq n\}$ nach Satz 10.3.1 eine Basis des komplexen Vektorraums $V \otimes_{\mathbb{R}} \mathbb{C}$ über dem Körper $\mathbb{C}$ der komplexen Zahlen.

$V \otimes_{\mathbb{R}} \mathbb{C}$ ist isomorph zur komplexen Erweiterung $Z = \{(\boldsymbol{x}, \boldsymbol{y}) \mid \boldsymbol{x}, \boldsymbol{y} \in V\}$ des reellen Vektorraums V, die in Definition 7.1.13 erklärt ist. Denn als $\mathbb{R}$-Vektorraum hat $\mathbb{C}$ die Basis $\{1, i\}$. Nach Satz 10.1.13 sind daher die $\mathbb{R}$-Vektorräume

$$V \otimes_{\mathbb{R}} \mathbb{C} = V \otimes_{\mathbb{R}} (\mathbb{R} \oplus \mathbb{R}i) = V \otimes_{\mathbb{R}} \mathbb{R} \oplus V \otimes_{\mathbb{R}} \mathbb{R}i \cong V \otimes 1 \oplus V \otimes i \cong Z$$

isomorph. Wegen $i^2 = -1 \in V \otimes 1$ sind $V \otimes_{\mathbb{R}} \mathbb{C}$ und Z auch als $\mathbb{C}$-Vektorräume isomorph.

10.3.3 Satz. *Sei R ein Unterring des kommutativen Ringes S mit demselben Einselement* 1. *Seien M und N zwei R-Moduln. Dann gelten folgende Aussagen:*

(a) *Für jedes $\alpha \in \operatorname{Hom}_R(M, N)$ ist $\alpha \otimes 1 \in \operatorname{Hom}_S(M \otimes_R S, N \otimes_R S)$ eine S-lineare Fortsetzung.*

(b) *Sind M und N endlich erzeugte, freie R-Moduln mit den Basen $A = \{m_j \mid 1 \le j \le r\}$ und $B = \{n_i \mid 1 \le i \le s\}$, dann sind $M \otimes_R S$ und $N \otimes_R S$ endlich erzeugte, freie S-Moduln mit den Basen $A_S = \{m_j \otimes 1 \mid 1 \le j \le r\}$ und $B_S = \{n_i \otimes 1 \mid 1 \le i \le s\}$. Für die $s \times r$-Matrizen $\mathcal{A}_\alpha(A, B)$ und $\mathcal{A}_{\alpha \otimes 1}(A_S, B_S)$ gilt die Gleichung*

$$\mathcal{A}_\alpha(A, B) = (a_{ij}) = \mathcal{A}_{\alpha \otimes 1}(A_S, B_S).$$

Beweis: (a) Die Multiplikation mit 1 ist die identische S-lineare Abbildung des S-Moduls S in sich. Also ist $\alpha \otimes 1 \in \operatorname{Hom}_S(M \otimes_R S, N \otimes_R S)$ nach Satz 10.2.1 durch

$$(*) \qquad (\alpha \otimes 1)(m \otimes s) = \alpha(m) \otimes s \quad \text{für alle } m \in M \text{ und } s \in S$$

eindeutig bestimmt.

(b) A_S und B_S sind nach Satz 10.3.1 je eine Basis von $M \otimes_R S$ und $N \otimes_R S$. Wegen $(*)$ und Folgerung 10.1.7 folgt mit $\mathcal{A}_\alpha(A, B) = (a_{ij})$

$$\begin{aligned}(\alpha \otimes 1)(m_j \otimes 1) &= \alpha(m_j) \otimes 1 \\ &= \left(\sum_{i=1}^{s} n_i a_{ij}\right) \otimes 1 \\ &= \sum_{i=1}^{s} (n_i a_{ij} \otimes 1) \\ &= \sum_{i=1}^{s} (n_i \otimes 1) a_{ij} \quad \text{für } j = 1, 2, \dots, r.\end{aligned}$$

Also ist $\mathcal{A}_{\alpha \otimes 1}(A_S, B_S) = (a_{ij}) = \mathcal{A}_\alpha(A, B)$ nach Definition 9.5.4. ♦

10.4 Äußere Potenzen und alternierende Abbildungen

Zunächst werden die p-ten äußeren Potenzen eines R-Moduls über einem kommutativen Ring R mit Einselement eingeführt.

10.4.1 Definition. Sei M ein R-Modul und $p \geq 2$ eine natürliche Zahl. Sei $M_p = \otimes_p M$ das (bis auf Isomorphie eindeutig bestimmte) p-fache Tensorprodukt von M mit sich selbst. Sei t_p die zugehörige Tensorabbildung. Sei U_p derjenige Untermodul von M_p, der erzeugt wird von allen Elementen der Form $a_1 \otimes \cdots \otimes a_p$ mit $a_i \in M$ und $a_i = a_j$ für mindestens ein Paar (i, j) mit $1 \leq i < j \leq p$. Der Faktormodul $\bigwedge_p M = M_p/U_p$ heißt das *p-fache äußere Produkt* von M mit sich selbst. Für $p = 0$ und $p = 1$ setzt man $\bigwedge_0 M = R$ bzw. $\bigwedge_1 M = M$. Die Elemente von $\bigwedge_p M$ heißen *p-Vektoren.* Sei ρ_p die Restklassenabbildung von M_p auf $M_p/U_p = \bigwedge_p M$.
Bezeichnung: $a_1 \wedge \cdots \wedge a_p = \rho_p(a_1 \otimes \cdots \otimes a_p) \in M_p/U_p = \bigwedge_p M$.

10.4.2 Hilfssatz. *Sei $\bigwedge_p M$ das p-fache äußere Produkt des R-Moduls M über dem kommutativen Ring R. Dann gelten für $i = 1, 2, \ldots, p$ die folgenden Aussagen:*

(a) $a_1 \wedge \cdots \wedge (a_i + a_i') \wedge \cdots \wedge a_p = (a_1 \wedge \cdots \wedge a_i \wedge \cdots \wedge a_p) + (a_1 \wedge \cdots \wedge a_i' \wedge \cdots \wedge a_p)$ *für alle* $a_1, a_2, \ldots, a_i, a_i', \ldots, a_p \in M$.

(b) $a_1 \wedge \cdots \wedge (a_i \cdot c) \wedge \cdots \wedge a_p = (a_1 \wedge \cdots \wedge a_i \wedge \cdots \wedge a_p) \cdot c$ *für alle* $a_1, a_2, \ldots, a_i, \ldots, a_p \in M$ *und* $c \in R$.

Beweis: Beide Aussagen folgen unmittelbar aus der p-fachen Linearität der Tensorabbildung t_p und der R-Linearität der Restklassenabbildung $\rho_p : \bigoplus_p M \to \bigwedge_p M$. ♦

10.4.3 Hilfssatz. (a) *Sind $a_1, a_2, \ldots, a_p \in M$ und ist $1 \leq i < j \leq p$, dann ist*

$$a_1 \wedge \cdots \wedge a_i \wedge \cdots \wedge a_j \wedge \cdots \wedge a_p = -a_1 \wedge \cdots \wedge a_j \wedge \cdots \wedge a_i \wedge \cdots \wedge a_p.$$

(b) *Ist π eine Permutation der Zahlen $1, 2, \ldots, p$, dann ist*

$$a_{\pi(1)} \wedge a_{\pi(2)} \wedge \cdots \wedge a_{\pi(p)} = (a_1 \wedge \cdots \wedge a_p) \cdot \operatorname{sign} \pi.$$

Beweis: (a) Nach der Bestimmung von U_p in Definition 10.4.1 und Hilfssatz 10.4.2 (a) ist

$$\begin{aligned} 0 &= a_1 \wedge \cdots \wedge (a_i + a_j) \wedge \cdots \wedge (a_i + a_j) \wedge \cdots \wedge a_p \\ &= a_1 \wedge \cdots \wedge a_i \wedge \cdots \wedge a_i \wedge \cdots \wedge a_p + a_1 \wedge \cdots \wedge a_i \wedge \cdots \wedge a_j \wedge \cdots \wedge a_p \\ &\quad + a_1 \wedge \cdots \wedge a_j \wedge \cdots \wedge a_i \wedge \cdots \wedge a_p + a_1 \wedge \cdots \wedge a_j \wedge \cdots \wedge a_j \wedge \cdots \wedge a_p. \end{aligned}$$

In der letzten Summe verschwinden nach Definition 10.4.1 der erste und der letzte Summand. Deshalb ist

$$a_1 \wedge \cdots \wedge a_j \wedge \cdots \wedge a_i \wedge \cdots \wedge a_p = -(a_1 \wedge \cdots \wedge a_i \wedge \cdots \wedge a_j \wedge \cdots \wedge a_p).$$

(b) folgt sofort aus (a) und Satz 5.1.10 (b). ♦

Wegen Hilfssatz 10.4.3 ist es naheliegend, die Definition 5.2.4 einer alternierenden Abbildung φ eines Vektorraums auf R-Moduln zu übertragen.

10.4.4 Definition. Seien M und N zwei R-Moduln. Sei $p \geq 2$ eine natürliche Zahl und M^p das p-fache kartesische Produkt von M. Eine p-fach lineare Abbildung $\varphi : M^p \to N$ heißt eine *alternierende Abbildung* des R-Moduls M in den R-Modul N, wenn

$$\varphi(m_1, m_2, \ldots, m_p) = 0 \in N$$

ist, sofern zwei verschieden indizierte Elemente unter den Elementen m_1, $m_2, \ldots, m_p$ von M gleich sind.

Die p-te äußere Potenz $\bigwedge_p M$ eines R-Moduls M über einem kommutativen Ring R hat die folgende universelle Abbildungseigenschaft.

10.4.5 Satz. *Seien M ein R-Modul und $p \geq 2$ eine natürliche Zahl. Dann gibt es zu jeder p-fach linearen alternierenden Abbildung $\varphi : M^p \to N$ mit Werten in einem R-Modul N genau eine R-lineare Abbildung $\varphi' \in \operatorname{Hom}_R\left(\bigwedge_p M, N\right)$ derart, daß*

$$\varphi'(a_1 \wedge \cdots \wedge a_p) = \varphi(a_1, \ldots, a_p)$$

für alle $(a_1, \ldots, a_p) \in M^p$.

Beweis: Da φ eine p-fach lineare Abbildung ist, gibt es nach Folgerung 10.1.12 genau ein $h \in \operatorname{Hom}_R(\otimes_p M, N)$ derart, daß das linke Dreieck des Diagramms

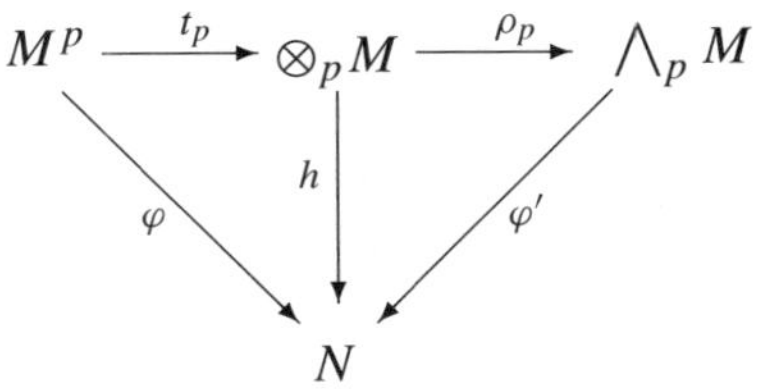

kommutativ ist, wobei $t_p : M^p \to T = \otimes_p M$ die p-fache Tensorabbildung von M^p auf T ist. Da φ außerdem alternierend ist, gilt für alle p-Tupel $(a_1, a_2, \ldots, a_p) \in M^p$, bei denen mindestens zwei verschieden indizierte Elemente $a_i \in M$ gleich sind, daß

$$0 = \varphi(a_1, \ldots, a_p) = h(a_1 \otimes \cdots \otimes a_p) = ht_p(a_1, \ldots, a_p).$$

Also ist der Untermodul U_p von $T = \otimes_p M$, der von allen $a_1 \otimes \cdots \otimes a_p$ erzeugt wird, bei denen mindestens zwei $a_i \in M$ gleich sind, in $\mathrm{Ker}(h)$ enthalten. Sei $\rho_p : \otimes_p M \to \bigwedge_p M$ der kanonische Epimorphismus von $T = \otimes_p M$ auf $\bigwedge_p M$ mit $\mathrm{Ker}(\rho_p) = U_p$. Wegen $U_p \leq \mathrm{Ker}(h)$ gibt es nach Folgerung 9.2.20 eine eindeutig bestimmte, R-lineare Abbildung $\varphi' \in \mathrm{Hom}_R\left(\bigwedge_p M, N\right)$ mit

$$\varphi'(a_1 \wedge \cdots \wedge a_p) = \varphi(a_1, \ldots, a_p) \quad \text{für alle } (a_1, \ldots, a_p) \in M^p. \qquad \blacklozenge$$

10.4.6 Folgerung. *Seien M, N zwei R-Moduln. Sei $p \geq 2$ eine natürliche Zahl und $\mathrm{Alt}_R(p, M, N)$ die Menge aller p-fach linearen alternierenden Abbildungen von M mit Werten in N. Dann gelten:*

(a) $\mathrm{Alt}_R(p, M, N)$ *ist ein R-Modul.*

(b) $\mathrm{Hom}_R\left(\bigwedge_p M, N\right) \cong \mathrm{Alt}_R(p, M, N)$ *als R-Moduln.*

Beweis: (a) Seien $\varphi, \psi \in \mathrm{Alt}_R(p, M, N)$ und $r \in R$ beliebig. Dann sind $\varphi + \psi$ und φr p-fach lineare alternierende Abbildungen von M in N. Also ist $\mathrm{Alt}_R(p, M, N)$ ein R-Modul.

(b) Da $\bigwedge_p M$ und N zwei R-Moduln sind, ist $\mathrm{Hom}_R\left(\bigwedge_p M, N\right)$ nach Hilfssatz 10.1.3 ein R-Modul. Nach den Hilfssätzen 10.4.2 und 10.4.3 ist die Zuordnung $\rho_p t_p : M^p \to \bigwedge_p M$, die durch

$$\rho_p t_p(a_1, \ldots, a_p) = \rho_p(a_1 \otimes \cdots \otimes a_p) = a_1 \wedge \cdots \wedge a_p$$

für alle p-Tupel $(a_1, a_2, \ldots, a_p) \in M^p$ erklärt ist, eine p-fach lineare alternierende Abbildung von M in $\bigwedge_p M$. Daher ist $\alpha' = \alpha\rho_p t_p$ für jedes $\alpha \in \mathrm{Hom}_R\left(\bigwedge_p M, N\right)$ eine p-fach lineare alternierende Abbildung von M in N, d. h. $\alpha\rho_p t_p \in \mathrm{Alt}_R(p, M, N)$.

Nach Satz 10.4.5 existiert zu jedem $\alpha' \in \mathrm{Alt}_R(p, M, N)$ genau ein $\alpha \in \mathrm{Hom}_R\left(\bigwedge_p M, N\right)$ derart, daß

$$\alpha(a_1 \wedge a_2 \wedge \cdots \wedge a_p) = \alpha'(a_1, a_2, \ldots, a_p),$$

also $\alpha' = \alpha\rho_p t_p$ ist. Daher ist die Abbildung $\alpha \mapsto \alpha'$ eine injektive R-lineare Abbildung von $\mathrm{Hom}_R\left(\bigwedge_R M, N\right)$ in $\mathrm{Alt}_R(p, M, N)$. Diese Abbildung ist auch surjektiv nach Satz 10.4.5, also ein Isomorphismus. ♦

Sei φ eine p-fach lineare alternierende Abbildung des freien R-Moduls M mit Basis $B = \{m_1, m_2, \ldots, m_n\}$. Dann ist φ schon durch die Bilder $\varphi(m_{k_1}, m_{k_2}, \ldots, m_{k_p})$ aller p-Tupel aus Basisvektoren festgelegt. Da φ alternierend ist, kann man sich auf p-Tupel paarweise verschiedener Basisvektoren beschränken, weil andernfalls φ den Wert 0 hat. Sei also $(m_{k_1}, m_{k_2}, \ldots, m_{k_p})$ ein p-Tupel, das aus paarweise verschiedenen Basisvektoren besteht. Sei π diejenige Permutation von $\{k_1, k_2, \ldots, k_p\}$, die diese Indizes der Größe nach ordnet, für die also $\pi(k_1) < \pi(k_2) < \cdots < \pi(k_p)$ gilt. Wegen Hilfssatz 10.4.3 folgt

$$\varphi(m_{\pi(k_1)}, m_{\pi(k_2)}, \ldots, m_{\pi(k_p)}) = \varphi(m_{k_1}, m_{k_2}, \ldots, m_{k_p}) \cdot \operatorname{sign} \pi.$$

Deshalb ist φ eindeutig bestimmt durch die Werte $\varphi(m_{i_1}, m_{i_2}, \ldots, m_{i_p})$ auf allen p-Tupeln $(m_{i_1}, m_{i_2}, \ldots, m_{i_p})$ mit $i_1 < i_2 < \cdots < i_p$.

10.4.7 Hilfssatz. *Sei M ein endlich erzeugter freier R-Modul über dem kommutativen Ring R mit Basis $B = \{m_i \in M \mid 1 \leq i \leq n\}$. Sei $p \geq 1$ eine natürliche Zahl und $\operatorname{Alt}_R(p, M, R)$ der R-Modul aller p-fach linearen alternierenden Abbildungen φ von M in R.*

Dann gibt es zu jeder echt aufsteigenden Folge $\mathcal{F} : i_1 < i_2 < \cdots < i_p$ von p Zahlen $i_j \in \{1, 2, \ldots, n\}$ genau eine p-fach lineare alterniernde Abbildung $\varphi_{i_1,i_2,\ldots,i_p} \in \operatorname{Alt}_R(p, M, R)$ derart, daß für alle der Größe nach geordneten Folgen $k_1 < k_2 < \cdots < k_p$ von p Zahlen $k_s \in \{1, 2, \ldots, n\}$ gilt:

$$\varphi_{i_1,i_2,\ldots,i_p}(m_{k_1}, \ldots, m_{k_p}) = \begin{cases} 1 \in R & \text{für } (k_1, \ldots, k_p) = (i_1, \ldots, i_p), \\ 0 \in R & \text{für } (k_1, \ldots, k_p) \neq (i_1, \ldots, i_p). \end{cases}$$

Beweis: Da M ein freier R-Modul ist, hat $M^* = \operatorname{Hom}_R(M, R)$ nach dem Beweis von Satz 3.6.8 die (duale) Basis $B^* = \{\alpha_i \in M^* \mid 1 \leq i \leq n\}$, wobei

$$\alpha_i(m_j) = \begin{cases} 1 \in R & \text{für } i = j, \\ 0 \in R & \text{für } i \neq j \end{cases}$$

für alle $1 \leq i, j \leq n$.

Sei $\mathcal{F} : i_1 < i_2 < \cdots < i_p$ eine beliebige, echt aufsteigende Folge von p Zahlen $i_j \in \{1, 2, \ldots, n\}$. Für alle $(x_1, x_2, \ldots, x_p) \in M^p$ sei die Abbildung $\varphi_{i_1,i_2,\ldots,i_p} : M^p \to R$ definiert durch

$$\varphi_{i_1,i_2,\ldots,i_p}(x_1, x_2, \ldots, x_p) = \sum_{\pi \in S_p} (\operatorname{sign} \pi) \prod_{j=1}^{p} \alpha_{i_j}(x_{\pi(j)}).$$

Da alle α_{i_j} R-lineare Abbildungen von M in R sind, ist $\varphi_{i_1,i_2,\ldots,i_p}$ eine p-fach lineare Abbildung von M in R. Sicherlich ist $\varphi_{i_1,i_2,\ldots,i_p}(m_{i_1}, m_{i_2}, \ldots, m_{i_p}) = \prod_{j=1}^{p} \alpha_{i_j}(m_{i_j}) = 1$. Für jede echt aufsteigende Folge $k_1 < k_2 < \cdots < k_p$ von p Zahlen $k_j \in \{1, 2, \ldots, n\}$ mit $\varphi_{i_1,i_2,\ldots,i_p}(m_{k_1}, m_{k_2}, \ldots, m_{k_p}) \neq 0$ existiert mindestens eine Permutation $\pi \in S_p$ derart, daß

$$\prod_{j=1}^{p} \alpha_{i_j}(m_{k_{\pi(j)}}) \neq 0.$$

Da $\{\alpha_{i_j} \mid 1 \le j \le n\}$ die duale Basis zu $B = \{m_i \mid 1 \le i \le n\}$ ist, folgt $k_{\pi(j)} = i_j$ für $j = 1, 2, \dots, p$. Also ist $\pi = \mathrm{id} \in S_p$ und $k_j = i_j$ für $j = 1, 2, \dots, p$. Daher gilt

$$\varphi_{i_1,i_2,\dots,i_p}(m_{k_1}, \dots, m_{k_p}) = \begin{cases} 1 \in R & \text{für } (k_1, \dots, k_p) = (i_1, \dots, i_p), \\ 0 \in R & \text{für } (k_1, \dots, k_p) \neq (i_1, \dots, i_p). \end{cases}$$

Ist nun $(x_1, x_2, \dots, x_p) \in M^p$ ein p-Tupel derart, daß $x_i = x_j$ für ein Paar $i \neq j$ gilt, dann sei $\sigma = (i, j) \in S_p$. Da die Transposition σ eine ungerade Permutation ist, hat die symmetrische Gruppe nach Folgerung 5.1.11 die Zerlegung $S_p = A_p \cup A_p\sigma$, wobei A_p die alternierende Untergruppe von S_p ist. Hieraus folgt

$$\begin{aligned} \varphi_{i_1,i_2,\dots,i_p}(x_1, x_2, \dots, x_p) &= \sum_{\pi \in A_p} (\operatorname{sign} \pi) \prod_{k=1}^{p} \alpha_{i_k}(x_{\pi(k)}) \\ &\quad + \sum_{\pi \in A_p} (\operatorname{sign} \pi\sigma) \prod_{k=1}^{p} \alpha_{i_k}(x_{\pi\sigma(k)}) \\ &= \sum_{\pi \in A_p} \left(\prod_{k=1}^{p} \alpha_{i_k}(x_{\pi(k)}) - \prod_{k=1}^{p} \alpha_{i_k}(x_{\pi\sigma(k)}) \right) = 0, \end{aligned}$$

weil $x_{\pi\sigma(k)} = x_{\pi(k)}$ für alle $k \notin \{i, j\}$ und $x_{\pi(k)} = x_{\pi\sigma(k)}$ für $k \in \{i, j\}$ wegen $x_i = x_j$ gilt. Daher ist $\varphi_{i_1,i_2,\dots,i_p} \in \mathrm{Alt}_R(p, M, R)$. ♦

10.4.8 Satz. *Sei M ein endlich erzeugter, freier R-Modul über dem kommutativen Ring R mit Basis $B = \{m_i \in M \mid 1 \le i \le n\}$. Sei p eine natürliche Zahl. Dann ist die p-te äußere Potenz $\bigwedge_p M$ von M ein freier R-Modul mit Basis $\{m_{i_1} \wedge m_{i_2} \wedge \cdots \wedge m_{i_p} \mid 1 \le i_1 < i_2 < \cdots < i_p \le n\}$. Insbesondere gilt $\bigwedge_p M = 0$ für alle $p > n$ und $\operatorname{rg}\left(\bigwedge_p M\right) = \binom{n}{p}$ für $p \le n$.*

Beweis: Sicherlich gelten alle Behauptungen für $p = 0$ und $p = 1$. Sei also $p \ge 2$. Nach den Folgerungen 10.1.12 und 10.1.14 ist die Menge $A = \{m_{i_1} \otimes m_{i_2} \otimes \cdots \otimes m_{i_p} \mid i_j \in \{1, 2, \dots, n\}$ für $j = 1, 2, \dots, p\}$ eine Basis des freien R-Moduls $\bigotimes_p M$. Sei U_p der Untermodul von $\bigotimes_p M$, der von allen Elementen der Form $a_1 \otimes a_2 \otimes \cdots \otimes a_p$ erzeugt wird, wobei $a_i = a_j$ für mindestens ein Paar (i, j) mit $1 \le i < j \le p$ gilt. Sei $\rho_p : \bigotimes_p M \to \bigwedge_p M$ der kanonische R-Modulepimorphismus mit $\mathrm{Ker}(\rho_p) = U_p$. Wegen Hilfssatz 10.4.3 ist dann die Menge

$$C = \{\rho_p(m_{i_1} \otimes \cdots \otimes m_{i_p}) = m_{i_1} \wedge \cdots \wedge m_{i_p} \mid 1 \le i_1 < i_2 < \cdots < i_p \le n\}$$

ein Erzeugendensystem von $\bigwedge_p M$. Nach Hilfssatz 10.4.7 existiert zu jeder Folge $i_1 < i_2 < \cdots < i_p$ von p Zahlen $i_j \in \{1, 2, \dots, n\}$ genau ein

$\varphi_{i_1,i_2,\dots,i_p} \in \operatorname{Alt}_R(p, M, R)$ mit $\varphi_{i_1,i_2,\dots,i_p}(m_{i_1}, m_{i_2}, \dots, m_{i_p}) = 1$ und $\varphi_{i_1,i_2,\dots,i_p}(m_{k_1}, m_{k_2}, \dots, m_{k_p}) = 0$ für alle aufsteigenden Folgen $k_1 < k_2 < \cdots < k_p$ mit $(k_1, k_2, \dots, k_p) \neq (i_1, i_2, \dots, i_p)$. Daher existiert nach Satz 10.4.5 zu jedem $\varphi_{i_1,i_2,\dots,i_p}$ ein $\varphi' \in \operatorname{Hom}_R\left(\bigwedge_p M, R\right)$ mit

$$\varphi'(m_{i_1} \wedge m_{i_2} \wedge \cdots \wedge m_{i_p}) = \varphi_{i_1,i_2,\dots,i_p}(m_{i_1}, m_{i_2}, \dots, m_{i_p}) \neq 0.$$

Insbesondere sind die $\binom{n}{p}$ p-Vektoren $m_{i_1} \wedge m_{i_2} \wedge \cdots \wedge m_{i_p} \in \bigwedge_p M$ alle von Null verschieden.

Durch Auswertung der p-fach linearen, alternierenden Abbildungen $\varphi_{i_1,i_2,\dots,i_p}$ an den p-Tupeln $(m_{i_1}, m_{i_2}, \dots, m_{i_p})$ zu den Folgen $i_1 < i_2 < \cdots < i_p$ sieht man, daß die $\binom{n}{p}$ Abbildungen $\varphi_{i_1,i_2,\dots,i_p}$ linear unabhängig über R sind. Die $\binom{n}{p}$ p-Vektoren $m_{i_1} \wedge m_{i_2} \wedge \cdots \wedge m_{i_p} \in \bigwedge_p M$ sind daher nach Folgerung 10.4.6 linear unabhängig über R. Also ist $C = \{m_{i_1} \wedge m_{i_2} \wedge \cdots \wedge m_{i_p} \mid 1 \leq i_1 < i_2 < \cdots < i_p \leq n\}$ eine Basis von $\bigwedge_p M$. Insbesondere ist dann $\operatorname{rg}\left(\bigwedge_p M\right) = \binom{n}{p}$ für $p \leq n$ und $\bigwedge_p M = 0$ für $p > n$, weil in jedem p-Vektor $a_1 \wedge a_2 \wedge \cdots \wedge a_p$ der n Basisvektoren von B mindestens zwei gleiche Elemente a_i auftreten. ♦

10.4.9 Folgerung. *Sei V ein n-dimensionaler Vektorraum über dem kommutativen Körper F und sei p eine natürliche Zahl. Dann ist*

$$\dim_F \bigwedge_p V = \begin{cases} 0 & \text{wenn } p > n, \\ \binom{n}{p} & \text{wenn } p \leq n. \end{cases}$$

Beweis: Folgt sofort aus Satz 10.4.8. ♦

10.4.10 Folgerung. *Sei V ein Vektorraum über dem Körper F mit $\dim_F V = n$. Dann sind die n Vektoren $\boldsymbol{v}_1, \boldsymbol{v}_2, \dots, \boldsymbol{v}_n \in V$ genau dann linear abhängig, wenn $\boldsymbol{v}_1 \wedge \boldsymbol{v}_2 \wedge \cdots \wedge \boldsymbol{v}_n = 0$ ist.*

Beweis: Sind die n Vektoren $\boldsymbol{v}_1, \boldsymbol{v}_2, \dots, \boldsymbol{v}_n$ linear abhängig über F, dann kann nach Umnumerierung angenommen werden, daß $v_1 = \sum_{i=2}^n v_i f_i$ für geeignete $f_i \in F$ ist. Nach Hilfssatz 10.4.2 folgt

$$v_1 \wedge (v_2 \wedge v_3 \wedge \cdots \wedge v_n) = \sum_{i=2}^n [v_i \wedge (v_2 \wedge v_3 \wedge \cdots \wedge v_n)] f_i = 0.$$

Die umgekehrte Richtung folgt unmittelbar aus Folgerung 10.4.9. ♦

10.5 Determinante eines Endomorphismus

Sei M ein endlich erzeugter, freier R-Modul über dem kommutativen Ring R mit Einselement. Mit Hilfe von Satz 10.4.8 ist es nun einfach, jedem Endomorphismus $\alpha \in \mathrm{End}_R(M)$ ein eindeutig bestimmtes Element $\det(\alpha) \in R$ zuzuordnen, das die Determinante von α genannt wird. Alle Ergebnisse des Kapitels 5 über Determinanten von Endomorphismen eines Vektorraums V über einem Körper F ergeben sich als Spezialfälle der hier entwickelten Theorie.

10.5.1 Satz. *Sei $p \geq 2$ und M ein R-Modul über dem kommutativen Ring R. Dann existiert zu jedem Endomorphismus $\alpha \in \mathrm{End}_R(M)$ genau ein Endomorphismus $\bigwedge_p \alpha \in \mathrm{End}_R\left(\bigwedge_p M\right)$ mit der Eigenschaft, daß*

$$\Big(\bigwedge_p \alpha\Big)(m_1 \wedge m_2 \wedge \cdots \wedge m_p) = \alpha(m_1) \wedge \alpha(m_2) \wedge \cdots \wedge \alpha(m_p)$$

für alle $m_i \in M$, $1 \leq i \leq p$ gilt.

Beweis: Sei $\alpha \in \mathrm{End}_R(M)$ fest gewählt. Die Abbildung $\varphi : M^p \to \bigwedge_p M$, die gegeben ist durch

$$\varphi(m_1, m_2, \ldots, m_p) = \alpha(m_1) \wedge \alpha(m_2) \wedge \cdots \wedge \alpha(m_p),$$

ist p-fach linear und alternierend. Also existiert nach Satz 10.4.5 genau ein $\varphi' \in \mathrm{Hom}_R\left(\bigwedge_p M, \bigwedge_p M\right)$ derart, daß

$$\varphi'(m_1 \wedge m_2 \wedge \cdots \wedge m_p) = \varphi(m_1, m_2, \ldots, m_p) = \alpha(m_1) \wedge \alpha(m_2) \wedge \cdots \wedge \alpha(m_p)$$

für alle $m_1, m_2, \ldots, m_p \in M$ gilt. Die Behauptung folgt dann mit $\bigwedge_p \alpha = \varphi' \in \mathrm{End}_R\left(\bigwedge_p M\right)$. ♦

10.5.2 Definition. Sei $p \geq 1$ eine natürliche Zahl und α ein Endomorphismus des R-Moduls M. Der nach Satz 10.5.1 durch α eindeutig bestimmte Endomorphismus $\bigwedge_p \alpha$ der p-ten äußeren Potenz $\bigwedge_p M$ von M heißt die p-te *äußere Potenz des Endomorphismus α*.

10.5.3 Satz. *Sei M ein freier R-Modul mit $\mathrm{rg}(M) = n > 0$. Dann gibt es zu jedem $\alpha \in \mathrm{End}_R(M)$ genau ein $r_\alpha \in R$ mit*

$$\Big(\bigwedge_n \alpha\Big)(m_1 \wedge \cdots \wedge m_n) = (m_1 \wedge \cdots \wedge m_n) \cdot r_\alpha \quad \textit{für alle} \quad m_1 \wedge \cdots \wedge m_n \in \bigwedge_n M.$$

Beweis: Sei $\{b_1, \dots, b_n\}$ eine Basis von M. Dann ist $b_1 \wedge \cdots \wedge b_n$ nach Satz 10.4.8 eine Basis des freien R-Moduls $\bigwedge_n M$. Daher existiert zu jedem $m_1 \wedge \cdots \wedge m_n \in \bigwedge_n M$ genau ein $r \in R$ mit

$$m_1 \wedge \cdots \wedge m_n = (b_1 \wedge \cdots \wedge b_n)r.$$

Da $\bigwedge_n \alpha \in \operatorname{End}_R\left(\bigwedge_n M\right)$ nach Satz 10.5.1 gilt, ist

$$\Big(\bigwedge_n \alpha\Big)(b_1 \wedge \cdots \wedge b_n) = (b_1 \wedge \cdots \wedge b_n)r_\alpha \quad \text{für genau ein } r_\alpha \in R.$$

Hieraus folgt für beliebige $m_1, \dots, m_n \in M$

$$\begin{aligned}\Big(\bigwedge_n \alpha\Big)(m_1 \wedge \cdots \wedge m_n) &= \Big(\bigwedge_n \alpha\Big)[(b_1 \wedge \cdots \wedge b_n)r] \\ &= \Big[\Big(\bigwedge_n \alpha\Big)(b_1 \wedge \cdots \wedge b_n)\Big]r = (b_1 \wedge \cdots \wedge b_n)r_\alpha r \\ &= [(b_1 \wedge \cdots \wedge b_n)r]\,r_\alpha = (m_1 \wedge \cdots \wedge m_n)r_\alpha.\end{aligned}$$ ♦

10.5.4 Definition. Sei M ein freier R-Modul mit $\operatorname{rg}(M) = n > 0$. Die *Determinante des Endomorphismus* α von M ist das nach Satz 10.5.3 durch α eindeutig bestimmte Ringelement r_α.
Bezeichnung: $\det(\alpha) = r_\alpha$.

10.5.5 Bemerkung. Sei M ein freier R-Modul mit $\operatorname{rg}(M) = n > 0$. Dann ist $\bigwedge_n \mathrm{id}$ die Identität auf $\bigwedge_n M$, und $\det(\mathrm{id}) = 1$.

10.5.6 Satz. *Sei M ein freier R-Modul mit* $\operatorname{rg}(M) = n > 0$. *Seien $\alpha, \beta \in \operatorname{End}_R(M)$ Endomorphismen von M. Dann gelten*

(a) $\det(\alpha\beta) = \det(\alpha) \cdot \det(\beta)$.

(b) *Ist α invertierbar, so ist* $\det(\alpha^{-1}) = (\det(\alpha))^{-1} \in R$.

Beweis: (a) Seien $\bigwedge_n \alpha$, $\bigwedge_n \beta$ und $\bigwedge_n(\alpha\beta)$ die n-ten äußeren Potenzen von α, β und $(\alpha\beta)$. Sei $\{m_i \in M \mid 1 \leq i \leq n\}$ eine Basis des freien R-Moduls M. Nach Definition 10.5.4 ist dann

$$\bigwedge_n(\alpha\beta)(m_1 \wedge m_2 \wedge \cdots \wedge m_n) = (m_1 \wedge m_2 \wedge \cdots \wedge m_n)\det(\alpha\beta).$$

Wegen $\alpha\beta \in \mathrm{End}_R(M)$ folgt aus Definition 10.5.2, daß

$$\begin{aligned}\bigwedge_n(\alpha\beta)(m_1 \wedge m_2 \wedge \cdots \wedge m_n) &= \alpha\beta(m_1) \wedge \alpha\beta(m_2) \wedge \cdots \wedge \alpha\beta(m_n)\\ &= \Big(\bigwedge_n \alpha\Big)(\beta(m_1) \wedge \beta(m_2) \wedge \cdots \wedge \beta(m_n))\\ &= \Big[\Big(\bigwedge_n \alpha\Big)(m_1 \wedge m_2 \wedge \cdots \wedge m_n)\Big]\det(\beta)\\ &= [\alpha(m_1) \wedge \alpha(m_2) \wedge \cdots \wedge \alpha(m_n)]\det(\beta)\\ &= (m_1 \wedge m_2 \wedge \cdots \wedge m_n)\det(\alpha)\cdot\det(\beta).\end{aligned}$$

Nach Satz 10.4.8 ist $m_1 \wedge m_2 \wedge \cdots \wedge m_n$ eine Basis des freien R-Moduls $\bigwedge_n M$. Also ist $\det(\alpha\beta) = \det(\alpha)\cdot\det(\beta)$.

(b) Ist α invertierbar, so ist $\alpha \cdot \alpha^{-1} = \mathrm{id}$. Nach Bemerkung 10.5.5 und (a) folgt

$$1 = \det(\mathrm{id}) = \det(\alpha\cdot\alpha^{-1}) = \det(\alpha)\cdot\det(\alpha^{-1}). \qquad \blacklozenge$$

10.5.7 Satz. *Sei M ein freier R-Modul mit Basis $B = \{m_i \mid 1 \le i \le n\}$. Der Endomorphismus $\alpha \in \mathrm{End}_R(M)$ habe bezüglich B die Matrix $\mathcal{A}_\alpha(B, B) = (a_{ij})$. Dann hat α die Determinante*

$$\det\alpha = \sum_{\pi\in S_n}(\operatorname{sign}\pi)a_{1,\pi(1)}a_{2,\pi(2)}\ldots a_{n,\pi(n)}.$$

Beweis: Nach Definition 10.5.2 und den Hilfssätzen 10.4.2 und 10.4.3 gelten die folgenden Gleichungen:

$$\begin{aligned}\Big(\bigwedge_n \alpha\Big)(m_1 \wedge \cdots \wedge m_n) &= \alpha m_1 \wedge \cdots \wedge \alpha m_n\\ &= \Big(\sum_{i=1}^n m_i a_{i1}\Big) \wedge \Big(\sum_{i=1}^n m_i a_{i2}\Big) \wedge \cdots \wedge \Big(\sum_{i=1}^n m_i a_{in}\Big)\\ &= \sum_{j_1=1}^n \sum_{j_2=2}^n \cdots \sum_{j_n=n}^n m_{j_1} \wedge m_{j_2} \wedge \cdots \wedge m_{j_n}(a_{j_1,1}a_{j_2,2}\ldots a_{j_n,n}),\end{aligned}$$

wobei $(j_1, j_2, \ldots, j_n)$ alle Permutationen der Menge $\{1, 2, \ldots, n\}$ durchläuft. Wegen Hilfssatz 10.4.3 gilt daher, daß

$$\Big(\bigwedge_n \alpha\Big)(m_1 \wedge \cdots \wedge m_n) = (m_1 \wedge \cdots \wedge m_n)\Big(\sum_{\pi\in S_n}(\operatorname{sign}\pi)a_{\pi(1),1}a_{\pi(2),2}\ldots a_{\pi(n),n}\Big)$$

ist. Da $m_1 \wedge m_2 \wedge \cdots \wedge m_n$ eine Basis des freien R-Moduls $\bigwedge_n M$ ist, folgt aus Definition 10.5.4, daß

$$\det \alpha = \sum_{\pi \in S_n} (\operatorname{sign} \pi) a_{\pi(1),1} a_{\pi(2),2} \ldots a_{\pi(n),n}.$$

Mit π durchläuft auch π^{-1} alle Elemente der symmetrischen Gruppe, woraus

$$\det \alpha = \sum_{\pi \in S_n} (\operatorname{sign} \pi) a_{1,\pi(1)} a_{2,\pi(2)} \ldots a_{n,\pi(n)}$$

folgt. ♦

10.5.8 Definition. Sei $\mathcal{A} = (a_{ij})$ eine $n \times n$-Matrix mit Koeffizienten a_{ij} aus dem kommutativen Ring R. Dann ist die *Determinante* $\det(\mathcal{A})$ von $\mathcal{A}$ das eindeutig bestimmte Ringelement

$$\det(\mathcal{A}) = \prod_{\pi \in S_n} (\operatorname{sign} \pi) a_{1,\pi(1)} a_{2,\pi(2)} \ldots a_{n,\pi(n)}.$$

10.5.9 Bemerkung. Wegen Satz 10.5.7 ist die Definition 5.3.4 der Determinante einer $n \times n$-Matrix mit Koeffizienten a_{ij} aus einem Körper F ein Spezialfall von 10.5.8.

10.6 Aufgaben

10.1 Sei F ein kommutativer Körper und $(M \otimes_F N, t)$ das Tensorprodukt der F-Vektorräume M und N. Seien $U \leq M$ und $V \leq N$ F-Unterräume. Zeigen Sie:

(a) $U \otimes N \cong t(U \times N) = \langle u \otimes n \mid u \in U, n \in N \rangle \leq M \otimes N$.

(b) $M/U \otimes N/V \cong (M \otimes_R N)/[t(U \times N) + t(M \times V)]$.

10.2 Der Körper $\mathbb{Q}$ der rationalen Zahlen sei als $\mathbb{Z}$-Modul aufgefaßt. Zeigen Sie: $\bigwedge_2 \mathbb{Q} = 0$.

10.3 Seien $\mathcal{A}$, $\mathcal{A}'$ zwei $n \times n$-Matrizen und $\mathcal{B}$, $\mathcal{B}'$ zwei $m \times m$-Matrizen über dem Körper F. Zeigen Sie:

(a) $(\mathcal{A} \otimes \mathcal{B}) \cdot (\mathcal{A}' \otimes \mathcal{B}') = (\mathcal{A} \cdot \mathcal{A}') \otimes (\mathcal{B} \cdot \mathcal{B}')$.

(b) Sind jeweils $\mathcal{A}$, $\mathcal{A}'$ und $\mathcal{B}$, $\mathcal{B}'$ ähnliche Matrizen, so sind auch die Matrizen $\mathcal{A} \otimes \mathcal{B}$ und $\mathcal{A}' \otimes \mathcal{B}'$ ähnlich.

(c) Ist $c \in F$ ein Eigenwert von $\mathcal{A}$ und $d \in F$ ein Eigenwert von $\mathcal{B}$, so ist cd ein Eigenwert von $\mathcal{A} \otimes \mathcal{B}$.

10.4 Sei $\mathcal{A}$ eine $n \times n$-Matrix und $\mathcal{B}$ eine $m \times m$-Matrix. Zeigen Sie:

(a) $\operatorname{tr}(\mathcal{A} \otimes \mathcal{B}) = \operatorname{tr}(\mathcal{A}) \cdot \operatorname{tr}(\mathcal{B})$.

(b) $\det(\mathcal{A} \otimes \mathcal{B}) = \det(\mathcal{A})^m \cdot \det(\mathcal{B})^n$.

10.5 Seien M und N zwei endlich-dimensionale F-Vektorräume. Zeigen Sie, daß durch $\tau(\alpha \otimes n) = n\alpha(m)$ für alle $m \in M, n \in N$ und $\alpha \in M^* = \text{Hom}(M, F)$ ein Vektorraumisomorphismus $\tau : M^* \otimes_F N \to \text{Hom}_F(M, N)$ beschrieben ist.

10.6 Es sei W ein Unterraum des F-Vektorraums V. Die p-Vektoren $\boldsymbol{x}_1 \wedge \cdots \wedge \boldsymbol{x}_p$, bei denen mindestens einer der Vektoren $\boldsymbol{x}_1, \ldots, \boldsymbol{x}_p$ in W liegt, spannen dann einen Unterraum W_p von $\bigwedge_p V$ auf. Zeigen Sie, daß

$$\bigwedge_p (V/W) \cong \big(\bigwedge_p V\big)/W_p.$$

10.7 Es gelte $Z = V \oplus Y$. Beweisen Sie die Isomorphie

$$\bigwedge_p Z \cong \bigoplus_{q=0}^{p} \big[\big(\bigwedge_q V\big) \otimes \big(\bigwedge_{p-q} Y\big)\big].$$

10.8 Es sei V der dreidimensionale arithmetische Vektorraum über $F = \mathbb{Z}/2\mathbb{Z}$. Bestimmen Sie alle zweifach alternierenden Abbildungen von V in F, eine Basis des Vektorraums $\text{Alt}_F(2, V, F)$, sowie seine Dimension.

10.9 Sei R ein kommutativer Ring mit Einselement und $\mathcal{A} = (a_{ij})$ eine $n \times n$-Matrix mit Koeffizienten $a_{ij} \in R$. Zeigen Sie, daß $\mathcal{A}$ genau dann invertierbar ist, wenn $\det(\mathcal{A})$ eine Einheit in R ist.

10.10 Sei $\{\boldsymbol{u}_1, \boldsymbol{u}_2, \ldots, \boldsymbol{u}_m\}$ eine Basis des Unterraums U des Vektorraums V über dem beliebigen Körper F. Zeigen Sie:

$$U = \{\boldsymbol{v} \in V \mid \boldsymbol{v} \wedge \boldsymbol{u}_1 \wedge \boldsymbol{u}_2 \wedge \cdots \wedge \boldsymbol{u}_m = 0\}.$$

11 Moduln über Hauptidealringen

So wie sich bekanntlich im Ring $\mathbb{Z}$ der ganzen Zahlen jede ganze Zahl z eindeutig in ein Produkt von Primzahlpotenzen $p_i^{n_i}$ zerlegen läßt, hat auch jedes Polynom $f(X)$ aus dem Polynomring $F[X]$ eine eindeutige Primfaktorzerlegung in Potenzen $q_i(X)^{n_i}$ von irreduziblen Polynomen $q_i(X)$. Im ersten Abschnitt werden diese gemeinsamen arithmetischen Eigenschaften von $\mathbb{Z}$ und $F[X]$ im Rahmen der euklidischen Ringe hergeleitet. Es wird gezeigt, daß jeder euklidische Ring R ein Hauptidealring ist. Für allgemeine Hauptidealringe R wird die Existenz und Eindeutigkeit der Faktorzerlegung eines Elementes $a \in R$, das von Null verschieden und keine Einheit ist, in Primfaktoren nachgewiesen.

In Abschnitt 2 wird gezeigt, daß jeder endlich erzeugte R-Modul M über einem Hauptidealring R eine direkte Summe seines Torsionsuntermoduls $T(M)$ und eines freien Untermoduls U ist.

Mit den arithmetischen Ergebnissen des Abschnitts 1 wird im dritten und vierten Abschnitt die Struktur des Torsionsmoduls $T(M)$ beschrieben. Insbesondere wird gezeigt, daß $T(M)$ die direkte Summe seiner Primärkomponenten $T(M)_p$ ist. Jede Komponente $T(M)_p$ ist eine eindeutig bestimmte direkte Summe von zyklischen Moduln. Ihre Ordnungen heißen Elementarteiler. Sie bestimmen den R-Modul $T(M)$ bis auf Isomorphie eindeutig. Aus diesem Struktursatz endlich erzeugter Moduln M über einem Hauptidealring ergibt sich der Basissatz für endlich erzeugte abelsche Gruppen als Spezialfall.

Im fünften Abschnitt wird als weitere Folgerung des Struktursatzes der Elementarteilersatz für $m \times n$-Matrizen $\mathcal{A} = (a_{ij})$ mit Koeffizienten a_{ij} aus einem Hauptidealring R bewiesen. Dabei werden die Beziehungen zwischen den Elementarteilerbegriffen der Modultheorie und der Matrizentheorie aufgezeigt. Danach wird der Smith-Algorithmus für die Berechnung der Elementarteiler einer $m \times n$-Matrix $\mathcal{A}$ über einem Hauptidealring R dargestellt. Schließlich wird gezeigt, daß man den Rang und die Elementarteiler eines endlich erzeugten R-Moduls M mittels des Smith-Algorithmus aus der Relationenmatrix $\mathcal{R}$ einer freien Auflösung von M berechnen kann. Für euklidische Ringe R ergibt sich, daß man die Elementarteiler von $\mathcal{A}$ bzw. $\mathcal{R}$ sogar durch endlich viele elementare Spalten- und Zeilenumformungen erhält.

Alle in diesem Kapitel betrachteten Ringe R sind kommutativ und haben ein Einselement.

11.1 Eindeutige Faktorzerlegung in Hauptidealringen

In diesem Abschnitt wird die Arithmetik der nullteilerfreien, kommutativen Hauptidealringe R entwickelt. Insbesondere wird gezeigt, daß jedes Element $r \neq 0$ von R, das keine Einheit ist, sich eindeutig in Potenzen von Primelementen faktorisieren läßt. Im Spezialfall $R = F[X]$ des Polynomrings in der Unbestimmten X über dem Körper F läßt sich mittels des ebenfalls dargestellten euklidischen Algorithmus der größte gemeinsame Teiler von zwei gegebenen Elementen $r, s \in R$ effektiv berechnen.

11.1.1 Definition. Der Ring R heißt *nullteilerfrei*, wenn $ab = 0$ stets $a = 0$ oder $b = 0$ impliziert.

11.1.2 Bemerkung. In nullteilerfreien Ringen R gilt die *Kürzungsregel*: $ac = bc$ mit $c \neq 0$ impliziert $a = b$. Dies folgt aus der Gleichung $(a - b)c = ac - bc = 0$.

11.1.3 Beispiele.

(a) Jeder Körper F ist nullteilerfrei.

(b) Der Polynomring $R = F[X]$ ist nullteilerfrei.

(c) $R = \left\{\frac{a}{b} \in \mathbb{Q} \mid a, b \in \mathbb{Z}, b \text{ wird nicht von 2 geteilt}\right\}$ ist ein nullteilerfreier Ring.

So wie der Ring $\mathbb{Z}$ der ganzen Zahlen ein Unterring im Körper $\mathbb{Q}$ der rationalen Zahlen ist, so kann auch jeder nullteilerfreie kommutative Ring R in seinen Quotientenkörper $Q(R)$ eingebettet werden, wie nun gezeigt wird.

11.1.4 Satz. *Sei R ein nullteilerfreier kommutativer Ring. Auf der Menge $\mathfrak{M}$ aller Paare $(a, b) \in R \times R$ mit $b \neq 0$ sei die Relation $\sim$ definiert durch: $(a, b) \sim (a', b')$ genau dann, wenn $ab' = a'b$ in R erfüllt ist. Dann gelten die folgenden Behauptungen:*

(a) *Die Relation $\sim$ ist eine Äquivalenzrelation.*

(b) *Die Menge Q der Äquivalenzklassen $\frac{a}{b} = \{(a', b') \in \mathfrak{M} \mid (a', b') \sim (a, b)\}$ der Paare $(a, b) \in \mathfrak{M}$ bilden bezüglich der*

$$\textit{Addition} \quad \frac{a}{b} + \frac{c}{d} = \frac{ad + bc}{bd}$$

und

$$\textit{Multiplikation} \quad \frac{a}{b} \cdot \frac{c}{d} = \frac{ac}{bd}$$

für alle $\frac{a}{b}, \frac{c}{d} \in Q$ einen kommutativen Körper.

(c) *Durch die Einbettung* $r \mapsto \frac{r}{1} \in Q$ *für alle* $r \in R$ *wird* R *ein Unterring von* Q *mit demselben Einselement* $1 = \frac{1}{1}$.

(d) Q *ist ein* R*-Modul bezüglich der Verknüpfung*

$$\frac{a}{b} \cdot r = \frac{ar}{b} \quad \textit{für alle} \quad \frac{a}{b} \in Q \textit{ und } r \in R.$$

Der Körper $Q = Q(R)$ *heißt der* Quotientenkörper *von* R.

Beweis: (a) Trivialerweise ist $\sim$ reflexiv und symmetrisch. Da R nullteilerfrei ist, folgt aus $ab' = a'b$ und $a'b'' = a''b'$, daß $a(b'b'') = a'(bb'') = a''(b'b)$ und so auch $ab'' = a''b$ gilt. Also ist $\sim$ transitiv.

(b) Die Addition ist wohldefiniert; denn aus $\frac{a}{b} = \frac{a'}{b'}$ und $\frac{c}{d} = \frac{c'}{d'}$ folgt $\frac{a'}{b'} + \frac{c'}{d'} = \frac{a'd'+b'c'}{b'd'} = \frac{ad+bc}{bd} = \frac{a}{b} + \frac{c}{d}$, weil $(a'd' + b'c')bd = a'bdd' + c'dbb' = ab'dd' + cd'bb' = (ad + bc)b'd'$.

Ebenso zeigt man die Wohldefiniertheit der Multiplikation. Da R kommutativ und assoziativ bezüglich $+$ und $\cdot$ ist, folgt dies auch für Q aus den Rechenregeln für die Addition und Multiplikation in Q. Ebenso gelten die Distributivgesetze. In Q ist $1 = \frac{1}{1} = \{(a, a) \mid a \in R,\ a \neq 0\}$ das Einselement, $0 = \frac{0}{1} = \{(0, b) \mid b \in R,\ b \neq 0\}$ das Nullelement und beide sind verschieden. Weiter hat jedes $\frac{a}{b} \neq 0$ aus Q das Inverse $\frac{b}{a}$. Also ist Q ein Körper.

Die Behauptungen (c) und (d) sind nun einfach zu verifizieren. ♦

11.1.5 Definition. Ein Ring R heißt *euklidischer Ring*, wenn er nullteilerfrei ist und eine *Norm* $\rho\colon R \setminus \{0\} \to \mathbb{N}$ besitzt, die folgende Bedingungen erfüllt:

(a) Aus $a \neq 0, b \neq 0$ folgt $\rho(a \cdot b) \geq \rho(a)$.

(b) Zu je zwei Elementen $a, b \in R$ mit $b \neq 0$ gibt es Elemente $q, r \in R$ mit $a = b \cdot q + r$ und $\rho(r) < \rho(b)$ oder $r = 0$ (*Division mit Rest*).

11.1.6 Beispiele.

(a) $\mathbb{Z}$ ist ein euklidischer Ring, wenn man die Norm durch $\rho(n) = |n|$ definiert.

(b) Der Polynomring $F[X]$ über einem Körper F wird durch die Normdefinition $\rho(f) = \operatorname{Grad} f$ zu einem euklidischen Ring.

(c) Die Division mit Rest kann im Polynomring $F[X]$ nach dem bekannten Divisionsschema erfolgen, das am Beispiel der Polynome

$$f(X) = 4X^3 + 8X^2 + X - 2, \quad g(X) = 2X^2 + X + 2$$

aus $\mathbb{Q}[X]$ erläutert sei. Man erhält

$$\begin{array}{llll} 4X^3 & +8X^2 & +\ X & -2 = (2X^2+X+2)(2X+3), \\ \underline{4X^3} & \underline{+2X^2} & \underline{+4X} & \\ & 6X^2 & -3X & -2 \\ & \underline{6X^2} & \underline{+3X} & \underline{+6} \\ & & -6X & -8 \end{array}$$

also $f = q \cdot g + r$ mit $q(X) = 2X + 3$ und $r(X) = -6X - 8$, wobei auch $\rho(r) = 1 < 2 = \rho(g)$ erfüllt ist.

11.1.7 Bemerkung. Die Ungleichung (b) für die Normen wird beweistechnisch häufig folgendermaßen ausgenutzt: Da die Normwerte $\rho(a)$ nicht-negative ganze Zahlen sind, muß eine echt abnehmende Folge von Normwerten nach endlich vielen Gliedern abbrechen.

11.1.8 Definition. Der kommutative Ring R heißt *Hauptidealring* (HIR), wenn er nullteilerfrei ist und wenn jedes Ideal Y von R ein Hauptideal ist.

11.1.9 Satz. *Jeder euklidische Ring R ist ein Hauptidealring.*

Beweis: Sei $Y \neq 0$ ein Ideal von R. Sei $\rho : R \to \mathbb{N}$ die Normfunktion des euklidischen Ringes R. Die Menge $\mathfrak{M} = \{\rho(y) \mid y \in Y,\ y \neq 0\}$ von natürlichen Zahlen besitzt ein kleinstes Element $\rho(y_0)$. Nach Definition 11.1.5 (b) existieren zu jedem $y \in Y$ Elemente $q, r \in R$ mit $y = y_0 q + r$ derart, daß $\rho(r) < \rho(y_0)$ oder $r = 0$ ist. Nun ist $r = y - y_0 q \in Y$, weil Y ein Ideal von R ist. Da $\rho(y_0)$ ein minimales Element von $\mathfrak{M}$ ist, folgt $r = 0$. Also ist $y = y_0 q$, woraus $Y = y_0 R$ folgt. ♦

11.1.10 Folgerung. (a) *Der Ring $\mathbb{Z}$ der ganzen Zahlen ist ein Hauptidealring.*

(b) *Für jeden Körper F ist der Polynomring $R = F[X]$ ein Hauptidealring.*

Beweis: Nach Bemerkung 11.1.6 sind $\mathbb{Z}$ und $R = F[X]$ euklidische Ringe. Also sind sie beide Hauptidealringe nach Satz 11.1.9. ♦

11.1.11 Beispiel. $R = \mathbb{Z}[X]$ ist *kein* Hauptidealring, weil z. B. das Ideal $Y = 2R + XR$ nicht von einem Element erzeugt wird. Denn wäre $Y = pR$ für ein Polynom $p = p(X) = p_0 + p_1 X + \cdots + p_n X^n$ mit $p_i \in \mathbb{Z}$, $1 \leq i \leq n$, dann wäre auch $2 \in Y$ von der Form $2 = p(X) \cdot r(X)$ für ein $r(X) \in R$. Da 2 den Grad 0 in der Unbestimmten X hat, folgt $p = p_0 = 2$. Wegen $X \in Y$ wäre dann aber $X = 2g(X)$ für ein $g(X) \in R$. Widerspruch!

11.1.12 Definition. Zwei Elemente $p, q \in R$ heißen *assoziiert*, wenn es eine Einheit $u \in R$ mit $p = qu$ gibt.

11.1.13 Definition. Ein Element $t \in R$ *teilt* das Element $a \in R$, wenn $a = tr$ für ein $r \in R$ gilt.
Bezeichnung: $t \mid a$.

11.1.14 Definition. Ein Element $c \in R$ heißt ein *größter gemeinsamer Teiler* (ggT) von $a, b \in R$, wenn die beiden folgenden Bedingungen gelten:

(a) $c \mid a$ und $c \mid b$.

(b) Für jedes $t \in R$ folgt aus $t \mid a$ und $t \mid b$ auch $t \mid c$.

Bezeichnung: $\operatorname{ggT}(a, b)$.

11.1.15 Definition. Ein Element $v \in R$ heißt ein *kleinstes gemeinsames Vielfaches* (kgV) von $a, b \in R$, wenn die beiden folgenden Bedingungen gelten:

(a) $a \mid v$ und $b \mid v$.

(b) Für jedes $y \in R$ folgt aus $a \mid y$ und $b \mid y$ auch $v \mid y$.

Bezeichnung: $\operatorname{kgV}(a, b)$.

11.1.16 Bemerkung. Ist u eine Einheit von R, so teilen u und u^{-1} jedes Element von R. Zwei Elemente $a, b \in R$ sind daher genau dann assoziiert, wenn sie sich wechselseitig teilen. Zwei größte gemeinsame Teiler von a und b müssen sich gegenseitig teilen, sind also assoziiert; und umgekehrt ist jedes zu einem größten gemeinsamen Teiler assozierte Element ebenfalls ein größter gemeinsamer Teiler. Dieser ist also durch a, b bis auf Assoziiertheit eindeutig bestimmt. Man spricht daher in diesem Sinne von *dem* größten gemeinsamen Teiler. Entsprechendes gilt für das kleinste gemeinsame Vielfache.

Zwei Elemente $a, b \in R$ heißen *teilerfremd*, wenn $\operatorname{ggT}(a, b) = 1$ ist.

11.1.17 Satz. *Sei R ein Hauptidealring und seien $a, b \in R$. Dann gelten:*

(a) *$c \in R$ ist ein ggT von a und b genau dann, wenn $cR = aR + bR$.*

(b) *$v \in R$ ist ein kgV von a und b genau dann, wenn $vR = aR \cap bR$.*

Beweis: (a) Aus $c \in cR = aR + bR$ folgt $c \mid a$ und $c \mid b$. Ist t ein gemeinsamer Teiler von a und b, so ist $a = ta_1 \in tR$ und $b = tb_1 \in tR$. Hieraus folgt

$$cR = aR + bR \subseteq tR + tR = tR.$$

Also ist $c = tr$ für ein $r \in R$.

Ist umgekehrt $c = \operatorname{ggT}(a, b)$, so ist $aR \subseteq cR$ und $bR \subseteq cR$. Also gilt $aR + bR \subseteq cR$. Da R ein Hauptidealring ist, existiert ein $d \in R$ mit $dR = aR + bR$. Es folgt $d \mid a$ und $d \mid b$. Deshalb gilt $d \mid c$, woraus $cR \leq dR$ und somit $cR = aR + bR$ folgt.

(b) Ist $vR = aR \cap bR$, so ist $v = au = br$ für geeignete $u, r \in R$. Also ist v ein Vielfaches von a und b. Ist w ein weiteres Vielfaches von a und b, so gilt $w = ax = by$ für Elemente $x, y \in R$. Also ist $w \in aR \cap bR = vR$. Daher ist $w = vz$. Deshalb ist v ein kleinstes gemeinsames Vielfaches von a und b. Aus $v = \text{kgV}(a, b)$ folgt $vR \subseteq aR$ und $vR \subseteq bR$. Da R ein Hauptidealring ist, ist $aR \cap bR = dR$ für ein $d \in R$. Also ist d ein Vielfaches von a und b, also auch von v. Hieraus folgt

$$vR \subseteq aR \cap bR = dR \subseteq vR, \quad \text{d. h.} \quad vR = aR \cap bR. \qquad \blacklozenge$$

11.1.18 Definition. Ein von Null verschiedenes Element p des nullteilerfreien Ringes R heißt *Primelement* oder *prim*, wenn es keine Einheit ist und wenn für alle a, $b \in R$ aus $p \mid ab$ stets $p \mid a$ oder $p \mid b$ folgt.

11.1.19 Definition. Ein von Null verschiedenes Element $p \in R$ heißt *unzerlegbar*, wenn p keine Einheit in R ist und aus $p = xy$ stets folgt, daß entweder x oder y eine Einheit ist.

11.1.20 Definition. Im Polynomring $R = F[X]$ über dem Körper F wird ein unzerlegbares Polynom $p = p(X)$ ein *irreduzibles* Polynom genannt.

Ist $F = \mathbb{R}$ der Körper der reellen Zahlen, so ist z. B. $p(X) = X^2 + 1$ ein irreduzibles Polynom in $\mathbb{R}[X]$.

11.1.21 Hilfssatz. *Sei R ein Hauptidealring. Dann gelten:*

(a) *Das Ideal $Y \neq 0$ von R ist maximal genau dann, wenn $Y = mR$ für ein unzerlegbares Element m von R gilt.*

(b) *Die Hauptideale mR und m_1R sind genau dann gleich, wenn ihre Erzeuger m und m_1 assoziiert sind.*

(c) *Assoziierte unzerlegbare Elemente erzeugen dasselbe maximale Ideal.*

Beweis: (a) Sei $Y = mR \neq 0$ ein maximales Ideal des Hauptidealringes R. Angenommen, es gelte $m = uv$ für zwei Nichteinheiten $u, v \in R$. Insbesondere ist $Y = mR \leq uR \leq R$. Da u keine Einheit ist, ist $uR \neq R$, weil sonst $1 = uz$ für ein $z \in R$ wäre. Da Y ein maximales Ideal von R ist, folgt $Y = uR$. Also ist $u \in uR = mR$, d. h. $u = mq$ für ein $q \in R$. Hieraus folgt

$$u = mq = uvq \quad \text{und so} \quad u(1 - vq) = 0.$$

Da R nullteilerfrei ist, gilt $vq = 1$, d. h. v ist eine Einheit in R. Aus diesem Widerspruch folgt, daß m unzerlegbar ist.

Sei umgekehrt $Y = mR$ für ein unzerlegbares $m \in R$. Da m keine Einheit ist, gilt $Y \neq R$. Wäre Y kein maximales Ideal von R, dann gäbe es ein Ideal $M \neq R$ von R mit $Y < M$. Da R Hauptidealring ist, gilt $M = tR$ für eine Nichteinheit $t \in R$. Wegen $m \in Y = mR \leq tR$ folgt $m = tw$ für ein $w \in R$. Da m unzerlegbar und t keine Einheit in R ist, muß w eine Einheit in R sein. Also gilt $wz = 1$ für ein $z \in R$. Hieraus ergibt sich $t = t \cdot 1 = twz = mz \in mR = Y$, und so $M = tR \subseteq Y$, woraus $Y = M$ im Widerspruch zu $Y < M$ folgt. Also ist Y ein maximales Ideal von R.

(b) $mR = m_1 R$ ist äquivalent dazu, daß sich m und m_1 gegenseitig teilen, d. h. assoziiert sind.

(c) Folgt unmittelbar aus (a) und (b). ♦

11.1.22 Satz. *Sei R ein Hauptidealring. Dann ist das Element $p \neq 0$ von R genau dann unzerlegbar, wenn es ein Primelement von R ist.*

Beweis: Sei $p \neq 0$ ein unzerlegbares Element derart, daß $p \mid ab$ für zwei Elemente $a, b \in R$ gilt. Dann ist $ab \in pR$. Nach Hilfssatz 11.1.21 ist $Y = pR$ ein maximales Ideal von R. Daher ist $F = R/Y$ nach Satz 9.1.8 ein Körper. Wegen $[a] \cdot [b] = [0] \in F$ folgt $[a] = [0]$ oder $[b] = [0]$. Also ist $a \in Y = pR$ oder $b \in Y = pR$, d. h. $p \mid a$ oder $p \mid b$.

Sei umgekehrt $p \neq 0$ ein Primelement derart, daß $p = xy$ für zwei Elemente x, $y \in R$ gilt. Man erhält $p \mid x$ oder $p \mid y$. Im ersten Fall gilt $x = pr$ für ein $r \in R$. Hieraus folgt

$$p = xy = p(ry) \quad \text{und so} \quad p(1 - ry) = 0.$$

Da R nullteilerfrei ist, ist $1 = ry$. Deshalb ist y eine Einheit in R. Ebenso folgt im zweiten Fall, daß x eine Einheit in R ist. Daher ist p ein unzerlegbares Element im Sinne der Definition 11.1.19. ♦

Der letzte Teil dieses Beweises zeigt, daß Primelemente schon in beliebigen nullteilerfreien Ringen unzerlegbar sind. In Hauptidealringen bevorzugen wir das Wort Primelement.

11.1.23 Beispiele.

(a) Jede Primzahl $p \in \mathbb{Z}$ ist Primelement im Hauptidealring $\mathbb{Z}$. In $\mathbb{Z}$ sind 1 und -1 die einzigen Einheiten. Für jede Zahl $n \in \mathbb{Z}$ sind genau n und $-n$ assoziiert.

(b) Ein Polynom $f(X) \in \mathbb{C}[X]$ ist nach dem Hauptsatz der Algebra (1.4.4) genau dann ein Primelement, wenn $f(X) = X - c$ für eine komplexe Zahl $c \in \mathbb{C}$ gilt.

(c) Die Konstanten $f \neq 0$ aus dem Körper F sind die Einheiten im Polynomring $R = F[X]$. Zwei Primelemente $p(X), q(X) \in R = F[X]$ sind genau dann assoziiert, wenn $p(X) = fq(X)$ für ein $f \neq 0$ aus F gilt.

(d) Für jede Primzahl p des Ringes $\mathbb{Z}$ der ganzen Zahlen ist der Restklassenring $\mathbb{Z}/p\mathbb{Z}$ ein endlicher Körper mit $|p|$ Elementen. Dies folgt aus Hilfssatz 11.1.21 und Satz 9.1.8(b).

11.1.24 Definition. Ein nullteilerfreier kommutativer Ring R heißt *Ring mit eindeutiger Faktorzerlegung* (*ZPE-Ring*), wenn die beiden folgenden Bedingungen erfüllt sind:

(a) Jedes Element $r \in R$, das weder 0 noch eine Einheit ist, ist ein Produkt von endlich vielen, nicht notwendig verschiedenen Primelementen p_i, $i = 1, 2, \ldots, n$, d. h.

$$r = p_1 \cdot p_2 \ldots p_n.$$

(b) Sind $r = p_1 \cdot p_2 \ldots p_n = q_1 \cdot q_2 \ldots q_m$ zwei Zerlegungen des Elementes $r \in R$ in Primfaktoren p_i bzw. q_j, so gilt:

(i) $n = m$, und

(ii) es gibt eine Permutation π der Ziffern $\{1, 2, \ldots, n\}$ derart, daß p_i assoziiert ist zu $q_{\pi(i)}$.

11.1.25 Hilfssatz. *Mit den Bezeichnungen von Definition* 11.1.24 *gilt: Die Bedingung* (b) *ist eine Folge von* (a).

Beweis: Angenommen, die Nichteinheit $0 \neq r \in R$ hätte zwei Zerlegungen

$$r = p_1 p_2 \ldots p_n = q_1 q_2 \ldots q_m$$

in Primfaktoren p_i bzw. q_j von R, wobei $n \leq m$ angenommen wird. Dann ist r kein Primelement, weil sonst $r = p_1$ zu q_1 nach Hilfssatz 11.1.21 assoziiert wäre.

Die Bedingung (b) von Definition 11.1.24 sei für alle Primfaktorzerlegungen mit $n - 1$ Primelementen p_i bewiesen. Da p_1 ein Primelement ist, folgt $p_1 \mid q_j$ für ein $j \in \{1, 2, \ldots m\}$. Also existiert ein $r_j \in R$ mit $q_j = p_1 r_j$. Daher ist r_j eine Einheit nach Satz 11.1.22. Nach Umnumerierung kann angenommen werden, daß $j = 1$ und

$$p_1(p_2 p_3 \ldots p_n) = r = q_1 q_2 \ldots q_m = p_1(r_1 q_2 q_3 \ldots q_m).$$

Da R nullteilerfrei ist, folgt

$$(r_1^{-1} p_2) p_3 \ldots p_n = q_2 q_3 \ldots q_m$$

durch Kürzen. Das Produkt auf der linken Seite hat $n - 1$ Primfaktoren. Also folgt nach Induktionsannahme, daß $n = m$, und daß p_i zu $q_{\pi(i)}$ assoziiert ist, wobei π eine Permutation der Ziffern $\{1, 2, \ldots, n\}$ ist. ♦

11.1.26 Hilfssatz. *Sei R ein Hauptidealring. Dann ist jede echt aufsteigende Kette* $Y_1 < Y_2 < \cdots < Y_k < Y_{k+1} < \cdots$ *von Idealen* Y_i *von R endlich.*

Beweis: Wenn die Behauptung des Hilfssatzes falsch wäre, dann gäbe es eine abzählbar unendliche, echt aufsteigende Kette

$$(*) \qquad Y_1 < Y_2 < Y_3 < \cdots < Y_k < Y_{k+1} < \cdots$$

von Idealen Y_k, $k = 1, 2, \ldots$, von R. Sei $Y = \bigcup_{k=1}^{\infty} Y_k$. Dann ist Y ein Ideal von R: Aus $y_1, y_2 \in Y$ folgt $y_1 \in Y_i$ und $y_2 \in Y_j$ für geeignete Indizes i, j. Da Y_i und Y_j zur Kette $(*)$ gehören, kann $Y_i < Y_j$ angenommen werden. Also sind $y_1, y_2 \in Y_j$. Da Y_j ein Ideal von R ist, ist $y_1 + y_2 \in Y_j \leq Y$. Ebenso zeigt man, daß $yr \in Y$ für alle $y \in Y$ und $r \in R$ gilt. Daher gibt es ein $y \in Y$ mit $Y = yR$; denn R ist ein Hauptidealring. Wegen $Y = \bigcup_{k=1}^{\infty} Y_k$ gibt es eine kleinste natürliche Zahl $k \geq 1$ mit $y \in Y_k$. Dann ist $Y = yR \leq Y_k < Y_{k+1} \leq Y$. Aus diesem Widerspruch folgt die Gültigkeit der Behauptung. ♦

11.1.27 Satz. *Jeder Hauptidealring R ist ein ZPE-Ring.*

Beweis: Wegen Hilfssatz 11.1.25 ist nur die Bedingung (a) der Definition 11.1.24 nachzuweisen. Angenommen, die Nichteinheit $0 \neq r \in R$ ließe sich nicht in ein Produkt $p_1 p_2 \ldots p_n$ von endlich vielen Primelementen p_i aus R zerlegen. Dann ist r kein Primelement. Nach Satz 11.1.22 ist r nicht unzerlegbar, d. h. $r = r_0 = r_1 s_1$, wobei weder r_1 noch s_1 Einheiten in R sind; außerdem kann angenommen werden, daß r_1 kein Produkt von Primelementen ist. Nach Hilfssatz 11.1.21(b) folgt $rR = r_0 R < r_1 R$, weil s_1 keine Einheit ist. Wendet man nun dieses Argument auf r_1 an, so erhält man schließlich eine unendlich echt aufsteigende Kette $r_0 R < r_1 R < r_2 R < \cdots$. Dies widerspricht Hilfssatz 11.1.26. ♦

Der größte gemeinsame Teiler und das kleinste gemeinsame Vielfache existieren allgemeiner auch in ZPE-Ringen und können in bekannter Weise mittels Primfaktorzerlegung bestimmt werden. Speziell in euklidischen Ringen gibt es für ihre Berechnung einen Algorithmus.

11.1.28 Satz (Euklidischer Algorithmus). *Sei R ein euklidischer Ring mit Norm* ρ. *Dann berechnet man den größten gemeinsamen Teiler von zwei Elementen* a_0 *und* a_1 *aus R durch folgende Kette von Divisionen mit Rest:*

$$\begin{aligned}
a_0 &= q_1 a_1 + a_2 \quad \text{mit } \rho(a_2) < \rho(a_1), \\
a_1 &= q_2 a_2 + a_3 \quad \text{mit } \rho(a_3) < \rho(a_2), \\
&\;\vdots \\
a_{n-2} &= q_{n-1} a_{n-1} + a_n \quad \text{mit } \rho(a_n) < \rho(a_{n-1}), \\
a_{n-1} &= q_n a_n.
\end{aligned}$$

Dann ist $a_n = \operatorname{ggT}(a_0, a_1)$. *Weiter ist* $\operatorname{kgV}(a_0, a_1) = \frac{a_0 a_1}{a_n}$.

Beweis: Nach Bemerkung 11.1.7 muß in dieser Kette nach endlich vielen Schritten der Rest Null auftreten. Aus der letzten Gleichung folgt $a_n \mid a_{n-1}$, aus der vorletzten $a_n \mid a_{n-2}$. So fortfahrend ergibt sich schließlich aus der zweiten Gleichung $a_n \mid a_1$ und aus der ersten $a_n \mid a_0$. Daher ist a_n gemeinsamer Teiler von a_0 und a_1. Gilt umgekehrt $d \mid a_0$ und $d \mid a_1$, so folgt aus der ersten Gleichung $d \mid a_2$ und nach Durchlaufung der Kette schließlich $d \mid a_n$. Daher ist a_n auch größter gemeinsamer Teiler, und $\text{kgV}(a_0, a_1) = (a_0 a_1)(a_n)^{-1}$. ♦

11.2 Torsionsmodul eines endlich erzeugten Moduls

In diesem Abschnitt ist R stets ein nullteilerfreier kommutativer Ring. Es wird gezeigt, daß die Menge $T(M)$ der Torsionselemente eines R-Moduls M einen Untermodul $T(M)$ bilden. Er heißt Torsionsuntermodul von M und spielt in der Modultheorie eine wichtige Rolle. Ist R ein Hauptidealring und M ein endlich erzeugter R-Modul, dann besagt das Hauptergebnis dieses Abschnitts, daß M eine direkte Zerlegung $M = T(M) \oplus U$ in den Torsionsuntermodul $T(M)$ von M und einen freien R-Untermodul U besitzt.

11.2.1 Definition. Sei M ein R-Modul über dem nullteilerfreien kommutativen Ring R. Ein Element $m \in M$ heißt ein *Torsionselement*, wenn $mr = 0$ für ein $r \neq 0$ aus R gilt. M heißt *torsionsfrei*, wenn 0 das einzige Torsionselement von M ist.

11.2.2 Hilfssatz. *Sei R ein nullteilerfreier kommutativer Ring. Dann gelten für jeden R-Modul M die folgenden Aussagen:*

(a) *Die Gesamtheit $T(M)$ der Torsionselemente von M ist ein Untermodul von M.*

(b) *$M/T(M)$ ist torsionsfrei.*

Beweis: (a) Sind $m_1, m_2 \in T(M)$, dann existieren $0 \neq r_i \in R$ mit $m_i r_i = 0$ für $i = 1, 2$. Da R nullteilerfrei ist, gilt $c = r_1 r_2 \neq 0$. Nun ist $(m_1 + m_2)c = (m_1 r_1) r_2 + (m_2 r_2) r_1 = 0 + 0 = 0$. Ebenso folgt $m_1(r_1 r) = (m r_1) r = 0$ für alle $r \in R$. Also ist $T(M)$ ein Untermodul von M.

(b) Sei $[m] = m + T(M)$ ein Torsionselement von $M/T(M)$. Dann existiert ein $0 \neq r \in R$ mit $[m] \cdot r = 0$. Nach Hilfssatz 9.2.14 ist dann $mr \in T(M)$. Also gibt es ein $0 \neq s \in R$ mit $(mr)s = 0$. Da R nullteilerfrei ist, gilt $rs \neq 0$. Deshalb ist $m \in T(M)$ und $[m] = 0$. ♦

11.2.3 Definition. Sei M ein R-Modul. Der nach Hilfssatz 11.2.2 eindeutig bestimmte Untermodul $T(M)$ aller Torsionselemente von M heißt der *Torsionsuntermodul* von M.

M heißt *Torsionsmodul*, wenn $M = T(M)$ gilt.

11.2.4 Hilfssatz. *Sei R ein nullteilerfreier Ring. Dann gelten:*

(a) *Epimorphe Bilder von Torsionsmoduln sind Torsionsmoduln.*

(b) *Summen von Torsionsmoduln sind Torsionsmoduln.*

Beweis: (a) Sei φ ein R-Modulepimorphismus vom Torsionsmodul M auf N. Ist $mr = 0$ für $m \in M$ und $0 \neq r \in R$, so ist $\varphi(m) \cdot r = \varphi(mr) = 0$. Also ist $N = \varphi(M)$ Torsionsmodul.

(b) Zeigt man analog wie die Aussage (a) von Hilfssatz 11.2.2, weil in einer Summe jedes Element eine Darstellung als Summe von endlich vielen Summanden hat, die in diesem Fall alle Torsionselemente sind. ♦

Für endlich erzeugte torsionsfreie R-Moduln M über einem Hauptidealring R wird nun der Basissatz bewiesen, der dem für endlich-dimensionale Vektorräume entspricht.

11.2.5 Hilfssatz. *Sei M ein endlich erzeugter R-Modul über dem Hauptidealring R mit einem Erzeugendensystem $\mathfrak{S}$, das aus k Elementen besteht. Dann wird jeder Untermodul U von M von höchstens k Elementen erzeugt.*

Beweis: Durch vollständige Induktion nach k. Ist $k = 1$, so ist $M = mR$. Die Abbildung $\varphi : r \mapsto mr, r \in R$, ist ein R-Modulepimorphismus von R auf $M = mR$ mit $\operatorname{Ker}(\varphi) = \{s \in R \mid ms = 0\}$. Sei U ein Untermodul von M. Nach Satz 9.2.12 ist $Y = \{t \in R \mid \varphi(t) = mt \in U\}$ ein R-Untermodul von R mit $\varphi(Y) = U$ und $\operatorname{Ker}(\varphi) \leq Y$. Da jeder Untermodul des Hauptidealrings R ein Hauptideal ist, gilt $Y = yR$ für ein $y \in Y$. Hieraus folgt, $U = \varphi(Y) = \varphi(y)R$. Also wird auch U von einem Element erzeugt.

Unter der Voraussetzung, daß die Behauptung des Hilfssatzes für $k = n - 1$ gilt, wird sie nun für $k = n$ bewiesen.

Sei $M = m_1R + \cdots + m_nR$ von den n Elementen $m_i \in M$ erzeugt. Ist $D = U \cap m_nR$, dann ist D nach dem Fall $k = 1$ ein zyklischer R-Modul, d. h. $D = dR$ für ein $d \in D$. Nun ist $U/D \cong (U+m_nR)/m_nR = V$ nach dem zweiten Isomorphiesatz 9.2.17. Sicherlich ist $V = (U + m_nR)/m_nR$ ein R-Untermodul des Faktormoduls $\bar{M} = M/m_nR$, der von den $n - 1$ Elementen $[m_i] = m_i + m_nR \in \bar{M}$, $i = 1, \ldots, n-1$, erzeugt wird. Also wird auch V nach Induktionsannahme von höchstens $n - 1$ Elementen erzeugt. Seien $[v_i] = u_i + m_nR \in V$ mit $u_i \in U, i = 1, \ldots, s$ und $s \leq n - 1$ Erzeuger des R-Moduls V. Dann wird U nach Hilfssatz 9.4.5 (b) von den Elementen $u_1, \ldots, u_s$ und d erzeugt. ♦

11.2.6 Definition. Ist M ein endlich erzeugter R-Modul, dann ist ein endliches Erzeugendensystem $\mathfrak{S}$ *ein Erzeugendensystem von kleinster Elementzahl*, wenn jedes andere Erzeugendensystem $\mathfrak{T}$ von M mindestens soviele Elemente enthält wie $\mathfrak{S}$.

Da die Menge der natürlichen Zahlen wohlgeordnet ist, besitzt jeder endlich erzeugte R-Modul M ein Erzeugendensystem von kleinster Elementzahl.

11.2.7 Satz. *Jeder endlich erzeugte, torsionsfreie R-Modul M über dem Hauptidealring R ist frei. Insbesondere ist jedes endliche Erzeugendensystem $\mathfrak{S} = \{m_i \in M \mid 1 \le i \le k\}$ von kleinster Elementzahl eine Basis von M.*

Beweis: Nach Definition 9.4.3 genügt es, die zweite Behauptung zu beweisen. Sei $\mathfrak{S} = \{m_i \in M \mid 1 \le i \le k\}$ ein Erzeugendensystem von kleinster Elementzahl k von M.

Ist $k = 1$, so ist $M = m_1 R$. Da M torsionsfrei ist, ist $\mathfrak{S} = \{m_1\}$ eine Basis von M. Es wird nun angenommen, daß die Behauptung für $k - 1$ gilt.

Sei Q der nach Satz 11.1.4 existierende Quotientenkörper von R. Da M ein torsionsfreier R-Modul ist, ist die Abbildung $\varphi : M \to M \otimes_R Q$, die durch $\varphi(m) = m \otimes 1$ für alle $m \in M$ definiert ist, ein R-Modulmonomorphismus. Daher ist $\mathfrak{S}' = \{\varphi(m_i) = m_i \otimes 1 \mid 1 \le i \le k\}$ ein Erzeugendensystem des Q-Vektorraums $M \otimes_R Q$; denn $M \otimes_R Q = \sum_{i=1}^{k} \varphi(m_i)Q$, weil $M = \sum_{i=1}^{k} m_i R$.

Wäre $\mathfrak{S}$ linear abhängig über R, dann wäre

$$m_1 r_1 + m_2 r_2 + \cdots + m_k r_k = 0 \quad \text{für geeignete } r_i \in R,$$

die nicht alle gleich Null sind. Hieraus folgt

$$\varphi(m_1) r_1 + \varphi(m_2) r_2 + \cdots + \varphi(m_k) r_k = 0.$$

Daher enthält das Erzeugendensystem $\mathfrak{S}' = \{\varphi(m_i) \mid 1 \le i \le k\}$ von $M \otimes_R Q$ nach Satz 2.2.7 eine echte Teilmenge B, die eine Basis des Q-Vektorraums $M \otimes_R Q$ ist. Nach Umnumerierung kann angenommen werden, daß

$$B = \{\varphi(m_j) \mid 1 \le j \le s\} \quad \text{und} \quad s < k.$$

Insbesondere hat jedes $\varphi(m_i)$, $1 \le i \le k$, eine eindeutige Darstellung

$$\varphi(m_i) = \sum_{j=1}^{s} \varphi(m_j) q_{ij} \quad \text{mit geeigneten } q_{ij} \in Q.$$

Nach Satz 11.1.4 ist $q_{ij} = \frac{a_{ij}}{b_{ij}}$ mit $a_{ij} \in R$ und $0 \ne b_{ij} \in R$. Sei $0 \ne d \in R$ ein nach Satz 11.1.17 (b) existierender Hauptnenner der q_{ij}. Dann ist $r_{ij} = d q_{ij} \in R$ für alle $1 \le i \le k$ und $1 \le j \le s$. Weiter gilt, daß

$$\varphi(m_i) = \sum_{j=1}^{s} \varphi(m_j) q_{ij} = \sum_{j=1}^{s} [\varphi(m_j) d^{-1}] r_{ij} \quad \text{für alle } 1 \le i \le k.$$

Also ist $\varphi(M) = \sum_{i=1}^{k} \varphi(m_i)R \leq \sum_{j=1}^{s} \oplus[\varphi(m_j)d^{-1}]R = U$.

Da der R-Untermodul U von $M \otimes_R Q$ eine Basis

$$B' = \{\varphi(m_j)d^{-1} \mid 1 \leq j \leq s\}$$

von s Elementen besitzt, wird nach Hilfssatz 11.2.5 auch der R-Untermodul $\varphi(M)$ von U von höchstens s Elementen erzeugt. Sicherlich ist φ ein R-Modulisomorphismus von M auf $\varphi(M)$. Also wird auch der R-Modul M von $s < k$ Elementen erzeugt. Dann ist aber $\mathfrak{S}$ kein Erzeugendensystem von kleinster Elementzahl k von M. Dieser Widerspruch beendet den Beweis. ♦

Nach all diesen Vorbereitungen ist es nun einfach, den Hauptsatz dieses Abschnitts zu beweisen.

11.2.8 Satz. *Ist M ein endlich erzeugter R-Modul über dem Hauptidealring R, so gilt*

$$M = T(M) \oplus U,$$

wobei der Untermodul U von M ein endlich erzeugter, freier R-Modul ist. Je zwei Basen von U haben gleich viele Elemente.

Beweis: Nach Hilfssatz 11.2.2 ist $M/T(M)$ ein endlich erzeugter, torsionsfreier R-Modul. Wegen Satz 11.2.7 ist $M/T(M)$ ein freier R-Modul. Nach Satz 9.4.8 gibt es daher einen R-Untermodul U von M mit $M = U + T(M)$, $U \cap T(M) = 0$, und $U \cong M/T(M)$. Daher ist U ein freier R-Modul. Nach Satz 9.4.6 sind je zwei Basen B und B' von U gleichmächtig. ♦

11.2.9 Definition. Sei M ein endlich erzeugter R-Modul über dem Hauptidealring R. Der *Rang* $\mathrm{rg}(M)$ von M ist die nach Satz 11.2.8 eindeutig bestimmte Anzahl der Elemente einer Basis des freien R-Moduls $\bar{M} = M/T(M)$, wobei $T(M)$ der Torsionsmodul von M ist.

11.3 Primärzerlegung

Die Struktur der endlich erzeugten Moduln über einem Hauptidealring R ist vollständig durch Satz 11.2.8 bestimmt, wenn die Struktur der endlich erzeugten Torsionsmoduln bekannt ist. Deshalb werden in diesem Abschnitt die Torsionsmoduln in ihre p-Komponenten zerlegt. Hierzu wird folgende Definition eingeführt.

11.3.1 Definition. Sei p ein Element des Hauptidealrings R. Die *p-Komponente M_p* des R-Moduls M ist

$$M_p = \{m \in M \mid mp^k = 0 \text{ für eine natürliche Zahl } k = k(m)\}.$$

Ist p ein Primelement, so heißt M_p die *Primärkomponente* zum Primelement p von R, oder auch die p-Primärkomponente.

11.3.2 Hilfssatz. *Sind p und q zwei teilerfremde, von Null verschiedene Elemente des Hauptidealrings R, so gilt für jeden R-Modul M stets:*

$$M_p \cap M_q = 0.$$

Beweis: Da die Elemente p und q teilerfremd sind, ist ggT $(p^u, q^v) = 1$ für alle natürlichen Zahlen u und v. Ist $m \in M_p \cap M_q$, dann ist $mp^u = 0 = mq^v$ mit natürlichen Zahlen u, v. Nach Satz 11.1.17 existieren Elemente $a, b \in R$ derart, daß $1 = p^u a + q^v b$. Also ist $m = m \cdot 1 = mp^u a + mq^v b = 0 + 0 = 0$. ♦

11.3.3 Definition. Sei M ein R-Modul über dem Ringe R. Dann heißt

$$\mathrm{Ann}(M) = \{r \in R \mid mr = 0 \text{ für alle } m \in M\}$$

der *Annullator des Moduls M*.

Ist m ein Element des R-Moduls M, so heißt $\mathrm{Ann}(m) = \{r \in R \mid mr = 0\}$ der Annullator von m.

11.3.4 Hilfssatz. *Sei M ein R-Modul über dem Ring R. Dann gelten:*

(a) *Der Annullator* $\mathrm{Ann}(M)$ *von M ist ein Ideal des Ringes R.*

(b) *Der Annullator* $\mathrm{Ann}(m)$ *eines Elementes $m \in M$ ist ein Ideal von R.*

(c) *Ist $M = \sum_{i=1}^k m_i R$ ein endlich erzeugter R-Modul, so ist*

$$\mathrm{Ann}(M) = \bigcap_{i=1}^{k} \mathrm{Ann}(m_i).$$

Beweis: (a) Seien $r_1, r_2 \in \mathrm{Ann}(M)$ und $r \in R$. Dann gelten für alle $m \in M$ die Gleichungen

$$m(r_1 - r_2) = mr_1 - mr_2 = 0 - 0 = 0, \tag{1}$$

$$m(r_1 r) = (mr_1)r = 0 \cdot r = 0. \tag{2}$$

(b) wird analog gezeigt.

(c) Sicherlich ist $\mathrm{Ann}(M) \leq \mathrm{Ann}(m_i)$ für $i = 1, 2, \ldots, k$. Sei umgekehrt $r \in \bigcap_{i=1}^k \mathrm{Ann}(m_i)$ und $m \in M$. Dann existieren Elemente $r_i \in R$ mit $m = \sum_{i=1}^k m_i r_i$, weil die Elemente $m_1, m_2, \ldots, m_k$ den R-Modul M erzeugen. Hieraus folgt nun

$$mr = \left(\sum_{i=1}^{k} m_i r_i\right) r = (m_1 r) r_1 + (m_2 r) r_2 + \cdots + (m_k r) r_k = 0.$$

Daher ist $r \in \mathrm{Ann}(M)$. ♦

11.3.5 Satz. *Sei R ein Hauptidealring und M ein endlich erzeugter Torsionsmodul über R. Dann gelten folgende Aussagen:*

(a) *Der Annullator des R-Moduls M ist ein von Null verschiedenes Hauptideal $\operatorname{Ann}(M) = rR$ von R. Das Element r ist durch M bis auf Assoziiertheit eindeutig bestimmt.*

(b) *Ist $r = p_1^{k_1} \dots p_t^{k_t}$ eine Faktorzerlegung von $r \in R$ in Potenzen paarweise nicht assoziierter Primelemente, so gilt*

$$M = M_{p_1} \oplus M_{p_2} \oplus \cdots \oplus M_{p_t}.$$

Die Zerlegung von M in seine Primärkomponenten M_{p_i} ist eindeutig.

Beweis: (a) Sei $\mathfrak{S} = \{m_i \mid 1 \le i \le n\}$ ein Erzeugendensystem von kleinster Elementzahl von M. Da M ein Torsionsmodul ist, existiert zu jedem m_i ein $r_i \neq 0$ in R derart, daß $m_i r_i = 0$. Also sind die Annullatoren $\operatorname{Ann}(m_i) \neq 0$ für $i = 1, 2, \dots, n$. Nach Hilfssatz 11.3.4 ist der Annullator von M das Ideal

$$\operatorname{Ann}(M) = \bigcap_{i=1}^{n} \operatorname{Ann}(m_i).$$

Da R ein Hauptidealring ist, existieren nach Hilfssatz 11.1.21 bis auf Assoziiertheit eindeutig bestimmte Elemente $s_i \in R$ derart, daß $\operatorname{Ann}(m_i) = s_i R$. Nach Satz 11.1.17 ist

$$\operatorname{Ann}(M) = \bigcap_{i=1}^{n} \operatorname{Ann}(m_i) = \bigcap_{i=1}^{n} (s_i R) = rR,$$

wobei $r \neq 0$ ein kleinstes gemeinsames Vielfache der Elemente s_i ist. Daher ist r durch M bis auf Multiplikation mit Einheiten aus R durch M eindeutig bestimmt.

(b) Nach Satz 11.1.27 hat r die eindeutige Primfaktorzerlegung $r = \prod_{i=1}^{t} p_i^{k_i}$, wobei die Primelemente p_i und p_j paarweise nicht assoziiert sind, wenn $t \geq 2$. Ist $t = 1$, so gilt (b) nach (a). Die Behauptung (b) sei für alle r mit $t-1$ verschiedenen Primteilern p_i bewiesen. Sei $p = p_1^{k_1}$ und $q = q_2^{k_2} p_3^{k_3} \dots p_t^{k_t}$. Die Elemente $p, q \in R$ sind teilerfremd. Nach Hilfssatz 11.3.2 sind M_p und M_q zwei R-Untermoduln von M mit $M_p \cap M_q = 0$. Für jedes $m \in M$ ist $mr = (mp)q = (mq)p = 0$ nach (a). Also ist $mp \in M_q$ und $(mq) \in M_p$. Wegen ggT $(p, q) = 1$ existieren nach Satz 11.1.17 Elemente $a, b \in R$ mit $1 = pa + qb$. Also ist

$$m = m1 = (mp)a + (mq)b \in M_q + M_p.$$

Daher ist $M = M_p \oplus M_q$, wobei $M_p = M_{p_1}$ und nach Induktionsannahme $M_q = \bigoplus_{i=2}^{t} M_{p_i}$ ist. Also gilt (b).

Die p_i-Primärkomponenten M_{p_i} sind durch die eindeutige Faktorzerlegung $r = \prod_{i=1}^{t} p_i^{k_i}$ von r eindeutig bestimmte Teilmengen von M, und zwar gilt $M_{p_i} = \{m \in M \mid mp_i^{k_i} = 0\}$ für $i = 1, \dots, t$. Also ist die direkte Zerlegung $M = \bigoplus_{i=1}^{t} M_{p_i}$ eindeutig. ♦

11.3.6 Definition. Sei R ein Hauptidealring und M ein endlich erzeugter Torsionsmodul über R. Das nach Satz 11.3.5 durch $\mathrm{Ann}(M) = rR$ bis auf Assoziiertheit eindeutig bestimmte Element r heißt die *Ordnung* von M.
Bezeichnung: $o(M) = r$.

11.3.7 Definition. Die *Ordnung* r eines Elementes $0 \neq m \in M$ ist ein Erzeuger des Hauptideals $\mathrm{Ann}(m) = \{q \in R \mid mq = 0 \text{ in } M\} = rR$.
Bezeichnung: $o(m) = r$.

Nach Hilfssatz 11.1.21 ist r bis auf assoziierte Elemente durch m eindeutig bestimmt.

11.3.8 Folgerung. (a) *Ist M ein endlich erzeugter Torsionsmodul über dem Hauptidealring R, dann sind die Primärkomponenten M_{p_i} von M eindeutig durch die Ordnung $r = o(M) \in R$ bestimmt.*

(b) *Ist $r = p_1^{k_1} p_2^{k_2} \dots p_t^{k_t}$ eine Primfaktorzerlegung der Ordnung $r = o(M)$ von M in Potenzen paarweise nicht assoziierter Primelemente p_i von R, so hat die p_i-Primärkomponente M_{p_i} von M für jedes $i = 1, 2, \dots, t$ die Ordnung $o(M_{p_i}) = p_i^{k_i}$.*

Beweis: (a) folgt unmittelbar aus Definition 11.3.6 und den Sätzen 11.3.5 und 11.1.27.

(b) folgt unmittelbar aus Definition 11.3.1, Hilfssatz 11.3.4 (c) und Satz 11.3.5. ♦

11.4 Struktursatz für endlich erzeugte Moduln

In diesem Abschnitt wird der Beweis des Struktursatzes für endlich erzeugte Moduln M über Hauptidealringen beendet, indem gezeigt wird, daß jede Primärkomponente M_p von M eine bis auf Isomorphie eindeutig bestimmte direkte Summe von zyklischen Moduln ist.

11.4.1 Definition. Sei p ein Primelement des Hauptidealringes R. Ein R-Modul M heißt *p-Modul*, wenn $M = M_p$ ist.

11.4.2 Hilfssatz. *Sei p ein Primelement des Hauptidealringes R. Sei M ein endlich erzeugter p-Modul der Ordnung $o(M) = p^e$. Dann gibt es ein $0 \neq m \in M$ der Ordnung $o(m) = p^e$ und einen R-Untermodul U von M derart, daß gilt:*

(a) $M = mR \oplus U$ *und* $mR \cong R/p^e R$.

(b) U *wird von weniger Elementen als* M *erzeugt.*

Beweis: (a) Sei $\mathfrak{S} = \{m_i \in M \mid 1 \leq i \leq n\}$ ein Erzeugendensystem von kleinster Elementzahl n von M. Wegen $o(M) = p^e$ gilt $o(m_i) \leq p^e$ für $i = 1, 2, \ldots, n$. Da jedes $m \in M$ die Darstellung $m = \sum_{i=1}^{n} m_i r_i$ für geeignete $r_i \in R$ hat, muß mindestens ein m_i die Ordnung $o(m_i) = p^e$ haben. Nach Umnumerierung kann $i = 1$ gewählt werden. Im folgenden ist $m = m_1$ dieses Element.

Nach dem Lemma 1.1.9 von Zorn gibt es unter den R-Untermoduln S von M mit $mR \cap S = 0$ einen maximalen, der mit U bezeichnet sei. Wäre $M' = mR \oplus U$ ein echter Untermodul von M, dann gäbe es ein $z \in M$ mit $z \notin M'$. Wegen $zp^e = 0 \in M'$ existiert ein minimales k derart, daß $zp^{k+1} \in M'$, aber $zp^k \notin M'$. Sei $y = zp^k$. Dann ist $y \in M$, $y \notin M'$ und $yp \in M'$. Deshalb ist

$$yp = mr_1 + s \quad \text{für ein } r_1 \in R \text{ und } s \in U.$$

Wegen $p^e = o(M)$ folgt nun $0 = (yp)p^{e-1} = (mr_1)p^{e-1} + sp^{e-1}$ und so $(mr_1)p^{e-1} = -sp^{e-1} \in mR \cap U = 0$. Also ist $r_1 p^{e-1} \in \operatorname{Ann}(m) = p^e R$, woraus $r_1 = r_1' p$ für ein $r_1' \in R$ folgt.

Sei $v = y - mr_1'$. Dann ist

$$(*) \qquad vp = (y - mr_1')p = yp - mr_1' p = mr_1 + s - mr_1 = s.$$

Wegen $y \notin M'$ ist $v = y - mr_1' \notin M' = mR \oplus U$. Daher ist auch $v \notin U$, woraus $mR \cap (U + vR) \neq 0$ folgt. Somit gibt es Elemente $s_1 \in U$ und $t, c \in R$ mit

$$(**) \qquad 0 \neq mt = s_1 + vc \in mR \cap (U + vR).$$

Also gilt

$$vc = mt - s_1 \in mR \oplus U = M'.$$

Wäre p kein Teiler von c, dann wäre $1 = ca + pb$ für geeignete $a, b \in R$. Hieraus folgt

$$v = v \cdot 1 = (vc)a + (vp)b = (vc)a + sb \in M' + U = M'$$

im Widerspruch zu $v \notin M'$. Deshalb existiert ein $c' \in R$ mit $c = c'p$. Wegen $(**)$ und $(*)$ ergibt sich daher:

$$0 \neq mt = vc + s_1 = (vp)c' + s_1 = sc' + s_1 \in U \cap mR = 0.$$

Aus diesem Widerspruch folgt, daß $M = mR \oplus U$.

Der Epimorphismus $r \mapsto mr$ von R auf mR hat den Kern $\operatorname{Ann}(m) = p^e R$. Nach dem ersten Isomorphiesatz 9.2.16 folgt $mR \cong R/p^e R$.

(b) Da $m = m_1$ zum Erzeugendensystem von kleinster Elementzahl $\mathfrak{S}$ gehört, wird M/mR von den $n-1$ Restklassen $[u_i] = m_i + mR$, $2 \leq i \leq n$ erzeugt. Wegen $U \cong M/mR$ hat U daher ein kleineres Erzeugendensystem als M. ♦

11.4.3 Satz. *Sei M ein endlich erzeugter p-Modul über einem Hauptidealring R. Dann gelten:*

(a) *M ist eine direkte Summe $M = M_1 \oplus M_2 \oplus \cdots \oplus M_k$ von endlich vielen, zyklischen p-Moduln M_i.*

(b) *Jeder der zyklischen Moduln M_i ist isomorph zu $R/(p^{e_i})R$, wobei die natürliche Zahl $e_i > 0$ eindeutig durch die Ordnung $o(M_i)$ von M_i und damit durch M bestimmt ist.*

Beweis: (a) Durch vollständige Induktion nach der Anzahl k eines Erzeugendensystems $\mathfrak{S} = \{m_i \mid 1 \leq i \leq k\}$ von M von kleinster Elementzahl. Ist $k = 1$, so ist (a) trivial. Sei also $k > 1$. Dann gibt es nach Hilfssatz 11.4.2 ein Element $0 \neq m \in M$ mit $o(m) = p^{e_1}$ und einen Untermodul U von M mit $M = mR \oplus U$ und $mR \cong R/p^{e_1}R$. Weiter wird U nach (b) von Hilfssatz 11.4.2 von $k-1$ Elementen erzeugt. Sei $p^{e_2} = o(U) = o(M/mR)$. Da U ein Untermodul von M ist, gilt $e_1 \geq e_2$. Die Aussagen (a) und (b) folgen nun alle durch vollständige Induktion. Die Exponenten e_i sind durch M eindeutig bestimmt, weil $p^{e_1} = o(M)$, $p^{e_2} = o(U) = o(M/mR)$ und damit auch die Exponenten p^{e_i} mit $2 \leq i \leq k$ durch vollständige Induktion eindeutig durch M bestimmt sind. ♦

11.4.4 Definition. Wenn man die direkten Summanden M_i des p-Moduls $M = \oplus_{i=1}^{k} M_i$ so ordnet, daß

$$e_1 \geq e_2 \geq \cdots \geq e_k > 0$$

gilt, dann sind diese Exponenten e_i durch M eindeutig bestimmt und heißen die *Elementarteilerexponenten* des p-Moduls.

11.4.5 Satz. *Sei p ein Primelement des Hauptidealringes R. Sei M ein endlich erzeugter p-Modul. Dann gelten:*

(a) *$F = R/pR$ ist ein Körper.*

(b) *$M(p) = \{m \in M \mid mp = 0\}$ ist ein endlich-dimensionaler F-Vektorraum mit $\dim_F M(p) = k$, wobei k die Anzahl der Elemente eines Erzeugendensystems $\mathfrak{S}$ kleinster Elementzahl von M ist.*

Beweis: (a) $F = R/pR$ ist ein Körper nach Satz 9.1.8, weil $Y = pR$ nach Satz 11.1.22 und Hilfssatz 11.1.21 ein maximales Ideal von R ist.

(b) Sei $o(M) = p^e$. Sicherlich ist $M(p)$ ein R-Untermodul von M. Wegen $mp = 0$ für alle $m \in M(p)$ wird $M(p)$ ein F-Vektorraum vermöge der Operation

$$m[r] = m \cdot r \quad \text{für alle } [r] = r + pR \in F.$$

Diese Multiplikation von F auf M ist wohldefiniert, weil aus $[r] = [r'] \in F = R/Y$ stets $r - r' \in Y = pR$ und so $0 = m(r - r') = mr - mr'$, d. h. $mr = mr'$, folgt.

Ist M ein zyklischer R-Modul, so ist $M \cong R/p^e R$ und $M(p) \cong p^{e-1}R/p^e R \cong R/pR = R/Y = F$. Also ist $\dim_F M(p) = 1$.

M besitze nun ein Erzeugendensystem $\mathfrak{S}$ von kleinster Elementzahl k. Wegen $o(M) = p^e$ hat M nach Hilfssatz 11.4.2 ein Element m mit $o(m) = p^e$ und einen R-Untermodul U derart, daß $M = mR \oplus U$, $mR = R/p^e R$ und $U \cong M/mR$ von $k - 1$ Elementen erzeugt wird. Sicherlich ist

$$M(p) = (mR)(p) \oplus U(p).$$

Nach Induktion ist dann

$$\dim_F M(p) = \dim_F (mR)(p) + \dim_F U(p) = 1 + (k - 1) = k. \qquad \blacklozenge$$

11.4.6 Satz. *Zwei p-Moduln M und N sind genau dann isomorph, wenn sie dieselben Elementarteilerexponenten $e_1 \geq e_2 \geq \cdots \geq e_k > 0$ haben.*

Beweis: Besitzen die p-Moduln M und N dieselben Elementarteilerexponenten, dann folgt aus Satz 11.4.3, daß

$$M \cong \bigoplus_{i=1}^{k} R/p^{e_i} R \cong N.$$

Seien umgekehrt die beiden p-Moduln M und N isomorph. Dann ist $F = R/pR$ ein Körper, und die F-Vektorräume $M(p)$ und $N(p)$ sind isomorph. Nach Hilfssatz 11.4.5 folgt $\dim_F M(p) = k = \dim_F N(p)$, wobei k die Anzahl der Elementarteiler von M und somit auch von N ist. Wegen $M \cong N$ ist $o(M) = p^e = o(N)$. Also stimmen die ersten Elementarteilerexponenten von M und N überein. Nach Hilfssatz 11.4.2 gibt es daher Elemente $m \in M$ und $n \in N$ mit $o(m) = p^e = o(n)$ und R-Untermoduln U von M und V von N derart, daß

$$M = mR \oplus U \quad \text{und} \quad N = nR \oplus V, \quad \text{wobei } mR \cong R/p^e R \cong nR.$$

Wegen $M \cong N$ und $M/mR \cong N/nR$ folgt $U \cong V$. Da U und V nach Hilfssatz 11.4.2 von $k-1$ Elementen erzeugt werden können, folgt jetzt nach vollständiger Induktion, daß U und V dieselben Elementarteilerexponenten haben. $\blacklozenge$

Faßt man nun die Sätze 11.2.8, 11.3.5, 11.4.3 und 11.4.6 zusammen, dann erhält man den *Struktursatz für endlich erzeugte Moduln über Hauptidealringen.*

11.4.7 Satz. *Sei M ein endlich erzeugter R-Modul vom Range* $\mathrm{rg}(M) = m$ *über dem Hauptidealring R. Dann gelten folgende Aussagen:*

(a) *$M = T(M) \oplus U$, wobei $T(M)$ der Torsionsmodul von M und U ein freier R-Untermodul von M mit $U \cong R^m$ ist.*

(b) *Ist $r = p_1^{k_1} p_2^{k_2} \dots p_t^{k_t}$ eine Primfaktorzerlegung der Ordnung $o(T(M))$ des Torsionsmoduls mit paarweise nicht assoziierten Primelementen $p_i \in R$, dann besitzt der Torsionsmodul eine direkte Zerlegung*

$$T(M) = \bigoplus_{i=1}^{t} T(M)_{p_i}$$

in seine p_i-Primärkomponenten $T(M)_{p_i}$ mit Ordnung $o(T(M)_{p_i}) = p_i^{k_i}$.

(c) *Jede p_i-Primärkomponente ist eine direkte Summe $T(M)_{p_i} = \bigoplus_{j_i=1}^{r_i} M_{ij_i}$ von endlich vielen zyklischen Untermoduln $M_{ij_i} \cong R/p_i^{e_{ij_i}} R$, wobei die Elementarteilerexponenten e_{ij_i} zum Primelement p_i so geordnet werden können, daß $k_i = e_{i1} \geq e_{i2} \geq \dots \geq e_{ir_j} > 0$ gilt.*

(d) *Der R-Modul M ist bis auf R-Modulisomorphie eindeutig durch seine folgenden Invarianten bestimmt: $\operatorname{rg}(M) = m$, $o(T(M)) = r = p_1^{k_1} p_2^{k_2} \dots p_t^{k_t}$ und alle Elementarteilerexponenten e_{ij_i}, $1 \leq j_i \leq r_i$, eines jeden Primteilers p_i von r, $1 \leq i \leq t$.*

11.4.8 Bemerkung. Da jedes Hauptideal $Y \neq 0$ des Ringes $\mathbb{Z}$ der ganzen Zahlen nach dem Beweis von Satz 11.1.9 von der kleinsten positiven Zahl $y \in Y$ erzeugt wird, ist y eine der beiden Ordnungen der zyklischen Gruppe $\mathbb{Z}/y\mathbb{Z}$ im Sinne der Definition 11.3.6, denn $+y$ und $-y$ sind die einzigen zu y assoziierten ganzen Zahlen. Da y die Anzahl der Elemente der zyklischen Gruppe $\mathbb{Z}/y\mathbb{Z}$ ist, ist y auch die Ordnung $|\mathbb{Z}/y\mathbb{Z}|$ der zyklischen Gruppe $\mathbb{Z}/y\mathbb{Z}$ im Sinne der Definition 1.3.1.

11.4.9 Folgerung (Basissatz für abelsche Gruppen). *Sei A eine endlich erzeugte abelsche Gruppe vom Range $\operatorname{rg}(A) = m$. Sei $o((T(A)) = \prod_{i=1}^{t} p_i^{k_i}$ die Faktorzerlegung der Ordnung $o(T(A)) = r \in \mathbb{Z}_{k_i}$ der Torsionsgruppe $T(A)$ von A in Primzahlpotenzen $p_i^{k_i}$ verschiedener positiver Primzahlen p_i, $1 \leq i \leq t$. Bei festem Index i seien die Elementarteilerexponenten e_{ij} von A zur Primzahl p_i so geordnet, daß $k_i = e_{i1} \geq e_{i2} \geq \dots \geq e_{ir_i} > 0$. Dann gelten die folgenden Aussagen:*

(a) *$A = T(A) \oplus P$, wobei P eine freie abelsche Untergruppe von A mit $P \cong \mathbb{Z}^m$ ist.*

(b) *Die Torsionsgruppe $T(A)$ ist eine direkte Summe von endlich vielen zyklischen Gruppen $\mathbb{Z}_{ij}$ von p_i-Potenzordnung $|\mathbb{Z}_{ij}| = p_i^{e_{ij}}$, $1 \leq j \leq r_i$.*

(c) *$T(A)$ ist endlich und hat $|T(A)| = \prod_{i=1}^{t} p_i^{h_i}$ Elemente, wobei $h_i = \sum_{j=1}^{r_i} e_{ij}$ für $i = 1, 2, \dots, t$ ist.*

Insbesondere ist jede endlich erzeugte abelsche Gruppe A isomorph zu einer direkten Summe von endlich vielen zyklischen Gruppen.

Zwei endlich erzeugte abelsche Gruppen A und B sind genau dann isomorph, wenn gleichzeitig die folgenden drei Bedingungen gelten:

(i) *A und B haben den gleichen Rang, d. h.* $\text{rg}(A) = \text{rg}(B)$.

(ii) *Die Torsionsuntergruppen von A und B haben dieselbe Anzahl* $|T(A)| = |T(B)|$ *von Elementen.*

(iii) *Für jeden Primteiler* p_i *von* $|T(A)|$ *haben* $T(A)$ *und* $T(B)$ *dieselben Elementarteilerexponenten* e_{ij}, $1, \leq j \leq r_i$.

Beweis: Folgt sofort aus Satz 11.4.7, weil $\mathbb{Z}$ ein Hauptidealring ist. ♦

Nach dem Basissatz für endlich erzeugte abelsche Gruppen ist die Struktur einer endlichen abelschen Gruppe A durch ihre Ordnung $|A| = \prod_{i=1}^{t} p_i^{h_i}$ und die Elementarteilerexponenten e_{ij} zu den paarweise verschiedenen Primzahlen p_i, $1 \leq i \leq t$, bekannt. Insbesondere genügt es für jede Primzahl p, die paarweise nicht isomorphen abelschen Gruppen A von p-Potenzordnung $|A| = p^k$ zu klassifizieren. Hierzu wird noch der folgende Begriff benötigt.

11.4.10 Definition. Sei $k > 0$ eine positive ganze Zahl. Eine *Partition* von k ist eine monoton nicht steigende Folge

$$k_1 \geq k_2 \geq \cdots \geq k_r > 0$$

von positiven ganzen Zahlen k_i mit Summe $\sum_{i=1}^{r} k_i = k$.

11.4.11 Folgerung. *Sei p eine Primzahl und A eine endliche abelsche Gruppe der Ordnung* $|A| = p^k$. *Dann gibt es genau eine Partition* $k_1 \geq k_2 \geq \cdots \geq k_r$ *von k derart, daß*

$$A \cong \bigoplus_{i=1}^{r} \mathbb{Z}/p^{k_i}\mathbb{Z}.$$

Beweis: Seien $e = e_1 \geq e_2 \geq \cdots \geq e_r$ die nach dem Basissatz 11.4.9 eindeutig bestimmten Elementarteilerexponenten der p-Gruppe A. Dann ist $A \cong \bigoplus_{i=1}^{r} \mathbb{Z}/p^{e_i}\mathbb{Z}$. Hieraus folgt $p^k = |A| = \prod_{i=1}^{r} p^{e_i} = p^{e_1+\cdots+e_r}$. Also ist $k = e_1 + \cdots + e_r$, und $e_1 \geq e_2 \geq \cdots \geq e_r > 0$ ist die gesuchte Partition von k. Sie ist nach Satz 11.4.6 durch die Gruppe A eindeutig bestimmt. ♦

11.5 Elementarteiler von Matrizen

In diesem Abschnitt werden einige weitere Anwendungen des Struktursatzes 11.4.7 für endlich erzeugte Moduln M über einem Hauptidealring R gegeben. Hierzu zählt der Elementarteilersatz für $m \times n$-Matrizen $\mathcal{A} = (a_{ij})$ mit Koeffizienten a_{ij} aus R.

11.5.1 Hilfssatz. *Sei R ein Hauptidealring und $M = \bigoplus_{i=1}^t m_i R$ eine direkte Summe von endlich vielen zyklischen Torsionsmoduln $m_i R \cong R/\operatorname{Ann}(m_i)$, wobei $\operatorname{Ann}(m_i) = a_i R$ für $i = 1, 2, \dots, t$ gelte. Dann ist M genau dann ein zyklischer Torsionsmodul, wenn die Ordnungen a_i der Erzeuger m_i paarweise teilerfremd sind.*

Beweis: Vollständige Induktion nach t. Für $t = 1$ ist nichts zu beweisen. Sind a_1 und a_2 teilerfremd, so ist $R = a_1 R + a_2 R$ und $a_1 a_2 R = a_1 R \cap a_2 R$ nach Satz 11.1.17. Hieraus folgt:

$$\begin{aligned} R/a_1a_2R &= (a_1R + a_2R)/a_1a_2R = (a_1R + a_2R)/(a_1R \cap a_2R) \\ &= a_1R/(a_1R \cap a_2R) \oplus a_2R/(a_1R \cap a_2R) \\ &= a_1R/a_1a_2R \oplus a_2R/a_1a_2R. \end{aligned}$$

Da R nullteilerfrei ist, gelten die R-Modulisomorphismen $a_1R/a_1a_2R \cong R/a_2R$ und $a_2R/a_1a_2R \cong R/a_1R$. Also gilt:

$$(*) \qquad R/a_1a_2R \cong R/a_2R \oplus R/a_1R.$$

Sind nun $a_1, a_2, \dots, a_n$ paarweise teilerfremd, dann sind auch $b_1 = a_1$ und $b_2 = \prod_{i=2}^t a_i$ teilerfremd. Wegen $(*)$ ist daher $R/a_1a_2\dots a_tR \cong R/b_1R \oplus R/b_2R \cong R/a_1R \oplus R/b_2R$. Nach Induktionsannahme ist $R/b_2R \cong \bigoplus_{i=2}^t R/a_iR$, woraus $R/a_1a_2\dots a_tR \cong \bigoplus_{i=1}^t R/a_iR \cong \bigoplus_{i=1}^t m_iR$ folgt.

Es genügt, die Umkehrung für die direkte Summe von zwei zyklischen R-Moduln zu beweisen. Seien $A = R/aR$ und $B = R/bR$ zwei zyklische R-Moduln, wobei $a = da_1 \neq 0$ und $b = db_1 \neq 0$ für eine von Null verschiedene Nichteinheit d von R ist. Wegen $aR \le dR$ und $bR \le dR$ gilt nach dem dritten Isomorphiesatz 9.2.18

$$R/dR \cong (R/aR)/(dR/aR) \cong (R/bR)/(dR/bR).$$

Wäre nun $M = A \oplus B \cong R/cR$ ein zyklischer R-Modul, dann wäre auch sein epimorphes Bild

$$\bar{M} = R/dR \oplus R/dR \cong (R/aR)/(dR/aR) \oplus (R/bR)/(dR/bR)$$

ein zyklischer R-Modul. Sei nun p ein Primteiler der Ordnung des zyklischen R-Moduls $\bar{M}$ und $F = R/pR$ der Restklassenkörper von R nach dem maximalen Ideal pR. Dann gelten nach Satz 11.4.5 für die p-Primärkomponente die Gleichungen

$$\begin{aligned} \bar{M}_p &= (R/dR)_p \oplus (R/dR)_p, \\ 1 &= \dim_F \bar{M}_p(p) = 2\dim_F (R/dR)_p(p) = 2. \end{aligned}$$

Dieser Widerspruch beendet den Beweis. ♦

11.5.2 Satz. *Sei M ein endlich erzeugter Torsionsmodul über dem Hauptidealring R. Sei $r = p_1^{k_1} p_2^{k_2} \dots p_t^{k_t}$ eine Primfaktorzerlegung der Ordnung $o(M) = r$ von M in Potenzen paarweise nicht assoziierter Primelemente $p_i \in R$. Seien $k_i = e_{i1} \geq e_{i2} \geq \dots \geq e_{ir_i} > 0$ die Elementarteilerexponenten von M zum Primelement p_i. Weiter seien die Primelemente p_i so indiziert, daß $r_1 \leq r_2 \leq \dots \leq r_t$ gelte. Dann bilden die $s = r_t$ Ringelemente*

$$a_j = \prod_{i=1}^{t} p_i^{e_{ij}} \quad \textit{mit } 1 \leq j \leq r_t \quad \textit{und} \quad e_{ij} = 0 \quad \textit{für } j > r_i$$

bis auf Assoziiertheit die einzige Folge $a_1, a_2, \dots, a_s$ von Nichteinheiten $a_j \neq 0$ in R derart, daß die beiden folgenden Aussagen gelten:

(a) $M \cong \bigoplus_{j=1}^{s} R/a_j R$.

(b) a_{j+1} *teilt* a_j *für* $j = 1, 2, \dots, s-1$.

Die s Ringelemente $a_1, a_2, \dots, a_s$ heißen Elementarteiler des Torsionsmoduls M.

Beweis: Die s Elemente $a_j = \prod_{i=1}^{t} p_i^{e_{ij}}$ sind von Null verschiedene Nichteinheiten in R, für die $a_{j+1} \mid a_j$ für alle $j = 1, 2, \dots, s-1$ gilt. Nach Konstruktion sind $p_i^{e_{ij}}$ und $p_k^{e_{kj}}$ für $i \neq k$ nicht assoziiert und teilerfremd. Wegen Hilfssatz 11.5.1 folgt daher, daß

$$R/a_j R \cong \bigoplus_{i=1}^{t} R/p_i^{e_{ij}} R.$$

Nach Satz 11.4.3 ist somit

$$M \cong \bigoplus_{i=1}^{t} \left(\bigoplus_{j_i=1}^{r_i} R/p_i^{e_{ij_i}} R \right) \cong \bigoplus_{j=1}^{s} R/a_j R.$$

Also gelten die Behauptungen (a) und (b).

Die Eindeutigkeitsaussage wird durch vollständige Induktion nach s bewiesen. Sei $b_1, b_2, \dots, b_v$ eine weitere Folge von Nichteinheiten aus R derart, daß $b_{k+1} \mid b_k$ für $k = 1, 2, \dots, v-1$ und $M \cong \bigoplus_{k=1}^{v} R/b_k R$ gilt. Dann sind a_1 und b_1 jeweils eine Ordnung von M, d. h. $a_1 R = \operatorname{Ann}(M) = b_1 R$. Also ist b_1 zu a_1 nach Hilfssatz 11.1.21 assoziiert und $R/a_1 R = R/b_1 R$. Nach dem dritten Isomorphiesatz 9.2.18 folgt

$$\bigoplus_{k=2}^{v} R/b_k R \cong \left[\bigoplus_{k=1}^{v} R/b_k R \right] / (R/b_1 R) \cong \left[\bigoplus_{j=1}^{s} R/a_j R \right] / (R/a_1 R) \cong \bigoplus_{j=2}^{s} R/a_j R.$$

Da isomorphe R-Moduln assoziierte Ordnungen haben, folgt $a_2R = b_2R$, und es gilt $v - 1 = s - 1$ nach Induktionsannahme. Also ist $v = s$, und b_j ist zu a_j für $j = 1, 2, \ldots, s$ assoziiert. ♦

11.5.3 Satz. *Sei M ein endlich erzeugter, freier R-Modul vom Range n über dem Hauptidealring R. Dann gibt es für jeden Untermodul $U \neq 0$ von M mit $\operatorname{rg}(U) = r$ eine Basis $B = \{q_i \in M \mid 1 \le i \le n\}$ von M und bis auf Assoziiertheit eindeutig bestimmte Nichteinheiten $a_j \neq 0$, $0 \le j \le s \le r$, in R derart, daß folgende Aussagen gelten:*

(a) $U = \bigoplus_{j=1}^{s}(q_j a_j)R \oplus \bigoplus_{j=s+1}^{r} q_j R$.

(b) a_{j+1} *teilt* a_j *für* $j = 1, 2, \ldots, s-1$.

(c) *Für den Torsionsuntermodul von M/U gilt* $T(M/U) \cong \bigoplus_{j=1}^{s} R/a_j R$.

Beweis: Sei $B = \{m_i \in M \mid 1 \le i \le n\}$ eine fest gewählte Basis des freien R-Moduls M. Sei $B^* = \{\pi_i \in \operatorname{Hom}_R(M, R) \mid \pi_i(m_j) = \delta_{ij} \in R\}$ die duale Basis von B in $\operatorname{Hom}_R(M, R)$. Dann hat jedes $\gamma \in \operatorname{Hom}_R(M, R)$ die eindeutige Darstellung $\gamma = \sum_{i=1}^{n} \pi_i s_i$ mit $s_i \in R$.

Da U ein R-Untermodul von M ist, ist $\sigma(U)$ für jedes $\sigma \in \operatorname{Hom}_R(M, R)$ ein Ideal des Ringes R. Nach Hilfssatz 11.1.26 und dem Lemma 1.1.9 von Zorn existiert dann ein $\tau \in \operatorname{Hom}_R(M, R)$ derart, daß $\tau(U) = aR$ maximal ist unter den Idealen $\sigma(U)$. Also existiert ein $o \neq u \in U$ mit $\tau(u) = a$. Weiter gibt es eindeutig bestimmte Elemente $r_i \in R$, die nicht alle gleich Null sind, derart, daß

$$u = m_1 r_1 + m_2 r_2 + \cdots + m_n r_n.$$

Sei $\tau = \sum_{i=1}^{n} \pi_i s_i$ mit $s_i \in R$ die eindeutige Darstellung von τ bezüglich der dualen Basis B^*. Dann gilt

$$a = \tau(u) = \sum_{i=1}^{n} \pi_i \left(\sum_{j=1}^{n} m_j r_j \right) s_i = \sum_{i=1}^{n} r_i s_i \in \sum_{i=1}^{n} r_i R = I,$$

weil $\pi_i(u) = r_i \in R$ für $i = 1, 2, \ldots, n$. Da R ein Hauptidealring ist, ist $\sum_{i=1}^{n} r_i R = bR$ für ein $b \in I$.

Sei $b = \sum_{i=1}^{n} r_i t_i$ mit geeigneten $t_i \in R$. Dann ist $\tau' = \sum_{i=1}^{n} \pi_i t_i \in \operatorname{Hom}_R(M, R)$, und es gilt

$$\tau'(u) = \sum_{i=1}^{n} \pi_i \left(\sum_{j=1}^{n} m_j r_j \right) t_i = \sum_{i=1}^{n} r_i t_i = b.$$

Hieraus folgt wegen $a \in I = bR$, daß

$$\tau(U) = aR \le bR = \tau'(u)R = \tau'(uR) \subseteq \tau'(U).$$

Also gilt $\tau(U) = aR = bR = \tau'(U)$, weil $\tau(U)$ maximal unter allen Idealen $\sigma(U)$ mit $\sigma \in \mathrm{Hom}_R(M, R)$ ist.

Insbesondere ist $I = \sum_{i=1}^n r_i R = aR$. Daher existiert zu jedem r_i ein $v_i \in R$ mit $r_i = av_i$. Hieraus folgt

$$u = qa \quad \text{für } q = \sum_{i=1}^n m_i v_i \in M$$

und

$$a = \tau(u) = \tau(qa) = \tau(q) \cdot a \in R.$$

Also ist $\tau(q) = 1$, weil R nullteilerfrei ist.

Daher ist $qR \cap \mathrm{Ker}(\tau) = 0$. Für jedes $x \in M$ ist $x - q\tau(x) \in \mathrm{Ker}(\tau)$, weil $\tau(x) \in R$ und so

$$\tau(x - q(x)) = \tau(x) - \tau[q(x)] = \tau(x) - \tau(q)\tau(x) = 0.$$

Also ist $M = qR \oplus \mathrm{Ker}(\tau)$.

Da M ein freier R-Modul ist, ist auch $M_1 = \mathrm{Ker}(\tau)$ nach Satz 11.2.7 ein freier R-Modul. Sei $U_1 = U \cap \mathrm{Ker}(\tau)$. Dann ist

$$(*) \qquad U = (qa)R \oplus U_1 \quad \text{und} \quad M = qR \oplus M_1.$$

Insbesondere ist $\mathrm{rg}(U_1) = \mathrm{rg}(U) - 1$ nach Definition 11.2.9 und Satz 9.4.6.

Ist $\mathrm{rg}(U) = r = 1$ so folgt $U = (qa)R$ und $M = qR \oplus M_1$. Falls a eine Einheit in R ist, ist $U = qR$, d. h. $s = 0$, und es gibt keine Nichteinheiten $a_j \neq 0$. Insbesondere ist $T(M/U) = 0$. Ist a keine Einheit in R, so ist $a = a_1$, $U = (qa_1)R$ und $M = qR \oplus M_1$, d. h. $s = 1$, und $T(M/U) \cong R/a_1R$.

Es wird nun angenommen, daß die Behauptung für $r - 1$ bewiesen ist. Sei weiter a keine Einheit in R. Wegen $\mathrm{rg}(U_1) = r - 1$ und $U_1 \leq M_1$ folgt dann nach Induktionsannahme, daß M_1 eine Basis $B_1 = \{q_i \in M \mid 2 \leq i \leq n\}$ besitzt, zu der es bis auf Assoziiertheit eindeutig bestimmte Nichteinheiten $a_j \neq 0$, $0 \leq j \leq s \leq r$ in R gibt derart, daß gilt:

(a) $U_1 = \bigoplus_{j=2}^s (q_j a_j)R \oplus \bigoplus_{j=s+1}^r q_j R$,

(b) a_{j+1} teilt a_j für $j = 2, 3, \ldots, s - 1$,

(c) $T(M_1/U_1) \cong \bigoplus_{j=2}^s R/a_j R$.

Nach $(*)$ gilt $U = (qa)R \oplus U_1$. Hieraus folgt $aR = \tau(U) \geq \tau(U_1) = a_2R$. Da a keine Einheit ist, ist a_2 ein Teiler von $a = a_1$, und

$$U = \bigoplus_{j=1}^s (q_j a_j)R \oplus \bigoplus_{j=s+1}^r q_j R,$$

$$T(M/U) \cong \bigoplus_{j=1}^{s} R/a_j R.$$

Also gelten alle Behauptungen in diesem Fall. Ist a eine Einheit, so gilt nach Induktionsannahme, daß

$$U_1 = \bigoplus_{j=1}^{s} (q_j a_j) R \oplus \bigoplus_{j=s+1}^{r-1} q_j R.$$

Setze $q_r = q$. Dann folgt aus $(*)$, daß

$$U = U_1 \oplus qR = \bigoplus_{j=1}^{s} (q_j a_j) R \oplus \bigoplus_{j=s+1}^{r} q_j R.$$

♦

11.5.4 Definition. Sei Z der Untermodul des freien R-Moduls R^n über dem Hauptidealring R, der von den Zeilen $z_i = (a_{i1}, a_{i2}, \ldots, a_{in})$ einer $m \times n$-Matrix $\mathcal{A} = (a_{ij})$ erzeugt wird. Dann ist Z nach Satz 11.2.7 ein freier R-Modul. Der Rang von Z heißt der *Zeilenrang* $z(\mathcal{A})$ von $\mathcal{A}$. Analog definiert man den *Spaltenrang* $s(\mathcal{A})$.

Mit Hilfe der Sätze 10.3.1 und 3.4.4 zeigt man, daß $z(\mathcal{A}) = s(\mathcal{A}) = r$ der Rang von $\mathcal{A}$ über dem Quotientenkörper Q von R ist. Deshalb heißt $r = \mathrm{rg}(Z)$ der *Rang* $r(\mathcal{A})$ der Matrix $\mathcal{A}$.

11.5.5 Definition. Die $m \times n$-Matrix $\mathcal{A} = (a_{ij})$ mit Koeffizienten a_{ij} aus dem kommutativen Ring R ist in *Diagonalform*, falls $a_{ij} = 0$ für alle Paare (i, j) mit $i \neq j$ oder $i = j > r$ und $a_{ii} = a_i \neq 0$ für $i = 1, 2, \ldots, r$ gilt.
Bezeichnung: $\mathcal{A} = \mathrm{diag}(a_1, \ldots, a_r, 0, \ldots, 0)$.

11.5.6 Definition. Sei R ein Hauptidealring. Die $m \times n$-Matrix $\mathcal{D} = (d_{ij})$ mit $d_{ij} \in R$ ist in *Smith-Normalform*, falls

$$\mathcal{D} = \mathrm{diag}(d_1, d_2, \ldots, d_r, 0, \ldots, 0) \quad \text{und} \quad d_i \mid d_{i+1} \text{ für } 1 \leq i \leq r-1$$

gilt. Ist $\mathcal{A}$ zu $\mathcal{D}$ äquivalent, so heißen $d_1, d_2, \ldots, d_r$ *Elementarteiler* und $\mathcal{D}$ *Smith-Normalform* von $\mathcal{A}$.

11.5.7 Satz (Elementarteilersatz). *Sei $\mathcal{A} = (a_{ij})$ eine $m \times n$-Matrix mit Koeffizienten a_{ij} aus dem Hauptidealring R mit Rang $\mathrm{rg}(\mathcal{A}) = r$. Dann gibt es invertierbare $n \times n$- und $m \times m$-Matrizen $\mathcal{P}$ und $\mathcal{Q}$ mit Koeffizienten aus R und r bis auf Assoziiertheit eindeutig bestimmte Elemente $0 \neq d_i \in R$ derart, daß $\mathcal{Q}^{-1}\mathcal{A}\mathcal{P} = \mathcal{D} = \mathrm{diag}(d_1, \ldots, d_r, 0, \ldots, 0)$ die Smith-Normalform von $\mathcal{A}$ ist.*

Beweis: Seien $A = \{e_j \mid 1 \leq j \leq n\}$ und $B = \{f_i \mid i \leq i \leq m\}$ die kanonischen Basen der freien R-Moduln $M = R^n$ und $N = R^m$. Die zu $\mathcal{A} = (a_{ij})$ gehörige, R-lineare Abbildung $\alpha : M \to N$ ist nach Definition 9.5.4 definiert durch die Gleichungen

$$\alpha(e_j) = \sum_{i=1}^{m} f_i a_{ij} \quad \text{für } j = 1, 2, \dots, n.$$

Wegen $\operatorname{rg}(\mathcal{A}) = r$ ist $U = \alpha(M)$ ein Untermodul vom Range r im freien R-Modul $N = R^m$. Daher gibt es nach Satz 11.5.3 eine Basis $B' = \{q_i \mid 1 \leq i \leq m\}$ von N und $s \leq r$ (bis auf Assoziiertheit) eindeutig bestimmte Nichteinheiten $a_i \in R$, für die $a_{i+1} \mid a_i$ für $i = 1, 2, \dots, s-1$ gilt derart, daß $\{q_1 a_1, \dots, q_s a_s, q_{s+1}, \dots, q_r\}$ eine Basis von U ist. Sei $a_i = 1$ für $s+1 \leq i \leq r$. Durch die Umnumerierung $q_i' = q_{r-i}$ für $1 \leq i \leq r$ und $q_i' = q_i$ für $r+1 \leq i \leq m$ der Elemente q_i der Basis $B' = \{q_i \mid 1 \leq i \leq m\}$ von N, erhält man eine Basis $B'' = \{q_h' \mid 1 \leq h \leq m\}$ von $N = R^m$ derart, daß die folgenden Bedingungen gelten:

$$(*) \qquad a_h \mid a_{h+1} \quad \text{für } h = 1, 2, \dots, r-1$$

und

$$(**) \qquad U = \bigoplus_{h=1}^{r} (q_h' a_h) R.$$

Sei $\mathcal{Q}$ die $m \times m$-Matrix des Basiswechsels $B \to B''$. Da $\alpha(M)$ ein freier R-Untermodul von R^m ist, existiert nach Satz 9.4.8 ein freier R-Untermodul P von $M = R^n$ derart, daß $M = P \oplus \operatorname{Ker}(\alpha)$ ist. Daher besitzt P eine Basis $\{p_h \mid 1 \leq h \leq r\}$, für die $\alpha(p_h) = q_h' a_h$ für $1 \leq h \leq r$ gilt. Nach den Sätzen 11.2.7, 11.2.8 und Hilfssatz 11.2.5 hat $\operatorname{Ker}(\alpha)$ eine Basis $\{p_h \mid r+1 \leq h \leq n\}$ derart, daß $A' = \{p_j \mid 1 \leq j \leq n\}$ eine Basis des freien R-Moduls M ist. Sei $\mathcal{P}$ die $n \times n$-Matrix des Basiswechsels $A \to A'$ von M. Dann gilt nach Satz 9.5.7, daß $\mathcal{Q}^{-1}\mathcal{A}_\alpha(A, B)\mathcal{P} = \mathcal{Q}^{-1}\mathcal{A}\mathcal{P} = \mathcal{A}_\alpha(A', B'') = \mathcal{D} = \operatorname{diag}(a_1, a_2, \dots, a_r, 0, 0, \dots, 0)$ ist. ♦

11.5.8 Bemerkung. In der Literatur werden die in Definition 11.5.6 eingeführten „Elementarteiler" einer $m \times n$-Matrix $\mathcal{A} = (a_{ij})$ mit $a_{ij} \in R$ auch *invariante Faktoren* genannt.

Die Elementarteiler einer $m \times n$-Matrix $\mathcal{A} = (a_{ij})$ mit Koeffizienten aus einem Hauptidealring kann man mit Hilfe des Smith-Algorithmus durch geeignete Matrizenumformungen bestimmen. Zu seiner Formulierung werden die folgenden Hilfssätze und Begriffe benötigt.

11.5.9 Hilfssatz. *Seien a, b zwei Nichteinheiten des Hauptidealrings R derart, daß a kein Teiler von b ist. Sei $d = \operatorname{ggT}(a, b)$. Dann existieren Elemente $u, v, s, t \in R$ derart, daß*

(a) $au + bv = d$, $a = dt$ *und* $b = ds$,

(b) $\begin{pmatrix} t & s \\ v & -u \end{pmatrix} \begin{pmatrix} u & s \\ v & -t \end{pmatrix} = \begin{pmatrix} 1 & 0 \\ 0 & 1 \end{pmatrix}$,

(c) $(a, b) \begin{pmatrix} u & s \\ v & -t \end{pmatrix} = (d, 0)$.

Beweis: (a) Nach Satz 11.1.17 ist $dR = aR + bR$, woraus $d = au + bv$, $a = dt$ und $b = ds$ für geeignete $u, v, s, t \in R$ folgt.

(b) $d = au + bv = dtu + dsv$ impliziert $1 = tu + sv$. Hieraus folgt

$$\begin{pmatrix} t & s \\ v & -u \end{pmatrix} \begin{pmatrix} u & s \\ v & -t \end{pmatrix} = \begin{pmatrix} ut + sv & st - st \\ uv - uv & sv + ut \end{pmatrix} = \begin{pmatrix} 1 & 0 \\ 0 & 1 \end{pmatrix}.$$

(c) $(a, b) \begin{pmatrix} u & s \\ v & -t \end{pmatrix} = (au + bv, as - bt) = (d, 0)$. ♦

11.5.10 Definition. Sei R ein Hauptidealring. Die *Länge* $l(a)$ eines Elements $a \neq 0$ von R ist definiert durch

$$l(a) = \begin{cases} 0 & \text{falls } a \text{ eine Einheit ist,} \\ 1 & \text{falls } a \text{ ein Primelement,} \\ \sum_{i=1}^{k} e_i & \text{falls } a = \prod_{i=1}^{k} p_i^{e_i} \text{ eine Primfaktorzerlegung,} \\ & \text{von } a \text{ ist, wobei die Primelemente } p_i \\ & \text{paarweise nicht assoziiert sind.} \end{cases}$$

11.5.11 Algorithmus. Sei $\mathcal{A} = (a_{ij})$ eine $m \times n$-Matrix mit $\operatorname{rg}(\mathcal{A}) = r$ und mit Koeffizienten a_{ij} aus dem Hauptidealring R. Seien $z_1, z_2, \dots, z_m$ die Zeilen und $s_1, s_2, \dots, s_n$ die Spalten von $\mathcal{A}$. Durch folgenden Algorithmus werden zwei invertierbare $m \times m$- bzw. $n \times n$-Matrizen $\mathcal{Q}$ und $\mathcal{P}$ konstruiert derart, daß

$$\mathcal{Q}\mathcal{A}\mathcal{P} = \operatorname{diag}(a_1, a_2, \dots, a_r, 0, 0, \dots, 0)$$

in Diagonalform aber noch nicht notwendig die Smith-Normalform ist.

Wenn $\mathcal{A}$ die Nullmatrix ist, bricht der Algorithmus ab. Sonst wendet man die folgenden Schritte an.

1. Schritt: Sei $a_{ij} \neq 0$ ein Koeffizient von $\mathcal{A}$ mit minimaler Länge $l(a_{ij})$. Durch Vertauschung der 1. und der i-ten Zeile von $\mathcal{A}$ und anschließender Vertauschung der 1. und j-ten Spalte erhält man eine Matrix $\mathcal{A}' = (a'_{ij})$, bei der $a'_{11} = a_{ij}$ ist. Nach Bemerkung 9.5.3 und Satz 4.1.13 gehören zu diesen elementaren Umformungen invertierbare $m \times m$- bzw. $n \times n$-Elementarmatrizen $\mathcal{Q}_{1,i}$ und $\mathcal{P}_{1,j}$ derart, daß

$$\mathcal{A}' = \mathcal{Q}_{1,i}\mathcal{A}\mathcal{P}_{1,j}.$$

Nach Durchführung des 1. Schrittes kann also bei den weiteren Schritten angenommen werden, daß die Koeffizienten der Matrix $\mathcal{A} = (a_{ij})$ die Längenbedingungen $l(a_{11}) \leq l(a_{ij})$ für $1 \leq i \leq m$ und $1 \leq j \leq n$ erfüllen.

2. *Schritt:* Ist a_{11} kein Teiler von einem $a_{1k} \neq 0$ mit $k \in \{2, 3, \dots, n\}$, dann ist a_{11} keine Einheit und $l(a_{11}) > 0$. Durch Vertauschen der k-ten und der 2-ten Spalte von $\mathcal{A}$ erhält man die Matrix $\mathcal{A}' = (a'_{ij})$, bei der a'_{11} kein Teiler von a'_{12} ist. Nach Bemerkung 9.5.3 und Satz 4.1.13 existiert eine invertierbare $n \times n$-Elementarmatrix $\mathcal{P}_{2,k}$ derart, daß $\mathcal{A}' = \mathcal{A}\mathcal{P}_{2,k}$. Sei $d = \operatorname{ggT}(a'_{11}, a'_{12})$. Dann ist $l(d) < l(a'_{11})$. Nach Hilfssatz 11.5.9 existieren Elemente $u, v, s, t \in R$ derart, daß

$$\mathcal{T}_2 = \begin{pmatrix} u & s & \\ v & -t & \\ & & \boxed{\mathcal{E}_{n-2}} \end{pmatrix}$$

eine invertierbare $n \times n$-Matrix ist mit

$$\mathcal{A}\mathcal{P}_{2,k}\mathcal{T}_2 = \left(\begin{array}{c|cccc} d & 0 & a'_{13} & \cdots & a'_{1n} \\ \hline a''_{21} & & & & \\ \vdots & & & \mathcal{B}_2 & \\ a''_m & & & & \end{array}\right).$$

Nach höchstens $n-2$ weiteren Multiplikationen mit solchen invertierbaren Matrizen $\mathcal{P}_{j,k_j}\mathcal{T}_j$ geht $\mathcal{A}$ über in eine Matrix der Form

$$\mathcal{A}\left(\prod_{j=2}^{n} \mathcal{P}_{j,k_j}\mathcal{T}_j\right) = \left(\begin{array}{c|ccc} b_{11} & 0 & \cdots & 0 \\ \hline b_{21} & & & \\ \vdots & & \mathcal{B}_n & \\ b_{m1} & & & \end{array}\right) = \mathcal{B} = (b_{ij}).$$

Ist nun b_{11} kein Teiler von einem der Koeffizienten b_{k1} für ein $k \in \{2, 3, \dots, m\}$ in der ersten Spalte von $\mathcal{A}$, dann ist b_{11} keine Einheit und $l(b_{11}) > 0$. Durch Vertauschen der k-ten und der 2-ten Zeile geht $\mathcal{B}$ über in eine Matrix $\mathcal{B}' = (b'_{ij})$, bei der b'_{11} kein Teiler von b'_{12} ist. Nach Bemerkung 9.5.3 und Satz 4.1.13 existiert eine invertierbare $m \times m$-Elementarmatrix $\mathcal{Q}_{2,k}$ derart, daß $\mathcal{B}' = \mathcal{Q}_{2,k}\mathcal{B}$. Nach Hilfssatz 11.5.9 existiert dann wiederum eine invertierbare $m \times m$-Matrix

$$\mathcal{V}_2 = \begin{pmatrix} u & v & \\ s & -t & \\ & & \boxed{\mathcal{E}_{m-2}} \end{pmatrix}$$

mit

$$\mathcal{V}_2\mathcal{Q}_{2,k}\mathcal{A} = \left(\begin{array}{c|cccc} b & b'_{12} & b'_{13} & \cdots & b'_{1n} \\ \hline 0 & & & & \\ b_{31} & & & & \\ \vdots & & \mathcal{C}_2 & & \\ b_{m1} & & & & \end{array}\right),$$

wobei $b = \text{ggT}(b'_{11}, b'_{21})$ eine Länge $l(b) < l(b_{11})$ hat. Obwohl nun b'_{1j} wieder ungleich Null sein kann, endet dieses Verfahren nach endlich vielen weiteren Schritten mit einer Matrix $\mathcal{A}^* = (a^*_{ij})$ derart, daß $a^*_{11} \mid a^*_{1j}$ für $2 \leq j \leq n$ und $a^*_{11} \mid a^*_{i1}$ für $2 \leq i \leq m$ gilt, weil bei jeder Anwendung von Schritt 2 die Länge von $l(a^*_{11})$ echt abnimmt.

Indem man all die auftretenden Permutationsmatrizen $\mathcal{P}_{j,k_j}$ bzw. $\mathcal{Q}_{i,k_i}$ und die invertierbaren Matrizen der Typen $\mathcal{T}_j$ bzw. $\mathcal{V}_i$ in der oben angegebenen Reihenfolge von rechts bzw. links multipliziert, erhält man eine invertierbare $m \times m$-Matrix $\mathcal{X}$ bzw. eine invertierbare $n \times n$-Matrix $\mathcal{Y}$ derart, daß $\mathcal{X}\mathcal{A}\mathcal{Y} = \mathcal{A}^*$ gilt.

3. Schritt: Ist $r_i = \frac{a_{i1}}{a_{11}} \in R$ für $i = 2, \ldots, m$ und $t_j = \frac{a_{1j}}{a_{11}} \in R$ für $j = 2, \ldots, n$, dann ersetzt man zunächst z_i durch $z_i - z_1 r_i$ für $i = 2, 3, \ldots, m$. Nach Bemerkung 9.5.3 und Satz 4.1.13 gehört zu jeder dieser $m - 1$ Zeilenumformungen eine invertierbare $m \times m$-Elementarmatrix $\mathcal{Z}_{1,i,-r_i}$ derart, daß

$$\left(\prod_{i=2}^{m} \mathcal{Z}_{1,i,-r_i}\right)\mathcal{A} = \mathcal{A}'$$

die hierdurch entstandene Matrix ist. Die erste Spalte von $\mathcal{A}'$ ist

$$s'_1 = (a_{11}, 0, \ldots, 0) \in R^m.$$

Weiter haben $\mathcal{A}$ und $\mathcal{A}'$ die gleiche erste Zeile z_1.

In $\mathcal{A}'$ ersetzt man nun die j-te Spalte s'_j durch $s'_j - s'_1 t_j$ für $j = 2, 3, \ldots, n$. Sei $\mathcal{A}''$ die dadurch entstandene $m \times n$-Matrix. Wiederum nach Bemerkung 9.5.3 und Satz 4.1.13 gehört zu jeder dieser $n - 1$ Spaltenumformungen eine invertierbare $n \times n$-Elementarmatrix $\mathcal{S}_{1,j,-t_j}$ derart, daß

$$\mathcal{A}'' = \mathcal{Z}\mathcal{A}\mathcal{S} \begin{pmatrix} a_{11} & \\ & \boxed{\mathcal{A}_1} \end{pmatrix},$$

wobei

$$\mathcal{Z} = \prod_{i=2}^{m} \mathcal{Z}_{1,i,-r_i} \quad \text{und} \quad \mathcal{S} = \prod_{j=2}^{z} \mathcal{S}_{1,j,-t_j}.$$

4. Schritt: Ist $\mathcal{A}_1$ die Nullmatrix, so endet der Algorithmus. Andernfalls wendet man die Schritte 1 bis 3 auf die Matrix $\mathcal{A}_1$ an und fahre danach entsprechend fort. Hierdurch erhält man schließlich eine invertierbare $(m-1) \times (m-1)$-Matrix $\mathcal{Q}_1$ und eine invertierbare $(n-1) \times (n-1)$-Matrix $\mathcal{P}_1$ derart, daß $\mathcal{Q}_1 \mathcal{A}_1 \mathcal{P}_1 = \operatorname{diag}(d_2, d_3, \dots, d_r, 0, \dots, 0)$ in Diagonalform ist. Dann sind

$$\mathcal{Q}' = \begin{pmatrix} 1 & \\ & \boxed{\mathcal{Q}_1} \end{pmatrix} \quad \text{und} \quad \mathcal{P}' = \begin{pmatrix} 1 & \\ & \boxed{\mathcal{P}_1} \end{pmatrix}$$

invertierbare $m \times m$ bzw. $n \times n$-Matrizen derart, daß die $m \times n$-Matrix

$$\mathcal{Q}^{'} \mathcal{A}'' \mathcal{P}' = \operatorname{diag}(d_1, d_2, \dots, d_r, 0, \dots, 0) = \mathcal{D}$$

eine Diagonalform von $\mathcal{A}$ ist.

Indem man die bei allen Schritten entstandenen $m \times m$-Transformationsmatrizen der zugehörigen Zeilenumformungen von $\mathcal{A}$ miteinander multipliziert, erhält man die invertierbare $m \times m$-Transformationsmatrix $\mathcal{Q}$. Ebenso erhält man die den Spaltenumformungen entsprechende invertierbare $n \times n$-Transformationsmatrix $\mathcal{P}$ und

$$\mathcal{Q}\mathcal{A}\mathcal{P} = \mathcal{D}.$$

11.5.12 Bemerkung. Bei der praktischen Durchführung von Algorithmus 11.5.11 kann man folgendes Rechenschema anwenden: In die Mitte wird die $m \times n$-Matrix $\mathcal{A}$ geschrieben, links von ihr die Einheitsmatrix $\mathcal{E}_m$ und rechts von ihr $\mathcal{E}_n$. Sind Linksmultiplikationen mit invertierbaren $m \times m$-Matrizen des Typs $\mathcal{V}$ von Schritt 2 erforderlich, so werden diese Matrizen $\mathcal{V}$ an der entsprechenden Stelle in der ersten Spalte eingetragen. Ihre Produkte mit den beiden Vorgängern in den Spalten von $\mathcal{E}_m$ und $\mathcal{A}$ werden dann in der 2. bis 3. Spalte aufgeschrieben. Sonst werden die elementaren Zeilenumformungen der Schritte 1 und 3 zugleich auf die Matrizen in den Spalten von $\mathcal{E}_m$ und $\mathcal{A}$ angewendet.

Ebenso verfährt man mit den Matrizen $\mathcal{A}$ und $\mathcal{E}_n$ bei Spaltenumformungen bzw. Rechtsmultiplikationen mit $n \times n$-Matrizen des Typs $\mathcal{T}$ von Schritt 2, die in die 5. Spalte geschrieben werden.

Am Ende des Algorithmus steht dann die Diagonalmatrix $\mathcal{D}$ in der Mitte, und die Transformationsmatrizen $\mathcal{Q}$ und $\mathcal{P}$ links bzw. rechts daneben.

11.5.13 Beispiel. Dieses Schema wird nun an einem Beispiel erläutert. Dabei treten Rechtsmultiplikationen mit Matrizen des Typs $\mathcal{T}$ nicht auf. Freie Matrix-Plätze bedeuten, daß an der betreffenden Matrix keine Änderungen vorgenommen werden.

Typ $\mathcal{V}$				$\mathcal{E}_4$				$\mathcal{A}$					$\mathcal{E}_5$				
				1	0	0	0	2	2	6	4	0	1	0	0	0	0
				0	1	0	0	6	4	16	10	−14	0	1	0	0	0
				0	0	1	0	4	3	11	7	1	0	0	1	0	0
				0	0	0	1	8	5	21	13	−4	0	0	0	1	0
													0	0	0	0	1
				0	0	1	0	4	3	11	7	1					
				0	1	0	0	6	4	16	10	−14					
				1	0	0	0	2	2	6	4	0					
				0	0	0	1	8	5	21	13	−4					
								1	3	11	7	4	0	0	0	0	1
								−14	4	16	10	6	0	1	0	0	0
								0	2	6	4	2	0	0	1	0	0
								−4	5	21	13	8	0	0	0	1	0
													1	0	0	0	0
				0	0	1	0	1	3	11	7	4					
				0	1	14	0	0	46	170	108	62					
				1	0	0	0	0	2	6	4	2					
				0	0	4	1	0	17	65	41	24					
								1	0	0	0	0	0	0	0	0	1
								0	46	170	108	62	0	1	0	0	0
								0	2	6	4	2	0	0	1	0	0
								0	17	65	41	24	0	0	0	1	0
													1	−3	−11	−7	−4
				0	0	1	0	1	0	0	0	0					
				1	0	0	0	0	2	6	4	2					
				0	1	14	0	0	46	170	108	62					
				0	0	4	1	0	17	65	41	24					
				0	0	1	0	1	0	0	0	0					
				1	0	0	0	0	2	6	4	2					
				0	0	4	1	0	17	65	41	24					
				0	1	14	0	0	46	170	108	62					
1	0	0	0	0	0	1	0	1	0	0	0	0					
0	−8	1	0	−8	0	4	1	0	1	17	9	8					
0	17	−2	0	17	0	−8	−2	0	0	−28	−14	−14					
0	0	0	1	0	1	14	0	0	46	170	108	62					
				0	0	1	0	1	0	0	0	0					
				−8	0	4	1	0	1	17	9	8					
				17	0	−8	−2	0	0	−28	−14	−14					
				368	1	−170	−46	0	0	−612	−306	−306					
								1	0	0	0	0	0	0	0	0	1
								0	1	0	0	0	0	1	−17	−9	−8
								0	0	−28	−14	−14	0	0	1	0	0
								0	0	−612	−306	−306	0	0	0	1	0
													1	−3	40	20	20
								1	0	0	0	0	0	0	0	0	1
								0	1	0	0	0	0	1	−9	−17	−8
								0	0	−14	−28	−14	0	0	0	1	0
								0	0	−306	−612	−306	0	0	1	0	0
													1	−3	20	40	20

$\mathcal{V}$				$\mathcal{E}_4$				$\mathcal{A}$					$\mathcal{E}_5$				
								1	0	0	0	0	0	0	0	0	1
								0	1	0	0	0	0	1	−9	1	1
								0	0	−14	0	0	0	0	0	1	0
								0	0	−306	0	0	0	0	1	−2	−1
													1	−3	20	0	0
1	0	0	0	0	0	1	0	1	0	0	0	0					
0	1	0	0	−8	0	4	1	0	1	0	0	0					
0	0	−22	1	−6	1	6	−2	0	0	2	0	0					
0	0	−153	7	−25	7	34	−16	0	0	0	0	0					
				$\mathcal{Q}$				$\mathcal{D}$					$\mathcal{P}$				

Die Diagonalmatrix $\mathcal{D} = \operatorname{diag}(1, 1, 2, 0)$ ist schon die Smith-Normalform von $\mathcal{A}$.

11.5.14 Hilfssatz. *Seien a, b von Null verschiedene Elemente des Hauptidealrings R. Sei $d = \operatorname{ggT}(a, b)$ und $k = \operatorname{kgV}(a, b)$. Dann existieren Elemente $u, v, r, s \in R$ derart, daß die folgenden Aussagen gelten:*

(a) $d = au + bv$.

(b) $a = dr$, $b = ds$ *und* $k = drs$.

(c) *Für die* 2×2*-Matrizen*

$$\mathcal{A} = \begin{pmatrix} u & v \\ -s & r \end{pmatrix} \quad \text{und} \quad \mathcal{B} = \begin{pmatrix} 1 & -vs \\ 1 & ur \end{pmatrix}$$

gilt $\det \mathcal{A} = 1 = \det \mathcal{B}$.

(d) $\mathcal{A}\begin{pmatrix} a & 0 \\ 0 & b \end{pmatrix}\mathcal{B} = \begin{pmatrix} d & 0 \\ 0 & k \end{pmatrix}$.

Beweis: Die Existenz der Elemente $u, v, r, s \in R$, für die (a) und (b) gelten, ergibt sich unmittelbar aus Satz 11.1.17.

(c) $\det \mathcal{A} = ur + vs = 1$, weil $d = au + bv = d(ur + vs)$. Ebenso folgt $\det \mathcal{B} = ur + vs = 1$.

(d)

$$\begin{aligned} \begin{pmatrix} u & v \\ -s & r \end{pmatrix}\begin{pmatrix} a & 0 \\ 0 & b \end{pmatrix}\begin{pmatrix} 1 & -vs \\ 1 & ur \end{pmatrix} &= \begin{pmatrix} au & vb \\ -as & rb \end{pmatrix}\begin{pmatrix} 1 & -vs \\ 1 & ur \end{pmatrix} \\ &= \begin{pmatrix} au + vb & -auvs + vbur \\ -as + rb & avs^2 + br^2u \end{pmatrix} \\ &= \begin{pmatrix} d & 0 \\ 0 & k \end{pmatrix}, \end{aligned}$$

weil $d = au + bv$, $as = br = drs$, $auvs = druvs = bruv$ und $avs^2 + br^2u = drvs^2 + dsr^2u = drs(vs + ur) = drs = k$. ♦

11.5.15 Algorithmus. Sei $\mathcal{A} = \operatorname{diag}(a_1, a_2, \dots, a_r, 0, \dots, 0)$ eine $m \times n$-Matrix in Diagonalform mit Koeffizienten aus dem Hauptidealring R.

Ist $\mathcal{A}$ in Smith-Normalform, dann bricht der Algorithmus ab. Andernfalls werden durch endlich viele Anwendungen der folgenden Schritte zwei invertierbare $m \times m$- bzw. $n \times n$-Matrizen $\mathcal{Q}$ und $\mathcal{P}$ konstruiert derart, daß $\mathcal{Q}\mathcal{A}\mathcal{P} = \mathcal{D} = \operatorname{diag}(d_1, d_2, \dots, d_r, 0, \dots, 0)$ in Smith-Normalform ist.

1. Schritt: Sei a_k das erste Diagonalelement von $\mathcal{A} = \operatorname{diag}(a_1, a_2, \dots, a_r, 0, \dots, 0)$ derart, daß $l(a_k) = \min\{l(a_i) \mid 1 \leq i \leq r\}$. Durch Vertauschung der 1. und der k-ten Spalte und anschließender Vertauschung der 1. und der k-ten Zeile erhält man eine Matrix $\mathcal{A}' = \operatorname{diag}(a_k, a_2, \dots, a_1, a_{k+1}, \dots, a_r, 0, \dots, 0)$ in Diagonalform, bei der das erste Diagonalelement a_k von minimaler Länge $l(a_k)$ ist. Nach Bemerkung 9.5.3 und Satz 4.1.13 gehören zu diesen elementaren Umformungen invertierbare $m \times m$- bzw. $n \times n$-Elementarmatrizen $\mathcal{Q}_{1,k}$ und $\mathcal{P}_{1,k}$ derart, daß $\mathcal{Q}_{1,k}\mathcal{A}\mathcal{P}_{1,k} = \mathcal{A}'$.

2. Schritt: Sei $\mathcal{A} = \operatorname{diag}(a_1, a_2, \dots, a_r, 0, \dots, 0)$ in Diagonalform und a_1 von minimaler Länge. Gibt es ein Diagonalelement a_j von $\mathcal{A}$, das von a_1 nicht geteilt wird, dann ist $l(a_1) > 0$, und a_1 ist keine Einheit in R. Weiter sei j minimal gewählt. Durch Vertauschen der 2. und der j-ten Spalte und anschließender Vertauschung der 2. und der j-ten Zeile geht $\mathcal{A}$ in eine Matrix $\mathcal{A}' = \operatorname{diag}(a_1', a_2', \dots, a_r', 0, \dots, 0)$ in Diagonalform über, bei der a_1' kein Teiler von a_2' ist. Nach Bemerkung 9.5.3 und Satz 4.1.13 gehören zu diesen elementaren Umformungen invertierbare $m \times m$- bzw. $n \times n$-Elementarmatrizen $\mathcal{Q}_{1,j}$ und $\mathcal{P}_{1,j}$ derart, daß

$$\mathcal{Q}_{1,j}\mathcal{A}\mathcal{P}_{1,j} = \mathcal{A}'.$$

Nach Hilfssatz 11.5.14 existieren dann Elemente $u, v, r, s \in R$ derart daß

$$\mathcal{R} = \begin{pmatrix} u & v & \\ -s & r & \\ & & \boxed{\mathcal{E}_{m-2}} \end{pmatrix} \quad \text{eine invertierbare } m \times m \text{ Matrix und}$$

$$\mathcal{S} = \begin{pmatrix} 1 & -vs & \\ 1 & ur & \\ & & \boxed{\mathcal{E}_{n-2}} \end{pmatrix} \quad \text{eine invertierbare } n \times n \text{ Matrix}$$

ist mit $\mathcal{R}\mathcal{A}\mathcal{S} = \operatorname{diag}(d, w, a_3', a_4', \dots, a_r', 0, \dots, 0)$, wobei $d = \operatorname{ggT}(a_1', a_2')$ und $w = \operatorname{kgV}(a_1', a_2')$. Wegen $d \mid a_1$ gilt nun $d \mid a_i$ für $3 \leq i \leq j$ und $d \mid a_2$.

3. Schritt: Man wendet den 2. Schritt solange auf $\mathcal{A} = \operatorname{diag}(a_1, a_2, \dots, a_r, 0, \dots, 0)$ an, bis $a_1 \mid a_j$ für $j = 1, 2, \dots, r$ gilt. Ist diese Matrix in Smith-Normalform, dann endet der Algorithmus. Sonst ist die entstandene Matrix $\mathcal{A}^*$ von der Form

$$\mathcal{A}^* = \begin{pmatrix} d_1 & \\ & \boxed{\mathcal{A}_1} \end{pmatrix},$$

wobei $\mathcal{A}_1 = \operatorname{diag}(a_2^*, \dots, a_r^*, 0, \dots, 0)$ nicht in Smith-Normalform ist. Nach Induktion existieren invertierbare $(m-1) \times (m-1)$- bzw. $(n-1) \times (n-1)$-Matrizen $\mathcal{Q}_1$ und $\mathcal{P}_1$ mit $\mathcal{Q}\mathcal{A}_1\mathcal{P}_1 = \operatorname{diag}(d_2, \dots, d_r, 0, \dots, 0)$. Wegen $d_1 \mid a_i^*$ für $2 \le i \le r$ ist $d_1 \mid d_i$ für $2 \le i \le r$. Sei

$$\mathcal{Q}' = \begin{pmatrix} 1 & \\ & \boxed{\mathcal{Q}_1} \end{pmatrix} \quad \text{und} \quad \mathcal{P}' = \begin{pmatrix} 1 & \\ & \boxed{\mathcal{P}_1} \end{pmatrix}.$$

Dann erhält man $\mathcal{Q}$ und $\mathcal{P}$ als geeignete Produkte der in den vorigen Schritten berechneten Transformationsmatrizen mit $\mathcal{Q}'$ bzw. $\mathcal{P}'$. Es folgt

$$\mathcal{Q}\mathcal{A}\mathcal{P} = \operatorname{diag}(d_1, d_2, \dots, d_r, 0, \dots, 0)$$

die (bis auf Einheiten eindeutig bestimmte) Smith-Normalform von $\mathcal{A}$.

11.5.16 Definition. Die Hintereinanderausführung der Algorithmen 11.5.11 und 11.5.15 ist ein Algorithmus mit dem man eine $m \times n$-Matrix $\mathcal{A} = (a_{ij})$ in ihre Smith-Normalform $\mathcal{Q}\mathcal{A}\mathcal{P} = \mathcal{D} = \operatorname{diag}(d_1, d_2, \dots, d_r, 0, 0, \dots, 0)$ überführt. Er heißt *Smith-Algorithmus*.

11.5.17 Beispiel. Mit Hilfe des Algorithmus 11.5.15 soll nun die Smith-Normalform $\mathcal{D}$ der 3×3-Matrix

$$\mathcal{A} = \operatorname{diag}(X+1, X-1, (X-1)^2) = \operatorname{diag}(a_1, a_2, a_3)$$

mit Koeffizienten aus dem Polynomring $R = \mathbb{Q}[X]$ bestimmt werden.

1. Schritt: $a_1 = X + 1$ hat minimale Länge $l(a_1) = 1$.

2. Schritt: $\operatorname{ggT}(a_1, a_2) = 1$, also $1 = a_1 \frac{1}{2} + a_2 \left(-\frac{1}{2}\right) = \frac{1}{2}(X+1) - \frac{1}{2}(X-1)$.

Nach Hilfssatz 11.5.14 haben daher die Transformationsmatrizen $\mathcal{R}$ und $\mathcal{S}$ des 2. Schrittes von Algorithmus 11.5.15 die Form:

$$\mathcal{R} = \begin{pmatrix} \frac{1}{2} & -\frac{1}{2} & 0 \\ -X+1 & X+1 & 0 \\ 0 & 0 & 1 \end{pmatrix}, \quad \mathcal{S} = \begin{pmatrix} 1 & \frac{1}{2}(X-1) & 0 \\ 1 & \frac{1}{2}(X+1) & 0 \\ 0 & 0 & 1 \end{pmatrix}.$$

Hieraus folgt durch Matrizenmultiplikation, daß

$$\mathcal{R}\mathcal{A}\mathcal{S} = \operatorname{diag}(1, X^2 - 1, (X-1)^2 = \begin{pmatrix} 1 & \\ & \boxed{\mathcal{B}} \end{pmatrix}$$

Anwendung des Algorithmus 11.5.15 auf $\mathcal{B} = \operatorname{diag}(X^2 - 1), (X-1)^2)$:

1. Schritt: $l(b_1) = l(X^2 - 1) = 2 = l(b_2)$.

2. Schritt: $\operatorname{ggT}(b_1, b_2) = X - 1 = (X^2 - 1)\frac{1}{2} - (X-1)^2\frac{1}{2}$.

Nach Hilfssatz 11.5.14 haben daher die Transformationsmatrizen $\mathcal{R}_1$ und $\mathcal{S}_1$ des 2. Schrittes von Algorithmus 11.5.15 die Form

$$\mathcal{R}_1 = \begin{pmatrix} \frac{1}{2} & -\frac{1}{2} \\ -X+1 & X+1 \end{pmatrix}, \quad \mathcal{S}_1 = \begin{pmatrix} 1 & \frac{1}{2}(X-1) \\ 1 & \frac{1}{2}(X+1) \end{pmatrix}.$$

Hieraus folgt:

$$\mathcal{R}_1\mathcal{B}\mathcal{S}_1 = \begin{pmatrix} X-1 & 0 \\ 0 & (X-1)^2(X+1) \end{pmatrix}.$$

Nach dem 3. Schritt des Algorithmus 11.5.15 hat $\mathcal{A}$ daher die Smith-Normalform

$$\mathcal{D} = \operatorname{diag}(1, X-1, (X-1)^2(X+1)).$$

Die zugehörigen Transformationsmatrizen $\mathcal{Q}$ und $\mathcal{P}$ sind gegeben durch:

$$\mathcal{Q} = \begin{pmatrix} 1 & \\ & \boxed{\mathcal{R}_1} \end{pmatrix}\mathcal{R} = \begin{pmatrix} 1 & 0 & 0 \\ 0 & \frac{1}{2} & -\frac{1}{2} \\ 0 & -X+1 & X+1 \end{pmatrix}\begin{pmatrix} \frac{1}{2} & -\frac{1}{2} & 0 \\ -X+1 & X+1 & 0 \\ 0 & 0 & 1 \end{pmatrix},$$

$$\mathcal{P} = \mathcal{S}\begin{pmatrix} 1 & \\ & \boxed{\mathcal{S}_1} \end{pmatrix} = \begin{pmatrix} 1 & \frac{1}{2}(X-1) & 0 \\ 1 & \frac{1}{2}(X+1) & 0 \\ 0 & 0 & 1 \end{pmatrix}\begin{pmatrix} 1 & 0 & 0 \\ 0 & 1 & \frac{1}{2}(X-1) \\ 0 & 1 & \frac{1}{2}(X+1) \end{pmatrix}.$$

Also gilt:

$$\mathcal{P} = \begin{pmatrix} 1 & \frac{1}{2}(X-1) & \frac{1}{4}(X-1)^2 \\ 1 & \frac{1}{2}(X+1) & \frac{1}{4}(X^2-1) \\ 0 & 1 & \frac{1}{2}(X+1) \end{pmatrix}$$

und

$$\mathcal{Q} = \begin{pmatrix} \frac{1}{2} & -\frac{1}{2} & 0 \\ -\frac{1}{2}(X-1) & \frac{1}{2}(X+1) & -\frac{1}{2} \\ (X-1)^2 & -(X^2-1) & X+1 \end{pmatrix}.$$

11.5.18 Satz. *Sei $\mathcal{A} = (a_{ij})$ eine $m \times n$-Matrix mit Koeffizienten aus dem Hauptidealring R mit* $\operatorname{rg} \mathcal{A} = r$. *Dann gilt:*

(a) *Durch Anwendung des Algorithmus* 11.5.11 *erhält man eine invertierbare $n \times n$-Matrix $\mathcal{Q}_1$ und eine invertierbare $n \times n$-Matrix $\mathcal{P}_1$ derart, daß*

$$\mathcal{Q}_1 \mathcal{A} \mathcal{P}_1 = \operatorname{diag}(a_1, a_2, \ldots, a_r, 0, \ldots, 0)$$

in Diagonalform ist.

(b) *Durch anschließende Anwendung des Algorithmus* 11.5.15 *erhält man eine invertierbare $m \times m$-Matrix $\mathcal{Q}_2$ und eine invertierbare $n \times n$-Matrix $\mathcal{P}_2$ derart, daß*

$$\mathcal{Q} \mathcal{A} \mathcal{P} = \operatorname{diag}(d_1, d_2, \ldots, d_r, 0, \ldots, 0)$$

in Smith-Normalform ist, wobei $\mathcal{Q} = \mathcal{Q}_2 \mathcal{Q}_1$ und $\mathcal{P} = \mathcal{P}_1 \mathcal{P}_2$.

(c) *Sind $d_1, d_2, \ldots, d_{r-s}$ Einheiten in R, dann sind die s Nichteinheiten d_j mit $r-s+1 \le j \le r$ die Elementarteiler des Torsionsmoduls $T(R^n/Z)$ von R^n/Z, wobei Z der von den Zeilen $z_1, z_2, \ldots, z_m$ von $\mathcal{A}$ erzeugte Untermodul des freien R-Moduls R^n ist, d. h.*

$$R^n/Z \cong R^{m-r} \oplus \bigoplus_{j=r-s+1}^{r} R/d_j R.$$

Insbesondere sind die Diagonalelemente $d_1, d_2, \ldots, d_r$ durch $\mathcal{A}$ bis auf Assoziiertheit eindeutig bestimmt; sie sind die Elementarteiler von $\mathcal{A}$.

Beweis: Die Aussagen (a) und (b) ergeben sich unmittelbar aus den Algorithmen 11.5.11 und 11.5.15.

(c) folgt sofort aus Satz 11.5.7 und seinem Beweis. ♦

Für euklidische Ringe ergibt sich beim Smith-Algorithmus die Besonderheit, daß jeweils der zweite Schritt der Algorithmen 11.5.11 und 11.5.15 allein durch elementare Umformungen durchgeführt werden kann, wie nun gezeigt wird.

11.5.19 Satz. *Sei R ein euklidischer Ring mit der Norm ρ. Dann gelten:*

(a) *Jede invertierbare $n \times n$-Matrix $\mathcal{A} = (a_{ij})$ mit Koeffizienten a_{ij} aus R ist ein Produkt von elementaren Matrizen.*

(b) *Für jede $m \times n$-Matrix $\mathcal{B}$ mit Koeffizienten aus R und $\operatorname{rg}(\mathcal{B}) = r$ können die Smith-Normalform $\mathcal{D} = \operatorname{diag}(d_1, d_2, \ldots, d_r, 0, \ldots, 0) = \mathcal{Q}\mathcal{B}\mathcal{P}$ und die Transformationsmatrizen $\mathcal{P}$ und $\mathcal{Q}$ mittels der Algorithmen* 11.5.11 *und* 11.5.15 *durch endlich viele elementare Zeilen- und Spaltenumformungen der Matrix $\mathcal{B}$ berechnet werden.*

Beweis: Der Beweis von (a) erfolgt durch vollständige Induktion nach n. Für $n = 1$ ist die invertierbare Matrix $\mathcal{A} = (a_{11})$ eine elementare Matrix des Typs $\mathcal{ZM}_{i;a}$ von Bemerkung 9.5.3. Angenommen, die Behauptung (a) ist für invertierbare $(n-1) \times (n-1)$-Matrizen bewiesen. Durch Zeilen- und Spaltenvertauschungen geht $\mathcal{A}$ in eine invertierbare $n \times n$-Matrix $\mathcal{A}' = (a'_{ij}) = \mathcal{K}\mathcal{A}\mathcal{L}$ über derart, daß

$$(*) \qquad \rho(a'_{11}) < \rho(a'_{i1}) \quad \text{für } 2 \leq i \leq n$$

und

$$(**) \qquad \rho(a'_{11}) < \rho(a'_{1j}) \quad \text{für } 2 \leq j \leq n$$

gilt, wobei $\mathcal{K}$ und $\mathcal{L}$ Produkte von elementaren Matrizen sind. Weiter kann nun nach Bemerkung 11.1.7 vorausgesetzt werden, daß die Behauptung (a) für alle invertierbaren $n \times n$-Matrizen $\mathcal{A}'' = (a_{ij})$ schon bewiesen ist, für die $\rho(a''_{11}) < \rho(a'_{11})$ gilt.

Angenommen, a'_{11} ist kein Teiler von a'_{i1}. Dann existieren nach dem euklidischen Algorithmus 11.1.28 Elemente $0 \neq s_i, q_i \in R$ derart, daß

$$a'_{i1} = a'_{11}q_i + s_i \quad \text{mit } \rho(s_i) < \rho(a'_{11}).$$

Indem man die i-te Zeile z_i von $\mathcal{A}$ durch $z_i - z_1 q_i$ ersetzt, und anschließend in der neu entstandenen Matrix die i-te Zeile mit der ersten Zeile vertauscht, erhält man eine Matrix $\mathcal{A}'' = \mathcal{K}'\mathcal{A}' = (a''_{ij})$ mit $a''_{11} = s_i$. Dabei ist $\mathcal{K}'$ das Produkt der zu diesen elementaren Zeilenumformungen gehörigen elementaren Matrizen. Insbesondere ist

$$\rho(a''_{11}) = \rho(s_i) < \rho(a'_{11}).$$

Nach Induktionsvoraussetzung ist daher $\mathcal{A}'' = \mathcal{K}'\mathcal{A}'$ ein Produkt von elementaren Matrizen. Hieraus folgt, daß $\mathcal{A} = \mathcal{K}^{-1}(\mathcal{K}')^{-1}\mathcal{A}''\mathcal{L}^{-1}$ ein Produkt von elementaren Matrizen ist.

Also kann angenommen werden, daß $a_{11} \,|\, a_{i1}$ für $i = 2, \ldots, n$ gilt. Der Algorithmus 11.5.11 wird nun mit der Modifikation angewendet, daß man die Länge $l(a_{ij})$ eines Koeffizienten a_{ij} von $\mathcal{A}$ durch die Norm $\rho(a_{ij})$ ersetzt. Nach dem 3. Schritt des Algorithmus 11.5.11 existiert dann ein Produkt $\mathcal{H}$ von elementaren Matrizen derart, daß

$$\mathcal{H}\mathcal{A} = \left(\begin{array}{c|ccc} a'_{11} & a'_{12} & \cdots & a'_{1n} \\ \hline 0 & & & \\ \vdots & & \mathcal{A}_1 & \\ 0 & & & \end{array}\right)$$

mit einer Einheit $a'_{11} \in R$ ist.

Anschließend wendet man dieses Verfahren mit den entsprechenden Spaltenumformungen anstelle der Zeilenumformungen auf die erste Zeile von $\mathcal{H}\mathcal{A}$ an. Dann erhält man eine invertierbare Matrix $\mathcal{J}$, die ebenfalls ein Produkt von elementaren Matrizen ist derart, daß

$$\mathcal{H}\mathcal{A}\mathcal{J} = \left(\begin{array}{c|ccc} a'_{11} & 0 & \cdots & 0 \\ \hline 0 & & & \\ \vdots & & \mathcal{A}_2 & \\ 0 & & & \end{array}\right)$$

gilt. Dabei sind $a'_{11} \in R$ und $\mathcal{A}_2 \in \mathrm{GL}(n-1, R)$ invertierbar. Sicherlich ist $\mathcal{U} = \begin{pmatrix} a'_{11} & \\ & \mathcal{E}_{n-1} \end{pmatrix}$ eine elementare und $\mathcal{V} = \begin{pmatrix} 1 & \\ & \mathcal{A}_2 \end{pmatrix}$ eine invertierbare Matrix mit $\mathcal{H}\mathcal{A}\mathcal{J} = \mathcal{U}\mathcal{V}$. Daher folgt die Behauptung (a) durch vollständige Induktion.

(b) Nach dem Smith-Algorithmus 11.5.16 gibt es zwei invertierbare $m \times m$- bzw. $n \times n$-Matrizen $\mathcal{Q}$ und $\mathcal{P}$ mit

$$\mathcal{Q}\mathcal{B}\mathcal{P} = \mathrm{diag}(a_1, \ldots, a_r, 0, \ldots, 0) = \mathcal{D}.$$

Wegen (a) sind sowohl $\mathcal{Q}$ als auch $\mathcal{P}$ Produkte von elementaren $m \times m$- bzw. $n \times n$-Matrizen. Nach Bemerkung 9.5.3 und Satz 4.1.13 erhält man daher $\mathcal{D}$ durch endlich viele Zeilen- und Spaltenumformungen von $\mathcal{A}$. ♦

11.5.20 Bemerkung. Die Behauptung von Satz 11.5.19 gilt nicht für beliebige Hauptidealringe. In [4], p. 23 hat P. M. Cohn ein Beispiel für eine invertierbare 2×2-Matrix $\mathcal{A} = (a_{ij})$ mit Koeffizienten a_{ij} aus dem Ring R der ganzen Zahlen des algebraischen Zahlkörpers $\mathbb{Q}\sqrt{-19}$ angegeben, die nicht in der Untergruppe U von $\mathrm{GL}(2, R)$ liegt, die von den invertierbaren Diagonal- und den Elementarmatrizen erzeugt wird. Dieser Ring R ist ein Hauptidealring, der nicht euklidisch ist. Es ist im Rahmen dieses Buches nicht möglich, diese Begriffe und das Beispiel ausführlicher zu erläutern; dazu wird auf die Arbeit [4] von P. M. Cohn verwiesen.

11.5.21 Definition. Sei M ein endlich erzeugter R-Modul über einem Hauptidealring R. Ist $M = \sum_{i=1}^{n} m_i R$ und $\mathfrak{S} = \{m_i \in M \mid 1 \le i \le n\}$ ein Erzeugendensystem von M von kleinster Elementzahl, dann gibt es nach Satz 9.4.15 einen freien R-Modul $P = \bigoplus_{i=1}^{n} f_i R$ mit Basis $A = \{f_i \in P \mid 1 \le i \le n\}$ und einen Epimorphismus $\alpha : P \to M$, der durch $\alpha(f_i) = m_i$ für $i = 1, 2, \ldots, n$ definiert ist. Sei $U = \mathrm{Ker}(\alpha) = \{f \in P \mid \alpha(f) = 0\}$. Nach Hilfssatz 11.2.5 hat der Untermodul U von P ein Erzeugendensystem $B = \{u_j \in U \mid 1 \le j \le r\}$ mit $r \le n$ Elementen. Jedes u_j hat die eindeutige Darstellung

$$u_j = \sum_{i=1}^{n} f_i r_{ij}, \quad 1 \le j \le r, \text{ für geeignete } r_{ij} \in R.$$

Die $r \times n$-Matrix $\mathcal{R} = (r_{ij})$ heißt die *Relationen-Matrix des endlich erzeugten R-Moduls M* bezüglich der Basis A des R-Moduls P der freien Auflösung

$$0 \to U \to P \overset{\alpha}{\to} M \to 0$$

von M. Die r Gleichungen

$$\sum_{i=1}^{n} m_i r_{ij} = 0, \quad 1 \le j \le r$$

heißen die *Relationen vom M* bezüglich des Erzeugendensystems $\{m_1, \dots, m_n\}$.

11.5.22 Bemerkung. Die r Elementarteiler a_j, $1 \le j \le r$, des R-Moduls M können nach Satz 11.5.18 mittels der Algorithmen 11.5.11 und 11.5.15 durch endlich viele Umformungen der Relationen-Matrix $\mathcal{R}$ des R-Moduls M bezüglich der Basis $B = \{u_j \in U \mid 1 \le j \le r\}$ des Kerns $U = \operatorname{Ker}(\alpha)$ des Epimorphismus $\alpha : P \to M$ berechnet werden.

11.5.23 Folgerung. *Sei A eine endlich erzeugte abelsche Gruppe mit einer freien Auflösung*

$$(*) \qquad 0 \to U \to P \to A \to 0,$$

wobei P ein freier $\mathbb{Z}$*-Modul mit* $\operatorname{rg}(P) = n$ *ist. Sei* $\mathcal{R} = (r_{ij})$, $1 \le i, j \le n$, *die Relationen-Matrix von A bezüglich einer Basis von P.*

Dann gelten:

(a) *A ist genau dann endlich, wenn für den freien Untermodul U ebenfalls* $\operatorname{rg}(U) = n$ *gilt.*

(b) *Ist die Gruppe A endlich, so hat sie die Ordnung*

$$|A| = |\det(\mathcal{R})|.$$

Beweis: (a) folgt unmittelbar aus Satz 11.5.18 und Satz 11.4.3, weil jede abelsche Gruppe ein $\mathbb{Z}$-Modul ist.

(b) Da $\mathbb{Z}$ ein euklidischer Ring ist, existieren nach Satz 11.5.19 zwei Elementarmatrizen $\mathcal{P}$ und $\mathcal{Q}$ derart, daß

$$\mathcal{Q}\mathcal{R}\mathcal{P} = \operatorname{diag}(d_1, d_2, \dots, d_n) = \mathcal{D}$$

die Smith-Normalform der Relationen-Matrix $\mathcal{R}$ ist, und die beiden Matrizen $\mathcal{P}$ und $\mathcal{Q}$ Produkte von ganzzahligen Permutationsmatrizen oder Elementarmatrizen $\mathcal{T}$ mit $\det(\mathcal{T}) = 1$ sind. Insbesondere gilt

$$\det(\mathcal{Q}), \det(\mathcal{P}) \in \{1, -1\}.$$

Nach Satz 11.5.18 und Definition 11.5.21 ist

$$A \cong P/U \cong \bigoplus_{i=1}^{n} \mathbb{Z}/d_i\mathbb{Z}.$$

Daher gilt

$$|A| = \prod_{i=1}^{n} d_i = |\det(\mathcal{D})| = |\det(\mathcal{Q}\mathcal{R}\mathcal{P})| = |\det(\mathcal{R})|$$

nach Satz 10.5.6. ♦

11.5.24 Beispiel. Es soll nun die Struktur der endlich erzeugten abelschen Gruppe A mit der Relationen-Matrix

$$\mathcal{R} = \begin{pmatrix} 2 & 2 & 6 & 4 & 0 \\ 6 & 4 & 16 & 10 & -14 \\ 4 & 3 & 11 & 7 & 1 \\ 8 & 5 & 21 & 13 & -4 \end{pmatrix}$$

bestimmt werden. Die Smith-Normalform $\mathcal{D}$ dieser Matrix wurde in Beispiel 11.5.13 bestimmt. Danach gilt:

$$\mathcal{D} = \operatorname{diag}(1, 1, 2, 0).$$

Zur Relationen-Matrix $\mathcal{R}$ gehört nach Definition 11.5.21 eine freie Auflösung

$$0 \to U \to \mathbb{Z}^5 \to A \to 0$$

von A mit einem freien $\mathbb{Z}$-Untermodul U vom Rang 3. Nach Satz 11.5.18 gilt daher

$$A \cong \mathbb{Z}^5/U \cong \mathbb{Z}^2 \oplus \mathbb{Z}/2\mathbb{Z}.$$

Mittels der Smith-Normalform erhält man die folgende Faktorisierung des charakteristischen Polynoms.

11.5.25 Folgerung. *Sei $\mathcal{A} = (a_{ij})$ eine $n \times n$-Matrix mit Koeffizienten aus dem Körper F. Dann ist das charakteristische Polynom* $\operatorname{char Pol}_{\mathcal{A}}(X)$ *von $\mathcal{A}$ das Produkt der normierten Elementarteiler positiven Grades der Matrix $(\mathcal{E}_n X - \mathcal{A})$.*

Beweis: Die Koeffizienten der Matrix $\mathcal{L} = (\mathcal{E}_n X - \mathcal{A})$ gehören zum euklidischen Ring $R = F[X]$. Nach Satz 11.5.18 existieren invertierbare Matrizen $\mathcal{Q}, \mathcal{P} \in \mathrm{GL}(n, R)$ derart, daß

$$\mathcal{Q}\mathcal{L}\mathcal{P} = \operatorname{diag}(d_1, d_2, \dots, d_n)$$

in Smith-Normalform ist. Da nur die Konstanten Einheiten in $R = F[X]$ sind, gilt $\det(\mathcal{Q}), \det(\mathcal{P}) \in F$. Das Produkt der Elementarteiler d_i ist bis auf einen konstanten Faktor $f \in F$ gleich dem Produkt der $s \leq n$ normierten Elementarteiler d_j positiven Grades. Hieraus folgt

$$\det(\mathcal{Q})\det(\mathcal{L})\det(\mathcal{P}) = f\prod_{j=1}^{s} d_j \quad \text{und so} \quad \operatorname{char Pol}_{\mathcal{A}}(X) = \prod_{j=1}^{s} d_j,$$

weil $\det(\mathcal{L}) = \operatorname{char Pol}_{\mathcal{A}}(X)$ ein normiertes Polynom und R ein ZPE-Ring ist. ♦

11.6 Aufgaben

11.1 Zeigen Sie: Die Teilmenge

$$\mathbb{Z}[i] = \{c = a + bi \in \mathbb{C} \mid a, b \in \mathbb{Z}\}$$

des Körpers $\mathbb{C}$ der komplexen Zahlen bildet bezüglich dessen Addition + und Multiplikation · einen nullteilerfreien kommutativen Ring mit Eins. $\mathbb{Z}[i]$ ist bezüglich der Norm $\rho(a + bi) = a^2 + b^2$ für alle $c = a + bi \in \mathbb{Z}[i]$ ein euklidischer Ring im Sinne der Definition 10.1.3. Dieser Ring $\mathbb{Z}[i]$ heißt der *Ring der ganzen Gauß'schen Zahlen* .

11.2 Bestimmen Sie die Einheiten im Ring $R = \mathbb{Z}[i]$ der ganzen Gauß'schen Zahlen von Aufgabe 11.1.

11.3 Berechnen Sie mit Hilfe des euklidischen Algorithmus den größten gemeinsamen Teiler der folgenden Paare von Polynomen $f_1(X), f_2(X) \in \mathbb{Q}[X]$ sowie eine Darstellung $\operatorname{ggT}(f_1(X), f_2(X)) = p_1(X)f_1(X) + p_2(X)f_2(X)$ mit $p_i(X) \in \mathbb{Q}[X]$.

(a) $f_1(X) = X^{15} + X^{12} + X^{10} + X^9 + X^6 + X^5 + X^4 + X^2 + 1,$
$f_2(X) = X^{12} + X^9 + X^7 + X^6 + X^5 + X^3 + X^2 + X + 1.$

(b) $f_1(X) = X^{11} + 3X^{10} + 6X^9 + 11X^8 + 18X^7 + 28X^6 + 39X^5 + 53X^4 + 48X^3 + 41X^2 + 30X + 17,$
$f_2(X) = X^9 + X^8 + 2X^7 + 4X^6 + 5X^5 + 9X^4 + 9X^3 + 15X^2 - 4X + 17.$

11.4 (a) Sei $f(X) = a_nX^n + a_{n-1}X^{n-1} + \cdots + a_1X + a_0 \in \mathbb{Z}[X]$ und $p/q \in \mathbb{Q}$ ein (gekürzter) Bruch, d. h. p, q sind teilerfremde ganze Zahlen. Zeigen Sie: Aus $f(p/q) = 0$ folgt $q \mid a_n$ und $p \mid a_0$.

(b) Zeigen Sie: $4X^3 + 3X^2 + 2X + 1$ ist irreduzibel in $\mathbb{Q}[X]$.

11.5 Zeigen Sie, daß das charakteristische Polynom der Matrix

$$\mathcal{C} = \begin{pmatrix} 0 & & \cdots & & 0 & -f_0 \\ 1 & 0 & & & & -f_1 \\ 0 & 1 & \ddots & & & -f_2 \\ \vdots & & \ddots & & & \vdots \\ & & & 1 & 0 & -f_{n-2} \\ 0 & \cdots & & 0 & 1 & -f_{n-1} \end{pmatrix}$$

gleich dem Polynom $f_0 + f_1 X + \cdots + f_{n-1} X^{n-1} + X^n$ ist.

11.6 Sei $R := \mathbb{Z}/2\mathbb{Z}$, $f(X) = X^3 + X + 1 \in R[X]$. Zeigen Sie: $K = R[X]/(R[X] \cdot f(X))$ ist ein Körper mit endlich vielen Elementen. Bestimmen Sie die Anzahl der Elemente in K.

11.7 (a) Man gebe eine notwendige und hinreichende Bedingung dafür an, daß für die natürlichen Zahlen $m \geq 2$ und $n \geq 2$ die beiden $\mathbb{Z}$-Moduln $\mathbb{Z}/m\mathbb{Z} \oplus \mathbb{Z}/n\mathbb{Z}$ und $\mathbb{Z}/mn\mathbb{Z}$ isomorph sind.

(b) Zeigen Sie die Äquivalenz folgender Aussagen für $2 \leq n, m \in \mathbb{N}$:

(i) $m + \mathbb{Z}$ ist Einheit in $\mathbb{Z}/n\mathbb{Z}$;

(ii) $m + \mathbb{Z}$ ist kein Nullteiler in $\mathbb{Z}/n\mathbb{Z}$;

(iii) $\text{ggT}(n, m) = 1$.

11.8 Berechnen Sie das charakteristische Polynom, die rationalen Eigenwerte und die zugehörigen Eigenvektoren über dem Körper $\mathbb{Q}$ der rationalen Zahlen von der Matrix

$$\mathcal{A} = \begin{pmatrix} 5 & -4 & 1 & -1 \\ 1 & 0 & 0 & -1 \\ 1 & -2 & 0 & -1 \\ 1 & -2 & 1 & 1 \end{pmatrix}.$$

11.9 Im freien $\mathbb{Z}$-Modul $P = a\mathbb{Z} \oplus b\mathbb{Z} \oplus c\mathbb{Z} \oplus d\mathbb{Z}$ sei der Untermodul U von den Elementen

$$\begin{aligned} w &= -a + 3b + 2c + 8d, \\ x &= 3b + 2c + 8d, \\ y &= 5a + b - 4c + 8d, \\ z &= 7a + 4b - 2c + 16d \end{aligned}$$

erzeugt. Bestimmen Sie die Elementarteiler der abelschen Gruppe $A = P/U$.

11.10 Zeigen Sie, daß der Quotientenkörper Q des nullteilerfreien Ringes R kein endlich erzeugter R-Modul ist, wenn R kein Körper ist.

11.11 Berechnen Sie zu der Matrix

$$\mathcal{A} = \begin{pmatrix} X^2 + 2 & X^2 & X^2 + 1 \\ 3X^3 & X^3 + X + 1 & 3X^3 - X \\ 2X^2 + 1 & X^2 & 2X^2 \end{pmatrix}$$

mit Elementen aus $\mathbb{Q}[X]$ die Elementarteiler und die zugehörige Transformationsmatrizen.

11.12 Bestimmen Sie alle abelschen Gruppen G der Ordnung $|G| = 2401$, die genau 48 Elemente g der Ordnung 7 haben.

11.13 Bestimmen Sie den größten gemeinsamen Teiler und das kleinste gemeinsame Vielfache der Polynome $p(X) = X^3 + X^2 + X - 3$ und $q(X) = X^4 - X^3 + 3X^2 - X + 4$ in $F[X]$ in jedem der Fälle $F = \mathbb{Q}$, $\mathbb{Z}/3\mathbb{Z}$, und $\mathbb{Z}/11\mathbb{Z}$.

12 Normalformen einer Matrix

In Kapitel 6 wurde die spezielle Frage untersucht, welche quadratischen Matrizen zu Diagonalmatrizen ähnlich sind. Mit Hilfe des im vorigen Kapitel bewiesenen Struktursatzes 11.4.7 für endlich erzeugte Moduln über Hauptidealringen ist es nun möglich, die Ähnlichkeitsklassen aller $n \times n$-Matrizen über einem kommutativen Körper F zu klassifizieren. Hierzu wird gezeigt, daß zwei $n \times n$-Matrizen $\mathcal{A}$ und $\mathcal{B}$ genau dann ähnlich sind, wenn sie dieselbe rationale Form besitzen. Aus ihr ergibt sich für algebraisch abgeschlossene Körper F auch die Jordansche Normalform einer $n \times n$-Matrix, die schon in Kapitel 6 behandelt worden war. Außerdem folgt der Satz von Cayley-Hamilton, der besagt, daß jede $n \times n$-Matrix $\mathcal{A}$ Nullstelle ihres charakteristischen Polynoms $\operatorname{char}\operatorname{Pol}_{\mathcal{A}}(X)$ ist.

Um den Struktursatz für endlich erzeugte Moduln über Hauptidealringen anwenden zu können, wird im ersten Abschnitt für jeden Endomorphismus $\alpha \in \operatorname{End}_F(V)$ des n-dimensionalen Vektorraums V über dem Körper F eine R-Linksmodulstruktur auf V erklärt, wobei $R = F[X]$ der Polynomring in einer Unbestimmten X über F ist. Wegen der endlichen Dimension von V ist V ein Torsionsmodul. Die Ordnung $o(V)$ dieses Torsionsmoduls V ist das Minimalpolynom $m(X)$ von α.

Im ersten Abschnitt werden auch die Beziehungen zwischen den Matrizendarstellungen von α bezüglich geeigneter Basen von V und der Zerlegung von V in zyklische R-Linksuntermoduln analysiert. Hiermit ist es dann einfach, im zweiten Abschnitt die rationale kanonische Form einer $n \times n$-Matrix $\mathcal{A} = (a_{ij})$ mit Koeffizienten a_{ij} aus einem Körper F aus dem Struktursatz für endlich erzeugte Moduln über Hauptidealringen abzuleiten. Hieraus ergibt sich der Satz von Cayley-Hamilton.

Im letzten Abschnitt werden die Berechnungsverfahren für die Normalformen einer $n \times n$-Matrix beschrieben und anhand von Beispielen erläutert.

12.1 Vektorräume als Moduln über einem Polynomring

In diesem Abschnitt ist F stets ein kommutativer Körper, V ein n-dimensionaler F-Vektorraum und $R = F[X]$ der Ring aller Polynome über F in der Unbestimmten X. Nach Folgerung 11.1.10 ist R ein Hauptidealring.

12.1.1 Definition. Für jeden Endomorphismus $\alpha \in \operatorname{End}_F(V)$ ist V ein *endlich erzeugter R-Linksmodul* vermöge der folgenden *Multiplikation*: Für alle $\boldsymbol{v} \in V$ und alle $r = f(X) = f_0 + f_1X + \cdots + f_kX^k \in R = F[X]$ sei

$$r \cdot \boldsymbol{v} = f(\alpha) \cdot \boldsymbol{v} = f_0 v + f_1\alpha(\boldsymbol{v}) + \cdots + f_k\alpha^k(\boldsymbol{v}) \in V.$$

In diesem Kapitel wird V stets als R-Linksmodul bezüglich eines fest gewählten Endomorphismus α von V mit der in Definition 12.1.1 angegebenen Modulstruktur betrachtet. Man beachte, daß diese R-Modulstruktur von V vom Endomorphismus $\alpha \in \operatorname{End}_F(V)$ abhängt.

12.1.2 Bemerkungen.

(a) Wegen $\dim_F V = n$ und $F \leq R$ wird V als R-Linksmodul von n Elementen erzeugt.

(b) Ist $B = \{\boldsymbol{v}_1, \boldsymbol{v}_2, \ldots, \boldsymbol{v}_n\}$ eine Basis des Vektorraums V und $\mathcal{A} = (a_{ij}) = \mathcal{A}_\alpha(B, B)$ die $n \times n$-Matrix des Endomorphismus $\alpha \in \operatorname{End}_F(V)$, dann ist die charakteristische Matrix $\operatorname{char}_{\mathcal{A}}(X) = \mathcal{A} - X\mathcal{E}_n$ die Relationenmatrix des R-Linksmoduls V, weil

$$X\boldsymbol{v}_j = \alpha(\boldsymbol{v}_j) = \sum_{i=1}^{n} \boldsymbol{v}_i a_{ij} \quad \text{für } 1 \leq j \leq n$$

gilt. Also sind die Zeilenvektoren von $\operatorname{char}_{\mathcal{A}}(X)$ die Relationen des R-Linksmoduls V.

12.1.3 Hilfssatz. *V ist ein endlich erzeugter R-Torsionsmodul.*

Beweis: Für jedes $\boldsymbol{o} \neq \boldsymbol{v} \in V$ ist $\operatorname{Ann}(\boldsymbol{v}) = \{r \in R \mid r\boldsymbol{v} = \boldsymbol{o}\}$ ein Ideal in $R = F[X]$ derart, daß $R\boldsymbol{v} \cong R/\operatorname{Ann}(\boldsymbol{v})$. Da $R = F[X]$ ein unendlich-dimensionaler F-Vektorraum ist und $R\boldsymbol{v}$ als Unterraum von V endlich-dimensional ist, folgt $\operatorname{Ann}(\boldsymbol{v}) \neq 0$. Also ist V ein R-Torsionsmodul. ♦

12.1.4 Definition. Das normierte Polynom $m(X) \in R = F[X]$ heißt *Minimalpolynom* des Endomorphismus $0 \neq \alpha \in \operatorname{End}_F(V)$ von V, wenn $m(X)$ ein Polynom kleinsten Grades mit $m(\alpha) = 0$ ist.

Analog erklärt man das *Minimalpolynom* einer $n \times n$-Matrix $\mathcal{A} = (a_{ij})$ mit Koeffizienten a_{ij} aus dem Körper F.

12.1.5 Satz. *Das Minimalpolynom $m(X) \in R = F[X]$ des Endomorphismus $\alpha \in \operatorname{End}_F(V)$ ist durch α eindeutig bestimmt. Es ist die normierte Ordnung $o(V)$ des Torsionsmoduls V über dem Hauptidealring R.*

Beweis: Sei k der Grad eines Polynoms $m(X) = g_0 + g_1X + \cdots + g_{k-1}X^{k-1} + X^k$ kleinsten Grades mit $m(\alpha) = 0$. Nach Hilfssatz 12.1.3 ist der endlich erzeugte

R-Linksmodul V ein Torsionsmodul. Gemäß Definition 11.3.6 ist seine Ordnung $r(X) = o(V)$ ein Erzeuger des Hauptideals

$$\operatorname{Ann}(V) = \{q \in R \mid q \cdot \boldsymbol{v} = \boldsymbol{o} \text{ für alle } \boldsymbol{v} \in V\}.$$

Da assoziierte Elemente im Hauptidealring $R = F[X]$ sich nur um konstante Faktoren $0 \neq f \in F$ unterscheiden, kann $r(X)$ als normiertes Polynom gewählt werden. Sei

$$o(V) = r(X) = r_0 + r_1X + \cdots + r_{t-1}X^{t-1} + X^t \quad \text{mit } r_i \in F.$$

Dann gilt für alle $\boldsymbol{v} \in V$, daß

$$\boldsymbol{o} = r(X) \cdot \boldsymbol{v} = r_0\boldsymbol{v} + r_1\alpha(\boldsymbol{v}) + \cdots + r_{t-1}\alpha^{t-1}(\boldsymbol{v}) + \alpha^t(\boldsymbol{v}) = r(\alpha) \cdot \boldsymbol{v}.$$

Also ist $r(\alpha) = 0$ in $\operatorname{End}_F(V)$. Daher ist $t \geq k$.

Das Polynom $r(X)$ ist als Erzeuger des Hauptideals $\operatorname{Ann}(V)$ ein Annullator minimalen Grades, d. h. es gilt auch $t \leq k$. Daher ist $t = k$ und die normierten Polynome $r(X)$ und $m(X)$ stimmen überein. ♦

12.1.6 Satz. *Sei $\alpha \in \operatorname{End}_F(V)$ und V der R-Linksmodul bezüglich der Wirkung von α auf V. Der Unterraum U des n-dimensionalen F-Vektorraums V ist genau dann α-invariant, wenn U ein R-Untermodul des R-Moduls V ist.*

Beweis: Sei $r(X) = r_0 + r_1X + \cdots + r_kX^k \in R = F[X]$ und U ein α-invarianter Unterraum des F-Vektorraums V. Sei $\boldsymbol{u} \in U$. Wegen Definition 3.7.1 ist $\alpha^i(\boldsymbol{u}) \in U$ für $i = 1, 2, \ldots, k$. Nach Definition 12.1.1 gilt dann

$$r(X)\boldsymbol{u} = r_0\boldsymbol{u} + r_1\alpha(\boldsymbol{u}) + r_2\alpha^2(\boldsymbol{u}) + \cdots + r_k\alpha^k(\boldsymbol{u}) \in U.$$

Also ist U ein R-Untermodul von V.

Ist umgekehrt U ein R-Untermodul von V, dann ist $\alpha(\boldsymbol{u}) = X\boldsymbol{u} \in U$ für alle $\boldsymbol{u} \in U$. Also ist U ein α-invarianter Unterraum von V. ♦

12.1.7 Definition. Der Endomorphismus $\alpha \in \operatorname{End}_F(V)$ von V heißt *zyklisch*, wenn ein $0 \neq \boldsymbol{v} \in V$ existiert, derart, daß $\{\boldsymbol{v}, \alpha\boldsymbol{v}, \alpha^2\boldsymbol{v}, \ldots, \alpha^{n-1}\boldsymbol{v}\}$ eine Basis von V ist.

12.1.8 Definition. Ist $f(X) = f_0 + f_1X + \cdots + f_{n-1}X^{n-1} + X^n$ ein normiertes Polynom aus $R = F[X]$, so heißt die $n \times n$-Matrix

$$\mathcal{C}(f(X)) = \begin{pmatrix} 0 & 0 & 0 & 0 & \cdots & 0 & -f_0 \\ 1 & 0 & 0 & 0 & \cdots & 0 & -f_1 \\ 0 & 1 & 0 & 0 & \cdots & 0 & -f_2 \\ 0 & 0 & 1 & 0 & \cdots & 0 & \vdots \\ \vdots & & & \ddots & \ddots & \vdots & \\ 0 & & & & & 0 & -f_{n-2} \\ 0 & 0 & 0 & 0 & \cdots & 1 & -f_{n-1} \end{pmatrix}$$

die *Begleitmatrix von* $f(X)$.

12.1.9 Hilfssatz. *Es sei* α *ein zyklischer Endomorphismus des Vektorraums* V *mit Basis* $B = \{\boldsymbol{v}, \alpha\boldsymbol{v}, \dots \alpha^{n-1}\boldsymbol{v}\}$ *und Minimalpolynom* $m(X) \in F[X]$. *Dann gelten:*

(a) $m(X)$ *hat den Grad* n.

(b) $\mathcal{A}_\alpha(B, B) = \mathcal{C}(m(X))$, *wobei* $\mathcal{C}(m(X))$ *die Begleitmatrix von* $m(X)$ *ist.*

Beweis: Da $B = \{\boldsymbol{v}, \alpha\boldsymbol{v}, \alpha^2\boldsymbol{v}, \dots, \alpha^{n-1}\boldsymbol{v}\}$ eine Basis von V ist, hat der Vektor $\alpha^n\boldsymbol{v}$ von V die eindeutige Darstellung

$$(*) \qquad \alpha^n\boldsymbol{v} = \sum_{i=1}^{n} (\alpha^{i-1}\boldsymbol{v})g_{i-1} \quad \text{mit } g_{i-1} \in F.$$

Also ist $(\alpha^n - g_{n-1}\alpha^{n-1} - \dots - g_1\alpha - g_0)\boldsymbol{v} = g(\alpha) \cdot \boldsymbol{v} = 0$ für $g(X) = X^n - g_{n-1}X^{n-1} - \dots - g_1X - g_0 \in F[X]$. Da B eine Basis von V ist, folgt, daß $g(X)$ das Minimalpolynom von α ist. Also ist $g(X) = m(X)$, weil $g(X)$ normiert ist. Setze $f_i = -g_i$ für $i = 0, 1, \dots, n-1$, dann folgt aus Behauptung $(*)$ nach Definition 3.3.1. ♦

12.1.10 Folgerung. *Sei* α *ein Endomorphismus des* n*-dimensionalen* F*-Vektorraums* V *und* $R = F[X]$. V *ist genau dann ein zyklischer* R*-Linksmodul bezüglich* α, *wenn* α *ein zyklischer Endomorphismus von* V *ist. Insbesondere besitzt* V *dann eine Basis* B *derart, daß die Matrix* $\mathcal{A}_\alpha(B, B)$ *des Endomorphismus* α *bezüglich* B *die Begleitmatrix* $\mathcal{C}(m(X))$ *des Minimalpolynoms* $m(X)$ *von* α *ist.*

Beweis: Die R-Modulstruktur auf V ist in Definition 12.1.1 erklärt. Nach Satz 12.1.5 ist das Minimalpolynom $m(X)$ von α die Ordnung $o(V) = \operatorname{Ann}(V)$ des R-Linksmoduls V. Ist V ein zyklischer R-Linksmodul, dann gibt es ein Element $0 \neq \boldsymbol{v} \in V$ derart, daß

$$o(V) = \operatorname{Ann}(V) = m(X)R = \operatorname{Ann}(\boldsymbol{v}) = \{r(X) \in R \mid r(X) \cdot \boldsymbol{v} = \boldsymbol{o}\}.$$

Also ist $V \cong R/m(X)R$, und $B = \{\boldsymbol{v}, \alpha\boldsymbol{v}, \dots, \alpha^{n-1}\boldsymbol{v}\}$ ist eine Basis von V, weil $m(X)$ ein normiertes Polynom vom Grade $n = \dim_F V$ ist. Daher ist α ein zyklischer Endomorphismus von V.

Ist umgekehrt α ein zyklischer Endomorphismus von V, dann hat das Minimalpolynom $m(X)$ von α nach Hilfssatz 12.1.9 den Grad n. Also ist $R/m(X)R \cong R\cdot\boldsymbol{v} = V$, weil $B = \{\boldsymbol{v}, \alpha\boldsymbol{v}, \dots, \alpha^{n-1}\boldsymbol{v}\}$ für ein $0 \neq \boldsymbol{v} \in V$ eine Basis von V ist. Daher ist V ein zyklischer R-Linksmodul.

Gilt eine dieser beiden äquivalenten Bedingungen für den Endomorphismus α, dann ist $B = \{\boldsymbol{v}, \alpha\boldsymbol{v}, \dots, \alpha^{n-1}\boldsymbol{v}\}$ für ein $0 \neq \boldsymbol{v} \in V$ eine Basis von V. Nach Hilfssatz 12.1.9 und Definition 12.1.8 folgt, daß α bezüglich B die Matrix $\mathcal{A}_\alpha(B, B) = \mathcal{C}(m(X))$ hat, wobei $\mathcal{C}(m(X))$ die Begleitmatrix des Minimalpolynoms $m(X)$ von α ist. ♦

12.2 Rationale kanonische Form

Mit den Ergebnissen des vorangehenden Abschnitts ist es nun einfach, mit dem Struktursatz für endlich erzeugte Moduln über Hauptidealringen den folgenden Hauptsatz dieses Kapitels zu beweisen.

12.2.1 Satz (Rationale kanonische Form). *Sei $\alpha \neq 0$ ein Endomorphismus des n-dimensionalen F-Vektorraums V. Das Minimalpolynom $m(X)$ von α habe in $R = F[X]$ die eindeutige Primfaktorzerlegung*

$$m(X) = q_1(X)^{e_1} q_2(X)^{e_2} \cdots q_k(X)^{e_k},$$

wobei $q_i(X)$ normiert und irreduzibel in $F[X]$ und $q_i(X) \neq q_j(X)$ für $i \neq j$ ist. Dann existiert eine Basis B von V, bezüglich derer die Matrix $\mathcal{A}_\alpha(B, B)$ von α die folgende Gestalt hat:

$$\mathcal{A}_\alpha(B, B) = \begin{pmatrix} \mathcal{R}_1 & 0 & \cdots & 0 \\ 0 & \mathcal{R}_2 & & \\ \vdots & & & \vdots \\ & & & 0 \\ 0 & \cdots & 0 & \mathcal{R}_k \end{pmatrix},$$

wobei jede Matrix $\mathcal{R}_i$ von der Form

$$\mathcal{R}_i = \begin{pmatrix} \mathcal{C}\left(q_i(X)^{e_{i1}}\right) & 0 & & 0 \\ 0 & \mathcal{C}\left(q_i(X)^{e_{i2}}\right) & & \vdots \\ \vdots & \ddots & \ddots & \\ & & & 0 \\ 0 & \cdots & 0 & \mathcal{C}\left(q_i(X)^{e_{ir_i}}\right) \end{pmatrix}$$

ist, $e_i = e_{i1} \geq e_{i2} \geq \cdots \geq e_{ir_i} > 0$ für $i = 1, 2, \ldots, k$ gilt und die Zahlen e_{ij_i} für $1 \leq j_i \leq r_i$ die Elementarteiler der $q_i(X)$-Primärkomponente des Torsionsmoduls V mit Ordnung $o(V) = m(X)$ in R sind. Insbesondere ist $V_{q_i(X)} = \{\boldsymbol{v} \in V \mid q_i(X)^{e_i} \cdot \boldsymbol{v} = \boldsymbol{o}\}$ für $i = 1, 2, \ldots, k$.

Beweis: Nach Definition 12.1.1 und Hilfssatz 12.1.3 ist der n-dimensionale F-Vektorraum ein Torsionsmodul über dem Hauptidealring $R = F[X]$. Wegen Satz 12.1.5 ist das Minimalpolynom $m(X)$ von α die Ordnung $o(V)$ des endlich erzeugten R-Linksmoduls V. Da R ein Hauptidealring ist, läßt sich $m(X)$ nach Satz 11.1.27 eindeutig in Primelemente $q_i(X) \in R$ faktorisieren, d. h.

$$m(X) = q_1(X)^{e_1} q_2(X)^{e_2} \cdots q_k(X)^{e_k},$$

wobei die irreduziblen Polynome $q_i(X) \in F[X]$ normiert und paarweise verschieden sind. Sei $V_i = V_{q_i(X)}$ die $q_i(X)$-Primärkomponente des Torsionsmoduls V. Nach Satz 11.3.5 und Folgerung 11.3.8 ist dann

$$V = V_1 \oplus V_2 \oplus \cdots \oplus V_k \quad \text{und} \quad V_i = \{\boldsymbol{v} \in V \mid q_i(X)^{e_i}\boldsymbol{v} = 0\} \quad \text{für } i = 1, 2, \ldots, k.$$

Wegen Satz 12.1.6 ist jeder dieser direkten Summanden V_i von V ein α-invarianter Unterraum. Sei $\alpha_i = \alpha_{|V_i}$ die Einschränkung von α auf den Unterraum V_i für $i = 1, 2, \ldots, k$. Nach Satz 3.7.3 gibt es dann in den Unterräumen V_i Basen B_i derart, daß $B = \bigcup_{i=1}^{k} B_i$ eine Basis von V ist. Sei $\mathcal{R}_i = \mathcal{A}_{\alpha_i}(B_i, B_i)$ für $i = 1, 2, \ldots, k$. Dann hat α bezüglich B die diagonale Blockmatrix

$$\mathcal{A}_\alpha(B, B) = \begin{pmatrix} \mathcal{R}_1 & 0 & \cdots & & 0 \\ 0 & \mathcal{R}_2 & \ddots & & \vdots \\ \vdots & \ddots & & & \\ & & & \mathcal{R}_{k-1} & 0 \\ 0 & \cdots & & 0 & \mathcal{R}_k \end{pmatrix}.$$

Nach Satz 11.4.3 ist jede Primärkomponente V_i von V eine direkte Summe

$$V_i = M_{i1} \oplus M_{i2} \oplus \cdots \oplus M_{ir_i}$$

von zyklischen R-Linksmoduln M_{ij_i} mit Ordnungen $o(M_{ij_i}) = q_i(X)^{e_{ij_i}}$ für $1 \le j_i \le r_i$, wobei die Indizes j_i so geordnet werden können, daß für die Elementarteilerexponenten e_{ij_i} von V_i zum irreduziblen Polynom $q_i(X)$ gilt:

$$e_i = e_{i1} \ge e_{i2} \ge \cdots \ge e_{ir_i} > 0.$$

Nach Satz 12.1.6 ist jeder direkte Summand M_{ij_i} von V_i ein α-invarianter Unterraum.

Sei $\alpha_{ij_i} = \alpha_{|M_{ij_i}}$ die Einschränkung von α auf den direkten Summanden M_{ij_i} von V_i. Dann ist die Ordnung $o(M_{ij_i}) = q_i(X)^{e_{ij_i}}$ von M_{ij_i} nach Satz 12.1.5 das Minimalpolynom des Endomorphismus α_{ij_i} von M_{ij_i}. Da M_{ij_i} ein zyklischer R-Linksmodul ist, besitzt der Unterraum M_{ij_i} von V_i nach Folgerung 12.1.10 eine Basis B_{ij_i} derart, daß die Matrix $\mathcal{A}_{\alpha_{ij_i}}(B_{ij_i}, B_{ij_i})$ der Einschränkung α_{ij_i} von α auf M_{ij_i} die Begleitmatrix $\mathcal{C}(q_i(X)^{e_{ij_i}})$ des Minimalpolynoms $q_i(X)^{e_{ij_i}}$ von α_{ij_i} ist. Nach Satz 3.7.3 ist $B_i = \bigcup_{j_i=1}^{r_i} B_{ij_i}$, und $\alpha_i = \alpha_{|V_i}$ hat bezüglich B_i die diagonale Blockmatrix

$$\mathcal{R}_i = \mathcal{A}_{\alpha_i}(B_i, B_i) = \begin{pmatrix} \mathcal{C}(q_i(X)^{e_{i1}}) & 0 & \cdots & 0 \\ 0 & \mathcal{C}(q_i(X)^{e_{i2}}) & & \vdots \\ \vdots & \ddots & \ddots & 0 \\ 0 & \cdots & 0 & \mathcal{C}(q_i(X)^{e_{ir_i}}) \end{pmatrix}.$$

Hiermit ist Satz 12.2.1 bewiesen. ♦

12.2.2 Folgerung. *Zwei $n \times n$-Matrizen $\mathcal{A} = (a_{ij})$ und $\mathcal{B} = (b_{ij})$ mit Koeffizienten a_{ij}, b_{ij} aus dem Körper F sind genau dann ähnlich, wenn sie dieselbe rationale kanonische Form $\mathcal{R}$ haben. Insbesondere haben zwei ähnliche Matrizen dasselbe Minimalpolynom.*

Beweis: Besitzen $\mathcal{A}$ und $\mathcal{B}$ dieselbe rationale kanonische Form $\mathcal{R}$, dann existieren nach Satz 12.2.1 und Satz 3.3.9 invertierbare $n \times n$-Matrizen $\mathcal{P}_1$ und $\mathcal{P}_2$ derart, daß

$$\mathcal{R} = \mathcal{P}_1^{-1}\mathcal{A}\mathcal{P}_1 = \mathcal{P}_2^{-1}\mathcal{B}\mathcal{P}_2.$$

Also ist $(\mathcal{P}_2\mathcal{P}_1^{-1})\mathcal{A}(\mathcal{P}_1\mathcal{P}_1^{-1}) = (\mathcal{P}_2\mathcal{P}_1^{-1})\mathcal{A}(\mathcal{P}_2\mathcal{P}_1^{-1})^{-1} = \mathcal{B}$. Daher sind $\mathcal{A}$ und $\mathcal{B}$ ähnlich.

Umgekehrt sei $\mathcal{A} = \mathcal{P}^{-1}\mathcal{B}\mathcal{P}$ für eine invertierbare $n \times n$-Matrix $\mathcal{P}$. Dann beschreiben $\mathcal{A}$ und $\mathcal{B}$ nach Bemerkung 3.5.5 denselben Endomorphismus α von $V = F^n$. Deshalb haben $\mathcal{A}$ und $\mathcal{B}$ dieselbe rationale kanonische Normalform $\mathcal{R}$ nach Satz 12.2.1. ♦

12.2.3 Hilfssatz. *Sei α ein zyklischer Endomorphismus des n-dimensionalen Vektorraums V über dem Körper F. Dann ist sein Minimalpolynom $m(X) = f_0 + f_1X + f_2X^2 + \cdots + f_{n-1}X^{n-1} + X^n \in F[X]$ gleich dem charakteristischen Polynom* $\operatorname{char Pol}_\alpha(X)$.

Beweis: Da ein zyklischer Endomorphismus nach Hilfssatz 12.1.9 das Minimalpolynom $m(X)$ als einzigen Elementarteiler hat, gilt $\operatorname{charPol}_\alpha = m(X)$ nach Folgerung 11.5.25. ♦

12.2.4 Satz. *Sei V ein endlich-dimensionaler Vektorraum über dem Körper F. Dann ist das charakteristische Polynom* $\operatorname{char Pol}_\alpha(X)$ *eines Endomorphismus $\alpha \in \operatorname{End}_F(V)$ das Produkt der Elementarteiler des $F[X]$-Moduls V.*

Beweis: Folgt unmittelbar aus Folgerung 11.5.25. ♦

12.2.5 Satz (Cayley-Hamilton). *Sei V ein n-dimensionaler F-Vektorraum. Das Minimalpolynom $m(X)$ eines Endomorphismus $\alpha \in \operatorname{End}_F(V)$ teilt sein charakteristisches Polynom* $\operatorname{char Pol}_\alpha(X)$. *Ein irreduzibles Polynom $q(X) \in F[X]$ teilt* $\operatorname{char Pol}_\alpha(X)$ *genau dann, wenn $q(X)$ ein Teiler von $m(X)$ ist.*

Beweis: Nach Satz 12.2.4 gilt $\operatorname{char Pol}_\alpha(X) = \prod_{i=1}^k \prod_{j=1}^{r_i} q_i(X)^{e_{ij_i}}$, wobei $m(X) = q_1(X)^{e_1} q_2(X)^{e_2} \cdots q_k(X)^{e_k}$ die Primfaktorzerlegung des Minimalpolynoms $m(X)$ von α in normierte irreduzible Polynome $q_i(X)$ mit $q_i(X) \neq q_j(X)$ für $i \neq j$ ist, und die e_{ij} die Elementarteilerexponenten zum Polynom $q_i(X)$ sind. Wegen $e_{i1} = e_i$ ist daher

$$\operatorname{char Pol}_\alpha(X) = m(X) \prod_{k=1}^{k} \left(\prod_{j_i=2}^{r_i} q_i(X)^{e_{ij_i}} \right).$$

Also ist das Minimalpolynom $m(X)$ von α ein Teiler des charakteristischen Polynoms $\operatorname{char Pol}_\alpha(X)$ von α, und beide Polynome haben dieselben irreduziblen Faktoren $q_i(X), i = 1, 2, \ldots, k$. ♦

12.2.6 Folgerung. *Es gibt eine Bijektion zwischen den Äquivalenzklassen der nilpotenten $n \times n$-Matrizen $\mathcal{A} = (a_{ij})$ mit Koeffizienten a_{ij} aus dem Körper F und den Partitionen $e_1 \geq e_2 \geq \cdots \geq e_r > 0$ von $n = \sum_{i=1}^{r} e_i$. Sie ist gegeben durch die Elementarteiler $e_1 \geq e_2 \geq \cdots \geq e_r > 0$ der nilpotenten Matrix $\mathcal{A}$. Zu jedem Elementarteiler e_i hat die Jordansche Normalform $\mathcal{J}$ von $\mathcal{A}$ genau ein $e_i \times e_i$-Jordankästchen*

$$\mathcal{L}_i = \begin{pmatrix} 0 & & \cdots & & 0 \\ 1 & 0 & & & \\ 0 & 1 & 0 & & \vdots \\ \vdots & \ddots & \ddots & \ddots & \\ 0 & \cdots & 0 & 1 & 0 \end{pmatrix}$$

mit $e_i - 1$ Einsen in der unteren Nebendiagonalen.

Beweis: Nach Folgerung 12.2.2 ist die Äquivalenzklasse einer Matrix $\mathcal{A}$ durch ihre rationale kanonische Form $\mathcal{R}$ eindeutig bestimmt. Im Falle der nilpotenten Matrizen $\mathcal{A}$ stimmen nach Satz 6.3.10 und Definition 12.1.8 die rationale Form $\mathcal{R}$ und die Jordansche Normalform $\mathcal{J}$ überein. Da $0 \in F$ der einzige Eigenwert einer nilpotenten Matrix $\mathcal{A}$ ist, ist die Jordansche Normalform $\mathcal{J}$ von $\mathcal{A}$ nach Satz 6.3.10 eindeutig durch die Elementarteiler $e_1 \geq e_2 \geq \cdots \geq e_r > 0$ von $\mathcal{A}$ bestimmt. Nach Satz 6.3.10 ist diese Folge von natürlichen Zahlen e_i eine Partition von $n = \sum_{i=1}^{r} e_i$ und jedes Jordankästchen $\mathcal{L}_i$ hat $(e_i - 1)$ Einsen in der unteren Nebendiagonalen. ♦

12.3 Berechnungsverfahren für die Normalformen

In diesem Abschnitt wird zunächst die Berechnung der Smith-Normalform der charakteristischen Matrix einer n-reihigen quadratischen Matrix $\mathcal{A}$ mit Elementen aus einem kommutativen Körper F auf den Fall von $(n-1)$-reihigen Matrizen reduziert. Hierdurch ergibt sich ein effizienter Algorithmus zur Berechnung der rationalen kanonischen Normalform $\mathcal{R}$ und der zugehörigen Transformationsmatrix $\mathcal{Q}$ mit $\mathcal{R} = \mathcal{Q}^{-1}\mathcal{A}\mathcal{Q}$. Sofern die Voraussetzungen von Satz 6.3.11 an $\mathcal{A}$ im Körper F erfüllt sind, erhält man daraus dann sehr einfach auch die Jordan-Normalform $\mathcal{J}$ von $\mathcal{A}$.

12.3.1 Hilfssatz. *Sei F ein kommutativer Körper und X eine Unbestimmte. Sei*

$$\mathcal{A} = \begin{pmatrix} p_1 & a_{12} & a_{13} & a_{14} & \cdots & a_{1n} \\ p_2 & a_{22}-X & a_{23} & a_{24} & \cdots & a_{2n} \\ p_3 & a_{32} & a_{33}-X & a_{34} & \cdots & a_{3n} \\ p_4 & a_{42} & a_{43} & a_{44}-X & \cdots & a_{4n} \\ \vdots & \vdots & \vdots & \vdots & & \vdots \\ p_n & a_{n2} & a_{n3} & a_{n4} & \cdots & a_{nn}-X \end{pmatrix}$$

eine $n \times n$-Matrix mit Koeffizienten $a_{ij} \in F$ für $1 \le i \le n$ und $2 \le j \le n$, $p_i = p_i(X) \in F[X]$ für $1 \le i \le n$, wobei $p_1(X) = (-1)^t X^t + \cdots + p_{1,1}X + p_{1,0}$ und Grad $p_k(X) < t$ für $2 \le k \le n$ gilt.

Sei $a_{12} \neq 0$. Dann gibt es zwei unimodulare Matrizen $\mathcal{Q}$ und $\mathcal{P}$ derart, daß

$$\mathcal{Q}\,\mathcal{A}\,\mathcal{P} = \begin{pmatrix} 1 & 0 & 0 & 0 & \cdots & 0 \\ 0 & q_2 & b_{23} & b_{24} & \cdots & b_{2n} \\ 0 & q_3 & b_{33}-X & b_{34} & \cdots & b_{3n} \\ 0 & q_4 & b_{43} & b_{44}-X & \cdots & b_{4n} \\ \vdots & \vdots & \vdots & \vdots & & \vdots \\ 0 & q_n & b_{n3} & b_{n4} & \cdots & b_{nn}-X \end{pmatrix},$$

wobei

$$b_{ij} = a_{ij} - a_{12}^{-1}a_{1j}a_{i2} \quad \textit{für } 3 \le i, j \le n,$$

$$b_{2j} = a_{2j} - a_{12}^{-1}a_{1j}a_{22} + \left(\sum_{i=3}^{n} a_{12}^{-1}a_{1i}b_{ij}\right) \quad \textit{für } 3 \le j \le n,$$

$$q_i = -a_{12}p_i + a_{i2}p_1 \quad \textit{für } 3 \le i \le n,$$

$$q_2 = a_{12}p_2 + (a_{22}-X)p_1 + \sum_{i=3}^{n} a_{12}^{-1}a_{1i}q_i.$$

Insbesondere gilt $q_2 = q_2(X) = (-1)^{t+1}X^{t+1} + \cdots + q_{2,1}X + q_{2,0}$ und Grad $q_i(X) \le t < t+1$ *für alle $3 \le i \le n$.*

Beweis: Die unimodularen Matrizen $\mathcal{P}$ und $\mathcal{Q}$ sind die Produktmatrizen

$$\mathcal{P} = \begin{pmatrix} 0 & -a_{12} & 0 & 0 & \cdots & 0 \\ \frac{1}{a_{12}} & p_1 & 0 & 0 & \cdots & 0 \\ 0 & 0 & 1 & 0 & \cdots & 0 \\ 0 & 0 & 0 & 1 & \cdots & 0 \\ \vdots & \vdots & \vdots & \vdots & & \vdots \\ 0 & 0 & 0 & 0 & \cdots & 1 \end{pmatrix} \begin{pmatrix} 1 & 0 & -a_{13} & -a_{14} & \cdots & -a_{1n} \\ 0 & 1 & 0 & 0 & \cdots & 0 \\ 0 & 0 & 1 & 0 & \cdots & 0 \\ 0 & 0 & 0 & 1 & \cdots & 0 \\ \vdots & \vdots & \vdots & \vdots & & \vdots \\ 0 & 0 & 0 & 0 & \cdots & 1 \end{pmatrix},$$

$$\mathcal{Q} = \begin{pmatrix} 1 & 0 & 0 & 0 & \cdots & 0 \\ 0 & 1 & \frac{a_{13}}{a_{12}} & \frac{a_{14}}{a_{12}} & \cdots & \frac{a_{1n}}{a_{12}} \\ 0 & 0 & 1 & 0 & \cdots & 0 \\ 0 & 0 & 0 & 1 & \cdots & 0 \\ \vdots & \vdots & \vdots & \vdots & & \vdots \\ 0 & 0 & 0 & 0 & \cdots & 1 \end{pmatrix} \begin{pmatrix} 1 & 0 & 0 & 0 & \cdots & 0 \\ -\frac{a_{22}-X}{a_{12}} & 1 & 0 & 0 & \cdots & 0 \\ -\frac{a_{32}}{a_{12}} & 0 & 1 & 0 & \cdots & 0 \\ -\frac{a_{42}}{a_{12}} & 0 & 0 & 1 & \cdots & 0 \\ \vdots & \vdots & \vdots & \vdots & & \vdots \\ -\frac{a_{n2}}{a_{12}} & 0 & 0 & 0 & \cdots & 1 \end{pmatrix}.$$

♦

12.3.2 Definition. Eine $n \times n$ Dreiecksmatrix $\mathcal{U} = (u_{ij})$ heißt *unipotent*, wenn alle ihre Diagonalelemente $u_{ii} = 1$, $1 \le i \le n$, sind.

12.3.3 Algorithmus. Sei F ein kommutativer Körper und X eine Unbestimmte. Sei $p_1 = p_1(X)$ ein Polynom vom Grade $t > 0$ mit Leitkoeffizient $(-1)^t$. Sei

$$\mathcal{A} = \begin{pmatrix} p_1 & a_{12} & a_{13} & a_{14} & \cdots & a_{1n} \\ a_{21} & a_{22} - X & a_{23} & a_{24} & \cdots & a_{2n} \\ a_{31} & a_{32} & a_{33} - X & a_{34} & \cdots & a_{3n} \\ a_{41} & a_{42} & a_{43} & a_{44} - X & \cdots & a_{4n} \\ \vdots & \vdots & \vdots & \vdots & & \vdots \\ a_{n1} & a_{n2} & a_{n3} & a_{n4} & \cdots & a_{nn} - X \end{pmatrix}$$

eine $n \times n$-Matrix mit Koeffizienten $a_{ij} \in F$ für $1 \le i, j \le n$ und $(i, j) \ne (1, 1)$. Dann können durch das folgende Verfahren zwei unimodulare $n \times n$-Matrizen $\mathcal{P}$ und $\mathcal{Q}$ so konstruiert werden, daß die $n \times n$-Matrix

$$\mathcal{Q}\mathcal{A}\mathcal{P} = \operatorname{diag}(a_1(X), a_2(X), \ldots, a_n(X))$$

in Diagonalform ist, wobei alle $a_i(X) \in F[X]$, und

$$\sum_{i=1}^{n} \operatorname{Grad}[a_i(X)] = t + n - 1.$$

Diese Behauptung ist für $n = 1$ trivial. Es wird nun angenommen, daß sie für alle $(n-1) \times (n-1)$-Matrizen gilt.

(1) Falls $a_{1j} = 0$ für alle $j \in \{2, 3, \ldots, n\}$ und $a_{i1} = 0$ für alle $i \in \{2, 3, \ldots, n\}$, dann ist

$$\mathcal{A} = \left(\begin{array}{c|ccc} p_1 & 0 & \cdots & 0 \\ \hline 0 & & & \\ \vdots & & \mathcal{A}' & \\ 0 & & & \end{array}\right),$$

wobei $\mathcal{A}'$ eine $(n-1)\times(n-1)$-Matrix vom gleichen Typ ist wie $\mathcal{A}$ mit $t=1$. Nach Induktion gibt es zwei unimodulare $(n-1)\times(n-1)$-Matrizen $\mathcal{Q}'$ und $\mathcal{P}'$, so daß $\mathcal{Q}'\mathcal{A}'\mathcal{P}=\operatorname{diag}(a_2(X),\dots,a_n(X))$ für geeignete $a_i(X)\in F[X]$ mit $\sum_{i=2}^{n}\operatorname{Grad}[a_i(X)]=n-1$. Dann sind

$$\mathcal{Q}=\left(\begin{array}{c|ccc} 1 & 0 & \cdots & 0 \\ \hline 0 & & & \\ \vdots & & \mathcal{Q}' & \\ 0 & & & \end{array}\right) \quad \text{und} \quad \mathcal{P}=\left(\begin{array}{c|ccc} 1 & 0 & \cdots & 0 \\ \hline 0 & & & \\ \vdots & & \mathcal{P}' & \\ 0 & & & \end{array}\right)$$

unimodulare $n\times n$-Matrizen derart, daß

$$\mathcal{Q}\mathcal{A}\mathcal{P}=\operatorname{diag}(a_1(X)=p_1(X),a_2(X),\dots,a_n(X)).$$

(2) Falls nicht alle a_{1j} mit $2\le j\le n$ gleich Null sind, dann kann man nach Permutation der Spalten und Zeilen von $\mathcal{A}$ annehmen, daß $a_{12}\neq 0$ ist. Sei

$$q_{21}=-\frac{a_{22}-X}{a_{12}}-\sum_{k=3}^{n}\frac{a_{1k}a_{k2}}{(a_{12})^2}.$$

Dann sind nach Hilfssatz 12.3.1

$$\mathcal{Q}_1=\begin{pmatrix} 1 & 0 & 0 & 0 & \cdots & 0 \\ q_{21} & 1 & \frac{a_{13}}{a_{12}} & \frac{a_{14}}{a_{12}} & \cdots & \frac{a_{1n}}{a_{12}} \\ -\frac{a_{32}}{a_{12}} & 0 & 1 & 0 & \cdots & 0 \\ -\frac{a_{42}}{a_{12}} & 0 & 0 & 1 & \cdots & 0 \\ \vdots & \vdots & \vdots & \vdots & \ddots & \vdots \\ -\frac{a_{n2}}{a_{12}} & 0 & 0 & 0 & \cdots & 1 \end{pmatrix}$$

und

$$\mathcal{P}_1=\begin{pmatrix} 0 & -a_{12} & 0 & 0 & \cdots & 0 \\ \frac{1}{a_{12}} & p_1(X) & -\frac{a_{13}}{a_{12}} & -\frac{a_{14}}{a_{12}} & \cdots & -\frac{a_{1n}}{a_{12}} \\ 0 & 0 & 1 & 0 & \cdots & 0 \\ 0 & 0 & 0 & 1 & \cdots & 0 \\ \vdots & \vdots & \vdots & \vdots & \ddots & \vdots \\ 0 & 0 & 0 & 0 & \cdots & 1 \end{pmatrix}$$

unimodulare Matrizen, so daß

$$\mathcal{B}=\mathcal{Q}_1\,\mathcal{A}\,\mathcal{P}_1=\begin{pmatrix} 1 & 0 & 0 & 0 & \cdots & 0 \\ 0 & q_2 & b_{23} & b_{24} & \cdots & b_{2n} \\ 0 & q_3 & b_{33}-X & b_{34} & \cdots & b_{3n} \\ 0 & q_4 & b_{43} & b_{44}-X & \cdots & b_{4n} \\ \vdots & \vdots & \vdots & \vdots & & \vdots \\ 0 & q_n & b_{n3} & b_{n4} & \cdots & b_{nn}-X \end{pmatrix},$$

wobei $q_2 = q_2(X)$ ein normiertes Polynom vom Grad $t+1$, $\text{Grad}[q_i(X)] \leq t$ für $3 \leq i \leq n$, und alle $b_{ij} \in F$.

(3) a) Sei $s = \max\{\text{Grad}[q_i(X)] \mid 3 \leq i \leq n\}$. Dann hat jedes Polynom $q_i(X) = a_{is}X^s + a_{i,s-1}X^{s-1} + \cdots + a_{i,0} \in F[X]$ höchstens den Grad $s \leq t$ für $i = 3, \ldots, n$. Also ist $a_{is} = 0$, falls $\text{Grad}[q_i(X)] < s$. Die Matrix

$$\mathcal{U}_1 = \begin{pmatrix} 1 & 0 & 0 & 0 & \cdots & 0 \\ 0 & 1 & 0 & 0 & \cdots & 0 \\ 0 & a_{3s}X^{s-1} & 1 & 0 & \cdots & 0 \\ 0 & a_{4s}X^{s-1} & 0 & 1 & \cdots & 0 \\ \vdots & \vdots & \vdots & \vdots & & \vdots \\ 0 & a_{ns}X^{s-1} & 0 & 0 & \cdots & 1 \end{pmatrix}$$

ist eine unipotente $n \times n$-Matrix, und

$$\mathcal{B}\,\mathcal{U}_1 = \begin{pmatrix} 1 & 0 & 0 & 0 & \cdots & 0 \\ 0 & q_2 & b_{23} & b_{24} & \cdots & b_{2n} \\ 0 & q_3^{(1)} & b_{33} - X & b_{34} & \cdots & b_{3n} \\ 0 & q_4^{(1)} & b_{32} & b_{44} - X & \cdots & b_{4n} \\ \vdots & \vdots & \vdots & \vdots & & \vdots \\ 0 & q_n^{(1)} & b_{n2} & b_{n3} & \cdots & b_{nn} - X \end{pmatrix},$$

wobei jedes Polynom

$$\begin{aligned} q_i^{(1)}(X) &= q_i(X) + (b_{ii} - X)a_{is}X^{s-1} + \sum_{\substack{k=3 \\ k \neq i}}^{n} b_{ik}a_{ks}X^{s-1} \\ &= (b_{ii}a_{is} + a_{i,s-1})X^{s-1} + \sum_{k=0}^{s-2} a_{ik}X^k + \sum_{\substack{k=3 \\ k \neq i}}^{n} b_{ik}a_{ks}X^{s-1} \end{aligned}$$

mit Index $3 \leq i \leq n$ den Grad

$$\text{Grad}[q_i^{(1)}(X)] \leq \max\{\text{Grad}[q_i(X)] - 1 \mid 2 \leq i \leq n\} \leq s - 1$$

hat.

b) Falls $\text{Grad}[q_i^{(1)}(X)] \neq 0$ für ein $q_i^{(1)}(X)$ von $\mathcal{B}\,\mathcal{U}_1$ ist, dann ist Schritt a) nochmals anzuwenden. Daher gibt es höchstens t unipotente Matrizen $\mathcal{U}_i$ mit Produkt $\mathcal{U} = \mathcal{U}_1\mathcal{U}_2 \cdots \mathcal{U}_t$, so daß

$$\mathcal{B}\mathcal{U} = \begin{pmatrix} 1 & 0 & 0 & 0 & \cdots & 0 \\ 0 & q_2 & e_{23} & e_{24} & \cdots & e_{2n} \\ 0 & e_{32} & e_{33} - X & e_{34} & \cdots & e_{3n} \\ 0 & e_{42} & e_{43} & e_{44} - X & \cdots & e_{4n} \\ \vdots & \vdots & \vdots & \vdots & \ddots & \vdots \\ 0 & e_{n2} & e_{n3} & e_{n4} & \cdots & e_{nn} - X \end{pmatrix},$$

wobei alle $e_{ij} \in F$.

c) Nach Induktionsvoraussetzung existieren für die $(n-1) \times (n-1)$-Matrix

$$\mathcal{A}' = \begin{pmatrix} q_2 & e_{23} & e_{24} & \cdots & e_{2n} \\ e_{32} & e_{33} - X & e_{34} & \cdots & e_{3n} \\ e_{42} & e_{43} & e_{44} - X & \cdots & e_{4n} \\ \vdots & \vdots & \vdots & \ddots & \vdots \\ e_{n2} & e_{n3} & e_{n4} & \cdots & e_{nn} - X \end{pmatrix},$$

zwei unimodulare $(n-1) \times (n-1)$-Matrizen $\mathcal{Q}'_2$ und $\mathcal{P}'_2$ und $n-1$ Polynome $a_2(X), a_3(X), \ldots, a_n(X)$, für die

$$\sum_{k=2}^{n} \operatorname{Grad}[a_k(X)] = n + t - 1$$

gilt, so daß

$$\mathcal{Q}_2 \mathcal{A}' \mathcal{P}_2 = \operatorname{diag}(a_2(X), a_3(X), \ldots, a_n(X))$$

eine Diagonalform von $\mathcal{A}'$ ist. Also sind

$$\mathcal{Q}_2 = \left(\begin{array}{c|ccc} 1 & 0 & \cdots & 0 \\ \hline 0 & & & \\ \vdots & & \mathcal{Q}'_2 & \\ 0 & & & \end{array}\right) \quad \text{und} \quad \mathcal{P}_2 = \left(\begin{array}{c|ccc} 1 & 0 & \cdots & 0 \\ \hline 0 & & & \\ \vdots & & \mathcal{P}'_2 & \\ 0 & & & \end{array}\right)$$

zwei unimodulare $n \times n$-Matrizen, so daß

$$(\mathcal{Q}_2 \mathcal{Q}_1) \mathcal{A} (\mathcal{U}_1 \mathcal{U}_2 \cdots \mathcal{U}_t)(\mathcal{P}_1 \mathcal{P}_2) = \operatorname{diag}(a_1(X) = 1, a_2(X), \ldots, a_n(X))$$

eine Diagonalform der $n \times n$-Matrix $\mathcal{A}$ mit $\sum_{i=1}^{n} \operatorname{Grad}[a_i(X)] = t + n - 1$ ist.

(4) Falls alle $a_{1j} = 0$ für $2 \le j \le n$, sind die Schritte (2) und (3) auf die Transponierte $\mathcal{A}^T$ von $\mathcal{A}$ anzuwenden. Da $\mathcal{A}$ und $\mathcal{A}^T$ äquivalente Diagonalformen haben, ist die Behauptung allgemein gültig.

12.3.4 Folgerung. *Ist das Minimalpolynom $m(X)$ der $n \times n$-Matrix $\mathcal{M} = (m_{ij})$ mit Koeffizienten im Körper F die Potenz eines irreduziblen Polynoms $p(X) \in R = F[X]$, dann existieren nach Algorithmus* 12.3.3 *zwei unimodulare $n \times n$-Matrizen $\mathcal{P}$ und $\mathcal{Q}$ derart, daß*

$$\mathcal{Q} \mathcal{C} \mathcal{P} = \operatorname{diag}(p(X)^{e_1}, p(X)^{e_2}, \ldots, p(X)^{e_r}, 1, \ldots, 1)$$

mit $e_1 \ge e_2 \ge \cdots \ge e_r > 0$ die Smith-Normalform der charakteristischen Matrix $\mathcal{C}$ von $\mathcal{M}$ ist.

Beweis: Da Permutationsmatrizen unimodular sind, existieren nach Algorithmus 12.3.3 zwei unimodulare $n \times n$-Matrizen $\mathcal{P}$ und $\mathcal{Q}$ derart, daß

$$\mathcal{Q}\mathcal{C}\mathcal{P} = \operatorname{diag}(a_1(X), a_2(X), \ldots, a_n(X))$$

eine Diagonalmatrix ist mit $\operatorname{Grad}[a_i(X)] \geq \operatorname{Grad}[a_{i+1}(X)]$ für $1 \leq i \leq n$, und $\operatorname{Grad}[a_i(X)] \neq 0$ genau dann, wenn $i \in \{1, 2, \ldots, r\}$. Nach Voraussetzung ist dann

$$\prod_{i=1}^{r} a_i(X) = p(X)^k \quad \text{mit} \quad k \operatorname{Grad}[p(X)] = n$$

das charakteristische Polynom von $\mathcal{M}$. Da $p(X)$ irreduzibel ist, ist $a_i(X) = p(X)^{e_i}$, und $e_1 \geq e_2 \geq \cdots \geq e_r > 0$ nach Umnumerierung. ♦

12.3.5 Bemerkung. Ist die Zerlegung des Minimalpolynoms

$$m(X) = \prod_{i=1}^{s} p_i(X)^{k_i}$$

einer $n \times n$-Matrix $\mathcal{M} = (m_{ij})$, $m_{ij} \in F$, in irreduzible Faktoren $p_i(X)$ bekannt, dann ist die Voraussetzung von Folgerung 12.3.4 einfach zu erfüllen, indem man den n-dimensionalen Vektorraum $V = F^n$ in seine Primärkomponenten

$$V_i = \{\boldsymbol{w} \in F^n \mid [p_i(\mathcal{M})^{k_i}]\boldsymbol{w} = \boldsymbol{o} \in F^n\}$$

direkt zerlegt. Zunächst berechnet man für jedes $i \in 1, 2, \ldots, s$ eine Basis B_i des $\mathcal{M}$-invarianten Unterraums V_i. Da $V = \bigoplus_{i=1}^{s} V_i$ nach Satz 12.2.1 ist, erhält man eine neue Basis $B' = \bigcup_{i=1}^{s} B_i$ von V. Sei $\mathcal{S}$ die Matrix des Basiswechsels $B \to B'$, wobei $B = \{\boldsymbol{e}_1, \boldsymbol{e}_2, \ldots, \boldsymbol{e}_n\}$ die kanonische Basis von V ist. Dann ist $\mathcal{M}' = \mathcal{S}^{-1}\mathcal{M}\mathcal{S}$ eine Blockdiagonalmatrix, wobei der i-te Block $\mathcal{M}_i'$ auf V_i wirkt und das Minimalpolynom $p_i(X)^{k_i}$ hat. Daher erfüllt jedes $\mathcal{M}_i'$ die Voraussetzung von Folgerung 12.3.4. Damit erhält man dann alle Elementarteilerexponenten e_{ij} von $\mathcal{M}$ zu jedem irreduziblen Polynom $p_i(X)$.

12.3.6 Bemerkung. Im allgemeinen ist die Berechnung der Elementarteiler der charakteristischen Matrix $\mathcal{C} = \mathcal{M} - X\mathcal{E}$ einer $n \times n$-Matrix $\mathcal{M} = (m_{ij})$ mit Koeffizienten in einem kommutativen Körper F in zwei Schritte aufgeteilt. Mittels Algorithmus 12.3.3, erhält man zwei unimodulare Matrizen $\mathcal{P}$ und $\mathcal{Q}$, so daß $\mathcal{Q}\mathcal{C}\mathcal{P} = \mathcal{B} = \operatorname{diag}(b_1(X), b_2(X), \ldots, b_n(X))$ eine Diagonalmatrix mit $\sum_{i=1}^{n} \operatorname{Grad}[b_i(X)] = n$ ist. Dann wird die Smith-Normalform von $\mathcal{B}$ mit Hilfe des Algorithmus 11.5.15 für Diagonalmatrizen berechnet.

12.3.7 Berechnungsverfahren für die rationale kanonische Normalform und die zugehörige Transformationsmatrix. Sei $V = F^n$ der n-dimensionale, arithmetische Vektorraum über dem Körper F. Sei $B = \{\boldsymbol{f}_1, \boldsymbol{f}_2, \dots, \boldsymbol{f}_n\}$ die kanonische Basis von V. Sei $R = F[X]$ der Polynomring in der Unbestimmten X über F.

Sei $\mathcal{A} = (a_{ij})$ eine $n \times n$-Matrix, $a_{ij} \in F$, mit charakteristischer Matrix $\mathcal{C} = \mathrm{char}_{\mathcal{A}}(X)$. Sei α der zu $\mathcal{A}$ gehörige Endomorphismus von V.

Es wird vorausgesetzt, daß man das Minimalpolynom $m(X)$ von $\mathcal{A}$ schon eindeutig in Potenzen von irreduziblen Polynomen zerlegt hat.

Dann lassen sich nach den Ergebnissen der Kapitel 11 und 12 die folgenden Schritte durchführen.

(a) Man berechne mittels der Algorithmen 12.3.3 und 11.5.15 die Smith-Normalform

$$\mathcal{D} = \mathrm{diag}(d_1(X), d_2(X), \dots, d_n(X))$$

von $\mathcal{C}$, wobei die n Polynome $d_i(X)$ die Elementarteiler von $\mathcal{C}$ sind.

(b) Wegen $d_i(X) | d_{i+1}(X)$ für $i = 1, 2, \dots, n-1$ ist $m(X) = d_n(X)$ das Minimalpolynom von $\mathcal{A}$. Sei

$$m(X) = \prod_{k=1}^{t} [q_k(X)]^{e_k}$$

eine eindeutige Zerlegung von $m(X)$ in Potenzen irreduzibler Polynome $q_k(X) \in R$, die paarweise nicht assoziiert sind. Sei

$$V_k = \{\boldsymbol{v} \in V \mid [q_k(\mathcal{A})]^{e_k} \boldsymbol{v} = \boldsymbol{o}\}$$

die $q_k(X)$-Primärkomponente von V. Sei B'_k eine Basis von V_k. Dann ist $B' = \bigcup B'_k$ eine Basis von V. Sei $\mathcal{S}$ die Matrix des Basiswechsels $B \to B'$. Dann ist

$$\mathcal{S}^{-1}\mathcal{A}\mathcal{S} = \begin{pmatrix} \mathcal{R}_1 & 0 & \cdots & 0 \\ 0 & \mathcal{R}_2 & & \vdots \\ \vdots & & \ddots & 0 \\ 0 & \cdots & 0 & \mathcal{R}_t \end{pmatrix},$$

wobei $\mathcal{R}_k$ die Matrix der Einschränkung des zu $\mathcal{A}$ gehörigen Endomorphismus α von V auf den α-invarianten Unterraum V_k bzgl. der Basis B'_k ist. Insbesondere ist $m_k(X) = [q_k(X)]^{e_k} \in R$ das Minimalpolynom von $\mathcal{R}_k$ für $k = 1, 2, \dots, t$.

(c) Sei $F_k = R/q_k(X)R$ der Restklassenkörper von R bezüglich des maximalen Ideals $q_k(X)R$ von R für $k = 1, 2, \dots, t$. Dann ist $\bar{V}_k = V_k/q_k(\mathcal{R}_k)V_k$ ein F_k-Linksvektorraum für $k = 1, 2, \dots, t$.

Sei $\bar{B}'_k = \{\bar{\boldsymbol{w}}_{k1}, \ldots, \bar{\boldsymbol{w}}_{kr_k}\}$ eine F_k-Basis von $\bar{V}_k$, wobei $\bar{\boldsymbol{w}}_{kh} = \boldsymbol{w}_{kh} + q_k(\mathcal{R}_k)V_k$ für ein fest gewähltes $\boldsymbol{w}_{kh} \in V_k$ für $1 \le h \le r_k$. Dann ist $V_k = \bigoplus_{h=1}^{r_k} R\boldsymbol{w}_{kh}$ eine direkte Zerlegung von V_k in zyklische R-Moduln $R\boldsymbol{w}_{kh}$. Für jedes h sei $(\mathcal{R}_k)^{e_{kh}}$ die kleinste Potenz von $\mathcal{R}_k$ mit $(\mathcal{R}_k)^{e_{kh}}\boldsymbol{w}_{kh} = \boldsymbol{o}$. Nach Umnumerierung der $\boldsymbol{w}_{kh}$ erhält man, daß $e_{kh} \le e_{k,h+1}$ für $h = 1, 2, \ldots, r_k - 1$ gilt. Dann sind die r_k Polynome $d_{kh}(X) = q_k(X)^{e_{kh}}$ die Elementarteiler von $\alpha_{|V_k}$.

Sei g_{kh} der Grad des Elementarteilers $d_{kh}(X)$ für $1 \le h \le r_k$, $1 \le k \le t$. Dann ist

$$B''_{kh} = \{\mathcal{A}^g \boldsymbol{w}_{kh} \in R\boldsymbol{w}_{kh} | 0 \le g \le g_{kh} - 1\}$$

eine Basis des α-invarianten Unterraums $R\boldsymbol{w}_{kh}$ von V_k, bezüglich der die Einschränkung α_{kh} von α auf $R\boldsymbol{w}_{kh}$ die Begleitmatrix $\mathcal{C}(d_{kh}(X))$ von $d_{kh}(X)$ als Matrix hat.

(d) Sei $B''_k = \bigcup_{h=1}^{r_k} B''_{kh}$. Dann ist B''_k eine Basis von V_k, bezüglich derer die Einschränkung α_k von α auf V_k die Matrix

$$\mathcal{A}_{\alpha_k}(B''_k, B''_k) = \begin{pmatrix} \mathcal{C}(d_{k1}(X)) & 0 & \cdots & 0 \\ 0 & \mathcal{C}(d_{k2}(X)) & & \vdots \\ \vdots & \ddots & \ddots & 0 \\ 0 & \cdots & 0 & \mathcal{C}(d_{kr_k}(X)) \end{pmatrix}$$

hat. Diese Matrix ist die rationale kanonische Normalform von $\mathcal{R}_k$.

(e) Sei $B'' = \bigcup_{k=1}^{t} B''_k$. Dann ist B'' eine Basis von V. Sei $\mathcal{T}$ die Matrix des Basiswechsels $B \to B''$. Dann ist

$$\mathcal{T}^{-1}\mathcal{A}\mathcal{T} = \begin{pmatrix} \mathcal{A}_{\alpha_1}(B''_1, B''_1) & 0 & \cdots & 0 \\ 0 & \mathcal{A}_{\alpha_2}(B''_2, B''_2) & & \vdots \\ \vdots & \ddots & \ddots & 0 \\ 0 & \cdots & 0 & \mathcal{A}_{\alpha_t}(B''_t, B''_t) \end{pmatrix}$$

die rationale kanonische Form von $\mathcal{A}$.

12.3.8 Berechnungsverfahren für die Jordansche Normalform. Sei F ein Zerfällungskörper der $(n \times n)$-Matrix $\mathcal{A} = (a_{ij})$ mit Koeffizienten $a_{ij} \in F$. Nach Satz 6.3.11 existiert dann die Jordansche Normalform $\mathcal{J}$ von $\mathcal{A}$. Nach Berechnung der rationalen kanonischen Form $\mathcal{R}$ von $\mathcal{A}$ mit dem Berechnungsverfahren 12.3.7 kann angenommen werden, daß $\mathcal{A}$ eine Begleitmatrix zum Minimalpolynom $m(X)$ von $\mathcal{A}$ ist. Dann hat $V = F^n$ eine zyklische Basis $B = \{v, \alpha v, \ldots, \alpha^{n-1}v\}$ für einen Vektor $0 \ne v \in V$, wobei α der zu $\mathcal{A}$ gehörige Endomorphismus von V ist. Da F Zerfällungskörper von $\mathcal{A}$ ist, ist $m(X) = (X - c)^n$ nach Satz 12.2.5, wobei c ein

Eigenwert von α ist. Weiter ist $(X-c)^n$ der einzige Elementarteiler von α. Daher ist $B' = \{v, (\alpha - c)v, \ldots, (\alpha - c)^{n-1}v\}$ ebenfalls eine Basis von V. Nach dem Beweis von Satz 6.3.11 ist die $(n \times n)$-Matrix

$$\mathcal{A}_\alpha(B', B') = \begin{pmatrix} c & & & & \\ 1 & c & & & \\ & 1 & c & & \\ & & \ddots & \ddots & \\ & & & 1 & c \end{pmatrix}$$

die Jordansche Normalform der Matrix $\mathcal{A}$.

12.3.9 Beispiel. Sei $V = \mathbb{Q}^5$ der fünfdimensionale Vektorraum über dem Körper $\mathbb{Q}$ der rationalen Zahlen. Gesucht ist das charakteristische Polynom, das Minimalpolynom, die Elementarteiler, die rationale kanonische Normalform, die Jordansche Normalform (falls sie existiert) und die zugehörigen Transformationsmatrizen für die Matrix

$$\mathcal{A} = \begin{pmatrix} -3 & -1 & 4 & -3 & -1 \\ 1 & 1 & -1 & 1 & 0 \\ -1 & 0 & 2 & 0 & 0 \\ 4 & 1 & -4 & 5 & 1 \\ -2 & 0 & 2 & -2 & 1 \end{pmatrix}.$$

Lösung: Mittels der Schritte (2), (3), und (4) des Algorithmus 12.3.3 werden zunächst die Elementarteiler der charakteristischen Matrix $\mathcal{C} = \mathcal{A} - X\mathcal{E}$ berechnet.

In der folgenden Rechnung wird die Ausgangsmatrix $\mathcal{C}$ und alle aus ihr bei den jeweiligen Schritten (2) bis (4) des Algorithmus 12.3.3 hervorgehenden Matrizen fett gedruckt, während die jeweiligen Transformationsmatrizen der Formen $\mathcal{P}$, $\mathcal{Q}$ und $\mathcal{U}$ in Normaldruck gesetzt sind.

Schritt (2) für 5×5-Matrix:

$$\begin{pmatrix} \mathbf{-(3+X)} & \mathbf{-1} & \mathbf{4} & \mathbf{-3} & \mathbf{-1} \\ \mathbf{1} & \mathbf{1-X} & \mathbf{-1} & \mathbf{1} & \mathbf{0} \\ \mathbf{-1} & \mathbf{0} & \mathbf{2-X} & \mathbf{0} & \mathbf{0} \\ \mathbf{4} & \mathbf{1} & \mathbf{-4} & \mathbf{5-X} & \mathbf{1} \\ \mathbf{-2} & \mathbf{0} & \mathbf{2} & \mathbf{-2} & \mathbf{1-X} \end{pmatrix} \begin{pmatrix} 0 & 1 & 0 & 0 & 0 \\ -1 & -(3+X) & 4 & -3 & -1 \\ 0 & 0 & 1 & 0 & 0 \\ 0 & 0 & 0 & 1 & 0 \\ 0 & 0 & 0 & 0 & 1 \end{pmatrix}$$

$$\begin{pmatrix} 1 & 0 & 0 & 0 & 0 \\ 4-X & 1 & -4 & 3 & 1 \\ 0 & 0 & 1 & 0 & 0 \\ 1 & 0 & 0 & 1 & 0 \\ 0 & 0 & 0 & 0 & 1 \end{pmatrix} \begin{pmatrix} \mathbf{1} & \mathbf{0} & \mathbf{0} & \mathbf{0} & \mathbf{0} \\ \mathbf{(X-1)} & \mathbf{X^2+2X-2} & \mathbf{-4X+3} & \mathbf{3X-2} & \mathbf{-(1-X)} \\ \mathbf{0} & \mathbf{-1} & \mathbf{2-X} & \mathbf{0} & \mathbf{0} \\ \mathbf{-1} & \mathbf{1-X} & \mathbf{0} & \mathbf{2-X} & \mathbf{0} \\ \mathbf{0} & \mathbf{-2} & \mathbf{2} & \mathbf{-2} & \mathbf{1-X} \end{pmatrix}$$

Schritt (3) für 5 × 5-Matrix:

$$\begin{pmatrix} \mathbf{1} & \mathbf{0} & \mathbf{0} & \mathbf{0} & \mathbf{0} \\ \mathbf{0} & \mathbf{X^2-X+3} & \mathbf{-3} & \mathbf{2} & \mathbf{0} \\ \mathbf{0} & \mathbf{-1} & \mathbf{2-X} & \mathbf{0} & \mathbf{0} \\ \mathbf{0} & \mathbf{1-X} & \mathbf{0} & \mathbf{2-X} & \mathbf{0} \\ \mathbf{0} & \mathbf{-2} & \mathbf{2} & \mathbf{-2} & \mathbf{1-X} \end{pmatrix} \begin{pmatrix} 1 & 0 & 0 & 0 & 0 \\ 0 & 1 & 0 & 0 & 0 \\ 0 & 0 & 1 & 0 & 0 \\ 0 & -1 & 0 & 1 & 0 \\ 0 & 0 & 0 & 0 & 1 \end{pmatrix}$$

Schritt (2) für 4 × 4-Matrix:

$$\begin{pmatrix} \mathbf{1} & \mathbf{0} & \mathbf{0} & \mathbf{0} & \mathbf{0} \\ \mathbf{0} & \mathbf{X^2-X+1} & \mathbf{-3} & \mathbf{2} & \mathbf{0} \\ \mathbf{0} & \mathbf{-1} & \mathbf{2-X} & \mathbf{0} & \mathbf{0} \\ \mathbf{0} & \mathbf{-1} & \mathbf{0} & \mathbf{2-X} & \mathbf{0} \\ \mathbf{0} & \mathbf{0} & \mathbf{2} & \mathbf{-2} & \mathbf{1-X} \end{pmatrix} \begin{pmatrix} 1 & 0 & 0 & 0 & 0 \\ 0 & 0 & 3 & 0 & 0 \\ 0 & -\frac{1}{3} & X^2-X+1 & \frac{2}{3} & 0 \\ 0 & 0 & 0 & 1 & 0 \\ 0 & 0 & 0 & 0 & 1 \end{pmatrix}$$

$$\begin{pmatrix} 1 & 0 & 0 & 0 & 0 \\ 0 & 1 & 0 & 0 & 0 \\ 0 & \frac{1}{3}(2-X) & 1 & -\frac{2}{3} & 0 \\ 0 & 0 & 0 & 1 & 0 \\ 0 & \frac{2}{3} & 0 & 0 & 1 \end{pmatrix} \begin{pmatrix} \mathbf{1} & \mathbf{0} & \mathbf{0} & \mathbf{0} & \mathbf{0} \\ \mathbf{0} & \mathbf{1} & \mathbf{0} & \mathbf{0} & \mathbf{0} \\ \mathbf{0} & \mathbf{\frac{1}{3}(X-2)} & \mathbf{(1-X)^3-2} & \mathbf{\frac{2}{3}(2-X)} & \mathbf{0} \\ \mathbf{0} & \mathbf{0} & \mathbf{-3} & \mathbf{2-X} & \mathbf{0} \\ \mathbf{0} & \mathbf{-\frac{2}{3}} & \mathbf{2(X^2-X+1)} & \mathbf{-\frac{2}{3}} & \mathbf{1-X} \end{pmatrix}$$

Schritt (3) für 3 × 3-Matrix:

$$\begin{pmatrix} \mathbf{1} & \mathbf{0} & \mathbf{0} & \mathbf{0} & \mathbf{0} \\ \mathbf{0} & \mathbf{1} & \mathbf{0} & \mathbf{0} & \mathbf{0} \\ \mathbf{0} & \mathbf{0} & \mathbf{-(X-1)^3} & \mathbf{0} & \mathbf{0} \\ \mathbf{0} & \mathbf{0} & \mathbf{-3} & \mathbf{2-X} & \mathbf{0} \\ \mathbf{0} & \mathbf{0} & \mathbf{2(X^2-X+1)} & \mathbf{-\frac{2}{3}} & \mathbf{1-X} \end{pmatrix} \begin{pmatrix} 1 & 0 & 0 & 0 & 0 \\ 0 & 1 & 0 & 0 & 0 \\ 0 & 0 & 1 & 0 & 0 \\ 0 & 0 & 0 & 1 & 0 \\ 0 & 0 & 2X & 0 & 1 \end{pmatrix}$$

Schritt (4) für 3 × 3-Matrix:

$$\begin{pmatrix} 1 & 0 & 0 & 0 & 0 \\ 0 & 1 & 0 & 0 & 0 \\ 0 & 0 & 0 & -\frac{1}{3} & 0 \\ 0 & 0 & 3 & (1-X)^3 & 0 \\ 0 & 0 & 0 & \frac{2}{3} & 1 \end{pmatrix} \begin{pmatrix} \mathbf{1} & \mathbf{0} & \mathbf{0} & \mathbf{0} & \mathbf{0} \\ \mathbf{0} & \mathbf{1} & \mathbf{0} & \mathbf{0} & \mathbf{0} \\ \mathbf{0} & \mathbf{0} & \mathbf{(1-X)^3} & \mathbf{0} & \mathbf{0} \\ \mathbf{0} & \mathbf{0} & \mathbf{-3} & \mathbf{2-X} & \mathbf{0} \\ \mathbf{0} & \mathbf{0} & \mathbf{2} & \mathbf{-\frac{2}{3}} & \mathbf{1-X} \end{pmatrix}$$

$$\begin{pmatrix} \mathbf{1} & \mathbf{0} & \mathbf{0} & \mathbf{0} & \mathbf{0} \\ \mathbf{0} & \mathbf{1} & \mathbf{0} & \mathbf{0} & \mathbf{0} \\ \mathbf{0} & \mathbf{0} & \mathbf{1} & \mathbf{-\frac{1}{3}(2-X)} & \mathbf{0} \\ \mathbf{0} & \mathbf{0} & \mathbf{0} & \mathbf{(1-X)^3(2-X)} & \mathbf{0} \\ \mathbf{0} & \mathbf{0} & \mathbf{0} & \mathbf{\frac{2}{3}(1-X)} & \mathbf{1-X} \end{pmatrix} \begin{pmatrix} 1 & 0 & 0 & 0 & 0 \\ 0 & 1 & 0 & 0 & 0 \\ 0 & 0 & 1 & \frac{1}{3}(2-X) & 0 \\ 0 & 0 & 0 & 1 & 0 \\ 0 & 0 & 0 & 0 & 1 \end{pmatrix}$$

Schritt (3) für 2 × 2-Matrix:

$$\begin{pmatrix} \mathbf{1} & \mathbf{0} & \mathbf{0} & \mathbf{0} & \mathbf{0} \\ \mathbf{0} & \mathbf{1} & \mathbf{0} & \mathbf{0} & \mathbf{0} \\ \mathbf{0} & \mathbf{0} & \mathbf{1} & \mathbf{0} & \mathbf{0} \\ \mathbf{0} & \mathbf{0} & \mathbf{0} & \mathbf{(1-X)^3(X-2)} & \mathbf{0} \\ \mathbf{0} & \mathbf{0} & \mathbf{0} & \mathbf{\frac{2}{3}(1-X)} & \mathbf{1-X} \end{pmatrix} \begin{pmatrix} 1 & 0 & 0 & 0 & 0 \\ 0 & 1 & 0 & 0 & 0 \\ 0 & 0 & 1 & 0 & 0 \\ 0 & 0 & 0 & 1 & 0 \\ 0 & 0 & 0 & -\frac{2}{3} & 1 \end{pmatrix}$$

Also hat die charakteristische Matrix $\mathrm{char}_{\mathcal{A}}(X)$ von $\mathcal{A}$ die Smith-Normalform

$$\mathrm{diag}(1, 1, 1, X-1, (X-1)^3(X-2)).$$

Daher sind $m(X) = (X-1)^3(X-2)$ das Minimalpolynom und $\mathrm{charPol}_{\mathcal{A}}(X) = (X-1)^4(X-2)$ das charakteristische Polynom von $\mathcal{A}$. Nach Satz 6.3.11 existiert daher die Jordansche Normalform von $\mathcal{A}$.

Da $(X-1)$ und $(X-2)$ teilerfremd sind, hat $\mathrm{char}_{\mathcal{A}}(X)$ die Elementarteiler $(X-1)$, $(X-1)^3$ und $(X-2)$.

Nach Verfahren 12.3.7 (b) hat V die Primärkomponenten

$$V_1 = \{\boldsymbol{v} \in V \mid (\mathcal{A} - \mathcal{E}_5)^3\boldsymbol{v} = 0\} \quad \text{und} \quad V_2 = \{\boldsymbol{v} \in V \mid (\mathcal{A} - 2\mathcal{E}_5)\boldsymbol{v} = 0\}.$$

Die Matrix $\mathcal{A} - 2\mathcal{E}_5$ hat den Rang 4. Daher ist $\dim_{\mathbb{Q}} V_2 = 1$ nach Satz 3.2.13. Insbesondere ist der Eigenvektor $\boldsymbol{w}_{21} = (0, 1, 2, 3, -2)$ von $\mathcal{A}$ zum Eigenwert $c_2 = 2$ eine Basis B_2'' von V_2.

Aus Satz 11.3.5 folgt $V = V_1 \oplus V_2$ und so $\dim_{\mathbb{Q}} V_1 = 4$. Nun ist

$$(\mathcal{A} - \mathcal{E}_5)^2 = \begin{pmatrix} 1 & 1 & -1 & 1 & 1 \\ 1 & 0 & -1 & 1 & 0 \\ 3 & 1 & -3 & 3 & 1 \\ 3 & 0 & -3 & 3 & 0 \\ -2 & 0 & 2 & -2 & 0 \end{pmatrix},$$

$$(\mathcal{A} - \mathcal{E}_5)^3 = \begin{pmatrix} 0 & 0 & 0 & 0 & 0 \\ 1 & 0 & -1 & 1 & 0 \\ 2 & 0 & -2 & 2 & 0 \\ 3 & 0 & -3 & 3 & 0 \\ -2 & 0 & 2 & -2 & 0 \end{pmatrix}.$$

Also bilden die Vektoren $\boldsymbol{w}_{11} = (0, 1, 0, 0, 0)$, $(\mathcal{A} - \mathcal{E}_5)\boldsymbol{w}_{11} = (-1, 0, 0, 1, 0)$, $(\mathcal{A} - \mathcal{E}_5)^2\boldsymbol{w}_{11} = (1, 0, 1, 0, 0)$ und der Eigenvektor $\boldsymbol{w}_{12} = (0, 1, 0, 0, -1)$ von $\mathcal{A}$ zum Eigenwert $c_1 = 1$ eine Basis B_1''' von V_1 derart, daß $\boldsymbol{w}_{1i} \notin (\mathcal{A} - \mathcal{E}_5)V_1$ für $i = 1, 2$ gilt. Daher sind $\boldsymbol{w}_{11}$ und $\boldsymbol{w}_{12}$ nach 12.3.7 (d) zyklische Vektoren von $\mathcal{A}$, d. h. $V_1 = R\boldsymbol{w}_{11} \oplus R\boldsymbol{w}_{12}$.

Insbesondere ist $B_1'' = \{\boldsymbol{w}_{11}, \mathcal{A}\boldsymbol{w}_{11}, \mathcal{A}^2\boldsymbol{w}_{11}, \boldsymbol{w}_{12}\}$ eine Basis von V_1 und $B'' = B_1'' \cup B_2''$ eine Basis von V. Sei $B = \{\boldsymbol{f}_1, \boldsymbol{f}_2, \ldots, \boldsymbol{f}_5\}$ die kanonische Basis und $B''' = B_1''' \cup B_2''$, die nach 12.3.8 existierende Basis von V, die zur Jordanschen Normalform gehört. Es sind

$$\mathcal{T} = \begin{pmatrix} 0 & -1 & -1 & 0 & 0 \\ 1 & 1 & 1 & 1 & 1 \\ 0 & 0 & 1 & 0 & 2 \\ 0 & 1 & 2 & 0 & 3 \\ 0 & 0 & 0 & -1 & -2 \end{pmatrix} \quad \text{und} \quad \mathcal{Q} = \begin{pmatrix} 0 & -1 & 1 & 0 & 0 \\ 1 & 0 & 0 & 1 & 1 \\ 0 & 0 & 1 & 0 & 2 \\ 0 & 1 & 0 & 0 & 3 \\ 0 & 0 & 0 & -1 & -2 \end{pmatrix}$$

die Matrizen der Basiswechsel $B \to B''$ bzw. $B \to B'''$. Dann hat $\mathcal{A}$ nach den Berechnungsverfahren 12.3.7 und 12.3.8

die rationale kanonische Normalform $$\mathcal{T}^{-1}\mathcal{A}\mathcal{T} = \begin{pmatrix} 0 & 0 & 1 & & \\ 1 & 0 & -3 & & \\ 0 & 1 & 3 & & \\ & & & 1 & \\ & & & & 2 \end{pmatrix}$$

und die Jordansche Normalform $$\mathcal{Q}^{-1}\mathcal{A}\mathcal{Q} = \begin{pmatrix} 1 & 0 & 0 & & \\ 1 & 1 & 0 & & \\ 0 & 1 & 1 & & \\ & & & 1 & \\ & & & & 2 \end{pmatrix}.$$

Ein weiteres, größeres Beispiel wird im Anhang A dargestellt. Dort wird gezeigt, wie man das Computeralgebrasystem MAPLE für die Berechnung der rationalen kanonischen Form und der Jordanschen Normalform verwenden kann.

12.4 Aufgaben

12.1 Sei F ein Körper und $\mathcal{A}$ eine invertierbare $n \times n$-Matrix über F. Zeigen Sie: Es gibt ein Polynom $f(X) = f_0 + f_1X + \cdots + f_mX^m \in F[X]$ mit $\mathcal{A}^{-1} = f(\mathcal{A})$, d. h. $\mathcal{A}^{-1} = f_0 \cdot \mathcal{E}_n + f_1 \cdot \mathcal{A} + \cdots f_m \cdot \mathcal{A}^m$.

12.2 Bestimmen Sie die rationale kanonische Form $\mathcal{R}$ und die Transformationsmatrix $\mathcal{Q}$ mit $\mathcal{Q}^{-1}\mathcal{A}\mathcal{Q} = \mathcal{R}$ der reellen Matrix

$$\mathcal{A} = \begin{pmatrix} 0 & 2 & 1 & -1 \\ -3 & 1 & 0 & 1 \\ -2 & 4 & 1 & 2 \\ 1 & 2 & -1 & 2 \end{pmatrix}.$$

12.3 Man berechne mittels Algorithmus 12.3.3 die Smith-Normalform und die Transformationsmatrizen $\mathcal{P}$ und $\mathcal{Q}$ der charakteristischen Matrix $\mathcal{C} = \text{char}_{\mathcal{A}}(X)$ der rationalen Matrix

$$\mathcal{A} = \begin{pmatrix} 1 & 0 & 8 & -12 \\ 0 & 1 & 6 & -9 \\ 0 & 0 & -2 & \frac{9}{2} \\ 0 & 0 & -2 & 4 \end{pmatrix}.$$

12.4 Zeigen Sie, daß jede $n \times n$-Matrix $\mathcal{A} = (a_{ij})$ mit Koeffizienten a_{ij} aus dem Körper F zu ihrer transponierten Matrix $\mathcal{A}^T$ ähnlich ist.

12.5 Sei $A = (a_{ij})$ eine $n \times n$-Matrix mit Koeffizienten aus dem Körper F. Seien $d_1(X), d_2(X), \ldots, d_r(X) \in F[X]$ die Elementarteiler positiven Grades.
$n_i = \mathrm{Grad}(d_i(X)) > 0$ für $1 \leq i \leq r$.
Sei $E = \{B \in \mathrm{Mat}(n, F) \mid AB = BA\}$. Zeigen Sie:

(a) E ist ein Unterring von $\mathrm{Mat}(n, F)$.
(b) $\dim_F E = \sum_{j=1}^{r}(2r - 2j + 1)n_j$.

12.6 Sei $n \geq 2$ und

$$\mathcal{A} = \begin{pmatrix} a & b & b & \cdots & b \\ b & a & b & \cdots & b \\ b & b & a & \ddots & \vdots \\ \vdots & & \ddots & \ddots & b \\ b & \cdots & \cdots & b & a \end{pmatrix}$$

eine $n \times n$-Matrix über dem Körper F derart, daß $nb \neq 0$.

(a) Bestimmen Sie auf möglichst einfache Weise alle Eigenwerte von $\mathcal{A}$ und die Dimensionen der zugehörigen Eigenräume.
(b) Begründen Sie mit Ihren Ergebnissen zu (a), daß $\mathcal{A}$ über dem Körper F eine Jordansche Normalform $\mathcal{J}$ besitzt.
(c) Berechnen Sie das Minimalpolynom $m(X)$ von $\mathcal{A}$.
(d) Geben Sie die Jordansche Normalform $\mathcal{J}$ an.

12.7 Sei $n \geq 3$ und

$$\mathcal{A} = \begin{pmatrix} 0 & 0 & \cdots & 0 & b_1 \\ 0 & 0 & \cdots & 0 & b_2 \\ \vdots & \vdots & & \vdots & \\ 0 & 0 & \cdots & 0 & b_{n-1} \\ a_1 & a_2 & & a_{n-1} & 0 \end{pmatrix}$$

eine reelle $n \times n$-Matrix derart, daß nicht alle a_j und nicht alle b_j gleich Null sind.

Sei $c = \sum_{j=1}^{n-1} a_j b_j$. Zeigen Sie:

(a) Ist $c = 0$, so ist 0 der einzige Eigenwert von $\mathcal{A}$, und $\mathcal{A}$ hat Minimalpolynom $m(X) = X^3$ und Jordansche Normalform

$$\mathcal{J} = \left(\begin{array}{c|c} \mathcal{J}_1 & \\ \hline & \mathcal{J}_2 \end{array}\right), \quad \text{wobei } \mathcal{J}_1 = \begin{pmatrix} 0 & & \\ 1 & 0 & \\ 0 & 1 & 0 \end{pmatrix}$$

und $\mathcal{J}_2$ die $(n-3) \times (n-3)$-Nullmatrix ist.

(b) Ist $c \neq 0$, so sind alle Eigenwerte von $\mathcal{A}$ reell. Sie sind $\sqrt{c}$, $-\sqrt{c}$ und 0, wobei 0 die Vielfachheit $n-2$ hat.
Außerdem hat $\mathcal{A}$ das Minimalpolynom $m(X) = X(X^2 - c)$ und die Jordansche Normalform $\mathcal{J}$ von $\mathcal{A}$ ist eine Diagonalmatrix $\mathrm{diag}(d_1, d_2, \ldots, d_n)$ mit $d_1 = \sqrt{c}$, $d_2 = -\sqrt{c}$ und $d_i = 0$ für $3 \leq i \leq n$.

A Hinweise zur Benutzung von Computeralgebrasystemen

An den mathematischen Instituten der deutschen Hochschulen sind die Computeralgebrasysteme *Maple* und *Mathematica* weit verbreitet. Die in ihnen enthaltenen Algorithmen aus dem Gebiet der Linearen Algebra sind in den Handbüchern [3] und [32] ausführlich beschrieben. Eine noch eingehendere Beschreibung über die Anwendungsmöglichkeiten von Maple im Übungsbetrieb einer Anfängervorlesung „Lineare Algebra“ befindet sich im Buch [16] von E. Johnson.

Diese Computeralgebrasysteme sind einfach zu bedienen. Sie verfügen über äußerst leistungsfähige Zahlarithmetiken für das Rechnen mit ganzen, rationalen, reellen oder komplexen Zahlen. Mit ihnen kann man interaktiv und symbolisch rechnen. Insbesondere haben Mathematica und Maple schnelle Algorithmen zum Faktorisieren von ganzen Zahlen und Polynomen sowie zum Addieren, Multiplizieren und Transponieren von Matrizen.

Es folgt ein Überblick über die in Maple und Mathematica implementierten Algorithmen.

Algorithmus und Rechenverfahren	**Maple**	**Mathematica**
Gauß, Treppenform	+	+
Gauß-Jordan, Treppennormalform	+	+
Lösungsgesamtheit linearer Gleichungssysteme	+	+
Inverse einer Matrix	+	+
Adjunkte einer Matrix	+	
Determinante einer Matrix	+	+
Laplace-Entwicklung	+	
Charakteristisches Polynom	+	+
Minimalpolynom	+	+

Algorithmus und Rechenverfahren	Maple	Mathematica
Eigenwerte	+	+
Eigenvektoren	+	+
Gram-Schmidt-Verfahren, Orthogonalisierung, -normierung	+	
Euklidischer Algorithmus	+	
ggT. von Polynomen oder ganzen Zahlen	+	+
Smith Normalform von Matrizen über euklid. Ringen	+	
rationale Normalform	+	
Jordansche Normalform	+	

Um dem Leser die Einfachheit der Benutzung von Maple zu demonstrieren, werden im folgenden Beispiel anhand einer rationalen 11×11-Matrix jeweils die Maple-Befehle zuvor geschilderter Rechenschritte angegeben. Allerdings ist es bei Maple-Sitzungen üblich, kleine römische Buchstaben für Matrizen zu benutzen, weshalb $\mathcal{A} = a$ gesetzt wird. Auch die Unbestimmte X über $F = \mathbb{Q}$ wird mit kleinem Buchstaben x bezeichnet. Bei der Jordanschen Normalform benutzt Maple obere statt untere Dreiecksmatrizen.

Berechnung der Normalformen und Transformationsmatrizen der Matrix *a*

$$a = \begin{pmatrix} 2 & 0 & 0 & -1 & -1 & 0 & 1 & 3 & -1 & -1 & 0 \\ 0 & 1 & 0 & 0 & 0 & 1 & 0 & 0 & 1 & 1 & -2 \\ 0 & 1 & 1 & -1 & 0 & -1 & 0 & 1 & 0 & -1 & 0 \\ 0 & 0 & 0 & 1 & 0 & 0 & 0 & 0 & 0 & 0 & 0 \\ 1 & 1 & 1 & 2 & 0 & -2 & 0 & 1 & 0 & -4 & 1 \\ 0 & 0 & 0 & 0 & 0 & 2 & 0 & 0 & 0 & 1 & -1 \\ 0 & 1 & 0 & -1 & 0 & 0 & 1 & 1 & 0 & 0 & -1 \\ 0 & 0 & 0 & 0 & 0 & 0 & 0 & 1 & 0 & 0 & 0 \\ 0 & 0 & 0 & -1 & 0 & 1 & 0 & 1 & 1 & 1 & -1 \\ 0 & 0 & 0 & -1 & 0 & 0 & 0 & 1 & 0 & 1 & 0 \\ 0 & 0 & 0 & -1 & 0 & 1 & 0 & 1 & 0 & 1 & 0 \end{pmatrix}$$

Charakteristische Matrix $x\mathcal{E}_{11} - a$
Befehl: `c:=charmat(a,x);`

$$c = \begin{pmatrix} x-2 & 0 & 0 & 1 & 1 & 0 & -1 & -3 & 1 & 1 & 0 \\ 0 & x-1 & 0 & 0 & 0 & -1 & 0 & 0 & -1 & -1 & 2 \\ 0 & -1 & x-1 & 1 & 0 & 1 & 0 & -1 & 0 & 1 & 0 \\ 0 & 0 & 0 & x-1 & 0 & 0 & 0 & 0 & 0 & 0 & 0 \\ -1 & -1 & -1 & -2 & x & 2 & 0 & -1 & 0 & 4 & -1 \\ 0 & 0 & 0 & 0 & 0 & x-2 & 0 & 0 & 0 & -1 & 1 \\ 0 & -1 & 0 & 1 & 0 & 0 & x-1 & -1 & 0 & 0 & 1 \\ 0 & 0 & 0 & 0 & 0 & 0 & 0 & x-1 & 0 & 0 & 0 \\ 0 & 0 & 0 & 1 & 0 & -1 & 0 & -1 & x-1 & -1 & 1 \\ 0 & 0 & 0 & 1 & 0 & 0 & 0 & -1 & 0 & x-1 & 0 \\ 0 & 0 & 0 & 1 & 0 & -1 & 0 & -1 & 0 & -1 & x \end{pmatrix}$$

Charakteristisches Polynom der Matrix a
Befehl: `cpa:=det(c);`

$$\begin{aligned} cpa &= -1 + 11x - 55x^2 + 165x^3 - 330x^4 + 462x^5 - 462x^6 \\ &\quad + 330x^7 - 165x^8 + 55x^9 - 11x^{10} + x^{11} \end{aligned}$$

Faktorisierung des charakteristischen Polynoms
Befehl: `factor(cpa);`

$$(x-1)^{11}$$

Smith-Normalform
Befehl: `SNFC := smith (c, x)`

$$(1, 0, 0, 0, 0, 0, 0, 0, 0, 0, 0)$$

$$(0, 1, 0, 0, 0, 0, 0, 0, 0, 0, 0)$$

$$(0, 0, 1, 0, 0, 0, 0, 0, 0, 0, 0)$$

$$0, 0, 0, 1, 0, 0, 0, 0, 0, 0, 0)$$

$$(0, 0, 0, 0, 1, 0, 0, 0, 0, 0, 0)$$

$$(0, 0, 0, 0, 0, 1, 0, 0, 0, 0, 0)$$

$$(0, 0, 0, 0, 0, 0, x-1, 0, 0, 0, 0)$$

$$(0, 0, 0, 0, 0, 0, 0, x^2 - 2x + 1, 0, 0, 0)$$

$$(0, 0, 0, 0, 0, 0, 0, 0, x^2 - 2x + 1, 0, 0)$$

$$(0, 0, 0, 0, 0, 0, 0, 0, 0, x^3 - 3x^2 + 3x - 1, 0)$$

$$(0, 0, 0, 0, 0, 0, 0, 0, 0, 0, x^3 - 3x^2 + 3x - 1)$$

Also lautet die Smith-Normalform der charakteristischen Matrix c in der Notation von Definition 11.5.6

$$\operatorname{diag}(1, 1, 1, 1, 1, 1, x-1, (x-1)^2, (x-1)^2, (x-1)^3, (x-1)^3)$$

Minimalpolynom der Matrix a
Befehl: MPA := `minpoly(A,x)`

$$MPA := x^3 - 3x^2 + 3x - 1$$

der Matrix a.

Rationale kanonische Form der Matrix a
Befehl: `ratform(a)` ergibt

$$r = \begin{pmatrix} 0 & 0 & 1 &&&&&&&& \\ 1 & 0 & -3 &&&&&&&& \\ 0 & 1 & 3 &&&&&&&& \\ &&& 0 & 0 & 1 &&&&& \\ &&& 1 & 0 & -3 &&&&& \\ &&& 0 & 1 & 3 &&&&& \\ &&&&&& 0 & -1 &&& \\ &&&&&& 1 & 2 &&& \\ &&&&&&&& 0 & -1 & 0 \\ &&&&&&&& 1 & 2 & 0 \\ &&&&&&&& 0 & 0 & 1 \end{pmatrix}.$$

Man beachte, daß Maple die Anordnung der Elementarteiler der Smith-Normalform von a bei der rationalen kanonischen Form nicht berücksichtigt.

Jordansche Normalform der Matrix a
Befehl: `jordan(a)` ergibt

$$j = \begin{pmatrix} 1 & 1 & 0 &&&&&&&& \\ 0 & 1 & 1 &&&&&&&& \\ 0 & 0 & 1 &&&&&&&& \\ &&& 1 & 1 & 0 &&&&& \\ &&& 0 & 1 & 1 &&&&& \\ &&& 0 & 0 & 1 &&&&& \\ &&&&&& 1 & 1 &&& \\ &&&&&& 0 & 1 &&& \\ &&&&&&&& 1 & 0 & 0 \\ &&&&&&&& 0 & 1 & 1 \\ &&&&&&&& 0 & 0 & 1 \end{pmatrix}.$$

der Matrix a.

Berechnung der Transformationsmatrix zur Jordanschen Normalform
Befehl: `evalm(t)` ergibt die zu j gehörige Transformationsmatrix

$$q = \begin{pmatrix} 0 & \frac{1}{3} & -\frac{1}{3} & 0 & -\frac{1}{3} & 0 & 0 & 0 & -\frac{4}{3} & 1 & 0 \\ -\frac{1}{3} & -\frac{2}{3} & -\frac{1}{3} & 0 & \frac{1}{3} & 0 & 0 & -1 & \frac{1}{3} & \frac{2}{3} & \frac{1}{3} \\ 0 & 0 & \frac{1}{3} & 0 & 0 & -\frac{1}{3} & -\frac{1}{3} & \frac{1}{3} & -\frac{1}{3} & -\frac{2}{3} & 1 \\ 0 & -\frac{2}{3} & \frac{2}{3} & 0 & -\frac{1}{3} & 0 & 0 & 0 & \frac{2}{3} & -2 & 0 \\ -\frac{1}{3} & \frac{1}{3} & -\frac{1}{3} & 0 & \frac{1}{3} & 0 & 0 & -1 & -\frac{2}{3} & \frac{2}{3} & \frac{1}{3} \\ 0 & 0 & \frac{1}{3} & 1 & 0 & -\frac{1}{3} & -\frac{1}{3} & -\frac{2}{3} & \frac{2}{3} & -\frac{2}{3} & 0 \\ 1 & 0 & 1 & 0 & -1 & 0 & 0 & 0 & 0 & -3 & -1 \\ 0 & 0 & -1 & 0 & 0 & 0 & 1 & -1 & -1 & 1 & 0 \\ 0 & -1 & 0 & 0 & 0 & 0 & 0 & 0 & 2 & -2 & 0 \\ 0 & 0 & 0 & 0 & 0 & 1 & 0 & 0 & -1 & 1 & 0 \\ 0 & 0 & 0 & 0 & 0 & 0 & 0 & 1 & 0 & 0 & 0 \end{pmatrix}.$$

mit $q^{-1}aq = j$.

B Lösungen der Aufgaben

B.1 Lösungen zu Kapitel 1

B.1.1 Die Behauptung ist für $n = 1$ trivial. Die Menge der k-elementigen Teilmengen von $\{1, 2, \dots, n, n+1\}$ zerfällt in 2 Klassen. Zur ersten gehören die k-elementigen Teilmengen, die $n+1$ enthalten; zur zweiten gehören die k-elementigen Teilmengen, die $n+1$ nicht enthalten. Nach Induktionsvoraussetzung haben diese beide Klassen $\binom{n}{k-1}$ bzw. $\binom{n}{k}$ Teilmengen. Insgesamt gibt es $\binom{n}{k-1} + \binom{n}{k} = \frac{n!}{(k-1)!(n-k+1)!} + \frac{n!}{k!(n-k)!} = \frac{n![k+n-k+1]}{k!(n-k+1)!} = \binom{n+1}{k}$ k-elementige Teilmengen.

B.1.2 Die Behauptung ist für $n = 1$ trivial. Der Induktionsschluß ergibt sich aus der Gleichung $\sum_{k=1}^{n+1} k = \sum_{k=1}^{n} k + (n+1) = \frac{1}{2}n(n+1) + (n+1) = \frac{1}{2}(n+1)(n+2)$.

B.1.3 Die Behauptung ist für $n = 1$ trivial. Der Induktionsschluß ergibt sich aus der Gleichung: $\sum_{k=1}^{n+1} k^2 = \sum_{k=1}^{n} k^2 + (n+1)^2 = \frac{1}{6}n(n+1)(2n+1) + (n+1)^2 = \frac{1}{6}(n+1)\left[2n^2 + n + 6n + 6\right] = \frac{1}{6}(n+1)(n+2)(2n+3)$.

B.1.4 (a) $x = 1, y = -1, z = -1$.

(b) Keine Lösung.

(c) $x = 1$, $y = z$, z beliebig.

B.1.5 Nach Subtraktion der ersten Gleichung von der zweiten gilt $2y + 2z = d$. Indem man nun das Zweifache der dritten Gleichung hiervon abzieht, erhält man $0 = d - 2$. Falls $d \neq 2$, ist dies ein Widerspruch!

B.1.6 Im ersten Fall liegt wegen $1 \odot (1+1) = 1 \odot 2 = 2$ und $(1 \odot 1) \oplus (1 \odot 1) = 1 \oplus 1 = \sqrt[3]{2}$ kein Vektorraum vor. Im zweiten Fall handelt es sich um einen reellen Vektorraum.

B.1.7 Die Multiplikationstafel der Gruppe G ist:

$\cdot$	1	-1	i	$-i$
1	1	-1	i	$-i$
-1	-1	1	$-i$	i
i	i	$-i$	-1	1
$-i$	$-i$	i	1	-1

B.1.8 Seien a, b und c, d zwei Paare reeller Zahlen mit $a \neq 0$ und $c \neq 0$. Dann ist

$$\begin{aligned} f_{a,b} \cdot f_{c,d}(x) &= a(cx + d) + b \\ &= acx + (ad + b) \quad \text{für alle } x \in \mathbb{R}. \end{aligned}$$

Da $ac \neq 0$, ist $f_{a,b} \cdot f_{c,d} = f_{ac,ad+b} \in G$, und $f_{1,0}$ ist das Einselement in G. Weiter ist $(f_{a,b})^{-1} = f_{a^{-1},-ba^{-1}} \in G$. Also ist G eine Gruppe.

B.1.9 R ist ein Ring, weil das Produkt zweier ungerader Zahlen wieder ungerade ist, woraus folgt: $\frac{a}{b} \cdot \frac{c}{d}, \frac{a}{b} + \frac{c}{d} = \frac{ad+bc}{bc} \in R$ für alle $\frac{a}{b}, \frac{c}{d} \in R$. Das Element $2 \in R$ hat kein Inverses in R, da $\frac{1}{2} \notin R$.

B.2 Lösungen zu Kapitel 2

B.2.1 Gilt $\boldsymbol{v}x + \boldsymbol{w}y = (0, 0)$ für $x, y \in F$ mit $(x, y) \neq (0, 0)$, so ist $ax + cy = 0 = bx + dy$. Hieraus folgt $(ad - bc)x = 0 = (ad - bc)y$. Wegen $(x, y) \neq (0, 0)$ ist $ad - bc = 0$. Sei umgekehrt $ad - bc = 0$. Falls $d = b = 0$, so sind $\boldsymbol{v}$ und $\boldsymbol{w}$ linear abhängig. Ist $d \neq 0$, dann ist $\boldsymbol{v}d - \boldsymbol{w}b = (ad - bc, bd - db) = (ad - bc, 0) = (0, 0)$. Daher sind $\boldsymbol{v}, \boldsymbol{w}$ linear abhängig.

B.2.2 (a) Angenommen, es gilt $(\boldsymbol{u}+\boldsymbol{v}-\boldsymbol{w}2)a+(\boldsymbol{u}-\boldsymbol{v}-\boldsymbol{w})b+(\boldsymbol{u}+\boldsymbol{w})c = 0$ für $a, b, c \in \mathbb{Q}$. Dann ist $\boldsymbol{u}(a + b + c) + \boldsymbol{v}(a - b) + \boldsymbol{w}(-2a - b + c) = 0$. Da $\boldsymbol{u}, \boldsymbol{v}, \boldsymbol{w}$ linear unabhängig sind, gelten die Gleichungen: $a + b + c = 0$, $a - b = 0$ und $2a + b - c = 0$, woraus $(a, b, c) = (0, 0, 0)$ folgt.

(b) $(\boldsymbol{u} + \boldsymbol{v} - \boldsymbol{w}3) - (\boldsymbol{u} + \boldsymbol{v}3 - \boldsymbol{w}) + (\boldsymbol{v} + \boldsymbol{w})2 = 0$.

B.2.3 $\boldsymbol{v} = -3\boldsymbol{e}_1 + 2\boldsymbol{e}_2 + 4\boldsymbol{e}_3$ ist eine gesuchte Linearkombination.

B.2.4 Aus $\boldsymbol{u} = \sum_{i=1}^{m} \boldsymbol{v}_i f_i$ und $\boldsymbol{v}_i = \sum_{j=1}^{n} \boldsymbol{w}_j g_{ij}$ für $f_i, g_{ij} \in F$ folgt

$$\boldsymbol{u} = \sum_{i=1}^{m}\Big(\sum_{j=1}^{n} \boldsymbol{w}_j g_{ij}\Big) f_i = \sum_{j=1}^{n} \boldsymbol{w}_j \Big(\sum_{i=1}^{m} g_{ij} f_i\Big).$$

B.2.5 (a) S ist linear abhängig. $\langle S \rangle$ hat als Basis $\{(1, 1, 1, 1), (0, 2, -3, 0)\}$.

(b) $\{(1, 1, 1, 1), (0, 2, -3, 0), (1, 0, 0, 0), (0, 1, 0, 0)\}$ ist eine Basis von V.

B.2.6 Wegen $p(0) = p(1) = 0$ und $q(0) = q(1) = 0$ ist $(p + q)(0) = 0$ und $(pa)(0) = (pa)(1) = 0$ für alle $a \in F$. Also ist W ein Unterraum. Eine Basis von W ist gegeben durch $\{X^2 - X, X^3 - X^2, \ldots, X^n - X^{n-1}\}$. Um diese zu einer Basis von $F_n[X]$ zu erweitern, kann man z. B. die Polynome 1 und X hinzufügen.

B.2.7 Eine Basis ist $\{(1, 2, -2, 2, -1), (0, 0, 1, 1, -1)\}$.

B.2.8 (a) Sei $G_i(X) := \prod_{\substack{j=1\\ j\neq i}}^{n} \frac{X-a_j}{a_i-a_j}$. Dann ist $G_i(X)$ ein Polynom vom Grad $\leq n-1$. Außerdem gilt $G_i(a_k) = 0$ falls $i \neq k$ und $G_i(a_i) = 1$. Damit gilt $p(a_i) = \sum_{j=1}^{n} p(a_j)\cdot G_j(a_i)$ für jedes Polynom $p(X)$ vom Grad $\leq n-1$. Setzt man $g(X) := \sum_{j=1}^{n} p(a_j)\cdot G_j(X)$, so ist $p(X) = g(X)$ für $X = a_1, \ldots, a_n$. Die Koeffizienten eines Polynoms $g(x)$ vom Grad $\leq n-1$ sind durch seine Auswertungen an n Stellen $(x_i, g(x_i))$ eindeutig bestimmt. Damit folgt $p(X) = g(X) = \sum_{j=0}^{n} p(a_j)\cdot G_j(X)$. Insbesondere erzeugen die $G_i(X)$ den Vektorraum $F_{n-1}[X]$. Da $\dim(F_{n-1}[X]) = n$, ist $\{G_1(X), \ldots, G_n(X)\}$ eine Basis von $F_{n-1}[X]$. Daher hat jedes $p(X)$ die in (b) angegebene eindeutige Darstellung.

(c) Die $n-1$ Polynome $H_i(X) = (X-a)^i$ und $H_o(X) = 1$ sind wegen Grad $H_i(X) = i$ für $0 \leq i \leq n-1$ linear unabhängig. Daher bilden sie eine Basis von $F_{n-1}[X]$.

(d) Wegen (c) hat jedes $p(X) \in F_{n-1}[X]$ die Darstellung $p(X) = \sum_{i=0}^{n-1} p_i H_i(X)$ mit eindeutig bestimmten $p_i \in F$. Setzt man $X = a$, so folgt $p_o = p(a)$. Die k-fache Ableitung $p^{(k)}(X)$ von $p(X)$ ist $p^{(k)}(X) = \sum_{i=k}^{n-1} i(i-1)\cdots(i-k+1)p_i(X-a)^{i-k}$. Hieraus folgt $p^{(k)}(a) = p_k k!$ für $k = 1, 2, \ldots, n-1$. Daher gilt (d).

B.2.9 Die Annahme, daß $f(x)a + g(x)b + h(x)c = 0$ für geeignete $a, b, c \in \mathbb{R}$ und alle $x \in \mathbb{R}$ gilt, führt durch Auswertung an drei geeigneten Stellen x in jeder der drei Teilaufgaben auf ein homogenes Gleichungssystem, das nur die Lösung $(a, b, c) = (0, 0, 0)$ hat. Bei (a) wähle man die Stellen $x = 0$ und $\pm\frac{\pi}{2}$; bei (b) die Stellen $x = 0$, 1 und 2; bei (c) die Stellen $x = 0$, $\frac{\pi}{2}$ und π.

B.2.10 (a) Für $r = 2$ gilt nach dem Dimensionssatz 2.2.16 wegen $U_1 \cap U_2 = 0$, daß $\dim U_1 + \dim U_2 = \dim(U_1 \oplus U_2)$ ist. Wegen $U_r \cap \left(\sum_{i=1}^{r-1} U_i\right) = 0$ folgt $\dim\left(\bigoplus_{i=1}^{r} U_i\right) = \dim\left(\bigoplus_{i=1}^{r-1} U_i \oplus U_r\right) = \dim\left(\bigoplus_{i=1}^{r-1} U_i\right) + \dim U_r = \sum_{i=1}^{r} \dim U_i$. Hieraus ergibt sich der Induktionsschluß.

(b) Nach Voraussetzung ist $\dim U_i \geq 1$ für $i = 1, 2, \ldots, r$. Also folgt nach (a) und Folgerung 2.2.14, daß $r \leq \sum_{i=1}^{r} \dim V_i = \sum_{i=1}^{r} \dim\left(\bigoplus_{i=1}^{r} U_i\right) \leq \dim V = n$; denn $\bigoplus_{i=1}^{r} U_i$ ist nach Satz 2.3.3 ein Unterraum von V.

B.3 Lösungen zu Kapitel 3

B.3.1 Ist $\boldsymbol{a} = (a_1, \ldots, a_n)$ mit $\boldsymbol{a}\cdot\boldsymbol{b} = 0$ für alle $\boldsymbol{b} \in F^n$, so gilt insbesondere $\boldsymbol{a}\cdot\boldsymbol{e}_i = a_i = 0$ für $i = 1, \ldots, n$, also $\boldsymbol{a} = \boldsymbol{o}$. Umgekehrt ist nach Definition des Skalarproduktes klar, daß $\boldsymbol{o}\cdot\boldsymbol{b} = 0$ für alle $\boldsymbol{b} \in F^n$ gilt.

B.3.2 (a) $20 = 2^4 + 2^2$. Also benötigt man die 5 Produkte $\mathcal{A}^2$, $\mathcal{A}^4 = (\mathcal{A}^2)^2$, $\mathcal{A}^8 = (\mathcal{A}^4)^2$, $\mathcal{A}^{16} = (\mathcal{A}^8)^2$ und $\mathcal{A}^{20} = \mathcal{A}^{16}\cdot\mathcal{A}^4$. Es folgt $\mathcal{A}^{20} = \left(\begin{smallmatrix}1 & 40\\ 0 & 1\end{smallmatrix}\right)$.

(b) Man beweist $\mathcal{A}^n = \left(\begin{smallmatrix}1 & 2n\\ 0 & 1\end{smallmatrix}\right)$ durch vollständige Induktion nach n. Ist $n = 1$, so ist $\mathcal{A}^n = \mathcal{A}$ und die Behauptung ist trivialerweise erfüllt. Wegen $\mathcal{A}^{n+1} = \mathcal{A}^n\cdot\mathcal{A}$ folgt der Induktionsbeweis aus der Induktionsvoraussetzung $\mathcal{A}^n = \left(\begin{smallmatrix}1 & 2n\\ 0 & 1\end{smallmatrix}\right)$ durch einfaches Ausmultiplizieren.

B.3.3 (a) $(\mathcal{A}\mathcal{B}-\mathcal{A}\mathcal{B}\mathcal{A})^2 = \mathcal{A}\mathcal{B}\mathcal{A}\mathcal{B}-\mathcal{A}\mathcal{B}\mathcal{A}\mathcal{B}\mathcal{A}-\mathcal{A}\mathcal{B}\mathcal{A}\mathcal{A}\mathcal{B}+\mathcal{A}\mathcal{B}\mathcal{A}\mathcal{A}\mathcal{B}\mathcal{A} = \mathcal{A}\mathcal{B}\mathcal{A}\mathcal{B}-\mathcal{A}\mathcal{B}\mathcal{A}\mathcal{B}\mathcal{A} - \mathcal{A}\mathcal{B}\mathcal{A}\mathcal{B} + \mathcal{A}\mathcal{B}\mathcal{A}\mathcal{B}\mathcal{A} = 0$.

(b) Sei $\mathcal{A} = \binom{0\ 0}{1\ 0}$ und $\mathcal{B} = \binom{0\ 0}{0\ 1}$. Dann ist $\mathcal{A}\mathcal{B} = 0$ und $\mathcal{B}\mathcal{A} = \mathcal{A} \neq 0$.

B.3.4 Da $\mathcal{A}$ und $\mathcal{B}$ zwei 3×5-Matrizen vom Rang 2 sind, ist $\dim \operatorname{Ker} \mathcal{A} = \dim \operatorname{Ker} \mathcal{B} = 5 - 2 = 3$ nach Satz 3.2.13. Nach dem Dimensionssatz folgt: $5 \geq \dim \operatorname{Ker} \mathcal{A} + \dim \operatorname{Ker} \mathcal{B} - \dim(\operatorname{Ker} \mathcal{A} \cap \operatorname{Ker} \mathcal{B}) = 6 - \dim(\operatorname{Ker} \mathcal{A} \cap \operatorname{Ker} \mathcal{B})$. Also ist $\operatorname{Ker} \mathcal{A} \cap \operatorname{Ker} \mathcal{B} \neq \{\boldsymbol{o}\}$.

B.3.5 (a) und (b) folgen unmittelbar aus Definition 3.1.3.

(c) Seien $c_{jj} = \sum_{i=1}^n a_{ji}b_{ij}$ und $d_{ii} = \sum_{j=1}^n b_{ij}a_{ji}$. Dann folgt aus Definition 3.1.17, daß

$$\operatorname{tr}(\mathcal{A}\mathcal{B}) = \sum_{j=1}^n c_{jj} = \sum_{j=1}^n \sum_{i=1}^n a_{ji}b_{ij} = \sum_{i=1}^n \sum_{j=1}^n b_{ij}a_{ji} = \sum_{i=1}^n d_{ii} = \operatorname{tr}(\mathcal{B}\mathcal{A}).$$

(d) Für $a = \frac{1}{n} \operatorname{tr}(\mathcal{A})$ gilt die Behauptung wegen (a) und (b).

B.3.6 (a) A und B sind Basen, weil die jeweiligen homogenen Gleichungssysteme nur die triviale Lösung besitzen.

(b) $\frac{1}{3}\begin{pmatrix} -1 & -5 & -10 \\ 1 & 2 & 5 \\ 0 & 0 & -1 \end{pmatrix}$.

(c) $\mathcal{A}_\alpha(A, A) = \begin{pmatrix} -11 & -20 & 70 \\ 8 & 17 & -25 \\ 0 & 0 & 6 \end{pmatrix} \frac{1}{3}, \quad \mathcal{A}_\alpha(B, B) = \begin{pmatrix} 3 & 0 & 0 \\ 0 & -1 & 0 \\ 0 & 0 & 2 \end{pmatrix}$.

B.3.7 Auf V wird durch $p(X) \mapsto X \cdot p'(X)$ eine lineare Abbildung $\alpha : V \to V$ definiert, weil die Ableitung mit Summen und konstanten Faktoren vertauscht.

Wegen $\alpha(X^i) = X \cdot i \cdot X^{i-1} = i \cdot X^i$ ist $\mathcal{A}_\alpha(B, B)$ eine Diagonalmatrix (d_{ii}) mit $d_{ii} = i - 1$ für $i = 1, 2, \ldots, n, n+1$.

B.3.8 Die Matrixelemente p_{ij} sind so zu bestimmen, daß $\sum_{i=1}^n p_{ij} \cdot G_i(X) = (X - a)^{j-1}$ für $j = 1, \ldots, n$ gilt. Aus Aufgabe 2.8 (b) folgt, daß $p_{ij} = (a_i - a)^{j-1}$, d. h.

$$\mathcal{P} = \begin{pmatrix} 1 & a_1 - a & (a_1 - a)^2 & \cdots & (a_1 - a)^{n-1} \\ 1 & a_2 - a & (a_2 - a)^2 & \cdots & (a_2 - a)^{n-1} \\ \vdots & \vdots & \vdots & & \vdots \\ 1 & a_n - a & (a_n - a)^2 & \cdots & (a_n - a)^{n-1} \end{pmatrix}.$$

B.3.9 (a) Wegen $\alpha(U) \leq V$ ist $\operatorname{Im} \beta\alpha \subseteq \operatorname{Im} \beta$.

(b) Sei W_0 Komplement von $\operatorname{Im} \beta\alpha$ in $\operatorname{Im} \beta$, d. h. $\operatorname{Im} \beta = \operatorname{Im} \beta\alpha + W_0$ und $\operatorname{Im} \beta\alpha \cap W_0 = \{\boldsymbol{o}\}$. Sei $\gamma\beta(\boldsymbol{v}) \in \operatorname{Im} \gamma\beta$. Wegen $\beta(\boldsymbol{v}) \in \operatorname{Im} \beta$ gibt es ein $\boldsymbol{u} \in U$ und ein $\boldsymbol{w}_0 \in W_0$ mit $\beta(\boldsymbol{v}) = \beta\alpha(\boldsymbol{u}) + \boldsymbol{w}_0$. Hieraus folgt $\gamma\beta(\boldsymbol{v}) = \gamma(\beta\alpha(\boldsymbol{u}) + \boldsymbol{w}_0) = \gamma\beta\alpha(\boldsymbol{u}) + \gamma(\boldsymbol{w}_0) \in \operatorname{Im} \gamma\beta\alpha + \gamma W_0$. Daher ist $\operatorname{Im} \gamma\beta \leq \operatorname{Im} \gamma\beta\alpha + \gamma(W_0)$. Die andere Inklusion ist trivial.

(c) $\dim \operatorname{Im} \beta\alpha + \dim \operatorname{Im} \gamma\beta = \dim \operatorname{Im} \beta\alpha + \dim \operatorname{Im} \gamma\beta\alpha + \dim \gamma W_0 \leq \dim \operatorname{Im} \beta\alpha + \dim \operatorname{Im} \gamma\beta\alpha + \dim W_0 = \dim \operatorname{Im} \beta + \dim \operatorname{Im} \gamma\beta\alpha$.

B.3.10 (a) Sei $\mathcal{A}$ eine nilpotente $n \times n$-Matrix, d. h. $\mathcal{A}^k = 0$ für ein $k \in \mathbb{N}$. Multiplikation mit $\mathcal{A}$ ist eine lineare Abbildung $\alpha : F^n \to F^n$, $\boldsymbol{v} \mapsto \mathcal{A}\boldsymbol{v}$. Wie $\mathcal{A}$ ist auch α nilpotent. Insbesondere ist α kein Isomorphismus, weil sonst auch $\alpha^k = 0$ ein Isomorphismus wäre. Daraus folgt $\dim \operatorname{Im} \alpha \le n-1$ und $\dim \operatorname{Im} \alpha^{i+1} = \dim \alpha(\operatorname{Im} \alpha^i) < \dim \operatorname{Im} \alpha^i$, für alle i mit $\operatorname{Im} \alpha^i \neq \{\boldsymbol{o}\}$.

In der Kette

$$(*) \qquad F^n \ge \operatorname{Im} \alpha \ge \operatorname{Im} \alpha^2 \ge \cdots \ge \operatorname{Im} \alpha^{k-1} \ge \operatorname{Im} \alpha^k = \{\boldsymbol{o}\}$$

tritt die erste Gleichheit gerade dort auf, wo die $\{\boldsymbol{o}\}$ erscheint; vorher sind alle Ungleichungen echt. Insbesondere wird die Dimension in jedem Schritt kleiner. Dies kann im n-dimensionalen Vektorraum F^n aber höchstens n mal passieren. Daraus folgt $\dim \operatorname{Im} \alpha^n = 0$, d. h. $\mathcal{A}^n = 0$. Also ist der Nilpotenzindex von $\mathcal{A}$ kleiner oder gleich n.

(b) Sei $\mathcal{B}_m = (a_{ij}) \in \operatorname{Mat}_n(F)$, $1 \le m \le n$ mit

$$a_{ij} = \begin{cases} 1 & \text{für } j = i + m, \\ 0 & \text{sonst.} \end{cases}$$

Behauptung: $\mathcal{B}_1 \mathcal{B}_m = \mathcal{B}_{m+1}$.
Beweis: Sei $\mathcal{B}_1 = (b'_{ij})$, $\mathcal{B}_m = (b_{ij})$ und $\mathcal{B}_1 \mathcal{B}_m = (d_{ij})$. Dann ist

$$d_{ij} = \sum_{k=1}^{n} b'_{ik} b_{kj} = \sum_{i=01}^{n-1} \delta_{i,i+1} \delta_{i+1,j} = \begin{cases} 1 & j = i + m + 1, \\ 0 & \text{sonst.} \end{cases}$$

Wendet man die Behauptung auf $\mathcal{A} = \mathcal{B}_1$ an, dann ist

$$\mathcal{A}^i = \mathcal{B}_1^i = \mathcal{B}_i = \begin{cases} 0 & i = n, \\ \neq 0 & i < n. \end{cases}$$

Also ist n der Nilpotenzindex von $\mathcal{A}$.

(c) Sei $1 \le k \le n$. Wir betrachten die $n \times n$-Matrix

$$\mathcal{C} := \left(\begin{array}{c|c} \mathcal{A}_k & 0 \\ \hline 0 & 0 \end{array} \right),$$

wobei $\mathcal{A}_k = (a_{ij})$ die obere $k \times k$-Dreiecksmatrix mit $a_{i,i+1} = 1$ und $a_{ij} = 0$ für $j \neq i+1$.

Wegen (b) hat $\mathcal{A}_k$ den Nilpotenzindex k. Daher ist

$$\mathcal{C}^{k-1} = \left(\begin{array}{c|c} \mathcal{A}_k^{k-1} & 0 \\ \hline 0 & 0 \end{array} \right) \neq 0 \text{ und}$$
$$\mathcal{C}^{k} = \left(\begin{array}{c|c} \mathcal{A}_k^{k} & 0 \\ \hline 0 & 0 \end{array} \right) = 0,$$

d. h. $\mathcal{C} \in \operatorname{Mat}_n(F)$ hat Nilpotenzindex k.

B.3.11 (a) Nach Voraussetzung existieren natürliche Zahlen n, m mit $\mathcal{A}^n = \mathcal{B}^m = 0$. Sei $k = \max(n, m)$. Da $\mathcal{A}$ und $\mathcal{B}$ kommutieren, gilt nach dem Binomischen Lehrsatz:

$$(\mathcal{A} + \mathcal{B})^{2k} = \sum_{i=0}^{2k} \binom{2k}{i} \mathcal{A}^{2k-i} \mathcal{B}^i .$$

Für alle $0 \leq i \leq 2k$ ist entweder $2k - i \geq k$ oder $i > k$. Also ist entweder $\mathcal{A}^{2k-i} = 0$ oder $\mathcal{B}^i = 0$ für alle i, woraus $(\mathcal{A} + \mathcal{B})^{2k} = 0$ folgt.

(b) $\mathcal{A} = \begin{pmatrix} 0 & 1 \\ 0 & 0 \end{pmatrix}$ und $\mathcal{B} = \begin{pmatrix} 0 & 0 \\ 1 & 0 \end{pmatrix}$ sind nilpotent, aber $\mathcal{A} + \mathcal{B} = \begin{pmatrix} 0 & 1 \\ 1 & 0 \end{pmatrix}$ hat das Quadrat $\begin{pmatrix} 1 & 0 \\ 0 & 1 \end{pmatrix}$ und ist somit nicht nilpotent.

(c) Angenommen, $a_0 = 0$, also $\mathcal{B} = \mathcal{A}a_1 + \cdots + \mathcal{A}^m a_m$. Nach (b) ist $\mathcal{B}$ nilpotent und daher nicht invertierbar. Widerspruch!

Sei nun $a_0 \neq 0$. Um die Inverse von $\mathcal{B}$ zu konstruieren, betrachtet man die Matrix $\mathcal{C} = \sum_{i=0}^m \mathcal{A}^i b_i$ mit $b_i \in F$, wobei die Koeffizienten b_i so zu wählen sind, daß $\mathcal{E}_n = \mathcal{B}\mathcal{C} = \sum_{k=0}^{2m} \mathcal{A}^k \big(\sum_{i+j=k} a_i b_j \big)$ gilt. Man konstruiert die b_i induktiv: Für $i = 0$ sei $b_0 = a_0^{-1}$. Für $i \geq 1$ seien $b_0, \ldots, b_{i-1}$ bereits definiert. Dann sei $a_0 b_i + a_1 b_{i-1} + \cdots + a_i b_0 = 0$. Da nach Voraussetzung $a_0 \neq 0$, läßt sich diese Gleichung eindeutig nach b_i auflösen, womit das gewünschte b_i gefunden ist. Auf diese Weise erhält man $b_0, \ldots, b_m$ mit der Eigenschaft $\sum_{i+j=k} a_i b_j = 0$ für alle $k = 1, \ldots, m$. Für die dazugehörige Matrix $\mathcal{C}$ gilt $\mathcal{B}\mathcal{C} = \mathcal{E}_n$. Daher ist $\mathcal{B}$ invertierbar.

B.3.12 (a) Sei $f(X) = a_n X^n + \cdots + a_0$. Dann ist $X^n f\big(\frac{1}{X}\big) = X^n \big(a_n \frac{1}{X^n} + \cdots + a_1 \frac{1}{X} + a_0\big)$. Also $\frac{d}{dX}\big(X^n f\big(\frac{1}{X}\big)\big) = a_{n-1} + \cdots + n \cdot a_0 X^{n-1} \in F_n[X]$.

(b) $\alpha(f(X) + g(X)) = \frac{d}{dX}\big(X^n \cdot \big(f\big(\frac{1}{X}\big) + g\big(\frac{1}{X}\big)\big)\big) = \frac{d}{dX}\big(X^n f\big(\frac{1}{X}\big)\big) + \frac{d}{dX}\big(X^n g\big(\frac{1}{X}\big)\big) = \alpha(f(X)) + \alpha(g(X))$. Sei $k \in F$. Dann ist $\alpha(k \cdot f(X)) = \frac{d}{dX}\big(X^n \cdot k \cdot f\big(\frac{1}{X}\big)\big) = k \cdot \frac{d}{dX}\big(X^n \cdot f\big(\frac{1}{X}\big)\big) = k \cdot \alpha(f(X))$.

$\mathcal{A}_\alpha(A, A) = (a_{ij})$ mit $a_{ij} = (n - i) \cdot \delta_{n, i+j+1}$ für $i, j \in \{0, 1, \ldots, n\}$, wobei δ_{ij} das Kronecker-Symbol ist.

B.3.13 Es gilt $\operatorname{rg} \alpha = 2$. Eine Basis von $\operatorname{Ker} \alpha$ ist z. B. $\{(-2, -1, 1, 0), (-3, -2, 0, 1)\}$. Die Koordinaten von $\alpha \boldsymbol{v}_1, \alpha \boldsymbol{v}_2, \alpha \boldsymbol{v}_3$ lauten $(11, 22, -20), (-16, -36, 36), (6, 52, -80)$. Es gilt $\dim U = 3$ und $\dim(\alpha U) = 2$.

B.3.14 Sei $\{\boldsymbol{v}_1, \ldots, \boldsymbol{v}_k\}$ eine Basis von U. Diese ergänzen wir zu einer Basis $\{\boldsymbol{v}_1, \ldots, \boldsymbol{v}_n\}$ von F^n. Für einen beliebigen Vektor $\boldsymbol{v} = \sum_{i=1}^n \boldsymbol{v}_i \cdot b_i$ von F^n definieren wir $\alpha_U(\boldsymbol{v}) = \sum_{i=k+1}^n \boldsymbol{v}_i \cdot b_i$ (Im Fall $n = k$ heißt das einfach $\alpha_U(\boldsymbol{v}) = \boldsymbol{o}$). Man zeigt leicht, daß α_U eine lineare Abbildung von F^n nach F^n ist. Weiterhin ist klar, daß $\operatorname{Ker}(\alpha_U) = U$. Sei nun $\mathcal{A}$ die Matrix $\mathcal{A}_{\alpha_U}(B, B)$ bezüglich der Basis $B = \{\boldsymbol{v}_1, \ldots, \boldsymbol{v}_n\}$. Dann gilt $\mathcal{A} \cdot \boldsymbol{x} = \boldsymbol{o}$ genau dann, wenn $\boldsymbol{x} \in \operatorname{Ker}(\alpha_U) = U$.

B.3.15 Es gelte $\varphi : V \to W$, $\psi : V \to W$. Man erhält $(\varphi + \psi)V \subseteq \varphi V + \psi V$ und daher $\operatorname{rg}(\varphi + \psi) = \dim((\varphi + \psi)V) \leqq \dim(\varphi V + \psi V) \leqq \dim(\varphi V) + \dim(\psi V) = m + n$. Weiter kann $m \geqq n$ angenommen werden. Nach dem bisher Bewiesenen ergibt sich $m =$

$\operatorname{rg}\varphi = \operatorname{rg}((\varphi + \psi) - \psi) \leqq \operatorname{rg}(\varphi + \psi) + \operatorname{rg}(-\psi) = \operatorname{rg}(\varphi + \psi) + n$, und hieraus folgt $|m - n| = m - n \leqq \operatorname{rg}(\varphi + \psi)$.

B.3.16 Wenn es zu $\varphi \in \mathrm{GL}(V)$ ein $\boldsymbol{x} \in V$ gibt, für das $\boldsymbol{x}$ und $\boldsymbol{y} = \varphi\boldsymbol{x}$ linear unabhängig sind, existiert ein $\psi \in \mathrm{GL}(V)$ mit $\psi\boldsymbol{x} = \boldsymbol{x}$ und $\psi\boldsymbol{y} = \boldsymbol{x} + \boldsymbol{y}$. Es gilt dann $\psi\varphi \neq \varphi\psi$. Wenn also φ zum Zentrum gehört, muß $\varphi\boldsymbol{x} = \boldsymbol{x}c_x$ für alle $\boldsymbol{x} \in V$ mit einem $c_x \in F$ gelten. Für linear unabhängige Vektoren $\boldsymbol{x}, \boldsymbol{y}$ folgt $(\boldsymbol{x} + \boldsymbol{y})c_y = (\psi\varphi)\boldsymbol{y} = (\varphi\psi)\boldsymbol{y} = \boldsymbol{x}c_x + \boldsymbol{y}c_y$, also $c_x = c_y$. Hieraus ergibt sich $\varphi = \mathrm{id}_V\, c$, wobei id_V die Identität auf V ist. Umgekehrt gehören alle Automorphismen $\mathrm{id}_V\, c$ zum Zentrum. Die zu $\mathrm{id}_V\, c$ gehörige $n \times n$-Matrix ist $\mathcal{E}_n \cdot c$.

B.3.17 (a) Da $\{1\}$ eine Basis des Skalarenkörpers ist, beweist man die lineare Unabhängigkeit von $\Omega = \{\varphi_\alpha \mid \alpha \in \mathcal{A}\}$ wie im Beweis von Satz 3.6.8.

(b) Wäre φ eine Linearkombination endlich vieler φ_α, so könnte $\varphi\boldsymbol{a}_\alpha \neq 0$ nur für höchstens endlich viele Indizes α gelten. Daher ist Ω keine Basis von V^*.

(c) Für einen Vektor $\boldsymbol{x} = x_{\alpha_1}\boldsymbol{a}_{\alpha_1} + \cdots + x_{\alpha_r}\boldsymbol{a}_{\alpha_r}$ aus V gilt $(\Theta\boldsymbol{x})\varphi_{\alpha_\rho} = \varphi_{\alpha_\rho}\boldsymbol{x} = x_{\alpha_\rho}$. Aus $(\Theta\boldsymbol{x})\varphi_\alpha = 0$ für alle α folgt daher $\boldsymbol{x} = \boldsymbol{o}$ und weiter $(\Theta\boldsymbol{x})\varphi = 0$. Es gibt aber wegen (b) mindestens ein $\psi^* \in V^{**}$ mit $\psi^*(\varphi_\alpha) = 0$ für alle α und mit $\psi^*(\varphi) \neq 0$.

B.3.18 Nach Definition 2.3.16 gilt $V = U \oplus C$. Daher ist $C^* = \mathrm{Hom}(C, K) \cong U^\perp$, weil $U^\perp$ aus denjenigen $\psi \in V^*$ besteht, bei denen $\psi\boldsymbol{u} = 0$ für alle $\boldsymbol{u} \in U$ erfüllt ist.

B.3.19 a) $\mathrm{Im}(\alpha)$ ist ein Unterraum von V nach Satz 3.2.7 (c). Wegen $\alpha[\mathrm{Im}(\alpha)] \leq \alpha(V) = \mathrm{Im}(\alpha)$ ist $\mathrm{Im}(\alpha)$ invariant.

b) Wegen $\dim_F[\mathrm{Im}(\alpha)] = 1$ existiert ein $w \in V$ mit $\alpha(w) \neq 0$ und $B = \{\alpha(w)\}$ ist eine Basis von $\mathrm{Im}(\alpha)$. Nach Satz 3.2.13 ist $n = \dim_F(V) = \dim_F \mathrm{Im}(\alpha) + \dim_F \mathrm{Ker}(\alpha)$. Wegen $\mathrm{Im}(\alpha) \cap \mathrm{Ker}(\alpha) = 0$ hat daher jedes $v \in V$ eine eindeutige Darstellung $v = a + b$ mit $a \in \mathrm{Im}(\alpha)$ und $b \in \mathrm{Ker}(\alpha)$. Also ist $w = g\alpha(w) + b_1$ für ein $0 \neq g \in F$ und $b_1 \in \mathrm{Ker}(\alpha)$. Daher ist $\alpha(w) = g\alpha^2(w)$, und zu jedem $v \in V$ existieren $r \in F$ und $t \in \mathrm{Ker}(\alpha)$, die von v abhängen, mit $v = r\alpha(w) + t$. Also gelten $\alpha(v) = r\alpha^2(w) = rg^{-1}\alpha(w)$ und $\alpha^2(v) = rg^{-1}\alpha^2(w) = g^{-1}rg^{-1}\alpha(w) = g^{-1}\alpha(v)$. Hieraus folgt $[\alpha^2 - g^{-1}\alpha](v) = 0$ für alle $v \in V$, d. h. $\alpha^2 = f\alpha$ für $f = g^{-1} \in F$.

B.4 Lösungen zu Kapitel 4

B.4.1 $\mathrm{rg}(\mathcal{A}) = 3$.

B.4.2 Der Zeilenrang von $\mathcal{A}\mathcal{B}$ ist 2.

B.4.3 Die Vektoren $\boldsymbol{a}_1 = (1, 3, 5, -4)$, $\boldsymbol{a}_2 = (0, 0, 1, -1)$, $\boldsymbol{a}_3 = (0, 0, 0, 1)$ bilden eine Basis von U, die Vektoren $\boldsymbol{b}_1 = (1, 0, 2, -2)$, $\boldsymbol{b}_2 = (0, 3, 3, -5)$, $\boldsymbol{b}_3 = (0, 0, -1, 2)$ eine Basis von V. Zusammen mit $(0, -3, -3, 2)$ bilden $\boldsymbol{a}_1, \boldsymbol{a}_2, \boldsymbol{a}_3$ eine Basis von $U + V$. Schließlich besteht eine Basis von $U \cap V$ aus $(1, 3, 5, -7)$ und $\boldsymbol{b}_3$.

B.4.4

$$\mathcal{T}(\mathcal{A}) = \begin{pmatrix} 1 & 3 & 4 & 0 & 2 \\ 0 & -1 & -1 & 1 & -4 \\ 0 & 0 & -4 & 5 & -18 \\ 0 & 0 & 0 & 3 & -2 \\ 0 & 0 & 0 & 0 & 0 \end{pmatrix}, \quad \mathcal{T} = \begin{pmatrix} 1 & 0 & 0 & 0 & -\frac{35}{3} \\ 0 & 1 & 0 & 0 & -\frac{1}{3} \\ 0 & 0 & 1 & 0 & \frac{11}{3} \\ 0 & 0 & 0 & 1 & -\frac{2}{3} \\ 0 & 0 & 0 & 0 & 0 \end{pmatrix}.$$

B.4.5

$$L = \left\{ \begin{pmatrix} -2+4i \\ 1-2i \\ 0 \\ 0 \\ 4-7i \end{pmatrix} + \begin{pmatrix} 2 \\ -1 \\ 1 \\ 0 \\ 0 \end{pmatrix} f_1 + \begin{pmatrix} 1 \\ 1 \\ 0 \\ 1 \\ 0 \end{pmatrix} f_2 \;\middle|\; f_1, f_2 \in \mathbb{C} \right\}.$$

B.4.6

$$L = \left\{ \begin{pmatrix} 1 \\ 2 \\ 0 \\ 3 \\ 4 \\ 0 \\ 5 \\ 0 \\ 6 \\ 7 \end{pmatrix} + \begin{pmatrix} -1 \\ -1 \\ -1 \\ 0 \\ 0 \\ 0 \\ 0 \\ 0 \\ 0 \\ 0 \end{pmatrix} f_1 + \begin{pmatrix} 0 \\ 2 \\ 0 \\ 2 \\ 2 \\ -1 \\ 0 \\ 0 \\ 0 \\ 0 \end{pmatrix} f_2 + \begin{pmatrix} 0 \\ 0 \\ 0 \\ -3 \\ -3 \\ 0 \\ 0 \\ -1 \\ 0 \\ 0 \end{pmatrix} f_3 \;\middle|\; f_1, f_2, f_3 \in \mathbb{Q} \right\}.$$

B.4.7 (a) Nach Folgerung 3.4.8 gilt stets $\text{rg}(\mathcal{A}) = \text{rg}(\mathcal{A}^T)$. Wegen Satz 3.4.9 ist die $n \times n$-Matrix $\mathcal{A}$ genau dann invertierbar, wenn $\text{rg}(\mathcal{A}) = n$. Also gilt die Behauptung.

(b) Sei $\mathcal{E}$ die $n \times n$-Einsmatrix und $\mathcal{A}$ invertierbar. Dann ist $\mathcal{E} = \mathcal{A}^{-1}\mathcal{A} = \mathcal{A} \cdot \mathcal{A}^{-1}$. Aus Satz 3.1.28 folgt $\mathcal{E} = \mathcal{E}^T = (\mathcal{A}^{-1}\mathcal{A})^T = (\mathcal{A} \cdot \mathcal{A}^{-1})^T = \mathcal{A}^T(\mathcal{A}^{-1})^T = (\mathcal{A}^{-1})^T\mathcal{A}^T$. Daher ist $(\mathcal{A}^T)^{-1} = (\mathcal{A}^{-1})^T$ nach Definition 3.1.29.

B.4.8 Nach Aufgabe 4.7 ist $(\mathcal{A}^T)^{-1} = (\mathcal{A}^{-1})^T$. Das Berechnungsverfahren 4.2.11 ergibt

$$\mathcal{A}^{-1} = \begin{pmatrix} 0 & \frac{1}{4} & 1/8 & 3 & -3 & 0 \\ 0 & \frac{1}{2} & -\frac{1}{4} & -6 & 6 & 0 \\ -\frac{1}{3} & \frac{1}{4} & -\frac{5}{24} & -5 & 5 & 0 \\ 0 & 0 & 0 & -3 & 1 & 1 \\ 0 & 0 & 0 & 6 & -1 & -2 \\ 0 & 0 & 0 & -1 & 1 & 0 \end{pmatrix}.$$

B.4.9 Sei $\mathcal{A} = (a_{ij}) \neq 0$ aus J. Dann ist mindestens ein $a_{ij} \neq 0$. Diese Indizes i, j seien fest gewählt. Für alle $1 \leq u,v \leq n$ sei $\mathcal{E}_{uv} = (e_{uv})$ mit $e_{uv} = 1$ für $u = v$ und $e_{uv} = 0$ für $u \neq v$. Nach (c) ist $\mathcal{E}_{1i}\mathcal{A}\mathcal{E}_{j1} = \mathcal{E}_{11}a_{ij} \in J$. Wegen $0 \neq a_{ij}^{-1} \in F$ folgt wiederum aus (c), daß $\mathcal{E}_{11} = (\mathcal{E}_{11}a_{ij})a_{ij}^{-1} \in J$. Daher ist $\mathcal{E}_{uu} = \mathcal{E}_{u1}\mathcal{E}_{11}\mathcal{E}_{1u} \in J$ für $u = 1, 2, \ldots, n$. Wegen (b) ist deshalb $\mathcal{E}_n = \mathcal{E}_{11} + \mathcal{E}_{22} + \cdots + \mathcal{E}_{nn} \in J$.

B.4.10 $\mathcal{A}$ hat den Rang n. Beweis durch vollständige Induktion. Ist $n = 1$, so ist die Summe $\sum_{\substack{j=1\\j\neq i}}^{n} |a_{ij}| = 0$, da die Indexmenge leer ist. Also $|a_{11}| > 0$ und $\mathrm{rg}(\mathcal{A}) = 1$.

Induktionsschluß: $n \to n+1$. Wegen $\sum_{\substack{j=1\\j\neq 1}}^{n} |a_{1j}| < |a_{11}|$ ist $a_{11} \neq 0$. Durch Subtraktion geeigneter Vielfacher der ersten Spalte von der j-ten Spalte, $j = 2, \ldots, n+1$, erhält man eine Matrix $\mathcal{A}' = (a'_{ij})$ mit $a'_{1j} = 0$ für $j = 2, \ldots, n+1$. Sei nun $\mathcal{A}'' = (a''_{ij})$ die Matrix die aus $\mathcal{A}'$ durch Selektion der Spalten $2, \ldots, n+1$ und Zeilen $2, \ldots, n+1$ entsteht. Dann gilt $a''_{ij} = a_{i+1,j+1} - \frac{a_{1,j+1}}{a_{11}} \cdot a_{i+1,1}$. Also

$$\begin{aligned}
\sum_{\substack{j=1\\j\neq i}}^{n} |a''_{ij}| &= \sum_{\substack{j=1\\j\neq i+1}}^{n} |a_{i+1,j+1} - \frac{a_{1,j+1}}{a_{11}} \cdot a_{i+1,1}| \leq \sum_{\substack{j=2\\j\neq i+1}}^{n+1} (|a_{i+1,j}| + |\frac{a_{1j}}{a_{11}} \cdot a_{i+1,1}|) \\
&= \sum_{\substack{j=2\\j\neq i+1}}^{n+1} |a_{i+1,j}| + \sum_{j=1}^{n+1} |\frac{a_{1j}}{a_{11}} \cdot a_{i+1,1}| - |\frac{a_{1,i+1}}{a_{11}} \cdot a_{i+1,1}| \\
&< \sum_{\substack{j=2\\j\neq i+1}}^{n+1} |a_{i+1,j}| + |a_{i+1,1}| - |\frac{a_{1,i+1}}{a_{11}} \cdot a_{i+1,1}| \\
&< |a_{i+1,i+1}| - |\frac{a_{1,i+1}}{a_{11}} \cdot a_{i+1,1}| \\
&\leq |a_{i+1,i+1} - \frac{a_{1,i+1}}{a_{11}} \cdot a_{i+1,1}| = |a''_{ii}|.
\end{aligned}$$

Die $n \times n$-Matrix $\mathcal{A}''$ erfüllt die Induktionsvoraussetzung. Daher hat $\mathcal{A}''$ den Rang n, und $\mathrm{rg}(\mathcal{A}) = n + 1$.

B.5 Lösungen zu Kapitel 5

B.5.1 (a) $\det A = 120$.
(b) $\det A = (a - b)[(a + b)(ty - ux) + (r + s)(dx - cy) + (v + w)(cu - dt)]$.

B.5.2 Falls $c_i = c_j$ für ein $i \neq j$, ist die Determinante 0 und die Behauptung offensichtlich. Sonst subtrahiert man für $n - 1 \geq i \geq 1$ das c_1-Fache der i-ten Zeile von der $(i+1)$-ten Zeile und teilt jede Spalte $j > 1$ durch $(c_j - c_1)$. So erhält man

$$\det \begin{pmatrix} 1 & 1 & \cdots & 1 \\ c_1 & c_2 & \cdots & c_n \\ \vdots & \vdots & & \vdots \\ c_1^{n-1} & c_2^{n-1} & \cdots & c_n^{n-1} \end{pmatrix} = \prod_{j>1} (c_j - c_1) \cdot \det \begin{pmatrix} 1 & \cdots & 1 \\ c_2 & \cdots & c_n \\ \vdots & & \vdots \\ c_2^{n-2} & \cdots & c_r^{n-2} \end{pmatrix}.$$

Die Behauptung ergibt sich durch vollständige Induktion.

B.5.3 $\det \mathcal{A} = (-1)^{n-1} \cdot (n-1)!$, $\det \mathcal{B} = (-1)^{\frac{(n-1)n}{2}}$.

B.5.4 (a) Sei $\mathcal{B} = \begin{pmatrix} \mathcal{E}_r & -\mathcal{P}^{-1}\mathcal{Q} \\ 0 & \mathcal{E}_{n-r} \end{pmatrix}$. Dann ist $\mathcal{A}\mathcal{B} = \begin{pmatrix} \mathcal{P} & 0 \\ 0 & \mathcal{S}-\mathcal{R}\mathcal{P}^{-1}\mathcal{Q} \end{pmatrix} = \mathcal{C}$. Nach Satz 5.4.12 ist $\det \mathcal{B} = 1$. Also ist $\mathcal{E}_n$ die Treppennormalform von $\mathcal{B}$. Wegen Satz 4.1.13 existieren $k < \infty$ Elementarmatrizen $\mathcal{U}_i$, die zu Spaltenumformungen von $\mathcal{B}$ gehören, mit $\mathcal{B}\mathcal{U}_k\mathcal{U}_{k-1}\dots\mathcal{U}_2\mathcal{U}_1 = \mathcal{E}_n$. Also ist $\mathcal{B} = \mathcal{U}_1^{-1}\mathcal{U}_2^{-2}\dots\mathcal{U}_k^{-1}$ und $\mathcal{C} = \mathcal{A}\mathcal{B} = \mathcal{A}\mathcal{U}_1^{-1}\mathcal{U}_2^{-1}\dots\mathcal{U}_k^{-1}$, d. h. $\mathcal{C}$ geht aus $\mathcal{A}$ durch Spaltenoperationen hervor.

(b) Nach dem Produktsatz für Determinanten gilt $\det(\mathcal{A}\mathcal{B}) = (\det \mathcal{A}) \cdot (\det \mathcal{B}) = \det \mathcal{A}$. Wegen (a) und Satz 5.4.12 ist daher $\det \mathcal{A} = \det \mathcal{C} = (\det \mathcal{P}) \det(\mathcal{S} - \mathcal{R}\mathcal{P}^{-1}\mathcal{Q})$.

B.5.5 (a) Ist $\det \mathcal{A} = 0$, so ist $\operatorname{rg} \mathcal{P} < 2n$, und alle Behauptungen gelten für diesen Fall. Sei $\det \mathcal{A} \neq 0$. Durch Zeilenaddition geht die Matrix $\mathcal{P}$ in die Matrix $\mathcal{P}' = \begin{pmatrix} 0 & \mathcal{B} \\ -\mathcal{A} & 0 \end{pmatrix}$ über. Da keine Zeilenvertauschungen vorgenommen werden, gilt $\det \mathcal{P} = \det \mathcal{P}'$. Für $i = 1, 2, \dots, n$ vertausche man nun die i-te mit der $(n+i)$-ten Zeile und erhält die Matrix $\mathcal{P}'' = \begin{pmatrix} -\mathcal{A} & 0 \\ 0 & \mathcal{B} \end{pmatrix}$. Für ihre Determinante gilt $\det \mathcal{P}'' = (-1)^n \det \mathcal{P}'$. Nach Satz 5.4.1 ist $\det(-\mathcal{A}) = (-1)^n \det \mathcal{A}$. Daher gilt nun wegen Satz 5.4.12, daß $\det \mathcal{P} = \det \mathcal{P}' = (-1)^n \det \mathcal{P}'' = (-1)^n \det(-\mathcal{A}) \det(\mathcal{B}) = (-1)^n(-1)^n(\det \mathcal{A})(\det \mathcal{B}) = (\det \mathcal{A})(\det \mathcal{B})$ ist.

(b) folgt durch Addition von $(\mathcal{A}\mathcal{E}_n, \mathcal{A}\mathcal{B})$ zu $(-\mathcal{A}, 0)$. Das sind Zeilenoperationen ohne Zeilenvertauschungen.

(c) Wegen (b), Satz 5.4.1 (c) und Satz 5.4.12 ist $\det \mathcal{P} = \det \begin{pmatrix} \mathcal{E}_n & \mathcal{B} \\ 0 & \mathcal{A}\mathcal{B} \end{pmatrix} = \det \mathcal{E}_n \cdot \det(\mathcal{A}\mathcal{B}) = \det(\mathcal{A}\mathcal{B})$. Nach (a) gilt $\det \mathcal{P} = (\det \mathcal{A})(\det \mathcal{B})$. Hieraus folgt der Produktsatz.

B.5.6 $(1, 2, 3, -1)$.

B.5.7 Die Matrix $\mathcal{A}$ sei n-reihig, und die Matrix $\mathcal{A}_1$ sei k-reihig. Durch $k(n-k)$ Zeilenvertauschungen geht die Matrix $\mathcal{A}$ über in $\mathcal{A}' = \begin{pmatrix} \mathcal{A}_2 & \mathcal{B} \\ 0 & \mathcal{A}_1 \end{pmatrix}$. Nach Satz 5.4.12 und Satz 5.4.1 (b) folgt $\det \mathcal{A} = (-1)^{k(n-k)}(\det \mathcal{A}_1)(\det \mathcal{A}_2)$.

B.5.8

$$\mathcal{A}^{-1} = \frac{1}{\det}(\operatorname{adj} \mathcal{A}) = \frac{1}{-1} \begin{pmatrix} 4 & -2 & 1 \\ 3 & -1 & 0 \\ 5 & -2 & 1 \end{pmatrix}.$$

B.5.9 Die Voraussetzung ist gleichwertig mit $\mathcal{A}\mathcal{A}^T = \mathcal{E}_n$ und daher mit $\mathcal{A}^{-1} = \mathcal{A}^T$. Ist $D = \det \mathcal{A}$, so folgt $D^{-1} = D$, also $D = \pm 1$. Für den Matrizenkoeffizienten $a'_{k,i}$ von $\mathcal{A}^{-1}$ gilt $a'_{k,i} = D(\operatorname{adj} a_{i,k})$ wegen Satz 5.5.2 und $D^{-1} = D$. Andererseits folgt aus $\mathcal{A}^{-1} = \mathcal{A}^T$ auch $a'_{k,i} = a_{i,k}$. Es ergibt sich: $a_{i,k} = \det \mathcal{A}(\operatorname{adj} a_{i,k})$.

B.5.10 Multiplikation der i-ten Zeile mit $-a$ und Addition zur j-ten Zeile führt $\mathcal{E}_n + a\mathcal{C}_{i,j}$ $(i \neq j)$ in die Einheitsmatrix über. Daher folgt Behauptung (a). Wegen $(\mathcal{E}_n + a\mathcal{C}_{i,j})^{-1} = \mathcal{E}_n - a\mathcal{C}_{i,j}$ enthält M mit jeder Matrix auch deren Inverse. Links- bzw. rechtsseitige Multiplikation einer Matrix $\mathcal{A}$ mit Matrizen aus M bewirkt elementare Zeilen- bzw. Spaltenumformungen. Man zeigt, daß man durch solche Umformungen in $\mathcal{A}$ rechts unten eine Eins, sonst aber in der letzten Zeile und Spalte lauter Nullen erzeugen kann. Durch Induktion folgt, daß $\mathcal{A}$ durch Multiplikation mit Matrizen aus M in die Einheitsmatrix überführt werden kann.

B.6 Lösungen zu Kapitel 6

B.6.1 (a)

$$\begin{pmatrix} 1 & \epsilon & \epsilon^2 \\ 1 & \epsilon^2 & \epsilon \\ 1 & 1 & 1 \end{pmatrix} \quad \text{mit } \epsilon = -\frac{1}{2} + i\frac{\sqrt{3}}{2}.$$

(b) $\operatorname{char Pol}_{\mathcal{B}}(X) = (1-X)^3$ hat 1 als einzige Nullstelle. Der Eigenwert 1 von $\mathcal{B}$ hat also Vielfachheit $c_1 = 3$. $\mathcal{B} - \mathcal{E}_3$ hat aber Rang 2. Daher ist $\mathcal{B}$ nicht diagonalisierbar nach Satz 6.2.6.

B.6.2 $\operatorname{char Pol}(X) = X^5 - 15X^4 - 25X^3 + 375X^2 + 125X - 1875 = (X-15)(X^4 - 25X^2 + 125)$. Die Eigenwerte sind $x_1 = 15$.

$$x_{2,3} = \pm\sqrt{\frac{25}{2} + 5\sqrt{5}}, \quad x_{4,5} = \pm\sqrt{\frac{25}{2} - 5\sqrt{5}}.$$

B.6.3 (a) $\mathcal{A}\mathcal{B} = \mathcal{B}\mathcal{A}$ folgt durch Nachrechnen.

(c) $\mathcal{A}$ und $\mathcal{B}$ haben die gemeinsamen Eigenvektoren $\boldsymbol{v}_1 = (-3, 2, 4)$, $\boldsymbol{v}_2 = (1, -1, -2)$ und $\boldsymbol{v}_3 = (1, -1, -1)$ zu den Eigenwerten $a_1 = 1$, $a_2 = 1$ und $a_3 = 2$ bzw. $b_1 = -1$, $b_2 = -1$ und $b_3 = 3$.

(b) Wegen (c) sind $\mathcal{A}$ und $\mathcal{B}$ nach Satz 6.2.6 diagonalisierbar.

(d) folgt unmittelbar aus (c).

B.6.4 $\operatorname{char Pol}_{\mathcal{A}}(X) = X^5 - 5X^4 + 6X^3 + 2X^2 - 4X$. Eigenwerte $x_1 = 0, x_2 = 1, x_3 = 2$, $x_{4,5} = 1 \pm \sqrt{3}$.

B.6.5

$$\begin{pmatrix} -2 & 1 & 0 \\ 0 & 0 & 1 \\ 1 & 2 & -1 \end{pmatrix} \begin{pmatrix} 3 & 2 & -1 \\ 2 & 6 & -2 \\ 0 & 0 & 2 \end{pmatrix} \cdot \frac{1}{5} \begin{pmatrix} -2 & 1 & 1 \\ 1 & 2 & 2 \\ 0 & 5 & 0 \end{pmatrix} = \begin{pmatrix} 2 & 0 & 0 \\ 0 & 2 & 0 \\ 0 & 0 & 7 \end{pmatrix}.$$

B.6.6 Es gelte $\operatorname{rg}(\mathcal{A} - \mathcal{E}c) = n - r$. Zu dem Eigenwert c gibt es dann r linear unabhängige Eigenvektoren, die zu einer Basis des Raumes ergänzt werden können. Der dem Endomorphismus hinsichtlich dieser Basis entsprechenden, zu $\mathcal{A}$ ähnlichen Matrix entnimmt man, daß das charakteristische Polynom die Form $f(t) = (c-t)^r g(t)$ besitzen muß. Es folgt $r \leqq k$, also $\operatorname{rg}(\mathcal{A} - \mathcal{E}c) = n - r \geqq n - k$.

B.6.7 Es entspreche $\mathcal{A}$ der Endomorphismus α. Genau dann ist $\mathcal{A}$ singulär, wenn es ein $\boldsymbol{x} \neq \boldsymbol{o}$ mit $\alpha\boldsymbol{x} = \boldsymbol{o} = \boldsymbol{x}0$ gibt, wenn also 0 Eigenwert ist.

B.6.8 (a) Nach Satz 3.5.7 haben ähnliche Matrizen dieselbe Spur. Da $\mathbb{C}$ algebraisch abgeschlossen ist, existiert nach Satz 6.3.11 eine Basis B von V derart, daß $\mathcal{A}_\alpha(B, B) = (b_{ij})$ eine untere Dreiecksmatrix ist. Also sind $b_{ii} = c_i$, $i = 1, 2, \dots, n$, die n Eigenwerte von α. Also ist $\operatorname{tr}\mathcal{A}_\alpha^k(B, B) = \operatorname{tr}\alpha^k = \sum_{i=1}^n c_i^k$ für alle $k = 1, 2, \dots$ Behauptung (b) folgt aus der Zerlegung $\det(\mathcal{E}t^r - \alpha^r) = \det(\mathcal{E}t - \alpha) \cdot \det(\alpha^{r-1} + \dots + \mathcal{E}t^{r-1})$. Die Matrix $\mathcal{A} = \begin{pmatrix} 1 & 0 \\ 0 & -1 \end{pmatrix}$ hat 1 als einfachen, $\mathcal{A}^2 = \mathcal{E}$ hat 1 als zweifachen Eigenwert.

B.6.9 Sei $\operatorname{charPol}_{\mathcal{A}}(X) = X^3 + q_2X^2 + q_1X + q_0$. Nach Satz 6.1.10 ist $q_2 = -a_1$. Seien c_1, c_2, c_3 die 3 Eigenwerte von $\mathcal{A}$. Dann ist $\operatorname{char Pol}_{\mathcal{A}}(X) = \prod_{j=1}^3 (X - c_j)$ nach Satz 6.1.12. Also ist $q_1 = c_1c_2 + c_1c_3 + c_2c_3$ und $q_0 = -c_1c_2c_3$. Nach Aufgabe 6.8(a) ist $a_i = \sum_{j=1}^3 c_j^i$ für $i = 1, 2, 3$. Hieraus folgt $q_1 = \frac{1}{2}(a_1^2 - a_2)$ und $q_0 = -\frac{1}{6}(a_1^3 + 2a_3 - 3a_2a_1)$.

B.6.10 $\operatorname{char Pol}_{\mathcal{A}}(X) = (X - 1)(X + 1)(X + 2)$.

$$\mathcal{P}^{-1}\mathcal{A}\mathcal{P} = \operatorname{diag}(1, -1, 2) \quad \text{mit } \mathcal{P} = \begin{pmatrix} -2 & 2 & 1 \\ -3 & -1 & 0 \\ -1 & -1 & -1 \end{pmatrix}.$$

$$\begin{aligned} \mathcal{A}^{1000} &= \mathcal{P}\operatorname{diag}(1, 1, 2^{1000})\mathcal{P}^{-1} \\ &= \frac{1}{3}\begin{pmatrix} 4 - 2^{1000} & -2 + 2^{1001} & 4 - 2^{1002} \\ 0 & 3 & 0 \\ -1 + 2^{1000} & 2 - 2^{1001} & -1 + 2^{1002} \end{pmatrix}. \end{aligned}$$

B.6.11 Sei U ein Eigenraum von $\mathcal{A}$ zum Eigenwert f und $u \in U$. Dann gilt

$$(*) \qquad \mathcal{A}\mathcal{B}\boldsymbol{u} = \mathcal{B}\mathcal{A}\boldsymbol{u} = \mathcal{B}f\boldsymbol{u} = (\mathcal{B}\boldsymbol{u})f,$$

also $\mathcal{B}\boldsymbol{u} \in U$.

Sei $U_1 \oplus U_2 \oplus \dots \oplus U_n$ eine Zerlegung von F^n in eindimensionale Eigenräume von $\mathcal{A}$. Solch eine Zerlegung existiert nach Satz 6.2.6. Nach $(*)$ ist nun $\mathcal{B}\boldsymbol{v}_i \in U_i = \boldsymbol{v}_i F$ für $i = 1, \dots, n$. Also ist $\boldsymbol{v}_i \in U_i$ ein Eigenvektor von $\mathcal{B}$. Daher ist $\{\boldsymbol{v}_1, \dots, \boldsymbol{v}_n\}$ eine Basis von V, die aus gemeinsamen Eigenvektoren von $\mathcal{A}$ und $\mathcal{B}$ besteht.

B.6.12 Wegen

$$\operatorname{char Pol}_{\mathcal{A}}(X) = (X - 1)^2 \begin{vmatrix} X + 2 & +2 \\ -4,5 & X - 4 \end{vmatrix}$$

ist $1 \in \mathbb{Q}$ der einzige Eigenwert von $\mathcal{A}$. Aus $\mathcal{A} - \mathcal{E}_4 \neq 0$ und $(\mathcal{A} - \mathcal{E}_4)^2 = 0$, folgt, daß $e_1 = 2$ der größte Elementarteiler von $\mathcal{A}$ ist. Durch Lösen des zugehörigen homogenen linearen Gleichungssystems $(\mathcal{A} - \mathcal{E}_4)x = o$ folgt, daß

$$(6, -8, 0, 0), \quad (3, 0, 8, 0), \quad (1, 0, 0, 4)$$

eine Basis von $\operatorname{Ker}(\mathcal{A} - \mathcal{E}_4)$ ist. Nach Satz 6.3.11 hat der zweite Elementarteiler $e_2 = 1$ von $\mathcal{A}$ die Vielfachheit $w_2 = 2$.

Mit dem Verfahren 6.3.13 erhält man wegen $(1,0,0,0) \notin \operatorname{Ker}(\mathcal{E}-\mathcal{A})$ die Basis

$$B=\left\{\begin{pmatrix}1\\0\\0\\0\end{pmatrix},(\mathcal{E}-\mathcal{A})\begin{pmatrix}1\\0\\0\\0\end{pmatrix}=\begin{pmatrix}0\\0\\8\\-12\end{pmatrix},\begin{pmatrix}6\\-8\\0\\0\end{pmatrix},\begin{pmatrix}3\\0\\8\\0\end{pmatrix}\right\},$$

weil die letzten drei Vektoren von B eine Basis von $\operatorname{Ker}(\mathcal{E}-\mathcal{A})$ sind. Die Jordansche Normalform von $\mathcal{A}$ ist nach Satz 6.3.11 die Matrix

$$\mathcal{A}_\alpha(B,B)=\left(\begin{array}{cc|c|c}1&0&0&0\\1&1&0&0\\\hline 0&0&1&0\\\hline 0&0&0&1\end{array}\right)=\mathcal{Q}^{-1}\mathcal{A}\mathcal{Q},$$

wobei die Spaltenvektoren der Transformationsmatrix Q gerade die Vektoren von B in der angegebenen Reihenfolge sind.

B.6.13 Mit dem Satz 5.4.9 berechnet man das charakteristische Polynom von $\mathcal{A}$: $\operatorname{char}\operatorname{Pol}_{\mathcal{A}}(X)=(X+2)^2\cdot(X-1-i)^2\cdot(X-1+i)^2$. Der verallgemeinerte Eigenraum zum Eigenwert $f_1=-2$ ist $V_1=\operatorname{Ker}(\mathcal{A}+2\mathcal{E}_6)^2$. V_1 hat die Basis $\boldsymbol{v}_1=(0,0,0,0,1,0)$, $\boldsymbol{v}_2=(0,0,0,0,2,-4)=(\mathcal{A}+2\mathcal{E}_6)v_1$. Der verallgemeinerte Eigenraum zum Eigenwert $f_2=1+i$ ist $V_2=\operatorname{Ker}(\mathcal{A}-(1+i)\mathcal{E}_6)^2$. V_2 hat die Basis $\boldsymbol{v}_3=(-i,-1,0,1,\frac{1}{25}(8i-19),\frac{1}{25}(23-11i))$ und $\boldsymbol{v}_4=[\mathcal{A}-(1+i)\mathcal{E}_6]v_3=(0,1,i,0,0,0)$, wie sich durch Lösung des homogenen Gleichungssystems mit Koeffizientenmatrix

$$(\mathcal{A}-(1-i)\mathcal{E}_6)^2=\begin{pmatrix}-2&0&0&-2i&0&0\\-2-2i&-2&-2i&-2i&0&0\\2i&2i&-2&-2+2i&0&0\\2i&0&0&-2&0&0\\2&0&0&4+4i&-4+2i&-6-2i\\-2&0&0&-2-4i&24+8i&20+10i\end{pmatrix}$$

ergibt.

Da $1-i$ die konjugiert komplexe Zahl von $1+i$ ist, folgt, daß der verallgemeinerte Eigenraum $V_3=\operatorname{Ker}(\mathcal{A}-(1-i)\mathcal{E}_6)^2$ die Basis $\boldsymbol{v}_5=(i,-1,0,1,-\frac{1}{25}(19+8i),\frac{1}{25}(23+11i))$ und $\boldsymbol{v}_6=[\mathcal{A}-(1-i)\mathcal{E}_6]\boldsymbol{v}_5=(0,1,-i,0,0,0)$ hat.

Nach Verfahren 6.3.13 hat $\mathcal{A}$ die Jordanform $\mathcal{J}$ und Transformationsmatrix $\mathcal{Q}$, wobei

$$\mathcal{J}=\begin{pmatrix}-2&0&0&0&0&0\\1&-2&0&0&0&0\\0&0&1+i&0&0&0\\0&0&1&1+i&0&0\\0&0&0&0&1-i&0\\0&0&0&0&1&1-i\end{pmatrix},\quad \mathcal{Q}=\begin{pmatrix}0&0&-i&0&i&0\\0&0&-1&1&-1&1\\0&0&0&i&0&-i\\0&0&1&0&1&0\\1&2&a&0&\bar{a}&0\\0&-4&b&0&\bar{b}&0\end{pmatrix}$$

mit $a=-\frac{1}{25}(19-8i)$ und $b=\frac{1}{25}(23-11i)$ ist.

B.6.14 Ist $\mathcal{B} = \mathcal{P}^{-1}\mathcal{A}\mathcal{P}$ eine Dreiecksmatrix, dann sind die Diagonalelemente b_{ii} von $\mathcal{B} = (b_{ij})$ nach Satz 6.1.9 und Satz 6.1.12 gerade die Eigenwerte von $\mathcal{A}$. Wegen Satz 5.4.5 hat $\operatorname{char Pol}_{\mathcal{A}}(X)$ dann die behauptete Faktorisierung. Insbesondere folgt (b) aus (a). Sei umgekehrt $\operatorname{char Pol}_A(X) = \prod_{r=1}^{k}(X - f_r)^{c_r}$ mit $f_i \neq f_j$ für $i \neq j$ und $f_r \in F$ für $1 \le r \le k$. Dann ist $\mathcal{A}$ nach Satz 6.3.11 zu seiner Jordanschen Normalform $\mathcal{J}$ ähnlich. Da $\mathcal{J}$ eine Dreiecksmtrix ist, gilt die Behauptung (a).

B.6.15 Das charakteristische Polynom der Koeffizientenmatrix von $(*)$ $\boldsymbol{x}' = \mathcal{A}\boldsymbol{x}$ hat die Faktorisierung $\operatorname{char Pol}_{\mathcal{A}}(X) = X^3 - 7X^2 + 16X - 12 = (X-2)^2(X-3)$. Der verallgemeinerte Eigenraum $\operatorname{Ker}[(\mathcal{A} - 2\mathcal{E}^2)]$ zum Eigenwert $f_1 = 2$ hat die Basis $B = \{\boldsymbol{a} = (0,0,1), (\mathcal{A} - 2\mathcal{E})\boldsymbol{a} = (-1,-1,1)\}$. Weiter ist $\boldsymbol{b} = (2,1,-1)$ eine Basis des Eigenraums $\operatorname{Ker}(\mathcal{A} - 3\mathcal{E})$ von $\mathcal{A}$. Also ist die Transformationsmatrix

$$\mathcal{P} = \begin{pmatrix} 0 & -1 & 2 \\ 0 & -1 & 1 \\ 1 & 1 & -1 \end{pmatrix}, \quad \mathcal{P}^{-1} = \begin{pmatrix} 0 & 1 & 1 \\ 1 & -2 & 0 \\ 1 & -1 & 0 \end{pmatrix} \quad \text{und} \quad \mathcal{J} = \begin{pmatrix} 2 & & \\ 1 & 2 & \\ & & 3 \end{pmatrix}$$

die Jordansche Normalform von $\mathcal{A}$.

Nach Hilfssatz 6.4.3 ist $b = \mathcal{P}^{-1}\boldsymbol{x}(0) = \mathcal{P}^{-1}(2,1,4)^T = (5,0,1)$ der Anfangsvektor des Systems $(**)$ $\boldsymbol{y}' = \mathcal{J}\boldsymbol{y}$. Wegen Satz 6.4.4 gilt $\boldsymbol{y} = (y_1(t) = 5e^{2t}, y_2(t) = 5te^{2t}, y_3(t) = e^{3t})$ ist eine Lösung von $(**)$. Deshalb ist $\boldsymbol{x} = \mathcal{P}\boldsymbol{y} = (x_1(t) = -5te^{2t} + 2e^{2t}, x_2(t) = -5te^{2t}, +e^{3t}, x_3(t) = 5e^{2t} + 5t^{2t} - e^{3t}$ nach Hilfssatz 6.4.3 eine Lösung von $(*)$.

B.6.16 Die Spur $\operatorname{tr}(\mathcal{A}) = 12$ und die Determinante $\det(\mathcal{A}) = 64$. Deshalb gilt für jede Zahl $z \in \mathbb{Q}$ nach Satz 6.1.10

$$\det(\mathcal{E}_6 z - \mathcal{A}) = z^6 - 12z^5 + q_4 z^4 + q_3 z^3 + q_2 z^2 + q_1 z + 64.$$

Um die fehlenden Koeffizienten q_4, q_3, q_2, q_1 des charakteristischen Polynoms zu berechnen, genügt es, 4 Stützstellen zu wählen und jeweils die linksseitige Determinante zu berechnen. Dazu wählt man z. B. $z_1 = 1$, $z_2 = -1$, $z_3 = 2$, $z_4 = -2$. Man erhält $\det(\mathcal{E}_6 z_i - \mathcal{A}) = 1, 729, 0, 4096$ für $i = 1, 2, 3$ und 4. Hieraus ergibt sich das inhomogene Gleichungssystem

$$\begin{aligned} q_4 + q_3 + q_2 + q_1 &= -52 \\ q_4 - q_3 + q_2 - q_1 &= 652 \\ 16q_4 + 8q_3 + 4q_2 + 2q_1 &= 256 \\ 16q_4 + 8q_3 + 4q_2 - 2q_1 &= 3584 \end{aligned}$$

Nach dem Lösungsverfahren 4.2.7 hat es die einzige Lösung $(q_4, q_3, q_2, q_1) = (60, -160, 240, -192)$. Also ist $\operatorname{char Pol}_{\mathcal{A}}(X) = X^6 - 12X^5 + 60X^4 - 160X^3 + 240X^2 - 192X + 64 = (X-2)^6$.

B.6.17 Nach B.6.16 ist $\operatorname{char Pol}_{\mathcal{A}}(X) = (X-2)^6$. Also ist 2 der einzige Eigenwert von $\mathcal{A}$ und $V = \operatorname{Ker}(\mathcal{A} - 2\mathcal{E})^e = \mathbb{Q}^6$ ist der einzige verallgemeinerte Unterraum, wobei e nach

Satz 6.3.6 der Nilpotenzindex von $\mathcal{B} = (\mathcal{A} - 2\mathcal{E})$ ist. Man berechnet

$$\mathcal{B}^2 = \begin{pmatrix} -1 & 3 & 4 & -8 & 0 & 5 \\ 1 & -3 & -4 & 8 & 0 & -5 \\ -1 & 3 & 4 & -8 & 0 & 5 \\ 0 & 0 & 0 & 0 & 0 & 0 \\ 0 & 0 & 0 & 0 & 0 & 0 \\ 0 & 0 & 0 & 0 & 0 & 0 \end{pmatrix} \quad \text{und} \quad \mathcal{B}^3 = 0.$$

Also ist $e_1 = 3$ der größte Elementarteiler von $\mathcal{A}$. Eine Basis von $\operatorname{Ker}(\mathcal{B})$ ist daher $\mathcal{B} = \{\boldsymbol{a}_1 = (-1, 1, -1, 0, 0, 0), \boldsymbol{a}_2 = (2, -2, 0, -1, -1, 0), \boldsymbol{a}_3 = (2, -3, 0, -2, 0, -1)\}$.

Mittels des Lösungsverfahrens 4.2.7 erhält man die Treppennormalform von $\mathcal{B}$:

$$\mathcal{T} = \begin{pmatrix} 1 & 0 & -1 & 0 & 2 & 2 \\ 0 & 1 & 1 & 0 & -2 & -3 \\ 0 & 0 & 0 & 1 & -1 & -2 \end{pmatrix}.$$

Wegen $\operatorname{rg}(\mathcal{B}^2) = 1$ ist $\dim_F[\operatorname{Ker}(\mathcal{B}^2)]$ nach Folgerung 3.4.8. Daher gelten:

$\dim_F[\operatorname{Ker}(\mathcal{B}^3)/\operatorname{Ker}(\mathcal{B}^2)] = 6 - 5 = 1 \neq 2 = 5 - 3 = \dim_F[\operatorname{Ker}(\mathcal{B}^2)/\operatorname{Ker}(\mathcal{B})]$

$\dim_F[\operatorname{Ker}(\mathcal{B}^2)/\operatorname{Ker}(\mathcal{B})] = 2 \neq \dim[\operatorname{Ker}(\mathcal{B})/\operatorname{Ker}(\mathcal{B}^0)] = \dim_F \operatorname{Ker}(\mathcal{B}) = 3$

Nach Definition 6.3.9 hat $\mathcal{A}$ drei verschiedene Elementarteiler $e_1 > e_2 > e_3 > 0$ mit Vielfachheiten: $w_1 = 1$, $w_2 = 1$, $w_3 = 1$. Insbesondere ist $e_1 = 3$, $e_2 = 2$ und $e_3 = 1$.

Die ersten 3 Spaltenvektoren der Transformationsmatrix $\mathcal{Q}$ sind nach Satz 6.3.10 die Basisvektoren des $\mathcal{A}$-invarianten Unterraums $W_1 = \langle \boldsymbol{m}_{11}, \mathcal{B}\boldsymbol{m}_{11}, \mathcal{B}^2\boldsymbol{m}_{11}\rangle$ wobei $\boldsymbol{m}_{11} = (1, 0, 0, 0, 0, 0) \notin \operatorname{Ker}(\mathcal{B}^2)$.

Da $\boldsymbol{m}_{21} = (0, 0, 0, 0, 1, 0) \in \operatorname{Ker}(\mathcal{B}_2)$, aber $m_{21} \notin \operatorname{Ker}(\mathcal{B}) + \mathcal{B}W_1$, sind die beiden nächsten Spalten von $\mathcal{Q}$ die Basisvektoren des $\mathcal{A}$-invarianten Unterraums $W_2 = \langle \boldsymbol{m}_{21}, \mathcal{B}\boldsymbol{m}_{21}\rangle$.

Schließlich ist $\boldsymbol{m}_{31} = \boldsymbol{a}_3 \in \operatorname{Ker}(\mathcal{B})$, aber $\boldsymbol{m}_{31} \notin \mathcal{B}^2 W_1 \oplus \mathcal{B}W_2$. Also ist

$$\mathcal{Q} = \begin{pmatrix} 1 & -1 & -1 & 0 & -1 & 2 \\ 0 & -2 & 1 & 0 & 1 & -3 \\ 0 & 2 & -1 & 0 & 1 & 0 \\ 0 & 1 & 0 & 0 & 1 & -2 \\ 0 & 0 & 0 & 1 & 1 & 0 \\ 0 & 1 & 0 & 0 & 0 & -1 \end{pmatrix},$$

und

$$\mathcal{J} = \mathcal{Q}^{-1}\mathcal{A}\mathcal{Q} = \begin{pmatrix} 2 & 0 & 0 & & & \\ 1 & 2 & 0 & & & \\ 0 & 1 & 2 & & & \\ & & & 2 & 0 & \\ & & & 1 & 2 & \\ & & & & & 2 \end{pmatrix}.$$

B.6.18 Wegen Satz 6.4.4 berechnet man zunächst die Jordansche Normalform $\mathcal{J}$ von $\mathcal{A}$ mit dem Berechnungsverfahren 6.3.3. $\mathcal{A}$ hat das charakteristische Polynom $\operatorname{char.Pol}_{\mathcal{A}}(X) =$

$-X^3 + 3X^3 - 3X + 27 = -(X-3)^3$, und den einzigen Eigenwert $f_1 = 3$. Der Eigenraum $\text{Ker}(\mathcal{A} - 3\mathcal{E})$ hat die Dimension 2. $V = \text{Ker}(\mathfrak{B}^2)$ ist der verallgemeinerte Eigenraum von $\mathcal{A}$ zum Eigenwert $f_1 = 3$. Sicherlich ist $\boldsymbol{v}_2 = \mathcal{B}\boldsymbol{v}_1 = \begin{pmatrix} -1 \\ -1 \\ -1 \end{pmatrix} \neq 0$ für $\boldsymbol{v}_1 = (1, 0, 0)$, also ist $\boldsymbol{v}_1 \in \text{Ker}(\mathcal{B}^2) \setminus \text{Ker}(\mathcal{B})$.

Da $\mathcal{B}^2\boldsymbol{v}_1 = \mathcal{B}(\mathcal{B}\boldsymbol{v}_1) = 0$, ist $\boldsymbol{v}_2 = \mathcal{B}\boldsymbol{v}_1 \in \text{Ker}(\mathcal{B})$. Wegen $\dim_F \text{Ker}(\mathcal{B}) = 2$ läßt sich $\mathcal{B}\boldsymbol{v}_1$ zu einer Basis von $\text{Ker}\,\mathcal{B}$ ergänzen, und zwar z. B. durch $\boldsymbol{v}_3 = (1, -1, 0)$. Der verallgemeinerte Eigenraum $\text{Ker}\,\mathcal{B}^2 = V$ hat die Basis

$$B = \{\boldsymbol{v}_1 = (1, 0, 0), \quad \boldsymbol{v}_2 = (-1, -1, -1), \quad \boldsymbol{v}_3 = (1, -1, 0)\}.$$

Für die Jordan-Form $\mathcal{J}$ und Transformationsmatrix $\mathcal{P}$ gelten:

$$\mathcal{P} = \begin{pmatrix} 1 & -1 & 1 \\ 0 & -1 & -1 \\ 0 & -1 & 0 \end{pmatrix}, \quad \mathcal{J} = \begin{pmatrix} 3 & 0 & 0 \\ 1 & 3 & 0 \\ 0 & 0 & 3 \end{pmatrix} \quad \text{und} \quad \mathcal{P}^{-1} = \begin{pmatrix} 1 & 1 & -2 \\ 0 & 0 & -1 \\ 0 & -1 & 1 \end{pmatrix}$$

Nach Hilfssatz 6.4.3 ist

$$\boldsymbol{b} = \mathcal{P}^{-1}\boldsymbol{a} = \begin{pmatrix} 1 & 1 & -2 \\ 0 & 0 & -1 \\ 0 & -1 & 1 \end{pmatrix} \begin{pmatrix} 4 \\ 0 \\ 1 \end{pmatrix} = \begin{pmatrix} 2 \\ -1 \\ 1 \end{pmatrix}$$

Anfangsvektor des Differentialgleichungssystems $(**)$ $\boldsymbol{y}' = \mathcal{J}\boldsymbol{y}$. mit Koeffizientenmatrix $\mathcal{J}$. Nach Satz 6.4.4 hat $(**)$ die Lösung $\boldsymbol{y} = (y_1(t)2e^{3t}, y_2(t) = 2te^{3t} - e^{3t}, y_3(t) = e^{3t})$.

Wegen Hilfssatz 6.4.3 ist

$$\boldsymbol{x} = \mathcal{P}\boldsymbol{y} = \begin{pmatrix} 1 & -1 & 1 \\ 0 & -1 & -1 \\ 0 & -1 & 0 \end{pmatrix} \begin{pmatrix} 2e^{3t} \\ 2te^{3t} - e^{3t} \\ e^{3t} \end{pmatrix} = \begin{pmatrix} 4e^{3t} - 2te^{3t} \\ -2te^{3t} \\ -2te^{3t} + e^{3t} \end{pmatrix}$$

eine Lösung des Differentialgleichungssystems $(*)$ $x' = \mathcal{A}x$ zum Anfangsvektor $x(0)$.

B.6.19 Nach Satz 6.3.10 genügt es die Partitionen von $n = 5$ zu bestimmen. Sie sind: $z_1 = 5$, $z_2 = 4 + 1$, $z_3 = 3 + 2$, $z_4 = 3 + 1 + 1$, $z_5 = 2 + 2 + 1$, $z_6 = 2 + 1 + 1 + 1$ und $z_7 = 1 + 1 + 1 + 1 + 1$. Sei $\mathcal{J}_i$ die Jordansche Normalform von z_i für $i = 1, 2, \ldots, 6$. Dann ist $\mathcal{J}_7$ eine Diagonalmatrix mit einzigem Eigenwert c, und $\mathcal{J}_1$ ist ein einziges Jordankästchen mit Eigenwert c und 4 Einsen in der unteren Nebendiagonalen. $\mathcal{J}_2$ hat 2 Jordankästchen, von denen eines eine 4×4 Matrix ist mit 3 Einsen in der unteren Nebendiagonalen.

$$\mathcal{J}_3 = \begin{pmatrix} c & & & & \\ 1 & c & & & \\ & 1 & c & & \\ & & & c & \\ & & & 1 & c \end{pmatrix}, \quad \mathcal{J}_4 = \begin{pmatrix} c & & & & \\ 1 & c & & & \\ & 1 & c & & \\ & & & c & \\ & & & & c \end{pmatrix},$$

$$\mathfrak{J}_5 = \begin{pmatrix} c &&&& \\ 1 & c &&& \\ && c && \\ && 1 & c & \\ &&&& c \end{pmatrix}, \quad \mathfrak{J}_6 = \begin{pmatrix} c &&&& \\ 1 & c &&& \\ && c && \\ &&& c & \\ &&&& c \end{pmatrix}.$$

B.7 Lösungen zu Kapitel 7

B.7.1 Es sind genau alle Werte $\boldsymbol{a}_1 \cdot \boldsymbol{a}_2 = c$ mit $|c| < 2$ möglich: Man setze $\boldsymbol{x} = -\boldsymbol{a}_1\bar{c}+\boldsymbol{a}_2 \cdot 4$; aus $\boldsymbol{x} \cdot \boldsymbol{x} > 0$ folgt dann $|c| < 2$. Gilt umgekehrt $|c| < 2$, so wird durch $\boldsymbol{x} \cdot \boldsymbol{y} = 4x_1\bar{y}_1 + cx_1\bar{y}_2 + \bar{c}x_2\bar{y}_1 + x_2\bar{y}_2$ ($\boldsymbol{x} = \boldsymbol{a}_1x_1 + \boldsymbol{a}_2x_2$, $\boldsymbol{y} = \boldsymbol{a}_1y_1 + \boldsymbol{a}_2y_2$) ein skalares Produkt mit $\boldsymbol{a}_1 \cdot \boldsymbol{a}_2 = c$ definiert; es gilt dann nämlich $\boldsymbol{x} \cdot \boldsymbol{x} = (cx_1 + x_2)(\bar{c}\bar{x}_1 + \bar{x}_2) + (4 - c\bar{c})x_1\bar{x}_1 > 0$ für $\boldsymbol{x} \neq \boldsymbol{o}$.

B.7.2 (a) Es folgt zunächst $\beta_1(\boldsymbol{x}+\boldsymbol{y}, \boldsymbol{x}+\boldsymbol{y}) = \beta_2(\boldsymbol{x}+\boldsymbol{y}, \boldsymbol{x}+\boldsymbol{y})$ für beliebige Vektoren $\boldsymbol{x}$, $\boldsymbol{y}$. Nach Ausrechnung dieser Ausdrücke ergibt sich $\mathrm{Re}(\beta_1(\boldsymbol{x}, \boldsymbol{y})) = \mathrm{Re}(\beta_2(\boldsymbol{x}, \boldsymbol{y}))$ und ($\boldsymbol{x}$ durch $\boldsymbol{x}i$ ersetzt) $\mathrm{Im}(\beta_1(\boldsymbol{x}, \boldsymbol{y})) = \mathrm{Im}(\beta_2(\boldsymbol{x}, \boldsymbol{y}))$. Damit folgt $\beta_1 = \beta_2$. In (b) muß $\beta(\boldsymbol{y}, \boldsymbol{x}) = \overline{\beta(\boldsymbol{x}, \boldsymbol{y})}$ ausgenutzt werden. Gilt $\beta_1(\boldsymbol{x}, \boldsymbol{x}) = \beta_2(\boldsymbol{x}, \boldsymbol{x})c$ ($c > 0$) für alle $\boldsymbol{x}$, so erhält man mit Hilfe von (a) als notwendige und hinreichende Bedingung, daß $ac + b$ eine positive reelle Zahl sein muß, wobei a und b selbst noch komplexe Zahlen sein können. Gilt $\beta_1(\boldsymbol{x}, \boldsymbol{x}) = \beta_2(\boldsymbol{x}, \boldsymbol{x})c$, $\beta_1(\boldsymbol{y}, \boldsymbol{y}) = \beta_2(\boldsymbol{y}, \boldsymbol{y})c'$ und $c \neq c'$ für mindestens zwei Vektoren $\boldsymbol{x}$, $\boldsymbol{y}$, so ist notwendig und hinreichend, daß a und b reelle Zahlen sind, und daß $ac_{\boldsymbol{e}} + b > 0$ für alle normierten Vektoren $\boldsymbol{e}$ (und damit für alle Vektoren $\neq \boldsymbol{o}$) erfüllt ist.

B.7.3 Die aufgestellte Behauptung

$$(*) \qquad |\boldsymbol{x} + \boldsymbol{y}|^2 + |\boldsymbol{x} - \boldsymbol{y}|^2 = 2(|\boldsymbol{x}|^2 + |\boldsymbol{y}|^2).$$

ergibt sich durch einfache Rechnung. Gilt umgekehrt $(*)$ für die Betragsfunktion $|\cdot|$ auf V, dann wird durch $\boldsymbol{x} \cdot \boldsymbol{y} = \frac{1}{4}(|\boldsymbol{x} + \boldsymbol{y}|^2 - |\boldsymbol{x} - \boldsymbol{y}|^2)$ ein Skalarprodukt mit $\boldsymbol{x} \cdot \boldsymbol{x} = |\boldsymbol{x}|^2$ für alle $\boldsymbol{x}, \boldsymbol{y} \in V$ definiert: Sicherlich ist es kommutativ, und $\boldsymbol{x} \cdot \boldsymbol{x} = 0$ genau dann, wenn $\boldsymbol{x} = \boldsymbol{o}$. Es genügt zu zeigen, daß $(\boldsymbol{x}_1 + \boldsymbol{x}_2) \cdot \boldsymbol{y} = \boldsymbol{x}_1 \cdot \boldsymbol{y} + \boldsymbol{x}_2 \cdot \boldsymbol{y}$ für alle $\boldsymbol{x}_1, \boldsymbol{x}_2, \boldsymbol{y} \in V$ gilt.

$(\boldsymbol{x}_1 + \boldsymbol{x}_2) \cdot \boldsymbol{y} = \frac{1}{4}(|\boldsymbol{x}_1 + \boldsymbol{x}_2 + \boldsymbol{y}|^2 - |\boldsymbol{x}_1 + \boldsymbol{x}_2 - \boldsymbol{y}|^2)$. Aus $(*)$ folgt:

$$\begin{aligned} |(\boldsymbol{x}_1 + \boldsymbol{y}) + \boldsymbol{x}_2|^2 + |\boldsymbol{x}_1 + \boldsymbol{y} - \boldsymbol{x}_2|^2 &= 2(|\boldsymbol{x}_1 + \boldsymbol{y}|^2 + |\boldsymbol{x}_2|^2), \\ |(\boldsymbol{x}_2 + \boldsymbol{y}) + \boldsymbol{x}_1|^2 + |\boldsymbol{x}_2 + \boldsymbol{y} - \boldsymbol{x}_1|^2 &= 2(|\boldsymbol{x}_2 + \boldsymbol{y}|^2 + |\boldsymbol{x}_1|^2). \end{aligned}$$

Nun ist $4(\boldsymbol{x}_1 \cdot \boldsymbol{y} + \boldsymbol{x}_2 \cdot \boldsymbol{y}) = (|\boldsymbol{x}_1 + \boldsymbol{y}|^2 - |\boldsymbol{x}_1 - \boldsymbol{y}|^2) + (|\boldsymbol{x}_2 + \boldsymbol{y}|^2 - |\boldsymbol{x}_2 - \boldsymbol{y}|^2) = \frac{1}{2}(|\boldsymbol{x}_1 + \boldsymbol{y} + \boldsymbol{x}_2|^2 + (|\boldsymbol{x}_1 + \boldsymbol{y} - \boldsymbol{x}_2|^2) - |\boldsymbol{x}_2|^2 - \frac{1}{2}(|\boldsymbol{x}_1 - \boldsymbol{y} + \boldsymbol{x}_2|^2 + |\boldsymbol{x}_1 - \boldsymbol{y} - \boldsymbol{x}_2|^2) + |\boldsymbol{x}_2|^2 + \frac{1}{2}(|\boldsymbol{x}_2 + \boldsymbol{y} + \boldsymbol{x}_1|^2 + |\boldsymbol{x}_2 + \boldsymbol{y} - \boldsymbol{x}_1|^2) - |\boldsymbol{x}_1|^2 - \frac{1}{2}(|\boldsymbol{x}_2 - \boldsymbol{y} + \boldsymbol{x}_1|^2 + |\boldsymbol{x}_2 - \boldsymbol{y} - \boldsymbol{x}_1|^2) + |\boldsymbol{x}_1|^2 = |\boldsymbol{x}_1 + \boldsymbol{x}_2 - \boldsymbol{y}|^2 - |\boldsymbol{x}_1 + \boldsymbol{x}_2 - \boldsymbol{y}|^2 = 4(\boldsymbol{x}_1 + \boldsymbol{x}_2) \cdot \boldsymbol{y}$, weil $\frac{1}{2}|\boldsymbol{x}_2 - \boldsymbol{x}_1 + \boldsymbol{y}|^2 = \frac{1}{2}|\boldsymbol{x}_1 - \boldsymbol{x}_2 - \boldsymbol{y}|^2$ und $\frac{1}{2}|\boldsymbol{x}_1 - \boldsymbol{x}_2 + \boldsymbol{y}|^2 = \frac{1}{2}|\boldsymbol{x}_2 - \boldsymbol{x}_1 - \boldsymbol{y}|^2$.

B.7.4 Die Stammfunktionen der als Skalarprodukt im folgenden auftauchenden Integrale findet man mit partieller Integration. Dann gilt für alle $n \in \mathbb{N}$:

$$\begin{aligned}
\left(\frac{1}{\sqrt{2}}, \frac{1}{\sqrt{2}}\right) &= \frac{1}{\pi}\int_{-\pi}^{\pi} \frac{1}{2}\,dt = 1,\\
\left(\frac{1}{\sqrt{2}}, \cos(nt)\right) &= \frac{1}{\pi}\int_{-\pi}^{\pi} \frac{1}{\sqrt{2}}\sin(nt)\,dt = \frac{1}{\pi\sqrt{2}}\left[-\frac{1}{n}\cos(nt)\right]_{-\pi}^{\pi} = 0,\\
(\cos(nt), \sin(nt)) &= \frac{1}{\pi}\int_{-\pi}^{\pi} \cos(nt)\sin(nt)\,dt = \frac{1}{\pi}\left[\frac{1}{2n}\sin(nt)^2\right]_{-\pi}^{\pi} = 0,\\
(\cos(nt), \cos(nt)) &= \frac{1}{\pi}\int_{-\pi}^{\pi} \cos^2(nt)\,dt = \frac{1}{\pi}\left[\frac{1}{2n}\sin(nt)\cos(nt) + \frac{1}{2}t\right]_{-\pi}^{\pi} = 1,\\
(\sin(nt), \sin(nt)) &= \frac{1}{\pi}\int_{-\pi}^{\pi} \sin^2(nt)\,dt = \frac{1}{\pi}\left[-\frac{1}{2n}\sin(nt)\cos(nt) + \frac{1}{2}t\right]_{-\pi}^{\pi} = 1.
\end{aligned}$$

B.7.5 $\boldsymbol{b}_1 = (-2i, 1, 1, -i)\frac{1}{7}\sqrt{7}$, $\boldsymbol{b}_2 = (0, i, 0, -1)\frac{1}{2}\sqrt{2}$ ist Orthonormalbasis in $U^{\perp}$.

B.7.6 Sei $\mathcal{A} = (a_{ij})_{1\le i,j\le n}$ die Matrix von α bezüglich einer Orthonormalbasis. Dann gilt $\sum_{j=1}^{n} a_{ij}^2 = 1$. Also $|a_{ij}| \le 1$. Für die Spur gilt dann

$$|\operatorname{tr}\alpha| = |\operatorname{tr}\mathcal{A}| = \Big|\sum_{j=1}^{n} a_{jj}\Big| \le \sum_{j=1}^{n} |a_{jj}| \le n.$$

Offensichtlich tritt die Gleichheit nur ein bei $a_{jj} = 1$ oder $a_{jj} = -1$ für $1 \le j \le n$, wenn also $\alpha = \operatorname{id}$ oder $\alpha = -\operatorname{id}$ gilt.

B.7.7 (a) Mit $a_{s,t} = \boldsymbol{v}_s \cdot \boldsymbol{e}_t$ und $b_{i,s} = \boldsymbol{v} \cdot \boldsymbol{v}_s$ gilt $b_{i,s} = \sum_{t=1}^{k} a_{i,t}a_{s,t}$. Für $\mathcal{A} = (a_{s,t})$, $\mathcal{B} = (b_{i,s})$ folgt hieraus $\mathcal{B} = \mathcal{A}\mathcal{A}^T$, also $\det\mathcal{B} = (\det\mathcal{A})^2$. (b) folgt aus (a), weil $\mathcal{B}$ nicht von der Wahl der Orthonormalbasis abhängt.

B.7.8 Das Volumen des Parallelotops hat den Wert 6.

B.7.9 Folgt aus $((\varphi^*\psi^*)\boldsymbol{x}, \boldsymbol{y}) = (\psi^*\boldsymbol{x}, \varphi\boldsymbol{y}) = (\boldsymbol{x}, (\psi\varphi)\boldsymbol{y})$ und Bemerkung 7.4.2 (b).

B.7.10 Wegen $\det(\mathcal{A}^* - \mathcal{E}t) = \det(\bar{\mathcal{A}} - \mathcal{E}\bar{t})^T = \det(\bar{\mathcal{A}} - \mathcal{E}\bar{t}) = \overline{\det(\mathcal{A} - \mathcal{E}\bar{t})}$ besitzen die charakteristischen Polynome zueinander konjugiert-komplexe Koeffizienten.

B.7.11 Es sei $\boldsymbol{x}'$ die orthogonale Projektion von $\boldsymbol{x}$ in φV. Für $\boldsymbol{x}'' = \boldsymbol{x} - \boldsymbol{x}'$ gilt dann $\boldsymbol{x}'' \in (\varphi V)^{\perp}$, also $\boldsymbol{x}'' \perp \boldsymbol{x}'$. Außerdem $(\varphi V)^{\perp} = \operatorname{Ker}\varphi^* = \operatorname{Ker}\varphi$, also $\boldsymbol{x}'' \in \operatorname{Ker}\varphi$. Umgekehrt muß wegen $(\varphi V)^{\perp} = \operatorname{Ker}\varphi$ bei einer solchen Darstellung $\boldsymbol{x}'$ die orthogonale Projektion von $\boldsymbol{x}$ in φV sein (Eindeutigkeit der Darstellung). Aus $(\varphi^2)\boldsymbol{x} = \boldsymbol{o}$ folgt $\varphi\boldsymbol{x} \in \operatorname{Ker}\varphi \cap \varphi V = (\varphi V)^{\perp} \cap \varphi V = \boldsymbol{o}$, also $\operatorname{Ker}(\varphi^2) \leqq \operatorname{Ker}\varphi$. Es gilt aber auch $\operatorname{Ker}\varphi \leqq \operatorname{Ker}(\varphi^2)$. Aus $\operatorname{Ker}(\varphi^2) = \operatorname{Ker}\varphi$ folgt nun $\operatorname{rg}(\varphi^2) = \operatorname{rg}\varphi$.

B.7.12 Da φ selbstadjungiert und unitär ist, gilt $\varphi = \varphi^* = \varphi^{-1}$ nach Satz 7.5.8. Also ist $\varphi^2 = \mathrm{id}$. Umgekehrt folgt aus $\varphi^2 = \mathrm{id}$, daß $\varphi = \varphi^{-1} = \varphi^*$ gilt.

B.7.13 Aus $\varphi\boldsymbol{a} = \boldsymbol{a}c$ $(\boldsymbol{a} \neq \boldsymbol{o})$ folgt $\varphi^2\boldsymbol{a} = (\varphi\boldsymbol{a})c = \boldsymbol{a}c^2$; d. h. $\boldsymbol{a}$ ist auch Eigenvektor von φ^2 zum Eigenwert c^2. Umgekehrt gelte $\varphi^2\boldsymbol{a} = \boldsymbol{a}c$ $(\boldsymbol{a} \neq \boldsymbol{o})$, und $\boldsymbol{e}_1, \ldots, \boldsymbol{e}_n$ sei eine aus Eigenvektoren von φ bestehende Basis des Vektorraumes mit den zugehörigen Eigenwerten $c_1, \ldots, c_n$. Es kann $\boldsymbol{a} = \boldsymbol{e}_1a_1 + \cdots + \boldsymbol{e}_ka_k$ mit $k \leqq n$ und $a_1 \neq 0, \ldots, a_k \neq 0$ angenommen werden. Dann folgt $(\boldsymbol{e}_1a_1 + \cdots + \boldsymbol{e}_ka_k)c = \varphi^2\boldsymbol{a} = \boldsymbol{e}_1c_1^2a_1 + \cdots + \boldsymbol{e}_kc_k^2a_k$ und durch Koeffizientenvergleich $c = c_1^2 = \cdots = c_k^2$. Wegen der vorausgesetzten Positivität der Eigenwerte ergibt sich weiter $c_1 = \cdots = c_k = +\sqrt{c}$; d. h. $\boldsymbol{a}$ ist auch Eigenvektor von φ mit dem Eigenwert $\sqrt{c}$.

B.7.14 Für jedes $\epsilon \in \{1, -1\}$ ist die Transformationsmatrix $\mathcal{P}$ gegeben durch:

$$\mathcal{P} = \begin{pmatrix} \frac{1}{\sqrt{3}} & 0 & 0 & -\frac{1}{\sqrt{2}} & -\frac{\epsilon}{\sqrt{6}} \\ 0 & \frac{1}{\sqrt{2}} & -\frac{\epsilon}{\sqrt{2}} & 0 & 0 \\ \frac{\epsilon}{\sqrt{3}} & 0 & 0 & 0 & \frac{\sqrt{2}}{\sqrt{3}} \\ 0 & \frac{1}{\sqrt{2}} & \frac{1}{\sqrt{2}} & 0 & 0 \\ \frac{1}{\sqrt{3}} & 0 & 0 & \frac{1}{\sqrt{2}} & -\frac{\epsilon}{\sqrt{6}} \end{pmatrix}.$$

B.7.15 (a) Man erhält das Ergebnis durch Anwendung des Laplace'schen Entwicklungssatzes.

(b) $$\mathcal{P} = \begin{pmatrix} \frac{1}{2} & \frac{1}{2} & \frac{1}{2} & \frac{1}{2} & 0 \\ -\frac{1}{2} & \frac{1}{2} & 0 & 0 & \frac{1}{2}\sqrt{2} \\ \frac{1}{2} & -\frac{1}{2} & 0 & 0 & \frac{1}{2}\sqrt{2} \\ -\frac{1}{2} & -\frac{1}{2} & \frac{1}{2} & \frac{1}{2} & 0 \\ 0 & 0 & \frac{1}{2}\sqrt{2} & -\frac{1}{2}\sqrt{2} & 0 \end{pmatrix}.$$

B.7.16 (a) Wegen $\mathcal{A} = \mathcal{A}^* = (\bar{\mathcal{A}})^T$ gilt $a_{ii} = \bar{a}_{ii}$ für $i = 1, 2, \ldots, n$.

(b) Nach Aufgabe 7.10 besitzen die charakteristischen Polynome von $\mathcal{A}$ und $\mathcal{A}^*$ zueinander konjugiert-komplexe Koeffizienten. Wegen $\mathcal{A} = \mathcal{A}^*$ sind alle Koeffizienten von $\mathrm{charPol}_{\mathcal{A}}(X)$ reell.

(c) folgt sofort aus (b) und Satz 6.1.10.

B.7.17 Nach Satz 7.4.13 besitzt V eine Orthonormalbasis $B = \{\boldsymbol{v}_1, \boldsymbol{v}_2, \ldots, \boldsymbol{v}_n\}$ mit $\alpha\boldsymbol{v}_j = \boldsymbol{v}_jc_j$ für $1 \leq j \leq n$. Sei $\boldsymbol{v} \in V$ beliebig der Länge $|\boldsymbol{v}| = 1$ und Basisdarstellung $\boldsymbol{v} = \sum_{j=1}^n \boldsymbol{v}_jx_j$ für $x_j \in \mathbb{C}$. Dann gelten: $1 = \boldsymbol{v} \cdot \boldsymbol{v} = \sum_{j=1}^n |x_j|^2 = 1$ und $\alpha\boldsymbol{v} \cdot \boldsymbol{v} = \left(\sum_{j=1}^n v_jc_jx_j\right) \cdot \left(\sum_{j=1}^n v_jx_j\right) = \sum_{j=1}^n c_j|x_j|^2$. Hieraus folgt: $c_n = c_n \sum_{j=1}^n |x_j|^2 \leq \sum_{j=1}^n c_j|x_j|^2 = \alpha\boldsymbol{v} \cdot \boldsymbol{v} \leq c_1 \sum_{j=1}^n |x_j|^2 = c_1$. Wegen $c_n = \alpha v_n \cdot v_n$, $c_1 = \alpha v_1 \cdot v_1$ und $|v_1| = 1 = |v_n|$ folgt hieraus die Behauptung.

B.7.18 Nach Hilfssatz 7.4.3 existiert der adjungierte Endomorphismus α^* von α. Sei $\alpha_1 = \frac{1}{2}(\alpha + \alpha^*)$ und $\alpha_2 = \frac{1}{2}(\alpha - \alpha^*)$. Dann ist α_1 selbstadjungiert und α_2 anti-selbstadjungiert. Weiter gilt $\alpha = \alpha_1 + \alpha_2$.

Ist $\alpha = \beta_1 + \beta_2$ eine weitere Darstellung mit $\beta_i \in \operatorname{End}(V)$, $\beta_1^* = \beta_1$ und $\beta_2^* = -\beta_2$, dann ist $\alpha^* = \beta_1^* + (\beta_2)^* = \beta_1 - \beta_2$. Daher ist $\beta_1 = \frac{1}{2}(\alpha + \alpha^*) = \alpha_1$ und $\beta_2 = \frac{1}{2}(\alpha - \alpha^*) = \alpha_2$.

B.7.19 (a) Sei $V = \mathbb{R}^n$ und B die kanonische Basis von V. Nach Folgerung 3.6.6 existiert ein Gruppenisomorphismus $\rho : \mathrm{GL}(n, \mathbb{R}) \to \operatorname{Aut}(V) = \mathrm{GL}(V)$, der jeder invertierbaren $n \times n$-Matrix $\mathcal{A}$ einen Automorphismus $\rho(\mathcal{A}) = \alpha \in \operatorname{Aut}(V)$ so zuordnet, daß $\mathcal{A} = \mathcal{A}_\alpha(B, B)$ gilt. Wegen Satz 7.6.3 hat α die eindeutige Darstellung $\alpha = \chi\psi$, wobei χ ein orthogonaler und ψ ein selbstadjungierter Automorphismus von V ist derart, daß alle Eigenwerte von ψ positive reelle Zahlen sind. Nach Satz 7.5.9 ist $\mathcal{O} = \rho^{-1}(\chi)$ eine orthogonale Matrix. Wegen Satz 7.5.9 und Bemerkung 6.1.3 ist $\mathcal{S} = \rho^{-1}(\psi) = \mathcal{A}_\psi(B, B)$ eine symmetrische Matrix mit lauter positiven reellen Eigenwerten. Da ρ^{-1} ein Gruppenisomorphismus ist, folgt $\mathcal{A} = \rho^{-1}(\alpha) = \rho^{-1}(\chi\psi) = \rho^{-1}(\chi)\rho^{-1}(\psi) = \mathcal{O}\mathcal{S}$. Außerdem ist diese Produktdarstellung von $\mathcal{A}$ wegen derjenigen von α eindeutig.

(b) beweist man analog für $V = \mathbb{C}^n$.

B.7.20 $\mathcal{A} = \mathcal{O} \cdot \mathcal{S}$ mit

$$\mathcal{O} = \frac{1}{30}\begin{pmatrix} 10\sqrt{6} & 5\sqrt{6} & 5\sqrt{6} \\ -4\sqrt{6}-6 & 10\sqrt{6} & -2\sqrt{6}+12 \\ -2\sqrt{6}+12 & 5\sqrt{6} & -\sqrt{6}-24 \end{pmatrix} \quad \text{und} \quad \mathcal{S} = \frac{1}{5}\begin{pmatrix} 4\sqrt{6}+1 & 0 & 2\sqrt{6}-2 \\ 0 & 5\sqrt{6} & 0 \\ 2\sqrt{6}-2 & 0 & \sqrt{6}+4 \end{pmatrix}.$$

B.8 Lösungen zu Kapitel 8

B.8.1 $V_{\mathfrak{U}}$ wird erzeugt von den Vektoren $\overrightarrow{q_0q_1} = (0, 2, -11, -6)$, $\overrightarrow{q_0q_2} = (-1, 4, -4, -4)$, $\overrightarrow{q_0q_3} = (-2, 6, 3, -2)$. Mit elementaren Umformungen ergibt sich $\dim V_{\mathfrak{U}} = 2$. Also ist $\dim \mathfrak{U} = 2$.

Die Koordinaten eines beliebigen Punktes $x \in \mathfrak{U}$ haben die Darstellung

$$(x_1, x_2, x_3, x_4) = (3, -4, 1, 6) + (0, 2, -11, -6)u + (-1, 4, -4, -4)v$$

für geeignete $u, v \in \mathbb{R}$. Einsetzen in die Hyperebenengleichung von $\mathfrak{H}$ ergibt die Gleichung

$$3 + 3u + 4v = 0.$$

Setze $v = 3t$ für $t \in \mathbb{R}$ beliebig. Dann ist $u = -1 - 4t$. Also besteht $\mathfrak{U} \cap \mathfrak{H}$ aus allen Punkten x mit Koordinaten $(x_1, x_2, x_3, x_4) = (3, -6, 12, 12) + (-3, 4, 32, 12)t$, $t \in \mathbb{R}$. Deshalb ist $\mathfrak{U} \cap \mathfrak{H}$ eine Gerade.

B.8.2 Die zu α gehörende 2×2-Matrix $\mathcal{A}$ muß die Vektoren $\overrightarrow{p_1p_2} = (1, -3)$ und $\overrightarrow{p_1p_3} = (0, -3)$ auf $\overrightarrow{p_1'p_2'} = (6, -11)$ bzw. $\overrightarrow{p_1'p_3'} = (3, -15)$ abbilden. Dies führt auf ein lineares Gleichungssystem für die Koeffizienten von $\mathcal{A}$. Man erhält

$$\alpha(\boldsymbol{x}) = \begin{pmatrix} 3 & -1 \\ 4 & 5 \end{pmatrix}\begin{pmatrix} x_1 \\ x_2 \end{pmatrix} - \begin{pmatrix} 3 \\ 5 \end{pmatrix} \quad \text{mit } \boldsymbol{x} = (x_1, x_2).$$

B.8.3 Durch den Ansatz $\mathfrak{G} : y = (2, 1, 1) + (a, b, c) \cdot s$ ist $p \in \mathfrak{G}$ gesichert. $\mathfrak{G} \parallel \mathfrak{H}$ ist gleichwertig mit $2a - b + 5c = 0$, woraus $b = 2a + 5c$ folgt. $\mathfrak{G} \cap \mathfrak{G}'$ besteht aus den Lösungen des Gleichungssystems $(2, 1, 1) + (a, 2a + 5c, c) \cdot s = (11, -1, 2) + (1, 2, 1) \cdot t$. Es ist für $t = -5$ lösbar und ergibt mit $s = 4$ die Werte $a = 1, c = -1$ und somit $b = -3$. Hierbei ist die Wahl von $s \neq 0$ willkürlich, da es auf einen von Null verschiedenen Faktor nicht ankommt.

B.8.4 Der Richtungsvektor eines gemeinsamen Lots muß auf $(3, 1, 1)$ und $(1, 2, -3)$ senkrecht stehen. Ein solcher Vektor ist z. B. $(-5, 10, 5)$.

Auflösung des linearen Gleichungssystems $(1, 2, -1) + (3, 1, 1)s + (-5, 10, 5)u = (0, 2, 16) + (1, 2, -3)t$ und ergibt $s = 2$, $t = 4$, $u = 3$ und damit als Fußpunkte $(1, 2, -1) + (3, 1, 1) \cdot 2 = (7, 4, 1)$ auf $\mathfrak{G}$, $(0, 2, 16) + (1, 2, -3) \cdot 4 = (4, 10, 4)$ auf $\mathfrak{G}'$.

B.8.5 (a) Wenn $\mathfrak{G}$ existiert, liegt diese Gerade wegen $p \in \mathfrak{G}$ und $\mathfrak{G} \cap \mathfrak{G}_2 \neq \emptyset$ jedenfalls in der von p und $\mathfrak{G}_2$ erzeugten Ebene $\mathfrak{H} = p \vee \mathfrak{G}_2$. Wegen der Voraussetzung kann $\mathfrak{G}_3$ nicht in $\mathfrak{H}$ enthalten sein. Daher gilt entweder $\mathfrak{G}_3 \parallel \mathfrak{H}$ und $\mathfrak{G}_3 \cap \mathfrak{H} \neq \emptyset$, oder $\mathfrak{G}_3$ hat mit $\mathfrak{H}$ genau einen Schnittpunkt g. Im ersten Fall existiert $\mathfrak{G}$ nicht, und p ist somit ein Ausnahmepunkt. Im zweiten Fall muß $\mathfrak{G} = p \vee g$ gelten. Wenn $\mathfrak{G} \parallel \mathfrak{G}_2$ ist ($\mathfrak{G} \neq \mathfrak{G}_2$ wegen $p \in \mathfrak{G}$), hat man es wieder mit einem Ausnahmepunkt zu tun. Sonst aber folgt auch $\mathfrak{G} \cap \mathfrak{G}_2 \neq \emptyset$. $\mathfrak{G}$ erfüllt dann also die Forderungen und ist eindeutig bestimmt.

(b) Die von $p = (1, 0, 0)$ und $\mathfrak{G}_2$ erzeugte Ebene wird durch die Gleichung $x_1 + x_2 = 1$ beschrieben. Ihr Schnittpunkt mit $\mathfrak{G}_3$ ist $g = \left(\frac{1}{2}, \frac{1}{2}, -\frac{1}{2}\right)$. $\mathfrak{G} = p \vee g$ schneidet $\mathfrak{G}_2$ in $(0, 1, -1)$. Eine Parameterdarstellung von $\mathfrak{G}$ ist $g = (1, 0, 0) + \left(-\frac{1}{2}, \frac{1}{2}, -\frac{1}{2}\right)t$. Ausnahmepunkte auf $\mathfrak{G}_1$ sind $(-1, 0, 0)$ und $(0, 0, 0)$.

B.8.6 Durch Rechnung zeigt man $\mathcal{A}\mathcal{A}^T = \mathcal{E}_3$ und $\det(\mathcal{A}) = 1$. Die Drehachse wird vom Vektor $(1, -1, 0)$ erzeugt. Der Betrag des Drehwinkels ist $\frac{\pi}{6}$. Die Eulerschen Winkel sind $\alpha_1 = -\frac{\pi}{4}, \alpha_2 = -\frac{\pi}{6}$ und $\alpha_3 = \frac{\pi}{4}$.

B.8.7 (a) Nach der Definition ist

$$(*) \qquad \boldsymbol{x} \times \boldsymbol{y} = \boldsymbol{e}_1(x_2y_3 - x_3y_2) - \boldsymbol{e}_2(x_1y_3 - x_3y_1) + \boldsymbol{e}_3(x_1y_2 - x_2y_1).$$

Daher ist $\boldsymbol{x} \times \boldsymbol{y} = 0$ gleichwertig damit, daß die aus den Koordinaten von $\boldsymbol{x}$ und $\boldsymbol{y}$ gebildete 2×3-Matrix den Rang 1 hat.

(b) Berechnung von $(\boldsymbol{x} \times \boldsymbol{y}) \cdot \boldsymbol{z}$ mit Hilfe von $(*)$ ergibt die Entwicklung der Determinante aus (b) nach der dritten Zeile. Da diese Determinante bei zyklischer Vertauschung der Zeilen nicht geändert wird, gelten die Gleichungen in (b).

(c) Setzt man $\boldsymbol{z} = \boldsymbol{x}$ oder $\boldsymbol{x} = \boldsymbol{y}$, so sind in der Determinante zwei Zeilen gleich. Es folgt $(\boldsymbol{x} \times \boldsymbol{y}) \cdot \boldsymbol{x} = (\boldsymbol{x} \times \boldsymbol{y}) \cdot \boldsymbol{y} = 0$.

Man zeigt $|\boldsymbol{x} \times \boldsymbol{y}|^2 = |\boldsymbol{x}|^2|\boldsymbol{y}|^2 - (\boldsymbol{x} \times \boldsymbol{y})^2$ durch Nachrechnen, woraus die zweite Behauptung von (c) wegen $\sin^2(\boldsymbol{x}, \boldsymbol{y}) = 1 - \cos^2(\boldsymbol{x}, \boldsymbol{y})$ folgt.

B.8.8 Die Bijektion φ von $\mathfrak{G}$ lasse das Teilverhältnis fest. Die Gerade $\mathfrak{G}$ ist durch 2 Punkte $x \neq y$ eindeutig bestimmt. Wegen $\varphi x, \varphi y \in \mathfrak{G}$ existiert ein Skalar $a \in F$ mit $\overrightarrow{\varphi x \varphi y} = \overrightarrow{xy} \cdot a$.

Für ein beliebiges $z \in \mathfrak{G}$ gilt $\overrightarrow{xz} = \overrightarrow{xy} \cdot c$ nach Definition 8.1.24 wobei $c = \mathrm{TV}(x, y, z)$ ist. Nach Voraussetzung gilt dann $\overrightarrow{\varphi x \varphi z} = \overrightarrow{\varphi x \varphi y} \cdot c = \overrightarrow{xy} \cdot ac = (\overrightarrow{xy} c)a = \overrightarrow{xz} \cdot a$. Also ist φ eine Affinität. Die Umkehrung gilt nach Satz 8.2.4.

B.8.9 Die Lösungen von (a) und (b) ergeben sich aus der Tabelle:

c	$\frac{1}{c}$	$1-c$	$\frac{1}{1-c}$	$\frac{c}{c-1}$	$\frac{c-1}{c}$
$\langle 1, 2, 3, 4 \rangle$	$\langle 1, 2, 4, 3 \rangle$	$\langle 1, 4, 3, 2 \rangle$	$\langle 1, 4, 2, 3 \rangle$	$\langle 1, 3, 2, 4 \rangle$	$\langle 1, 3, 4, 2 \rangle$
$\langle 2, 1, 4, 3 \rangle$	$\langle 2, 1, 3, 4 \rangle$	$\langle 4, 1, 2, 3 \rangle$	$\langle 4, 1, 3, 2 \rangle$	$\langle 3, 1, 4, 2 \rangle$	$\langle 3, 1, 2, 4 \rangle$
$\langle 3, 4, 1, 2 \rangle$	$\langle 4, 3, 1, 2 \rangle$	$\langle 3, 2, 1, 4 \rangle$	$\langle 2, 3, 1, 4 \rangle$	$\langle 2, 4, 1, 3 \rangle$	$\langle 4, 2, 1, 3 \rangle$
$\langle 4, 3, 2, 1 \rangle$	$\langle 3, 4, 2, 1 \rangle$	$\langle 2, 3, 4, 1 \rangle$	$\langle 3, 2, 4, 1 \rangle$	$\langle 4, 2, 3, 1 \rangle$	$\langle 2, 4, 3, 1 \rangle$

B.8.10 Es sei (p_0, p_1, p_2) ein Koordinatensystem, und φ lasse das Doppelverhältnis ungeändert. Wegen Satz 8.5.5 gibt es genau eine Projektivität ψ mit $\psi p_i = \varphi p_i \, (i = 0, 1, 2)$. Für jeden Punkt x gilt $\mathrm{DV}(\varphi p_0, \varphi p_1, \varphi p_2, \varphi x) = \mathrm{DV}(\varphi p_0, \varphi p_1, \varphi p_2, \psi x)$, also $\varphi x = \psi x$ und somit $\varphi = \psi$. Umkehrung gilt nach Satz 8.5.4.

B.8.11

$$\begin{pmatrix} 0 & \frac{1}{2\sqrt{3}} & 0 & \frac{1}{2\sqrt{3}} \\ 0 & \frac{1}{2\sqrt{2}} & 0 & \frac{-1}{2\sqrt{2}} \\ -\frac{1}{2} & 0 & \frac{1}{2} & 0 \\ \frac{1}{2} & 0 & \frac{1}{2} & 0 \end{pmatrix} \begin{pmatrix} 0 & 0 & -2 & 0 \\ 0 & 5 & 0 & 1 \\ -2 & 0 & 0 & 0 \\ 0 & 1 & 0 & 5 \end{pmatrix} \begin{pmatrix} 0 & 0 & -\frac{1}{2} & \frac{1}{2} \\ \frac{1}{2\sqrt{3}} & \frac{1}{2\sqrt{2}} & 0 & 0 \\ 0 & 0 & \frac{1}{2} & \frac{1}{2} \\ \frac{1}{2\sqrt{3}} & \frac{-1}{2\sqrt{2}} & 0 & 0 \end{pmatrix}$$

ist die 4×4-Diagonalmatrix $\mathrm{diag}(1, 1, 1, -1)$. Die Quadrik ist eine Ovalfläche.

B.8.12 Die Quadrik Q hat die Koeffizientenmatrix

$$\mathcal{A} = \begin{pmatrix} 1 & 1 & 1 \\ 1 & 1 & 1 \\ 1 & 1 & 1 \end{pmatrix},$$

die Transformationsmatrix

$$\mathcal{P} = \frac{1}{\sqrt{6}} \begin{pmatrix} \sqrt{2} & -\sqrt{3} & -1 \\ \sqrt{2} & \sqrt{3} & -1 \\ \sqrt{2} & 0 & 2 \end{pmatrix},$$

und es gilt

$$\mathcal{P}^{-1} \mathcal{A} \mathcal{P} = \mathrm{diag}(3, 0, 0) = \mathcal{D}.$$

Setze $\boldsymbol{z} = (z_1, z_2, z_3) = \boldsymbol{x}\mathcal{P}$ und $\boldsymbol{c} = \boldsymbol{b}\mathcal{P} = (2, 2, 2)\mathcal{P}$. Dann ist $\boldsymbol{c} = (2\sqrt{3}, 0, 0)$. Es folgt

$$(*) \qquad 3z_1^2 + 2\sqrt{3}z_1 - 3 = 0.$$

Nach Kürzen und quadratischer Ergänzung ergibt sich die Gleichung

$$(**) \qquad \left(z_1 + \frac{1}{\sqrt{3}}\right)^2 = \frac{4}{3}.$$

Setze $y_1 = \frac{1}{2}\left(z_1 + \frac{1}{\sqrt{3}}\right)$. Dann lautet die Normalgleichung: $3y_1^2 = 4$. Die Quadrik ist also nach Folgerung 8.7.12 ein Paar paralleler Ebenen.

B.8.13 Die Quadrik Q mit Bestimmungsgleichung $\boldsymbol{x}^T \mathcal{A}\boldsymbol{x} + b\boldsymbol{x} - 1 = 0$, wobei

$$\mathcal{A} = \begin{pmatrix} 1 & -0.5 & 0.5 \\ -0.5 & -5 & 0.5 \\ 0.5 & 0.5 & 0 \end{pmatrix}, \quad \boldsymbol{b} = (0, 4, 0) \quad \text{und} \quad \boldsymbol{x} = (x_1, x_2, x_3),$$

hat $\text{charPol}_{\mathcal{A}}(X) = X^3 + 4X^2 - 5.75X - 0.75$.

Ihre Diagonalmatrix ist angenähert ($\sim$):

$$\mathcal{D} = \mathcal{P}^T \mathcal{A} \cdot \mathcal{P}$$

$$\sim \begin{pmatrix} 1.219474925 & 3.452153702 \cdot 10^{-10} & 9.603429163 \cdot 10^{-14} \\ 3.452153285 \cdot 10^{-10} & -5.098855947 & 4.051292635 \cdot 10^{-11} \\ 9.601347495 \cdot 10^{-14} & 4.051274073 \cdot 10^{-11} & -0.1206189785 \end{pmatrix}.$$

Transformationsmatrix

$$\mathcal{P} = \begin{pmatrix} 0.9307140549 & 0.08987161446 & -0.3545341182 \\ -0.04564905578 & 0.9903046637 & 0.1311977007 \\ 0.3628877399 & -0.1059233963 & 0.9257930235 \end{pmatrix},$$

$$b \cdot \mathcal{P} = (0.1825962231, -3.961218655, -0.5247908028).$$

Nach quadratischer Ergänzung von

$$\begin{aligned}\tilde{Q}(y_1, y_2, y_3) = {} & 1.219474925y_1^2 - 5.098855947y_2^2 - 0.1206189785y_3^2 \\ & + 0.1825962231y_1 - 3.961218655y_2 - 0.5247908028y_3 - 1,\end{aligned}$$

ergibt sich die angenäherte Normalgleichung: $z_1^2 - z_2^2 - z_3^2 + 0.3333333332 = 0$. Daher ist Q ein einschaliges Hyperboloid.

B.8.14 Die Gleichung von Q lautet in Matrizenform

$$(*) \qquad \boldsymbol{x}^T \begin{pmatrix} 3 & -1 & 0 \\ -1 & 3 & 0 \\ 0 & 0 & -6 \end{pmatrix} \boldsymbol{x} - 2(1, 2, 1) \cdot \boldsymbol{x} = c.$$

Die Eigenwerte der symmetrischen Matrix $\mathcal{A}$ sind 2, 4 und -6. Die orthogonale Matrix normierter Eigenvektoren ist

$$\mathcal{P} = \begin{pmatrix} \frac{1}{\sqrt{2}} & -\frac{1}{\sqrt{2}} & 0 \\ \frac{1}{\sqrt{2}} & \frac{1}{\sqrt{2}} & 0 \\ 0 & 0 & 1 \end{pmatrix}.$$

Mit $\boldsymbol{x} = \mathcal{P}\boldsymbol{x}'$ und $(1, 2, 1)\mathcal{P} = \left(\frac{3}{\sqrt{2}}, \frac{1}{\sqrt{2}}, 1\right)$ geht die Gleichung $(*)$ über in $2{x_1'}^2 + 4{x_2'}^2 - 6{x_3'}^2 - \frac{6}{\sqrt{2}}x_1' - \frac{2}{\sqrt{2}}x_2' - 2x_3' = c$. Durch quadratische Ergänzung ergibt sich $2\left(x_1' - \frac{3}{2\sqrt{2}}\right)^2 + 4\left(x_2' - \frac{1}{4\sqrt{2}}\right)^2 - 6\left(x_3' + \frac{1}{6}\right)^2 = c + \frac{9}{4} + \frac{1}{8} - \frac{1}{6} = c + \frac{53}{24} = 2c^*$. Mit $x_1'' = x_1' - \frac{3}{2\sqrt{2}}$, $x_2'' = x_2' - \frac{1}{4\sqrt{2}}$, $x_3'' = x_3' + \frac{1}{6}$ erhält man nach Division durch 2, daß ${x_1''}^2 + 2{x_2''}^2 - 3{x_3''}^2 = c^*$ die Normalgleichung einer zu Q kongruenten Quadrik ist. Diese geht durch die affine Koordinatentransformation $y_1 = x_1''$, $y_2 = \sqrt{2}x_2''$, $y_3 = \sqrt{3}x_3''$ schließlich in die Normalgleichung $y_1^2 + y_2^2 - y_3^2 = c^*$ einer zu Q affin äquivalenten Quadrik Q^* über. Daher ist Q nach Folgerung 8.7.12 im Fall $c^* > 0$ ein einschaliges Hyperboloid, im Fall $c^* = 0$ ein Kegel und im Fall $c^* < 0$ ein zweischaliges Hyperboloid. Die Ausgangsgleichung definiert daher für $c = -\frac{53}{24}$ einen Kegel. Die Kegelspitze ist bei Q^* der Nullpunkt $\boldsymbol{y} = (0, 0, 0)$. Rücktransformation liefert $\boldsymbol{x}'' = (0, 0, 0)$, $\boldsymbol{x}' = \left(\frac{3}{2\sqrt{2}}, \frac{1}{4\sqrt{2}}, -\frac{1}{6}\right)$ und schließlich $\boldsymbol{x} = \left(\frac{5}{8}, \frac{7}{8}, -\frac{1}{6}\right)$ als Spitze des Kegels Q.

Im Fall $c = 6$, also $c^* = \frac{197}{48} > 0$, ist Q ein einschaliges Hyperboloid. Der Punkt q^* mit dem Koordinatenvektor $\boldsymbol{q}^* = (-1, -1, -1)$ erfüllt die Gleichung von Q. Durch q^* müssen also zwei in Q enthaltene Geraden gehen. Schrittweise Koordinatentransformationen führen auf $y^* = \left(-\frac{7}{2\sqrt{2}}, -\frac{1}{4}, -\frac{5}{6}\sqrt{3}\right)$ und weiter die kartesische Transformation $\tilde{y}_1 = \frac{14}{3\sqrt{22}}y_1 + \frac{1}{3\sqrt{11}}y_2$, $\tilde{y}_2 = \frac{1}{3\sqrt{11}}y_1 - \frac{14}{3\sqrt{22}}y_2$, $\tilde{y}_3 = y_3$ schließlich auf $\tilde{y}^* = \left(-\frac{3}{4}\sqrt{11}, 0, -\frac{5}{6}\sqrt{3}\right)$. Mit diesen Werten ergibt die Bemerkung 8.7.15 als Geradengleichungen $\tilde{y}_1 = -\frac{3}{4}\sqrt{11} - t\frac{5}{6}\sqrt{3}$, $\tilde{y}_2 = \pm\sqrt{\frac{197}{48}}t$, $\tilde{y}_3 = -\frac{5}{6}\sqrt{3} - t\frac{3}{4}\sqrt{11}$. Rücktransformation liefert schließlich die beiden Geraden durch q^*:

$$x_1 = -1 - \frac{t}{6\sqrt{11}}\left(\frac{65\sqrt{3}}{6} \mp 8\sqrt{\frac{197}{24}}\right), \quad x_2 = -1 - \frac{t}{6\sqrt{11}}\left(\frac{75\sqrt{3}}{6} \pm 6\sqrt{\frac{197}{24}}\right),$$

$$x_3 = -1 - t\frac{\sqrt{33}}{4}.$$

B.9 Lösungen zu Kapitel 9

B.9.1 Ist $S(X - a) + Sf(X) = S$, dann ist $1 = (X - a)h_1(X) + f(X)h_2(X)$ für geeignete $h_i(X) \in S = R[X], i = 1, 2$. Daher ist $1 = f(a)h_2(a) \in R$. Sei umgekehrt $f(a)$ eine Einheit in R. Dann ist $f(a)$ auch eine Einheit in S, d. h. $S = f(a)S$. Sei $f(X) = a_nX^n + a_nX^{n-1} +$

$\cdots + a_1 X + a_0$. Dann ist $f(X) - f(a) = a_n(X^n - a^n) + a_{n-1}(X^{n-1} - a^{n-1}) + \cdots + a_1(X - a) = (X - a)g(X)$ für ein $g(X) \in S$. Hieraus folgt: $S = f(a)S = [f(X) - (X-a)g(X)]S \subseteq f(X)S + (X - a)S \subseteq S$, d. h. $S = f(X)S + (X - a)S$.

B.9.2 $(U + V)/V = 2\mathbb{Z}/6\mathbb{Z} \cong \mathbb{Z}/3\mathbb{Z} \cong 4\mathbb{Z}/12\mathbb{Z} = U/(U \cap V)$. Die Abbildung $2a + 6\mathbb{Z} \mapsto 4a + 12\mathbb{Z}$ ist ein expliziter Isomorphismus zwischen $2\mathbb{Z}/6\mathbb{Z}$ und $4\mathbb{Z}/12\mathbb{Z}$.

B.9.3 Trivialerweise ist B_1 eine Basis. Da das Gleichungssystem $2c_1 + 3c_2 = 0, 3c_1 + 2c_2 = 0$ in $R = \mathbb{Z}/6\mathbb{Z}$ nur die triviale Lösung $c_1 = c_2 = 0$ besitzt, ist B_2 linear unabhängig. Wegen $(1, 0) = (2, 3) \cdot 2 + (3, 2) \cdot 3$ und $(0, 1) = (2, 3) \cdot 3 + (3, 2) \cdot 2$ gilt aber auch $\langle B_2 \rangle = R^2$. Wegen $(2, 3) \cdot 3 + (0, 1) \cdot 3 = (1, 0) \cdot (-2) + (2, 3) \cdot 2 = (0, 0)$ führt der Austausch immer auf linear abhängige Mengen.

B.9.4 (a) $y \in \sum\{\varphi U \mid U \in \mathfrak{S}\}$ ist gleichwertig mit $y = \varphi u_1 + \cdots + \varphi u_n = \varphi(u_1 + \cdots + u_n)$ und $u_i \in U_i$, $U_i \in \mathfrak{S}$ für $i = 1, \ldots, n$, also auch gleichwertig mit $y \in \varphi\big(\sum\{U \mid U \in \mathfrak{S}\}\big)$.

(b) Aus $y \in \sum\{\varphi^-(T) \mid T \in \mathfrak{S}'\}$ folgt $y = u_1 + \cdots + u_n$ mit $\varphi u_i \in T_i$ und $T_i \in \mathfrak{S}'$ für $i = 1, \ldots, n$. Man erhält $\varphi y \in T_1 + \cdots + T_n$ und damit $y \in \varphi^-\big(\sum\{T \mid T \in \mathfrak{S}'\}\big)$.

(c) Aus $y \in \varphi^-\big(\sum\{T \mid T \in \mathfrak{S}'\}\big)$ folgt $\varphi y = v_1 + \cdots + v_n$ mit $v_i \in T_i$ und $T_i \in \mathfrak{S}'$. Gilt nun $T_1, \ldots, T_n \subset \operatorname{Im}\varphi$, so folgt weiter $v_i = \varphi u_i$, also $u_i \in \varphi^-(T_i)$ für $i = 1, \ldots, n$. Man erhält $y - u_1 - \cdots - u_n = u_1^* \in \operatorname{Ker}\varphi$ und folglich $y = (u_1 + u_1^*) + u_2 + \cdots + u_n$, wobei auch $u_1 + u_1^* \in \varphi^-(T_1)$ gilt, also $y \in \sum\{\varphi^-(T) \mid T \in \mathfrak{S}'\}$.

(d) Aus $y \in \varphi\big(\bigcap\{U \mid U \in \mathfrak{S}\}\big)$ folgt $y \in \varphi U$ für alle $U \in \mathfrak{S}$, also $y \in \bigcap\{\varphi U \mid U \in \mathfrak{S}\}$.

(e) $x \in \varphi^-\big(\bigcap\{T \mid T \in \mathfrak{S}'\}\big)$ ist gleichwertig mit $\varphi x \in T$ für jedes $T \in \mathfrak{S}'$, also weiter mit $x \in \varphi^-(T)$ für alle $T \in \mathfrak{S}'$ und daher mit $x \in \bigcap\{\varphi^-(T) \mid T \in \mathfrak{S}'\}$.

(f) Aus $y \in \bigcap\{\varphi U \mid U \in \mathfrak{S}\}$ folgt $y = \varphi a_U$ mit $a_U \in U$ für alle $U \in \mathfrak{S}$. Bei fester Wahl von $U^* \in \mathfrak{S}$ folgt jetzt wegen $\varphi(a_{U^*} - a_U) = y - y = 0$ zunächst $a_{U^*} - a_U \in \operatorname{Ker}\varphi \subset U$ und daher $a_{U^*} \in U$ für alle U, also $y = \varphi a_{U^*} \in \varphi\big(\bigcap\{U \mid U \in \mathfrak{S}\}\big)$.

B.9.5 (a) Wenn α injektiv ist, folgt aus $\alpha\gamma = \alpha\delta$ zunächst $\alpha(\gamma z) = \alpha(\delta z)$ und dann $\gamma z = \delta z$ für alle $z \in Z$, also $\gamma = \delta$. Erfüllt α umgekehrt die Bedingung aus (a) und gilt $\alpha x = \alpha x'$, so werden mit $Z = \langle x \rangle$ durch $\gamma x = x$ und $\delta x = x'$ Abbildungen γ, δ mit $\alpha\gamma = \alpha\delta$ definiert. Es folgt $\gamma = \delta$ und weiter $x = x'$; d. h. α ist injektiv.

(b) Ist α surjektiv und gilt $\gamma\alpha = \delta\alpha$, so gibt es zu $y \in W$ ein $x \in V$ mit $\alpha x = y$, woraus $\gamma y = \delta y$ für alle $y \in W$, also $\gamma = \delta$ folgt. Umgekehrt erfülle α die Bedingung aus (b); jedoch sei α nicht surjektiv. Dann gibt es ein $y \in W$ mit $y \notin \alpha V$ und R-lineare Abbildungen γ, $\delta : W \to W$ mit $\gamma y \neq \delta y$ und $\gamma y' = \delta y'$ für $y' \in \alpha V$. Es folgt $\gamma\alpha = \delta\alpha$, also $\gamma = \delta$ im Widerspruch zu $\gamma y \neq \delta y$.

(c) ist trivial.

B.9.6 Man kann jedes $\mathcal{M} = \begin{pmatrix} a & b \\ c & d \end{pmatrix} \in \mathrm{GL}(2, R)$ in $\mathrm{GL}(n, R)$ mit $n \geq 2$ einbetten, indem man auf der Hauptdiagonalen $n - 2$ Einsen an die Matrix $\mathcal{M}$ anfügt und alle anderen Koeffizienten Null setzt. Die Matrizen $\mathcal{A} = \begin{pmatrix} 1 & 0 \\ 1 & 1 \end{pmatrix}$ und $\mathcal{B} = \begin{pmatrix} 1 & 1 \\ 0 & 1 \end{pmatrix} \in \mathrm{Mat}_2(R)$ sind über jedem Ring R invertierbar; denn $\mathcal{A}^{-1} = \begin{pmatrix} 1 & 0 \\ -1 & 1 \end{pmatrix}$ und $\mathcal{B}^{-1} = \begin{pmatrix} 1 & -1 \\ 0 & 1 \end{pmatrix}$. Wegen $\mathcal{A}\mathcal{B} = \begin{pmatrix} 1 & 1 \\ 1 & 2 \end{pmatrix} \neq \begin{pmatrix} 2 & 1 \\ 1 & 1 \end{pmatrix} = \mathcal{B}\mathcal{A}$ folgt, daß $\mathrm{GL}(n, R)$ für alle $n \geq 2$ und alle kommutativen Ringe R nicht kommutativ ist.

B.9.7 (a) Aus $y \in \sum \varphi_\alpha M_\alpha$ folgt $y = \varphi_{\alpha_1} x_{\alpha_1} + \cdots + \varphi_{\alpha_r} x_{\alpha_r} = \varphi(\beta_{\alpha_1} x_{\alpha_1} + \cdots + \beta_{\alpha_r} x_{\alpha_r}) \in \varphi(\oplus M_\alpha)$. Gilt umgekehrt $y = \varphi(\sigma)$ mit $\sigma \in \oplus M_\alpha$, so folgt $\sigma = \beta_{\alpha_1} x_{\alpha_1} + \cdots + \beta_{\alpha_r} x_{\alpha_r}$, also $y = \varphi_{\alpha_1} x_{\alpha_1} + \cdots + \varphi_{\alpha_r} x_{\alpha_r} \in \sum \varphi_\alpha M_\alpha$. Man erhält $\varphi(\oplus M_\alpha) = \sum \varphi M_\alpha$ und damit die erste Behauptung.

(b) Für $\sigma, \sigma' \in \prod M_\alpha$ ist $\sigma = \sigma'$ gleichwertig mit $\pi_\alpha(\sigma) = \pi_\alpha(\sigma')$ für alle $\alpha \in \mathcal{A}$. Wegen $\varphi_\alpha = \pi_\alpha \varphi$ ist daher $\varphi y = \varphi y'$ gleichwertig mit $\varphi_\alpha y = \varphi_\alpha y'$ für alle $\alpha \in \mathcal{A}$, woraus die zweite Behauptung folgt.

B.9.8 (a) Es ist $y \in \operatorname{Ker} \varphi$ gleichwertig mit $\varphi_\alpha y = \pi_\alpha(\varphi y) = 0$ für alle $\alpha \in \mathcal{A}$, also mit $y \in \bigcap \{\operatorname{Ker} \varphi_\alpha \mid \alpha \in \mathcal{A}\}$.

(b) Aus $\sigma \in \oplus \operatorname{Ker} \varphi_\alpha$ folgt $\sigma = \beta_{\alpha_1} x_{\alpha_1} + \cdots + \beta_{\alpha_r} x_{\alpha_r}$ mit $x_{\alpha_\rho} \in \operatorname{Ker} \varphi_{\alpha_\rho}$, also $\varphi(\sigma) = \varphi_{\alpha_1} x_{\alpha_1} + \cdots + \varphi_{\alpha_r} x_{\alpha_r} = 0$ und daher $\sigma \in \operatorname{Ker} \varphi$. Gilt $M_1 = M_2 = W = \mathbb{R}^1$ und sind φ_1, φ_2 die Identität von $\mathbb{R}^1$, so gilt $\operatorname{Ker} \varphi_1 = \operatorname{Ker} \varphi_2 = 0$. Für die durch φ_1 und φ_2 nach Satz 9.6.8 bestimmte Abbildung $\varphi : \mathbb{R}^1 \oplus \mathbb{R}^1 \to \mathbb{R}^1$ ist jedoch $\operatorname{Ker} \varphi \neq 0$, weil $\operatorname{Ker} \varphi$ z. B. das Element $(1, -1)$ enthält.

B.9.9 Für ein beliebiges Element $z' \in W'$ gilt $(\alpha'\beta')z' = 0$ und daher $(\alpha\tau\beta')z' = (\sigma\alpha'\beta')z' = 0$, also $(\tau\beta')z' \in \operatorname{Ker} \alpha = \operatorname{Im} \beta$. Da β injektiv ist, wird durch $\omega = \beta^{-1}\tau\beta'$ eine Abbildung der verlangten Art definiert. Wegen der Injektivität von β ist ω genau dann injektiv, wenn $\tau\beta'$ injektiv ist, insbesondere also, wenn τ und β' einzeln injektiv sind. Weiter ist ω surjektiv genau dann, wenn $\operatorname{Im}(\tau\beta') = \operatorname{Im}(\beta\omega) = \operatorname{Im} \beta = \operatorname{Ker} \alpha$ gilt. Wegen $\operatorname{Im}(\tau\beta') \subset \operatorname{Ker} \alpha$ ist diese Bedingung gleichwertig mit $\operatorname{Im}(\tau\beta') \supset \operatorname{Ker} \alpha$.

B.9.10 Es gilt $X = \operatorname{Im} \chi + U$ und $\operatorname{Im} \chi \cap U = 0$ mit einem Unterraum U von X. Da χ Surjektion auf $\operatorname{Im} \chi$ ist, gibt es wegen Satz 9.3.4 eine F-lineare Abbildung $\eta_1 : \operatorname{Im} \chi \to X'$, die die linke Hälfte des Diagramms kommutativ ergänzt. Wegen $\operatorname{Ker} \psi = \operatorname{Im} \chi$ ist die Restriktion von ψ auf U injektiv. Nach Aufgabe 9.7.10 existiert daher eine F-lineare Abbildung $\eta_2 : U \to X'$, die die rechte Hälfte des Diagramms kommutativ ergänzt. Durch η_1 und η_2 wird dann gemäß Satz 9.6.8 eine F-lineare Abbildung $\eta : X \to X'$ der verlangten Art bestimmt.

B.9.11 Wegen Satz 9.6.12 gilt $(\oplus V_\alpha)^* = \operatorname{Hom}(\oplus V_\alpha, F) \cong \prod \operatorname{Hom}(V_\alpha, F) = \prod V_\alpha^*$.

B.10 Lösungen zu Kapitel 10

B.10.1 (a) Nach Satz 2.3.18 besitzen die Unterräume U und V von M bzw. N Komplemente K und L, d. h. $M = U \oplus K$ und $N = V \oplus L$. Daher gelten: $U \otimes N \cong t(U \times N) = \langle u \otimes n \mid u \in U, n \in N \rangle \leq M \otimes N$ und $M \otimes V \cong t(M \times V) = \langle m \otimes v \mid m \in M, v \in V \rangle \leq M \otimes N$.

(b) Sei $S := t(U \times N) + t(M \times V) \leq M \otimes N$. Dann ist S nach Satz 2.1.13 ein Unterraum von $M \otimes N$. Nach Satz 10.1.13 gilt außerdem:

$$M \otimes N = (U \oplus K) \otimes (V \oplus L) \cong U \otimes V \oplus U \otimes L \oplus K \otimes V \oplus K \otimes L,$$

$$U \otimes N \cong U \otimes V \oplus U \otimes L \text{ und } M \otimes V \cong U \otimes V \oplus K \otimes V.$$

Daher hat der Unterraum $S \cong U \otimes N + M \otimes V$ ein Komplement T in $M \otimes N$, das zu $K \otimes L$ isomorph ist. Nach Satz 9.2.17 (2. Isomorphisatz) folgt: $M/U \cong K$, $N/V \cong L$ und $M \otimes N/S \cong K \otimes L$. Daher gilt: $M/U \otimes N/V \cong K \otimes L \cong M \otimes N/S$.

B.10.2 Für jedes Paar $q_1, q_2 \in \mathbb{Q}$ existiert ein Hauptnenner $0 \neq c$ und Elemente $a_i \in \mathbb{Z}$ mit $q_i = a_i c^{-1}$. Daher ist $q_1 \wedge q_2 = a_1 c^{-1} \wedge a_2 c^{-1} = (c^{-1} \wedge c^{-1}) a_1 a_2 = 0$, woraus $\mathbb{Q} \wedge \mathbb{Q} = 0$ folgt.

B.10.3 (a) folgt unmittelbar aus Satz 10.2.4 und Definition 10.2.2.

(b) Sind C und D invertierbare Matrizen passender Grösse mit $A' = C^{-1}AC$ und $B' = D^{-1}BD$, dann ist $C \otimes D$ nach (a) eine invertierbare Matrix mit

$$[C \otimes D]^{-1}(A \otimes B)[C \otimes D] = (C^{-1}AC) \otimes (D^{-1}BD) = A' \otimes B'.$$

(c) Sei $\boldsymbol{v}$ ein Eigenvektor von A zum Eigenwert c und $\boldsymbol{w}$ ein Eigenvektor von B zum Eigenwert d. Dann gilt $(A \otimes B)(\boldsymbol{v} \otimes \boldsymbol{w}) = A\boldsymbol{v} \otimes B\boldsymbol{w} = \boldsymbol{v}c \otimes \boldsymbol{w}d = (\boldsymbol{v} \otimes \boldsymbol{w})cd$. Hieraus folgt die Behauptung.

B.10.4 (a) Man betrachtet die Koeffizienten c_{ii} der Hauptdiagonale der Matrix $C := A \otimes B$. Gemäß Definition 10.2.2 gilt für $1 \leq i \leq m$ gerade $c_{ii} = a_{11} \cdot b_{ii}$. Für $m + 1 \leq i \leq 2m$ gilt $c_{ii} = a_{22} \cdot b_{i-m,i-m}$. Also ergibt sich $tr(A \otimes B) = \sum_{i=1}^{n} \left(\sum_{j=1}^{m} (a_{ii} \cdot b_{jj}) \right) = \sum_{i=1}^{n} (a_{ii} \cdot \sum_{j=1}^{m} b_{jj}) = \sum_{i=1}^{n} a_{ii} \cdot \sum_{j=1}^{m} b_{jj} = \mathrm{tr}(A) \cdot \mathrm{tr}(B)$.

(b) wird für Endomorphismen $\alpha \in \mathrm{End}_R(M)$, $\beta \in \mathrm{End}_R(N)$ bewiesen, wobei $M = R^s$, $N = R^t$. Nun ist $(\alpha \otimes 1)(1 \otimes \beta) = \alpha \otimes \beta$. $\left(\bigwedge_{s+t}(\alpha \otimes 1)\right)[m_1 \wedge \cdots \wedge m_s \otimes n_1 \wedge \cdots \wedge n_t] = \left(\bigwedge_{s+t} \alpha\right)[m_s \wedge \cdots \wedge m_s] \otimes [n_1 \wedge \cdots \wedge n_t] = \bigwedge_t \left(\bigwedge_s \alpha\right)[m_1 \wedge \cdots \wedge m_s] \otimes [n_1 \wedge \cdots \wedge n_t] = (m_1 \wedge \cdots \wedge m_s)[\det(\alpha)]^t \otimes n_1 \wedge \cdots \wedge n_t = [m_1 \wedge \cdots \wedge m_s \otimes n_1 \wedge \cdots \wedge n_t][\det(\alpha)]^t$. Also ist $\det(\alpha \otimes 1) = [\det(\alpha)]^t$ und analog $\det(1 \otimes \beta) = [\det(\beta)]^s$. Nach dem Produktsatz folgt $\det(\alpha \otimes \beta) = [\det(\alpha)]^t [\det(\beta)]^s$.

B.10.5 $\tau(\alpha \otimes b) = 0$ genau dann, wenn für alle $m \in M$ und $b \in N$ gilt: $0 = (\alpha \otimes b)(m) = b\alpha(m)$. Also ist $b = 0$ oder $\alpha(m) = 0$ für alle $m \in M$, also $\alpha = 0$. In beiden Fällen folgt $\mathrm{Ker}\, \tau = 0$. Nach den Sätzen 3.6.4 und Folgerung 10.1.16 gilt $\dim_F \mathrm{Hom}_F(M, N) = mn = \dim_F(M^* \otimes_F N)$. Daher ist τ ein Isomorphismus.

B.10.6 Es seien $\omega : V \to V/W$ und $\omega' : \bigwedge_p V \to \left(\bigwedge_p V\right)/W_p$ die natürlichen Abbildungen. Dann ist $\hat{\omega}_p : \bigwedge_p V \to \bigwedge_p(V/W)$ eine lineare Abbildung mit $W_p \leq \mathrm{Kern}(\hat{\omega}_p)$, die nach Hilfssatz 9.2.14 und Satz 9.2.18 eine lineare Abbildung $\hat{\varphi} : \left(\bigwedge_p V\right)/W_p \to \bigwedge_p(V/W)$ induziert. Wie im Beweis von Satz 10.1.6 zeigt man, daß für $\bar{\boldsymbol{x}}_1, \ldots, \bar{\boldsymbol{x}}_p \in V/W$ die Klasse $\omega'(\bar{\boldsymbol{x}}_1 \wedge \cdots \wedge \bar{\boldsymbol{x}}_p)$ von der Repräsentantenwahl unabhängig ist. Die durch $\psi(\bar{\boldsymbol{x}}_1, \ldots, \bar{\boldsymbol{x}}_p) = \omega'(\bar{\boldsymbol{x}}_1 \wedge \cdots \wedge \bar{\boldsymbol{x}}_p)$ definierte p-fach alternierende Abbildung bestimmt nach Satz 10.4.5 eine lineare Abbildung $\hat{\psi} : \bigwedge_p(V/W) \to \left(\bigwedge_p V\right)/W_p$. Es ist $\hat{\psi} \circ \hat{\varphi}$ und $\hat{\varphi} \circ \hat{\psi}$ die Identität, also $\hat{\varphi}$ ein Isomorphismus.

B.10.7 Da V und Y endlich erzeugte freie R-Moduln sind, ist auch Z ein endlich erzeugter freier R-Modul. Durch $\varphi_q(x_1 \wedge \cdots \wedge x_q, y_{q+1} \wedge \cdots \wedge y_p) = x_1 \wedge \cdots \wedge x_q \wedge y_{q-1} \wedge \cdots \wedge y_p$ wird nach Satz 10.4.8 eine bilineare Abbildung $\varphi_q : \left(\bigwedge_q V, \bigwedge_{p-q} Y\right) \to \bigwedge_p Z$ definiert. Nach Satz 10.1.6 bestimmt sie eine lineare Abbildung $\varphi_q : (\bigwedge_q V) \otimes \left(\bigwedge_{p-q} Y\right) \to \bigwedge_p Z$, die nach Satz 10.4.8 sogar injektiv ist. Die Abbildungen φ_q bestimmen weiter nach Satz 9.6.8 eine lineare Abbildung $\varphi : \oplus_{q=0}^{p}\left(\left(\bigwedge_q V\right) \oplus \left(\bigwedge_{p-q} Y\right)\right) \to \bigwedge_p Z$, die ebenfalls injektiv ist. Man zeigt mit Satz 10.4.8, daß sich jeder Vektor aus $\bigwedge_p Z$ als R-Linearkombination von Vektoren der Form $x_1 \wedge \cdots \wedge x_q \wedge y_{q+1} \wedge \cdots \wedge y_p$ darstellen läßt, und folgert, daß φ auch surjektiv und somit ein Isomorphismus ist.

B.10.8 Es sei $\{a_1, a_2, a_3\}$ eine Basis von V, und für $1 \leq i \leq k \leq 3$ sei $\Psi_{i,k}$ die durch $\Psi_{i,k}(a_\mu, a_\nu) = \Psi_{i,k}(a_\nu, a_\mu) = \delta_{i,\mu} \cdot \delta_{k,\nu}(1 \leq \mu \leq \nu \leq 3)$ eindeutig bestimmte Bilinearform. Nach Folgerung 10.4.9 gilt $\dim \mathrm{Alt}_F(2, V, F) = \binom{3}{2} = 3$, es ist $\{\Psi_{1,2}, \Psi_{1,3}, \Psi_{2,3}\}$ eine Basis von $\mathrm{Alt}_F(2, V, F)$, und $\mathrm{Alt}_F(2, V, F)$ besteht aus genau 8 Abbildungen.

B.10.9 Wenn $\mathcal{A}$ invertierbar ist, dann gilt $\mathcal{A}\mathcal{A}^{-1} = \mathcal{E}_n$. Nach dem Produktsatz folgt $\det \mathcal{A} \det \mathcal{A}^{-1} = 1$. Also ist $\det \mathcal{A}$ eine Einheit in R.

Wenn $\det \mathcal{A}$ eine Einheit von R ist, gilt auch $(\det \mathcal{A})^{-1} \in R$. Die inverse Matrix $\mathcal{A}^{-1}$ läßt sich daher nach Satz 5.5.2 jetzt auch im Fall eines Ringes berechnen.

B.10.10 Da $\{\boldsymbol{u}_1, \boldsymbol{u}_2, \ldots, \boldsymbol{u}_m\}$ eine Basis des Unterraums U ist, gilt für ein beliebiges $v \in V$ sogar $v \in U$ genau dann, wenn $\{v, u_1, u_2, \ldots, u_m\}$ linear abhängig ist. Dies ist nach Folgerung 10.4.10 äquivalent zu $U = \{v \in V\} | v_1 \wedge u_1 \wedge u_2 \wedge \cdots \wedge u_m = 0\}$.

B.11 Lösungen zu Kapitel 11

B.11.1 Da $\mathbb{Z}[i] \leq \mathbb{C}$, ist $\mathbb{Z}[i]$ ein nullteilerfreier kommutativer Ring mit 1. Für alle $x = a+bi$, $y = c + di \neq 0$, $x, y \in \mathbb{Z}[i]$ gilt:

$$\frac{x}{y} = \frac{a+bi}{c+di} = \frac{(a+bi)(c-di)}{c^2+d^2} = \frac{ac+bd}{c^2+d^2} + \frac{bc-ad}{c^2+d^2} \cdot i.$$

Es existieren $f, g \in \mathbb{Z}$ und $k, l \in \mathbb{R}$ mit $|k|, |l| \leq \frac{1}{2}$ so, daß $\frac{ac+bd}{c^2+d^2} = f+k$ und $\frac{bc-ad}{c^2+d^2} = g+l$. Setze $u = f + gi \in \mathbb{Z}[i]$, $r = y \cdot (k + li) \in \mathbb{C}$. Es folgt

$$\frac{x}{y} = f + gi + k + li \quad \text{und somit} \quad x = y \cdot (f + gi) + y(k + li) = yu + r.$$

Also ist $r = x - y \cdot u \in \mathbb{Z}[i]$. Ferner gilt:

$$\rho(r) = \rho(y)(k^2 + l^2) \leq \rho(y)\left(\frac{1}{4} + \frac{1}{4}\right) < \rho(y),$$

und $\rho(x) \geq 1$ für alle $0 \neq x \in \mathbb{Z}[i]$. Aus der Definition von ρ folgt durch Nachrechnen, daß $\rho(xy) = \rho(x)\rho(y) \geq \rho(y)$ für alle $x \neq 0$, $y \in \mathbb{Z}[i]$ gilt. Nach Definition 9.1.3 ist daher $\mathbb{Z}[i]$ ein euklidischer Ring.

B.11.2 Sei ρ die in Aufgabe 11.1 definierte Norm des euklidischen Ringes $\mathbb{Z}[i]$. Das Element $x = a + bi$ ist eine Einheit in $\mathbb{Z}[i]$, wenn ein $y = c + di$ mit $1 = xy$ existiert. Dann ist $1 = \rho(1) = \rho(x)\rho(y) = (a^2 + b^2)(c^2 + d^2) = a^2c^2 + a^2d^2 + b^2c^2 + b^2d^2$. In dieser Summe von vier Quadraten ganzer Zahlen ist genau ein Summand ungleich Null und somit gleich 1. Wegen $adi \neq 1$ und $bci \neq 1$ gilt entweder $a, c \in \{1, -1\}$ oder $b, d \in \{1, -1\}$. Also ist $U = \{1, -1, i, -i\}$ die Menge der Einheiten von $\mathbb{Z}[i]$.

B.11.3 (a) $\operatorname{ggT}(f_1, f_2) = X^5 + X^2 + 1$.
(b) $\operatorname{ggT}(f_1, f_2) = X^7 + 2X^6 + 3X^5 + 5X^4 + 7X^3 + 11X^2 + 13X + 17$.

B.11.4 (a) Ist der gekürzte Bruch $\frac{p}{q} \in \mathbb{Q}$ in $\mathbb{Q}$ eine Nullstelle von $f(X) = a_n X^n + a_{n-1}X^{n-1} + \cdots + a_1 X + a_0$ aus $\mathbb{Z}[X]$, so ist $f(X) = \big(X - \frac{p}{q}\big)(h_0 + h_1 X + \cdots + h_{n-1}X^{n-1})$ für geeignete $h_i \in \mathbb{Q}$. Also ist $-a_0 = \frac{p}{q}h_0$ und $a_{n-1} = -\frac{p}{q}h_{n-1} = -\frac{p}{q}a_n$, woraus wegen $\operatorname{ggT}(p, q) = 1$ folgt, daß $p \mid a_n$.

(b) Angenommen, der gekürzte Bruch $\frac{p}{q} \in \mathbb{Q}$ erfüllt $f\big(\frac{p}{q}\big) = 0$. Wegen (a) ist dann $\frac{p}{q} \in \big\{-\frac{1}{4}, -\frac{1}{2}, -1, 1\frac{1}{2}, \frac{1}{4}\big\} =: M$. Aber $f(\frac{p}{q}) \neq 0$ für alle $\frac{p}{q} \in M$, ein Widerspruch.

B.11.5 Die Behauptung wird mit vollständiger Induktion von $n-1$ auf n bewiesen. Für $n = 2$ ist $\operatorname{char\,Pol}_{\mathcal{C}}(X) = \det\begin{pmatrix} X & f_0 \\ -1 & (X+f_1)\end{pmatrix} = X(X + f_1) + f_0 = m(X)$.

Nach dem Entwicklungssatz 5.4.9 von Laplace folgt durch Entwicklung nach der ersten Spalte, daß

$$\operatorname{char\,Pol}_{\mathcal{C}}(X) = X \cdot \det\begin{pmatrix} X & & & & & f_1 \\ -1 & X & & & & f_2 \\ & -1 & X & & & f_3 \\ & & \ddots & \ddots & & \vdots \\ & & & -1 & X & f_{n-2} \\ & & & & -1 & X + f_{n-1}\end{pmatrix}$$

$$+ \det\begin{pmatrix} 0 & & \cdots & & 0 & f_0 \\ -1 & X & & & & f_2 \\ & -1 & X & & & f_3 \\ & & \ddots & \ddots & & \vdots \\ & & & -1 & X & f_{n-2} \\ & & & & -1 & X + f_{n-1}\end{pmatrix}$$

$$= X(f_1 + f_2X + \cdots + f_{n-1}X^{n-2} + X^{n-1}) + (-1)^n f_0(-1)^{n-2}$$
$$= f_0 + f_1X + f_2X^2 + \cdots + f_{n-1}X^{n-1} + X^n.$$

B.11.6 Wegen $\operatorname{Grad} f(X) = 3$ ist $K = R[X]/f(X)R[X]$ ein 3-dimensionaler R-Vektorraum. Also hat K genau $|F|^3 = 2^3 = 8$ Elemente. Sei $x = [X]$ die Restklasse von X in K. Dann sind die sieben Potenzen $x, x^2, x^3 = x+1, x^4 = x^2+x, x^5 = x^2+x+1$, $x^6 = x^2+1$ und $x^7 = 1$ die sämtlichen von Null verschiedenen Elemente von K. Also ist K ein endlicher Körper mit acht Elementen.

B.11.7 (a) Nach Satz 11.1.17 ist $\operatorname{ggT}(m, n) = 1$ äquivalent zu $\mathbb{Z} = m\mathbb{Z} + n\mathbb{Z}$. Wegen des zweiten Isomorphiesatzes ist diese Gleichung zu $\mathbb{Z}/m\mathbb{Z} \oplus \mathbb{Z}/u\mathbb{Z} \cong \mathbb{Z}/mn\mathbb{Z}$ äquivalent. Die gesuchte Bedingung ist $(m, n) = 1$.

(b) $\operatorname{ggT}(m, n) = 1$ impliziert nach Satz 11.1.17, daß $R = m\mathbb{Z} + n\mathbb{Z}$. Also ist $[m] = m + n\mathbb{Z} \in \mathbb{Z}/n\mathbb{Z}$ eine Einheit in $\mathbb{Z}/n\mathbb{Z}$. Ist $[m]$ eine Einheit in $\mathbb{Z}/n\mathbb{Z}$, dann ist $[m]$ kein

Nullteiler. Gilt diese Bedingung (ii), aber ggT $(m,n) \neq 1$, dann gibt es eine Primzahl p mit $m = pm_1$ und $n = pn_1$ für geeignete $m_1, n_1 \in \mathbb{Z}$. Hieraus folgt der Widerspruch: $[m][n_1] = [pm_1n_1] = [nm_1] = 0 \in \mathbb{Z}/n\mathbb{Z}$, aber $[m] \neq 0$ und $[n_1] \neq 0$.

B.11.8 $\operatorname{char Pol}_{\mathcal{A}}(X) = X^4 - 6X^3 + 8X^2 - 2X + 4$. Der einzige rationale Eigenwert ist $x_1 = 2$. Eigenvektor zu x_1 ist $(1, 1, 0, -1)$. Der Faktor $X^3 - 4X^2 - 2$ von $\operatorname{char Pol}_{\mathcal{A}}(X)$ besitzt keine rationale Nullstelle. Wäre $\frac{m}{n}$ eine rationale Nullstelle mit $m \in \mathbb{Z}$, $n \in \mathbb{N}$, und m, n teilerfremd, dann wäre $\frac{m^2}{n^2}\left(\frac{m-4n}{n}\right) = 2$. Somit ist m durch n teilbar. Also ist $n = 1$. Für m gerade ist $m^2 \cdot (m-4)$ durch 8 teilbar und somit von 2 verschieden. Ist m ungerade, so auch $m^2 \cdot (m-4)$, aber dieses Produkt ist 2. Widerspruch!

B.11.9 Die Smith-Normalform der Relationenmatrix

$$\mathcal{R} = \begin{pmatrix} -1 & 0 & 5 & 7 \\ 3 & 3 & 1 & 4 \\ 2 & 2 & -4 & -2 \\ 8 & 8 & 8 & 16 \end{pmatrix} \quad \text{ist} \quad \begin{pmatrix} 1 & 0 & 0 & 0 \\ 0 & 1 & 0 & 0 \\ 0 & 0 & 2 & 0 \\ 0 & 0 & 0 & 0 \end{pmatrix}.$$

Die Elimination der ersten Zeile und Spalte von $\mathcal{R}$ mit Hilfe des Schritts 3 des Algorithmus 11.5.11 ergibt die Matrix

$$\begin{pmatrix} 1 & 0 & 0 & 0 \\ 0 & 3 & 16 & 25 \\ 0 & 2 & 6 & 12 \\ 0 & 8 & 48 & 72 \end{pmatrix}, \quad \text{die in} \quad \begin{pmatrix} 1 & 0 & 0 & 0 \\ 0 & 1 & 0 & 0 \\ 0 & 0 & -14 & -14 \\ 0 & 0 & -32 & -32 \end{pmatrix}$$

mit Hilfe der Schritte 2 und 3 des Algorithmus 11.5.11 übergeht. Hieraus ergibt sich die Smith-Normalform. Somit ist A isomorph zu $\mathbb{Z} \oplus \mathbb{Z}/2\mathbb{Z}$.

B.11.10 Da R kein Körper ist, gilt $R \neq Q$. Wäre Q ein endlich erzeugter R-Modul, dann gäbe es endlich viele $q_i = \frac{a_i}{b_i} \in Q$, $a_i, b_i \in R$, $b_i \neq 0$ für $1 \leq i \leq n$, mit $Q = \sum_{i=1}^n q_i R$. Sei $b = \prod_{i=1}^n b_i$. Dann ist $b \neq 0$ und $bq_i = r_i \in R$ für $1 \leq i \leq n$. Da Q ein Körper ist, folgt $Q = bQ = \sum_{i=1}^n (bq_i)R) = \sum_{i=1}^n r_i R = R$, was $R \neq Q$ widerspricht.

B.11.11

$$\begin{pmatrix} -2 & 0 & 1 \\ -2X^3 & 1 & X^3 \\ -\frac{2}{3}X^2 - \frac{1}{3} & 0 & \frac{1}{3}X^3 + \frac{2}{3} \end{pmatrix} \cdot \mathcal{A} \cdot \begin{pmatrix} 1 & -X^2 & X^4 - X^3 - \frac{2}{3} \\ 0 & 1 & -X^2 + X \\ 0 & X^2 & -X^4 + X^3 + 1 \end{pmatrix} = \begin{pmatrix} -3 & 0 & 0 \\ 0 & X+1 & 0 \\ 0 & 0 & \frac{1}{3}(X^2 - 1) \end{pmatrix}.$$

B.11.12 Das neutrale Element der additiv geschriebenen, abelschen Gruppe G sei 0. Wegen $|G| = 2401 = 7^4$ ist G ein p-Torsionsmodul über dem Hauptidealring $\mathbb{Z}$ für das Primelement $p = 7$. Nach Satz 11.4.2 ist die Anzahl k der Elementarteiler $e_1 \geq e_2 \geq \cdots \geq e_k > 0$ von G gleich der Dimension des F-Vektorraums

$$M(7) = \{g \in G \mid g7 = 0\} \quad \text{über dem Körper } F = \mathbb{Z}/7\mathbb{Z}.$$

Also ist $|M(7)| = 7^k$. Alle Elemente $g \neq 0$ von G mit Ordnung $o(g) = 7$ liegen in $M(7)$. Nach Voraussetzung ist $|M(7)| - |\{0\}| = 48 = 7^k - 1$. Hieraus folgt $k = 2$.

Nun sind $3 > 1 > 0$ und $2 \geq 2 > 0$ die einzigen Partitionen von 4 mit 2 Teilen $e_1 \geq e_2$. Also ist G nach Satz 9.4.3 entweder isomorph zu $\mathbb{Z}/7^3\mathbb{Z} \oplus \mathbb{Z}/7\mathbb{Z}$ oder $\mathbb{Z}/7^2\mathbb{Z} \oplus \mathbb{Z}/7^2\mathbb{Z}$.

B.11.13 Es gilt $\text{kgV}(p(X), q(X)) = p(X)q(X)/\,\text{ggT}(p(X), q(X))$, und zwar über jedem Körper F. Also genügt es mit Satz 11.1.28 den größten gemeinsamen Teiler zu berechnen.

Im Fall $F = \mathbb{Q}$ ist $\text{ggT}(p(X), q(X)) = 1$.

Im Fall $F = \mathbb{Z}/3\mathbb{Z}$ ist $\text{ggT}(p(X), q(X)) = (X^2 + X + 1) = (X - 1)^2$.

Im Fall $F = \mathbb{Z}/11\mathbb{Z}$ ist $\text{ggT}(p(X), q(X)) = X - 2$, weil $X - 2$ zu $7X - 3$ assoziiert ist.

B.12 Lösungen zu Kapitel 12

B.12.1 Sei $m(X) = a_0 + a_1 X + \cdots + a_{r-1}X^{r-1} + X^r$ das Minimalpolynom von $\mathcal{A}$. Da $\mathcal{A}$ invertierbar ist, ist $a_0 \neq 0$. Sei $\mathcal{E}_n$ die $n \times n$-Einsmatrix und $f_{i-1} = -a_0^{-1}a_i$ für $1 \leq i \leq r - 1 = s$ und $f_s = -m_0^{-1}$. Dann ist $\mathcal{A}^{-1} = f(\mathcal{A})$ mit $f(X) = \sum_{i=0}^{s} f_i X^i$, weil $\mathcal{E}_n = \mathcal{A}(f_0\mathcal{E}_n + f_1\mathcal{A} + \cdots + f_s\mathcal{A}^s)$ ist.

B.12.2 Die Smith-Normalform der charakteristischen Matrix $\mathcal{C}$ von $\mathcal{A}$ ist nach Algorithmus 12.3.3 $\text{diag}(1, 1, 1, x^4 - 4x^3 + 14x^2 - 20x + 25)$. Also hat $\mathcal{A}$ die rationale kanonische Form

$$\mathcal{Q}^{-1}\mathcal{A}\mathcal{Q} = \mathcal{R} = \begin{pmatrix} 0 & 0 & 0 & -25 \\ 1 & 0 & 0 & 20 \\ 0 & 1 & 0 & -14 \\ 0 & 0 & 1 & 4 \end{pmatrix}, \quad \text{mit } \mathcal{Q} = \begin{pmatrix} 1 & 0 & -9 & -12 \\ 0 & -3 & -2 & 23 \\ 0 & -2 & -12 & 2 \\ 0 & 1 & -2 & -5 \end{pmatrix}.$$

B.12.3 Mittels Algorithmus 12.3.3 werden die Elementarteiler und die Transformationsmatrizen $\mathcal{P}$ und $\mathcal{Q}$ der charakteristischen Matrix $\mathcal{C} = \mathcal{A} - X\mathcal{E}_n$ nach folgendem Schema berechnet

$\mathcal{E}_4$				$\mathcal{C}$				$\mathcal{E}_4$			
1	0	0	0	$1-X$	0	8	-12	1	0	0	0
0	1	0	0	0	$1-X$	6	-9	0	1	0	0
0	0	1	0	0	0	$-2-X$	$\frac{9}{2}$	0	0	1	0
0	0	0	1	0	0	-2	$4-X$	0	0	0	1
1	0	0	0	$1-X$	8	0	-12	1	0	0	0
0	0	1	0	0	$-2-X$	0	$\frac{9}{2}$	0	0	1	0
0	1	0	0	0	6	$1-X$	-9	0	1	0	0
0	0	0	1	0	-2	0	$4-X$	0	0	0	1
				1	0	0	0	0	-8	0	0
				$-\frac{1}{8}(X+2)$	X^2+X-2	0	$\frac{3}{2}(1-X)$	0	0	1	0
				$\frac{3}{4}$	$6(1-X)$	$1-X$	0	$\frac{1}{8}$	$1-X$	0	$\frac{3}{2}$
				$-\frac{1}{4}$	$-2(1-X)$	0	$1-X$	0	0	0	1

1	0	0	0	1	0	0	0				
$\frac{1}{8}(X-1)$	0	1	$-\frac{3}{2}$	0	$(X-1)^2$	0	0				
$-\frac{3}{4}$	1	0	0	0	$6(1-X)$	$1-X$	0				
$\frac{1}{4}$	0	0	1	0	$-2(1-X)$	0	$1-X$				
				1	0	0	0	0	-8	0	0
				0	$(X-1)^2$	0	0	0	-6	-1	0
				0	0	$X-1$	0	$\frac{1}{8}$	$4-X$	0	$-\frac{3}{2}$
				0	0	0	$X-1$	0	2	0	-1
1	0	0	0	1	0	0	0	0	0	0	-8
$\frac{1}{4}$	0	0	1	0	$X-1$	0	0	0	0	-1	-6
$-\frac{3}{4}$	1	0	0	0	0	$X-1$	0	$\frac{1}{8}$	$-\frac{3}{2}$	0	$4-X$
$\frac{1}{8}(X-1)$	0	1	$-\frac{3}{2}$	0	0	0	$(X-1)^2$	0	-1	0	2
$\mathcal{Q}$				$\mathcal{QCP}$				$\mathcal{P}$			

B.12.4 Sei $\mathcal{R}$ die rationale kanonische Form von $\mathcal{A}$. Dann existiert ein $\mathcal{P}$ mit $\mathcal{R} = \mathcal{P}^{-1}\mathcal{A}\mathcal{P}$. Dann ist $\mathcal{R}^T = (\mathcal{P}^{-1}\mathcal{A}\mathcal{P})^T = \mathcal{P}^T\mathcal{A}^T\mathcal{P}^{-1^T}$. Nach Satz 12.2.1 genügt es, die Behauptung für die Begleitmatrix der Form $\mathcal{R} = \mathcal{C}(m(X))$ eines Minimalpolynoms $m(X)$ zu beweisen. Da $\mathcal{R}$ und $\mathcal{R}^T$ dasselbe charakteristische Polynom und somit nach Hilfssatz 12.2.3 dasselbe Minimalpolynom haben, sind die $F[X]$-Modulstrukturen von V bzgl. $\mathcal{R}$ und $\mathcal{R}^T$ isomorph. Also sind $\mathcal{R}$ und $\mathcal{R}^T$ nach Folgerung 12.2.2 ähnlich.

B.12.5 (a) ist trivial.

(b) Nach 12.1.1 definiert die Matrix $\mathcal{A}$ auf $V = F^n$ eine $F[X]$-Modulstruktur. Sei

$$F^n \cong V := F[X]v_1 \oplus F[X]v_2 \oplus \cdots \oplus F[X]v_r$$

die direkte Zerlegung von V in zyklische $F[X]$-Moduln, wobei für Erzeuger $v_i \in V$ $\operatorname{Ann}(v_i) = (d_i)$ und $d_1 \mid d_2 \mid \ldots \mid d_r$ gilt.

Jedes Element aus dem Zentralisator E ist in seiner Wirkung auf F^n mit A vertauschbar, demnach auch mit allen Operatoren $f(A)$, $f \in F[X]$. Die Linksmultiplikation von Elementen aus E auf Vektoren in F^n liefert somit $F[X]$-Modulendomorphismen. Also sind E und $S := \operatorname{Hom}_{F[X]}(V, V)$ isomorphe Ringe und F-Vektorräume, d. h. $\dim_F E = \dim_F S$.

Für jedes $s \in S$ gilt: $s(v_i) = \sum_{j=1}^r s_{ij}v_j$ mit $s_{ij} \in F[X]$. Es gilt $d_i \cdot s(v_i) = s(d_i \cdot v_i) = 0 = \sum_{j=1}^r s_{ij}d_jv_j$ und daher

$$(*) \qquad s_{ij}d_i \equiv 0 \mod d_j, \quad \text{für alle } i, j = 1, \ldots, r.$$

Sei umgekehrt eine Matrix $(s_{ij}) \in \operatorname{Mat}(r, F[X])$ gegeben, so daß die Relationen $(*)$ erfüllt sind. Durch die Zuordnung

$$(**) \qquad \sum_{i=1}^r f_iv_i \mapsto \sum_{i,j=1}^r f_is_{ij}v_j, \quad f_i \in F[X]$$

ist ein Element aus S definiert. Hierfür ist nur die Wohldefiniertheit der Vorschrift $(**)$ zu zeigen. Sind $\sum_{i=1}^{r} f_i v_i$ und $\sum_{i=1}^{r} h_i v_i$ zwei Darstellungen von $v \in V$ mit $f_i,\ h_i \in F[X]$, so gilt $f_i \equiv h_i \bmod d_i$, und daher $(f_i - h_i)s_{ij} \equiv 0 \bmod d_j$ für alle i, j. Es folgt $\sum_{i,j=1}^{r} f_i s_{ij} v_j = \sum_{i,j=1}^{r} h_i s_{ij} v_j$.

Ist $j \leq i$, so gilt stets $s_{ij} d_i \equiv 0 \bmod d_j$, da $d_j | d_i$. Ist $j > i$, so ist $(*)$ äquivalent zu $s_{ij} = b_{ij} d_j / d_i$ mit $b_{ij} \in F[X]$.

Ersetzt man (s_{ij}) durch (s'_{ij}) mit $s'_{ij} \equiv s_{ij} \bmod d_j$ im Fall $j \leq i$ und $s'_{ij} = b'_{ij} d_j / d_i$ mit $b'_{ij} \equiv b_{ij} \bmod d_i$ im Fall $j > i$, so beschreiben beide Matrizen das gleiche Element in S. Die Zuordnung $s \mapsto (s_{ij})$ mit $\text{Grad}(s_{ij}) < \text{Grad}(d_j)$ für $j \leq i$ und $s_{ij} = b_{ij} d_j / d_i$ mit $\text{Grad}(b_{ij}) < \text{Grad}(d_i)$ ist bijektiv.

Die Menge der so definierten Matrizen bildet einen F-Vektorraum $\tilde{S}$ und die angegebene Bijektion einen F-Vektorraumisomorphismus zwischen S und $\tilde{S}$. Die Teilmenge

$$\tilde{S}_{ij} := \{s \in \tilde{S} \mid s_{k\ell} = 0 \text{ für alle } (k, \ell) \neq (i, j)\}$$

ist ein F-Unterraum der Dimension n_j für $j \leq i$ und n_i für $j > i$.

Nun folgt die Formel in (b) leicht durch Aufsummieren dieser Dimensionen.

B.12.6 (a) Sei $f = a - b$. Dann ist $\mathcal{E}_n f - \mathcal{A}$ die $n \times n$-Matrix, deren n Zeilenvektoren $z_i = (b, b, \ldots, b) \in F^n$ für $i = 1, 2, \ldots, n$ sind. Also hat der Eigenraum $\text{Ker}(\mathcal{E}_n f - \mathcal{A})$ von $\mathcal{A}$ zum Eigenwert f die Dimension $n - 1$. Nach Satz 11.4.5 und dem Berechnungsverfahren 6.3.13 für die Jordansche Normalform $\mathcal{J}$ von $\mathcal{A}$ besitzt $\mathcal{A}$ genau $n - 1$ Elementarteilerexponenten $e_1 \geq e_2 \geq \cdots \geq e_{n-1} > 0$ zum Eigenwert f.

Da alle $e_i \geq 1$ sind, und das charakteristische Polynom $\text{charPol}_{\mathcal{A}}(X)$ von $\mathcal{A}$ nach Satz 6.1.10 den Grad n hat, folgt aus Satz 12.2.4, daß entweder $e_1 = 2$ und alle $e_i = 1$ für $2 \leq i \leq n - 1$ oder ein zweiter Eigenwert $g \neq f$ mit der Vielfachheit 1 in F existiert und alle $e_i = 1$ für $1 \leq i \leq n - 1$ sind. Ähnliche Matrizen haben nach Satz 3.5.7 die gleiche Spur. Daher folgt im ersten Fall, daß $na = \text{tr}(\mathcal{A}) = nf = n(a - b)$ ist, was $nb \neq 0$ widerspricht. Also hat $\mathcal{A}$ einen von f verschiedenen Eigenwert g, für den $na = \text{tr}(\mathcal{A}) = (n - 1)f + g = (n - 1)(a - b) + g$ gilt. Daher ist $g = a + (n - 1)b$. Wegen $e_i = 1$ für alle $i = 1, 2, \ldots, n - 1$ ist $\dim_F \text{Ker}(\mathcal{E}_n f - \mathcal{A}) = n - 1$. Daher ist $\dim_F \text{Ker}(\mathcal{E}_n g - \mathcal{A}) = n - (n - 1) = 1$.

(b) Da $f, g \in F$ sind, hat $\mathcal{A}$ eine Jordansche Normalform nach Satz 6.3.11.

(c) Da $e_1 = 1$ und g nur die Vielfachheit 1 im $\text{charPol}_{\mathcal{A}}(X)$ hat, ist $m(X) = (X - f)(X - g)$ nach Satz 6.3.11 das Minimalpolynom von $\mathcal{A}$.

(d) Wegen (c) ist $\mathcal{A}$ nach Folgerung 6.3.12 diagonalisierbar, d. h. die Jordansche Normalform $\mathcal{J}$ ist eine Diagonalmatrix (d_{ii}) mit $d_{ii} = f$ für $i = 1, 2, \ldots, n - 1$ und $d_{nn} = g$.

B.12.7 Durch Zeilenumformung von $\mathcal{A}$ folgt wegen der Voraussetzung an die Koeffizienten a_j und b_j, daß $\text{rg}(\mathcal{A}) = \text{rg}(\mathcal{E}_n \cdot 0 - \mathcal{A}) = 2$ ist. Also hat der Eigenraum $\text{Ker}(\mathcal{E}_n \cdot 0 - \mathcal{A})$ die Dimension $n - 2$. Nach Satz 11.4.5 und dem Berechnungsverfahren 6.3.13 für die Jordansche Normalform $\mathcal{J}$ besitzt $\mathcal{A}$ genau $n - 2$ Elementarteilerexponenten $e_1 \geq e_2 \geq \cdots \geq e_{n-2} > 0$

zum Eigenwert 0. Wegen

$$\mathcal{A}^2 = \begin{pmatrix} b_1a_1 & b_1a_2 & \cdots & b_1a_{n-1} & 0 \\ b_2a_1 & b_2a_2 & \cdots & b_2a_{n-1} & 0 \\ \vdots & & & & \vdots \\ b_{n-1}a_1 & b_{n-1}a_2 & \cdots & b_{n-1}a_{n-1} & 0 \\ 0 & 0 & & 0 & c \end{pmatrix}$$

ist $\mathcal{A}^2 \neq 0$ und $c = \sum_{j=1}^{n-1} a_j b_j$. Es folgt $\mathcal{A}^3 = 0$ genau dann, wenn $c = 0$ ist.

(a) Ist $c = 0$, dann ist $e_1 = 3$. Nach Satz 6.1.10 hat das charakteristische Polynom $\operatorname{charPol}_{\mathcal{A}}(X)$ den Grad n. Wegen $e_i \geq 1$ für $i = 2, \ldots, n-2$ folgt daher aus Satz 12.2.4, daß $n \geq \sum_{i=1}^{n-2} e_i = 3 + \sum_{i=2}^{n-2} e_i \geq 3 + (n-3) \cdot 1 = n$ ist. Hieraus folgt $e_i = 1$ für $i = 2, \ldots, n-2$. Also ist 0 der einzige Eigenwert von $\mathcal{A}$. Daher existiert die Jordansche Normalform $\mathcal{J}$ nach Satz 6.3.11. Wegen $\mathcal{A}^3 = 0 \neq \mathcal{A}^2$ hat $\mathcal{A}$ das Minimalpolynom $m(X) = X^3$. Weiter hat die Jordansche Normalform $\mathcal{J} = (j_{ik})$ die Koeffizienten $j_{21} = 1 = j_{23}$ und $j_{ik} = 0$ für $(i, k) \neq (2, 1)$ und $(i, k) \neq (2, 3)$.

(b) Ist $c \neq 0$, dann ist X^{n-2} ein Teiler von $\operatorname{charPol}_{\mathcal{A}}(X)$ nach Satz 12.2.4. Wegen $\operatorname{Grad}(\operatorname{charPol}_{\mathcal{A}}(X)) = n$ gibt es zwei von Null verschiedene Eigenwerte f_1, f_2 von $\mathcal{A}$. Sie sind beide reell, weil $0 = tr(\mathcal{A}) = f_1 + f_2$ und $2c = 2\bigl(\sum_{j=1}^{n-1} a_j b_j\bigr) = tr\mathcal{A}^2 = f_1^2 + f_2^2 = 2f_1^2 > 0$ nach den Sätzen 6.1.9, 6.1.10 und 6.3.11 gilt. Also ist $f_1 = \sqrt{c}$ und $f_2 = -\sqrt{c} \in \mathbb{R}$ und $\mathcal{A}$ besitzt eine Jordansche Normalform über $\mathbb{R}$.

Das Minimalpolynom ist in diesem Falle

$$m(X) = X(X - \sqrt{c})(X + \sqrt{c}) = X(X^2 - c).$$

Wegen $c \neq 0$ ist $\mathcal{J}$ nach 6.3.12 eine Diagonalmatrix mit $n-2$ Nullen und $\sqrt{c}$ und $-\sqrt{c}$ auf der Diagonalen.

Literatur

[1] N. Bourbaki, *Algèbre, Ch.* I – III. Herman, Paris 1998.

[2] E. Brieskorn, *Lineare Algebra und Analytische Geometrie* I, II. Vieweg, Wiesbaden 1983/1985.

[3] B. W. Char, K. O. Geddes, G. H. Gonnet, M. B. Monagan, S. M. Watt, *Maple, Reference Manual.* 5th edition. Watcom Publications Ltd., Waterloo, Canada 1988.

[4] P. M. Cohn, On the structure of the GL_2 of a ring. *Publications Mathématiques, Institut des Hautes Etudes Scientifiques* 30 (1966), 365 – 413.

[5] G. Eisenreich, *Lineare Algebra und analytische Geometrie.* 3. Aufl., Akademie-Verlag, Berlin 1991.

[6] G. Fischer, *Lineare Algebra.* 12. Aufl., Vieweg, Wiesbaden 2000.

[7] S. H. Friedberg, A. J. Insel, L. E. Spence, *Lineare Algebra.* 3. Aufl., Prentice-Hall 1996.

[8] W. H. Greub, *Linear Algebra.* 4. Aufl., Springer-Verlag, Heidelberg 1975.

[9] W. H. Greub, *Multilinear Algebra.* 2. Aufl., Springer-Verlag, Heidelberg 1978.

[10] K. W. Gruenberg, A. J. Weir, *Linear Geometry.* Springer-Verlag, Heidelberg 1977.

[11] P. Halmos, *Finite-dimensional vector spaces.* 5th printing, Undergraduate Texts in Mathematics, Springer-Verlag, Heidelberg 1993.

[12] B. Hartley, T. O. Hawkes, *Rings, Modules and Linear Algebra.* Chapman & Hall, London, Reprint 1991.

[13] I. N. Herstein, D. J. Winter, *Matrix Theory and Linear Algebra.* Macmillan, New York 1988.

[14] A. S. Householder, *The Theory of Matrices in Numerical Analysis.* Dover, New York 1975.

[15] B. Huppert, *Angewandte Lineare Algebra.* W. de Gruyter, Berlin 1990.

[16] E. Johnson, *Linear Algebra with Maple* V. Smbolic Computation Series, Brooks/Cole Publ. Co, Pacific Grove, Kalifornien 1993.

[17] W. Klingenberg, *Lineare Algebra und Geometrie.* 3. Aufl., Springer-Verlag, Heidelberg 1992.

[18] M. Koecher, *Lineare Algebra und analytische Geometrie.* Springer-Verlag, Heidelberg 1997.

[19] E. Lamprecht, *Einführung in die Algebra.* 2. Aufl., UTB 739, Birkhäuser, Basel 1991.

[20] E. Lamprecht, *Lineare Algebra* 1 (2. Aufl.), 2. UTB 1021, 1224, Birkhäuser, Basel 1992.

[21] S. Lipschutz, M. Lipson, *Lineare Algebra.* 3. Aufl., Schaum's Outline Series, McGraw-Hill, New York 2000.

[22] F. Lorenz, *Lineare Algebra* I, II. B.I. Wissenschaftsverlag, Mannheim 1992.

[23] H. Lüneburg, *Vorlesungen über Lineare Algebra.* B.I. Wissenschaftsverlag, Mannheim 1993.

[24] L. E. Mansfield, *Linear Algebra with Geometric Applications.* Marcel Dekker, New York 1976.

[25] K. Nomizu, *Fundamentals of Linear Algebra.* 2. Aufl., Chelsea Publishing Company 1979.

[26] A. Ostrowski, *Vorlesungen über Differential- und Integralrechnung* II. 2. Aufl., Birkhäuser-Verlag, Basel 1967.

[27] G. Pickert, *Analytische Geometrie – Eine Einführung in Geometrie und Lineare Algebra.* Akademische Verlagsgesellschaft, Leipzig 1976.

[28] G. Scheja, U. Storch, *Lehrbuch der Algebra* (*unter Einschluß der linearen Algebra*). Teil 1 bis 3., 2. Aufl., Teubner, Stuttgart 1994.

[29] G. Schmeißer, H. Schirmeier, *Praktische Mathematik.* W. de Gruyter, Berlin, New York 1976.

[30] H. R. Schwarz, H. Rutishauser, E. Stiefel, *Numerik symmetrischer Matrizen.* Teubner, Stuttgart 1972.

[31] U. Stammbach, *Lineare Algebra.* 4. Aufl., Teubner Studienskripten, Stuttgart 1994.

[32] S. Wolfram, *Mathematica, a system for doing mathematics by computer.* Addison-Wesley, Redwood City, USA, deutsche Fassung (2. Aufl.) 1996; englische Fassung (2. Aufl.) 1993.

Index